2014 全国勘察设计注册工程师执业资格考试用书

注册电气工程师（供配电）执业资格考试
专业考试历年真题详解

Answer and Analysis of Professional Practice Examenation of Certification to Electrical Engineer（Power Supply Section）

《注册电气工程师（供配电）执业资格考试专业考试历年真题详解》编委会 | 编

人民交通出版社
China Communications Press

内 容 提 要

本书为注册电气工程师(供配电)执业资格考试专业考试历年真题及参考答案、解析,涵盖2006~2013年专业知识试题(上、下午卷)、案例分析试题(上、下午卷),共8年32套试卷。

本书可供参加注册电气工程题(供配电)执业资格考试专业考试的考生复习使用,发输变电专业的考生也可参考练习。

图书在版编目(CIP)数据

注册电气工程师(供配电)执业资格考试专业考试历年真题详解/《注册电气工程师(供配电)执业资格考试专业考试历年真题详解》编委会编. — 北京:人民交通出版社,2014.1

ISBN 978-7-114-10998-0

Ⅰ.①注… Ⅱ.①注… Ⅲ.①供电系统-工程师-资格考试-题解②配电系统-工程师-资格考试-题解 Ⅳ.①TM72-44

中国版本图书馆CIP数据核字(2013)第267103号

书　　名:注册电气工程师(供配电)执业资格考试专业考试历年真题详解
著 作 者:《注册电气工程师(供配电)执业资格考试专业考试历年真题详解》编委会
责任编辑:刘彩云
出版发行:人民交通出版社
地　　址:(100011)北京市朝阳区安定门外外馆斜街3号
网　　址:http://www.ccpress.com.cn
销售电话:(010)59757973
总 经 销:人民交通出版社发行部
经　　销:各地新华书店
印　　刷:北京市密东印刷有限公司
开　　本:787×1092　1/16
印　　张:38.25
字　　数:730千
版　　次:2014年1月　第1版
印　　次:2014年1月　第1次印刷
书　　号:ISBN 978-7-114-10998-0
定　　价:198.00元
(有印刷、装订质量问题的图书由本社负责调换)

前　言

根据"关于贯彻执行《注册电气工程师执业资格制度暂行规定》和《注册电气工程师执业资格考试实施办法》的通知",从2003年5月1日起,国家对从事电气专业工程设计活动的专业技术人员实行执业资格注册管理制度,纳入全国专业技术人员执业资格制度统一规划。

注册电气工程师,是指取得《中华人民共和国注册电气工程师执业资格证书》和《中华人民共和国注册电气工程师执业资格注册证书》,从事电气专业工程设计及相关业务的专业技术人员。适用于从事发电、输变电、供配电、建筑电气、电气传动、电力系统等工程设计及相关业务的专业技术人员。

截至2014年年初,注册电气工程师执业资格考试已经举办了9次,除2005年的初次尝试,题型与难度无可比性外,2006~2013年这八年间,出题思路和脉络逐渐清晰,难度也逐渐加大。本书开篇的"复习指南",重点总结了部分亲历者的复习经验和教训,着重分析了大纲中规定的各种规范和手册的参考价值,希望抛砖引玉,为初涉此道的考友提供一定指引,节省大家初期入门时间。复习过程中,除大纲规定的手册和规范外,历年真题详解是非常珍贵的复习资料,但此前并无完整规范的出版物,网络上流传的各种版本均不完整,且质量鱼龙混杂,不够理想。本书的历年真题均为完整版,包括专业知识和案例分析两部分,并力争做到答案准确、解析清晰。其中,专业知识标明了引用规范的条目和出处,案例分析阐述了依据的公式及计算过程,个别有争议的题目还列举了不同的解题方式,便于考生了解往年考试的范围和出题脉络,把握解题思路、方法和步骤。

本书由张树利担任主编。其他参编人员包括陈洁、许鹏飞、张付艳、蒋徵、李秀云、刘婷婷、张文广、孟小朋、王健、王魏巍。

由于此考试内容涉及面广、题目难度不一,编者水平有限,难免存在疏漏和不足,真诚地希望读者批评指正,提出宝贵意见,我们会根据最新一年的考题及反馈意见对本书内容进行修订和完善。

另外,受人民交通出版社委托,编写组正在组织编写《注册电气工程师(发输变电)执业资格考试专业考试历年真题详解》,敬请关注!

"为复习助力,给考试加分",愿各位考生都能顺利通过考试。

编者

2013年12月

复 习 指 导

——致即将开始复习备考历程的考友

首先介绍一下考试时间及分值。

注册电气工程师(供配电)执业资格考试专业考试一般在每年9月的第二个周末开考,考试分为2天,每天上、下午各3个小时。第一天为专业知识考试,总分为200分;第二天为案例分析考试,总分为100分。第一天专业知识上、下午各70道题(必答),其中单选题40题,每题1分,多选题30题,每题2分,上、下午分值合计为200分。第二天案例分析上午25道题(必答),下午40道题(选答25道题、多选无效),每题2分,上、下午分值合计为100分。(合格标准:第一天120分;第二天60分。)

本考试为开卷考试,大纲要求掌握的知识、涉及的参考资料,其内容浩如烟海,考题一般是针对规范或手册中的某个公式或条文,因此本考试实际考查的是对电气相关规范和设计手册的应用能力,即考查对某个知识点的快速定位能力。因此,复习的首要任务是熟知大纲要求的各本手册、规范中的知识架构以及计算方法。

综合近年考试情况,2011年的专业知识约95%都是2010年的原题,2012年约70%的专业知识题目与以往试题重复,2013年重复题目的比例降至约50%。与之相反,案例分析题目年年更新,尤其是近两年,突破了2007~2011年出题风格和脉络,考查的知识点也推陈出新,题目计算量加大,迷惑条件增多,考试中很难答满50道题,而且2011年及以前几乎每年必考的架空线力学计算,近两年均未再出现,其被替代为晦涩和偏门的题目,如声压级、液力耦合器等,一般的,2014年考试仍应延续现有出题思路,建议大家把复习重点放在案例分析上。

如上所述,2012~2013年的趋势,案例分析题目的难度加大是不可避免的,命题组为了避免频繁考核相同知识点,往往会找一些比较偏的知识点,以求拉开档次。因此,建议大家复习时一定要脚踏实地,按照大纲要求内容步步深入,掌握完整的知识框架,才可融会贯通,尤其不可急功近利而仅研究真题。

在此,有几句逆耳忠言与大家共勉:不要以"太忙没时间看书"为借口而懈怠复习,因为每年通过考试的上千考友中,一定有比你更忙的人;不要以"侥幸过关"的心态进行复习,因为只有案例分析机读及格的试卷才会进入人工阅卷过程,其中解题过程、引用依据等不详者均会扣分,人工阅卷一般至56~58分即终止,这也是每年有很多人为2分之差而扼腕叹息的原因;不要"买书时信心满满、看书时三心二意",大家基础考试通过后,容易信心爆棚,冲动购买大量专业考试复习资料,但是书到手后却不翻动,一直到

9 月开考，依然茫然无措。因此，如果决心参加本考试，而自己又不属于过目不忘、天资聪颖的人，建议端正态度，认真地准备复习。

言归正传，下面介绍如何准备考试。首先需要声明，下面的复习方法仅是一家之言，并不适合所有人，大家可根据自身条件进行取舍，本文仅为抛砖引玉，希望给大家准备复习计划时提供一些启发。

第一步：信息搜集（时间：1 月份之前，即基础考试成绩出来之前，为"忐忑憧憬期"）

此阶段，多数时间比较迷茫，初来乍到，对考试的来龙去脉完全不了解，比如：如何报名、如何开证明、如何复习、如何购买资料等，到处询问也未必能找到适合自己的答案。

在这个阶段，建议充分利用各种论坛、群共享或其他网络资源，搜集网站上一些前辈们留下的复习经验，可以多找几个版本，汇总整理出适合自己的复习方法。本阶段不建议盲目购买资料，尽管个别考生肯定能通过基础考试，但由于此时大部分资料仍为旧版，尤其是考试规范和当年真题还未更新，因此不必着急购买。

另一个重要的事情是加入 QQ 群。我们知道，复习考试除了最开始的兴奋外，整个过程都是及其枯燥乏味的，孤掌难鸣，单靠精神意志难以支撑，而且解题的困惑也会伴随整个过程，因此，我们非常需要一些并肩奋战的考友，可以一起讨论、交流、共勉。QQ 群需精心挑选，找个较为活跃，或有几个经验丰富且愿意帮助别人的前辈，少数群甚至会规划复习计划，然后由群主带领大家一起执行，这不仅能为自己营造最佳的学习气氛，还可以大大提高复习效率。群号不做推荐，大家搜索一下，总会找到适合自己的。

此阶段大约需要花 1 ~ 3 个月的时间，把论坛或其他网站上搜集的信息及资料尽可能地整合和消化，了解报名资格、复习方法、考试规则、考题题型、出题方向等信息。

第二步：资料准备（时间：1 ~ 2 月份，通过基础考试，度过春节假期，为"信心爆棚期"）

经过初步了解，规划好复习方法后，可着手准备复习资料。

建议准备以下资料：

1.《注册电气工程师执业资格考试专业考试相关标准》。本书包括专业知识约 85% 的分数，案例分析约 20% 的分数，为专业知识重点参考书，而与案例分析相关的规范主要集中在 GB 50217、GB 50065、DL/T 620、DL/T 5044、DL/T 5222。考点涉及电缆选择、系统及设备过电压、接地电阻、直流操作电源和高压电气设备的选型等内容。

此书现有两个版本，即 2008 年版和 2012 年版，但其内容却大相径庭。目前，2008 年版已无销售，只能通过转让或购买旧书获得，缺点是由于出版较早，书中大部分规范已更新，所以还需配备若干本单行本；2012 年版由于出版社之间的版权问题，书中国标（GB 50000 系列）缺漏近 30 本，使得 2012 年版的规范汇编几乎成为鸡肋。此两种版本规范缺漏及更新详情请查阅附件 1 和 2，考友可根据附件内容自行决定购买单行本。

2.《照明设计手册》（第二版）。本书包括专业知识约 2% ~3% 的分数，案例分析约

10% 的分数。考点主要针对各种照明类型和场所的计算，概念也较《建筑照明设计标准》(GB 50034)更为全面。

3.《工业与民用配电设计手册》(第三版)。本书包括专业知识约 10% 的分数，案例分析约 30% 的分数，为案例分析重点参考书。考点主要集中在负荷计算、低压配电、短路电流、电能质量、继电保护、电击防护等内容，应重点掌握第 1 ~7 章及第 9 章的内容，并了解 11、12 章和 14、15 章的内容。

4.《钢铁企业电力设计手册》(上册)。本书包括专业知识约 2% 的分数，案例分析约 10% 的分数。考点主要集中在 35kV 及以上主接线形式及特点、电气节能、架空线力学计算等内容，重点是电气节能和架空线力学计算。

5.《钢铁企业电力设计手册》(下册)。本书包括专业知识约 5% 的分数，案例分析约 30% 的分数，为案例分析重点参考书，与《电气传动自动化技术手册》(第二版)的大部分内容重复。考点主要集中在电气传动，如交直流电机的选型、优缺点分析、交直流电机启动、调速、制动特点及相关计算内容。本书的低压部分内容无参考价值，建议低压系统部分题目查阅《工业与民用配电设计手册》(第三版)的相关内容。

6.《注册电气工程师执业资格考试专业考试习题集》。复习过程需做大量的题目，以便熟悉相关规范和手册，遗憾的是本书仍为 2007 年版，其中部分题目是针对旧规范条文编写的，而现在市场上暂无其他习题集可做替代，大家可根据自身需求考虑购买。另外，本书作者正在整理和编辑相关书籍，考友可关注。

7.《注册电气工程师执业资格考试专业考试复习指导书》。本书对应大纲要求撰写，内容相对完整，知识点连贯，便于复习和查找，也是住建部电教中心讲座视频的教材，但本书不能作为案例分析考试的答题依据，所以使用价值有限，考友可根据个人复习方法考虑是否购买。

8.《注册电气工程师(供配电)执业资格考试专业考试历年真题详解》(即本书)。考试真题为复习必备资料，稀缺资源，除了本书外还有几本高频考点的参考书，不过里面收录的题目均不完整。历年真题中需要注意的是，2005 年为开考第一年，题目多为试探性，无代表性，参考价值不大，因此未编入本书。2006 年真题中案例分析题目难度大，个别题目引用的规范较偏，代表性也有限，但当年专业知识考题有一定的价值，2012、2013 年曾经考过部分原题。2007 年修订考试大纲后，2007 ~ 2011 年的出题风格基本一致。但到 2012、2013 年，题目难度、计算量、考点分散程度均大幅度增加，也是近两年来注册电气专业考试的主要风格，题目也最具代表性和参考价值。

9. 住建部电教中心讲座视频。建议基础薄弱的考友购买，可以登录住建部电教中心的网站了解详情。

其他可选资料，包括：

(1)《电气传动自动化技术手册　第二版》。该书与《钢铁企业电力手册》(下册)的内容基本重复，均为电气传动内容，相比之下，后者有关直流电机启动、调速、制动部分内容没有前者全面，但交流传动部分内容还是后者比较细致，公式相对完整。仅就考试而言，直流电机考试内容较少，也较为简单，因此建议购买《钢铁企业电力设计手册》(下册)。但总体来说，可按个人对这两本书的熟悉程度选择其一即可。

(2)《电力工程电气设计手册　电气一次部分》。该书内容与其他手册几乎完全重复，且针对发输变电系统的内容偏多，其作为发输变电专业考试的主要参考书列在考试资料目录中，但自2006年后根据本书出题的痕迹明显减少，因此不建议购买。

(3)《电力工程电气设计手册　电气二次部分》。为发输变电专业考试的主要参考书，与供配电专业考试基本无关，不建议购买。

(4)《电气工程师手册》和《电机工程手册》。这两本书的内容与其他手册重复，且考试极少涉及，不建议购买。

以上资料可根据个人需要购买。所有资料建议在2月中旬前购买完毕，避免到5~6月复习中期时，书店可能出现资料或手册缺货的情况，影响复习准备。

第三步：正式复习(时间:3~7月份，精神承受苦难，为“上下求索期”，真正的复习过程非常枯燥，多数考友会在此过程中放弃)

此时，真正开始“路漫漫其修远兮”的复习过程。首先，建议观看住建部电教中心的讲座视频，有条件的可以做下笔记。住建部电教中心讲座视频是以《注册电气工程师执业资格考试专业考试复习指导书》(简称《指导书》)为教材的，按《指导书》的章节理解讲座的内容，把握复习的节奏，每章学习完成后把《注册电气工程师执业资格考试专业考试习题集》(简称《习题集》)的相关内容完成，需要注意的是，完成《习题集》的题目时，建议直接查阅规范汇编、单行本或考试手册的内容条文，因为考试真题基本上都是出自规范和手册原文，做题的过程也是熟悉规范和手册内容最好的方法，考试最终考查的是考生对规范或公式的快速定位能力，对规范和手册的熟知程度是考试成败的关键。可对重点部分标注不同颜色，以加深印象、强化记忆；也可跟随QQ群拟制的复习计划，与群友一起复习讨论。

按《指导书》的章节将专业知识和案例分析的题目全部完成，此过程一般耗时3~4个月。这个阶段最易烦躁，或伴有焦虑，很多考友在这个阶段容易偏离方向难以坚持，其实这些都属于正常反应，只是千万不可懈怠或放弃，考友应能适时的调整情绪，克服焦躁心理。QQ群与各种论坛是一个很好的释放空间，大家可以在里面找找知音与同道。

第四步：考试冲刺(时间:8~9月份，撑过了精神的苦难期，就要等到收获的季节，为“涅槃重生期”)

利用最后约8周的时间进行模拟测试。平均每周一套真题，完全按考试时间(上午8:00~11:00，下午14:00~17:00)进行模拟。周末两天模拟考试，周一至周五核对、讨论，将所有题目研究明白。

真正考试时的气氛与平时复习是完全不一样的。因为案例分析需要写出答题依据、公式及计算过程，时间常常不够用，心情紧张，易忙中出错，而且连考两天，休息时间有限，脑力使用达到极限，所以需要提前适应节奏，以免到时头晕目眩、手足无措。需要强调的是，对每道真题都务必理解与掌握，尽量分析了解出题人的用意、考查的知识点等要素。

此阶段复习结束，大局即定。

第五步：临战准备（时间：考前一周，每天安排适当的温习时间，保持一定紧张度）

为便于快速查找相关条文和公式，建议在资料中认为重要的地方做上标签，标签数量一定要少而精，以方便使用与查找为宜，避免贴得密密麻麻。最后，有条件的考友可以对考场事先踩点，判断一下当日的交通状况，个别交通不便的考友建议提前预定酒店。

最后，愿天道酬勤，祝大家都能顺利通过考试！

附件 1

2008 年版《注册电气工程师执业资格考试专业考试相关标准》（供配电专业）中已更新的规范明细：

☆《电子信息系统机房设计规范》（GB 50174—2008）

◇《系统接地的型式及安全技术要求》（GB 14050—2008）

★《供配电系统设计规范》（GB 50052—2009）

★《低压配电设计规范》（GB 50054—2011）

☆《通用用电设备配电设计规范》（GB 50055—2011）

★《建筑物防雷设计规范》（GB 50057—2010）

★《35kV ~ 110kV 变电站设计规范》（GB 50059—2011）

★《3 ~ 110kV 高压配电装置设计规范》（GB 50060—2008）

★《66kV 及以下架空电力线路设计规范》（GB 50061—2010）

★《电力装置的继电保护和自动装置设计规范》（GB/T 50062—2008）

☆《电力装置的电测量仪表装置设计规范》（GB/T 50063—2008）

★《交通电气装置的接地设计规范》（GB/T 50065—2011）

◇《住宅设计规范》（GB 50096—2011 ）

◇《石油化工企业设计防火规范》（GB 50160—2008）

★《并联电容器装置设计规范》（GB 50227—2008）

☆《电力设施抗震设计规范》（GB 50260—2013）

◇《户外严酷条件下的电气设施　第1部分:范围和定义》(GB/T 9089.1—2008)

◇《户外严酷条件下的电气设施　第2部分:一般防护要求》(GBT 9089.2—2008)

★《电能质量　供电电压偏差》(GB/T 12325—2008)

☆《电能质量　电压波动和闪变》(GB/T 12326—2008)

☆《电能质量　三相电压不平衡》(GB/T 15543—2008)

★《电能质量　公用电网间谐波》(GB/T 24337—2009)

★《电能质量　公用电网谐波》(GB/T 14549—1993)

附件2

2012年版《注册电气工程师执业资格考试专业考试相关标准》(供配电专业)中缺少的规范:

☆《建筑物电气装置　第4部分:安全防护　第44章:过电压保护　第442节:低压电气装置对暂时过电压和高压系统与地之间的故障的防护》(GB 16895.11—2001)

◇《建筑物电气装置　第4部分:安全防护　第44章:过电压保护　第443节:大气过电压或操作过电压保护》(GB 16895.12—2001)

★《建筑照明设计标准》(GB 50034—2004)

☆《人民防空地下室设计标准》(GB 50038—2005)

★《高层民用建筑设计防火规范(2005年版)》(GB 50045—1995)

★《供配电系统设计规范》(GB 50052—2009)

★《低压配电设计规范》(GB 50054—2011)

☆《通用用电设备配电设计规范》(GB 50055—2011)

★《建筑物防雷设计规范》(GB 50057—2010)

☆《爆炸和火灾危险环境电力装置设计规范》(GB 50058—1992)

★《35kV ~ 110kV变电站设计规范》(GB 50059—2011)

★《3 ~ 110kV高压配电装置设计规范》(GB 50060—2008)

★《66kV及以下架空电力线路设计规范》(GB 50061—2010)

★《电力装置的继电保护和自动装置设计规范》(GB/T 50062—2008)

☆《电力装置的电测量仪表装置设计规范》(GB/T 50063—2008)

★《交流电气装置的接地设计规范》(GB/T 50065—2011)

◇《住宅设计规范》(GB 50096—2011)

◇《石油化工企业设计防火规范》(GB 50160—2008)

◇《电子信息系统机房设计规范》(GB 50174—2008)

☆《有线电视系统工程技术规范》(GB 50200—1994)

★《电力工程电缆设计规范》(GB 50217—2007)

★《并联电容器装置设计规范》(GB 50227—2008)

☆《火力发电厂与变电站设计防火规范》(GB 50229—2006)

☆《电力设施抗震设计规范》(GB 50260—2013)

☆《城市电力规划规范》(GB 50293—1999)

◇《智能建筑设计标准》(GB/T 50314—2006)

★《安全防范工程技术规范》(GB 50348—2004)

◇《厅堂扩声系统设计规范》(GB 50371—2006)

◇《入侵报警系统工程设计规范》(GB 50394—2007)

★《视频安防监控系统工程设计规范》(GB 50395—2007)

◇《出入口控制系统工程设计规范》(GB 50396—2007)

◇《电测量及电能计量装置设计技术规程》(DL/T 5137—2001)

★《民用建筑电气设计规范》(JGJ 16—2008)

注:★,考试中重点考查的规范,即必考规范,需熟练掌握。

☆,考试中偶尔考查的规范,分值较小,一般在专业知识考试中占 3~5 分,了解即可。

◇,考试中几乎未考查过的规范,不是考试重点,可以不看。

其中以下两本规范已不属于大纲范围:

《电测量及电能计量装置设计技术规程》(DL/T 5137—2001)

《交流电气装置的接地》(DL/T 621—1997)

目　　录

2006年注册电气工程师(供配电)执业资格考试专业考试试题及答案

2007年注册电气工程师(供配电)执业资格考试专业考试试题及答案

2008年注册电气工程师(供配电)执业资格考试专业考试试题及答案

2009 年注册电气工程师（供配电）执业资格考试专业考试试题及答案

2010 年注册电气工程师（供配电）执业资格考试专业考试试题及答案

2011 年注册电气工程师（供配电）执业资格考试专业考试试题及答案

2012 年注册电气工程师（供配电）执业资格考试专业考试试题及答案

2013 年注册电气工程师(供配电)执业资格考试专业考试试题及答案

2006年

注册电气工程师(供配电)执业资格考试

专业考试试题及答案

2006年专业知识试题(上午卷)

一、单项选择题(共40题,每题1分,每题的备选项中只有1个最符合题意)

1~10. 旧大纲题目:略。

11. "间接电击保护"是针对下面哪一部分的防护措施? ( )

(A)电气装置的带电部分

(B)在故障情况下电气装置的外露可导电部分

(C)电气装置外(外部)可导电部分

(D)电气装置的接地导体

12. 在爆炸性危险环境的2区内,不能选用下列哪一种防爆结构的绕线型感应电动机? ( )

(A)隔爆型　(B)正压型

(C)增安型　(D)无火花型

13. 某栋25层普通住宅,建筑高度为73m,根据当地航空部门要求需设置航空障碍标志灯,该楼内消防设备用电按一级负荷供电,客梯、生活水泵电力及楼梯照明按二级负荷供电,除航空障碍标志灯外的其余用电设备按三级负荷供电。该楼的航空障碍标志灯应按下列哪一项要求供电? ( )

(A)一级负荷　(B)二级负荷

(C)三级负荷　(D)一级负荷中特别重要负荷

14. 周期或短时工作制电动机的设备功率,当采用需要系数法计算负荷时,应将额定功率统一换算到下列哪一项负载持续率的有功功率? ( )

(A)$\tau=25\%$　(B)$\tau=50\%$

(C)$\tau=75\%$　(D)$\tau=100\%$

15. 某配电回路中选用的保护电器符合《低压断路器》(JB 1284—1985)的标准,假设所选低压断路器瞬时或短延时过电流脱扣器的整定电流值为2kA,那么该回路的适中电流值不应小于下列哪个数值? ( )

(A)2.4kA　(B)2.6kA

(C)3.0kA　(D)4.0kA

16. 并联电容器装置设计,应根据电网条件、无功补偿要求确定补偿容量。在支持单台电容器额定容量时,下列哪种因素是不需要考虑的? ( )

(A)电容器组设计容量
(B)电容器组每相电容串联、并联的台数
(C)宜在电容器产品额定容量系列的优先值中选取
(D)电容器组接线方式(星形、三角形)

17. 以下是10kV变电所布置的几条原则,其中哪一组是符合规定的? ( )

(A)变电所宜单层布置,当采用双层布置时,变压器应设在上层,配电室应布置在底层
(B)当采用双层布置时,设于二层的配电室设搬运设备的通道、平台或孔洞
(C)有人值班的变电所,由于10kV电压低,可不设单独的值班室
(D)有人值班的变电所如单层布置,低压配电室不可以兼作值班室

18. 油重为2500kg以上的屋外油浸变压器之间无防火墙时,变压器之间的最小防火净距,下列哪一组数据是正确的? ( )

(A)35kV及以下为5m,63kV为6m,110kV为8m
(B)35kV及以下为6m,63kV为8m,110kV为10m
(C)35kV及以下为5m,63kV为7m,110kV为9m
(D)35kV及以下为4m,63kV为5m,110kV为6m

19. 对于低压配电系统短路电流计算中,下列表述中哪一项是错误的? ( )

(A)当配电变压器的容量远小于系统容量时,短路电流可按无限大电源容量的网络进行计算
(B)计入短路电路各元件的有效电阻,但短路的电弧电阻、导线连接点、开关设备和电器的接触电阻可忽略不计
(C)当电路电阻较大,短路电流直流分量衰减较快,一般可以不考虑直流分量
(D)可不考虑变压器高压侧系统阻抗

20. 三相短路电流的峰值发生在短路后的哪一个时刻? ( )

(A)0.01s (B)0.02s
(C)0s (D)0.005s

21. 在选择高压电气设备时,对额定电压、额定电流、机械荷载、额定开断电流、热稳定、动稳定、绝缘水平,均应考虑的是下列哪种设备? ( )

(A)隔离开关 (B)熔断器
(C)断路器 (D)接地开关

22. 某10kV线路经常输送容量为850kV·A,该线路测量仪表用的电流互感器变比宜选用下列哪一个参数? ( )

(A)50/5　　(B)75/5

(C)100/5　　(D)150/5

23. 低压配电系统中，采用单芯导线保护中性线(PEN 线)干线，当截面为铜材时不应小于下列哪一项数值？（　　）

(A)2.5mm^2　　(B)4mm^2

(C)6.0mm^2　　(D)10mm^2

24. 交流系统中，35kV 及以下电力电缆缆芯的相间额定电压，按规范规定不得低于使用回路的下列哪一项数值？（　　）

(A)工作线电压　　(B)工作相电压

(C)133% 工作线电压　　(D)173% 工作线电压

25. 下列哪一项内容不符合在保护装置内设置的指示信号的要求？（　　）

(A)在直流电压消失时不自动复归

(B)所有信号必须启动音响报警

(C)能分别显示各保护装置的动作情况

(D)对复杂保护装置，能分别显示各部分及各段的动作情况

26. 计算 35kV 线路电流保护时，计算人员按如下方法计算，请问其中哪一项计算是错误的？（　　）

(A)主保护整定值按被保护区末端金属性三相短路计算

(B)校验主保护灵敏系数时用系统最大运行方式下本线路三相短路电流除以整定值

(C)后备保护整定值按相邻电力设备和线路末端金属性短路计算

(D)校验后备保护灵敏系数用系统最小运行方式下相邻电力设备和线路末端产生最小短路电流除以整定值

27. 一座桥形接线的 35kV 变电所，若不能从外部引入可靠的低压备用电源，考虑所用变压器的设置时，下列哪一项选择是正确的？（　　）

(A)宜装设两台容量相同可互为备用的所用变压器

(B)只装设一台所用变压器

(C)应装设三台不同容量的所用变压器

(D)应装设两台不同容量的所用变压器

28. 第二类防雷建筑物，防直击雷的避雷装置每根引下线的冲击接地电阻不应大于多少？（　　）

(A)30Ω　　(B)20Ω

(C)10Ω　　　　　　　　　　　　　　(D)5Ω

29. 某第一类防雷建筑物，当地土壤电阻率为300Ω·m，其防直击雷的接地装置围绕建筑物敷设成环形接地体，当该环形接地体所包围的面积为100m^{2}时，请判断下列问题哪一个是正确的？（　　）

(A)该环形接地体需要补加垂直接地体4m
(B)该环形接地体需要补加水平接地体4m
(C)该环形接地体不需要补加接地体
(D)该环形接地体需要补加两根2m的垂直接地体

30. 对于采用低压IT系统供电要求的场所，其故障报警应采用哪种装置？（　　）

(A)绝缘监视装置　　　　　　　　(B)剩余电流保护器
(C)电压表　　　　　　　　　　　(D)过压脱扣器

31. 380V电动机外壳采用可靠的接地后，请判断下面哪一种观点是正确的？（　　）

(A)电动机发生漏电时，外壳的电位不会升高，因此人体与之接触不会受到电击
(B)电动机发生漏电时，外壳的电位有升高，但由于可靠接地，电位升高很小，人体与之接触不会受到电击
(C)电动机发生漏电时，即使设备已可靠接地，人体与之接触仍有电击的危险
(D)因为电动机发生漏电时，即使设备已可靠接地，人体与之接触仍有电击的危险。因此该电动机配电回路必须使用漏电保护器进行保护

32. 正常环境下的屋内场所，采用护套绝缘电线直敷设布线时，下列哪一项表述与国家标准的要求一致？（　　）

(A)其截面不应大于4mm^2，布线的固定间距不应大于0.4m
(B)其截面不应大于2.5mm^2，布线的固定间距不应大于0.6m
(C)其截面不应大于6mm^2，布线的固定间距不应大于0.3m
(D)其截面不应大于1.5mm^2，布线的固定间距不应大于1.0m

33. 应急照明不能选用下列哪种光源？（　　）

(A)白炽灯　　　　　　　　　　　(B)卤钨灯
(C)荧光灯　　　　　　　　　　　(D)高强度气体放电灯

34. 按现行国家标准规定，设计照度值与照度标准值比较，允许的偏差是多少？（　　）

(A) -5% ~ +5%　　　　　　　　　(B) -7.5% ~ +7.5%

(C) -10% ~ +10% (D) -15% ~ +15%

35. 下列有关异步电动机启动控制的描述,哪一项是错误的? ( )

(A)直接启动时校验在电网形成的电压降不得超过规定值,还应校验其启动功率不得超过供电设备和电网的过载能力
(B)降压启动方式即启动时将电源电压降低加到电动机定子绕组上,待电动机接近同步转速后,再将电动机接至电源电压上运行
(C)晶闸管交流调压调速的主要优点是简单、便宜、使用维护方便,其缺点为功率损耗高、效率低、谐波大
(D)晶闸管交流调压调速,常用的接线方式为每相电源各串一组双向晶闸管,分别与电动机定子绕组连接,另外,电源中性线与电动机绕组的中心点连接

36. 关于电动机的交—交变频调速系统的描述,下列哪一项是错误的? ( )

(A)用晶闸管移相控制的交—交变频调速系统,适用于大功率(3000kW 以上)、低速(600r/min 以下)的调速系统
(B)交—交变频调速电动机可以是同步电动机或异步电动机
(C)当电源频率为 50Hz 时,交—交变频装置最大输出频率被限制为 $f\leqslant$ 16 ~ 20Hz
(D)当输出频率超过 16 ~ 20Hz 后,随输出频率增加,输出电流的谐波分量减少

37. 关于可编程控制器 PLC 的 I/O 接口模块,下列描述哪一项是错误的? ( )

(A)I/O 接口模块是 PLC 中 CPU 与现场输入、输出装置或其他外部设备之间的接口部件
(B)PLC 系统通过 I/O 模块与现场设备连接,每个模块都有与之对应的编程地址
(C)为满足不同需要,有数字量输入输出模块、模拟量输入输出模块、计数器等特殊功能模块
(D)I/O 接口模块必须与 CPU 放置在一起

38. 民用建筑内,设置在走道和大厅等公共场所的火灾应急广播扬声器的额定功率不应小于 3W,对于其数量的要求,下列表述中哪一项符合规范的规定? ( )

(A)从一个防火分区的任何部位到最近一个扬声器的距离不大于 20m
(B)从一个防火分区的任何部位到最近一个扬声器的距离不大于 25m
(C)从一个防火分区的任何部位到最近一个扬声器的距离不大于 30m
(D)从一个防火分区的任何部位到最近一个扬声器的距离不大于 15m

39. 建筑物高度超过 100m 的高层民用建筑,在各避难层应设置消防专用电话分机或电话插孔,下列哪一项表述与规范的要求一致? ( )

(A)应每隔 15m 设置一个消防专用电话分机或电话插孔
(B)应每隔 20m 设置一个消防专用电话分机或电话插孔
(C)应每隔 25m 设置一个消防专用电话分机或电话插孔
(D)应每隔 30m 设置一个消防专用电话分机或电话插孔

40. 有线电视系统中，对系统载噪比(C/N)的设计值要求，下列表述中哪一项是正确的？ ( )

(A)应不小于 38dB　　(B)应不小于 40dB
(C)应不小于 44dB　　(D)应不小于 47dB

二、多项选择题(共 30 题，每题 2 分。每题的备选项中有 2 个或 2 个以上符合题意。错选、少选、多选均不得分)

41～46. 旧大纲题目：略。

47. 在火灾和爆炸危险厂房中，低压配电系统可采用下列哪几种接地形式？ ( )

(A)TN-S　　(B)TN-C-S
(C)TT　　(D)IT

48. 提高车间电力负荷的功率因数，可以减少车间变压器的哪些损耗？ ( )

(A)有功损耗　　(B)无功损耗
(C)铁损　　(D)铜损

49. 下列电力负荷中哪几项属于一级负荷？ ( )

(A)建筑高度为 32m 的乙、丙类厂房的消防用电设备
(B)建筑高度为 60m 的综合楼的电动防火门、窗、卷帘等消防设备
(C)人民防空地下室二等人员隐蔽所、物资库的应急照明
(D)民用机场的机场宾馆及旅客过夜用房用电

50. 二级电力负荷的系统，采用以下哪几种供电方式是正确的？ ( )

(A)宜由两回路供电
(B)在负荷较小或地区供电条件困难时，可由一回 6kV 及以上专用架空线路供电
(C)当采用一回电缆线路时，应采用两根电缆组成的电缆线路供电，其每根电缆应能承受 100% 的二级负荷
(D)当采用一回电缆线路时，应采用两根电缆组成的电缆线路供电，其每根电缆应能承受 50% 的二级负荷

51. 变配电所中，当 6～10kV 母线采用单母线分段接线时，分段处宜装设断路器，属于下列哪几种情况时，可装设隔离开关或隔离触头？ ( )

(A)母线上短路电流较小　　(B)不需要带负荷操作

(C)继电保护或自动装置无要求　　(D)出线回路较少

52. 某大型民用建筑内需设置一座 10kV 变电所，下列哪几种形式比较适宜？（　　）

(A)室内变电所　　(B)组合式成套变电站

(C)半露天变电所　　(D)户外箱式变电站

53. 当一级负荷用电由同一 10kV 配电所供给时，下列哪几种做法符合规范的要求？（　　）

(A)母线分段处应设防火隔板或有门洞的隔墙

(B)供给一级负荷用电的两路电缆不应同沟敷设，当无法分开时，该电缆沟内的两路电缆应采用耐火性电缆，且应分别敷设在电缆沟两侧的支架上

(C)供给一级负荷用电的两路电缆不应同沟敷设，当无法避免时，允许采用阻燃性电缆，分别敷设在电缆沟一侧不同层的支架上

(D)供给一级负荷用电的两路电缆应同沟敷设

54. 在电气工程设计中，短路电流的计算结果用于下列哪几项？（　　）

(A)选择导体和电器

(B)继电保护的选择与整定

(C)确定供电系统的可靠性

(D)验算接地装置的接触电压和跨步电压

55. 保护 35kV 以下变压器的高压熔断器的选择，下列哪几项要求是正确的？（　　）

(A)当熔体内通过电力变压器回路最大工作电流时不误熔断

(B)当熔体通过电力变压器回路的励磁涌流时不误熔断

(C)当高压熔断器的断流容量不满足被保护回路短路容量要求时，不可在被保护回路中装设限流电阻来限制短路电流

(D)高压熔断器还应按海拔高度进行校验

56. 验算 10kV 导体和电器用的短路电流，按下列哪几条原则计算是符合规范规定的？（　　）

(A)除计算短路电流的衰减时间常数外，元件的电阻可忽略不计

(B)在电气连接的网络中可不计具有反馈作用的异步电动机的影响和电容补偿装置放电电流的影响

(C)在电气连接的网络中应计及具有反馈作用的异步电动机的影响和电容补偿装置放电电流的影响

(D)在电气连接的网络中应计及具有反馈作用的异步电动机的影响,电容补偿装置放电电流的影响可忽略不计

57. 对电线、电缆导体的截面选择,下列哪几项符合规范的要求? ( )

(A)按照敷设方式、环境温度及使用条件确定导体的截面,其额定载流量不应小于预期负荷的最大计算电流
(B)屋外照明用灯头线采用的铜线线芯的最小允许截面为 1.0mm^2
(C)线路电压损失不应超过允许值
(D)生产用的移动式用电设备采用铜芯软线的线芯最小允许截面为 0.75mm^2

58. 某变电所 35kV 备用电源自动投入装置功能如下,请指出哪几个功能是不正确的? ( )

(A)手动断开工作回路断路器时,备用电源自动投入装置动作,投入备用电源断路器
(B)工作回路上的电压一旦消失,自动投入装置应立即动作
(C)在确定工作回路无电压而且工作回路确实断开后才投入备用电源断路器
(D)备用电源自动投入装置动作后,如投到故障上,再自动投入一次

59. 对于变压器引出线、套管及内部的短路故障,下列保护配置哪几项是正确的? ( )

(A)变电所有两台 2.5MV·A 变压器,装设纵联差动保护
(B)两台 6.3MV·A 并联运行变压器,装设纵联差动保护
(C)一台 6MV·A 重要变压器,装设纵联差动保护
(D)8MV·A 以下变压器装设电流速断保护和过电流保护

60. 下列关于 35kV 变电所所用电源的设计原则中,哪几项是正确的? ( )

(A)在两台及以上变压器的变电所中,宜装设两台容量相同可互为备用的所用变压器
(B)如能从变电所外引入一个可靠的低压备用所用电源,亦可装设一台所用变压器
(C)当 35kV 变电所只有一回电源进线及一台变压器时,可在电源进线断路器之后装设一台所用变压器
(D)所用变压器容量应根据所用电负荷选择

61. 为了限制 3~66kV 不接地的中性点接地的电磁式电压互感器因过饱和可能产生的铁磁谐振过电压,可采取的措施有: ( )

(A)选用励磁特性饱和点较高的电磁式电压互感器
(B)增加同一系统中电压互感器中性点接地的数量

(C)在互感器的开口三角形绕组装设专门消除此类铁磁谐振的装置

(D)在10kV及以下的母线装设中性点接地的星形接线电容器组

62. 在变电所设计运行中应考虑直击雷、雷电反击和感应雷过电压对电气装置的危害,其中,直击雷过电压保护可采用避雷针或避雷线,下列设施应装设直击雷保护装置的有: ( )

(A)露天布置的GIS外壳

(B)有火灾危险的建构筑物

(C)有爆炸危险的建构筑物

(D)屋外配电装置,包括组合导线和母线廊道

63. 在电气设计中,以下做法符合规范要求的有: ( )

(A)根据实际情况在TT系统中使用四极开关

(B)根据实际情况在TN-C系统中使用四极开关

(C)根据实际情况利用大地作为电力网的中性线

(D)根据实际情况设置两个互相独立的接地装置

64. 关于静电保护的措施及要求,下列叙述哪些是正确的? ( )

(A)静电接地的接地电阻一般不应大于100Ω

(B)对非金属静电导体不必作任何接地

(C)为消除非导体的静电,宜采用静电消除器

(D)在频繁移动的器件上使用的接地导体,宜使用$6mm^2$以上的单股线

65. 某建筑群的综合布线区域内存在高于国家标准规定的干扰时,布线方式选择下列哪些措施符合国家标准规范要求? ( )

(A)宜采用非屏蔽缆线布线方式

(B)宜采用屏蔽缆线布线方式

(C)宜采用金属管线布线方式

(D)可采用光缆布线方式

66. 某设计院旧楼改造,为改善设计室照明环境,下列哪几种做法符合国家标准规范的要求? ( )

(A)增加灯具容量及数量,提高照度标准到750lx

(B)加大采光窗面积,布置浅色家具、白色顶棚和墙面

(C)每个员工工作桌配备20W节能工作台灯

(D)限制灯具中垂线以上等于和大于65°高度角的亮度

67. 关于电动机的启动方式的特点比较,下列描述中哪些是正确的? ( )

(A)电阻降压启动适用于低压电动机,启动电流较大,启动转矩较小,启动电阻消耗较大

(B)电抗器降压启动适用于低压电动机,启动电流较大,启动转矩较小

(C)延边三角形降压启动要求电动机具有 9 个出线头,启动电流较小,启动转矩较大

(D)星形—三角形降压启动要求电动机具有 6 个出线头,适用于低压电动机,启动电流较小,启动转矩较小

68. 关于可编程控制器 PLC 循环扫描周期的描述,下列哪几项是错误的? ( )

(A)扫描速度的快慢与控制对象的复杂程度和编程的技巧无关

(B)扫描速度的快慢与 PLC 所采用的处理器型号无关

(C)PLC 系统的扫描周期包括系统自诊断、通信、输入采样、用户程序执行和输出刷新等用时的总和

(D)通信时间的长短、连接的外部设备的多少、用户程序的长短,都不影响 PLC 扫描时间的长短

69. 在某建筑中有相邻 5 间房间,同时满足下列哪些条件时,可将其划为一个火灾报警探测区域? ( )

(A)总面积不超过 $400m^2$　　(B)总面积不超过 $1200m^2$

(C)在门口设有声音报警器　　(D)在门口设有灯光显示装置

70. 综合布线系统设备间机架和机柜安装时宜符合的规定,下列哪些表述与规范的要求一致? ( )

(A)机架或机柜前面的净空不应小于 800mm,后面的净空不应小于 800mm

(B)机架或机柜前面的净空不应小于 800mm,后面的净空不应小于 600mm

(C)机架或机柜前面的净空不应小于 600mm,后面的净空不应小于 800mm

(D)壁挂式配线设备底部离地面的高度不宜小于 300mm

2006年专业知识试题答案(上午卷)

1～10.略

11.**答案**:B

依据:《低压电气装置　第4-41部分:安全防护　电击防护》(GB 16895.21—2011),第413条。未找到明确对应条款,只有相关描述,但本题内容为电气专业基本知识。

12.**答案**:D

依据:《爆炸和火灾危险环境电力装置设计规范》(GB 50058—1992)第2.5.3条表2.5.3-1。

13.**答案**:A

依据:《民用建筑电气设计规范》(JGJ 16—2008)第10.3.5、第10.3.6条。

14.**答案**:A

依据:《工业与民用配电设计手册》(第三版)P2第5行。

15.**答案**:B

依据:《低压配电设计规范》(GB 50054—2011)第6.2.4条。

16.**答案**:D

依据:《并联电容器装置设计规范》(GB 50227—2008)第5.2.4条。

17.**答案**:B

依据:《10kV及以下变电所设计规范》(GB 50053—1994)第4.1.7条、第4.1.6条。

18.**答案**:A

依据:《3～110kV高压配电装置设计规范》(GB 50060—2008)第5.4.4条。

19.**答案**:D

依据:未找到具体条文。

20.**答案**:A

依据:《工业与民用配电设计手册》(第三版)P150第1行。

21.**答案**:C

依据:《工业与民用配电设计手册》(第三版)P199表5-1。虽然缺少机械荷载和绝缘水平两项,但根据其他已可以选出正确答案了。

22.**答案**:B

依据:《电力装置的继电保护和自动装置设计规范》(GB/T 50062—2008)

第 8.1.2条。

23. **答案**:D

依据:《建筑物电气装置　第 54 部分:电气设备的选择和安装—接地配置、保护导体和保护联结导体》(GB 16895.3—2004)第 543.4.1 条。

24. **答案**:A

依据:《电力工程电缆设计规范》(GB 50217—2007)第 3.3.1 条。

25. **答案**:B

依据:《民用建筑电气设计规范》(JGJ 16—2008)第 5.4.2 条。

26. **答案**:B

依据:《工业与民用配电设计手册》(第三版)P124 倒数第 7 行:最小短路电流(即最小运行方式下的短路电流)作为校验继电保护灵敏度系数的依据。除此之外,也可参考 P309 的表 7-13 过电流保护一栏,但因为书上写的是 6 ~ 10kV 线路保护公式,因此只作参考。

27. **答案**:A

依据:《35kV ~ 110kV 变电站设计规范》(GB 50059—2011)第 3.6.1 条。

28. **答案**:C

依据:《建筑物防雷设计规范》(GB 50057—2010)第 4.3.6 条,但无准确对应条文;实际考查旧规范《建筑物防雷设计规范》(GB 50057—1994)(2000 年版)第 3.3.1 条。

29. **答案**:C

依据:《建筑物防雷设计规范》(GB 50057—2010)第 4.2.4 ~ 6 条及小注。

30. **答案**:A

依据:《低压配电设计规范》(GB 50054—2011)第 5.2.20 条。

31. **答案**:C

依据:无具体条文,但可参考《低压配电设计规范》(GB 50054—2011)的相关内容,因为外露可导电部分即使可靠接地,仍存在接触电位差,需要采取辅助等电位接地或局部等电位接地措施。

32. **答案**:C

依据:旧规范《低压配电设计规范》(GB 50054—1995)第 5.2.1-1 条。

33. **答案**:D

依据:《建筑照明设计标准》(GB 50034—2004)第 3.2.5 条。

34. **答案**:C

依据:《建筑照明设计标准》(GB 50034—2004)第 4.1.7 条。

35. **答案**:D

依据:《钢铁企业电力设计手册》(下册)P89、90及P282。

36. **答案**:D

依据:《电气传动自动化技术手册》(第二版)P490倒数第5行。

37. **答案**:D

依据:《电气传动自动化技术手册》(第二版)P788倒数第5行。

38. **答案**:B

依据:《火灾自动报警系统设计规范》(GB 50116—1998)第5.4.2.1条。

39. **答案**:B

依据:《火灾自动报警系统设计规范》(GB 50116—1998)第5.6.3.3条。

40. **答案**:C

依据:《有线电视系统工程技术规范》(GB 50200—1994)第2.2.3.1条表2.2.2。

41~46. 略

47. **答案**:ACD

依据:《工业与民用配电设计手册》(第三版)P881。

48. **答案**:ABD

依据:《钢铁企业电力设计手册》(上册)P297的"2)减少变压器铜耗"。另,提高功率因数后,列出了变压器节约的有功功率和无功功率计算公式。

49. **答案**:BCD

依据:《建筑设计防火规范》(GB 50016—2006)第11.1.1-1条,《高层民用建筑设计防火规范》(GB 50045—1995)(2005年版)第9.1.1条,《人民防空地下室设计规范》(GB 50038—2005)第7.2.4条表7.2.4,《民用建筑电气设计规范》(JGJ 16—2008)附录A。

50. **答案**:ABC

依据:旧规范《供配电系统设计规范》(GB 50052—1995)第2.0.6条。

51. **答案**:BC

依据:《10kV及以下变电所设计规范》(GB 50053—1994)第3.2.5条。

52. **答案**:AB

依据:《10kV及以下变电所设计规范》(GB 50053—1994)第4.1.1条。

53. **答案**:AB

依据:《民用建筑电气设计规范》(JGJ 16—2008)第4.5.5条,B答案中的"阻燃"应为“耐火”。

54. **答案**:ABD

依据:《钢铁企业电力设计手册》(上册)P177。

55. **答案**:ABD

依据:《导体和电器选择设计技术规定》(DL/T 5222—2005)第17.0.2条、第17.0.10条,选项C答案在《钢铁企业电力设计手册》(上册)P573最后一段。

56. **答案**:AC

依据:《电力工程电气设计手册》(电气一次部分)P177。若无此手册,可放弃,此手册一般发输变电较常用。

57. **答案**:ABC

依据:《民用建筑电气设计规范》(JGJ 16—2008)第7.4.2条和《工业与民用配电设计手册》(第三版)P494表9-9。

58. **答案**:ABD

依据:《电力装置的继电保护和自动装置设计规范》(GB/T 50062—2008)第11.0.2条。

59. **答案**:BC

依据:《电力装置的继电保护和自动装置设计规范》(GB/T 50062—2008)第4.0.3条、第4.0.5条,过电流保护作为后备保护,是针对外部相间短路引起的。

60. **答案**:AB

依据:旧规范《35kV~110kV变电站设计规范》(GB 50059—1992)第3.3.1条,新规范已修改,可参考GB 50059—2011第3.1.1条。

61. **答案**:ACD

依据:《导体和电器选择设计技术规定》(DL/T 5222—2005)第4.1.5-d)条。

62. **答案**:CD

依据:《导体和电器选择设计技术规定》(DL/T 5222—2005)第7.1.1条、第7.1.3条、第7.1.4条。

63. **答案**:AD

依据:选项B、C明显不对,但选项C的依据未找到,选项D即为TT系统,其他可查《民用建筑电气设计规范》(JGJ 16—2008)第7.5.3-4条。

64. **答案**:AC

依据:《防止静电事故通用导则》(GB 12158—2006)第6.1.2条、第6.1.10条、第6.2.6条,本规范超纲。

65. **答案**:BD

依据:《综合布线系统工程设计规范》(GB 50311—2007)第7.0.2-2条。

66. **答案**:BCD

依据:《建筑照明设计标准》(GB 50034—2004)第5.2.2条,A错误;第6.2条充分利用自然光,B正确;《照明设计手册》(第二版)P268第3行"2.辅助照明",C正确;P264第2行"有视频显示终端的工作场所照明应限制灯具中垂线以上不小于65°高度角的亮度",D正确。

注:电脑显示屏即为视频显示终端。

67. **答案**:ACD

依据:《钢铁企业电力设计手册》(下册)表24-3。

68. **答案**:ABD

依据:《电气传动自动化技术手册》(第二版)P799中"3. PLC系统的扫描周期"。

69. **答案**:AD

依据:《火灾自动报警系统设计规范》(GB 50116—1998)第4.2.2.1条。

70. **答案**:BD

依据:《综合布线系统工程设计规范》(GB 50311—2007)第6.3.7条。

2006年专业知识试题(下午卷)

一、单项选择题(共40题,每题1分,每题的备选项中只有1个最符合题意)

1. 下面哪种是属于防直接电击保护措施? ( )

(A)自动切断供电 (B)接地
(C)等电位联结 (D)将裸露导体包以适合的绝缘防护

2. 国家标准中规定,在建筑照明设计中对照明节能评价指标采用的单位是下列哪一项? ( )

(A)W/lx (B)W/lm
(C)W/m^2 (D)lm/m^2

3. 某建筑高度为36m的普通办公楼,地下室平时为III类普通汽车房,战时为防空地下室,属二级人员隐蔽所,下列楼内用电设备哪一项是一级负荷? ( )

(A)防空地下室战时应急照明 (B)自动扶梯
(C)消防电梯 (D)消防水泵

4. 在三相配电系统中,每相均接入一盏交流220V、1kW碘钨灯,同时在A相和B相间接入一个交流380V、2kW的全阻性负载,请计算等效三相负荷,下列哪一项数值是正确的? ( )

(A)5kW (B)6kW
(C)9kW (D)10kW

5. 在城市供电规划中,10kV开关站最大转供容量不宜超过下列哪个数值? ( )

(A)10000kV·A (B)15000kV·A
(C)20000kV·A (D)无具体要求

6. 10kV及以下变电所设计中,一般情况下,动力和照明宜共用变压器,下列关于设置专用变压器的表述中哪一项是正确的? ( )

(A)在TN系统的低压电网中,照明负荷应设专用变压器
(B)当单台变压器的容量小于1250kV·A,可设照明专用变压器
(C)当照明负荷较大或动力和照明采用共用变压器严重影响照明质量及灯泡的寿命时,可设照明专用变压器
(D)负荷随季节性变化不大时,宜设照明专用变压器

7. 低压并联电容器应采用自动投切，下列哪种参数不属于自动投切的控制量？（ ）

(A)无功功率 (B)功率因数
(C)电压或时间 (D)关合涌流

8. 下列哪一项为供配电系统中高次谐波的主要来源？（ ）

(A)工矿企业各种非线性用电设备
(B)60Hz 的用电设备
(C)运行在非饱和段的铁芯电抗器
(D)静补装置中的容性无功设备

9. 10kV 配电所高压电容器装置的开关设备及导体载流部分的长期允许电流不应小于电容器额定电流的多少倍？（ ）

(A)1.2 (B)1.25
(C)1.3 (D)1.35

10. 下列关于高压配电装置设计的要求中，哪一条不符合规范规定？（ ）

(A)63kV 配电装置中，每段母线上不宜装设接地刀闸或接地器
(B)63kV 配电装置中，断路器两侧隔离开关的断路器侧和线路隔离开关的线路侧，宜装设接地刀闸
(C)屋内配电装置间隔内的硬导体及接地线上，应留有接触面和连接端子
(D)屋内、外配电装置隔离开关与相应的断路器和接地刀闸之间应装设闭锁装置

11. 总油量超过 100kg 的 10kV 油浸式变压器安装在屋内，下面哪一种布置方案符合规范要求？（ ）

(A)为减少房屋面积，与 10kV 高压开关柜布置在同一房间内
(B)为方便运行维护，与其他 10kV 高压开关柜布置在同一房间内
(C)宜装设在单独的防爆间内，不设置消防设施
(D)宜装设在单独的防爆间内，设置消防设施

12. 已知一条 50km 长的 110kV 架空线路，其架空导线每公里电抗为 0.409Ω，若计算基准容量为 100MV·A，该线路电抗标幺值是多少？（ ）

(A)0.155 (B)0.169
(C)0.204 (D)0.003

13. 在设计远离发电厂的 110/10kV 变电所时，校验 10kV 断路器分断能力（断路器开断时间为 0.15s），应采用下列哪一项？（ ）

(A)三相短路电流第一周期全电流峰值
(B)三相短路电流第一周期全电流有效值
(C)三相短路电流周期分量最大瞬时值
(D)三相短路电流周期分量稳态值

14. 在远离发电厂的变电所 10kV 母线最大三相短路电流为 7kA,请指出 10kV 开关柜中隔离开关的动稳定电流,选用下列哪一项最合理? ( )

(A)16kA　　(B)20kA
(C)31.5kA　　(D)40kA

15. 当电流互感器二次绕组的容量不满足要求时,可以采取下列哪种正确措施? ( )

(A)将两个二次绕组串联使用
(B)将两个二次绕组并联使用
(C)更换额定电流大的电流互感器,增大变流比
(D)降低准确级使用

16. 按低压电器的选择原则规定,下列哪种电器不能用作通断电流的操作电器? ( )

(A)负荷开关　　(B)继电器
(C)半导体电器　　(D)熔断器

17. 1kV 及其以下电源中性点直接接地时,单相回路的电缆芯数选择,下列叙述中哪一项符合规范要求? ( )

(A)保护线与受电设备的外露可导电部分连接接地的情况,保护线与中性线合用同一导体时,应采用三芯电缆
(B)保护线与受电设备的外露可导电部分连接接地的情况,保护线与中性线各自独立时,应采用两芯电缆
(C)保护线与受电设备的外露可导电部分连接接地的情况,保护线与中性线各自独立时,应采用两芯电缆与另外的保护线导体组成,并分别穿管敷设
(D)受电设备的外露可导电部分连接接地与电源系统接地各自独立的情况,应采用两芯电缆

18. 在 10kV 及以下电力电缆和控制电缆的敷设中,下列哪一项叙述符合规范的规定? ( )

(A)在隧道、沟、线槽、竖井、夹层等封闭式电缆通道中,不得含有可能影响环境温升持续超过 10℃的供热管路
(B)直埋敷设于非冻土地区时,电缆外皮至地面深度不得小于 0.5m

(C)敷设于保护管中,使用排管时,管路纵向排水坡度不宜小于0.2%

(D)电缆沟/隧道的纵向排水坡度不得大于0.5%

19. 工业企业厂房内,交流工频500V以下无遮拦的裸导体至地面的距离不应小于下列哪一项数值? ( )

(A)2.5m (B)3.0m

(C)3.5m (D)4.0m

20. 当采用配有浮充电设备的蓄电池组作直流电源时,下列哪一项要求是正确的? ( )

(A)电流允许波动应控制在额定电流5%范围内

(B)有浮充电设备引起的波纹系数不应大于5%

(C)放电末期直流母线电压下限不应低于额定电压的85%

(D)充电后期直流母线电压上限不应高于额定电压的115%

21. 变压器的纵联差动保护应符合下列哪一项要求? ( )

(A)应能躲过外部短路产生的最大电流

(B)应能躲过励磁涌流

(C)应能躲过内部短路产生的不平衡电流

(D)应能躲过最大负荷电流

22. 对双绕组变压器的外部相间的短路保护,以下说法哪一项正确? ( )

(A)应装于高压侧 (B)保护装置设三段时限

(C)应装于主电源侧 (D)应装于低压侧

23. 试选择220/380V三相系统中相对地之间的电涌保护器的最大连续工作电压U_C(当三相系统为TN系统时)? ( )

(A)253V (B)288V

(C)341V (D)437V

24. 应用于标称电压为10kV的中性点不接地系统中的变压器的相对地雷电冲击耐受电压和短时工频耐受电压分别是? ( )

(A)75kV,35kV (B)60kV,35kV

(C)75kV,28kV (D)60kV,28kV

25. 等电位联结作为一项电气安全措施,它的目的是用来降低: ( )

(A)故障接地电压 (B)跨步电压

(C)安全电压 (D)接触电压

26. 综合分析低压配电系统的各种接地形式，对于有自设变电所的智能型建筑最适合的接地形式是下列哪一种？（　　）

(A) TN-S　　(B) TT

(C) IT　　(D) TN-C-S

27. 按照国家标准规范规定，布线竖井内的高压、低压和应急电源的电气线路，相互之间的距离应等于或大于多少？（　　）

(A) 100mm　　(B) 150mm

(C) 200mm　　(D) 300mm

28. 按照国家标准规范规定，每套住宅进户线截面不应小于多少？（　　）

(A) $4mm^2$　　(B) $6mm^2$

(C) $10mm^2$　　(D) $16mm^2$

29. 按照国家标准规范规定，公共建筑的工作房间和工业建筑作业区域内，临近作业面外 0.5m 范围内的照度均匀度不应小于多少？（　　）

(A) 0.5　　(B) 0.6

(C) 0.7　　(D) 0.8

30. 请问下列哪款光源必须选配电子镇流器？（　　）

(A) T8，36W 直管荧光灯　　(B) 400W 高压钠灯

(C) T5，28W 超细管荧光灯　　(D) 250W 金属卤化物灯

31. 下列有关变频启动的描述，哪一项是错误的？（　　）

(A) 可以实现平滑启动，对电网冲击小

(B) 启动电流大，需考虑对被启动电机的加强设计

(C) 变频启动装置的功率仅为被启动电动机功率的 5% ~7%

(D) 适用于大功率同步电动机的启动控制，可若干电动机共用一套启动装置，较为经济

32. 根据他励直流电动机的机械特性，由负载力矩引起的转速降落 Δn 符合下列哪一项关系？（　　）

(A) Δn 与电动机工作转速成正比　　(B) Δn 与母线电压平方成正比

(C) Δn 与电动机磁通成反比　　(D) Δn 与电动机磁通平方成反比

33. 仅供笼型异步电动机启动用的普通晶闸管软启动装置，按变流种类可归类为下列哪一种？（　　）

(A)整流　　　　　　　　　　　　　　(B)交流调压
(C)交—直—交间接变频　　　　　　　(D)交—交直接变频

34. 改变定子电压可以实现异步电动机的简易调速,当向下调节定子电压时,电动机的电磁转矩按下列哪一项关系变化?　　(　　)

(A)随定子电压值按一次方的关系下降
(B)随定子电压值按二次方的关系下降
(C)随定子电压值按三次方的关系下降
(D)随电网频率按二次方的关系下降

35. 可编程控制器 PLC 控制系统中的中枢是中央处理单元(CPU),它包括微处理器和控制接口电路。下面列出的有关 CPU 主要功能的描述哪一条是错误的?　　(　　)

(A)以扫描方式读入所有输入装置的状态和数据,存入输入映像区中
(B)逐条解读用户程序,执行包括逻辑运算、算数运算、比较、变换、数据传输等任务
(C)随机将计算结果立即输出到外部设备
(D)扫描程序结束后,更新内部标志位,将结果送入输出映像区或寄存器;随后将映像区内的各输出状态和数据传送到相应的输出设备中

36. 消防控制室内设备的布置,下列哪一项表述与规范的要求一致?　　(　　)

(A)设备面盘前操作距离,单列布置时不应小于最小操作空间 1.0m,双列布置时不应小于 1.5m
(B)设备面盘前操作距离,单列布置时不应小于最小操作空间 1.5m,双列布置时不应小于 2.0m
(C)设备面盘前操作距离,单列布置时不应小于最小操作空间 1.8m,双列布置时不应小于 2.5m
(D)设备面盘前操作距离,单列布置时不应小于最小操作空间 2.0m,双列布置时不应小于 2.5m

37. 某一项工程,集中火灾报警控制器安装在消防控制室墙上,其底边距地 1.3m,其靠近门轴的侧面距墙 0.4m,正面操作距离为 1.3m,验收时认为不合格,其原因是哪一项?　　(　　)

(A)其底边距地应为 1.4m
(B)其靠近门轴的侧面距墙不应小于 0.5m
(C)其正面操作距离应为 1.5m
(D)其底边距地应为 1.5m

38. 建筑物自动化系统的可靠性保证:除系统必须有保证可靠运行的自检试验与故障报警功能外,下列叙述中哪一项与规范不一致?　　(　　)

(A)直流电源故障报警　　(B)通信故障报警
(C)接地故障报警　　(D)外部设备控制单元故障报警

39. 闭路电视监控系统中图像水平清晰度，对于黑白电视系统，其清晰度的要求，下列表述中哪一项是正确的？　　(　　)

(A)不应低于400线　　(B)不应低于450线
(C)不应低于270线　　(D)不应低于550线

40. 建筑与建筑群综合布线系统的缆线与设备之间的相互连接应注意阻抗匹配和平衡与不平衡的转换适配。特性阻抗应符合100Ω标准，在频率大于1MHz时的偏差值应为：　　(　　)

(A) ±5Ω　　(B) ±10Ω
(C) ±15Ω　　(D) ±20Ω

二、多项选择题(共30题，每题2分。每题的备选项中有2个或2个以上符合题意。错选、少选、多选均不得分)

41. 安全特低电压配电回路SELV的外露可导电部分应符合以下哪几项要求？　　(　　)

(A)安全特低电压回路的外露可导电部分不允许与大地连接
(B)安全特低电压回路的外露可导电部分不允许与其他回路的外露可导电部分连接
(C)安全特低电压回路的外露可导电部分不允许与装置外界部分连接
(D)安全特低电压回路的外露可导电部分允许与其他回路的保护导体连接

42. 在TN-C系统中若部分回路必须装设漏电保护器(RCD)保护，则应将被保护部分的系统接地形式改为下列哪几种形式？　　(　　)

(A)TN-S系统　　(B)TN-C-S系统
(C)局部TT系统　　(D)TT系统

43. 下列关于供电系统负荷分级的叙述，哪几项符合规范的规定？　　(　　)

(A)火力发电厂与变电所设置的消防水泵、电动阀门、火灾探测报警与灭火系统、火灾应急照明应按二级负荷供电
(B)室外消防用水量为20L/s的露天堆场的消防用电设备应按三级负荷供电
(C)单机容量为25MW以上的发电厂，消防水泵应按二级负荷供电
(D)以石油、天然气及其产品为原料的石油化工厂，其消防水泵房用电设备的电源，应按一级负荷供电

44. 某建筑物为高度60m的普通办公楼，下列楼内用电设备哪些为一级负荷？　　(　　)

(A)消防电梯　　　　　　　　　　(B)自动电梯

(C)公共卫生间照明　　　　　　　(D)楼梯间应急照明

45. 在供配电系统设计中，计算电压偏差时，应计入采取某些措施后的调压效果，下列所采取的措施，哪些是应计入的？ (　　)

(A)自动或手动调整并联补偿电容器的投入量

(B)自动或手动调整异步电动机的容量

(C)改变供配电系统运行方式

(D)自动或手动调整并联电抗器的投入量

46. 与高压并联电容器装置配套的断路器选择，除应符合断路器有关标准外，尚应符合下列哪几条规定？ (　　)

(A)开断时不应重击穿

(B)每天投入超过三次的断路器，应具备频繁操作的性能

(C)关合时，接触弹跳时间不应大于2ms，并且不应有过长的预击穿

(D)总回路中的断路器，应具有切除所连接的全部电容器组和开断总回路电容电流的能力

47. 下列关于35kV高压配电装置中导体最高工作温度和最高允许温度的规定，哪几条符合规范的要求？ (　　)

(A)裸导体的正常最高工作温度不应大于+70℃，在计及日照影响时，钢芯铝线及管型导体不宜大于+80℃

(B)当裸导体接触面处有镀锡的可靠覆盖层时，其最高工作温度可提高到+85℃

(C)验算短路热稳定时，裸导体的最高允许温度，对硬铝及铝锰合金可取+200℃，硬铜可取+250℃

(D)验算短路热稳定时，短路前的导体温度采用额定负荷下的工作温度

48. 35kV屋外配电装置架构的荷载条件，应符合下列哪些要求？ (　　)

(A)确定架构设计应考虑断线

(B)架构宜根据实际受力条件(包括远景可能产生的不利情况)，分别按终端或中间架构设计

(C)计算用气象条件应按当地气象资料

(D)架构设计应考虑安装、运行、检修、地震情况的四种荷载组合

49. 计算低压侧短路电流时，有时需要计算矩形母线的电阻，其电阻值与下列哪些项有关？ (　　)

(A)矩形母线的长度　　　　　　(B)矩形母线的截面积

(C)矩形母线的几何均距　　　　　　　　(D)矩形母线的材料

50. 在变电站设计中,当变压器低压侧短路电流过大,设备难以选择时,可采取下列哪些措施? ( )

(A)变压器分列运行　　　　　　　　　(B)提高高压侧的电压等级
(C)在变压器低压侧回路装设电抗器　　(D)采用低损耗变压器

51. 适用于风机、水泵作为调节压力和流量的电气传动系统有: ( )

(A)绕线电动机转子串电阻调速系统
(B)绕线电动机串级调速系统
(C)直流电动机的调速系统
(D)笼型电动机交流变频调速系统

52. 验算高压断路器开断短路电流的能力时,应按下列哪几项规定? ( )

(A)按设计规划容量计算短路电流
(B)按可能发生最大短路电流的所有可能接线方式
(C)应分别计及分闸瞬间的短路电流交流分量和直流分量
(D)应计及短路电流峰值

53. 在有关35kV及以下电力电缆终端和接头的叙述中,下列哪些项符合规范的规定? ( )

(A)电流终端的额定电压及其绝缘水平,不得低于所连接电缆额定电压及其要求的绝缘水平
(B)电缆接头的额定电压及其绝缘水平,不得低于所连接电缆额定电压及其要求的绝缘水平
(C)电缆绝缘接头的绝缘环两侧耐受电压,不得低于所接电缆外护层绝缘水平的2倍
(D)电缆与电器相连接具有整体式插接功能时,电缆终端的装置类型应采取不可分离式终端

54. 在外部火势作用一定时间内需维持通电的下列哪些场所或回路,明敷的电缆应实施耐火保护或选用具有耐火性的电缆? ( )

(A)公共建筑设施中的回路
(B)计算机监控、双重化继电保护、保安电源灯双回路合用同一通道未相互隔离时其中一个回路
(C)油罐区、钢铁厂中可能有融化金属溅落等易燃场所
(D)消防、报警、应急照明、断路器操作直流电源和发电机组紧急停机的保安电源等重要回路

55. 一台 10/0.4kV,0.63MV·A 星形—星形连接的配电变压器,低压侧中性点直接接地,下列哪几项保护可以作为低压侧单相接地短路保护? (　　)

(A)高压侧装设三相式过电流保护
(B)低压侧中性线上装设零序电流保护
(C)低压侧装设三相过电流保护
(D)高压侧由三相电流互感器组成的零序回路上装设零序电流保护

56. 下列哪几项电测量仪表精确度选择不正确? (　　)

(A)测量电力电容器回路的无功功率表精确度选为 1.0 级
(B)蓄电池回路电流表精确度选为 1.5 级
(C)主变压器低压侧电能表精确度选为 3.0 级
(D)电量变送器输出侧仪表精确度选为 1.5 级

57. 关于 35kV 变电所蓄电池的容量选择,以下哪些条款是正确的? (　　)

(A)蓄电池的容量应满足全所事故停电 1h 放电容量
(B)事故放电容量取全所经常性直流负荷
(C)事故放电容量取全所事故照明的负荷
(D)蓄电池组的容量应满足事故放电末期最大冲击负荷容量

58. 为防止在开断高压感应电动机时,因断路器的截流、三相同时开断和高频重复重击穿等产生过电压,一般在工程中常用的办法有: (　　)

(A)采用少油断路器
(B)在断路器与电动机之间装设旋转电机型金属氧化物避雷器
(C)在断路器与电动机之间装设 R-C 阻容吸收装置
(D)过电压较低,可不采用保护措施

59. 请判断下列问题中哪些是正确的? (　　)

(A)粮、棉及易燃物大量集中的露天堆场,无论其大小都不是建筑物,不必考虑防直击雷措施
(B)粮、棉及易燃物大量集中的露天堆场,当其年计算雷击次数大于或等于0.06时,宜采取防直击雷措施
(C)粮、棉及易燃物大量集中的露天堆场,采取独立避雷针保护时,其保护范围的滚球半径 h_r 可取 60m
(D)粮、棉及易燃物大量集中的露天堆场,采取独立避雷针保护时,其保护范围的滚球半径 h_r 可取 100m

60. A 类变、配电电气装置中下列哪些项目中的金属部分均应接地? (　　)

(A)电机、变压器和高压电器等的底座和外壳

(B)配电、控制、保护用的屏(柜、箱)及操作台等金属框架

(C)安装在配电屏、控制屏和配电装置上的电测量仪表,继电器和其他低压电器等的外壳

(D)装载配电线路杆塔上的开关设备、电容器等电气设备

61. 对 Y,yn0 接线组的 10/0.4kV 变压器,常利用在低压侧装设零序电流互感器(ZCT)的方法实现低压侧单相接地保护,为达到此目的,下列所示 ZCT 安装位置正确的是: ( )

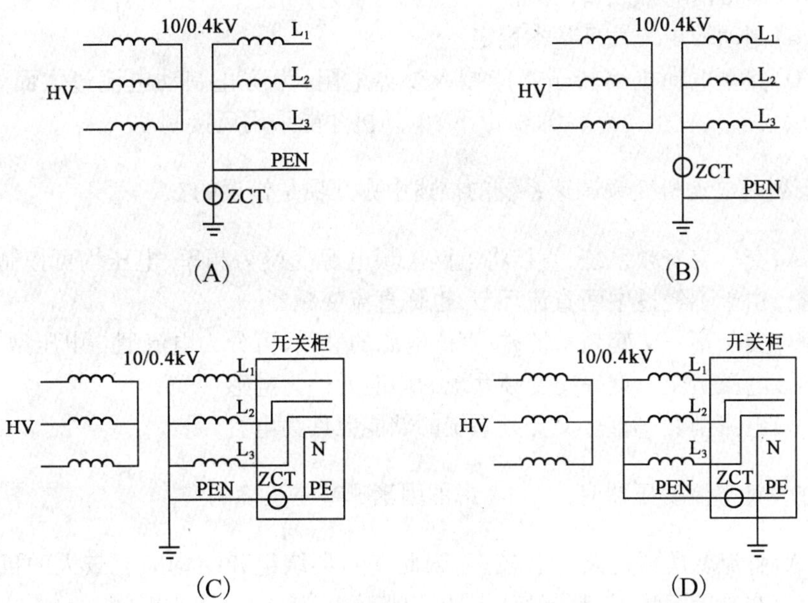

62. 在绝缘导线布线上,不同回路的线路不应穿于同一根管路内,但规范规定了一些特定情况可穿在同一管路内,某工程中的下列哪些项目表述符合国家标准规范要求? ( )

(A)消防排烟阀 DC2.4V 控制信号和现场手动联动启排风机的 AC220V 控制回路,穿在同一根管路内

(B)某台 AC380V、5.5kW 电机的电源回路和现场按钮 AC220V 控制回路穿在同一根管路内

(C)消火栓箱内手动起泵按钮 AC24V 控制回路和报警信号回路穿在同一根管路内

(D)同一盏大型吊灯的 2 个电源回路穿在同一根管路内

63.《建筑照明设计标准》(GB 50034—2004)中的下列条文中哪些是强制性条文? ( )

(A)6.1.1 (B)6.1.2,6.1.3,6.1.4

(C)6.1.5,6.1.6,6.1.7 (D)6.1.8,6.1.9

64. 下列哪几项照度标准值分级表述和国家标准规范要求一致？（　　）

(A)0.5、1、3、5、10(lx)　　(B)10、20、30、50、70、100(lx)

(C)100、200、300、500、700、1000(lx)　　(D)1500、2000、3000、5000(lx)

65. 下列有关交流电动机反接制动的描述，哪些是正确的？（　　）

(A)反接制动时，电动机转子电压很高，有很大制动电流，为限制反接电流，必须在转子中再串联反接电阻

(B)能量消耗不大，较经济

(C)制动转矩较大且基本稳定

(D)笼型电动机因转子不能接入外界电阻，为防止制动电流过大而烧毁电动机，只有小功率(10kW 以下)电动机才能采用反接制动

66. 下列对电动机变频调速系统的描述中哪几项是错误的？（　　）

(A)交—交变频系统，直接将电网工频电源变换为频率、电压均可控制的电流，由于不经过中间直流环节，也称直流变频器

(B)交—直—交变频系统，按直流电源的性质，可分为电流型与电压型

(C)电压型交—直—交变频系统的储能元件为电感

(D)电流型交—直—交变频系统的储能元件为电容

67. 在设计整流变压器时，下列考虑的因素哪些是正确的？（　　）

(A)整流变压器短路机会较多，因此变压器绕组和结构应有较大的机械强度，在同等容量下，整流变压器体积将比一般电力变压器大些

(B)晶闸管装置发生过电压机会较多，因此变压器有较高的绝缘强度

(C)整流变压器的漏抗可限制短路电流，改变电网侧的电流波形，因此变压器的漏抗越大越好

(D)为了避免电压畸变和负载不平衡时中点漂移，整流变压器一次和二次绕组中的一个应接成三角形或附加短路绕组

68. 在闭路监视电视系统中，对于摄像机的安装位置及高度，下面叙述中哪些项是正确的？（　　）

(A)摄像机宜安装在距监视目标 5m 且不易受外界损伤的位置

(B)安装位置不应影响现场设备运行和人员正常活动

(C)室内宜距地面 3 ~ 4.5m

(D)室外应距地面 3.5 ~ 10m，并且不低于 3.5m

69. 建筑与建筑群的综合布线系统基本配置设计中，用铜芯对绞电缆组网，在干线电缆的配置中，对计算机网络配置原则，下列表述中哪些是正确的？（　　）

(A)宜按 24 个信息插座配 2 对对绞线

(B)48 个信息插座配 2 对对绞线

(C)每个集成器(HUB)配 2 对对绞线

(D)每个集成器(HUB)群配 4 对对绞线

70. 对于建筑与建筑群综合布线系统指标之一的多模光纤标称波长,下列数据哪几项是正确的? ( )

(A)1310nm (B)1300nm

(C)850nm (D)650nm

2006 年专业知识试题答案(下午卷)

1. **答案**:D

依据:旧规范《建筑物电气装置　第 4-41 部分:安全防护—电击防护》(GB 16895.21—2004)第 412.1 条,《低压电气装置　第 4-41 部分:安全防护　电击防护》(GB 16895.21—2011)已无明确规定。

2. **答案**:C

依据:《建筑照明设计标准》(GB 50034—2004)第 6.1 条。

3. **答案**:A

依据:《人民防空地下室设计规范》(GB 50038—2005)第 7.2.4 条。

4. **答案**:B

依据:《工业与民用配电设计手册》(第三版)P13。$P_d = 3 \times 1 + 1.732 \times 2 = 6.46\text{kW}$。

5. **答案**:B

依据:《城市电力规划规范》(GB 50293—1999)第 7.3.4 条。

6. **答案**:C

依据:《10kV 及以下变电所设计规范》(GB 50053—1994)第 3.3.4 条。

7. **答案**:D

依据:《供配电系统设计规范》(GB 50052—2009)第 6.0.10 条。

8. **答案**:A

依据:《供配电系统设计规范》(GB 50052—2009)第 5.0.13 条及《工业与民用配电设计手册》(第三版)P281。

9. **答案**:D

依据:《10kV 及以下变电所设计规范》(GB 50053—1994)第 5.1.2 条,此题不严谨,依据《并联电容器装置设计规范》(GB 50227—2008)相关规定应取 1.3,考虑到此题题干中含"10kV 配电所",因此建议选 D。

10. **答案**:A

依据:《3~110kV 高压配电装置设计规范》(GB 50060—2008)第 2.0.6 条、第 2.0.7 条、第 2.0.10 条。

11. **答案**:D

依据:《3~110kV 高压配电装置设计规范》(GB 50060—2008)第 5.5.1 条。

12. **答案**:A

依据:《工业与民用配电设计手册》(第三版)P128 表 4-2。

13. **答案**:D

依据:《工业和民用配电设计手册》(第三版)P124 图 4-1(a),远离发电厂的变电所可不考虑交流分量的衰减,分断时间 0.15s 为周期分量稳态值(0.01s 为峰值)。

14. **答案**:B

依据:《工业与民用配电设计手册》(第三版)P206 倒数第 7 行和 P150 式(4-25)。

$i_p = 2.55 \times 7 = 17.85\text{kA} < 20\text{kA}$。

15. **答案**:A

依据:无具体条文,电流互感器的特性:两个相同的二次绕组串联时,其二次回路内的电流不变,负荷阻抗数值增加一倍,所以因继电保护或仪表的需要而扩大电流互感器容量时,可采用二次绕组串接连线。

16. **答案**:D

依据:旧规范《低压配电设计规范》(GB 50054—1995)第 2.1.8 条,可忽略。

17. **答案**:D

依据:《电力工程电缆设计规范》(GB 50217—2007)第 3.2.2 条。

18. **答案**:C

依据:《电力工程电缆设计规范》(GB 50217—2007)第 5.1.9 条、第 5.3.3 条、第 5.4.6条、第 5.5.5 条。

19. **答案**:C

依据:《低压配电设计规范》(GB 50054—2011)第 7.4.1 条,需注意与《10kV 及以下变电所设计规范》(GB 50053—1994)表 4.2.1 第 1 行的数值区分和对比。此题实为旧规范题目,依据旧规范《低压配电设计规范》(GB 50054—1995)第 1.0.2 条、第 5.4.1 条、第 5.4.2 条更贴切。

20. **答案**:C

依据:《电力工程直流系统设计技术规程》(DL/T 5044—2004)第 4.2.3 条、第 4.2.4 条、第 7.2.1 条表 7.2.1 波纹系数。

21. **答案**:B

依据:《电力装置的继电保护和自动装置设计规范》(GB/T 50062—2008)第 4.0.4-1条。

22. **答案**:C

依据:旧规范《电力装置的继电保护和自动装置设计规范》(GB 50062—1992)第 4.0.6-1条,可忽略。

23. **答案**:A

依据:《工业与民用配电设计手册》(第三版)P834 表 13-33。

24. **答案**:A

依据:《交流电气装置的过电压保护和绝缘配合》(DL/T 620—1997)第 10.4.5 条表 19,选项 D 答案为变压器中性点经小电阻接地的数值,与题干不符。

25. **答案**:D

依据:《工业与民用配电设计手册》(第三版)P883 等电位联结的作用中第一段。

26. **答案**:A

依据:无,需熟悉 TN/TT/IT 系统各自应用范围,TT 系统一般用在长距离配电中,如路灯等;IT 系统一般应用于轻易不允许停电的场所,如地下煤矿井道等;而 TN 系统应用最为广泛,普通建筑物均采用本系统。

27. **答案**:D

依据:《低压配电设计规范》(GB 50054—2011)第 7.7.6 条。

28. **答案**:C

依据:《住宅设计规范》(GB 50096—2011)第 8.7.2-2 条。

29. **答案**:A

依据:《建筑照明设计标准》(GB 50034—2004)第 4.2.1 条。

30. **答案**:C

依据:《照明设计手册》(第二版)P82 直管荧光灯应配电子镇流器或节能型电感镇流器,一般 T8、T12 可配节能型电感镇流器,T5 均配置电子镇流器。

31. **答案**:B

依据:《钢铁企业电力设计手册》(下册)P94 的"24.1.1.7 变频启动",《电气传动自动化技术手册》(第二版)P321。

32. **答案**:D

依据:《钢铁企业电力设计手册》(下册)P3 表 23-1。

33. **答案**:B

依据:《电气传动自动化技术手册》(第二版)P316 中软启动控制器工作原理部分内容。

34. **答案**:B

依据:《钢铁企业电力设计手册》(下册)P280 中 25.2.3 部分内容。

35. **答案**:C

依据:《电气传动自动化技术手册》(第二版)P797 中"中央处理单元"部分内容。

36. **答案**:B

依据:《火灾自动报警系统设计规范》(GB 50116—1998)第 6.2.5.1 条。

37. **答案**:B

依据:《火灾自动报警系统设计规范》(GB 50116—1998)第 6.2.5.5 条。

38. **答案**:A

依据:旧规范《民用建筑电气设计规范》(JGJ 16—1992),新规范已修改,可忽略。

39. **答案**:B

依据:《民用建筑电气设计规范》(JGJ 16—2008)第 14.3.3-1 条。

注:《视频安防监控系统工程设计规范》(GB 50395—2007)第 5.0.10-1 条规定为 400TVL。

40. **答案**:C

依据:旧规范《建筑与建筑群综合布线系统工程设计规范》(GB 50311—2000),新规范已修改,可忽略。

---

41. **答案**:AB

依据:旧规范《建筑物电气装置 第 4-41 部分:安全防护—电击防护》(GB 16895.21—2004)第 414.4.1 条。

42. **答案**:BC

依据:《系统接地的型式及安全技术要求》(GB 14050—2008)第 5.2.3 条,《剩余电流动作保护装置安装和运行》(GB 13955—2005)(超纲规范)第 4.2.2.1 条中也有相关内容,但两规范的表述有所不同。

43. **答案**:BD

依据:《火力发电厂与变电站设计防火规范》(GB 50229—2006)第 9.1.2 条、第 11.7.1条,《建筑设计防火规范》(GB 50016—2006)第 10.1.1 条,《石油化工企业设计防火规范》(GB 50160—2008)第 9.1.1 条。

44. **答案**:AD

依据:《高层民用建筑设计防火规范》(GB 50045—1995)(2005 年版)第 9.1.1 条。

45. **答案**:ACD

依据:《供配电系统设计规范》(GB 50052—2009)第 5.0.5 条。

46. **答案**:ABC

依据:《并联电容器装置设计规范》(GB 50227—2008)第 5.3.1 条。

47. **答案**:ABD

依据:《3～110kV 高压配电装置设计规范》(GB 50060—2008)第 4.1.6 条、第 4.1.7 条,《导体和电器选择设计技术规定》(DL/T 5222—2005)第 7.1.4 条。

48. **答案**:CD

依据:《3～110kV 高压配电装置设计规范》(GB 50060—2008)第 7.2.1 条、第 7.2.2 条、第 7.2.3 条,构架有独立构架与连续构架之分。

49. **答案**:ABD

依据:《工业与民用配电设计手册》(第三版)P156,但没找到具体依据。

50. **答案**:AC

依据:《35kV～110kV 变电站设计规范》(GB 50059—2011)第 3.2.6 条。

51. **答案**:BD

依据:《钢铁企业电力设计手册》(上册)P307。

52. **答案**:AC

依据:《3～110kV 高压配电装置设计规范》(GB 50060—2008)第 4.1.3 条,《工业与民用配电设计手册》(第三版)P201 的"1.高压断路器"内容。

注:《导体和电器选择设计技术规定》(DL/T 5222—2005)第 5.0.4 条的表述略有不同。另根据第 9.2.2 条及附录 F:主保护动作时间 + 断路器分闸时间 >0.01s(短路电流峰值出现时间),可以排除选项 D。

53. **答案**:ABC

依据:《电力工程电缆设计规范》(GB 50217—2007)第 4.1.3-1 条、第 4.1.7-1 条、第 4.1.7-3 条、第 4.1.1-3 条。

54. **答案**:BCD

依据:《电力工程电缆设计规范》(GB 50217—2007)第 7.0.7 条。

55. **答案**:ABC

依据:《电力装置的继电保护和自动装置设计规范》(GB 50062—2008)第4.0.13条。

56. **答案**:CD

依据:旧规范条文,《电力装置的电气测量仪表装置设计规范》(GBJ 63—1990)第 2.1.3 条、第 3.2.1 条、第 3.2.2 条,新规范已修改。

57. **答案**:AD

依据:旧规范《35～110kV 变电所设计规范》(GB 50059—1992)第 3.3.4 条,新规范已修改。

58. **答案**:BC

依据:《交流电气装置的过电压保护和绝缘配合》(DL/T 620—1997)第 4.2.7 条。

59. **答案**:BD

依据:《建筑物防雷设计规范》(GB 50057—2010)第4.5.5条。

60. **答案**:ABD

依据:《交流电气装置的接地设计规范》(GB/T 50065—2011)第3.2.1~3.2.2条。

注:所谓"A类"的说法是《交流电气装置的接地》(DL/T 621—1997)中的描述,《交流电气装置的接地设计规范》(GB/T 50065—2011)已取消。

61. **答案**:BD

依据:无,可分析结果。

62. **答案**:BD

依据:《低压配电设计规范》(GB 50054—2011)第7.1.3条。

注:旧规范《低压配电设计规范》(GB 50054—1995)第5.2.16条中"标称电压为50V以下的回路",新规中已取消。

63. **答案**:BC

依据:《建筑照明设计标准》(GB 50034—2004)P3中关于建设部发布该标准的公告。

64. **答案**:AD

依据:《建筑照明设计标准》(GB 50034—2004)第4.1.1条。

65. **答案**:ACD

依据:《钢铁企业电力设计手册》(下册)P96表24-7。

66. **答案**:CD

依据:《钢铁企业电力设计手册》(下册)P310、311。

67. **答案**:ABD

依据:《钢铁企业电力设计手册》(下册)P403。

68. **答案**:BD

依据:《民用建筑电气设计规范》(JGJ 16—2008)第14.3.3-3条、第14.3.3-9条,结合《视频安防监控系统工程设计规范》(GB 50395—2007)第6.0.1-9条。

69. **答案**:AD

依据:《综合布线系统工程设计规范》(GB 50311—2007)第4.3.5-2条。

70. **答案**:BC

依据:《综合布线系统工程设计规范》(GB 50311—2007)第3.4.3条或查看条文说明3.3中表1和表2。

2006 年案例分析试题(上午卷)

[案例题是4选1的方式,各小题前后之间没有联系,共25道小题,每题分值为2分,上午卷50分,下午卷50分,试卷满分100分。案例题一定要有分析(步骤和过程)、计算(要列出相应的公式)、依据(主要是规程、规范、手册),如果是论述题要列出论点]

题1~5:某车间有机床、通风机、自动弧焊变压器和起重机等用电设备,其中通风机为二类负荷,其余负荷为三类负荷(见表)。

负荷计算系数表

设备名称	需要系数 K_X	利用系数 K_L	$\cos\phi$	$\tan\phi$
机床	0.15	0.12	0.5	1.73
通风机	0.8	0.55	0.8	0.75
自动弧焊变压器	0.5	0.3	0.5	1.73
起重机	0.15	0.2	0.5	1.73

请根据题中给定的条件进行计算,并回答下列问题。

1. 车间内有自动弧焊变压器10台,其铭牌容量及数量如下:额定电压为单相380V,其中200kV·A,4台;150kV·A,4台;100kV·A,2台。负载持续率均为60%。请计算本车间自动弧焊变压器单相380V的设备总有功功率应为下列哪一项数值? ( )

(A)619.8kW (B)800kW
(C)1240kW (D)1600kW

解答过程:

2. 若自动弧焊变压器的设备功率和接入电网的方案如下:

1)AB相负荷:2台200kW焊接变压器,1台150kW焊接变压器。

2)BC相负荷:1台200kW焊接变压器,2台150kW焊接变压器和1台100kW焊接变压器。

3)CA相负荷:1台200kW焊接变压器,1台150kW焊接变压器和1台100kW焊接变压器。

上述负荷均为折算到负载持续率100%时的设备有功功率,请用简化方法计算本车间的全部自动弧焊变压器的等效三相设备功率为下列哪一项数值? ( )

(A)1038kW (B)1600kW
(C)1713.5kW (D)1736.5kW

解答过程：

3. 车间内共有 5 台起重机：其中 160kW，2 台；100kW，2 台；80kW，1 台。负载持续率均为 25%。请采用利用系数法计算本车间起重机组的计算负荷的视在功率应为下列哪一项数值？（设起重机组的最大系数 K_m 为 2.42） （ ）

(A)119.9kV·A (B)290.2kV·A
(C)580.3kV·A (D)1450.7kV·A

解答过程：

4. 车间装有机床电动机功率为 850kW，通风机功率为 720kW，自动弧焊变压器等效三相设备功率为 700kW，负载持续率均为 100%，起重机组的设备功率为 300kW（负载持续率已折算 100%）。请采用利用系数法确定该车间计算负荷的视在功率应为下列哪一项数值？（设车间计算负荷的最大系数 K_m 为 1.16） （ ）

(A)890.9kV·A (B)1290.5kV·A
(C)1408.6kV·A (D)2981.2kV·A

解答过程：

5. 请分析说明下列对这个车间变电所变压器供电方案中，哪一个供电方案是正确的？ （ ）

(A)单回 10kV 架空线路 (B)单回 10kV 电缆线路
(C)由两根 10kV 电缆组成的单回线路 (D)单回 10kV 专用架空线路

解答过程：

题6~10:某县在城网改造中需将环城的18km 110kV架空导线换为单芯交联聚氯乙烯铝芯电缆,采用隧道内敷设。架空线输送容量为100MV·A,短路电流为31.5kA,短路电流持续时间为0.2s,单芯交联聚氯乙烯铝芯电缆在空气中一字形敷设时的载流量及电缆的其他参数见下表。

截面(mm^2)	240	300	400	500
载流量(A)	570	645	735	830

根据上述条件计算,回答下列问题。

6.假设电缆的热稳定系数为86,按短路热稳定条件,计算本工程电缆允许的最小截面最接近下列哪一项数值? ( )

(A)173mm^2 (B)164mm^2 (C)156mm^2 (D)141mm^2

解答过程:

7.已知高压电缆敷设时综合修正系数为0.9,按电缆允许载流量选择该工程电缆截面应为下列何值? ( )

(A)240mm^2 (B)300mm^2 (C)400mm^2 (D)500mm^2

解答过程:

8.已知电缆护层的冲击耐压值为37.5kV,则电缆保护器通过最大电流时的最大残压应取下列哪一项数值?并说明理由。 ( )

(A)64kV (B)37.5kV (C)24kV (D)26.8kV

解答过程:

9.经过计算,电缆敷设时需将电缆保护层分为若干单元,每个单元内两端护层三相互联接地,且每单元又用绝缘连接盒分为三段,每段交叉换位并经保护器接地。这样做的主要原因是什么? ( )

(A)为降低电缆护层上的感应电压

(B)为使电缆三相的阻抗参数相同

(C)为使每相电缆护层内的感应电流相互抵消

(D)为使每相电缆产生的电压降相互抵消

解答过程:

10. 电缆终端的设计取决于所要求的工频和冲击耐受电压值、大气污染程度和电缆终端所处位置的海拔高度。假设本工程电缆终端安装处海波高度为2000m,则电缆终端外绝缘雷电冲击试验电压最低应为下列何值?并说明原因。 (　　)

(A)325kV　　(B)450kV　　(C)480kV　　(D)495kV

解答过程:

题11~15:某电力用户有若干10kV车间变电所,供电系统见下图,给定条件如下:

1)35kV线路电源侧短路容量无限大。

2)35/10kV变电所10kV母线短路容量104MV·A。

3)车间A、B和C变电所10kV母线短路容量分别为102MV·A、100MV·A、99MV·A。

4)车间B变电所3号变压器容量630kV·A、额定电压10/0.4kV(Y,yn0接线),其低压侧母线单相接地稳态接地电流为5000A。

5)35/10kV变电站向车间A馈电线路所设的主保护动作时间和后备保护动作时间分别为0s和0.5s。

6)如果35/10kV变电站10kV出线保护装置为速动,短路电流持续时间为0.2s。

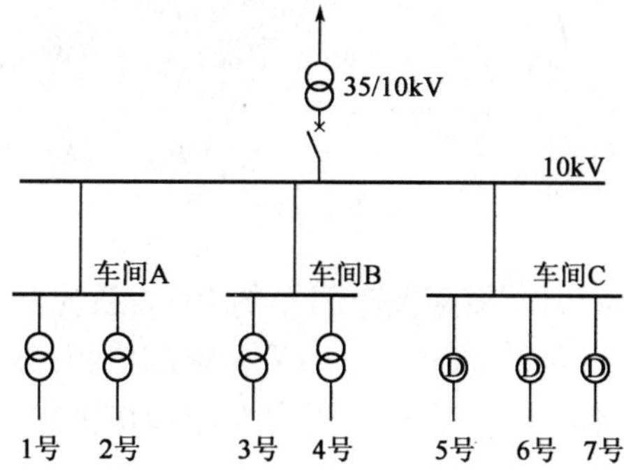

请回答下列问题。

11. 若利用车间 B 中 3 号变压器高压侧三相式保护作为低压侧单相接地保护，电流互感器变比为 50/5、过流继电器为 GL 型、过负荷系数取 1.4，计算变压器过流保护装置动作整定电流和灵敏系数应为下列哪组数值？ （ ）

(A)8A,1.7 (B)7A,1.9
(C)8A,2.2 (D)7A,2.5

解答过程：

12. 车间 C 中 5 号笼型异步电动机额定电流 87A，启动电流倍数为 6.5。若采用定时限继电器作为速断保护，电流互感器变比为 100/5，接线系数取 1，可靠系数取 1.4。计算速断保护动作整定值和灵敏度应为下列哪组数值？ （ ）

(A)47A,5 (B)40A,6.2
(C)47A,5.3 (D)40A,5.9

解答过程：

13. 若 5 号电动机为次要电动机、6 号电动机为电源电压中断后生产工艺不允许自启动的电动机、7 号电动机为需自启动的电动机。请分析说明三台电动机低电压保护动作时限依次为下列哪组数值？ （ ）

(A)1s,2s,4s (B)7s,2s,0.5s
(C)0.5s,1s,7s (D)4s,2s,1s

解答过程：

14. 若向车间 C 供电的 10kV 线路及车间 C 的 10kV 系统发生单相接地故障，该线路被保护元件流出的电容电流为 2.5A，企业 10kV 系统总单相接地电流为 19.5A。在该供电线路电源端装设无时限单相接地保护装置，其整定值应最接近下列哪一项数值？

（ ）

(A)2.5A (B)5A

(C)19.5A　　　　　　　　　　　　　　(D)12A

解答过程：

15.若至车间A的电源线路为10kV交联聚乙烯铝芯电缆，敷设在电缆沟中，线路计算负荷电流39A，车间A为两班生产车间，分析说明其电缆截面应选择下列哪一项数值？　（　）

(A)35mm²　　　　　　　　　　　　　　(B)25mm²
(C)50mm²　　　　　　　　　　　　　　(D)70mm²

解答过程：

题16～18：一个10kV变电所，用架空线向6km处供电。额定功率为1800kW，功率因数为0.85，采用LJ型裸铝绞线，线路的允许电压损失为10%，环境温度35℃，不计日照及海拔高度等影响，路径按经过居民区设计，LJ型裸铝绞线的载流量见下表。

LJ型裸铝绞线的载流量表

截面(mm²)	室外不同环境温度的载流量(A)	截面(mm²)	室外不同环境温度的载流量(A)
	35℃		35℃
25	119	50	189
35	150	70	233

请根据上述条件回答下列问题。

16.计算按允许载流量选择最小允许导体截面积应为下列哪一项数值？请列出解答过程。　（　）

(A)25mm²　　　　　　　　　　　　　　(B)35mm²
(C)50mm²　　　　　　　　　　　　　　(D)70mm²

解答过程：

17. 输电线路经过居民区,计算按机械强度选择导体最小允许截面积应为下列哪一项数值?请列出解答过程。 (　　)

(A)$25mm^2$　　(B)$35mm^2$

(C)$50mm^2$　　(D)$70mm^2$

解答过程:

18. 按线路的允许电压损失为10%,计算选择导体最小允许截面积为下列哪一项数值?请列出解答过程。 (　　)

(A)$25mm^2$　　(B)$35mm^2$

(C)$50mm^2$　　(D)$70mm^2$

解答过程:

题19~23:一台直流电机,$P_e = 1000kW$,$n = 600r/min$,最高弱磁转速1200r/min,电枢回路额定电压为$750V_{dc}$,效率0.92。采用三相桥式可控硅整流装置供电,电枢回路可逆,四象限运行。电机过载倍数为1.5倍,车间变电所的电压等级为10kV。拟在传动装置进线侧设一台整流变压器,需要进行变压器的参数设计,请回答下列问题。

19. 请分析说明下列整流变压器接线形式哪一种不可采用? (　　)

(A)D,d0　　(B)D,y11

(C)Y,y0　　(D)Y,d5

解答过程:

20. 计算确定整流变压器的二次侧额定电压最接近的下列哪一项数值? (　　)

(A)850V　　(B)600V

(C)700V　　(D)800V

解答过程：

21. 当电机在额定电流下运行时，计算变压器的二次绕组为 Y 接时其相电流有效值最接近下列哪一项数值？ (　　)

(A)1182A　　(B)1088A
(C)1449A　　(D)1522A

解答过程：

22. 若整流变压器二次额定电压为 825V，整流装置最小移相角为 30°，当电网电压跌落 10% 时，计算整流装置的最大输出电压最接近下列哪一项数值？ (　　)

(A)1505V　　(B)869V
(C)965V　　(D)1003V

解答过程：

23. 若整流变压器二次侧额定电压为 780V，计算电流定为 1100A，试计算确定整流变压的额定容量最接近下列哪一项数值？ (　　)

(A)1250kV·A　　(B)1000kV·A
(C)1600kV·A　　(D)1050kV·A

解答过程：

题 24、25：请按照要求分析回答下列问题。

24. 找出下面的 10kV 变电所平面布置图（尺寸单位：mm）中，有几处不符合规范的要求？并请逐条说明正确的做法是什么。图中油浸变压器容量为 1250kV·A，低压柜为固定式配电屏（注：图中未标注的尺寸不用校验）。 (　　)

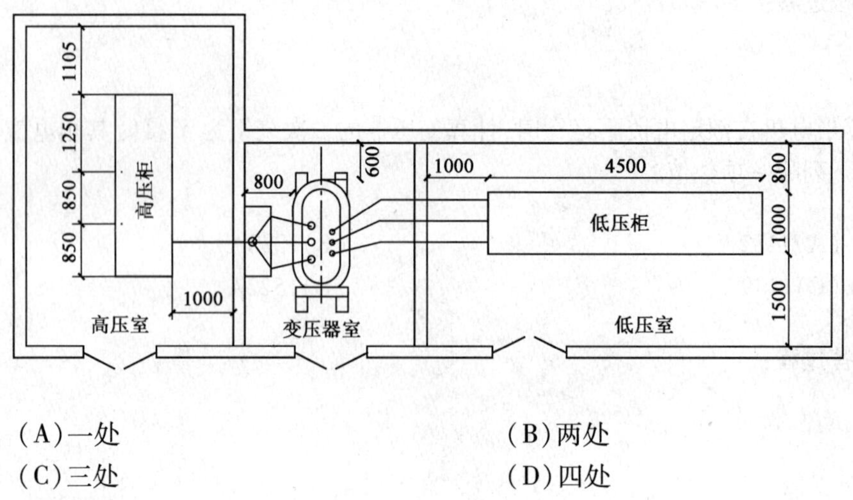

（A）一处　　　　　（B）两处

（C）三处　　　　　（D）四处

解答过程：

25. 下面是一个远离厂区的辅助生产房屋的照明配电箱系统图，电源来自地区公共电网。找出图中有几处不符合规范的要求？并逐条说明正确的做法。（　　）

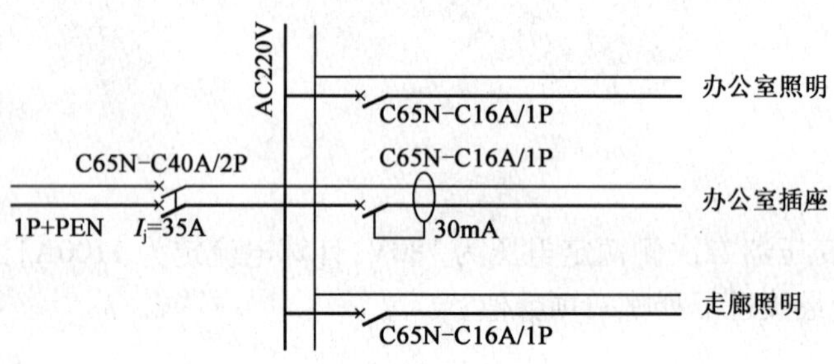

（A）一处　　　　　（B）两处

（C）三处　　　　　（D）四处

解答过程：

2006年案例分析试题答案(上午卷)

题1～5答案:**ADBCD**

1.《工业与民用配电设计手册》(第三版)P2式(1-3)。

设备总功率:$P_e = S_r\sqrt{\varepsilon_r}\cos\phi = (200\times4+150\times4+100\times2)\times\sqrt{0.6}\times0.5 = 619.7\text{kW}$

注:本题强调单相电焊机实际为迷惑信息,无论是单相还是三相均采用同一换算公式。

2.《工业与民用配电设计手册》(第三版)P13式(1-34)。

各线间负荷:$P_{AB}=2\times200+1\times150=550\text{kW}$

$P_{BC}=1\times200+2\times150+1\times100=600\text{kW}$

$P_{AC}=1\times200+1\times150+1\times100=450\text{kW}$

因此$P_{BC}>P_{AB}>P_{AC}$。

$P_d=1.73P_{BC}+1.27P_{AB}=1.73\times600+1.27\times550=1736.5\text{kW}$

注:单相负荷(包括线间和相间负荷)计算为每年考试重点,考生必须掌握。

3.《工业与民用配电设计手册》(第三版)P2式(1-2)、P7式(1-12)、P8式(1-21)。

起重机设备功率:$P_e=P_r\sqrt{\varepsilon_r}=(160\times2+100\times2+80)\times\sqrt{0.25}=300\text{kW}$

起重机计算负荷:$P_c=K_m\sum P_{av}=2.42\times0.2\times300=145.2\text{kW}$

计算视在功率:$S_c=\dfrac{P_c}{\cos\phi}=\dfrac{145.2}{0.5}=290.4$

4.《工业与民用配电设计手册》(第三版)P7式(1-12)、P8式(1-21)。

设备计算有功功率:$P_c=K_m\sum P_{av}=1.16(850\times0.12+720\times0.55+700\times0.3+300\times0.2)=890.88\text{kW}$

设备计算无功功率:$Q_c=K_m\sum P_{av}\tan\phi=1.16(850\times0.12\times1.73+720\times0.55\times0.75+700\times0.3\times1.73+300\times0.2\times1.73)=1091\text{kvar}$

$S_c=\sqrt{P_c^2+Q_c^2}=\sqrt{890.88^2+1091^2}=1408.57\text{kV}\cdot\text{A}$

5.《供配电系统设计规范》(GB 50052—2009)第3.0.7条:二级负荷可由一回6kV及以上专用的架空线路供电。

题6～10答案:**BBDAD**

6.《工业与民用配电设计手册》(第三版)P211式(5-26)。

$$S_{min}=\frac{\sqrt{Q_t}}{c}\times10^3=\frac{I_k}{c}\sqrt{t}\times10^3=\frac{31.5}{86}\times\sqrt{0.2}\times10^3=163.8\text{mm}^2$$

7.《工业与民用配电设计手册》(第三版)P3 式(1-8)。

$$I_c = \frac{S_c}{\sqrt{3}U_r} = \frac{100}{\sqrt{3} \times 110} = 0.525\text{kA}$$

由于 513 = 570 × 0.9 < 525 < 645 × 0.9 = 580.5,因此选择 300mm^2。

8.《电力工程电缆设计规范》(GB 50217—2007)第 4.1.13 条,1. 可能最大冲击电流作用下护层电压限制器的残压,不得大于电缆护层的冲击耐压被 1.4 所除数值,即 37.5/1.4 = 26.8kV。

9.《电力工程电缆设计规范》(GB 50217—1994)第 4.1.10 条,此为旧规范题目。新规范已修改,按新规范应选 AC。

10.《高压输变电设备的绝缘配合》(GB 311.1—1997)第 5.1.4 条表 3,查得 110kV 高压电缆雷电冲击耐受电压为 450kV。

由第 3.4 条公式可知:

额定耐受电压的海拔校正因数:$K_a = \frac{1}{1.1 - H \times 10^4} = \frac{1}{1.1 \times 2000 \times 10^4} = 1.1$

额定耐受电压:$U_M = 1.1 \times 450 = 495\text{kV}$

注:此规范在近年的考试中极少出现。

题 11 ~ 15 答案:**ADCDD**

11.《工业与民用配电设计手册》(第三版)P297 表 7-3。

高压侧额定电流:$I_{1rT} = \frac{S_n}{\sqrt{3}U_{1n}} = \frac{630}{\sqrt{3} \times 10} = 36.4\text{A}$

保护装置动作电流:$I_{opK} = K_{rel}K_{jx}\frac{K_{gh}I_{1rT}}{K_r n_{TA}} = 1.3 \times 1 \times \frac{1.4 \times 36.4}{0.85 \times 10} = 7.79 \approx 8.0\text{A}$

最小运行方式下,变压器低压侧母线单相接地短路,流过高压侧稳态电流:$I''_{12min} = \frac{2}{3} \times \frac{5000}{10/0.4} = 133.33\text{A}$

保护装置灵敏度系数:$K_{ren} = \frac{I''_{12}}{I_{op}} = \frac{133.33}{7.79 \times 10} = 1.71$

注:变压器变比与电流互感器变比不可混淆。

12.《工业与民用配电设计手册》(第三版)P323 表 7-22。

保护装置动作电流:$I_{op\ K} = K_{rel}K_{jx}\frac{K_{st}I_{rM}}{n_{TA}} = 1.4 \times 1 \times \frac{6.5 \times 87}{100/5} = 39.58\text{A}$

最小运行方式下,电动机接线端两相短路电流:$I''_{2min} = 0.866 \times \frac{99}{\sqrt{3} \times 10.5} = 4.71\ \text{kA}$

保护装置灵敏度系数:$K_{ren} = \frac{I''_2}{I_{op}} = \frac{4710}{39.58 \times 20} = 5.95$

13.《工业与民用配电设计手册》(第三版)P328 中“五、低电压保护”:

①为了保证重要电动机自启动而需要断开的次要电动机,时限一般为0.5s。

②生产工艺不需要自启动的电动机,时限取0.5~1.5s。

③需要自启动的电动机,时限一般为5~10s。

14.《工业与民用配电设计手册》(第三版)P325 表(7-22)。

$$I_{op}=\frac{I_C-I_{CM}}{1.25}=\frac{19.5-2.5}{1.25}=13.6A$$

$$I_{op}\geqslant K_{rel}I_{CX}=(4\sim5)\times2.5=10\sim12.5A$$

选项D同时满足两者要求。

15.《工业与民用配电设计手册》(第三版)P207 中“校验电缆热稳定采用后备保护动作时间与断路器分闸时间之和”,以及 P211、212 式(5-26)及表 5-9。

稳态短路电流:$I_k=\frac{S_k}{\sqrt{3}U_j}=\frac{102}{\sqrt{3}\times10.5}=5.61kA$

根据《电力工程电缆设计规范》(GB 50217—2007)第 3.7.8-4 条:电缆短路电流计算时间,应取保护动作时间与断路器开断时间之和。对电动机等直馈线,保护动作时间应取主保护时间;其他情况,宜取后备保护时间。

因此 $t=0.2+0.5=0.7s$

$$S_{min}=\frac{\sqrt{Q_t}}{c}\times10^3=\frac{I_k}{c}\sqrt{t}\times10^3=\frac{5.61}{90}\times\sqrt{0.7}\times10^3=52mm^2<70mm^2$$

注:此题重点考查短路电流持续时间的选取。

题 16~18 答案:**BBC**

16.架空线载流量:$I=\frac{P_n}{\sqrt{3}U_n\cos\phi}=\frac{1800}{\sqrt{3}\times10\times0.85}=122.3A<150A$

选 $35mm^2$ 导线。

17.《工业与民用配电设计手册》(第三版)P580 表 10-18:通过居民区的架空铝绞线最小截面为 $35mm^2$。

注:数据出自旧规范《民用建筑电气设计规范》(JGJ 16—1992)第 7.2.2.8 条,新规范已取消此要求。

18.《工业与民用配电设计手册》(第三版)P548 表 9-72 及表 9-63 式(3)。

LJ-35 架空线单位电压损失(功率因数 0.85)为 1.186%/(MW·km);

LJ-50 架空线单位电压损失(功率因数 0.85)为 0.888%/(MW·km)。

单位电压损失:$\Delta u=\frac{10\%}{6\times1.8}=0.926\%>0.888\%$

选择 LJ-50 架空线(截面为 $50mm^2$)满足要求。

注:电压损失计算公式有电流矩和负荷矩,应正确选择。

题 19 ~ 23 答案：**CDABC**

19.《钢铁企业电力设计手册》（下册）P400：由于三相中含有三次谐波电流，一般整流变压器的一次绕组或二次绕组应至少一侧采用三角形接法，使激磁电流中的三次谐波分量在三角形绕组中环流。

注：本题无更准确对应条文，在《注册电气工程师执业资格考试专业考试复习指导书》中有关三次谐波分量构成环路的条件描述得更为详细。

20.《钢铁企业电力设计手册》（下册）P402 或《电气传动自动化技术手册》（第二版）P425。

可逆系统：$\sqrt{3}U_2 = (1.0 \sim 1.1)U_{ed} = (1.0 \sim 1.1) \times 750 = 750 \sim 825V$，取 800V。

21.《钢铁企业电力设计手册》（下册）P402 式（26-47）或《电气传动自动化技术手册》（第二版）P419 式（6-50）。

$$I_2 = K_2 I_{ed} = 0.816 \times \frac{1000 \times 10^3}{0.92 \times 750} = 1182A$$

注：应计入电机效率。

22.《电气传动自动化技术手册》（第二版）P424 式（6-44）。

变压器阀侧相电压：
$$U_{V\phi} = \frac{U_{MN} + nU_{df}}{K_{UV}\left(b\cos\alpha_{min} - K_X \frac{e}{100} \times \frac{I_{Tmax}}{I_{TN}}\right)}$$
$$= \frac{825 + 2 \times 1.5}{2.34 \times (0.9 \times 0.866 - 0.5 \times 0.1 \times 1.5)}$$
$$= \frac{828}{2.34 \times 0.7044} = 502.34V$$

整流装置最大输出电压：$U_2 = \sqrt{3} \times 502.34 = 870V$

注：题干要求最大输出电压，因此公式中的 e 值取 10。

23.《电气传动自动化技术手册》（第二版）P426 式（6-55）。

变压器二次侧计算电压为线电压 780V，计算电流为相电流 $U_{V\phi} = 780/\sqrt{3} = 450V$

则空载电压：$U_{do} = 2.34U_{V\phi} = 2.34 \times 450 = 1054V$

直流额定电流：$I_{dN} = \frac{I_{V\phi}}{K_{IV}} = \frac{1100}{0.816} = 1348A$

整流变压器容量：$S_T = K_{ST}U_{do}I_{dN} = 1.05 \times 1054 \times 1348 = 1492kV \cdot A$

K_{ST} 为等值计算系数，取自表 6-6。

注：本题计算电流采用直流还是交流，有争议。

题 24、25 答案：**CC**

24.《10kV 及以下变电所设计规范》（GB 50053—1994）第 4.2.4 条（变压器外廓与后壁距离不符合要求）、第 4.2.9 条（低压配电柜柜后通道不符合要求）、第 6.2.2 条（配电室的门开启方向不符合要求）。

注:第6.2.1条,高压配电室宜设不能开启的自然采光窗,因其为“宜”,图中设计不违反规范。

25.《低压配电设计规范》(GB 50054—2011)第3.1.4条、第3.1.11条、第3.1.12条。原题考查旧规范《低压配电设计规范》(GB 50054—1995)第2.2.12条(PEN线严禁接入开关设备)、第4.4.17条(PE或PEN线严禁穿过漏电电流动作保护器中电流互感器的磁回路)、第4.4.18条(漏电电流保护器所保护的线路应接地)。也可参考《民用建筑电气设计规范》(JGJ 16—2008)第7.7.10条中“7.当装设剩余电流动作保护电器时,应能将所保护的回路所有带电导体断开”。

注:审图类型的题目近年仅在2012年发输变电的案例分析考试中出现过,在供配电考试中已极少出现,此类题目考查考生的规范应用能力和综合分析能力,难度较大,耗时较长,考试时碰到此类题目建议放到最后完成。

2006年案例分析试题(下午卷)

专业案例题(共25题,每题2分)

题1~5:某110kV户外变电所,设有两台主变压器,2回电源进线(电源来自某220kV枢纽变电站的110kV出线),6回负荷出线。负荷出线主保护为速断保护,整定时间为T1;后备保护为过流保护,整定时间为T2;断路器全分闸时间为T3。

请回答下列问题。

1. 请分析说明本变电站主接线宜采用下列哪一种主接线方式? ( )

(A)双母线 (B)双母线分段

(C)单母线分段 (D)单母线

解答过程:

2. 请分析说明下列出线间隔接线图中,断路器、隔离开关及接地开关的配置,哪种是正确的? ( )

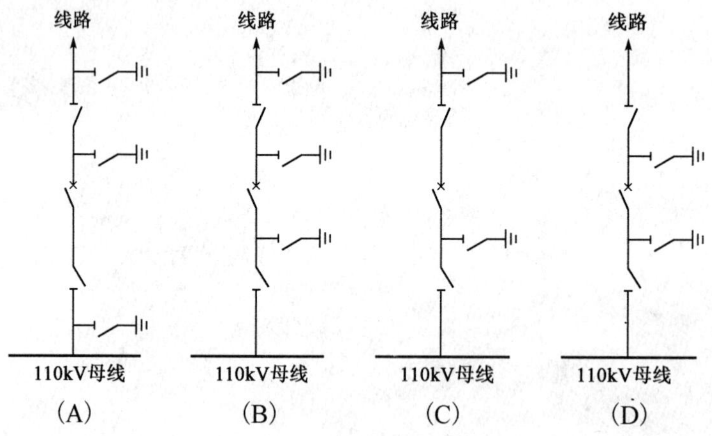

解答过程:

3. 请说明在负荷出线回路导体选择时，验算导体的短路热效应的计算时间应采用下列哪一项？（ ）

(A) T1 + T2 + T3　　(B) T1 + T2

(C) T2 + T3　　(D) T1 + T3

解答过程：

4. 请说明选择 110kV 断路器时，其最高工作电压的最低值不得低于下列哪一项数值？（ ）

(A) 110kV　　(B) 115kV

(C) 126kV　　(D) 145kV

解答过程：

5. 假设 110kV 主接线形式为双母线接线，试分析说明验算 110kV 导体和电器的动稳定、热稳定所用的短路电流应按以下哪种运行工况考虑？（ ）

(A) 110kV 系统最大运行方式下两台主变并列运行

(B) 110kV 系统最大运行方式下双母线并列运行

(C) 110kV 双母线并列运行

(D) 110kV 母线分列运行

解答过程：

题 6～10：某矿区内拟建设一座 35/10kV 变电所，两回 35kV 架空进线，设两台主变压器，型号为 S9-6300/35。采用屋内双层布置，主变压器室、10kV 配电室、电容器室、维修间、备件库等均布置在一层，35kV 配电室、控制室布置在二层。

请回答下列问题。

6. 试分析判断下列关于该变电所所址选择的表述中，哪一项不符合要求？正确的要求是什么？并说明若不能满足这项要求时应采取的措施。（ ）

(A)靠近负荷中心
(B)交通运输方便
(C)周围环境宜无明显污秽,如空气污秽时,所址宜设在污源影响最小处
(D)所址标高宜在百年一遇的高水位之上

解答过程:

7. 该35/10kV 变电所一层10kV 配电室内,布置有22 台 KYN1-10 型手车式高压开关柜(小车长度为800mm),采取双列布置,请判断10kV 配电室通道的最小宽度应为下列哪一项数值?说明其依据及主要考虑的因素是什么? ( )

(A)1700mm (B)2000mm (C)2500mm (D)3000mm

解答过程:

8. 在变电所装有10kV 电容器柜作为无功补偿装置,电容器柜布置在一层的高压电容器室内。关于电容器装置的布置原则,下列表述中哪一项是正确的?并说明其理由。 ( )

(A)室内高压电容器装置宜设置在单独房间内,当电容器组容量较小时,可设置在高压配电室内,但与高压配电装置的距离不应小于1.5m
(B)当电容器装置是成套电容器柜,双列布置时柜面之间的距离不应小于1.5m
(C)当高压电容器室的长度超过10m 时,应设两个出口,高压电容器室的门应向里开
(D)装配式电容器组单列布置时,网门与墙面时间的距离不应小于1.0m

解答过程:

9. 请分析判断并说明下列关于变电所控制室布置的表述中,哪一项是正确的? ( )

(A)控制室应布置在远离高压配电室并靠近楼梯的位置
(B)控制室内控制屏(台)的排列布置,宜与配电装置的间隔排列次序相对应

(C)控制室的建筑,应按变电所的规划容量分期分批建成

(D)控制室可只设一个出口,且不宜直接通向高压配电室

解答过程:

10. 该变电所二层 35kV 配电室内布置有 11 台 JYN1-A(F)型开关柜,采用单列布置,其中有 4 台柜为柜后架空进出线。请说明柜内部不同相的带电部分之间最小安全净距,下列哪一项数据是正确的? ( )

(A)125mm (B)150mm

(C)300mm (D)400mm

解答过程:

> 题 11、12:一座 110kV 中心变电所,装有容量为 31500kV·A 主变压器两台,控制、信号等经常负荷为 2000W,事故照明负荷为 3000W,最大一台断路器合闸电流为 54A。
>
> 请回答下列问题。

11. 选择一组 220V 铅酸蓄电池作为直流电源,若经常性负荷的事故放电容量为 9.09A·h,事故照明负荷放电容量为 13.64A·h,按满足事故全停电状态下长时间放电容量要求,选择蓄电池计算容量 C_c 是下列哪一项?(事故放电时间按 1h,容量储备系数取 1.25,容量换算系数取 0.4) ( )

(A)28.4A·h (B)42.63A·h

(C)56.8A·h (D)71A·h

解答过程:

12. 若选择一组蓄电池容量为 100A·h 的 220V 铅酸蓄电池作为直流电源,计算事故放电末期放电率,选择下列哪一项数值是正确的? ( )

(A)0.09 (B)0.136 (C)0.23 (D)0.54

解答过程：

题 13～15：某变电所内设露天 6/0.4kV 变压器、室内 6kV 中压柜及 0.4kV 低压开关柜等设备，6kV 系统为中性点不接地系统，低压采用 TN-S 接地形式。已知条件：土壤电阻率 $\rho = 100\Omega\cdot m$，垂直接地体采用钢管，其直径 $d = 50mm$，长度 $L = 2.5m$，水平接地体采用扁钢，其尺寸为 40mm×4mm，见下图。

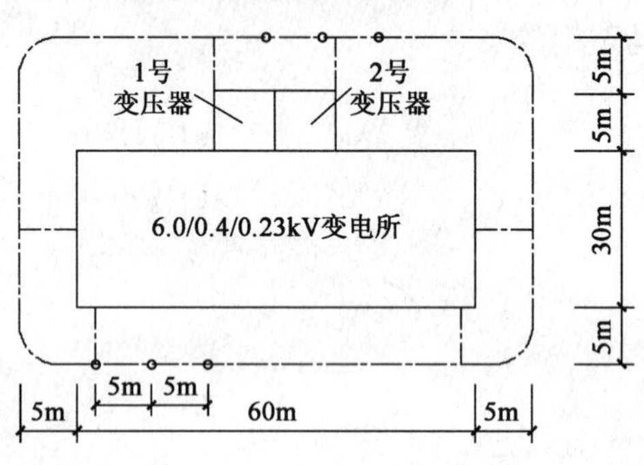

请回答下列问题。

13. 当变电所工作接地、保护接地、防雷接地采用一个共同接地装置时，接地装置的工频散流总电阻不应大于下列哪一项数值？并说明理由。（　　）

(A) 1Ω　　(B) 4Ω

(C) 10Ω　　(D) 15Ω

解答过程：

14. 请回答垂直接地体考虑其利用系数 0.75～0.85 时，接地极间距一般为下列哪一项数值？并说明原因。（　　）

(A) 2m　　(B) 4m

(C) 5m　　(D) 6m

解答过程：

15. 计算该变电所人工接地装置,包括水平和垂直接地体的复合接地装置的工频散流电阻值最接近下列哪一项数值? ( )

(A)0.5Ω (B)1.5Ω
(C)4.0Ω (D)5.0Ω

解答过程:

题 16～19:某中学普通教室宽约 10m,长约 15m,高约 3.5m,顶棚、墙面四白落地,水泥地面,前面讲台和后面班级板报均有黑板。

请回答下列问题。

16. 请说明下列哪一项关于教室灯具的光源色温和显色指数的要求是最适宜的? ( )

(A)4000K,80 (B)6000K,70
(C)2700K,80 (D)4000K,70

解答过程:

17. 请分析说明为使教室照度分布均匀,宜采用下列哪种规格的灯具? ( )

(A)三管 36W 格栅灯 (B)三管 40W 格栅灯
(C)三管普通支架荧光灯 (D)单管配照型三基色荧光灯

解答过程:

18. 如果选用 T8 型 36W 荧光灯,已知 T8 型 36W 光源光通量为 3250lm,灯具维护系数为 0.8,计算利用系数为 0.58,每个灯管配置的镇流器功率 4W。在不考虑黑板专用照明的前提下,请计算应配置多少只光源才能满足平均照度及照明功率密度值的要求? ( )

(A)30 (B)32 (C)34 (D)50

解答过程：

19. 若教室采用在顶棚上均匀布置荧光灯的一般照明方式，灯具的长轴与黑板垂直，另外，为保证黑板的垂直照度高于教室平均照度及较好的均匀度，设置黑板照明专用灯具，请说明黑板照明应选择下列哪种配光特性的专用灯具？（　　）

(A)非对称光强分布　　(B)蝙蝠翼式光强分布
(C)对称光强分布　　(D)余弦光强分布

解答过程：

题 20～23：某城市有一甲级写字楼，总建筑面积约 7 万 m^2，地下 3 层，地上 24 层，三层设有一多功能厅，地下室为车库。请分析回答下列问题。

20. 该多功能厅长 33m，宽 15m，从地面到吊顶高度为 9m，吊顶平整。在该多功能厅设置感烟火灾探测器，需要设置多少个？请列出解答过程。（修正系数取 0.8）（　　）

(A)6 个　　(B)8 个　　(C)10 个　　(D)12 个

解答过程：

21. 该建筑地下三层设有 19 只 5W 扬声器，地下一、二层每层设置有 20 只 5W 扬声器，首层设有 20 只 3W 扬声器，二层以上每层设有 15 只 3W 扬声器。请分析计算火灾应急广播备用扩音机的容量应为下列哪一项数值？（　　）

(A)200W　　(B)310W　　(C)440W　　(D)600W

解答过程：

22. 该建筑地下有两层停车库，车库长 99m，宽 58.8m，每跨的间距为 9m×8.4m，主梁高 0.7m,每跨中间有十字次梁,次梁高 0.6m,无吊顶,楼板厚 130mm,层高 4.2m。在进行火灾自动报警系统设计时,请分析计算车库装设感温探测器的总数应为下列哪一项数值? ( )

(A)616 只　(B)462 只　(C)308 只　(D)154 只

解答过程:

23. 用于建筑中作防火分隔的防火卷帘门与装设的火灾探测器有联动要求,请分析说明下列关于火灾探测器布置及与防火卷帘门联动要求中哪一项是正确的? ( )

(A)在防火卷帘门两侧装设火灾探测器组,当感烟探测器动作时,卷帘门下降到 1.8m,感温探测器再动作时,卷帘门下降到底

(B)装设火灾探测器,当火灾探测器动作后,卷帘门一次下降到底

(C)在防火卷帘门两侧装设火灾探测器组,当感烟探测器动作时,卷帘门下降到 1.5m,感温探测器再动作时,卷帘门下降到底

(D)在防火卷帘门两侧装设火灾探测器组,当感温度探测器动作时,卷帘门下降到 1.8m,感烟探测器再动作时,卷帘门下降到底

解答过程:

题 24、25:请依据下述条件,分析回答下列问题。

24. 下面是一个第二类防雷建筑物的避雷网及引下线布置图,请找出图中有几处不符合规范的要求?并请逐条说明正确的做法。 ( )

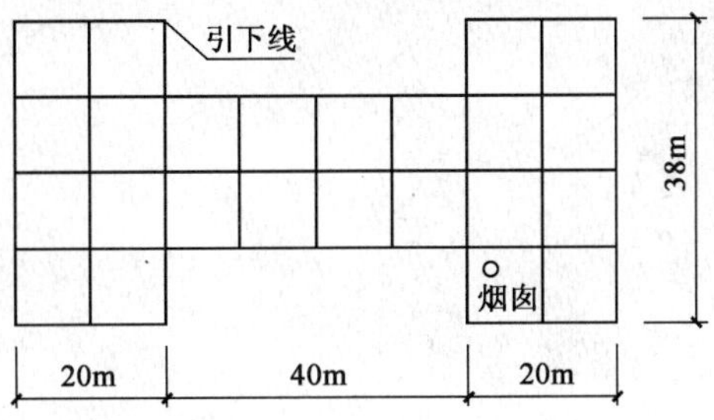

注:1. 避雷网网格最大尺寸 10m×10.5m。

2. 引下线共 12 处,利用建筑物四周柱子的钢筋,平均间距为 22.5m。

3. 金属烟囱高出屋顶 3m,不装接闪器,不排放爆炸危险气体、蒸汽或粉尘。

(A)一处　　　　　　　　　　　　　　(B)两处

(C)三处　　　　　　　　　　　　　　(D)四处

解答过程:

25. 下图是某企业的供电系统图,假定最大运行方式下 D 点三相短路电流 $I_{\mathrm{dmax}}^{(3)}=26.25\mathrm{kA}$,请通过计算判断企业变压器35kV侧保护继电器过流整定值和速断整定值最接近下列哪一组数字?(电流互感器变比50/5。过流保护采用DL型继电器,接于相电流。低压回路有自启动电动机,过负荷系数取2.5)　　(　　)

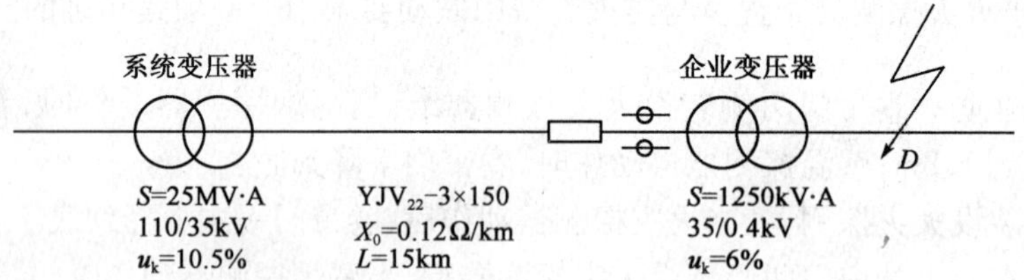

(A)过流整定值7.88A,速断整定值39A

(B)过流整定值12.61A,速断整定值62.35A

(C)过流整定值7.28A,速断整定值34.2A

(D)过流整定值7.28A,速断整定值39A

解答过程:

2006 年案例分析试题答案(下午卷)

题 1 ~ 5 答案:**ABCCB**

1.《35kV ~ 110kV 变电站设计规范》(GB 50059—2011)第 3.2.4 条:110kV 线路为 6 回及以上时,宜采用双母线接线。

2.《3 ~ 110kV 高压配电装置设计规范》(GB 50060—2008)第 2.0.6 条。

3.《3 ~ 110kV 高压配电装置设计规范》(GB 50060—2008)第 4.1.4 条。

注:速度保护及距离保护均有死区,纵联差动保护无死区,可查阅相关继电保护书籍。

4.《高压输变电设备的绝缘配合》(GB 311.1—1997)第 5.3.1 条及表 1。110kV 设备最高工作电压为 126kV。

5.《工业与民用配电设计手册》(第三版)P207 中确定短路电流时,应按可能发生最大短路电流的正常接线方式计算。

注:主变并列运行针对电源进线侧(即高压侧,本题为 220kV 母线侧)并列运行,双母线并联运行主要针对 110kV 馈线后的设备(如 110/35kV 变压器等)并联运行而言,按题意采用双母线并联运行应更为贴切。

题 6 ~ 10 答案:**DCABC**

6.《35kV ~ 110kV 变电站设计规范》(GB 50059—2011)第 2.0.1 条,8. 所址标高宜在 50 年一遇高水位之上。

7.《3 ~ 110kV 高压配电装置设计规范》(GB 50060—2008)第 5.4.4 条表 5.4.4 及条文说明。

$D = 2 \times 800 + 900 = 2500\text{mm}$

此宽度要求主要考虑手车在通道内检修的需要。

8.《10kV 及以下变电所设计规范》(GB 50053—1994)第 5.3.1 条、第 5.3.4 条、第 5.3.5 条、第 6.2.2 条。

9.《35kV ~ 110kV 变电站设计规范》(GB 50059—2011)第 3.9.2 条、第 3.9.3 条,《工业与民用配电设计手册》(第三版)P82。

10.《3 ~ 110kV 高压配电装置设计规范》(GB 50060—2008)第 5.1.3 条室内配电装置部分内容。

注:近年的题目计算量均提高很多,此类纯概念性的题目已很少出现了。

题 11、12 答案:**DD**

11.《电力工程直流系统设计技术规程》(DL/T 5044—2004)附录 B.2.1.2 式(B.1)。

$$C_c = K_K \frac{C_{S.X}}{K_{CC}} = 1.25 \times \frac{9.09 + 13.64}{0.4} = 71.03\text{A·h}$$

12.《电力工程直流系统设计技术规程》(DL/T 5044—2004)附录 B.2.1.3 式(B.5)。

$$K_{chm.x} = K_K \frac{I_{chm}}{I_{10}} = 1.0 \times \frac{54}{100} = 0.54$$

注:此处可靠系数取 1,否则无答案,此题不严谨。

题 13~15 答案:**BBB**

13.《交流电气装置的接地》(DL/T 621—1997)第 3.2 条:使用一个总的接地装置,接地电阻应符合其中最小值的要求。或参见《交流电气装置的接地设计规范》(GB/T 50065—2011)第 3.1.2 条。下列条文在《交流电气装置的接地设计规范》(GB/T 50065—2011)中有修改和删节。

工作接地:《交流电气装置的接地》(DL/T 621—1997)第 7.2.2 条 a),最小电阻 4Ω。

保护接地:《交流电气装置的接地》(DL/T 621—1997)第 5.1.1 条 b)-1),最小电阻 4Ω。

防雷接地:《交流电气装置的接地》(DL/T 621—1997)第 5.1.2 条,最小电阻 10Ω。

注:《工业与民用配电设计手册》(第三版)P889 接地电阻定义中,一般将散流电阻作为接地电阻。另《民用建筑电气设计规范》(JGJ 16—2008)第 12.4.2 条低压配电系统中,配电变压器中性点的接地电阻不宜超过 4Ω。

14.《交流电气装置的接地设计规范》(GB/T 50065—2011)第 5.1.8 条,垂直接地极不应小于其长度的 2 倍,即 2×2.5=5m。

考虑到题目中的利用系数为 0.75~0.85,则接地体接地极间距约为 4m。

注:此题不严谨,利用系数的理解上还有争议。

15.《交流电气装置的接地设计规范》(GB/T 50065—2011)附录 A 表 A2 中复合接地网的简易计算式。

$$R = \frac{\sqrt{\pi}}{4} \times \frac{\rho}{\sqrt{S}} + \frac{\rho}{L} = \frac{\sqrt{\pi}}{4} \times \frac{100}{\sqrt{45 \times 70}} + \frac{100}{2 \times (45 + 70)} = 0.790 + 0.435 = 1.225\Omega$$

题 16~19 答案:**ADAA**

16.《建筑照明设计标准》(GB 50034—2004)第 4.4.1 条及表 4.4.1、第 5.2.7 条及表 5.2.7。

17.《照明设计手册》(第二版)P246、247。教室照明推荐使用稀土三基色荧光粉的直管荧光灯，宜选用有一定保护角、效率不低于75%的开启式配照型灯具。

18.《照明设计手册》（第二版）P211 式(5-39)，《建筑照明设计标准》(GB 50034—2004)第5.2.7条、第6.1.6条。

灯具数量：$E_{av} = \frac{N\Phi Uk}{A}$

则：$N = \frac{E_{av}A}{\Phi Uk} = \frac{300 \times 150}{3250 \times 0.8 \times 0.58} = 29.8$ 只，取30只。

照明功率密度值：$LPD = \frac{30 \times (36+4)}{15 \times 10} = 8W/m^2 < 9W/m^2$，满足要求。

注：教室照明功率密度目标值为$9W/m^2$。

19.《照明设计手册》（第二版）P248，教室内如果仅设置一般照明灯具，黑板上的垂直照度很低，均匀度差，因此对黑板宜设置专用灯具照明，宜采用非对称光强分布特性的专用灯具。

题20～23答案：**BDAB**

20.《火灾自动报警系统设计规范》(GB 50116—1998)第8.1.4条及式(8.1.4)。

$N = \frac{S}{KA} = \frac{33 \times 15}{0.8 \times 80} = 7.73$ 个，取8个。

21.《火灾自动报警系统设计规范》(GB 50116—1998)第6.3.1.6条，确定火灾时可能接通最多楼层为首层、二层及地下各层，再根据第5.4.3.4条公式得：

$P = 1.5 \times (19 \times 5 + 2 \times 20 \times 5 + 20 \times 3 + 15 \times 3) = 600W$

注：也可参见《民用建筑电气设计规范》(JGJ 16—2008)第6.3.1.6条。

22.《火灾自动报警系统设计规范》(GB 50116—1998)第8.1.5.3条、第8.1.4条及式(8.1.4)。总面积$S = 99 \times 58.8 = 5821.2m^2$，主梁间面积$S = 9 \times 8.4 = 75.6m^2$，因此多功能厅共有$n = \frac{5821.2}{75.6} = 77$跨，每个跨又被十字次梁分割成4个间隔，每个间隔面积$S = \frac{75.6}{4} = 18.9m^2$，此面积内装设感温探测器的数量$N = \frac{S}{KA} = \frac{18.9}{0.8 \times 60} = 0.4$个，取1个，因此感温探测器的总数为$N = 2 \times 77 \times 4 = 616$个。

注：此题表述不够严谨，主梁高0.7m，次梁高0.6m，如果去除板厚（一般为120～150mm），主梁与次梁均突出顶棚高度不到600mm，而规范要求是梁突出顶棚高度600mm时，被梁隔断的每个梁间区域至少设置一个探测器。此情况只能采用附录C的表格进行计算，较为复杂。

23.《火灾自动报警系统设计规范》(GB 50116—1998)第6.3.8.3条。

题24、25答案：**CD**

24.《建筑物防雷设计规范》(GB 50057—2010)中，第4.3.1条、第4.3.2条、

第4.3.3条。

第4.3.1条：应在整个屋面组成不大于10m×10m的避雷网格，题干网格为10m×10.5m，不符合规范要求。

第4.3.2条：不排放爆炸危险气体、蒸汽或粉尘的金属烟囱应和屋面防雷装置相连，题干不符合规范要求。

第4.3.3条：防雷引下线应沿建筑物四周均匀布置，其间距不应大于18m，题干间距为22.5m，不符合规范要求。

25.《工业与民用配电设计手册》(第三版)P297表7-3。

变压器高压侧额定电流：$I_{1rT} = \dfrac{S_1}{\sqrt{3}U_1} = \dfrac{1250}{\sqrt{3}\times 35} = 20.62\text{A}$

过电流保护装置动作电流：$I_{opK} = K_{rel}K_{jx}\dfrac{K_{st}I_{rM}}{K_r n_{TA}} = 1.2\times 1\times\dfrac{2.5\times 20.62}{0.85\times 50/5} = 7.28\text{A}$

最大运行方式下三相短路电流(折算到高压侧)：$I_{2k3max} = \dfrac{I_{2k}}{n_T} = \dfrac{26.25\times 10^3}{35/0.4} = 300\text{A}$

电流速断保护装置动作电流：$I_{opK} = K_{rel}K_{jx}\dfrac{I_{2k3max}}{n_{TA}} = 1.3\times 1\times\dfrac{300}{50/5} = 39\text{A}$

2007 年

注册电气工程师(供配电)执业资格考试

专业考试试题及答案

2007 年专业知识试题(上午卷)

一、单项选择题(共 40 题,每题 1 分,每题的备选项中只有 1 个最符合题意)

1. 手握电极的人能自行摆脱电极的最大电流平均值应为下列哪一项数值?(　　)

(A)50mA　　(B)30mA

(C)10mA　　(D)5mA

2. 人体的“内电抗”是指下列人体哪个部分间阻抗?(　　)

(A)在皮肤上的电极与皮下导电组织之间的阻抗

(B)是手和双脚之间的阻抗

(C)在接触电压出现瞬间的人体阻抗

(D)两电极分别接触人体两部位,除去皮肤阻抗后电极间的阻抗

3. 下述哪一项电流值在电流通过人体的效应中被称为“反应阀”?(　　)

(A)通过人体能引起任何感觉的最小电流值

(B)通过人体能引起肌肉不自觉收缩的最小电流值

(C)大于 30mA 的电流值

(D)能引起心室纤维颤抖的最小电流值

4. 在建筑物内实施总等电位联结时,下列各方案中哪一方案是正确的?(　　)

(A)在进线总配电箱近旁安装接地母排,汇集诸联结线

(B)仅将需联结的各金属部分就近互相连通

(C)将需联结的金属管道结构在进入建筑物处联结到建筑物周围地下水平接地扁钢上

(D)利用进线总配电箱内 PE 母排汇集诸联结线

5. 下列哪种接地导体不可以用作低压配电装置的接地极?(　　)

(A)埋于地下混凝土内的非预应力钢筋

(B)条件允许的埋地敷设的金属水管

(C)埋地敷设的输送可燃液体或气体的金属管道

(D)埋于基础周围的金属物,如护桩坡等

6. 某 35kV 架空配电线路,当系统基准容量取 100MV·A,线路电抗值为 0.43Ω 时,该线路的电抗标幺值应为下列哪一项数值?(　　)

(A)0.031　　(B)0.035

(C)0.073　　(D)0.082

7. 校验3～110kV高压配电装置中的导体和电器的动稳定、热稳定以及电器短路开断电流时，应按下列哪一项短路电流验算？　(　　)

(A)按单相接地短路电流验算

(B)按两相接地短路电流验算

(C)按三相短路电流验算

(D)按三相短路电流验算，但当单相、两相接地短路较三相短路严重时，应按严重情况验算

8. 在考虑供电系统短路电流问题时，下列表述中哪一项是正确的？　(　　)

(A)以100MV·A为基准容量的短路电路计算电抗不小于3时，按无限大电源容量的系统进行短路计算

(B)三相交流系统的远端短路的短路电流是由衰减的交流分量和衰减的直流分量组成的

(C)短路电流计算中的最大短路电流值，是校验继电保护装置灵敏系数的依据

(D)三相交流系统的近端短路时，短路稳态电流有效值小于短路电流的初始值

9. 已知一台35/10kV额定容量为5000kV·A变压器，其阻抗电压百分数 $u_k\% = 7.5$，当基准容量为100MV·A时，该变压器电抗标幺值应为下列哪一项数值？（忽略电阻值）　(　　)

(A)0.67　　(B)0.169

(C)1.5　　(D)0.015

10. 当基准容量为100MV·A时，系统电抗标幺值为0.02；当基准容量为1000MV·A时，系统电抗标幺值应为下列哪一项数值？　(　　)

(A)5　　(B)20

(C)0.002　　(D)0.2

11. 某企业的10kV供配电系统中含总长度为25km的10kV电缆线路和35km的10kV架空线路，请估算该系统线路产生的单相接地电容电流应为下列哪一项数值？

(　　)

(A)21A　　(B)26A

(C)25A　　(D)1A

12. 一个供电系统由两个无限大电源系统S1、S2供电，其短路电流计算时的等值电抗如下图所示，计算 d 点短路电源S1支路的分布系数应为下列哪一项数值？　(　　)

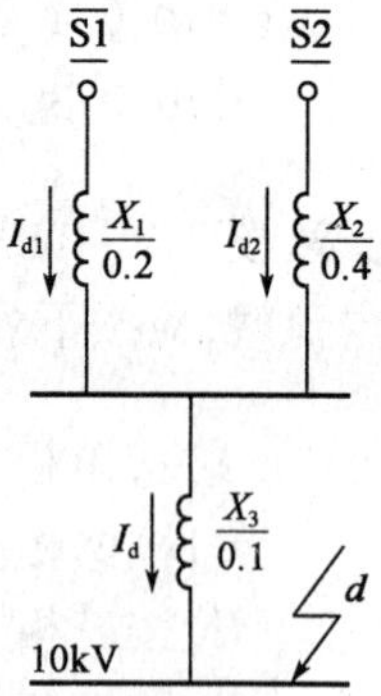

(A)0.67　　　　(B)0.5

(C)0.33　　　　(D)0.25

13. 某变电站 10kV 母线短路容量为 250MV·A,如要将某一电缆出线短路容量限制在 100MV·A 以下,所选用限流电抗器的额定电流为 750A,该电抗器的额定电抗百分数应不小于下列何值?　(　　)

(A)6　　　　(B)5

(C)8　　　　(D)10

14. 某 10kV 线路经常输送容量为 1343kV·A,该线路测量仪表用的电流互感器变比宜选用下列哪一项数值?　(　　)

(A)50/5　　　　(B)75/5

(C)100/5　　　　(D)150/5

15. 某变电所有 110 ± 2 × 2.5%/10.5kV、25MV·A 主变压器一台,校验该变压器 10.5kV侧回路的计算工作电流应为下列何值?　(　　)

(A)1375　　　　(B)1443

(C)1547　　　　(D)1554

16. 某变电所的 10kV 母线(不接地系统)装设无间隙氧化锌避雷器,此避雷器应选定下列哪组参数?(氧化锌避雷器的额定电压最大持续运行电压)　(　　)

(A)13.2/12kV　　　　(B)14/13.2kV

(C)15/12kV　　　　(D)17/13.2kV

17. 10kV 及以下电缆采用单根保护管埋地敷设,按规范规定其埋置深度距排水沟底不宜小于下列哪一项数值?　(　　)

(A)0.5m　　　　(B)0.7m

(C)1.0m　　　　(D)1.5m

18. 在爆炸性气体环境 1 区、2 区内,选择绝缘导体和电缆截面时,导体允许载流量不应小于熔断器熔体电流的倍数,下列数值中哪一项是正确的?　(　　)

(A)1.00　　　　(B)1.25

(C)1.30　　　　(D)1.50

19. 低压控制电缆在桥架内敷设时,电缆总截面面积与桥架横断面面积之比,按规范规定不应大于下列哪一项数值?　(　　)

(A)20%　　　　(B)30%

(C)40%　　(D)50%

20. 某六层中学教学楼,经计算预计雷击次数为0.07次/年,按建筑物的防雷分类属于下列哪类防雷建筑物?（　　）

(A)第一类防雷建筑物　　(B)第二类防雷建筑物
(C)第三类防雷建筑物　　(D)以上都不是

21. 当高度在15m及以上烟囱的防雷引下线采用圆钢明敷时,按规范规定其直径不应小于下列哪一项数值?（　　）

(A)8mm　　(B)10mm　　(C)12mm　　(D)16mm

22. 粮、棉及易燃物大量集中的露天堆场,宜采取防直击雷措施。当其年计算雷击次数大于或等于0.06时,宜采用独立避雷针或架空避雷线防直击雷,独立避雷针或架空避雷线保护范围的滚球半径h_x,可取下列哪一项数值?（　　）

(A)30m　　(B)45m
(C)60m　　(D)100m

23. 在建筑物防直击雷的电磁脉冲设计中,当无法获得设备的耐冲击电压时,220/380V的三相配电系统中,家用电器和手提工具的绝缘耐冲击过电压额定值,可按下列哪一项数值选定?（　　）

(A)6kV　　(B)4kV
(C)2.5kV　　(D)1.5kV

24. 某医院18层大楼,预计雷击次数为0.12次/年,利用建筑物的钢筋作为引下线,同时建筑物的大部分钢筋、钢结构等金属物与被利用的部分连成整体,为了防止雷电流流经引下线和接地装置时产生的高电位对附近金属物或电气线路的反击,金属物或引下线之间的距离要求,下列哪一项与规范要求一致?（　　）

(A)大于1m　　(B)大于3m
(C)大于5m　　(D)可不受限制

25. 某湖边一座30层的高层住宅,其外形尺寸长、宽、高分别为50m、23m、92m,所在地年平均雷暴日为47.7天,在建筑物年预计雷击次数计算中,与建筑物截收相同雷击次数的等效面积为下列哪一项数值?（　　）

(A)0.2547km^2　　(B)0.0399km^2
(C)0.0469km^2　　(D)0.0543km^2

26. 10kV中性点不接地系统,在开断空载高压感应电动机时产生的过电压一般不超过下列哪一项数值?（　　）

(A)12kV　　(B)14.4kV
(C)24.5kV　　(D)17.3kV

27. 当避雷针的高度为35m，计算室外配电设备保护物高度为10m时单支避雷针的保护半径为下列哪一项数值？（　　）

(A)32.5m　　(B)23.2m
(C)30.2m　　(D)49m

28. 某民用居住建筑为16层，高45m，其消防控制室、消防水泵、消防电梯等应按下列哪级要求供电？（　　）

(A)一级负荷　　(B)二级负荷
(C)三级负荷　　(D)一级负荷中特别重要负荷

29. 下述对TN-C系统中PEN导体的规定哪一项不符合规范要求？（　　）

(A)PEN导体的绝缘耐压应能承受可能遭受的最高电压
(B)装置外部可导电部分可做PEN导体
(C)在建筑物的入口（电源入户点）处PEN导体应做重复接地
(D)PEN导体不能接进漏电保护器（剩余电流保护器）

30. 请用简易算法计算如图所示水平接地极为主边缘闭合的复合接地极（接地网）的接地电阻最接近下列哪一项数值？（土壤电阻率ρ = 1000Ω·m）（　　）

(A)1Ω
(B)4Ω
(C)10Ω
(D)30Ω

31. 请计算如图所示架空线简易铁塔水平接地装置的工频接地电阻值最接近下面哪个数值，假定土壤电阻率ρ = 500Ω·m，水平接地极采用50mm×5mm的扁钢，深埋h = 0.8m。（　　）

(A)10Ω
(B)30Ω
(C)50Ω
(D)100Ω

32. 按国家标准规范规定，下列哪类灯具具有保护接地要求？（　　）

(A)0类灯具　　(B)Ⅰ类灯具
(C)Ⅱ类灯具　　(D)Ⅲ类灯具

33. 按规范要求,下列哪一项室内电气设备的外露可导电部分可不接地? (　　)

(A)变压器金属外壳
(B)配电柜的金属框架
(C)配电柜表面的电流、电压表
(D)电缆金属桥架

34. 根据规范要求,判断下述哪种物体可以做接地极? (　　)

(A)建筑物钢筋混凝土基础桩
(B)室外埋地的燃油金属储罐
(C)室外埋地的天然气金属管道
(D)供暖系统的金属管道

35. 室内外一般环境污染场所灯具污染的维护系数取值与灯具擦拭周期的关系,下列哪一项表述与国家标准规范的要求一致? (　　)

(A)与灯具擦拭周期有关,规定最少1次/年
(B)与灯具擦拭周期有关,规定最少2次/年
(C)与灯具擦拭周期有关,规定最少3次/年
(D)与灯具擦拭周期无关

36. 某办公室长8m、宽6m、高3m,选择照度标准500lx,设计8盏双管2×36W荧光灯,计算最大照度512lx,最小照度320lx,平均照度445lx,问针对该设计下述哪一项描述不正确? (　　)

(A)平均照度低于照度标准,不符合规范要求
(B)平均照度与照度标准值偏差值,不符合规范要求
(C)照度均匀度值,不符合规定要求
(D)平均照度、偏差、均匀度符合规范要求

37. 博物馆建筑陈列室对光特别敏感的绘画展品表面应按下列哪一项照明标准值设计? (　　)

(A)不小于50lx　　(B)100lx
(C)150lx　　(D)300lx

38. 无彩电传播要求的室外灯光球场,下列哪一项指标符合体育建筑照明质量标准? (　　)

(A)GR不应小于50,Ra不应小于65
(B)GR不应小于50,Ra不应大于65
(C)UGR不应小于25,Ra不应小于80
(D)UGR不应小于25,Ra不应大于80

39. 直接气体放电光源灯具,平均亮度≥500kcd/m^2,其遮光角不应小于下列哪一项数值? (　　)

(A)10°　　(B)15°

(C)20°　　(D)30°

40. 额定电压 AC220V 的一般工作场所,下列哪一项照明灯具电源段电压波动在规范允许的范围内? (　　)

(A)195 ~240V　　(B)210 ~230V

(C)185 ~220V　　(D)230 ~240V

二、多项选择题(共 30 题,每题 2 分。每题的备选项中有 2 个或 2 个以上符合题意。错选、少选、多选均不得分)

41. 变电所高压接地故障引起低压设备绝缘承受的应力电压升高。低压电器装置绝缘允许承受的交流应力电压数值,下列各项中哪些是正确的? (　　)

(A)当切断故障时间 >5s 时,允许压力电压 U_0 +500V

(B)当切断故障时间 >5s 时,允许压力电压 U_0 +250V

(C)当切断故障时间≤5s 时,允许压力电压 U_0 +1500V

(D)当切断故障时间≤5s 时,允许压力电压 U_0 +1200V

42. 低压配电接地装置的总接地端子,应与下列哪些导体连接? (　　)

(A)保护连接导体　　(B)接地导体

(C)保护导体　　(D)中性线

43. 供配电系统短路电流计算中,在下列哪些情况下,可不考虑高压异步电动机对短路峰值的影响? (　　)

(A)在计算不对称短路电流时

(B)异步电动机与短路点之间已相隔一台变压器

(C)在计算异步电动机附近短路点的短路峰值电流时

(D)在计算异步电动机配电电缆出短路点的短路峰值电流时

44. 当 35/10kV 终端变电所需限制 10kV 侧短路电流时,一般情况下可采取下列哪些措施? (　　)

(A)变压器分列运行

(B)采用高电阻的变压器

(C)10kV 母线分段开关采用高分断能力的断路器

(D)在变压器回路装设电抗器

45. 远离发电机端的网络发生短路时,可认为下列哪些项相等? ( )

(A)三相短路电流非周期分量初始值
(B)三相短路电流稳态值
(C)三相短路电流第一周期全电流有效值
(D)三相短路后0.2s的周期分量有效值

46. 在进行短路电流计算时,如满足下列哪些项可视为远端短路? ( )

(A)短路电流中的非周期分量在短路过程中由初始值衰减到零
(B)短路电流中的周期分量在短路过程中基本不变
(C)以供电电源容量为基准的短路电流计算电抗标幺值不小于3
(D)变压器低压侧电抗与电力系统电抗之比不小于2

47. 在电气工程设计中,采用下列哪些项进行高压导体和电气校验? ( )

(A)三相短路电流非周期分量初始值
(B)三相短路电流持续时间 T 时的交流分量有效值
(C)三相短路电流全电流有效值
(D)三相短路超瞬态电流有效值

48. 在电气工程设计中,短路电流的计算结果的用途是下列哪些项? ( )

(A)确定中性点的接地方式
(B)继电保护的选择与整定
(C)确定供配电系统无功功率的补偿方式
(D)验算导体和电器的动稳定、热稳定

49. 在电力系统中,下列哪些因素影响短路电流计算值? ( )

(A)短路点距离电源的远近
(B)系统网的结构
(C)基准容量的取值大小
(D)计算短路电流时采用的方法

50. 对3~20kV电压互感器,当需要零序电压时,一般选用下列哪几种形式?
( )

(A)两个单相电压互感器V-V接线
(B)一个三相五柱式电压互感器
(C)一个三相三柱式电压互感器
(D)三个单相三线圈互感器,高压侧中性点接地

51. 选择35kV以下变压器的高压熔断器熔体时,下列哪些要求是正确的? ( )

(A)当熔体内通过电力变压器回路最大工作电流时不熔断
(B)当熔体内通过电力变压器回路的励磁涌流时不熔断
(C)跌落式熔断器的断流容量仅需按短路电流上限校验
(D)高压熔断器还应按海拔高度进行校验

52. 选择低压接触器时,应考虑下列哪些要求? (　　)

(A)额定工作制　　(B)使用类型
(C)正常负载和过载特性　　(D)分断短路电流能力

53. 选择电流互感器时,应考虑下列哪些技术参数? (　　)

(A)短路动稳定性　　(B)短路热稳定性
(C)二次回路电压　　(D)一次回路电流

54. 对于35kV及以下电力电缆绝缘类型的选择,下列哪些项表述符合规范规定? (　　)

(A)高温场所不宜用聚氯乙烯绝缘电缆
(B)低温场所宜用聚氯乙烯绝缘电缆
(C)防火有低毒要求时,不宜用聚氯乙烯电缆
(D)100℃以上高温环境下不宜采用矿物绝缘电缆

55. 高层民用建筑消防用电设备的配电线路应满足火灾时连续供电的需要,下列哪些敷设方式是符合规范规定的? (　　)

(A)暗敷设时,应穿管并应敷设在不燃烧体结构内且保护层厚度不应小于30mm
(B)明敷设时,应穿有防火保护的金属管或有防火保护的封闭式金属线槽
(C)当采用阻燃或耐火电缆时,敷设在天棚内可不采用防火保护措施
(D)当采用矿物绝缘类不燃烧性电缆时,可直接敷设

56. 低压配电设计中,有关绝缘导体布线的敷设要求,下列哪些表述符合规范规定? (　　)

(A)直敷布线可用于正常环境的室内场所,当导体垂直敷设至地面低于1.8m时,应穿管保护
(B)直敷布线可用于正常环境护套绝缘导线,其截面不宜大于6mm^2;布线的固定点间距不应大于300mm
(C)在同一个管道里有几个回路时,所有绝缘导线都应采用与最高标称电压回路绝缘相同的绝缘
(D)明敷或暗敷于干燥场所的金属管布线应采用管壁厚度不小于1.2mm的电线管

57. 人民防空地下室电气设计中,下列哪些表述符合国家规范要求? ( )

(A)进、出防空地下室的动力、照明线路,应采用电缆或护套线

(B)电缆和电线应采用铜芯电缆和电线

(C)当防空地下室的电缆或导线数量较多,且又集中敷设时,可采用电缆桥架敷设的方式,电缆桥架可直接穿过临空墙、防护密闭隔墙、密闭隔墙

(D)电缆、护套线、弱电线路和备用预埋管临空墙、防护密闭隔墙、密闭隔墙,除平时有要求外,可不做密闭处理,临战时应采取防护密闭或密闭封墙,在30天转换时限内完成

58. 向屋顶有机房的电梯供电的电源线路和电梯专用线路的敷设,下列表述哪些是正确的? ( )

(A)向电梯供电的电源线路,可敷设在电梯井道内

(B)除电梯的专用线路外,其他线路不得沿电梯井道敷设

(C)在电梯井道内的明敷电缆应采用阻燃型

(D)在电梯井道内的明敷的穿线管、槽应是阻燃的

59. 下列哪些建筑物应划为第二类防雷建筑物? ( )

(A)工业企业内有爆炸危险的露天钢质封闭气罐

(B)预计雷击次数为0.05次/年的省级办公建筑物

(C)国际通信枢纽

(D)具有10区爆炸危险环境的建筑物

60. 建筑物防雷设计中,下列哪些表述与国家规范一致? ( )

(A)在烟囱上的防雷引下线采用圆钢时,其直径不应小于10mm

(B)架空避雷线和避雷网宜采用截面不小于$35mm^2$镀锌铜绞线

(C)当建筑物利用金属屋面作为接闪器时,金属板下面无易燃品,其厚度不应小于0.4mm

(D)避雷网和避雷带宜采用圆钢或扁钢,优先采用圆钢,圆钢直径不应小于8mm,扁钢截面不小于$48mm^2$,厚度不应小于4mm

61. 某一般性12层住宅楼,经计算预计雷击次数0.1次/年,为防直击雷沿屋角、屋脊、屋檐和檐角等易受雷击的部位敷设避雷网,并在整个屋面组成避雷网格,按规范规定避雷网格不应大于下列哪些项数值? ( )

(A)10m×10m (B)20m×20m

(C)12m×8m (D)24m×16m

62. 某中学教室属于第二类防雷建筑物,下列哪些屋顶上金属物宜作为防雷装置的接闪器? ( )

(A)高 2.5m、直径 80mm、壁厚 4mm 的钢管旗杆
(B)直径为 50mm、壁厚 2.0mm 的镀锌钢管旗杆
(C)直径为 16mm 镀锌钢管爬梯
(D)安装在接收无线电视广播的共用天线杆上的接闪器

63. 10kV 配电系统,系统接地电容电流为 30A,采用经消弧线圈接地。该系统下列哪些条件满足规定? ( )

(A)系统故障点的残余电流不大于 5A
(B)消弧线圈容量 250kV·A
(C)在正常运行情况下,中性点的长时间电压位移不超过 1000V
(D)消弧线圈接于容量为 500kV·A,接线为 YN,d 的双绕组中性点上

64. 下列哪些消防用电设备应按一级负荷供电? ( )

(A)室外消防用水量超过 30L/s 的工厂、仓库
(B)建筑物高度超过 50m 的乙、丙类厂房和丙类库房
(C)一类高层建筑的防火门、窗、卷帘、阀门等
(D)室外消防用水量超过 25L/s 的办公楼

65. 某一 10/0.4kV 车间变电所、配电所变压器安装在车间外,高压侧为小电阻接地方式,低压侧为 TN 系统,为防止高压侧接地故障引起低压侧工作人员的电击事故,可采取下列哪些措施? ( )

(A)高压保护接地和低压侧系统接地共用接地装置
(B)高压保护接地和低压侧系统接地分开独立设置
(C)高压系统接地和低压侧系统接地共用接地装置
(D)在车间内,实行总等电位联结

66. 为避免电子设备信号电路接地导体阻抗无穷大,形成接收或辐射干扰信号的天线,下述接地导体长度要求哪些正确? ( )

(A)长度不能等于信号四分之一波长
(B)长度不能等于信号四分之一波长的偶数倍
(C)长度不能等于信号四分之一波长的奇数倍
(D)不受限制

67. 室外安装的建筑物立面照明投光灯需要由低压配电柜提供电源,为满足单相接地故障保护灵敏度的要求,配电柜内室外照明电源设置了剩余电流保护器,请问室外照明采用下列哪些接地方式符合规范要求? ( )

(A)采用 TN-S 系统,PE 导体在室外投光灯处做重复接地且与灯具外露可导电部分连接

(B)采用 TN-C 系统,PE 导体在室外投光灯处做重复接地且与灯具外露可导电部分连接

(C)采用 TN-C-S 系统,PE 导体在室外投光灯处做重复接地后分为 N 导体和 PE 导体,PE 导体与灯具外露可导电部分连接

(D)采用 TT 系统,灯具外露可导电部分可直接接地

68. 某市有彩电转播要求的足球场场地平均垂直照度 1870lx,满足摄像照明要求,下列主席台前排的垂直照度,哪些数值符合国家规范标准规定的要求? ( )

(A)200lx (B)300lx

(C)500lx (D)750lx

69. 某办公室照明配电设计中,额定工作电压为 AC220V,已知末端分支有功功率为 500W($\cos\phi=0.92$),请判断下列保护开关整定值和分支线导线截面积哪组数据符合规范规定?(不考虑电压降和线路敷设方式的影响,导体允许载流量按下表选取) ( )

导线截面积(mm^2)	0.75	1.0	1.5	2.5
导线载流量(A)	8	11	16	27

(A)导体过负载保护开关整定值 3A,分支线导线截面积选择 0.75mm^2

(B)导体过负载保护开关整定值 6A,分支线导线截面积选择 1.0mm^2

(C)导体过负载保护开关整定值 10A,分支线导线截面积选择 1.5mm^2

(D)导体过负载保护开关整定值 16A,分支线导线截面积选择 2.5mm^2

70. 采用下列哪些措施可降低或消除气体放电灯的频闪效应? ( )

(A)灯具采用高频电子镇流器

(B)相邻灯具分别接在不同相序

(C)灯具设置电容补偿

(D)灯具设置自动稳压装置

2007年专业知识试题答案(上午卷)

1. **答案**:C

依据:旧规范《电流通过人体的效应　第一部分:常用部分》(GB/T 13870.1—1992)第3.2条,新规范中已修改,见《电流对人和家畜的效应　第1部分:通用部分》(GB/T 13870.1—2008)第5.4条。

2. **答案**:D

依据:旧规范《电流通过人体的效应　第一部分:常用部分》(GB/T 13870.1—1992)第2.11条,新规范中已修改,见《电流对人和家畜的效应　第1部分:通用部分》(GB/T 13870.1—2008)第3.1.3条。

3. **答案**:B

依据:《电流对人和家畜的效应　第1部分:通用部分》(GB/T 13870.1—2008)第3.2.2条。

4. **答案**:A

依据:《工业与民用配电设计手册》(第三版)P883中"1.总等电位联结。"

5. **答案**:C

依据:《建筑物电气装置　第5-54部分:电气设备的选择和安装—接地配置、保护导体和保护联结导体》(GB 16895.3—2004)第542.2.6条。

6. **答案**:A

依据:《工业与民用配电设计手册》(第三版)P128表4-2。

7. **答案**:D

依据:《3~110kV高压配电装置设计规范》(GB 50060—2008)第4.1.3条。

8. **答案**:D

依据:《工业与民用配电设计手册》(第三版)P124,排除前三个选项。

9. **答案**:C

依据:《工业与民用配电设计手册》(第三版)P128表4-2。

10. **答案**:D

依据:《工业与民用配电设计手册》(第三版)P128表4-2。

11. **答案**:B

依据:《工业与民用配电设计手册》(第三版)P153式(4-41)和式(4-44),题目中明确要求为"估算"。

12. **答案**:C

依据:《钢铁企业电力设计手册》(上册)P188 中“分布系数法”。

13. **答案**:D

依据:《工业与民用配电设计手册》(第三版)P219 式(5-34)。

设:$S_j = 100\text{MV}\cdot\text{A}$;$U_j = 10.5\text{kV}$;$I_j = 5.5\text{kV}$。

则:$x_{rk}\% \geqslant \left(\dfrac{I_j}{I_{ky}} - X_{*S}\right)\dfrac{I_{rk}U_j}{U_{rk}I_j} \times 100\% = \left(\dfrac{5.5}{5.5} - \dfrac{100}{250}\right) \times \dfrac{0.75 \times 10.5}{10 \times 5.5} \times 100\% = 8.6\%$,选 10%。

14. **答案**:C

依据:《电力装置的电测量仪表装置设计规范》(GB/T 50063—2008)第 8.1.2 条。

15. **答案**:A

依据:《工业与民用配电设计手册》(第三版)P3 式(1-8)。

16. **答案**:D

依据:《工业与民用配电设计手册》(第三版)P862 表 13-48 和表 13-49,或《导体和电器选择设计技术规定》(DL/T 5222—2005)第 5.3.4 条表 3 和表 19。

注:最高工作电压分为电力系统与设备两种,本题依据《导体和电器选择设计技术规定》(DL/T 5222—2005)更为贴切。

17. **答案**:A

依据:《民用建筑电气设计规范》(JGJ 16—2008)表 8.7.2。

18. **答案**:B

依据:《爆炸和火灾危险环境电力装置设计规范》(GB 50058—1992)第 2.5.13 条。

19. **答案**:D

依据:《低压配电设计规范》(GB 50054—2011)第 7.6.14 条。

20. **答案**:C

依据:《建筑物防雷设计规范》(GB 50057—2010)第 3.0.4-3 条,中学教学楼属于一般民用建筑。

21. **答案**:B

依据:《建筑物防雷设计规范》(GB 50057—2010)第 3.0.3 条及条文说明,其中条文说明中明确:人员密集的公共建筑物,是指如集会、展览、博览、体育、商业、影剧院、医院、学校等。

注:因有关数据已更新,不建议以《民用建筑电气设计规范》(JGJ 16—2008)为依据。

22. **答案**:D

依据:《建筑物防雷设计规范》(GB 50057—2010)第 4.5.5 条。

23. **答案**:C

依据:《建筑物防雷设计规范》(GB 50057—2010)第6.4.4条表6.4.4。

24. **答案**:D

依据:旧规范《建筑物防雷设计规范》(GB 50057—1994)(2000年版)第3.3.8-1条最后一段,对应《建筑物防雷设计规范》(GB 50057—2010)第4.3.8条。

25. **答案**:C

依据:《建筑物防雷设计规范》(GB 50057—2010)附录A式(A.0.3-2)。

26. **答案**:C

依据:《导体和电器选择设计技术规定》(DL/T 5222—2005)第4.2.7条、第3.2.2条和表19。

$$2.5\text{P. U.} = 2.04U_{\text{m}} = 2.04 \times 12 = 24.49\text{kV}$$

27. **答案**:C

依据:《交流电气装置的过电压保护和绝缘配合》(DL/T 620—1997)第5.2.1条式(6)。

28. **答案**:B

依据:《高层民用建筑设计防火规范》(GB 50045—1995)(2005年版)第9.1.1条。

29. **答案**:B

依据:《低压配电设计规范》(GB 50054—2011)第3.2.13条。

30. **答案**:D

依据:《交流电气装置的接地设计规范》(GB 50065—2011)附录A式(A.0.4-3)、式(A.0.4-4),《交流电气装置的接地》(DL/T 621—1997)附录A表A2。

$$R \approx \frac{\sqrt{\pi}}{4} \times \frac{\rho}{\sqrt{\sigma}} + \frac{P}{L} = 0.443 \times \frac{1000}{\sqrt{100+300}} + \frac{1000}{200} = 27.15\Omega$$

31. **答案**:B

依据:《交流电气装置的接地设计规范》(GB 50065—2011)附录A表F.0.1,《交流电气装置的接地》(DL/T 621—1997)附录D表D1。

32. **答案**:B

依据:《建筑照明设计标准》(GB 50034—2004)第7.2.12条。

33. **答案**:C

依据:《交流电气装置的接地设计规范》(GB/T 50065—2011)第3.2.2-2条。

34. **答案**:A

依据:《建筑物电气装置 第5-54部分:电气设备的选择和安装—接地配置、保护导体和保护联结导体》(GB 16895.3—2004)第542.2.3条和第542.2.6条。

35. **答案**:B

依据:《建筑照明设计标准》(GB 50034—2004)第 4.1.6 条表 4.1.6。

36. **答案**:B

依据:《照明设计手册》(第二版)P211 式(5-39)和《建筑照明设计标准》(GB 50034—2004)第 4.1.7 条。

37. **答案**:A

依据:《建筑照明设计标准》(GB 50034—2004)第 5.2.8 条。

38. **答案**:A

依据:《建筑照明设计标准》(GB 50034—2004)第 5.2.11 条表 5.2.11-3。

39. **答案**:D

依据:《建筑照明设计标准》(GB 50034—2004)第 4.3.1 条。

40. **答案**:B

依据:《供配电系统设计规范》(GB 50052—2009)第 5.0.4-2 条和《工业与民用配电设计手册》(第三版)P256 表 6-3。

注:准确的范围应是 211 ~231V。

---

41. **答案**:BD

依据:《建筑物电气装置　第 4 部分:安全防护　第 44 章:过电压保护　第 446 节:低压电气装置对高压接地系统接地故障的保护》(GB 16895.11—2001)表 44A。

42. **答案**:ABC

依据:《交流电气装置的接地设计规范》(GB 50065—2011)第 8.1.4 条。

注:也可参考《建筑物电气装置　第 5-54 部分:电气设备的选择和安装—接地配置、保护导体和保护联结导体》(GB 16895.3—2004)第 524.4.1 条。

43. **答案**:AB

依据:《工业与民用配电设计手册》(第三版)P151。

44. **答案**:ABD

依据:《工业与民用配电设计手册》(第三版)P134 或《35kV ~110kV 变电站设计规范》(GB 50059—2011)第 3.2.6 条。

45. **答案**:BD

依据:《工业和民用配电设计手册》(第三版)P124、125 图 4-1 和 P134 内容,远端短路时 $I''_{k} = I_{0.2} = I_{k}$,即初始值、短路 0.2s 值和稳态值相等。

46. **答案**:ABD

依据:《工业与民用配电设计手册》(第三版)P125 中"(1)"。选项 A、选项 B、选项 D 需同时满足的三条件可称为远端短路,选项 C 为远端短路的单独条件,与同时满足选项 A、选项 B、选项 D 并列。

47. **答案**:BCD

依据:《工业与民用配电设计手册》(第三版)P206 中"2. 短路电流计算的目的"。

48. **答案**:ABD

依据:《钢铁企业电力设计手册》(上册)P177 中"短路计算的作用"。

49. **答案**:AB

依据:《工业与民用配电设计手册》(第三版)P124。

50. **答案**:BD

依据:《导体和电器选择设计技术规定》(DL/T 5222—2005)第 16.0.4 条。

51. **答案**:ABD

依据:《导体和电器选择设计技术规定》(DL/T 5222—2005)第 17.0.10 条、第 17.0.13 条、第 17.0.2 条。

52. **答案**:ABC

依据:《工业与民用配电设计手册》(第三版)P647 中"7. 选用原则"。

53. **答案**:ABD

依据:《导体和电器选择设计技术规定》(DL/T 5222—2005)第 15.0.1 条。

54. **答案**:AC

依据:《电力工程电缆设计规范》(GB 50217—2007)第 3.4.5 条、第 3.4.6 条、第 3.4.7 条。

55. **答案**:ABD

依据:《高层民用建筑设计防火规范》(GB 50045—1995)(2005 年版)第 9.1.4 条。

56. **答案**:ABC

依据:旧规范《供配电系统设计规范》(GB 50052—1995)第 5.2 条,新规范已有修改,可忽略。

57. **答案**:ABD

依据:《人民防空地下室设计规范》(GB 50038—2005)第 7.4.1 条、第 7.4.2 条、第 7.4.6 条、第 7.4.10 条。

58. **答案**:BCD

依据:《通用用电设备配电设计规范》(GB 50055—2011)第 3.3.6 条。

59. **答案**:AC

依据:《建筑物防雷设计规范》(GB 50057—2010)第3.0.3条。

60. **答案**:BD

依据:旧规范《建筑物防雷设计规范》(GB 50057—1994)(2000年版)第4.1.2条,新规范已修改。

61. **答案**:BD

依据:《建筑物防雷设计规范》(GB 50057—2010)第4.4.1条。

62. **答案**:AC

依据:《建筑物防雷设计规范》(GB 50057—2010)第5.2.8条、第5.2.10条。

63. **答案**:CD

依据:《工业与民用配电设计手册》(第三版)P873,或《交流电气装置的过电压保护和绝缘配合》(DL/T 620—1997)第3.1.2条,《导体和电器选择设计技术规定》(DL/T 5222—2005)第18.1.4条、第18.1.7条、第18.1.8-3条。

64. **答案**:BC

依据:《建筑设计防火规范》(GB 50016—2006)第11.1.1条,《高层民用建筑设计防火规范》(GB 50045—1995)(2005年版)第9.1.1条。

65. **答案**:BC

依据:《建筑物电气装置 第4部分:安全防护 第44章:过电压保护 第446节:低压电气装置对高压接地系统接地故障的保护》(GB 16895.11—2001)第442.4.2条及图44B。此题无对应条文。

66. **答案**:AC

依据:《工业与民用配电设计手册》(第三版)P905第12~14行。

67. **答案**:AD

依据:旧规范《低压配电设计规范》(GB 50054—1995)第4.4.17条,此题无对应条文。

68. **答案**:CD

依据:《建筑照明设计标准》(GB 50034—2004)第4.2.3-4条或《照明设计手册》(第二版)P374倒数第8行"主席台面的照度不宜低于200lx"。靠近比赛区前12排观众席的垂直照度不宜小于场地垂直照度的25%。

注:题目不严谨,"主席台前排"在这里应理解为"前排观众席",较为牵强。

69. **答案**:CD

依据:《建筑照明设计标准》(GB 50034—2004)第7.3.1条。

70. **答案**:AB

依据:《建筑照明设计标准》(GB 50034—2004)第7.2.11条。

2007年专业知识试题(下午卷)

一、单项选择题(共40题,每题1分,每题的备选项中只有1个最符合题意)

1. 在低压配电系统中,一般情况下,动力和照明宜共用变压器,在下列关于设置专用变压器的表述中哪一项是正确的? ( )

(A)在TN系统的低压电网中,照明负荷应设专用变压器

(B)在单台变压器的容量小于1250kV·A时,可设照明负荷专用变压器

(C)当照明负荷较大或动力和照明采用共用变压器严重影响照明质量及灯泡的寿命时,可设照明专用变压器

(D)负荷随季节性变化不大时,宜设照明专用变压器

2. 高压配电系统采用放射式、树干式、环式或其他组合方式配电,其放射式配电的特点在下列表述中哪一项是正确的? ( )

(A)投资少,事故影响范围大

(B)投资较高,事故影响范围较小

(C)切换操作方便,保护配置复杂

(D)运行比较灵活,切断操作不便

3. 关于中性点经高电阻接地系统的特点,下列表述中哪一项是正确的? ( )

(A)当电网接有较多的高压电动机或较多的电缆线路时,中性点经电阻接地可减少单相接地发展为多重接地故障的可能性

(B)当发生单相接地时,允许带接地故障运行1~2h

(C)单相接地时故障电流小,过电压高

(D)继电保护复杂

4. 35kV变电所主接线一般有分段母线、单母线、外桥、内桥、线路变压器组几种形式,下列哪种情况宜采用内桥接线? ( )

(A)变电站有两回电源线和两台变压器,供电线路较短或需经常切换变压器

(B)变电站有两回电源线和两台变压器,供电线路较长或不需经常切换变压器

(C)变电站有两回电源线和两台变压器,且35kV配电装置有一至二回路送转负荷的线路

(D)变电站有一回电源线和一台变压器,且35kV配电装置有一至二回路转送负荷的线路

5. 110kV配电装置当出线回路较多时,一般采用双母线接线,其双母线接线的优

点,下列表述中哪一项是正确的?　　(　　)

(A)在母线故障或检修时,隔离开关作为倒换操作电器,不易误操作
(B)操作方便,适于户外布置
(C)一条母线检修时,不致使供电中断
(D)接线简单清晰,设备投资少,可靠性高

6. 在正常运行情况下,电动机端子处电压偏差允许值(以额定电压百分数表示)下列哪一项符合规定?　　(　　)

(A) +10%, -10%　　(B) +10%, -5%
(C) +5%, -10%　　(D) +5%, -5%

7. 下列哪一项由两个电源供电外,尚应增设应急电源?　　(　　)

(A)中断供电将在政治、经济上造成重大损失的用电负荷
(B)中断供电将影响有重大政治、经济意义的用电单位的正常工作
(C)中断供电将造成大型影剧院、大型商场等公共场所次序混乱
(D)中断供电将发生中毒、爆炸和火灾等情况的用电负荷

8. 10kV 变电所电气设备外露可导电部分必须与接地装置有可靠的电气连接,成排的配电装置应采用下列哪种方式与接地线连接?　　(　　)

(A)任意一点与接地线相连
(B)任意两点与接地线相连
(C)两端均应与接地相连
(D)一端与接地线相连

9. 10kV 变电所的电容器组应装设放电装置,请问使电容器组两端的电压从峰值($\sqrt{2}$倍的额定电压)降至 50V 所需的时间,高低压电容器分别不应大于下列哪一项数值?(电容器组为手动投切)　　(　　)

(A)5min,1min　　(B)4min,2min
(C)3min,3min　　(D)2min,4min

10. 110kV 屋外配电装置的设计时,按下列哪一项确定最大风速?　　(　　)

(A)离地 10m 高,30 年一遇 15min 平均最大风速
(B)离地 10m 高,20 年一遇 10min 平均最大风速
(C)离地 10m 高,30 年一遇 10min 平均最大风速
(D)离地 10m 高,30 年一遇 10min 平均风速

11. 容量为 2000kV·A 油浸变压器安装在变压器室内,请问变压器的外廓与变压器室后壁、侧壁最小净距是下列哪一项数值?　　(　　)

(A)600mm (B)800mm
(C)1000mm (D)1200mm

12. 10kV 电容器装置的电器和导体的长期允许电流值,应按下列哪一项选择? ( )

(A)等于电容器组额定电流的 1.35 倍
(B)不小于电容器组额定电流的 1.35 倍
(C)等于电容器组额定电流的 1.3 倍
(D)不小于电容器组额定电流的 1.30 倍

13. 电容器的短时限电流速断和过电流保护,是针对下列哪一项可能发生的故障设置的? ( )

(A)电容器内部故障
(B)单台电容器引出线短路
(C)电容器组和断路器之间连接线短路
(D)双星型的电容器组,双星型容量不平衡

14. 下列哪一种变压器可不装设纵联差动保护? ( )

(A)10MV·A 及以上的单独运行变压器
(B)6.3MV·A 及以上的并列运行变压器
(C)2MV·A 及以上的变压器,当电流速断保护灵敏度系数满足要求时
(D)3MV·A 及以上的变压器,当电流速断保护灵敏度系数不满足要求时

15. 继电保护、自动装置的二次回路的工作电压不应超过下列哪一项数值? ( )

(A)110V (B)220V
(C)380V (D)500V

16. 根据回路性质确定电缆芯线最小截面时,下列哪一项不符合规定? ( )

(A)电压互感器至自动装置屏的电缆芯线截面不应小于 1.5mm^2
(B)电流互感器二次回路电缆芯线截面不应小于 2.5mm^2
(C)操作回路电缆芯线截面不应小于 4mm^2
(D)弱电控制回路电缆芯线截面不应小于 0.5mm^2

17. 35~110kV 变电所的二次接线设计中,下列哪一项要求不正确? ( )

(A)隔离开关与相应的断路器之间应装设闭锁装置
(B)隔离开关与相应的接地刀闸之间应装设闭锁装置
(C)断路器两侧的隔离开关之间应装设闭锁装置
(D)屋内的配电装置应装设防止误入带电间隔的设施

18. 采用蓄电池组的直流系统正常运行时，其母线电压应与蓄电池组的下列哪种运行方式电压相同？（　　）

（A）初充电电压　　（B）均衡充电电压
（C）浮充电电压　　（D）放电电压

19. 标称电压为 110V 的直流母线电压应为下列哪一项数值？（　　）

（A）115.5V　　（B）121V
（C）110V　　（D）大于 121V

20. 在变电所中控制负荷和动力负荷合并供电的 220V 直流系统，在事故放电情况下，蓄电池组出口端电压应满足下列哪一项要求？（　　）

（A）不低于 187V　　（B）不低于 220V
（C）不低于 192.5V　　（D）不低于 231V

21. 下列哪一项风机和水泵电气传动控制方案的观点是错误的？（　　）

（A）一般采用母线供电、电器控制，为满足生产要求，实现经济运行，可采用交流调速
（B）变频调速的优点是调速性能好，节能效果好，可使用笼型异步电动机；缺点是成本高
（C）串级调速的优点是变流设备容量小，较其他无级调速的方案经济；缺点是必须使用绕线型异步电动机，功率因数低，电机损耗大，最高转速降低
（D）对于 100 ~ 200kW 容量的风机水泵传动宜采用交—交直接变频装置

22. 某厂有一台变频传动异步电动机，额定功率 75kW，额定电压 380V，额定转速 985r/min，额定频率 50Hz，最高弱磁转速 1800r/min，采用通用电压型变频装置供电，如果电机拖动恒转矩负载，当电机运行在 25Hz 时，变频器输出电压，最接近下列哪一项数值？（　　）

（A）380V　　（B）190V
（C）400V　　（D）220V

23. 在交流变频调速装置中，被普遍采用的交—交变频器，实际上就是将其直流输出电压按正弦波调制的可逆整流器。因此网侧电流会含有大量的谐波分量，下列关于谐波电流的描述，哪一项是不正确的？（　　）

（A）除基波外，网侧电流中还含有 $k_m \pm 1$ 次整数次谐波电流，称为特征谐波
（B）在网侧电流中还存在着非整数次的旁频谐波，称为旁频谐波
（C）旁频谐波频率直接和交—交变频器的输出频率及输出项数有关
（D）旁频谐波频率直接和交—交变频器电源的系统阻抗有关

24. 根据现行国家标准，下列哪一项指标不属于电能质量指标？ （ ）

（A）电压偏差和三相电压不平衡度限值
（B）电压波动和闪变限值
（C）谐波电压和谐波电流限值
（D）系统短路容量限值

25. 在环境噪声大于60dB的场所设置的火灾报警紧急广播扬声器，按规范要求在其播放范围内最远点的播放声压级应高于背景噪声多少分贝？ （ ）

（A）3dB （B）5dB
（C）10dB （D）15dB

26. 火灾自动报警系统中，特级保护对象的各避难层设置一个消防专用电话分机或电话塞孔间隔应为下列哪一项数值？ （ ）

（A）20m （B）25m
（C）30m （D）40m

27. 在有梁的顶棚上设置感烟探测器、感温探测器，当梁间净距为下列哪一项数值时可不计梁对探测器保护面积的影响？ （ ）

（A）大于1m （B）小于1m
（C）大于3m （D）大于5m

28. 在进行火灾自动报警系统设计时，对于报警区域和探测区域划分说法不正确的是哪一项？ （ ）

（A）报警区域既可按防火分区划分，也可以按楼层划分
（B）报警区域既可将一个防火分区划分为一个报警区，也可以两层数个防火分区划分为一个报警区
（C）探测区域应按独立房（套）间划分，一个探测区域的面积不宜超过500m^2，从主要入口能看清其内部，且面积不超过1000m^{2}的房间，也可划分为一个探测区域
（D）敞开或封闭楼梯间应单独划分探测区域

29. 当火灾自动报警系统的传输线路采用铜芯绝缘导线敷设于线槽内，应考虑绝缘等级还应满足机械强度的要求，下列哪一项选择是正确的？ （ ）

（A）采用电压等级交流50V、线芯的最小截面面积1.00mm^{2}的铜芯绝缘导线
（B）采用电压等级交流250V、线芯的最小截面面积0.75mm^{2}的铜芯绝缘导线
（C）采用电压等级交流380V、线芯的最小截面面积0.50mm^{2}的铜芯绝缘导线
（D）采用电压等级交流500V、线芯的最小截面面积0.50mm^{2}的铜芯绝缘导线

30. 火灾报警控制器容量和每一总线回路所连接的火灾探测器和控制模块或信号模块的地址编码总数,宜留有一定余量,下列哪一项选择是正确的? ( )

(A)余量按火灾报警控制器容量或总线回路地址编码总数额定值的70% ~ 75%选择
(B)余量按火灾报警控制器容量或总线回路地址编码总数额定值的77% ~ 80%选择
(C)余量按火灾报警控制器容量或总线回路地址编码总数额定值的80% ~ 85%选择
(D)余量按火灾报警控制器容量或总线回路地址编码总数额定值的85% ~ 90%选择

31. 在民用闭路监视电视系统工程应根据监视目标的下列哪一项指标选择摄像机的灵敏度? ( )

(A)温度 (B)照度
(C)尺度 (D)色度

32. 在进行民用建筑共用天线电视系统设计时,对系统的交扰调制比、载噪比、载波互调比有一定的要求,下列哪一项要求是正确的? ( )

(A)交扰调制比≥40dB,载噪比≥47dB,载波互调比≥58dB
(B)交扰调制比≥45dB,载噪比≥58dB,载波互调比≥54dB
(C)交扰调制比≥52dB,载噪比≥45dB,载波互调比≥44dB
(D)交扰调制比≥47dB,载噪比≥44dB,载波互调比≥58dB

33. 综合布线系统的配线子系统当采用双绞线电缆时,其敷设长度不应小于下列哪一项数值? ( )

(A)70m (B)80m
(C)90m (D)100m

34. 按规范要求,综合布线建筑群子系统中多模光纤传输距离限制为下列哪一项数值? ( )

(A)100m (B)500m
(C)300m (D)2000m

35. 当综合布线无保密等要求,且区域内存在的电磁干扰场强小于下列哪一项数值时,可采用非屏蔽缆线和非屏蔽配线设备进行布控? ( )

(A)3V/m (B)4V/m
(C)5V/m (D)6V/m

36. 按规范规定，100m^3 丙类液体储罐与 10kV 架空电力线的最近水平距离不应小于电杆（塔）高度的倍数应为下列哪一项数值？（　）

(A)1.0 倍　(B)1.2 倍
(C)1.5 倍　(D)2.0 倍

37. 35kV 架空线耐张段的长度不宜大于下列哪一项数值？（　）

(A)5km　(B)5.5km
(C)6km　(D)8km

38. 在最大计算弧垂情况下，35kV 架空电力线路导线与建筑物之间的最小垂直距离应符合下列哪一项要求？（　）

(A)2.5m　(B)3m
(C)4m　(D)5m

39. 10kV 架空电力线路在最大计算风偏条件下，边导线与城市多层建筑或规划建筑线间的最小水平距离应为下列哪一项数值？（　）

(A)1.0m　(B)1.5m
(C)2.5m　(D)3.0m

40. 某 10kV 架空电力线路采用铝绞线，在下列跨越高速公路和一、二级公路时，跨距档（交叉档）的导线接头、导线最小截面、绝缘子固定方式、至路面的最小垂直距离的描述中，哪组符合规范要求？（　）

(A)跨距档不得有接头，导线最小截面 35mm^2，交叉档绝缘子双固定，至路面的最小垂直距离 7m
(B)跨距档允许有一个接头，导线最小截面 25mm^2，交叉档绝缘子双固定，至路面的最小垂直距离 7m
(C)跨距档不得有接头，导线最小截面 35mm^2，交叉档绝缘子固定方式不限，至路面的最小垂直距离 7m
(D)跨距档不得有接头，导线最小截面 25mm^2，交叉档绝缘子双固定，至路面的最小垂直距离 6m

二、多项选择题（共 30 题，每题 2 分。每题的备选项中有 2 个或 2 个以上符合题意。错选、少选、多选均不得分）

41. 用电单位的供电电压等级与用户负荷的下列哪些因素有关？（　）

(A)用电容量　(B)供电距离
(C)用电单位的运行方式　(D)用电设备特性

42. 下列哪些可作为应急电源? ( )

(A)有自动投入装置的独立于正常电源的专用馈电线路
(B)与系统联网的燃气轮机发电机组
(C)UPS 电源
(D)干电池

43. 电力系统的电能质量主要指标包括下列哪几项? ( )

(A)电压偏差和电压波动
(B)频率偏差
(C)系统容量
(D)电压谐波畸变率和谐波电流畸变率

44. 当需要限制电容器极间和电源侧对地过电压时,下列关于高压并联电抗器装置的操作过电压保护和避雷器接线方式哪些描述是正确的? ( )

(A)电抗器为 12% 及以上时,可采用避雷器与电抗器并联连接和中性点避雷器接线方式
(B)电抗器为 4.5% ~6% 时,可采用避雷器与电抗器并联连接和中性点避雷器接线方式
(C)电抗器大于 1% 时,可采用避雷器与电抗器并联连接和中性点避雷器接线方式
(D)电抗器为 4.5% ~6% 时,避雷器接线方式宜经模拟计算确定

45. 当采用低压并联电容器作为无功补偿时,低压并联电容器装置回路,应具有下列哪些表计? ( )

(A)电流表 (B)电压表
(C)功率因数表 (D)无功功率表

46. 为了提高功率因数,可采用多种方法,请判断下列哪几种方式可提高自然功率因数? ( )

(A)正确选用电动机、变压器容量,提高负载率
(B)在布置和安装上采取适当措施
(C)采用同步电动机
(D)选用带空载切除的间歇工作制设备

47. 设计供配电系统时,为减少电压偏差应采取下列哪些措施? ( )

(A)降低系统阻抗
(B)采取补偿无功功率措施
(C)大容量电动机采取降压启动措施

(D)尽量使三相负荷平衡

48. 在10kV变电所所址条件中，下列哪些描述不符合规范的要求？（　）

(A)装有油浸电力变压器的10kV车间内变压器，不应设在四级耐火等级的建筑物内；当设在三级耐火等级的建筑物内时，建筑物应采取局部防火措施
(B)在高层建筑中，装有可燃性油的电气设备的10kV变电所应设置在底层靠内墙部位
(C)高层主体建筑内部不宜设置装有可燃性油的电气设备的变电所
(D)附近有棉、粮集中的露天堆场，不应设置露天或半露天的变电所

49. 某机床加工车间10kV变电所设计中，设计者对防火和建筑提出下列要求，请问哪些条不符合规范的要求？（　）

(A)可燃油油浸电力变压器室的耐火等级应为一级，高压配电室、高压电容器室的耐火等级不应低于二级。低压配电室、低压电容器室的耐火等级不应低于三级
(B)变压器室位于车间内，可燃油油浸变压器的门按乙级防火门设计
(C)可燃油油浸变压器室设置容量为100%变压器油量的储油池
(D)高压配电室设不能开启的自然采光窗，窗台距室外地坪不宜低于1.6m

50. 110kV变电所所址应考虑下列哪些条件？（　）

(A)靠近生活中心
(B)节约用地
(C)不占或少占经济效益高的土地
(D)便于架空线路和电缆线路的引入和引出

51. 变电所内各种地下管线之间和地下管线之间与建筑物、构筑物、道路之间的最小净距，应满足下列哪些要求？（　）

(A)应满足安全的要求　　(B)应满足检修、安装的要求
(C)应满足工艺的要求　　(D)应满足气象条件的要求

52. 在选用I类和II类计量的电流互感器和电压互感器时，下列哪些选择是正确的？（　）

(A)电压互感器和主二次绕组额定二次线电压为100V
(B)电压互感器的主二次绕组额定二次线电压为$100/\sqrt{3}$V
(C)电流互感器二次绕组中所接入的负荷应保证实际二次负荷在25%～100%
(D)电流互感器二次绕组中所接入的负荷应保证实际二次负荷在30%～90%

53. 当采用配有浮充电设备的蓄电池组作直流电源时，下列哪些项要求是正确的？（　）

(A)电流允许波动应控制在额定电流的5%范围内
(B)由浮充电设备引起的波纹系数不应大于5%
(C)放电末期直流母线电压下限不应低于额定电压的85%
(D)充电后期直流母线电压上限不应高于额定电压的110%

54. 下面所列出的直流负荷哪些不是经常负荷?　　(　　)

(A)控制、保护、监控系统　　(B)信号灯
(C)事故照明　　(D)断路器操作

55. 对于无人值班变电所,下列哪些直流负荷统计时间和统计负荷系数是正确的?
(　　)

(A)监控系统事故持续放电时间为1h,负荷系数为0.5
(B)监控系统事故持续放电时间为2h,负荷系数为0.6
(C)照明事故持续放电时间为1h,负荷系数为1.0
(D)照明事故持续放电时间为2h,负荷系数为0.8

56. 下列关于绕线异步电动机反接制动的描述,哪些项是正确的?　　(　　)

(A)反接制动时,电动机转子电压很高,有很大的制动电流,为限制反接电流,在转子中须串联反接电阻和频敏电阻
(B)在绕线异步电动机转子回路接入频敏电阻进行反接制动,可以较好地限制制动电流,并可取得近似恒定的制动转矩
(C)反接制动开始时,一般考虑电动机的转差率 $s=1.0$
(D)反接制动的能量消耗较大,不经济

57. 下列有关交流电动机能耗制动的描述,哪些项是正确的?　　(　　)

(A)能耗制动转矩随转速的降低而增加
(B)能耗制动是将运转中的电动机与电源断开,向定子绕组通入直流励磁电流,改接为发电机使电能在其绕组中消耗(必要时还可消耗在外接电阻中)的一种电制动方式
(C)能耗制动所产生的制动转矩较平滑,可方便地改变制动转矩值
(D)能量不能回馈电网,效率较低

58. 对于交流变频传动异步电动机,额定电压380V,额定频率50Hz,采用通用电压型变频装置供电。当电机实际速度超过额定转速运行在弱磁状态下,下列变频器输出电压和输出频率,哪些项是正确的?　　(　　)

(A)380V,70Hz　　(B)228V,30Hz
(C)532V,70Hz　　(D)380V,60Hz

59. 火灾自动探测区域的划分应符合下列哪些规定?　　(　　)

(A)红外光束线型感烟火灾探测器的探测区域长度不宜超过100m

(B)缆式感温探测器的探测区域长度不宜超过200m

(C)空气管差温火灾探测器的探测区域长度不应大于150m

(D)红外光束线型感烟火灾探测器的探测区域长度不宜大于200m

60. 在宽度不小于3m建筑物内走道顶棚上设置探测器时,应满足下列哪几项要求? ( )

(A)感温探测器的安装间距不应超过10m

(B)感烟探测器的安装间距不应超过15m

(C)感温及感烟探测器的安装间距不应超过20m

(D)探测器至端墙的距离,不应大于探测器安装间距的一半

61. 根据规范要求,建筑高度不超过24m的建筑或建筑高度大于24m的单层公共建筑,下列哪些场所应设置火灾自动报警系统? ( )

(A)每座占地面积大于1000m^{2}的棉、毛、丝、麻、化纤及其织物的库房,占地面积超过500m^{2}或总建筑面积超过1000m^{2}的卷烟库房

(B)建筑面积大于500m^{2}的地下、半地下商店

(C)净高2.2m的技术夹层,净高大于0.8m的闷顶或吊顶内

(D)2500个座位的体育馆

62. 在公共设施运行参数的检测与过程控制中选用流量仪表时,流量仪表的量程选择,对于线性刻度显示,根据规范的要求,下列哪些叙述是正确的? ( )

(A)正常流量为满量程的40%

(B)正常流量为满量程的50%~70%

(C)最大流量不应大于满量程的90%

(D)最小流量不应小于满量程的10%

63. 在视频安防监控系统设计中,下列叙述哪些符合规范的规定? ( )

(A)应根据各类建筑物安全防范关系的需要,对建筑物内(外)的所有公共场所、通道、电梯及重要部位和场所进行视频探测,图像实时监视和有效记录回放

(B)系统应能独立运行

(C)系统画面显示应能任意编程,能自动或手动切换

(D)应能与入侵报警系统、出入口控制系统等联动

64. 当有线电视系统传输干线的衰耗(以最高工作频率下的衰耗值为准)大于100dB时,可采用以下哪些传输方式? ( )

(A)甚高频(VHF) (B)超高频(UHF)

(C)邻频　　　　　　　　　　　　　　　(D)FM

65. 在建筑工程中设置的有线电视广播系统,从功放设备的输出端至线路上最远的用户扬声器之间的线路衰耗,下面哪些说法是正确的?　　　　　　　　　　(　　)

(A)业务性广播不应小于 2dB(1000Hz)
(B)服务性广播不应大于 1dB(1000Hz)
(C)业务性广播不应大于 2dB(1000Hz)
(D)服务性广播不应小于 1dB(1000Hz)

66. 综合布线系统的缆线弯曲半径应符合下列哪些要求?　　　　　　　　(　　)

(A)光缆的弯曲半径应至少为光缆外径的 10 倍
(B)非屏蔽 4 对对绞电缆的弯曲半径应至少为电缆外径的 4 倍
(C)主干对绞电缆的弯曲半径应至少为电缆外径的 10 倍
(D)光缆的弯曲半径应至少为光缆外径的 15 倍

67. 下列关于 10kV 架空电力线路路径选择的要求,哪些是符合规范要求的?
(　　)

(A)应避开洼地、冲刷地带、不良地质地区、原始森林区以及影响线路安全运行的其他地区
(B)应减少与其他设施交叉。当与其他架空线路交叉时,其交叉点不应选在被跨越线路的杆塔顶上
(C)不应跨越存储易燃、易爆物的仓库区域
(D)跨越二级架空弱电线路的交叉角应大于或等于 15°

68. 下列几种架空电力线路采用的过电压保护方式中,哪几种做法不符合规范要求?　　　　　　　　　　　　　　　　　　　　　　　　　　　　(　　)

(A)66kV 线路,年平均雷暴日数 20 天以上的地区,宜沿全线架设地线
(B)35kV 线路,进出线段宜架设地线
(C)在多雷区,10kV 混凝土杆线路可架设地线
(D)在多雷区,10kV 混凝土杆线路当采用铁横担时,不宜提高绝缘子等级

69. 在设计 35kV 交流架空电力线路时,最大设计风速采用下列哪些是正确的?
(　　)

(A)架空电力线路通过市区或森林等地区,如两侧屏蔽物的平均高度大于塔杆高度 2/3,其最大设计风速宜比当地最大设计风速减小 20%
(B)架空电力线路通过市区或森林等地区,如两侧屏蔽物的平均高度大于塔杆高度 2/3,其最大设计风速宜比当地最大设计风速增加 20%
(C)山区架空电力线路的最大设计风速,应根据当地气象资料确定,当无可靠资

料时，最大设计风速可按附近平地风速减少10%，且不应低于25m/s

(D)山区架空电力线路的最大设计风速，应根据当地气象资料确定，当无可靠资料时，最大设计风速可按附近平地风速增加10%，且不应低于25m/s

70. 在架空电力线路设计中，下列哪些66kV及以下架空电力线路措施是正确的？（ ）

(A)市区10kV及以下架空电力线路，在繁华街道或人口密集地区，可采用绝缘铝绞线

(B)35kV及以下架空电力线路导线的最大使用张力，不应小于绞线瞬时破坏张力的40%

(C)10kV及以下架空电力线路导线初伸长对弧垂的影响，可采用减少弧垂法补偿

(D)35kV架空电力线路的导线与树木(考虑自然生长高度)之间的最小垂直距离为3m

2007年专业知识试题答案(下午卷)

1. **答案**:C

依据:《10kV及以下变电所设计规范》(GB 50053—1994)第3.3.4条。

2. **答案**:B

依据:《工业与民用配电设计手册》(第三版)P35中“配电方式”。

3. **答案**:A

依据:《钢铁企业电力设计手册》(上册)P37中“1.5.4中性点经电阻接地系统”。另外,《工业与民用配电设计手册》(第三版)P33对高电阻与低电阻接地分别叙述,答案不是对应得很清晰。

4. **答案**:B

依据:《工业与民用配电设计手册》(第三版)P47、48表2-1中简要说明一栏。

5. **答案**:C

依据:《钢铁企业电力设计手册》(上册)P45表1-20。

6. **答案**:D

依据:《供配电系统设计规范》(GB 50052—2009)第5.0.4条。

7. **答案**:D

依据:《供配电系统设计规范》(GB 50052—2009)第3.0.1-2条、第3.0.3条。

8. **答案**:C

依据:《10kV及以下变电所设计规范》(GB 50053—1994)第3.1.4条。

9. **答案**:A

依据:《10kV及以下变电所设计规范》(GB 50053—1994)第5.1.3条。此题不严谨,GB 50227—2008相关规定与之不一致,不过,此题明显考查GB 50053—1994的规范原文,因此建议选A。

10. **答案**:C

依据:《3~110kV高压配电装置设计规范》(GB 50060—2008)第3.0.5条。

11. **答案**:B

依据:《3~110kV高压配电装置设计规范》(GB 50060—2008)第5.4.5条。

12. **答案**:B

依据:《10kV及以下变电所设计规范》(GB 50053—1994)第5.1.2条。

13. **答案**:C

依据:《电力装置的继电保护和自动装置设计规范》(GB/T 50062—2008)第8.1.2-1条。

14. **答案**:C

依据:《电力装置的继电保护和自动装置设计规范》(GB/T 50062—2008)第4.0.3-2条、第4.0.3-4条。

15. **答案**:D

依据:《电力装置的继电保护和自动装置设计规范》(GB/T 50062—2008)第15.1.1条。

16. **答案**:C

依据:旧规范《电力装置的继电保护和自动装置设计规范》(GB 50062—1992)第14.0.5条,新规范已修改。

17. **答案**:C

依据:《3~110kV高压配电装置设计规范》(GB 50060—2008)第2.0.10条。

18. **答案**:C

依据:《电力工程直流系统设计技术规程》(DL/T 5044—2004)第4.1.5条。

19. **答案**:A

依据:《电力工程直流系统设计技术规程》(DL/T 5044—2004)第4.2.2条。

20. **答案**:C

依据:《电力工程直流系统设计技术规程》(DL/T 5044—2004)第4.2.4-3条。

21. **答案**:D

依据:《钢铁企业电力设计手册》(下册)P334,交—交变频往往用于功率为2000kW以上的低速传动中,用于轧钢机、提升机等,或《电气传动自动化技术手册》(第二版)P488,或《电气传动自动化技术手册》(第二版)P223。

22. **答案**:A

依据:《钢铁企业电力设计手册》(下册)P311表25-12,此题有争议。

23. **答案**:D

依据:《电气传动自动化技术手册》(第二版)P491。

24. **答案**:D

依据:有关电能质量共有6本规范:

①《电能质量　供电电压偏差》(GB/T 12325—2008);

②《电能质量　电压波动和闪变》(GB/T 12326—2008);

③《电能质量　三相电压不平衡》(GB/T 15543—2008);

④《电能质量　暂时过电压和瞬态过电压》(GB/T 18481—2001);

⑤《电能质量　公用电网谐波》(GB/T 14549—1993)；
⑥《电能质量　电力系统频率允许偏差》(GB/T 15945—1995)。

25. **答案:**D
依据:《火灾自动报警系统设计规范》(GB 50116—1998)第5.4.2.2条。

26. **答案:**A
依据:《火灾自动报警系统设计规范》(GB 50116—1998)第5.6.3.3条。

27. **答案:**B
依据:《火灾自动报警系统设计规范》(GB 50116—1998)第8.1.5.5条。

28. **答案:**B
依据:《火灾自动报警系统设计规范》(GB 50116—1998)第4.1条及第4.2条。

29. **答案:**B
依据:《火灾自动报警系统设计规范》(GB 50116—1998)第10.1.2条及表10.1.2。

30. **答案:**C
依据:《火灾自动报警系统设计规范》(GB 50116—1998)条文说明第5.1.2条。

31. **答案:**B
依据:《视频安防监控系统工程设计规范》(GB 50395—2007)第5.0.2条。

32. **答案:**D
依据:《有线电视系统工程技术规范》(GB 50200—1994)第2.2.2条及表2.2.2。

33. **答案:**D
依据:《综合布线系统工程设计规范》(GB 50311—2007)第3.2.3条。

34. **答案:**D
依据:《民用建筑电气设计规范》(JGJ 16—2008)第21.3.2条。

35. **答案:**A
依据:《综合布线系统工程设计规范》(GB 50311—2007)第3.5.1条。

36. **答案:**B
依据:《建筑设计防火规范》(GB 50016—2006)第11.2.1条。

37. **答案:**A
依据:《66kV及以下架空电力线路设计规范》(GB 50061—2010)第3.0.6-1条。

38. **答案:**C
依据:《66kV及以下架空电力线路设计规范》(GB 50061—2010)第12.0.9条。

39. **答案**:B

依据:《66kV 及以下架空电力线路设计规范》(GB 50061—2010)第 12.0.10 条。

40. **答案**:A

依据:《66kV 及以下架空电力线路设计规范》(GB 50061—2010)第 12.0.16 条及表 12.0.16。

---

41. **答案**:ABD

依据:《供配电系统设计规范》(GB 50052—2009)第 5.0.1 条。

42. **答案**:ACD

依据:《供配电系统设计规范》(GB 50052—2009)第 3.0.4 条。

43. **答案**:ABD

依据:《工业与民用配电设计手册》(第三版)P253,电能质量主要指标包括电压偏差、电压波动和闪变、频率偏差、谐波(电压谐波畸变率和谐波电流含有率)和三相电压不平衡度等。有关电能质量共有 6 本规范:

①《电能质量　供电电压偏差》(GB/T 12325—2008);

②《电能质量　电压波动和闪变》(GB/T 12326—2008);

③《电能质量　三相电压不平衡》(GB/T 15543—2008);

④《电能质量　暂时过电压和瞬态过电压》(GB/T 18481—2001);

⑤《电能质量　公用电网谐波》(GB/T 14549—1993)[也可参考《电能质量　公用电网间谐波》(GB/T 24337—2009),但后者不属于大纲范围];

⑥《电能质量　电力系统频率允许偏差》(GB/T 15945—1995)。

44. **答案**:ACD

依据:旧规范《并联电容器装置设计规范》(GB 50227—1995)第 4.2.10.3 条,新规范已修改。

45. **答案**:ABC

依据:《并联电容器装置设计规范》(GB 50227—2008)第 7.2.6 条。

46. **答案**:ACD

依据:《工业与民用配电设计手册》(第三版)P20 倒数第 4 行。

47. **答案**:ABD

依据:《供配电系统设计规范》(GB 50052—2009)第 5.0.9 条。

48. **答案**:AB

依据:《10kV 及以下变电所设计规范》(GB 50053—1994)第 2.0.2 条、第 2.0.3 条、第 2.0.4 条、第 2.0.5 条。

49. **答案**:BD

依据:《10kV 及以下变电所设计规范》(GB 50053—1994)第 6.1.1 条、第 6.1.2 条、第 6.2.1 条。

50. **答案**:BCD

依据:《35kV ~ 110kV 变电站设计规范》(GB 50059—2011)第 2.0.1 条。

51. **答案**:ABC

依据:《35kV ~ 110kV 变电站设计规范》(GB 50059—2011)第 2.0.9 条。

52. **答案**:AC

依据:《电力装置的电测量仪表装置设计规范》(GB/T 50063—2008)第 8.1.4 条、第 8.1.5 条和《导体和电器选择设计技术规定》(DL/T 5222—2005)第 16.0.7 条。

53. **答案**:ACD

依据:《电力工程直流系统设计技术规程》(DL/T 5044—2004)第 4.2.2 条、第 4.2.3 条、第 4.2.4 条及表 7.1.2。

54. **答案**:CD

依据:《电力工程直流系统设计技术规程》(DL/T 5044—2004)表 5.2.3。

55. **答案**:BC

依据:《电力工程直流系统设计技术规程》(DL/T 5044—2004)表 5.2.4。

56. **答案**:ABD

依据:《钢铁企业电力设计手册》(下册)P96 表 24-7。

57. **答案**:BCD

依据:《钢铁企业电力设计手册》(下册)P95 表 24-7。

58. **答案**:AD

依据:《钢铁企业电力设计手册》(下册)P309 倒数第 4 行(左侧):电动机在额定转速以上运转时,电子频率将大于额定频率,但由于电动机绕组本身不允许耐受高的电压,电动机电压不许限制在允许值范围内。

59. **答案**:AB

依据:《火灾自动报警系统设计规范》(GB 50116—1998)第 4.2.1.2 条。

60. **答案**:ABD

依据:《火灾自动报警系统设计规范》(GB 50116—1998)第 8.1.6 条。

61. **答案**:AB

依据:《建筑设计防火规范》(GB 50016—2006)第 11.4.1 条。

62. **答案**:BCD

依据:《民用建筑电气设计规范》(JGJ 16—2008)第24.2.3条。

63. **答案**:BCD

依据:《安全防范工程技术规范》(GB 50348—2004)第3.4.1-3条。

64. **答案**:AC

依据:《有线电视系统工程技术规范》(GB 50200—1994)第2.1.2条。

65. **答案**:BC

依据:《民用建筑电气设计规范》(JGJ 16—2008)第16.2.8条。

66. **答案**:ABC

依据:《综合布线系统工程设计规范》(GB 50311—2007)表6.5.5。

67. **答案**:ABC

依据:《66kV及以下架空电力线路设计规范》(GB 50061—2010)第3.0.3条。

68. **答案**:AD

依据:《66kV及以下架空电力线路设计规范》(GB 50061—2010)第6.0.14条。

69. **答案**:AD

依据:《66kV及以下架空电力线路设计规范》(GB 50061—2010)第4.0.11条。

70. **答案**:AC

依据:《66kV及以下架空电力线路设计规范》(GB 50061—2010)第5.1.2条、第5.2.3条、第5.2.5条、第12.0.11条。

2007 年案例分析试题(上午卷)

[案例题是 4 选 1 的方式,各小题前后之间没有联系,共 25 道小题,每题分值为 2 分,上午卷 50 分,下午卷 50 分,试卷满分 100 分。案例题一定要有分析(步骤和过程)、计算(要列出相应的公式)、依据(主要是规程、规范、手册),如果是论述题要列出论点]

题 1~5:某车间有下列用电负荷:

1)机床负荷:80kW,2 台;60kW,4 台;30kW,15 台。

2)通风机负荷:80kW,4 台,其中备用 1 台;60kW,4 台,其中备用 1 台;30kW,12 台,其中备用 2 台。

3)电焊机负荷:三相 380V;75kW,4 台;50kW,4 台;30kW,10 台;负载持续率为 100%。

4)起重机:160kW,2 台;100kW,2 台;80kW,1 台;负载持续率为 25%。

5)照明:采用高压钠灯,电压 220V,功率 400W,数量 90 个,镇流器的功率消耗为功率的 8%。

负荷中通风负荷为二类负荷,其余为三类负荷(见表)。

负荷计算系数表

设备名称	需要系数 K_X	c	b	n	$\cos\phi$	$\tan\phi$
机床	0.15	0.4	0.14	5	0.5	1.73
通风机	0.8	0.25	0.65	5	0.8	0.75
电焊机	0.5	0	0.35	0	0.6	1.33
起重机	0.15	0.2	0.06	3	0.5	1.73
照明(高压钠灯含镇流器)	0.9				0.45	1.98
有功和无功功率同时系数 $K_{\sum p}$、$K_{\sum q}$ 均为 0.9						

请回答下列问题。

1. 若采用需要系数法确定本车间的照明计算负荷,并确定把照明负荷功率因数提高到 0.9,试计算需要无功功率的补偿容量是多少? ( )

(A)58.16kvar (B)52.35kvar

(C)48.47kvar (D)16.94kvar

解答过程:

2. 采用二项式法计算本车间通风机组的视在功率应为下列哪一项数值? ( )

(A)697.5kV·A (B)716.2kV·A

(C)720.0kV·A (D)853.6kV·A

解答过程：

3. 采用需要系数法计算本车间动力负荷的计算视在功率应为下列哪一项数值？ ( )

(A)1615.3kV·A (B)1682.8kV·A

(C)1792.0kV·A (D)1794.7kV·A

解答过程：

4. 假设本车间的计算负荷为1600kV·A，其中通风机的计算负荷为900kV·A，车间变压器的最小容量应选择下列哪一项？（不考虑变压器过负载能力）并说明理由。 ( )

(A)2×800kV·A (B)2×1000kV·A

(C)1×1600kV·A (D)2×1600kV·A

解答过程：

5. 本车间的低压配电系统采用下列哪一种接地形式时，照明宜设专用变压器供电？并说明理由。 ( )

(A)TN-C 系统 (B)TN-C-S 系统

(C)TT 系统 (D)IT 系统

解答过程：

题 6～10：在某矿区内拟建设一座 35/10kV 变电所，两回 35kV 架空进线，设两台主变压器型号为 S9-6300/35，变压配电装置为屋内双层布置。主变压器室、10kV 配电室、电容器室、维修间、备件库等均布置在一层；35kV 配电室、控制室布置在二层。

请回答下列问题。

6. 该变电所所址的选择，下列表述中哪一项是不符合要求的？并说明理由和正确的做法。（　　）

(A)靠近负荷中心

(B)交通运输方便

(C)周围环境宜无明显污秽，如空气污秽时，所址应设在污源影响最小处

(D)所址标高宜在 100 年一遇高水位之上

解答过程：

7. 该 35/10kV 变电所一层 10kV 配电室布置有 32 台 KYN-10 型手车式高压开关柜（小车长度为 800mm），双列面对面布置，请问 10kV 配电室操作通道的最小宽度下列哪一项是正确的？并说明其依据及主要考虑的因素是什么？（　　）

(A)1500mm　　(B)2000mm

(C)2500mm　　(D)3000mm

解答过程：

8. 为实施无功补偿，拟在变电所一层设置装有 6 台 GR-1 型 10kV 电容器柜的高压电容器室。关于电容器室的布置，在下列表述中哪一项是正确的？并说明理由。（　　）

(A)室内高压电容器装置宜设置在单独房间内，当电容器组容量较小时，可设置在高压配电室内，但与高压配电装置不应小于 1.5m

(B)成套电容器柜双列布置时，柜面之间的距离不应小于 1.5m

(C)当高压电容器室的长度超过 6m 时，应设两个出口

(D)高压并联电容器装置室，应采用机械通风

解答过程：

9. 若两台主变压器布置在高压配电装置室外的进线一侧（每台主变压器油重5.9t），请判断下列关于主变压器布置的表述哪一项是不正确的？并说明理由。（　　）

（A）每台主变压器应设置能容纳100%油量的储油池或20%油量的储油池和挡油墙，并应有将油排到安全处所的设施

（B）两台主变压器之间无防火墙时，其最小防火净距应为6m

（C）当屋外油浸变压器之间需要设置防火墙时，防火墙的高度不宜低于变压器油枕的顶端高度

（D）当高压配电装置室外墙距主变压器外廓5m以内时，在变压器高度以上3m的水平线以下及外廓两侧各加3m的外墙范围内，不应有门、窗或通风孔

解答过程：

10. 该变电所二层35kV配电室内布置有8个配电间隔，并设有栅状围栏，请问栅状围栏至带电部分之间安全净距为下列哪一项数值？并说明依据。（　　）

（A）900mm　　（B）1050mm

（C）1300mm　　（D）1600mm

解答过程：

题11～15：10kV配电装置中采用矩形铝母线，已知母线上计算电流 $I_{js}=396A$，母线上三相短路电流 $I''=I_{\infty}=16.52kA$，三相短路电流峰值 $I_p=2.55I''$，给母线供电的断路器的主保护动作时间为1s，断路器的开断时间为0.15s，母线长度8.8m，母线中心距为0.25m，母线为水平布置、平放，跨距为0.8m，实际环境温度为35℃，按机械共振条件校验的震动系数 $\beta=1$，铝母线短路的热稳定系数 $c=87$，矩形铝母线长期允许载流量见下表。

矩形铝母线长期允许载流量表 (A)

导体尺寸 $h\times b$(mm×mm)	单条、平放	导体尺寸 $h\times b$(mm×mm)	单条、平放
40×4	480	50×5	661
40×5	542	50×6.3	703

注:1. 载流量系按最高允许温度+70℃、环境温度+25℃为基准、无风、无日照条件计算的。

2. 上表导体尺寸中,h 为宽度,b 为高度。

请回答下列问题。

11. 计算按允许载流量选择导体截面应为下列哪个数值? ( )

(A)$40\times4mm^2$　(B)$40\times5mm^2$

(C)$50\times5mm^2$　(D)$50\times6.3mm^2$

解答过程:

12. 计算按热稳定校验导体截面,应选用下列哪个数值? ( )

(A)$40\times4mm^2$　(B)$40\times5mm^2$

(C)$50\times5mm^2$　(D)$50\times6.3mm^2$

解答过程:

13. 计算当铝母线采用 $50\times5mm^2$ 时,短路时母线产生的应力为下列哪个数值? ( )

(A)5.8MPa　(B)37.6MPa

(C)47.0MPa　(D)376.0MPa

解答过程:

14. 计算当铝母线采用 $50\times5mm^2$ 时,已知铝母线最大允许应力 $\sigma_y=120MPa$,按机械强度允许的母线最大跨距应为下列哪一项数据? ( )

(A)0.8m　(B)1.43m　(C)2.86m　(D)3.64m

解答过程：

15. 该配电装置当三相短路电流通过时，中间相电磁效应最为严重，若查得矩形截面导体的形状系数 $K_x=1$，三相短路时，计算其最大作用力应为下列哪一项数值？（ ）

(A)98.2N (B)151N

(C)246N (D)982N

解答过程：

题 16～20：某医院外科手术室的面积为 $30m^2$，院方要求手术室一般照明与室内医疗设备均为一级负荷，一般照明平均照度按 1000lx 设计，医疗设备采用专用电源配电盘，与一般照明、空调、电力负荷电源分开，请回答下列照明设计相关问题。

16. 手术室设计一般照明灯具安装总功率 1000W（含镇流器功耗 125W），手术无影灯功率 450W，计算照明功率密度值（LPD），并判断下列哪一项结果正确？（ ）

(A)LPD 约为 $29.2W/m^2$，低于国家标准规定

(B)LPD 约为 $33.3W/m^2$，低于国家标准规定

(C)LPD 约为 $33.3W/m^2$，高于国家标准规定

(D)LPD 约为 $48.3W/m^2$，高于国家标准规定

解答过程：

17. 解释说明手术室的 UGR 和 Ra 按现行的国家标准规定，选择下列哪一项？（ ）

(A)UGR 不大于 19，Ra 不小于 90

(B)UGR 大于 19，Ra 大于 90

(C)UGR 不大于 22，Ra 大于 90

(D)无具体指标要求

解答过程：

18. 请分析并选择本手术室手术台备用照明设计最佳照度应为下列哪一项？（　　）

(A)50lx　　(B)100lx　　(C)500lx　　(D)1000lx

解答过程：

19. 如果选用 T5 型 28W 荧光灯，每个灯管配置的镇流器功率 5W，计算最少灯源数量（不考虑灯具平面布置）应为下列何值？并判断是否低于国家规定的照明功率密度值？（查 T5 型 28W 光源光通量为 2600lm，灯具维护系数为 0.8，利用系数为 0.58）（　　）

(A)19 盏，是　　(B)25 盏，是　　(C)31 盏，是　　(D)31 盏，是

解答过程：

20. 医院变电室由两个高压电源供电，各带 1 台变压器，每台变压器低压单母线配出，1 号变压器主要带照明负荷，2 号变压器主要带动力负荷。请分析下述 4 个手术室供电电源方案，哪个设计符合要求？（　　）

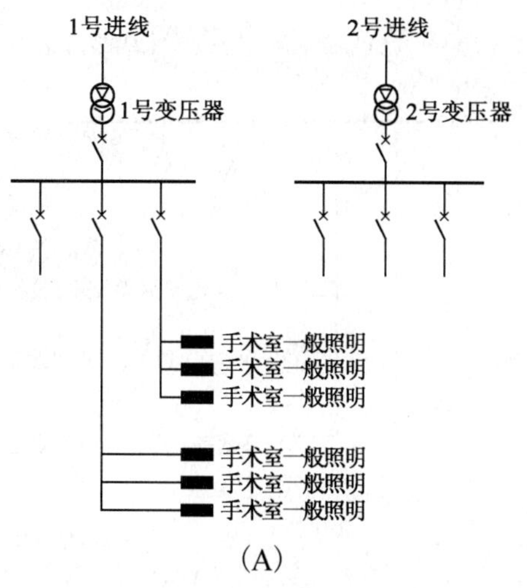

(A)

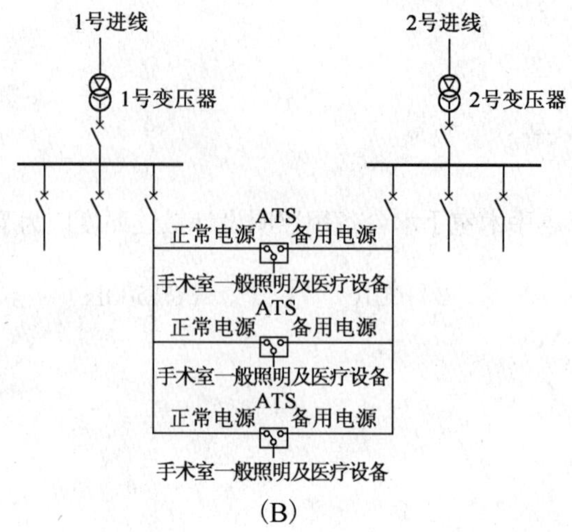

1号进线
2号进线
1号变压器
2号变压器
ATS
正常电源
备用电源
手术室一般照明及医疗设备
ATS
正常电源
备用电源
手术室一般照明及医疗设备
ATS
正常电源
备用电源
手术室一般照明及医疗设备

1号进线
2号进线
1号变压器
2号变压器
ATS
正常电源
备用电源
手术室一般照明
ATS
正常电源
备用电源
手术室一般照明
ATS
正常电源
备用电源
手术室一般照明
ATS
正常电源
备用电源
手术室医疗设备
ATS
正常电源
备用电源
手术室医疗设备
ATS
正常电源
备用电源
手术室医疗设备

1号进线
2号进线
1号变压器
2号变压器
ATS
手术室一般照明及医疗设备
ATS
手术室一般照明及医疗设备
ATS
手术室一般照明及医疗设备

(B)

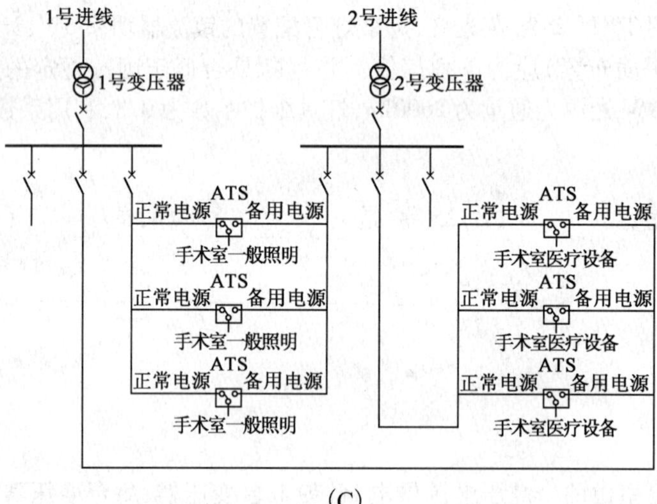

(C)

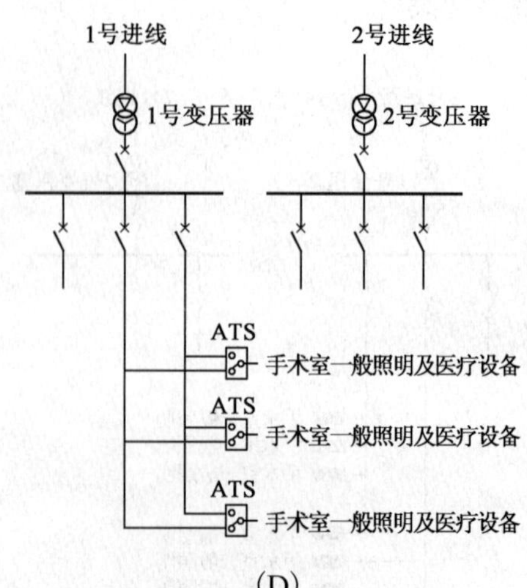

(D)

解答过程:

题 21 ~25:为了保证人员和设备的安全,使保护电器能够在规定的时间内自动切断发生故障部分的供电,某企业综合办公楼 380/220V 供电系统(TN 系统)采用了接地故障保护并进行了总等电位联结。

请回答下列问题。

21. 请问在下面的总等电位联结示意图中,连接线 4 代表下列哪一项? ( )

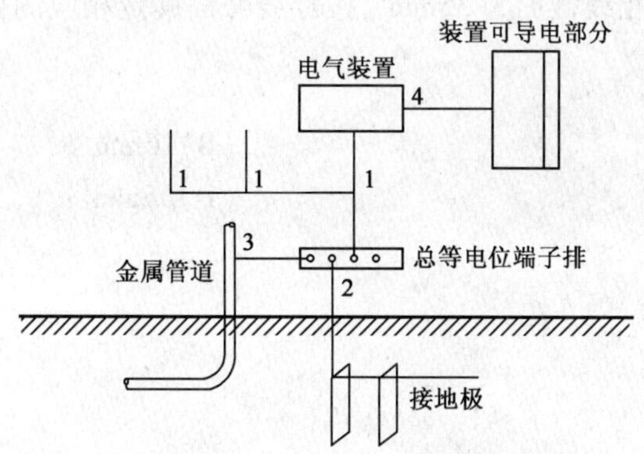

(A)保护线 (B)接地线

(C)总等电位联结线 (D)辅助等电位联结线

解答过程:

22. 该工程电气装置的保护线由以下几部分构成,哪一项不符合规范的要求?

( )

(A)多芯电缆的芯线

(B)固定的裸导线或绝缘线

(C)受机械外力,但不受化学损蚀的装置外导电部分

(D)有防止移动措施的装置外导电部分

解答过程:

23. 已知系统中某回路保护线的材质与相线相同，故障电流有效值为1000A，保护电器的动作时间为2s，计算系数 k 取150，请计算保护线的最小截面应为下列哪一项数值？（　　）

(A) $4mm^2$　　(B) $6mm^2$

(C) $10mm^2$　　(D) $16mm^2$

解答过程：

24. 假定上述回路相线截面为 $35mm^2$，按相线截面确定相应的保护线的最小截面应选用下列哪一项值？（　　）

(A) $10mm^2$　　(B) $16mm^2$

(C) $25mm^2$　　(D) $35mm^2$

解答过程：

25. 假定保护电器的动作电流为100A，请计算故障回路的阻抗应小于下列哪一项值？（　　）

(A) 10Ω　　(B) 4Ω

(C) 3.8Ω　　(D) 2.2Ω

解答过程：

2007 年案例分析试题答案(上午卷)

题 1 ~5 答案:**BAABD**

1.《工业与民用配电设计手册》(第三版)P21 式(1-57)。

$Q_c = \alpha_{av} P_c (\tan\phi_1 - \tan\phi_2) = 1 \times 35 \times (1.98 - 0.48) = 52.35\text{kvar}$

2.《钢铁企业电力设计手册》(上册)P99 式(2-12)、式(2-13)、式(2-16)及表(2-4)。

$P_{js} = cP_n + bP_s = 0.25(3 \times 80 + 2 \times 60) + 0.65(3 \times 80 + 3 \times 60 + 10 \times 30) = 558\text{kW}$

$Q_{js} = P_{js} \times \tan\phi = 558 \times 0.75 = 418.5\text{kvar}$

$S_{js} = \sqrt{P_{js}^2 + Q_{js}^2} = \sqrt{558^2 + 418.5^2} = 697.5\text{kV·A}$

3.《工业与民用配电设计手册》(第三版)P2 式(1-1)及 P3 式(1-5)、式(1-6)、式(1-7)。
计算过程见下表。

设备名称	设备有功功率	需用系数	计算有功功率	$\tan\phi$	计算无功功率
机床	850	0.15	127.5	1.73	220.6
通风机	720	0.8	576	0.75	432
电焊机	800	0.5	400	1.33	532
起重机	600	0.15	90	1.73	155.7
小计			1193.5		1340.3
同时系数			0.9		
总计			1074.15		1206.27

$S_{js} = \sqrt{P_{js}^2 + Q_{js}^2} = \sqrt{1074.15^2 + 1206.27^2} = 1615.2\text{kV·A}$

注:其中起重机设备功率为 $P_e = 2P_r\sqrt{\varepsilon_r} = 2 \times 600 \times \sqrt{0.25} = 600\text{kW}$

4.《10kV 及以下变电所设计规范》(GB 50053—1994)第 3.3.2 条。
用于通风机(900kV·A),为二级负荷,因此每台变压器需大于 900kV·A,选 B。

5.《10kV 及以下变电所设计规范》(GB 50053—1994)第 3.3.4 条:四、在电源系统不接地或经阻抗接地,电气装置外露导电体就地接地系统(IT 系统)的低压电网中,照明负荷应设专用变压器。

题 6 ~10 答案:**DCACC**

6.《35kV ~110kV 变电站设计规范》(GB 50059—2011)第 2.0.1 条:8.所址标高宜在 50 年一遇高水位之上。

7.《3 ~110kV 高压配电装置设计规范》(GB 50060—2008)第 5.4.4 条表 5.4.4 及条文说明。

$D = 2 \times 800 + 900 = 2500\text{mm}$

此宽度要求主要考虑手车在通道内检修的需要。

8.《10kV 及以下变电所设计规范》(GB 50053—1994)第 5.3.1 条、第 5.3.4 条、第 5.3.5 条、第 6.2.2 条。

9.《3～110kV 高压配电装置设计规范》(GB 50060—2008)第 5.5.3 条、第 5.5.4 条、第 5.5.5 条、第 7.1.11 条。

10.《3～110kV 高压配电装置设计规范》(GB 50060—2008)第 5.1.4 条及表 5.1.4 中 B1 值。

题 11～15 答案:**ACBBD**

11.《工业与民用配电设计手册》(第三版)P206 表 5-4。

裸导体在 35℃的环境温度下的综合校正系数为 0.88(见下表)。

导体尺寸 $h \times b$(mm×mm)	单条、平放(A)	校 正 系 数	实际载流量
40×4	480	0.88	422.4
40×5	542	0.88	477.0
50×5	661	0.88	581.7
50×6.3	703	0.88	618.6

母线计算电流为 396A <422.4A,因此选择 $40 \times 4\text{mm}^2$ 铝导体。

12.《工业与民用配电设计手册》(第三版)P207 有关校验导体热稳定短路电流持续时间的规定及 P211 式(5-24)、式(5-26)。

短路电流持续时间:$t = t_b + t_{fd} = 1 + 0.15 = 1.15\text{s}$

$$S_{min} = \frac{\sqrt{Q_t}}{c} \times 10^3 = \frac{I_k}{c}\sqrt{t} \times 10^3 = \frac{16.52}{87} \times \sqrt{1.15} \times 10^3 = 203.63\text{mm}^2 < 50 \times 5 = 250\text{mm}^2$$

13.《工业与民用配电设计手册》(第三版)P208 式(5-14)。

各参数:$K_x = 1.0, \beta = 1, i_{p3} = 2.55 \times 16.52 = 42.13\text{kA}, l = 0.8\text{m}, D = 0.25\text{m}$。

$W = 0.167bh^2 = 0.167 \times 5 \times 50^2 \times 10^{-9} = 2.0875 \times 10^{-6}\text{m}$

母线应力:$\sigma_c = 1.73K_x(i_{p3})^2 \dfrac{l^2}{DW}\beta \times 10^{-2} =$

$$1.73 \times 1 \times 42.13^2 \times \frac{0.8^2}{0.25 \times 2.0875 \times 10^{-6}} \times 1 \times 10^{-2} =$$

$$37.64 \times 10^6\text{Pa} = 37.64\text{MPa}$$

14.《工业与民用配电设计手册》(第三版)P209 式(5-18)。

$$l_{max} = \frac{7.603}{i_{p3}}\sqrt{DW\sigma_y} = \frac{7.603}{2.55 \times 16.52} \times \sqrt{0.25 \times 2.0875 \times 10^{-6} \times 120 \times 10^6} = 1.428\text{m}$$

15.《工业与民用配电设计手册》(第三版)P208 式(5-12)。

$$F_{k3} = 0.173K_x(i_{p3})^2 \frac{l}{D} = 0.173 \times 1 \times (2.55 \times 16.52)^2 \times \frac{0.8}{0.25} = 982.6\text{N}$$

题 16 ~ 20 答案:**BADBC**

16.《建筑照明设计标准》(GB 50034—2004)第 6.1.5 条:当房间或场所照度值高于或低于本表规定的对应照度值时,其照明功率密度值应按比例提高或折减。(其中,手术室照明功率密度值为 30W/m^2,对应照度值为 750lx)

照明功率密度限值:$\text{LPD}_s = 30 \times \frac{1000}{750} = 40\text{W/m}^2$

手术室照明密度值:$\text{LPD} = \frac{1000}{30} = 33.3\text{W/m}^2 < 40\text{W/m}^2$

注:《建筑照明设计标准》(GB 50034—2004)第 3.4.1 条:采用房间或场所一般照明的照明功率密度(LPD)作为照明节能的评价指标。因此手术无影灯功率不在功率密度统计范围内。

17.《建筑照明设计标准》(GB 50034—2004)第 5.2.6 条及表 5.2.6。

18.《照明设计手册》(第二版)P482 倒数第 5 行:备用照明……如医院手术室的手术台,由于其操作的重要性与精细性,而且持续工作时间较长,就需要和正常照度相同的照度。

19.《照明设计手册》(第二版)P211 式(5-39)。

灯具数量:$E_{av} = \frac{N\Phi Uk}{A}$

则:$N = \frac{E_{av}A}{\Phi Uk} = \frac{1000 \times 30}{2600 \times 0.8 \times 0.58} = 24.86$,取 25 盏。

照明功率密度值:$\text{LPD} = \frac{25 \times (28+5)}{30} = 27.5\text{W/m}^2 < 40\text{W/m}^2$

20.《10kV 及以下变电所设计规范》(GB 50053—1994)第 3.3.2 条及《供配电系统设计规范》(GB 50052—2009)第 3.0.2 条、4.0.5 条。

题 21 ~ 25 答案:**DCCBD**

21.《交流电气装置的接地》(DL/T 621—1997)第 7.2.6 条图 6,《交流电气装置的接地设计规范》(GB/T 50065—2011)附录 H。

22.《建筑物电气装置　第 5-54 部分:电气设备的选择和安装—接地配置、保护导体和保护联结导体》(GB 16895.3—2004)第 543.2.3 条:正常使用承受机械应力的结构部分不允许作为保护导体或保护联结导体。

23.《建筑物电气装置　第 5-54 部分:电气设备的选择和安装—接地配置、保护导体和保护联结导体》(GB 16895.3—2004)第 543.1.2 条。

$$S = \frac{\sqrt{I^2 t}}{k} = \frac{1000}{150} \times \sqrt{2} = 9.43\text{mm}^2 < 10\text{mm}^2$$

注:此题依据不可写《工业与民用配电设计手册》(第三版)P211 式(5-26)。

24.《低压配电设计规范》(GB 50054—2011)第 3.2.14 条。

25.《低压配电设计规范》(GB 50054—2011)第 5.2.8 条式(5.2.8)。

由 $Z_s I_a \leqslant U_0$,得 $Z_s \leqslant \frac{U_0}{I_a} = \frac{220}{100} = 2.2\Omega$。

2007 年案例分析试题(下午卷)

专业案例题(共 40 题,考生从中选择 25 题作答,每题 2 分)

题 1 ~5:某钢铁厂新建一座 110/10kV 变电所,其两回 110kV 进线,分别引自不同的系统 X1 和 X2。请回答下列问题。

1. 在满足具有较高的可靠性、安全性和一定的经济性的条件下,本变电所的接线宜采用下图所示的哪种接线?并说明理由。 ( )

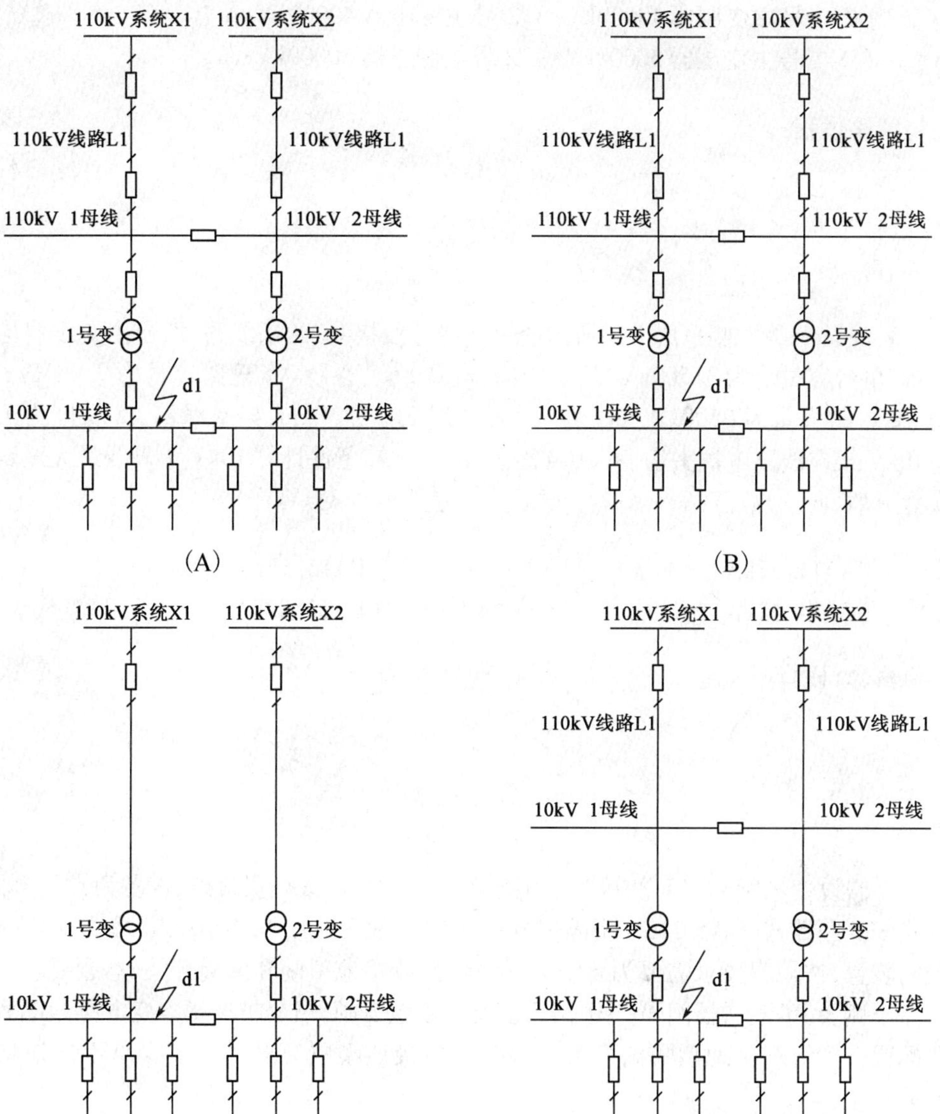

解答过程：

2. 上图所示的变电所中 10kV 1 母线所接负荷为 31000kV·A，其中二级负荷为 21000kV·A，一般负荷为 10000kV·A。10kV 2 母线所接负荷为 39000kV·A，其中二级负荷为 9000kV·A，一般负荷为 30000kV·A，分析确定 1 号主变压器、2 号主变压器容量应选择下列哪组数值？（　　）

（A）1 号主变压器 31500kV·A，2 号主变压器 31500kV·A

（B）1 号主变压器 31500kV·A，2 号主变压器 40000kV·A

（C）1 号主变压器 40000kV·A，2 号主变压器 40000kV·A

（D）1 号主变压器 50000kV·A，2 号主变压器 50000kV·A

解答过程：

3. 假设 110kV 侧采用上图所示的单母线分段接线，两条线路、两台主变压器均分别运行，单台容量均为 31500kV·A，电抗 $u_k = 10.5\%$；系统 X1 短路容量为 2500MV·A，系统 X2 短路容量为 3500MV·A，架空线路 L1 长度为 30km，架空线路 L2 长度为 15km；（110kV 架空线路电抗平均值取 0.4Ω/km），按已知条件计算 10kV 1 母线最大短路电流应为下列哪一项数值？（　　）

（A）11.85kA　　（B）13.5kA

（C）14.45kA　　（D）22.82kA

解答过程：

4. 假设变电所 110kV 侧接线采用上图所示的单母线分段接线，设备为常规电器（瓷柱式 SF6 断路器、GW5-110D 型隔离开关附带接地刀闸等），电气布置形式为户外中型配电装置，按规程要求需要为各个电气元件设置接地刀闸和隔离开关，本题要求主变压器高压侧及 PT 避雷器间隔（未画出）也设置接地刀闸，请分析选择本变电所 110kV 侧需要配置多少组双接地型隔离开关？多少组单接地型隔离开关？多少组不接地型隔离开关？（　　）

（A）双接地型 10 组，单接地型 6 组

(B)双接地型 4 组,单接地型 6 组,不接地型 2 组

(C)双接地型 6 组,单接地型 4 组,不接地型 2 组

(D)双接地型 6 组,单接地型 6 组

解答过程:

5. 分析说明确定主变压器短路电流时,下列哪一项因素是主要因素? ( )

(A)变电所主接线,运行方式,主变中性点接地方式

(B)系统短路阻抗,主变各侧电压等级,主变连接组别

(C)系统短路阻抗,变电所运行方式,低压系统短路电流的限值

(D)主变额定容量,额定电流,过负荷能力

解答过程:

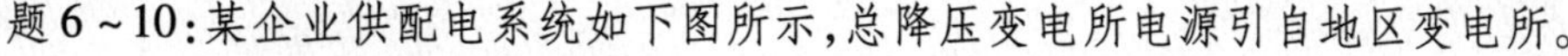

题 6 ~ 10:某企业供配电系统如下图所示,总降压变电所电源引自地区变电所。

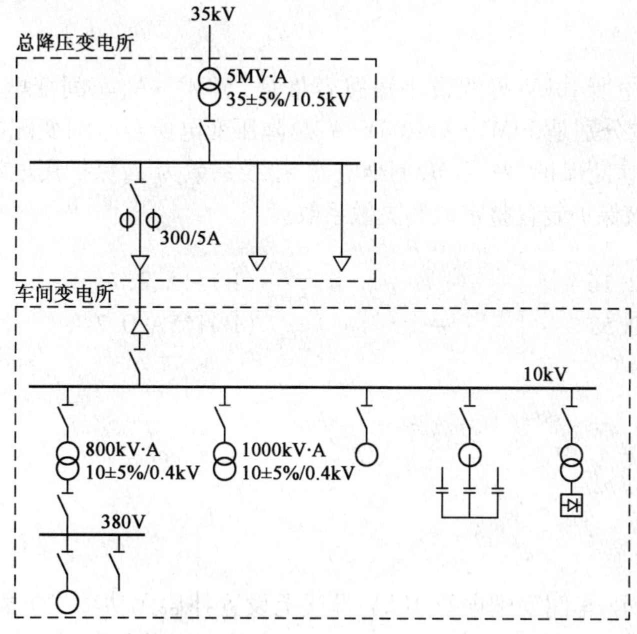

请回答下列问题。

6. 已知受地区用电负荷影响，35kV 进线电压在地区用电负荷最大时偏差 -1%、地区用电负荷最小时偏差 +5%。该企业最小负荷为最大负荷的 40%，企业内部 10kV 和 380V 线路最大负荷时电压损失分别是 1% 和 5%，35 ± 5%/10.5kV 和 10 ± 5%/0.4kV 变压器的电压损失在最大负荷时均为 3%，分接头在“0”位置上，地区和企业用电负荷功率因数不变。求 380V 线路末端的最大电压偏差应为下列哪一项数值？（　　）

(A)10.2%　　(B) -13%

(C) -3%　　(D)13.2%

解答过程：

7. 当电动机端电压偏差为 -8% 时，计算电动机启动转矩与额定启动转矩相比的百分数降低了多少？（　　）

(A)84.64%　　(B)92%

(C)15.36%　　(D)8%

解答过程：

8. 总降压变电所 10kV 母线最小短路容量是 150MV·A，车间变电所 10kV 母线最大、最小短路容量分别是 50MV·A、40MV·A，总降压变电所至车间变配电所供电线路拟设置带时限电流速断保护，采用 DL 型继电器，接线系数为 1，保护用电流互感器变比为 300/5A，请计算该保护装置整定值和灵敏系数。（　　）

(A)55A，2.16　　(B)44A，2.7

(C)55A，0.58　　(D)165A，0.24

解答过程：

9. 如上图所示，车间变配电所 10kV 母线上设置补偿无功功率电容器，为了防止 5 次以上谐波放大需增加串联电抗器 L，已知串联电抗器之前电容器输出容量为 500kvar，计算串联电抗器后电容器可输出的无功功率为下列哪一项数值？（可靠系数取 1.2）

（　　）

(A)551kvar　　(B)477kvar

(C)525kvar　　(D)866kvar

解答过程：

10. 若车间配电所的变压器选用油浸式、室内设置，问变压器外廓与变压器室门的最小间距为下列哪一项数值？并说明理由。 (　　)

(A)600mm　　(B)800mm

(C)1000mm　　(D)700mm

解答过程：

题 11～15：一座 66/10kV 的重要变电站，装有容量为 16000kV·A 的主变压器两台，采用蓄电池直流操作系统，所有断路器配电磁操作机构。控制、信号等经常性负荷为 2000W，事故照明负荷为 1500kW，最大一台断路器合闸电流为 98A，根据设计规程，请回答下列问题。

11. 关于变电所操作电源及蓄电池容量的选择，下列表述中哪一项是正确的？并说明理由。 (　　)

(A)重要变电所的操作电源，宜采用二组 110V 或 220V 固定铅酸蓄电池组或镉镍蓄电池组。作为充电、浮充电用的硅整流装置宜合用一套

(B)变电所的直流母线，宜采用双母线接线

(C)变电所蓄电池组的容量应按全所事故停电期间的放电容量确定

(D)变电所蓄电池组的容量应按事故停电 1h 的放电容量及事故放电末期最大冲击负荷容量确定

解答过程：

12. 本变电所选择一组 220V 铅酸蓄电池为直流电源，若经常性负荷的事故放电容量为 9.09A·h，事故照明负荷放电容量为 6.82A·h，按满足事故全停电状态下持续放电

容量要求，求蓄电池 10h 放电率计算容量 C_c 为下列哪一项？（可靠系数取 1.25，容量系数取 0.4） （ ）

(A)28.4A·h (B)21.31A·h
(C)49.72A·h (D)39.77A·h

解答过程：

13. 若选择一组 10h 放电率标称容量为 100A·h 的 220V 铅酸蓄电池组作为直流电源，计算事故放电初期(1min)冲击系数应为下列哪一项数值？（可靠系数 K_k = 1.10） （ ）

(A)0.99 (B)0.75
(C)1.75 (D)12.53

解答过程：

14. 若选择一组 10h 放电率标称容量为 100A·h 的 220V 铅酸蓄电池作为直流电流，计算事故放电末期冲击系数应为下列哪些数值？（可靠系数 K_k 取 1.10） （ ）

(A)12.53 (B)11.78
(C)10.78 (D)1.75

解答过程：

15. 若选择一组蓄电池容量为 80A·h 的 220V 的铅酸蓄电池作为直流电源，断路器合闸电缆选用 VLV 型电缆，电缆允许压降为 8V，电缆的计算长度为 100m，请计算断路器合闸电缆的计算截面应为下列哪一项数值？（电缆的电阻系数：铜 $\rho = 0.0184\Omega\cdot mm^2/m$，铝 $\rho = 0.031\Omega\cdot mm^2/m$） （ ）

(A)$22.54mm^2$ (B)$45.08mm^2$
(C)$49.26mm^2$ (D)$75.95mm^2$

解答过程:

题 16～20:某电力用户设35/10kV变电站。10kV系统为中性点不接地系统,下设有3个10kV车间变电所,其中主要是二级负荷,其供电系统图和已知条件如下:

1)35kV线路电源侧短路容量无限大。

2)35/10kV变电站为重要变电所。

3)35/10kV变电站10kV母线短路容量104MV·A。

4)A、B和C车间变电所10kV母线短路容量分别102MV·A、100MV·A、39MV·A。

5)车间B变电所3号变压器额定电压10/0.4kV,其低压侧母线三相短路超瞬态电流为16330A。

6)35/10kV变电站正常时间A、B和C车间变电所供电的3个10kV出线及负载的单相对地电容电流分别为2.9A、1.3A、0.7A,并假设各出线及负载的三相对地电容电流对称。

7)保护继电器接线系数取1。

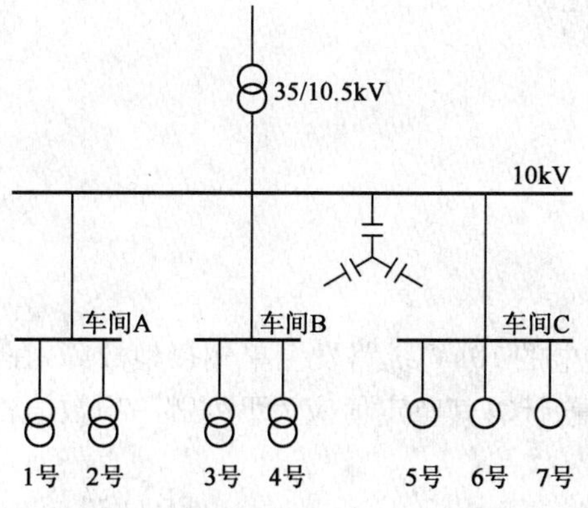

请回答下列问题。

16. 若车间B的3号变压器高压侧装设电流速断保护,电流互感器变比为50/5、过流继电器为DL型、过负荷系数取1.4。求变压器速断保护装置动作整定电流和灵敏系数各为多少? (　　)

(A)85A,5.6　　(B)7A,1.9

(C)8A,2.2　　(D)7A,2.5

解答过程:

17. 车间 C 中 5 号笼型异步电动机额定电流 39.2A,启动电流倍数为 6.5。采用定时限继电器作为速断保护,电流互感器变比为 50/5,可靠系数取 1.5。计算速断保护动作整定值应为下列哪一项? (　　)

(A)6A　　(B)45A

(C)70A　　(D)40A

解答过程:

18. 35/10kV 变电站 10kV 线路出线应配置下列哪一项保护装置? 并说明理由。 (　　)

(A)带时限电流速断和单相接地保护

(B)无时限电流速断、单相接地保护和过负荷保护

(C)无时限电流速断和带时限电流速断

(D)带时限电流速断和过流保护

解答过程:

19. 如果向车间 C 供电的 10kV 线路发生单相接地故障,在该供电线路电源端装设无时限单相接地保护装置,计算其整定值应为下列哪一项数值? (　　)

(A)10A　　(B)15A

(C)4.9A　　(D)2.1A

解答过程:

20. 在 35/10kV 变电站 10kV 母线装设一组 1500kvar 电力电容,短延时速断和过负荷保护分别由 3 个 DL-31 型电流继电器和 3 个 100/5 电流互感器构成。短延时速断和过负荷保护动作电流应为下列哪一项数值? (　　)

(A)143A,4A　　(B)124A,4A

(C)143A,5A　　(D)124A,7A

解答过程：

题 21 ~25：已知一企业变电所电源引自地区变电站，已知条件如下(见图)：

1)35kV 线路电源侧(公共接入点)最大和最小短路容量分别为 590MV·A 和 500MV·A，35kV 线路电源处公共接入点供电设备容量 50MV·A；该电力用户用电协议容量 20MV·A。

2)该电力用户 35/10kV 变电所 10kV 母线最大和最小短路容量分别为 157MV·A 和 150MV·A。

3)该电力用户的车间 A、B 的 10kV 母线上含有非线性负荷。

4)该电力用户向车间 C 采用 LJ-185 铝绞线架空线路供电，线路长 5.4km。

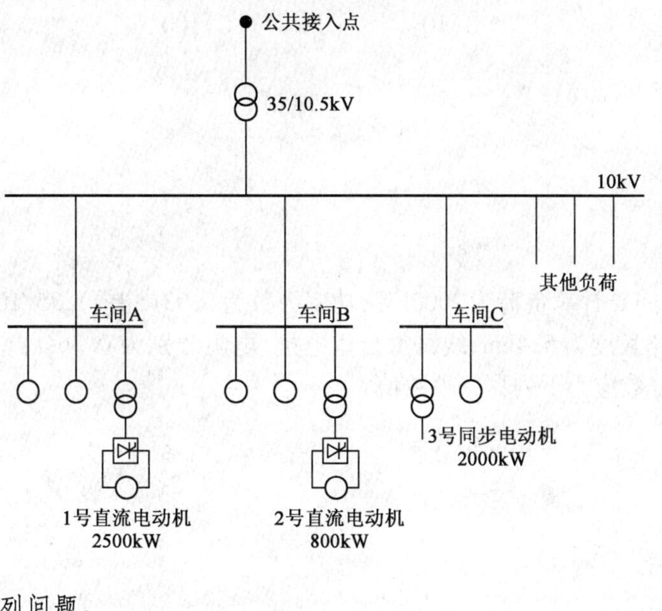

请回答下列问题。

21. 在车间 A、B 的 10kV 母线上，非线性负荷产生的 7 次谐波分别为 20A 和 15A，二者相位角相差 60°，若车间 A、B 非线性负荷产生的谐波全部流入 35kV 电源，该 35kV 电流回路 7 次谐波计算值为多少？ (　　)

(A)8.7A　　(B)10.5A

(C)9.1A　　(D)7.5A

解答过程：

22. 车间 A 的 2500kW 电动机带动一周期工作制机械，在启动初始阶段，最大无功功率变动量为 4Mvar。计算该传动装置在 10kV 变电所和 35kV 母线和电源（公共接入点）引起的最大电压变动 d，其值分别接近下列哪一项数值？（　　）

(A) 1.7%，0.5%　　(B) 2.5%，0.67%
(C) 1.59%，0.42%　　(D) 2.7%，0.8%

解答过程：

23. 如该电力用户在 35kV 电源（公共接入点）引起的电压变动为 $d = 1.5\%$，变动频率 $r(h^{-1})$ 不宜超过下列哪一项数值？（　　）

(A) 1　　(B) 10　　(C) 100　　(D) 1000

解答过程：

24. 如果车间 C 计算负荷为 2000kW，功率因数为 0.93（超前），35/10kV 变电所至车间 C 的供电线路长度为 5.4km，线路每公里电抗、电阻分别为 0.36Ω、0.19Ω，则供电线路电压损失百分数应为下列哪一项数值？（　　）

(A) 4.7　　(B) 0.5　　(C) 3.6　　(D) 3.4

解答过程：

25. 注入电网公共连接点本电力用户 5 次谐波电流允许值为下面哪一项数值？（　　）

(A) 5.6A　　(B) 24A　　(C) 9.6A　　(D) 11.2A

解答过程：

题 26 ~ 30：某机械（平稳负载长期工作时）相关参数为：负载转矩 $T_L = 1477N·m$，启动过程中的最大静阻转矩 $T_{Lmax} = 562N·m$，要求电动转速 $n = 2900 \sim 3000r/min$，传动机械折算到电动机轴上的总飞轮转矩 $GD^2_{mec} = 1962N·m^2$。

初选笼型异步电动机，其参数为：$P_N = 500kW$，$n_N = 2975r/min$，最大转矩倍数 = 2.5，最小启动转矩 $T^*_{Mmin} = M_{Mmin}/M_N = 0.73$，电动机转子飞轮转矩 $GD^2_M = 441N·m^2$，包括电动机在内的整个传动系统所允许的最大飞轮转矩 $GD^2_0 = 3826N·m^2$。

请回答下列问题。

26. 试计算负载功率最接近下列哪一项数值？（　　）

(A)400kW　　(B)460kW
(C)600kW　　(D)500kW

解答过程：

27. 计算所选 500kW 电动机的额定转矩最接近下列哪一项数值？（　　）

(A)1200N·m　　(B)1400N·m
(C)1600N·m　　(D)1800N·m

解答过程：

28. 设电动机的负载功率为 470kW，电动机的实际负载率最接近下列哪一项数值？（　　）

(A)1.0　　(B)1.1
(C)0.94　　(D)0.85

解答过程：

29. 启动过程中的最大静阻转矩为 562N·m，假定电动机为全压启动，启动时电压波动系数为 0.85，计算电动机最小启动转矩最接近下列哪一项数值？（用于检验是否小于

根据制造厂所提供的电动机实际最小启动转矩） （　　）

(A)700N·m　　(B)970N·m

(C)1250N·m　　(D)1400N·m

解答过程：

30. 设电动机的平均启动转矩2500N·m，启动时电压波动系数为0.85，试计算允许的机械最大飞轮转矩，最接近下列哪一项？ （　　）

(A)3385N·m^2　　(B)1800N·m^2

(C)2195N·m^2　　(D)2500N·m^2

解答过程：

> 题31~35：某设有集中空调的办公建筑，建筑高度105m，地下共2层，其中地下二层为停车库，地下一层设有消防水泵房、变配电室、备用发电机房、通风及排烟合用机房，地上共29层，裙房共5层，其中在三层有一多功能共享大厅（长×宽×高＝54m×54m×15m，无外窗，设有防排烟系统），消防控制室设在首层。
>
> 请回答下列问题。

31. 在三层的多功能共享大厅内设置红外光束火灾探测器，探测器至侧墙的水平距离应为多少？请说明依据。 （　　）

(A)应大于7m

(B)应大于9m

(C)应不大于7m且不小于0.5m

(D)应不大于9m且不小于0.5m

解答过程：

32. 在三层的多功能大厅设置红外光束火灾探测器，需要设置几组？请说明理由。

（　　）

(A)1 组 (B)2 组
(C)3 组 (D)4 组

解答过程:

33. 地下室发生火灾时,火灾报警程序接通顺序?请说明理由。 ( )

(A)先接通地下二层 (B)先接通地下各层
(C)先接通地下各层及首层 (D)先接通地下及地上各层

解答过程:

34. 在该建筑地下一层内下列哪一项所列场所必须设置消防专用电话分机?请说明依据。 ( )

(A)仅在消防水泵房设置
(B)仅在消防水泵房、备用发电机房设置
(C)在消防水泵房、备用发电机房、变配电室、通风及排烟合用机房均需设置
(D)仅在疏散走道内设置

解答过程:

35. 在三层的多功能共享大厅内发生火灾并报警后,说明消防控制设备应对防烟排烟设施按下列哪一项进行控制和显示? ( )

(A)启动有关部位的空调送风,打开电动防火阀,并接收其反馈信号
(B)停止有关部位的空调送风,关闭电动防火阀,并接收其反馈信号
(C)停止有关部位的防烟和排烟风机、排烟阀等,并接收其反馈信号
(D)启动有关部位的防烟和排烟风机、排烟阀等,并不接收排烟阀反馈信号

解答过程:

题 36～40：某新建办公建筑，地上共29层，层高均为4m，地下共2层，其中地下二层为汽车库，地下一层机电设备用房并设有电信进线机房，裙房共4层，5～29层为开敞办公空间，每层开敞办公面积为1200m²，各层平面相同，各层电信竖井位置均上下对应，楼内建筑智能化系统均按智能建筑甲级标准设计。

请回答下列问题。

36. 在5～29层开敞办公空间内设置综合布线系统时，每层按规定至少要设置多少双孔（一个语音点和一个数据点）5e类或以上等级的信息插座？请说明依据。（　　）

（A）120个　　（B）90个

（C）60个　　（D）30个

解答过程：

37. 如果5～29层自每层电信竖井至本层最远点信息插座的水平电缆长度为83m，则楼层配线设备可每几层居中设一组？（　　）

（A）9层　　（B）7层

（C）5层　　（D）3层

解答过程：

38. 本建筑综合布线接地系统中存在两个不同的接地体，说明其接地电位差（电压有效值）不应大于下列哪个数值？（　　）

（A）2Vr·m·s　　（B）1Vr·m·s

（C）3Vr·m·s　　（D）4Vr·m·s

解答过程：

39. 设在电信竖井中金属线槽内的综合布线电缆与沿竖井内明敷且容量大于100kV·A的380V电力电缆之间的最小净距应为下列哪一项数值？请说明依据。

（　　）

(A)100mm　　　　(B)150mm
(C)200mm　　　　(D)300mm

解答过程：

40. 如果自电信竖井配出至二层平面的综合布线专用金属线槽内设有 100 根直径为 6mm 的非屏蔽超五类线缆，则此处应选用下列哪一项规格的金属线槽可以满足规范要求？请说明依据。　　（　　）

(A)75 × 50mm　　　　(B)75 × 75mm
(C)100 × 75mm　　　　(D)50 × 50mm

解答过程：

2007年案例分析试题答案(下午卷)

题1~5答案:**BDADC**

1.《工业与民用配电设计手册》(第三版)P47、48。

题干要求主接线应具有较高的可靠性、安全性和一定的经济性,利用可靠性排除线路变压器组接线,经济性排除单母线分段接线,而内桥接线适用于变压器不经常切换或线路较长、故障率较高的变电所,外桥接线适用于变压器切换较频繁或线路较短、故障率较少的变电所。题干中无线路较短的说明,因此选择内桥接线方式。

注:本题不够严谨,没有足够的排除外桥接线方式,仅能按一般的运行经验选择内桥接线方式。

2. 旧规范《35~110kV变电所设计规范》(GB 50059—1992)第3.1.3条,主变压器的容量不应小于60%的全部负荷,新规范已取消该规定。本题按旧规范要求计算如下:[按新规范计算更为简单,依据《35kV~110kV变电站设计规范》(GB 50059—2011)第3.1.3条。]

1、2母线所接的总负荷:$\sum S = 31000 + 39000 = 70000\text{kV}\cdot\text{A}$, $60\% \times 70000 = 42000\text{kV}\cdot\text{A}$

1、2母线所接的二级负荷:$\sum S_2 = 21000 + 9000 = 30000\text{kV}\cdot\text{A}$

每台变压器装机负荷:$S_N \geqslant 60\% \sum S \cup S_N \geqslant \sum S_2$,取$S_{N1} = S_{N2} = 50000\text{kV}\cdot\text{A}$

3.《工业与民用配电设计手册》(第三版)P128表4-2计算各元件电抗标幺值。

设:$S_j = 1000\text{MV}\cdot\text{A}$;$U_j = 115\text{kV}$;$I_j = 5.02\text{kA}$。

系统电抗:$X_{*X1} = \dfrac{S_j}{S''_{X1}} = \dfrac{1000}{2500} = 0.4$,$X_{*X2} = \dfrac{S_j}{S''_{X2}} = \dfrac{1000}{3500} = 0.286$

线路电抗:$X_{*L1} = X_1 \dfrac{S_j}{U_j^2} = 0.4 \times 30 \times \dfrac{1000}{115^2} = 0.907$,$X_{*L2} = X_2 \dfrac{S_j}{U_j^2} = 0.4 \times 15 \times \dfrac{1000}{115^2} = 0.454$

变压器电抗:$X_{*T1} = X_{*T2} = \dfrac{u_k\%}{100} \times \dfrac{S_j}{S_{rT}} = \dfrac{10.5}{100} \times \dfrac{1000}{31.5} = 3.333$

两条线路、两台变压器分别运行,利用《工业与民用配电设计手册》(第三版)P134式(4-12),1母线最大短路电流计算公式如下:

短路电流标幺值:$I_{*1} = \dfrac{1}{X_{*1}} = \dfrac{1}{0.4 + 0.907 + 3.333} = 0.2155$

短路电流有名值:$I_k = X_{*k} \dfrac{S_j}{\sqrt{3} U_j} = 0.2155 \times \dfrac{1000}{\sqrt{3} \times 10.5} = 11.85\text{kA}$

4.《3~110kV高压配电装置设计规范》(GB 50060—2008)第2.0.3条。

5.《35kV~110kV变电站设计规范》(GB 50059—2011)第3.2.6条。

题 6 ~ 10 答案:**DCAAB**

6.《工业与民用配电设计手册》(第三版)P258 例 6-1。

最大负荷时:$\delta_{ux} = [-1+5-(1+5+3+3)]\% = -8\%$

最小负荷时:$\delta'_{ux} = [+5+5-0.4\times(1+5+3+3)]\% = 5.2\%$

电压偏差范围:$[5.2-(-8)]\% = 13.2\%$

7.《工业与民用配电设计手册》(第三版)P267 表 6-13:启动转矩与启动电压的平方成正比。

$\Delta M_{st} = [1-(1-8\%)^2]\% = 15.36\%$

8.《钢铁企业电力设计手册》(上册)P729 表 15-38 带时限电流速断保护公式。

最大运行方式下三相短路电流:$I_{3k3max} = \dfrac{S_S}{\sqrt{3}U_j} = \dfrac{50}{\sqrt{3}\times 10.5} = 2.75\text{kA}$

保护装置动作电流:$I_{opK} = K_{rel}K_{jx}\dfrac{I_{3k3max}}{n_{TA}} = 1.2\times 1\times\dfrac{2.75\times 10^3}{60} = 55\text{A}$

最小运行方式下二相短路电流:$I_{1k2min} = 0.866\times\dfrac{S_S}{\sqrt{3}U_j} = 0.866\times\dfrac{150}{\sqrt{3}\times 10.5} = 7.1445\text{kA}$

保护装置灵敏系数:$K_{ren} = \dfrac{I_{1k2min}}{I_{op}} = \dfrac{7.1445\times 10^3}{55\times 60} = 2.165$

注:也可用《工业与民用配电设计手册》(第三版)P309 表 7-13 带时限电流速断保护公式,但 DL 型可靠系数取值为 1.3,与钢铁手册取 1.2 有区别,计算结果有误差。另需注意代入的短路电流值为始端还是末端。

9.《钢铁企业电力设计手册》(上册)P418 式(10-5)。

电容器容抗:$X_c = \dfrac{U_N^2}{S_c} = \dfrac{(10\times 10^3)^2}{500\times 10^3} = 200\Omega$

串联电感感抗:$X_1 = 0.05, X_c = 10\Omega$

串联电容器基波电压:$U_c = U_1\dfrac{X_c}{X_c - X_1} = 10\times\dfrac{200}{200-10} = 10.53\text{kV}$

输出无功功率:$Q_c = \dfrac{U_c^2}{X_c} = \dfrac{(10.5\times 10^3)^2}{200} = 551.25\text{kvar}$

10.《10kV 及以下变电所设计规范》(GB 50053—1994)第 4.2.4 条及表 4.2.4。

题 11 ~ 15 答案:**BCCCD**

11. 旧规范《35 ~ 110kV 变电所设计规范》(GB 50059—1992)第 3.3.3 条、第 3.3.2条、第 3.3.4 条,以及《电力工程直流系统设计技术规程》(DL/T 5044—2004)第 7.1.5-1 条,新规范《35kV ~ 110kV 变电站设计规范》(GB 50059—2011)相应条文已做修改。

12.《电力工程直流系统设计技术规程》(DL/T 5044—2004)附录 B. 2. 1. 2

式(B.1)。

$$C_c = K_K \frac{C_{S.X}}{K_{CC}} = 1.25 \times \frac{9.09 + 6.82}{0.4} = 49.72\text{A·h}$$

13.《电力工程直流系统设计技术规程》(DL/T 5044—2004)附录 B.2.1.3 式(B.2)。

$$K_{cho} = K_K \frac{I_{cho}}{I_{10}} = 1.1 \times \frac{3500/220}{100/10} = 1.75$$

14.《电力工程直流系统设计技术规程》(DL/T 5044—2004)附录 B.2.1.3 式(B.5)。

$$K_{chm.x} = K_K \frac{I_{chm}}{I_{10}} = 1.1 \times \frac{98}{10} = 10.78$$

15.《电力工程直流系统设计技术规程》(DL/T 5044—2004)附录 D 中 D.1 计算公式。

电缆计算截面:$S_{cac} = \frac{\rho \cdot 2LI_{ca}}{\Delta U_p} = \frac{0.031 \times 2 \times 100 \times 98}{8} = 75.95\text{mm}^2$

注:VLV 电缆为铝芯聚氯乙烯绝缘聚氯乙烯护套电力电缆。

题 16~20 答案:**ADADD**

16.《工业与民用配电设计手册》(第三版)P297 表 7-3。

最大运行方式下,三相短路电流(折算到高压侧):$I_{2k3max} = \frac{I_{2k}}{n_T} = \frac{16330}{10/0.4} = 653.2\text{kA}$

保护装置动作电流:$I_{opK} = K_{rel} K_{jx} \frac{I_{2k3max}}{n_{TA}} = 1.3 \times 1 \times \frac{653.2}{10} = 85.0\text{A}$

最小运行方式下,二相短路电流:$I_{1k2min} = 0.866 I_{1k3min} = 0.866 \times \frac{100}{\sqrt{3} \times 10.5} = 4.76\text{kA}$

保护装置灵敏系数:$K_{ren} = \frac{I_{1k2min}}{I_{op}} = \frac{4.76 \times 10^3}{85 \times 10} = 5.6$

17.《工业与民用配电设计手册》(第三版)P323 表 7-22。

保护装置动作电流:$I_{opK} = K_{rel} K_{jx} \frac{K_{st} I_{rM}}{n_{TA}} = 1.5 \times 1 \times \frac{6.5 \times 39.2}{10} = 38.22\text{A}$

18.《电力装置的继电保护和自动装置设计规范》(GB/T 50062—2008)第 5.0.3 条、第 5.0.7 条、第 5.0.8 条。

注:原题考查旧规范条文,不必深究。

19.《工业与民用配电设计手册》(第三版)P310 表 7-13。

保护装置一次动作电流:$I_{op} \geqslant K_{rel} I_{CX} = (4 \sim 5) \times 0.7 = (2.8 \sim 3.5)\text{A}$

$$I_{op} \leqslant \frac{I_C - I_{CX}}{1.25} = \frac{2.9 + 1.3}{1.25} = 3.36\text{A}$$

注：此题有误，无符合条件的答案，只能选较相近的选项2.1A。

20.《工业与民用配电设计手册》(第三版)P317 表7-20。

最小运行方式下，电容器组两相短路电流：$I_{k2min}=0.866I_{k3min}=0.866\times\frac{104}{\sqrt{3}\times10.5}=4.953kA$

速断保护装置动作电流：$I_{opK}=K_{jx}\frac{I_{k2min}}{2n_{TA}}=1\times\frac{4953}{2\times20}=124A$

电容器组额定电流：$I_{rc}=\frac{Q_c}{\sqrt{3}U_N}=\frac{1500}{\sqrt{3}\times10}=86.6A$

过电流保护装置动作电流：$I_{opK}=K_{rel}K_{jx}\frac{K_{gh}I_{rc}}{K_r n_{TA}}=1.2\times1\times\frac{86.6}{0.85\times20}=6.1A$

题21～25答案：**CDCBB**

21.《电能质量　公用电网谐波》(GB/T 14549—1993)附录C式(C4)。

10kV侧谐波电流：$I_{h10}=\sqrt{I_{h1}^2+I_{h2}^2+2_h I_{h1}I_{h2}\cos\theta_h}=\sqrt{20^2+15^2+2\times15\times20\cos60^\circ}=30.4A$

35kV公共连接点谐波电流：$I_{h35}=\frac{I_{h35}}{n_T}=\frac{30.4}{35/10.5}=9.12A$

22.《工业与民用配电设计手册》(第三版)P265 表6-17。

10kV侧：$d=\frac{\Delta Q_{max}}{S_k}\times100\%=\frac{4}{150}\times100\%=2.67\%$

35kV侧：$d=\frac{\Delta Q_{max}}{S_k}\times100\%=\frac{4}{500}\times100\%=0.8\%$

23.《电能质量　电压波动和闪变》(GB/T 12326—2008)第4条电压波动的限值及表1。

24.《工业与民用配电设计手册》(第三版)P254 表6-3。

由$\cos\phi=0.93$(超前)，得$\tan\phi=-0.4$。

$\Delta u=\frac{Pl}{10U_n^2}(R'+X'\tan\phi)=\frac{2000\times5.4}{10\times10^2}\times[0.19+0.36\times(-0.4)]=0.5$

25.《电能质量　公用电网谐波》(GB/T 14549—1993)第5.1条、表2及附录B式(B1)。

$I_h=\frac{S_{k1}}{S_{k2}}I_{hp}=\frac{500}{250}\times12=24A$

其中查表2可知，注入公共连接点5次谐波的允许值为12A。

题26～30答案：**BCCBC**

26.《钢铁企业电力设计手册》(下册)P50式(23-134)。

$$P_1 = \frac{M_1 n_N}{9550} = \frac{1477 \times (2900 \sim 3000)}{9550} = 449 \sim 464\text{kW}$$

27.《钢铁企业电力设计手册》(下册)P50 式(23-134)。

由 $P_1 = \frac{M_1 n_N}{9550}$,得 $M_N = \frac{P_N n_N}{n_N} = \frac{500 \times 9550}{2975} = 1605\text{N}\cdot\text{m}$。

28.《钢铁企业电力设计手册》(上册)P302 倒数第 4 行,负载率:

$$K = \frac{P_2}{P_n} = \frac{470}{500} = 0.94$$

29.《钢铁企业电力设计手册》(下册)P50 式(23-136):

$$M_{\text{Mmin}} = \frac{M_{\text{Mmin}} K_S}{K_u^2} = \frac{1.25 \times 562}{0.85^2} = 972\text{N}\cdot\text{m}$$

30.《钢铁企业电力设计手册》(下册)P50 式(23-137):

$$GD_{xm}^2 = GD_0^2\left(1 - \frac{M_{1\max}}{M_{sav} K_u^2}\right) - GD_m^2 = 3826 \times \left(1 - \frac{562}{2500 \times 0.85^2}\right) - 441 = 2195\text{N}\cdot\text{m}^2$$

题 31 ~ 35 答案:**CDCCB**

31.《火灾自动报警系统设计规范》(GB 50116—1998)第 8.2.2 条。

32.《火灾自动报警系统设计规范》(GB 50116—1998)第 8.2.2 条。

33.《火灾自动报警系统设计规范》(GB 50116—1998)第 6.3.1.6-3 条。

34.《火灾自动报警系统设计规范》(GB 50116—1998)第 5.6.3.1 条。

35.《火灾自动报警系统设计规范》(GB 50116—1998)第 6.3.9.1 条。

注:近年已无纯概念的考题类型,题目难度和计算量均有较大的提升。

题 36 ~ 40 答案:**ADBDC**

36.《民用建筑电气设计规范》(JGJ 16—2008)第 21.2.3 条:每 4 ~ 10m^2 设一对点位。

信息插座数量:$N = \frac{1200}{4 \sim 10} = 120 \sim 300$ 个,故最少为 120 个。

37.《综合布线系统工程设计规范》(GB 50311—2007)第 3.2.3 条:综合布线系统信道水平线缆最长为 90m,建筑层高为 5m,$83 + 1 \times 5 = 88\text{m} < 90\text{m}$,因此每 3 层设一组。

38.《综合布线系统工程设计规范》(GB 50311—2007)第 7.0.4 条。

如布线系统的接地系统中存在两个不同的接地体时,其接地电位差不应大于1Vr. m. s。

39.《综合布线系统工程设计规范》(GB 50311—2007)第7.0.1条及表7.0.1-1综合布线电缆与电力电缆的间距。

40.《综合布线系统工程设计规范》(GB 50311—2007)第6.5.6条:布防缆线在线槽内的截面利用率为30~50%。

线缆总截面积:$S = 100 \times \frac{\pi d^2}{4} = 100 \times \frac{\pi \times 6^2}{4} = 2826\text{mm}^2$

线槽截面积:$S_c = \frac{2826}{0.3 \sim 0.5} = 5652 \sim 9420\text{mm}^2$

因此,$100 \times 75 = 7500\text{mm}^2$ 在此区间范围内。

2008年

注册电气工程师(供配电)执业资格考试

专业考试试题及答案

2008年专业知识试题(上午卷)

一、单项选择题(共40题,每题1分,每题的备选项中只有1个最符合题意)

1. 在低压配电系统中,当采用隔离变压器作间接接触防护措施时,其隔离变压器的电气隔离回路的电压不应超过以下所列的哪一项数值? ( )

(A)500V (B)220V
(C)110V (D)50V

2. 以节能为主要目的采用并联电力电容器作为无功补偿装置时,应采用哪种无功补偿的调节方式? ( )

(A)采用无功功率参数调节 (B)采用电压参数调节
(C)采用电流参数调节 (D)采用时间参数调节

3. 在低压配电系统中SELV特低电压回路的导体接地应采用哪种? ( )

(A)不接地 (B)接地
(C)经低阻抗接地 (D)经高阻抗接地

4. 电力负荷应根据下列哪一项要求划分级别? ( )

(A)电力系统运行稳定性 (B)供电的可靠性和重要性
(C)供电和运行经济性 (D)供电质量要求

5. 石油化工企业中的消防水泵应划为下列哪类用电负荷? ( )

(A)一级负荷中特别重要负荷 (B)一级
(C)二级 (D)三级

6. 某工厂的用电负荷为16000kW,工厂的自然功率因数为0.78,欲使该厂的总功率因数达到0.94。试计算无功补偿量应为下列哪一项数值?(年平均负荷系数取1) ( )

(A)2560kvar (B)3492kvar
(C)5430kvar (D)7024kvar

7. 下列关于单母线分段接线的表述哪种是正确的? ( )

(A)当一段母线故障时,该段母线的回路都要停电
(B)双电源并列运行时,当一段母线故障,分段断路器自动切除故障段,正常段会

出现间断供电

(C)当重要用户从两端母线引接时,其中一段母线失电,重要用户的供电量会减少一半

(D)任一元件故障,将会使两段母线失电

8. 放射式配电系统有下列哪种特点? ( )

(A)投资少、事故影响范围大

(B)投资较高、事故影响范围较小

(C)切换操作方便、保护配置复杂

(D)运行比较灵活、切换操作不便

9. 35kV 变电所主接线形式,在下列哪种情况时宜采用外桥接线? ( )

(A)变电所有两回电源线路和两台变压器,供电线路较短或需经常切换变压器

(B)变压器所有两回电源线路和两台变压器,供电线路较长或不需经常切换变压器

(C)变电所有两回电源线路和两台变压器,且 35kV 配电装置有一至二回转送负荷的线路

(D)变电所有一回电源线路和一台变压器

10. 在采用 TN 及 TT 接地系统的低压配电网中,当选用 Y,yn0 接线组别的三相变压器时,其中任何一相的电流在满载时不得超过额定电流值,而由单相不平衡负荷引起的中性线电流不得超过低压绕组额定电流的多少? ( )

(A)30% (B)25%

(C)20% (D)15%

11. 下列哪种观点不符合爆炸和火灾危险环境的电力装置设计的有关规定? ( )

(A)爆炸性气体环境危险区域内应采取消除或控制电气设备和线路产生火花、电弧和高温的措施

(B)爆炸性气体环境里,在满足工艺生产及安全的前提下,应减少防爆电气设备的数量

(C)爆炸性粉尘环境的工程设计中提高自动化水平,可采用必要的安全联锁

(D)在火灾危险环境内不应采用携带式电气设备

12. 35 ~ 110kV 变电所设计应根据下面哪一项? ( )

(A)工程的 12 ~ 15 年发展规划进行

(B)工程的 10 ~ 12 年发展规划进行

(C)工程的 5 ~ 10 年发展规划进行

(D)工程的 3 ~5 年发展规划进行

13. 在 110kV 变电所内,关于屋外油浸变压器之间的防火隔墙尺寸,以下哪一项属于规范要求? ( )

(A)墙长应大于储油坑两侧各 1m
(B)墙长应大于主变压器两侧各 0.5m
(C)墙高应高出主变压器油箱顶
(D)墙高应高出油枕顶

14. 下列关于 110kV 配电装置接地开关配置的做法哪一项是错误的? ( )

(A)每段母线上宜装设接地刀闸或接地器
(B)断路器与其两侧隔离关开之间宜装设接地刀闸
(C)线路隔离开关的线路侧宜装设接地刀闸
(D)线路间隔中母线隔离开关的母线侧应装设接地刀闸

15. 下列哪一项措施对减小变电所母线上短路电流是有效的? ( )

(A)变压器并列运行
(B)变压器分列运行
(C)选用低阻抗变压器
(D)提高变压器负荷率

16. 电力系统发生短路故障时,下列哪种说法是错误的? ( )

(A)电力系统中任一点短路,均是三相短路电流最大
(B)在靠近中性点接地的变压器或接地变压器附近发生单相接地短路时,其短路电流可能大于三相短路电流
(C)同一短路点,两相相间短路电流小于三相短路电流
(D)发生不对称接地故障时,将会有零序电流产生

17. 变压器的零序电抗与其构造和绕组连接方式有关。对于 Y_N,d 接线、三相四柱式双绕组变压器,其零序电抗为: ( )

(A) $X_D = \infty$
(B) $X_D = X_1 + X''_0$
(C) $X_D = X_1$
(D) $X_D = X_1 + 3Z$

18. 校验高压断路器的断流能力时,宜取下列哪个值作为校验条件? ( )

(A)稳态短路电流有效值
(B)短路冲击电流
(C)供电回路的尖峰电流
(D)断路器实际断开时间的短路电流有效值

19. 在选择隔离开关时,不必校验的项目是哪一项? ( )

(A)额定电压　　　　　　　　　　　　(B)额定电流
(C)额定开断电流　　　　　　　　　　(D)热稳定

20. 对于额定频率为50Hz,时间常数标准值为45ms时,高压断路器的额定短路关合电流等于额定短路开断电流交流分量有效值的多少倍?　(　　)

(A)1.5倍　　　　　　　　　　　　(B)2.0倍
(C)2.5倍　　　　　　　　　　　　(D)3.0倍

21. 低压裸导体室内敷设时,选择环境温度应采用下列哪一项温度值?　(　　)

(A)敷设处10年或以上最热月的月平均温度
(B)敷设地区10年或以上最热月的平均最高温度
(C)敷设地点10年或以上最热月的平均最高温度
(D)敷设地点10年或以上刚出现的最高温度

22. 无特殊情况下,10kV高压配电装置敷设的控制电缆额定电压,根据规范规定一般宜选用下列哪一项数值?　(　　)

(A)300/500V　　　　　　　　　　(B)450/750V
(C)0.6/1.0kV　　　　　　　　　　(D)8.7/10kV

23. 对电力工程10kV及以下电力电缆的载流量,下列哪种说法是错误的?　(　　)

(A)相同材质、截面和敷设条件下,无钢铠护套电缆比有钢铠护套电缆的载流量大
(B)相同型号的单芯电缆,在空气中敷设时,品字形排列比水平排列允许的载流量小
(C)相同型号的电缆在空气中敷设比直埋敷设允许的载流量大
(D)相同材质、截面的聚氯乙烯绝缘电缆允许的载流量比交联聚乙烯绝缘允许的载流量小

24. 变电所的二次接线设计中,下列做法哪一项不正确?　(　　)

(A)有人值班的变电所,断路器的控制回路可不设监视信号
(B)无人值班的变电所,可装设简单的事故信号和能重复动作的预告信号装置
(C)无人值班的变电所,可装设当远动装置停用时转为变电所就地控制的简单的事故信号和预告信号
(D)有人值班的变电所,宜装设能重复动作、延时自动解除,或手动解除音响的中央事故信号和预告信号装置

25. 常用电量变送器输出侧仪表精确等级不应低于多少?　(　　)

(A)1.5级　　　　　　　　　　　　(B)2.5级

(C)1.0 级　　(D)2.0 级

26. 下面所列出的直流负荷哪一个是经常负荷?　　(　　)

(A)自动装置　　(B)交流不停电电源装置
(C)事故照明　　(D)断路器操作

27. 无人值班变电所交流事故停电时间应按下列哪个时间计算?　　(　　)

(A)1h　　(B)2h
(C)3h　　(D)4h

28. 某国家级重点文物保护的建筑物,基础为周边无钢筋的闭合条形混凝土,周长90m,在基础内敷设人工基础接地体时,接地体材料的最小规格尺寸,下列哪一项与现行国家标准一致?　　(　　)

(A)2 × ϕ8mm 圆钢　　(B)1 × ϕ10mm 圆钢
(C)4 × 25mm 扁钢　　(D)3 × 30mm 扁钢

29. 设有信息系统的建筑物,当无法获得设备的耐冲击电压时,220/380V 三相配电系统中安装在最后分支线路的断路器的绝缘耐冲击过电压额定值,按现行国家标准可采用下列哪一项数值?　　(　　)

(A)1.5kV　　(B)2.5kV
(C)4.0kV　　(D)6.0kV

30. 某城市省级办公楼,建筑高 150m、长 80m、宽 70m,城市的雷暴日数为 34.2 天/年,则该建筑物为哪类防雷建筑物?　　(　　)

(A)一类防雷建筑物　　(B)二类防雷建筑物
(C)三类防雷建筑物　　(D)四类防雷建筑物

31. TT 系统中,漏电保护器额定漏电动作电流为 100mA,被保护电气装置的外露可导电部分与大地间的电阻不应大于下述哪一项数值?　　(　　)

(A)3800Ω　　(B)2200Ω
(C)500Ω　　(D)0.5Ω

32. 已经连接接地极的保护铜导体,按热稳定校验选择的最小截面是 95mm^2,请确定铜导体接地极的最小规格。(不考虑腐蚀影响)　　(　　)

(A)ϕ6 铜棒　　(B)ϕ8 铜棒
(C)ϕ10 铜棒　　(D)ϕ12 铜棒

33. 某 66kV 不接地系统,当土壤电阻率为 300Ω·m,其变电所接地装置的跨步电压

下应超过多少？ (　　)

(A)50V　　(B)65V

(C)110V　　(D)220V

34. 变、配电所配电装置室照明光源的显色指数(Ra)，按国家标准规定不低于下列哪一项数值？ (　　)

(A)80　　(B)60

(C)40　　(D)20

35. 公共建筑的工作房间的一般照明照度均匀度，按现行国家标准不应小于哪一项数值？ (　　)

(A)0.6　　(B)0.65

(C)0.7　　(D)0.75

36. 对笼型异步电动机能耗制动附加电阻值进行计算，设电动机的功率为7.5kW，空载电流 $I_{kz}=9.5A$，额定电流 $I_{cd}=15.9$，每相定子绕组电阻 $R_d=0.87\Omega$，规定能耗制动用直流电源电压为220V，能耗制动电流为电机空载电流的3倍，指出其附加电阻值最接近下列哪一项数值？（忽略电缆连接电阻） (　　)

(A)1.74Ω　　(B)7.7Ω

(C)6.0Ω　　(D)9.8Ω

37. 在高度为120m的建筑中，电梯井道的火灾探测器宜设在什么位置？ (　　)

(A)电梯井、升降机井的顶板上

(B)电梯井、升降机井的侧墙上

(C)电梯井、升降机井的上房的机房顶棚上

(D)电梯、升降机轿厢下方

38. 有一栋建筑高度为101m酒店，在地上二层有一宴会厅长47m、宽20m，顶棚净高10m，请判断需装设火灾探测器约为多少个？ (　　)

(A)10~12个　　(B)13~14个

(C)15~17个　　(D)20~23个

39. 在建筑中下列哪个部位应设置消防专用电话分机？ (　　)

(A)生活水泵房　　(B)电梯前室

(C)特级保护对象的避难层　　(D)电气竖井

40. 某66kV架空电力线路位于海拔高度1000m以下空气清洁地区，绝缘子型号为XP60，请问该线路悬垂绝缘子串的绝缘子数量宜采用下列哪一项数值？ (　　)

(A)3 片　　　　(B)4 片
(C)5 片　　　　(D)6 片

二、多项选择题(共 30 题,每题 2 分。每题的备选项中有 2 个或 2 个以上符合题意。错选、少选、多选均不得分)

41. 在电击防护的设计中,下列哪些直接接触防护措施均可以在任何外界影响条件下采用?　　(　　)

(A)带电部分用绝缘防护的措施
(B)采用阻挡物的防护措施
(C)置于伸臂范围之外的防护措施
(D)采用遮拦或外护物的防护措施

42. 电击防护的设计中,下列哪些基本保护措施适用于防直接接触电击事故?　　(　　)

(A)设置遮拦或外护物
(B)将带电部分置于伸臂范围之外
(C)在配电回路上装用 RCD(剩余电流动作保护器)
(D)采用接地和总等电位联结

43. 采用提高功率因数的节能措施,可达到下列哪些目的?　　(　　)

(A)减少无功损耗　　　　(B)减少变压器励磁电流
(C)增加线路输送负荷　　　　(D)减少线路电压损失

44. 在项目可行性研究阶段,常用的负荷计算方法有哪些?　　(　　)

(A)需要系数法　　　　(B)利用系数法
(C)单位面积功率法　　　　(D)单位产品耗电量法

45. 下列负荷中,应划为二级负荷的有哪些?　　(　　)

(A)中断供电将造成大型影剧院、大型商场等较多人员集中的重要的公共场所秩序混乱者
(B)十六层高的普通住宅的消防水泵、消防电梯、应急照明等消防用电
(C)室外消防用水量为 20L/s 的公共建筑的消防用电设备
(D)建筑高度超过 50m 的乙、丙类厂房的消防用电设备

46. 变配电所中,6~10kV 母线的分段处,当属于下列哪些情况时可装设隔离开关或隔离触头?　　(　　)

(A)事故时手动切换电源能满足要求

(B)不需要带负荷操作
(C)继电保护或自动装置无要求
(D)出线回路较少

47. 对冲击性负荷的供电需要降低冲击性负荷引起电网电压波动和电压闪变时,宜采取下列哪些措施? ( )

(A)采用专线供电
(B)与其他负荷共用配电线路时,增加配电线路阻抗
(C)对较大功率的冲击性负荷或冲击性负荷群由专用配电变压器供电
(D)对于大功率电弧炉的炉用变压器由短路容量较大的电网供电

48. 在交流电网中,由于许多非线性电气设备的投入运行而产生了谐波,关于谐波的危害,在下列表述中哪些是正确的? ( )

(A)旋转电动机定子中的正序和负序谐波电路,形成反向旋转磁场,使旋转电动机转速持续降低
(B)变压器等电气设备由于过大的谐波电流,而产生附加损耗,从而引起过热,导致绝缘损坏
(C)高次谐波含量较高的电流能使断路器的开断能力降低
(D)使通信线路产生噪声,甚至造成故障

49. 110kV 变电所的所区设计中,下列哪些不符合设计规范要求? ( )

(A)地处郊区的变电所的围墙应为实体墙且不高于 2.2m
(B)变电所的消防通道宽度应为 3.0m
(C)电缆沟及其他类似沟道的沟底纵坡坡度不宜小于 0.5%
(D)变电所建筑物内地面标高宜高出变电所外地面 0.3m

50. 某户外布置的 110kV 变电所,在其围墙内靠近围墙处安装有电压互感器接于线路侧,问电压互感器带电部分与墙头的距离取哪些值校验是错误的? ( )

(A)取 A 值　　(B)取 B 值
(C)取 C 值　　(D)取 D 值

51. 计算网路短路电流时,下列关于短路阻抗的说法哪些是正确的? ( )

(A)变压器、架空线路、电缆线路、电抗器等电气设备,其正序和负序电抗相等
(B)高压架空线路、变压器,其正序和零序电抗相等
(C)用对称分量法求解时,假定系统阻抗平衡
(D)计算三相对称短路时,只需计算正序阻抗,短路阻抗等于正序电抗

52. 在发电厂变电所的导体和电器选择时,若采用《短路电流实用计算》,可以忽略的电气参数是下面哪些项? ( )

(A)发电机的负序电抗
(B)输电线路的电容
(C)所有元件的电阻
(D)短路点的电弧电阻和变压器的励磁电流

53. 下列高压设备中需要校验动稳定和热稳定的高压电气设备有哪些？ ( )

(A)断路器 (B)穿墙套管
(C)接地变压器 (D)熔断器

54. 下列关于配电装置设计的做法中哪些是正确的？ ( )

(A)63kV 及 110kV 的配电装置，每段母线上宜装设接地刀闸或接地器，对断路器两侧隔离开关的断路器侧和线路隔离开关的线路侧，宜装设接地刀闸
(B)屋外配电装置的隔离开关与相应的断路器之间可不装设闭锁装置
(C)屋内配电应设置防止误入带电间隔的闭锁装置
(D)10kV 或 6kV 固定式配电装置的出线侧，在架空出线回路或有反馈可能的电缆出线回路中，可不装设线路隔离开关

55. 用于保护高压电压互感器的一次侧熔断器，需要校验下列哪些项目？ ( )

(A)额定电压 (B)额定电流
(C)额定开断电流 (D)短路动稳定

56. 规范要求下列哪些电缆或线路不应选用铝导体？ ( )

(A)控制电缆 (B)耐火电缆
(C)电机励磁线路 (D)架空输配电线路

57. 下列哪些是规范强制性条文？ ( )

(A)直埋敷设电缆与直流电气化铁路路轨交叉时，容许最小距离为 1m
(B)在工厂的风道、建筑物的风道、煤矿里机械提升的除运输机通行的斜井通风巷道或木支架的竖井井筒中，严禁敷设敞露式电缆
(C)直埋敷设的电缆，严禁位于地下管道的正上方或正下方
(D)电缆线路中不应有接头

58. 对变压器引出线、套管及内部的短路故障，装设相应的保护装置。下列的表述中哪些符合设计规范要求？ ( )

(A)10MV·A 及以上的单独运行变压器，应装设纵联差动保护
(B)6.3MV·A 及以下并列运行的变压器，应装设纵联差动保护
(C)10MV·A 以下的变压器可装设电流速断保护和过电流保护
(D)2MV·A 及以上的变压器，当电流速断灵敏系数不符合要求时，宜装设纵联

差动保护

59. 0.8MV·A 及以上的油浸变压器装设瓦斯保护时，下列哪些做法不符合设计规范？（　　）

(A)当壳内故障产生轻微瓦斯或油面下降时，应瞬时动作于信号
(B)当壳内故障产生轻微瓦斯或油面下降时，应瞬时动作于断开变压器的电源侧断路器
(C)当产生大量瓦斯时，应瞬时动作于断开变压器的各侧断路器
(D)当产生大量瓦斯时，应瞬时动作于信号

60. 对电动机绕组及引出线的相间短路保护，下列表述中哪些符合设计规范要求？（　　）

(A)2MW 及以下的电动机，宜采用电流速断保护
(B)1MW 及以上的电动机，应装设纵联差动保护
(C)2MW 以下的电动机，电流速断保护灵敏系数不符合要求时应装设纵联差动保护
(D)保护装置应动作于跳闸

61. 采用蓄电池组的直流系统，蓄电池的下列哪些电压不是直流系统正常运行时的母线电压？（　　）

(A)初充电电压　　(B)均衡充电电压
(C)浮充电电压　　(D)放电电压

62. 为降低跨步电压，防直击雷的人工接地体距建筑物出入口或人行道不应小于3m。当小于 3m 时应采取下列哪些措施？（　　）

(A)水平接地体局部深埋不应小于 1m
(B)水平接地体局部应包绝缘物，可采用 50 ~ 80mm 的沥青层
(C)水平接地体局部深埋不应小于 0.8m，并包 50 ~ 80mm 的沥青层
(D)采用沥青碎石地面或在接地体上面敷设 50 ~ 80mm 的沥青层，其宽度应超过接地体 2m

63. 某座 33 层的高层住宅，其外形尺寸长、宽、高分别为 60m、25m、98m，所在地年平均雷暴日为 47.4 天，校正系数 $k = 1.5$，下列关于该建筑物的防雷设计的表述中哪些是正确的？（　　）

(A)该建筑物年预计雷击次数为 0.27 次
(B)该建筑物年预计雷击次数为 0.35 次
(C)该建筑物划为第三类防雷建筑物
(D)该建筑物划为第二类防雷建筑物

64. 针对 TN-C-S 系统,下列哪些描述是正确的? ( )

(A)电源端有一点直接接地,电气装置的外露可导电部分直接接地,此接地点在电气上独立于电源端的接地点

(B)电源端有一点直接接地,电气装置的外露可导电部分通过保护中性导体和保护导体连接到此接地点

(C)整个系统的中性导体和保护导体是合一的

(D)系统中一部分线路的中性导体和保护导体是合一的

65. 按现行国家标准中照明种类的划分,下列哪些项属于应急照明? ( )

(A)疏散照明　　(B)警卫照明

(C)备用照明　　(D)安全照明

66. 在建筑照明设计中,下列关于统一眩光值(UGR)应用条件的表述哪些是正确的? ( )

(A)UGR 适用于简单的立方体形房间的一般照明装置设计

(B)UGR 适用于采用间接照明和发光天棚的房间

(C)同一类灯具为均匀等间距布置

(D)灯具为双对称配光

67. 某厂一斜桥卷扬机选配电动机如图所示。有关机械技术参数:料车重 G = 3t,平衡重 G_{ph} = 2t,料车卷筒半径 r_1 = 0.4m,平衡重卷筒半径 r_2 = 0.3m,斜桥倾角 α = 600,料车与斜桥面的摩擦系数 μ = 0.1,卷筒效率 η = 0.97。

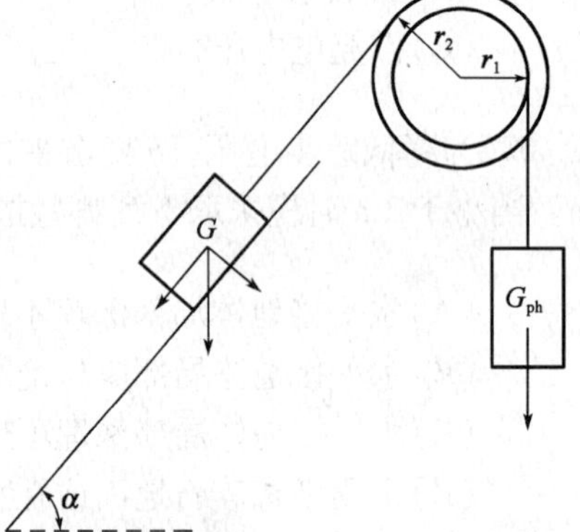

为确定卷扬机预选电动机功率,除上述资料外,还需补充下列哪些参数? ( )

(A)料车的运行速度

(B)运动部分的飞轮转矩

(C)要求的启、制动及稳速运行时间

(D)现场供配电系统资料

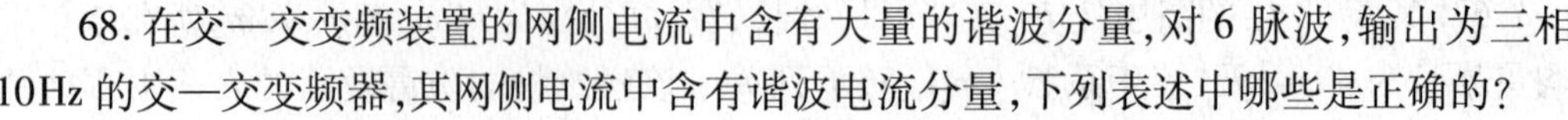
68. 在交—交变频装置的网侧电流中含有大量的谐波分量,对 6 脉波,输出为三相 10Hz 的交—交变频器,其网侧电流中含有谐波电流分量,下列表述中哪些是正确的? ( )

(A)除基波外,在网侧电流中还含有的整数次谐波电流成为特征谐波,如 250Hz、350Hz、550Hz、650Hz 等

(B)在网侧电流中还存在着非整数次的旁频谐波,如 190Hz、290Hz、310Hz、410Hz 等

(C)旁频谐波频率直接和交—交变频器的输出频率及输出相数有关

(D)旁频谐波频率直接和交—交变频器电源的系统阻抗有关

69. 下列关于消防控制设备对管网气体灭火系统的控制和显示功能的表述哪些是正确的？ ( )

(A)在报警、喷射各阶段,控制室应有相应的声、光报警信号,并能手动切除声响信号

(B)在延时阶段,应自动打开防火门、窗,启动通风空调系统

(C)在延时阶段,应开启有关部位的防火阀

(D)显示气体灭火系统防护区的报警、喷放及防火门(帘)、通风空调等设备的状态

70. 按照规范规定,下列哪些表述符合安防系统供电设计要求？ ( )

(A)系统监控中心和系统重要设备应配备相应的备用电源装置,系统前端设备应本地供电

(B)系统前端设备、系统监控中心和系统重要设备应由监控中心配备的备用电源装置集中供电

(C)系统监控中心和系统重要设备应配备相应的备用电源装置,不同子系统的前端设备应由各自子系统监控中心配备的备用电源装置集中供电

(D)系统监控中心和系统重要设备应配备相应的备用电源装置,不同子系统的前端设备可由本地备用电源装置集中供电

2008年专业知识试题答案(上午卷)

1. **答案:**A

依据:《低压电气装置　第4-41部分:安全防护　电击防护》(GB 16895.21—2011)第413.3.2条。

2. **答案:**A

依据:《供配电系统设计规范》(GB 50052—2009)第6.0.10-1条。

3. **答案:**A

依据:《低压电气装置　第4-41部分:安全防护　电击防护》(GB 16895.21—2011)第414.4.1条。

4. **答案:**B

依据:《供配电系统设计规范》(GB 50052—2009)第3.0.1条。

5. **答案:**B

依据:《石油化工企业设计防火规范》(GB 50160—2008)第9.1.1条,此规范近年几乎不再考查。

6. **答案:**D

依据:《工业与民用配电设计手册》(第三版)P21式(1-57)。

7. **答案:**A

依据:《工业与民用配电设计手册》(第三版)P47表(2-17),无对应条文,需理解原理。

8. **答案:**B

依据:《工业与民用配电设计手册》(第三版)P35中"三、配电方式"。

9. **答案:**A

依据:《工业与民用配电设计手册》(第三版)P48表2-17。

10. **答案:**B

依据:《供配电系统设计规范》(GB 50052—2009)第7.0.8条。

11. **答案:**D

依据:《爆炸和火灾危险环境电力装置设计规范》(GB 50058—1992)第2.1.3-四条、第2.5.1-二条、第3.1.5-三-4条、第4.3.8-五条。

12. **答案:**C

依据:《35kV~110kV变电站设计规范》(GB 50059—2011)第1.0.3条。

13. **答案**:D

依据:《3~110kV 高压配电装置设计规范》(GB 50060—2008)第5.5.5条。

14. **答案**:D

依据:旧规范《3kV~110kV 高压配电装置设计规范》(GB 50060—1992)第2.0.3条,新规范已修改,可参考GB 50060—2008第2.0.6条、第2.0.7条。

15. **答案**:B

依据:《35kV~110kV 变电站设计规范》(GB 50059—2011)第3.2.6条或《工业与民用配电设计手册》(第三版)P126。

16. **答案**:A

依据:无。选项A明显错误,其他选项可参考《工业与民用配电设计手册》(第三版)P124、125内容,选项C未找到明确条文。

17. **答案**:C

依据:《电力工程电气设计手册　电气一次部分》P142表4-17双绕组变压器零序电抗。或参考《导体和电器选择设计技术规定》(DL/T 5222—2005)附录F.5.1。

18. **答案**:D

依据:《导体和电器选择设计技术规定》(DL/T 5222—2005)第9.2.2条。

19. **答案**:C

依据:《导体和电器选择设计技术规定》(DL/T 5222—2005)第11.0.1条。

20. **答案**:C

依据:《工业与民用配电设计手册》(第三版)P214倒数第5行。

21. **答案**:C

依据:旧规范《低压配电设计规范》(GB 50054—1995)第2.2.5条,新规范已修改。

22. **答案**:B

依据:《电力工程电缆设计规范》(GB 50217—2007)第3.3.5条或《电力装置的继电保护和自动装置设计规范》(GB 50062—2008)第15.1.4条。

23. **答案**:C

依据:《电力工程电缆设计规范》(GB 50217—2007)附录C。此题较烦琐,且有争议。

24. **答案**:A

依据:《35kV~110kV 变电站设计规范》(GB 50059—2011)第3.10.5条,其他选项为旧规范条文,新规范已部分修改。

25. **答案**:C

依据:《电力装置的电测量仪表装置设计规范》(GB 50063—2008)第3.1.5条。

26. **答案**:A

依据:《电力工程直流系统设计技术规程》(DL/T 5044—2004)第5.1.2条条文说明。经常负荷:继电保护和自动装置、操作装置、信号装置、经常照明及其他需长期接入系统的设备;事故负荷:事故照明、不停电电源、运动、通信设备备用电压 U_N 和事故状态投运的信号;冲击负荷:断路器合闸机构在断路器合闸时的短时冲击电流。

27. **答案**:B

依据:《电力工程直流系统设计技术规程》(DL/T 5044—2004)第5.2.2-5条。

28. **答案**:C

依据:《建筑物防雷设计规范》(GB 50057—2010)第4.3.5-5条及表4.3.5。

29. **答案**:C

依据:《建筑物防雷设计规范》(GB 50057—2010)第6.4.4条及表6.4.4。

30. **答案**:B

依据:《建筑物防雷设计规范》(GB 50057—2010)第3.0.3-9条。

31. **答案**:C

依据:《低压电气装置 第4-41部分:安全防护 电击防护》(GB 16895.21—2011)第411.5.3条中公式。

32. **答案**:C

依据:未明白此题题意,可能与实际真题存在误差,可参考《建筑物电气装置 第5-54部分:电气设备的选择和安装—接地配置、保护导体和保护联结导体》(GB 16895.3—2004)第543.1条。

33. **答案**:C

依据:《交流电气装置的接地》(DL/T 621—1997)第3.4条b)式(4)。可计算得110V,《交流电气装置的接地设计规范》(GB/T 50065—2011)第4.2.2-2条公式中增加了表层衰减系数。

34. **答案**:B

依据:《建筑照明设计标准》(GB 50034—2004)第5.3.1条。

35. **答案**:C

依据:《建筑照明设计标准》(GB 50034—2004)第4.2.1条。

36. **答案**:C

依据:《钢铁企业电力设计手册》(下册)P224例题1:能耗制动回路总电路包括电动机电子两相绕组的电阻、导线电阻及外加制动电阻。

37. **答案**:C

依据:《火灾自动报警系统设计规范》(GB 50116—1998)第8.1.14条。

38. **答案:**C

依据:《火灾自动报警系统设计规范》(GB 50116—1998)第8.1.4条。

39. **答案:**C

依据:《火灾自动报警系统设计规范》(GB 50116—1998)第5.6.3.3条。

40. **答案:**C

依据:《66kV及以下架空电力线路设计规范》(GB 50061—2010)第6.0.3条及表6.0.3。

---

41. **答案:**AD

依据:旧规范《建筑物电气装置　第4-41部分:安全防护—电击防护》(GB 16895.21—2004)第410.3.2.2条,新规范《低压电气装置　第4-41部分:安全防护　电击防护》(GB 16895.21—2011)已无明确条文。

42. **答案:**AB

依据:旧规范《建筑物电气装置　第4-41部分:安全防护—电击防护》(GB 16895.21—2004)第410.3.2条,新规范《低压电气装置　第4-41部分:安全防护　电击防护》(GB 16895.21—2011)已无明确条文。

43. **答案:**ACD

依据:《钢铁企业电力设计手册》(上册)P297、298。

44. **答案:**CD

依据:《工业与民用配电设计手册》(第三版)P1倒数第4行。

45. **答案:**AB

依据:《供配电系统设计规范》(GB 50052—2009)条文说明第3.0.1-3条,《高层民用建筑设计防火规范》(GB 50045—2005)第9.1.1条,《建筑设计防火规范》(GB 50016—2006)第11.1.1.2条。

46. **答案:**BC

依据:《10kV及以下变电所设计规范》(GB 50053—1994)第3.2.5条,其中选项B应改为"不需带负荷操作",否则即为单选题了。

47. **答案:**ACD

依据:《供配电系统设计规范》(GB 50052—2009)第5.0.11条。

48. **答案:**BCD

依据:《工业与民用配电设计手册》(第三版)P285、286。

49. **答案:**AB

依据:《35kV～110kV 变电站设计规范》(GB 50059—2011)第2.0.5～第2.0.8条。

50. **答案**:ACD

依据:《3～110kV 高压配电装置设计规范》(GB 50060—2008)第5.1.2条,规范上的示意图较为清楚。

51. **答案**:ACD

依据:《导体和电器选择设计技术规定》(DL/T 5222—2005)附录F.5.1。

52. **答案**:BCD

依据:《导体和电器选择设计技术规定》(DL/T 5222—2005)附录F.1.8、附录F.1.9、附录F.1.11。

53. **答案**:AB

依据:《工业与民用配电设计手册》(第三版)P199 表5-1。

54. **答案**:AC

依据:《3～110kV 高压配电装置设计规范》(GB 50060—2008)第2.0.6条、第2.0.7条、第2.0.10条,《10kV 及以下变电所设计规范》(GB 50053—1994)第3.2.9条。

55. **答案**:AC

依据:《导体和电器选择设计技术规定》(DL/T 5222—2005)第17.0.8条。

56. **答案**:ABC

依据:《电力工程电缆设计规范》(GB 50217—2007)第3.1.1条、第3.1.2条。

57. **答案**:AC

依据:《电力工程电缆设计规范》(GB 50217—2007)第5.3.5条、第5.1.15条、第5.1.10-4条。

58. **答案**:ACD

依据:《电力装置的继电保护和自动装置设计规范》(GB/T 50062—2008)第4.0.3条。

59. **答案**:BD

依据:《电力装置的继电保护和自动装置设计规范》(GB/T 50062—2008)第4.0.2条。

60. **答案**:CD

依据:《电力装置的继电保护和自动装置设计规范》(GB/T 50062—2008)第9.0.2-1条。

注:选项A多了"及"字。

61. **答案**:ABD

依据:《电力工程直流系统设计技术规程》(DL/T 5044—2004)第4.2.2条,正常运行时,母线电压应为浮充电电压。

62. **答案**:ABD

依据:旧规范《建筑物防雷设计规范》(GB 50057—1994)(2000 年版)第 4.3.5 条,新规范已修改。

63. **答案**:AC

依据:《建筑物防雷设计规范》(GB 50057—2010)第 3.0.4-3 条及附录 A。

64. **答案**:BD

依据:《工业与民用配电设计手册》(第三版)P880 图 14-5。

65. **答案**:ACD

依据:《建筑照明设计标准》(GB 50034—2004)第 3.1.2-2 条。

66. **答案**:ACD

依据:《建筑照明设计标准》(GB 50034—2004)附录 A.0.2。

67. **答案**:ABC

依据:卷扬机应属负荷平稳连续工作制电动机,可参见《钢铁企业电力设计手册》(下册)P58 内容。

68. **答案**:ABC

依据:《电气传动自动化技术手册》(第二版)P728、729。

69. **答案**:AD

依据:《火灾自动报警系统设计规范》(GB 50116—1998)第 6.3.4 条。

70. **答案**:CD

依据:《安全防范工程技术规范》(GB 50348—2004)第 3.12.3 条,部分答案表达不清晰。

2008 年专业知识试题(下午卷)

一、单项选择题(共 40 题,每题 1 分,每题的备选项中只有 1 个最符合题意)

1. 在低压配电系统的交流 SELV 系统中,标称电压的方均根值最高不超过下列哪个电压值时,一般不需要直接接触防护? ( )

(A)50V (B)25V (C)15V (D)6V

2. 为降低三相低压配电系统电压不平衡,由 380/220V 公共电网对 220V 单相照明线路供电时,线路最大允许电流是: ( )

(A)20A (B)30A (C)40A (D)50A

3. 游泳池水下的电气设备的交流电压不得大于下列哪一项数值? ( )

(A)12V (B)24V (C)36V (D)50V

4. 中断供电将造成主要设备损坏、大量产品报废时,该负荷应属于: ( )

(A)一级负荷 (B)二级负荷
(C)三级负荷 (D)一级负荷中特别重要

5. 在供配电系统的设计中,供电系统应简单可靠,同一电压供电系统的配电级数不宜于: ( )

(A)一级 (B)二级 (C)三级 (D)四级

6. 已知某三相四线 380/220V 配电箱接有如下负荷:三相,10kW,A 相 0.6kW,B 相 0.2kW,C 相 0.8kW。试用简化法求出该配电箱的等效三相负荷应为下列哪一项数值? ( )

(A)2.4kW (B)10kW (C)11.6kW (D)12.4kW

7. 下列关于设置照明专用变压器的表述中哪一项是正确的? ( )

(A)在 TN 系统的低压电网中,照明负荷应设专用变压器
(B)在单台变压器的容量小于 1250kV·A,可设照明专用变压器
(C)当照明负荷较大或动力和照明采用共用变压器严重影响照明质量及灯泡寿命时,可设照明专用变压器
(D)负荷随季节性变化不太对时,宜设照明专用变压器

8. 某 110/35kV 变电所，110kV 线路为 6 回，36kV 线路为 8 回，均采用双母线，请判断下列旁路设施的表述中哪一项是正确的？（　）

(A)当 35kV 配电装置采用手车式高压开关柜时，宜设置旁路设施
(B)采用 SF6 断路器的主接线，宜设置旁路设施
(C)当有旁路母线时，不宜采用母联断路器兼作旁路断路器的接线
(D)当不允许停电检修断路器时，可设置旁路设施

9. 某 35/6kV 变电所，装有两台主变压器，当 6kV 侧有 8 回出线并采用手车式高压开关柜，6KV 侧宜采用下列哪种接线方式？（　）

(A)单母线　　(B)分段单母线
(C)双母线　　(D)设置旁路设施

10. 一座 110/35kV 变电所，当 110kV 线路为 6 回路及以上时，宜采用下列哪种主接线方式？（　）

(A)桥形、线路变压器组或线路分支接线
(B)扩大桥形
(C)单母线或分段单母线的接线
(D)双母线的接线

11. 下列关于爆炸性气体环境中变、配电所的设计原则中，哪一项不符合规范的要求？（　）

(A)变、配电所应布置在爆炸危险区域 1 区范围以外
(B)变、配电所可布置在爆炸危险区域 2 区范围以内
(C)当变、配电所为正压室时，可布置在爆炸危险区域 1 区范围以内
(D)当变、配电所为正压室时，可布置在爆炸危险区域 2 区范围以内

12. 下列关于选择 35kV 变电所所址的表述中哪一项与规范的要求一致？（　）

(A)应考虑变电所与周围环境、邻近设施的相互影响和具有适宜的地址、地形和地貌条件
(B)靠近用电户多的地方
(C)所址标高宜在 100 年一遇高水位之上
(D)靠近主要交通道路

13. 变电所内各种地下管线之间的最小净距，应满足安全、检修安装及工艺的要求，下列哪一项表述符合规范要求？（　）

(A)10kV 直埋电力电缆与事故排油管的水平净距不小于 0.5m
(B)10kV 直埋电力电缆与事故排油管的垂直净距不小于 0.25m
(C)10kV 直埋电力电缆与热力管的水平净距不小于 1m

(D)10kV 直埋电力电缆与热力管的垂直净距不小于0.5m

14. 110kV 变电所屋内布置的 GIS 通道宽度应满足运输部件的需要,但不宜不小于下列哪个数值? ( )

(A)1.5m (B)1.7m
(C)2.0m (D)2.2m

15. 在计算短路电流时,最大短路电流可用于下列哪一项用途? ( )

(A)确定设备的检修周期 (B)确定断路器的开断电流
(C)确定设备数量 (D)确定设备布置形式

16. 某 110/10kV 变电所,其两台主变压器的分列运行,两路电源进线引自不同电源,判断下列说法哪一项是正确的? ( )

(A)两台主变压器中容量大的变压器提供给 10kV 母线的短路电流大
(B)变电所的对端电源侧短路阻抗大,其 10kV 母线短路电流比较大
(C)哪条线路的导线截面大,哪条线路对应的 10kV 母线短路电流比较大
(D)从系统计算到 10kV 母线的综合短路阻抗越小的,其对应的 10kV 母线短路电流越大

17. 在电力系统零序短路电流计算中,变压器的中性点若经过电抗接地,在零序网络中,其等值电抗应为原电抗值的多少? ( )

(A)$\sqrt{3}$倍 (B)不变
(C)3 倍 (D)增加 3 倍

18. 安装有两台主变压器的 35kV 变电所,当断开一台时,另一台变压器的容量不应小于全部负荷的 60%,并应保证用户何种负荷的供电? ( )

(A)一级负荷 (B)二级负荷
(C)三级负荷 (D)一级和二级负荷

19. 高压单柱垂直开启式隔离开关在分闸状态下,动静触头间的最小电气距离不应小于配电装置的哪种安全净距? ( )

(A)A1 值 (B)A2 值
(C)B 值 (D)C 值

20. 一台 35/0.4kV 变压器,容量为 1000kV·A,其高压侧用熔断器保护,可靠系数取 2,其高压熔断器熔体的额定电流应选择: ( )

(A)15A (B)20A (C)30A (D)40A

21. 10kV 室内敷设无遮拦裸导体距地(楼)面的高度不应低于下列哪一项数值?　　(　　)

(A)2.4m　　(B)2.5m

(C)2.6m　　(D)2.7m

22. 在 TN-C 三相交流 380/220V 平衡配电系统中,负载电流为 39A,采用 BV 导线穿钢管敷设,若每相三次谐波电流为 50% 时,中性线导体截面选择最低不应小于下列哪一项数值?(不考虑电压降、环境和线路敷设方式等影响,导体允许持续载流量按下表选取)　　(　　)

BV 导线三相回路穿钢管敷设允许持续载流量表

导线截面(mm^2)	4	6	10	16
导线载流量(A)	21	39	52	67

(A)4mm²　　(B)6mm²

(C)10mm²　　(D)16mm²

23. 中性点直接接地的交流系统中,当接地保护动作不超过 1min 切除故障时,电力电缆导体与绝缘屏蔽之间额定电压如何选择?　　(　　)

(A)应按 100% 的使用回路工作相电压选择

(B)应按 133% 的使用回路工作相电压选择

(C)应按 150% 的使用回路工作相电压选择

(D)应按 173% 的使用回路工作相电压选择

24. 变电所的二次接线设计中,下列哪个要求不正确?　　(　　)

(A)隔离开关与相应的断路器之间应装设闭锁装置

(B)隔离开关与相应的接地刀闸之间应装设闭锁装置

(C)闭锁连锁回路的电源,应采用与继电保护、控制信号回路同一电源

(D)屋内的配电装置,应装设防止误入带电间隔的设施

25. 变压器保护回路中,将下列哪一项故障设置成预告信号是不正确的?　　(　　)

(A)变压器过负荷　　(B)变压器温度过高

(C)变压器保护回路断线　　(D)变压器重瓦斯动作

26. 对于无人值班变电所,下列哪组直流负荷的统计时间和统计负荷系数是正确的?　　(　　)

(A)监控系统事故持续放电时间为 1h,负荷系数为 0.5

(B)监控系统事故持续放电时间为 2h,负荷系数为 0.6

(C)监控系统事故持续放电时间为 2h,负荷系数为 1.0

(D)监控系统事故持续放电时间为 2h,负荷系数为 0.8

27. 下列哪一项不是选择变电所蓄电池容量的条件? (　　)

(A)以最严重的事故放电阶段计算直流母线电压水平
(B)满足全所事故全停电时间内的放电容量
(C)满足事故初期冲击负荷的放电容量
(D)满足事故放电末期全所冲击负荷的放电容量

28. 安全防范系统的电源线、信号线经过不同防雷区的界面处,宜安装电涌保护器,系统的重要设备应安装电涌保护器,电涌保护器接地端和防雷接地装置应做等电位联结,等电位联结带应采用铜质线,按现行国家标准其截面积不应小于下列哪个数值? (　　)

(A)$6mm^2$　　(B)$10mm^2$
(C)$16mm^2$　　(D)$25mm^2$

29. 某类型电涌保护器,无电涌出现时为高阻抗,随着电涌电流和电压的增加,阻抗跟着连续变小,通常采用压敏电阻、抑制二极管作这类 SPD 的组件,该 SPD 属于下列哪种类型? (　　)

(A)电压开关型 SPD　　(B)组合型 SPD
(C)限压型 SPD　　(D)短路保护型 SPD

30. 在 3 ~110kV 交流系统中对工频过电压采取措施加以降低,一般主要在线路上采用下列哪种措施限制工频过电压? (　　)

(A)安装并联电抗器　　(B)安装串联电抗器
(C)安装并联电容器　　(D)安装并联电容器

31. 发电机额定电压 10.5kV,额定容量 100MW,发电机内部发生单线接地故障电流不大于 3A,当不要求瞬时切机时,应采用怎样的接地方式? (　　)

(A)不接地方式　　(B)消弧线圈接地方式
(C)高电阻接地方式　　(D)直接或小电阻接地方式

32. 按热稳定校验接地装置接地线的最小截面时,对直接接地系统,流过接地线的电流可使用: (　　)

(A)三相短路电流稳态值　　(B)三相短路电流全电流有效值
(C)单相接地短路电流稳态值　　(D)单相短路电流全电流有效值

33. 在建筑物内实施总等电位联结的目的是: (　　)

(A)为了减小跨步电压　　(B)为了降低接地电阻值
(C)为了防止感应电压　　(D)为了减小接触电压

34. 建筑照明设计中，没在满足眩光限制和配光要求条件下，应选用效率高的灯具，按现行国家标准，格栅荧光灯灯具的效率不应低于下列哪一项数值？（　）

(A)55%　(B)60%　(C)65%　(D)70%

35. 移动式和手提式灯具应采用 III 类灯具，用安全特低电压供电，其电压值的要求，下列表述哪一项符合现行国家标准规定？（　）

(A)在干燥场所不大于 50V，在潮湿场所不大于 12V
(B)在干燥场所不大于 50V，在潮湿场所不大于 25V
(C)在干燥场所不大于 36V，在潮湿场所不大于 24V
(D)在干燥场所不大于 36V，在潮湿场所不大于 12V

36. 为风机和水泵等生产机械进行电气传动控制方案选择，下列哪一项观点是错误的？（　）

(A)变频调速，优点是调速性能好、节能效果好、可使用笼型异步电动机，缺点是成本高
(B)某些特大功率的风机水泵虽不调速，但需变频软启动装置
(C)对于功率为 100～200kW、转速为 1450r/min 的风机水泵，应采用交—交变频提供
(D)对于调速范围不大的场合，可采用串级调速方案，其优点是变流设备容量小，较其他无级调速方案经济；缺点为必须使用绕线型异步电动机，功率因数低，电机损耗大，最高转速降低

37. 一栋 65m 高的酒店，有一条宽 2m、长 50m 的走廊，若采用感烟探测器，至少应设置多少个？（　）

(A)3 个　(B)4 个　(C)5 个　(D)6 个

38. 对于医院中的护理呼叫信号应具备的功能，下列叙述中哪一项是正确的？（　）

(A)患者呼叫时，医护值班室宜有明显的光提示，病房门口要有声提示
(B)随时接受患者呼叫，准确显示呼叫患者的楼层号
(C)允许多路同时呼叫，对呼叫者逐一记忆、显示
(D)医护人员未做临床处置的患者呼叫，其提示信号可保持 0.5h

39. 在 35kV 架空电力线路设计中，最低气温工况，应按下列哪种情况计算？（　）

(A)无风，无冰　(B)无风，覆冰厚度 5mm
(C)风速 5m/s，无冰　(D)风速 5m/s，覆冰厚度 5mm

40. 在 10kV 架空电力线路设计中，钢芯铝绞线的平均运行张力上限（即瞬时破坏张

力的百分数)取18%,其中一档线路的档距为115m,该档距线路应采取下列哪种防震措施? ( )

(A)不需要采取措施　　(B)采用护线条
(C)采用防震锤　　(D)采用防震线

二、多项选择题(共30题,每题2分。每题的备选项中有2个或2个以上符合题意。错选、少选、多选均不得分)

41. 在建筑物低压电气装置中,下列哪些场所的设备可以省去间接接触防护措施? ( )

(A)道路照明的金属灯杆
(B)处在伸臂范围以外的墙上架空线绝缘子及其连接金属件(金具)
(C)尺寸小的外露可导电体(约50mm×50mm),而且与保护导体连接困难时
(D)触及不到钢筋的混凝土电杆

42. 为了降低波动负荷引起的电网电压波动和闪变,对波动负荷采取下列哪些措施是合理的? ( )

(A)采用专线供电
(B)与其他负荷共用配电线路时,降低配电线路的阻抗
(C)当较大功率的波动负荷或波动负荷群与对电压波动、闪变敏感的负荷由同一母线供电时,将它们分别由不同的变压器供电
(D)正确选择变压器的变压比和电压分接头

43. 用电单位设置自备电源的条件是: ( )

(A)用电单位有大量一级负荷时
(B)需要设置自备电源作为一级负荷中特别重要负荷的应急电源时
(C)有常年稳定余热、压差、废气可供发电,技术可靠、经济合理时
(D)所在地区偏僻,远离电力系统,设置自备电源经济合理时

44. 下列几种情况中,电力负荷应划为一级负荷中特别重要负荷的是: ( )

(A)中断供电将造成人身伤亡时
(B)中断供电将在政治、经济上造成重大损失时
(C)中断供电将发生中毒、爆炸和火灾等情况的负荷
(D)某些特等建筑,如国宾馆、国家级及承担重大国事活动的会堂、国家体育中心

45. 在配电系统设计中,下列哪几种情况下宜选用接线组别为D,yn11变压器? ( )

(A)需要提高单相短路电流值,确保低压单相接地保护装置动作灵敏度者
(B)需要限制三次谐波含量者
(C)三相不平衡负荷超过变压器每相额定功率 15% 以上者
(D)在 IT 系统接地形式的低压电网中

46. 当采用低压并联电容器作无功补偿时,低压并联电容器装置应装设下列哪几项表计? ( )

(A)电流表 (B)电压表
(C)功率因数表 (D)无功功率表

47. 下列关于 110kV 屋外配电装置设计中最大风速的选取哪几项是错误的? ( )

(A)地面高度,30 年一遇 10min 平均最大风速
(B)离地 10m 高,30 年一遇 10min 平均瞬时最大风速
(C)离地 10m 高,30 年一遇 10min 平均最大风速
(D)离地 10m 高,30 年一遇 10min 平均风速

48. 远离发电机端的网络发生短路时,可认为下列哪些项相等? ( )

(A)三相短路电流非周期分量初始值
(B)三相短路电流稳态值
(C)三相短路电流第一周期全电流有效值
(D)三相短路后 0.2s 的周期分量有效值

49. 在计算短路电流时,下列观点哪些项是正确的? ( )

(A)在计算 10kV 不接地系统不对称短路电流时,可以忽略线路电容
(B)在计算 10kV 不接地系统不对称短路电流时,不可忽略线路电容
(C)在计算低压系统中的短路电流时,可以忽略线路电容
(D)在计算低压系统中的短路电流时,不可忽略线路电容

50. 对于远端短路的对称短路电流计算中,下列哪些说法是正确的? ( )

(A)稳态短路电流不等于开断电流
(B)稳态短路电流等于开断电流
(C)短路电流初始值不等于开断电流
(D)短路电流初始值等于开断电流

51. 在按回路正常工作电流选择裸导体截面时,导体的长期允许载流量,应根据所在地区的下列哪些条件进行修正? ( )

(A)海拔高度 (B)环境温度

(C)日温差　　　　　　　　　　　　　　　(D)环境湿度

52. 当 TN-S 系统配电线路较长,接地故障电流 I_d 较小,短路保护电器难以满足接地故障保护灵敏性的要求时,可采取下列哪些措施? (　　)

(A)选用 Y,yn0 接线组别变压器取代 D,yn11 接线组别变压器
(B)断路器加装剩余电流保护器
(C)采用带接地故障保护的断路器
(D)减小保护接地导体截面

53. 选择高压电器时,下列哪些电器应校验其额定开断电流能力? (　　)

(A)断路器　　　　　　　　　　　　　　　(B)负荷开关
(C)隔离开关　　　　　　　　　　　　　　(D)熔断器

54. 下列关于对选择高压电器和导体的表述哪些是正确的? (　　)

(A)对电缆可只校验热稳定,不必校验动稳定
(B)对架空线路,可不校验热稳定和动稳定
(C)对于高压熔断器,可不校验热稳定和动稳定
(D)对于电流互感器,可只校验热稳定,不必校验动稳定

55. 电缆导体实际载流量应计及敷设使用条件差异的影响,规范要求下列哪些敷设方式应计入热阻的影响? (　　)

(A)直埋敷设的电缆
(B)敷设于保护管中的电缆
(C)敷设于封闭式耐火槽盒中的电缆
(D)空气中明敷的电缆

56. 规范规定在外部火势作用一定时间内需维持通电的下列哪些场所或回路,明敷的电缆应实施耐火防护或选用耐火性的电缆? (　　)

(A)消防、报警、应急照明、断路器操作直流电源和发电机组紧急停机的保安电源等重要回路
(B)计算机监控、双重化继电保护、保安电源或应急电源等采用相互隔离的双回路
(C)油罐区、钢铁厂中可能有融化金属溅落等易燃场所
(D)火力发电厂水泵房、化学水处理、输煤系统、油泵房等重要电源且相互隔离的双回供电回路

57. 10MV·A 以下的变压器装设电流速断保护和过电流保护时,下列哪些项不符合设计规范? (　　)

(A)保护装置应动作于断开变压器的各侧断路器
(B)保护装置可以仅动作于断开变压器的高压侧断路器
(C)保护装置可以仅动作于断开变压器的低压侧断路器
(D)保护装置可以动作于信号

58. 对3 ~63kV 线路的下列哪些故障及异常运行方式应装设相应的保护装置？ (　　)

(A)相间短路
(B)过负荷
(C)线路电压低
(D)单相接地

59. 对电压为3kV 及以上电动机单相接地故障，下列哪些项符合设计规范要求？ (　　)

(A)接地电流小于5A 时，应装设有选择性的单相接地保护
(B)接地电流为10A 及以上时，保护装置动作于跳闸
(C)接地电流大于5A 时，可装设接地检测装置
(D)接地电流为10A 以下时，保护装置可动作于跳闸或信号

60. 下列关于系统中装设消弧线圈的描述哪些是正确的？ (　　)

(A)宜将多台消弧线圈集中安装在一处
(B)应保证系统在任何运行方式下，断开一、二回线路时，大部分不致失去补偿
(C)消弧线圈不宜接在 YN d 或 YN yn d 接线的变压器中性点上，但可接在 ZN，YN 接地的变压器中性点上
(D)如变压器无中性点或中性点未引出，应装设专用接地变压器，其容量应与消弧线圈的容量相配合

61. 防雷击电磁脉冲的电涌保护器必须能承受预期通过它们的雷电流，并应符合相关附加要求，下列表述哪些符合现行国家标准规定的附加要求？ (　　)

(A)通过电涌时的最大钳压
(B)有能力通过在雷电流通过后产生的工频续流
(C)有能力熄灭在雷电流通过后产生的工频续流
(D)有能力减小在雷电流通过后产生的工频续流

62. 规范要求下列哪些 A 类电气装置和设施的金属部分均应接地？ (　　)

(A)标称电压220V 及以下的蓄电池室内的支架
(B)电机、变压器和高压电器等的底座和外壳
(C)互感器的二次绕组
(D)箱式变电站的金属箱体

63. 下列关于变电所电气装置的接地装置,表述正确的是: （　　）

(A)对于 10kV 变电所,当采用建筑物的基础作接地极且接地电阻又满足规定值时,可不另设人工接地

(B)当需要设置人工接地网时,人工接地网的外缘应闭合,外缘各角应做成直角

(C)人工接地网应以水平接地极为主

(D)GIS 的接地可采用普通钢筋混凝土构件的钢筋作接地线

64. 在建筑照明设计中,对照明方式的选择,下列哪些项是正确的? （　　）

(A)对于部分作业面照度要求较高,只采用一般照明不合理的场所,宜采用混合照明

(B)在一个工作场所内可只采用局部照明

(C)同一场所内的不同区域有不同照度要求时,应采用分区一般照明

(D)工作场所通常设置一般照明

65. 应急照明的照度标准值,下列表述哪些项符合现行国家标准规定? （　　）

(A)建筑物公用场所安全照明的照度值不低于该场所一般照明照度值的 10%

(B)建筑物公用场所备用照明的照度值除另有规定外,不低于该场所一般照明照度值的 5%

(C)建筑物公用场所疏散走道的地面最低水平照度不应低于 0.5lx

(D)人民防空地下室疏散通道照明的地面最低照度值不低于 5lx

66. 图示笼型异步电动机的启动特性,其中曲线 1、2 是不同定子电压时的启动机械特性,直线 3 是电机的恒定静阻转矩线,下列哪些解释是正确的? （　　）

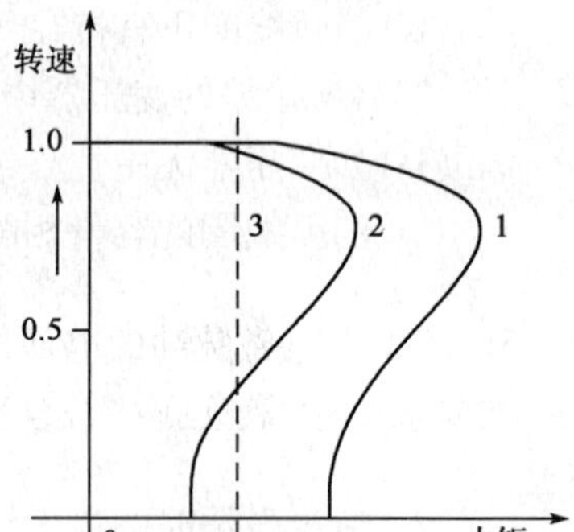

(A)曲线 2 的定子电压低于曲线 1

(B)曲线 2 的定子电源频率低于曲线 1

(C)电机在曲线 2 时启动成功

(D)电机已启动成功,然后转变至曲线 2 的定子电压,可继续运行

67. 下列关于直接接于电网的同步电动机的运行性能的表述中,哪些是正确的? （　　）

(A)不可以超前的功率因数输出无功功率

(B)同步电动机无功补偿的能力与电动机的负荷率、激磁电流及额定功率因数有关

(C)在电网频率恒定的情况下,电动机的转速是恒定的

(D)同步电动机的力矩与电源电压的二次方成正比

68. 火灾自动报警系统主电源的保护开关不应采用下列哪些电气装置？ ( )

(A)断路器 (B)熔断器
(C)负荷开关 (D)漏电保护开关

69. 根据规范规定，下列哪些项表述不符合通用型公共建筑基本安防系统的设计要求？ ( )

(A)重要工作室、大楼监控中心、信息机房应设置出入口控制系统、视频安防监控系统和入侵报警系统
(B)各层通道宜预留视频安防监控系统管线和接口
(C)电梯厅和自动扶梯口宜预留视频安防系统管线和接口
(D)各层电气设备间宜设置视频监控系统

70. 下列几种架空电力线路采用的过电压保护方式中，哪些做法符合规范要求？ ( )

(A)66kV 线路，年平均雷暴日数在 30 天以上的地区，宜沿全线架设地线
(B)35kV 线路，进出线段宜架设地线
(C)在多雷区，10kV 混凝土杆线路可架设地线
(D)在多雷区，10kV 混凝土杆线路当采用铁横担时，不宜提高绝缘子等级

2008 年专业知识试题答案（下午卷）

1. **答案**：B

依据：旧规范《建筑物电气装置　第 4-41 部分：安全防护　电击防护》（GB 16859.21—2004）第 411.1.4.3 条。

2. **答案**：B

依据：旧规范条文，《供配电系统设计规范》（GB 50052—1995）第 4.0.2 条，新规范已提高限制为 60A，参见 GB 50052—2009 第 5.0.15 条。

3. **答案**：A

依据：《工业与民用配电设计手册》（第三版）P928 或《建筑物电气装置　第 7 部分：特殊装置或场所的要求　第 702 节：游泳池和其他水池》（GB 16859.19—2002）（超纲规范）431.3.1 条。

4. **答案**：B

依据：旧规范《供配电系统设计规范》（GB 50052—1995）第 2.0.1 条中"（二）1"，新规范已修改。

5. **答案**：B

依据：旧规范《供配电系统设计规范》（GB 50052—1995）第 3.0.7 条，新规范已修改。

6. **答案**：D

依据：《工业与民用配电设计手册》（第三版）P13。

注：单相设备功率和为 1.6kW，大于三相功率 10kW 的 15%，因此按最大相负荷的 3 倍计算。

7. **答案**：C

依据：《10kV 及以下变电所设计规范》（GB 50053—1994）第 3.3.4 条。

8. **答案**：D

依据：旧规范《35～110kV 变电所设计规范》（GB 50059—1992）第 3.2.4 条。

9. **答案**：B

依据：《35kV～110kV 变电站设计规范》（GB 50059—2011）第 3.2.5 条。

10. **答案**：D

依据：《35kV～110kV 变电站设计规范》（GB 50059—2011）第 3.2.4 条。

11. **答案**：A

依据:《爆炸和火灾危险环境电力装置设计规范》(GB 50058—1992)第 2.5.7 条。

12. 答案:A

依据:《35kV ~ 110kV 变电站设计规范》(GB 50059—2011)第 2.0.1 条,规范原文可参考旧规范《35 ~ 110kV 变电所设计规范》(GB 50059—1992)第 2.0.1 条。

13. 答案:D

依据:旧规范《35 ~ 110kV 变电所设计规范》(GB 50059—1992)附录一、二,新规范已删除此部分内容。

14. 答案:C

依据:《3 ~ 110kV 高压配电装置设计规范》(GB 50060—2008)条文说明第 7.3.3 条。

注:原题考查旧规范 GB 50060—1992 第 5.3.3 条:"不宜小于 1.5m",故原答案为 A。

15. 答案:B

依据:《工业与民用配电设计手册》(第三版)P124 倒数第 8 行。

16. 答案:D

依据:无确定依据,可参考《工业与民用配电设计手册》(第三版)第四章内容。

17. 答案:C

依据:《导体和电器选择设计技术规定》(DL/T 5222—2005)附录 F.5.1。此题不严谨,零序阻抗换算远比此公式复杂,可参考教科书。

18. 答案:D

依据:《35kV ~ 110kV 变电站设计规范》(GB 50059—2011)第 3.1.3 条。题干中 60% 的数据来自旧规范《35 ~ 110kV 变电所设计规范》(GB 50059—1992)第 3.1.3 条。

19. 答案:C

依据:《导体和电器选择设计技术规定》(DL/T 5222—2005)第 11.0.7 条。

20. 答案:C

依据:《工业与民用配电设计手册》(第三版)P216 式(5-28)。

21. 答案:B

依据:《10kV 及以下变电所设计规范》(GB 50053—1994)第 4.2.1 条。

22. 答案:D

依据:《工业与民用配电设计手册》(第三版)P495 表 9-11。

23. 答案:A

依据:《电力工程电缆设计规范》(GB 50217—2007)第 3.3.2 条。

24. 答案:C

依据：《35kV～110kV 变电站设计规范》(GB 50059—2011)第3.10.6条。

25. **答案：**D

依据：《电力装置的继电保护和自动装置设计规范》(GB/T 50062—2008)第4.0.2条。

26. **答案：**B

依据：《电力工程直流系统设计技术规程》(DL/T 5044—2004)第5.2.3条和第5.2.4条。

27. **答案：**D

依据：《电力工程直流系统设计技术规程》(DL/T 5044—2004)第7.1.5条。

28. **答案：**C

依据：《建筑物防雷设计规范》(GB 50057—2010)第6.3.4条：对各类防雷建筑物，各种连接导体和等电位连接带的截面不应小于本规范表5.1.2的规定。

29. **答案：**C

依据：《建筑物防雷设计规范》(GB 50057—2010)第2.0.41条。

30. **答案：**A

依据：《交流电气装置的过电压和绝缘配合》(DL/T 620—1997)第4.1.1条。

31. **答案：**A

依据：《交流电气装置的过电压和绝缘配合》(DL/T 620—1997)第3.1.3条表1。

32. **答案：**C

依据：《交流电气装置的接地》(DL/T 621—1997)附录C表C1，《交流电气装置的接地设计规范》(GB/T 50065—2011)附录E表E.0.2-1已修改。

33. **答案：**D

依据：《工业与民用配电设计手册》(第三版)P883。

34. **答案：**B

依据：《建筑照明设计标准》(GB 50034—2004)第3.3.2条。

35. **答案：**B

依据：《建筑照明设计标准》(GB 50034—2004)第7.1.2条。

36. **答案：**C

依据：《钢铁企业电力设计手册》(上册)P334，交—交变频调速一般用于功率2000kW以上低转速可逆传动中，用于轧钢机、提升机、碾磨机等设备。

37. **答案：**B

依据:《火灾自动报警系统设计规范》(GB 50116—1998)第10.2.1条。

38. 答案:C

依据:《民用建筑电气设计规范》(JGJ 16—2008)第17.2.2-3条。

39. 答案:A

依据:《66kV及以下架空电力线路设计规范》(GB 50061—2010)第4.0.1条。

40. 答案:A

依据:《66kV及以下架空电力线路设计规范》(GB 50061—2010)第5.2.4条。

---

41. 答案:BCD

依据:旧规范《建筑物电气装置　第4-41部分:安全防护—电击防护》(GB 16895.21—2004)第410.3.3.5条,新规范《低压电气装置　第4-41部分:安全防护　电击防护》(GB 16895.21—2011)已无明确条文。

42. 答案:ABC

依据:《供配电系统设计规范》(GB 50052—2009)第5.0.11条。

43. 答案:BCD

依据:《供配电系统设计规范》(GB 50052—2009)第4.0.1条。

44. 答案:ACD

依据:《供配电系统设计规范》(GB 50052—2009)第3.0.1条及相应条文说明,选项D答案依据为《民用建筑电气设计规范》(JGJ 16—2008)第3.2.1-1-3条;旧规范《供配电系统设计规范》(GB 50052—1995)题目,根据2009年版新规范,建议将选项A中的"伤害"改为"伤亡"。

45. 答案:ABC

依据:《供配电系统设计规范》(GB 50052—2009)第7.0.7、第7.0.8条及条文说明。

46. 答案:ABC

依据:《并联电容器装置设计规范》(GB 50227—2008)第7.2.6条。

47. 答案:ABD

依据:《3~110kV高压配电装置设计规范》(GB 50060—2008)第3.0.5条。

48. 答案:BD

依据:《工业与民用配电设计手册》(第三版)P134及P124图4-1。

49. 答案:BC

依据:《工业与民用配电设计手册》(第三版)P152、153,未找到此题的直接依据。

分析：不对称短路，如单相接地短路中，接地电流主要来自于线路电容的短路电流，即为容性电流，这也是采用消弧线圈接地的原因，因此，此种短路发生不应忽略线路电容。而低压配电电路多采用电缆敷设，电缆的对地电容很小，因此可以忽略。此题可讨论。

50. **答案**：AD

依据：无。

51. **答案**：AB

依据：《导体和电器选择设计技术规定》（DL/T 5222—2005）第 7.1.5 条或《3～110kV 高压配电装置设计规范》（GB 50060—2008）第 4.1.8 条。

52. **答案**：BC

依据：《工业与民用配电设计手册》（第三版）P587 中"TN 系统接地故障保护方式的选择"，《供配电系统设计规范》（GB 50052—2009）条文说明第 7.0.7 条。A 错误；增大接地故障电流，应减小相保回路电阻，即增大相保回路导体截面，所以 D 错误。

53. **答案**：ABD

依据：《导体和电器选择设计技术规定》（DL/T 5222—2005）第 9.1.1 条、第 10.1.1 条、第 17.0.1 条。

54. **答案**：ABC

依据：《工业与民用配电设计手册》（第三版）P199 表 5-1 或《钢铁企业电力设计手册》（上册）表 13-1，架空线路为软导线，不校验短路动稳定，有关其短路热稳定可依据《钢铁企业电力设计手册》（上册）P542 中"13.3(3)"确定。

55. **答案**：ABC

依据：《电力工程电缆设计规范》（GB 50217—2007）第 3.7.3 条。

56. **答案**：AC

依据：《电力工程电缆设计规范》（GB 50217—2007）第 7.0.7 条。

57. **答案**：BCD

依据：旧规范《电力装置的继电保护和自动装置设计规范》（GB 50062—1992）第 4.0.3条。

58. **答案**：ABD

依据：《电力装置的继电保护和自动装置设计规范》（GB 50062—2008）第 5.0.1 条。

59. **答案**：BD

依据：《电力装置的继电保护和自动装置设计规范》（GB 50062—2008）第 9.0.3 条。

60. **答案**：BD

依据：《导体和电器选择设计技术规定》（DL/T 5222—2005）第 18.1.8 条。

61. **答案**:AC

依据:《建筑物防雷设计规范》(GB 50057—2010)第6.4.4条。

62. **答案**:BCD

依据:《交流电气装置的接地设计规范》(GB/T 50065—2011)第3.2.1条。

63. **答案**:AC

依据:《交流电气装置的接地设计规范》(GB/T 50065—2011)第4.3.2条、第4.4.6条。

64. **答案**:ACD

依据:《建筑照明设计标准》(GB 50034—2004)第3.1.1条。

65. **答案**:CD

依据:《建筑照明设计标准》(GB 50034—2004)第5.4.2条,《人民防空地下室设计规范》(GB 50038—2005)第7.5.5条。

66. **答案**:AD

依据:《钢铁企业电力设计手册》(上册)P2表23-1特性曲线。

67. **答案**:BC

依据:选项B依据《工业与民用配电设计手册》(第三版)P22式(1-60)。选项C依据公式$n=60f/P$,同步电动机P(极对数)为一定值,由《钢铁企业电力设计手册》(下册)P277也可得知,变极调速只适用于绕线型电动机(异步电动机)。选项D无排除依据,有争议。

68. **答案**:CD

依据:《火灾自动报警系统设计规范》(GB 50116—1998)第9.0.4条,选项C无依据,有争议。断路器和熔断器的保护特性基本一致,都具有短路保护(瞬时)和过载保护(长延时),只是在平时的设计中常用断路器而已,因此排除选项A、B。

69. **答案**:AD

依据:《安全防范工程技术规范》(GB 50348—2004)第5.1.8条、第5.1.9条,排除两个正确的即可。

70. **答案**:ABC

依据:《交流电气装置的过电压保护和绝缘配合》(DL/T 620—1997)第6.1.2条、第7.3.1条。

2008年案例分析试题(上午卷)

［案例题是4选1的方式，各小题前后之间没有联系，共25道小题，每题分值为2分，上午卷50分，下午卷50分，试卷满分100分。案例题一定要有分析(步骤和过程)、计算(要列出相应的公式)、依据(主要是规程、规范、手册)，如果是论述题要列出论点］

题1～5：某建筑物采用TN-C-S系统供电，建筑物地下室设有与大地绝缘的防水层。PEN线进户后即分为PE线和N线，并打人工接地极将PE线重复接地。变电所系统接地R_A和建筑物重复接地R_B阻值分别为4Ω及10Ω。各段线路的电阻值如下图所示，为简化计算可忽略工频条件下的回路导体电抗和变压器电抗。

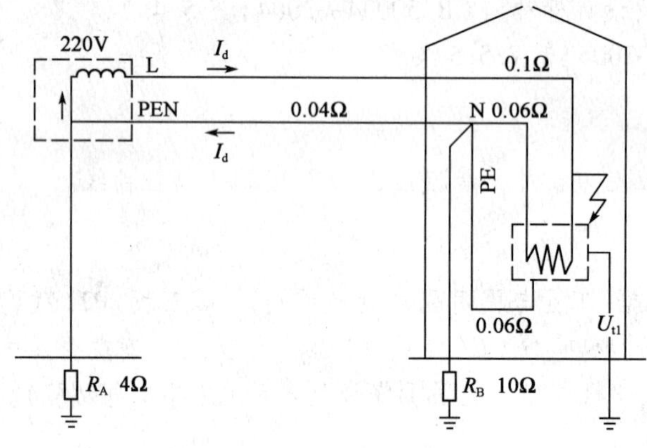

请回答下列问题。

1. 若建筑物内电气设备发生接地故障，试计算设备外壳的预期接触电压U_{t1}应为下列哪一项数值？（　　）

(A)97V　　(B)88V

(C)110V　　(D)64V

解答过程：

2. 若在该建筑物不做重复接地而改为总等电位联结，各线段的电阻值如下图所示，试计算做总等电位联结后设备A处发生接地故障时的预期接触电压值U_{t2}应为下列哪一项数值？（　　）

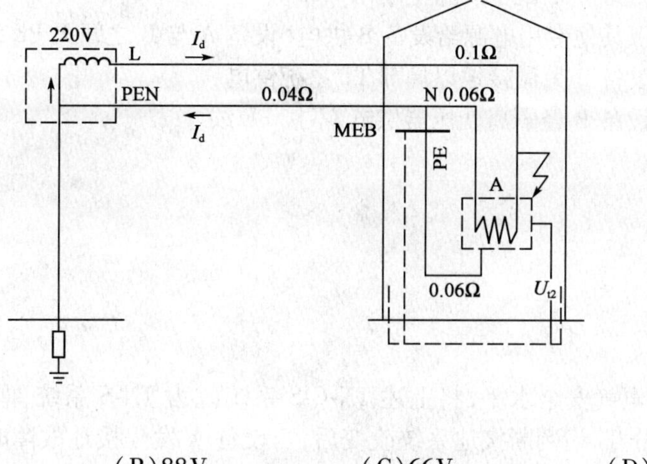

(A)110V　　　(B)88V　　　(C)66V　　　(D)44V

解答过程：

3. 若建筑物引出线路给户外电气设备 B 供电，如下图所示，当设备 A 发生接地故障时，不仅在设备 A 处出现预期接触电压 U_{t2}，在设备 B 处也出现预期接触电压 U_{t3}，试计算此 U_{t3} 值为下列哪一项数值？（　　）

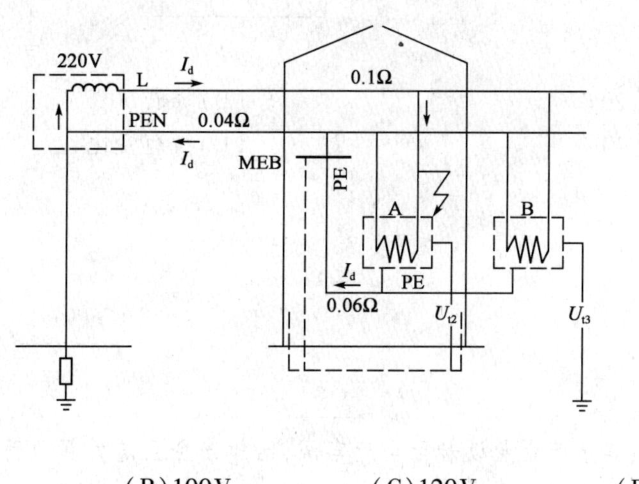

(A)110V　　　(B)100V　　　(C)120V　　　(D)80V

解答过程：

4. 在上题的条件下，当设备 A 发生接地故障时，下列哪一种措施无法防止在设备 B 处发生电击事故？（　　）

(A)在设备 B 的配电线路上装用 RCD

(B)另引其他专用电源给设备 B 供电(设备 A 与 B 之间无 PE 线连接)

(C)给设备 B 另做接地以局部 TT 系统供电

(D)给设备 B 经隔离变压器供电,不接 PE 线

解答过程:

5. 为提供电气安全水平,将上述 TN-C-S 系统改为 TN-S 系统,即从变电所起就将 PE 线与 N 线分开,请判断接地系统改变后,当设备 A 发生接地故障时,设备 A 和 B 处的预期接触电压的变化为下列哪一种情况?并说明理由。 ( )

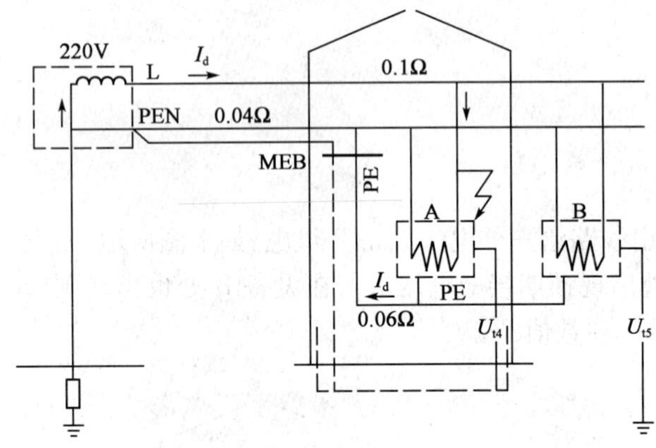

(A)降低 20%　　(B)降低 50%

(C)降低 40%　　(D)没有变化

解答过程:

题 6 ~ 10:某生产企业设若干生产车间,已知该企业总计算负荷为 $P_{js}=18\text{MW}$,$Q_{js}=8.8\text{MVar}$,年平均有功负荷系数 0.7,年平均无功负荷系数 0.8,年实际工作 5000h,年最大负荷利用小时数 3500h,请回答下列问题。

6. 已知二车间内有一台额定功率 40kW 负载持续率为 40% 的生产用吊车,采用需要系数法进行负荷计算时该设备功率是哪一项? ( )

(A)51kW　　(B)16kW

(C)100kW　　(D)32kW

解答过程：

7. 该企业有一台 10kV 同步电动机，额定容量 4000kV·A，额定功率因数 0.9（超前），负荷率 0.75，无功功率增加系数 0.36，计算该同步电动机输出的无功功率应为下列哪一项数值？（　　）

(A)1760kvar　　(B)1795kvar
(C)2120kvar　　(D)2394kvar

解答过程：

8. 已知该企业中一车间计算负荷：$S_{js1}=5000\text{kV}\cdot\text{A}$，$\cos\phi_1=0.85$；二车间计算负荷：$S_{js2}=4000\text{kV}\cdot\text{A}$，$\cos\phi_2=0.95$。计算这两个车间总计算负荷应为下列哪一项数值？（不考虑同时系数）（　　）

(A)9000kV·A　　(B)8941kV·A
(C)9184kV·A　　(D)10817kV·A

解答过程：

9. 计算该企业自然平均功率因数是多少？（　　）

(A)0.87　　(B)0.9　　(C)0.92　　(D)0.88

解答过程：

10. 计算该企业的年有功电能消耗量应为下列哪一项数值？（　　）

(A)90000MW·h　　(B)44100MW·h

(C)70126MW·h　　　　　　　　　　(D)63000MW·h

解答过程：

题 11 ~14：下图所示为一个 110/35/10kV 户内变电所的主接线，两台主变压器分列运行。

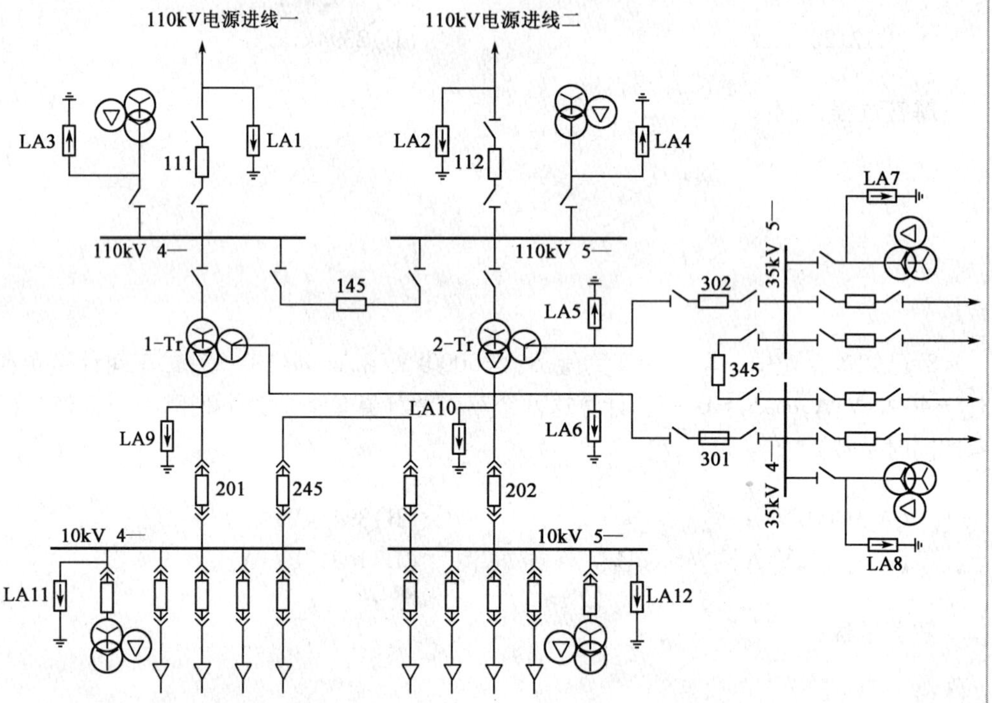

请回答下列问题。

11. 假设变电所 35kV 侧一级负荷 6000kV·A，二级负荷 4000kV·A，其他负荷 21500kV·A；10kV 侧一级负荷 4000kV·A，二级负荷 6000kV·A，其他负荷 21500kV·A。请计算变压器容量应为下列哪一项数值？并说明理由。　　（　　）

(A) 2×10000kV·A　　　　(B) 2×20000kV·A

(C) 2×31500kV·A　　　　(D) 2×40000kV·A

解答过程：

12. 假设变压器容量为 2×20000kV·A,过负荷电流为额定电流的 1.3 倍,计算图中 110kV 进线电器设备的长期允许电流不应小于下列哪个数值？并说明理由。（　　）

(A)105A　　(B)137A　　(C)210A　　(D)273A

解答过程：

13. 已知变压器的主保护是差动保护且无死区,各侧后备保护为过流保护,请问验算进线间隔的导体短路热效应时,宜选用下列哪一项时间作为计算时间？并说明理由。（　　）

(A)差动保护动作时间 + 110kV 断路器全分闸时间

(B)110kV 过流保护动作时间 + 110kV 断路器全分闸时间

(C)35kV 过流保护时间 + 110kV 过流保护动作时间 + 110kV 断路器全分闸时间

(D)10kV 过流保护时间 + 110kV 过流保护动作时间 + 110kV 断路器全分闸时间

解答过程：

14. 假设变压器 35kV 侧过流保护 0.5s 跳开 35kV 分段开关,1s 跳开 35kV 受电开关;变压器 10kV 侧过流 0.5s 跳开 10kV 分段开关,1s 跳开 10kV 受电开关;变压器 110kV 侧过流 1.5s 跳开 110kV 桥开关,2s 跳开 110kV 受电开关;变压器差动保护动作时间为 0s。请问验算 110kV 进线断路器短路热效应时,宜选用下列哪一项时间作为计算时间？并说明理由。（　　）

(A)110kV 断路器全分闸时间 + 0s

(B)110kV 断路器全分闸时间 + 1s

(C)110kV 断路器全分闸时间 + 1.5s

(D)110kV 断路器全分闸时间 + 2s

解答过程：

题 15～19：有一台 10kV，800kW 异步电动机，$\cos\phi = 0.8$，效率为 0.92，启动电流倍数为 6.5，可自启动，电动机启动时间为 10s，电流互感器变比为 100/5，保护装置接于相电流，10kV 母线最小运行方式下短路容量为 75MV·A，10kV 母线最大运行方式下短路容量为 100MV·A，10kV 电网总单相接地电容电流 $I_{cz} = 9.5A$，电动机的电容电流 $I_{cm} = 0.5A$，电流速断的可靠系数取 1.4，请回答下列问题。

15. 该异步电动机可不必配置下列哪种保护？（忽略 10kV 母线至电动机之间电缆的电抗） （　）

（A）电流速断保护　　（B）过负荷保护
（C）单相接地保护　　（D）差动保护

解答过程：

16. 如果该电动机由 10kV 母线经电缆供电，短路电流持续时间为 0.2s，计算选用铜芯交联聚乙烯电力电缆的最小电缆截面应为下列哪一项数值？ （　）

（A）$35mm^2$　　（B）$50mm^2$　　（C）$25mm^2$　　（D）$10mm^2$

解答过程：

17. 假设电动机过负荷保护采用电磁继电器，可靠系数取 1.05，计算电动机过负荷保护的动作电流及动作时间（最接近值）为下列哪组数值？ （　）

（A）3.0A，12s　　（B）2.9A，13s　　（C）3.9A，12s　　（D）2.6A，10s

解答过程：

18. 计算电动机单相接地保护的一次动作电流应为下列哪一项数值？ （　）

（A）7.2A　　（B）8A　　（C）7.7s　　（D）8.2A

解答过程：

19. 该电动机需要自启动，但为保证设备安全，在电源电压长时间消失后须从电网中自动断开。该电动机低电压保护的电压整定值一般取值范围应为下列哪一项？（以电动机额定电压为基准电压）（　　）

(A) 60% ~70%　　(B) 40% ~50%

(C) 30% ~40%　　(D) 50% ~60%

解答过程：

题 20 ~25：如图所示为 110kV 配电装置变压器间隔断面图（局部），已知 110kV 系统为中性点有效接地系统，变压器为油浸式。

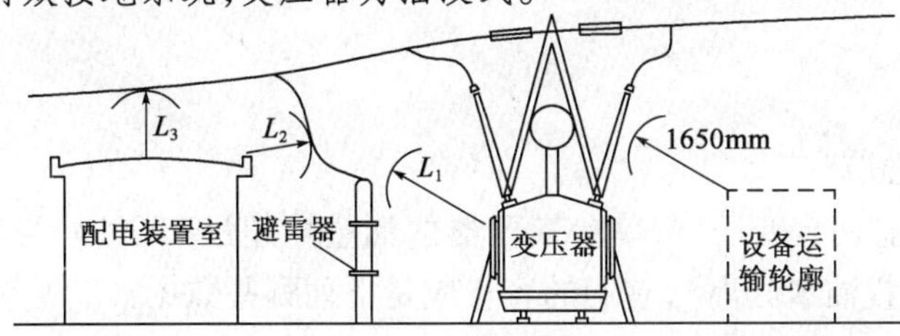

请回答下列问题。

20. 分析说明变压器散热器的外轮廓与避雷器之间的安全净距“L_1”不应小于下列哪一项数值？（　　）

(A) 900mm　　(B) 1000mm

(C) 1650mm　　(D) 1750mm

解答过程：

21. 分析说明避雷器引上线与配电装置室挑檐之间的安全净距“L_2”不应小于下列哪一项数值？（　　）

(A) 1000mm　　(B) 1650mm

(C) 2900mm　　(D) 3400mm

解答过程：

22. 分析说明配电装置室顶部与跨越配电装置室的导线的安全净距“L_3”不应小于下列哪一项数值? (　　)

(A)1000mm　　(B)1650mm　　(C)2900mm　　(D)3400mm

解答过程:

23. 在配电装置室不采取防火措施的情况下,变压器与配电装置室之间的防火间距应为下列哪一项数值? (　　)

(A)5m　　(B)10m　　(C)15m　　(D)20m

解答过程:

24. 若变电所有两台变压器,单台变压器的油量均超过1000kg,当同时设置储油坑及总事故油池(设置油水分离),它们的容量应是下列哪些数据? (　　)

(A)储油坑的容量不小于单台变压器油量的10%,总事故油池的容量不小于最小单台变压器油量的60%

(B)储油坑的容量不小于单台变压器油量的20%,总事故油池的容量不小于最小单台变压器油量的50%

(C)储油坑的容量不小于单台变压器油量的15%,总事故油池的容量不小于最大单台变压器油量的50%

(D)储油坑的容量不小于单台变压器油量的20%,总事故油池的容量不小于最大单台变压器油量的60%

解答过程:

25. 若变电所有一支高40m的独立避雷针,欲对高25m的建筑物进行直击雷保护,计算其保护半径为下列哪一项数值? (　　)

(A)8.7m　　(B)13m　　(C)16m　　(D)21m

解答过程:

2008 年案例分析试题答案(上午卷)

题 1 ~5 答案:**ACAAD**

1.《工业与民用配电设计手册》(第三版)P920、921。短路分析:发生故障后,相保回路电流由相线 L(0.1Ω)流经建筑物内 PE 线(0.06Ω),再流经 PEN 线(0.04Ω)与大地的并联回路(10Ω +4Ω)返回至变压器中性点,全回路电阻 R 和电路电流 I_d 为:

$$R = 0.1 + 0.06 + (0.04//14) \approx 0.2\Omega$$

$$I_d = 220/0.2 = 1100\text{A}$$

$$U_{t1} = I_d R_{PE} + I_{d\cdot E} R_A$$

$$= 1100 \times 0.06 + 1100 \times \frac{0.04}{(10 + 4 + 0.04)} \times 10 = 66 + 30.56 = 96.56\text{V}$$

2.《工业与民用配电设计手册》(第三版)P920、921 作总等电位联结内容。短路分析:发生故障后,相保回路电流由相线 L(0.1Ω)流经建筑物内 PE 线(0.06Ω),再流经 PEN 线(0.04Ω)返回至变压器中性点,全回路电阻 R 和电路电流 I_d 为:

$$R = 0.1 + 0.06 + 0.04 = 0.2\Omega$$

$$I_d = 220/0.2 = 1100\text{A}$$

接触电压 U_{t2} 为碰壳点与 MEB 之间的电位差:$U_{t2} = I_d R_{PE} = 1100 \times 0.06 = 66\text{V}$

3.《工业与民用配电设计手册》(第三版)P920、921 作总等电位联结内容。短路分析:发生故障后,相保回路电流由相线 L(0.1Ω)流经建筑物内 PE 线(0.06Ω),再流经 PEN 线(0.04Ω)返回至变压器中性点,全回路电阻 R 和电路电流 I_d 为:

$$R = 0.1 + 0.06 + 0.04 = 0.2\Omega$$

$$I_d = 220/0.2 = 1100\text{A}$$

A 设备的接触电压 U_{t2} 为碰壳点与 MEB 之间的电位差,B 设备的接触电压 U_{t3} 为碰壳点与大地之间的地位差,由于变压器中性点直接接地,大地与变压器中性点等电位,因此 B 设备外壳接触电压 U_{t3} 为:

$$U_{t3} = I_d(R_{PE} + R_{PEN}) = 1100 \times (0.06 + 0.04) = 110\text{V}$$

4.《工业与民用配电设计手册》(第三版)P924 中"RCD 的选用和安装"。B 设备配电线路上安装 RCD 只能对 B 设备配电线路进行单相接地故障保护,而不能对 A 设备配电线路单相接地故障进行保护,即 A 设备发生单相接地故障时,RCD 不能动作,A 设备外壳电位升高,由于 A 设备与 B 设备外壳相连,导致 B 设备外壳电位升高,而在 B 设备处发生电击事故。

注:该题无准确依据,写出分析说明即可。

5.《工业与民用配电设计手册》(第三版)P920、921 作总等电位联结内容。短路分析:发生故障后,相保回路电流由相线 L(0.1Ω)流经建筑物内 PE 线 1 段(0.06Ω),再

流经 PE 线 2 段(0.04Ω)返回至变压器中性点,全回路电阻 R 和电路电流 I_d 为:

$R = 0.1 + 0.06 + 0.04 = 0.2\Omega$

$I_d = 220/0.2 = 1100\text{A}$

A 设备的接触电压 U_{t2} 为碰壳点与 MEB 之间的电位差,$U_{t4} = I_d R_{PE} = 1100 \times 0.06 = 66\text{V}$

B 设备的接触电压 U_{t3} 为碰壳点与大地之间的地位差,由于变压器中性点直接接地,大地与变压器中性点等电位,因此 B 设备外壳接触电压 U_{t3} 为:

$U_{t5} = I_d(R_{PE1} + R_{PE2}) = 1100 \times (0.06 + 0.04) = 110\text{V}$

题 6 ~ 10 答案:**ACBAD**

6.《工业与民用配电设计手册》(第三版)P2 式(1-1)。

$P_e = 2P_r\sqrt{\varepsilon_r} = 2 \times 40\sqrt{0.4} = 50.6\text{kW}$

7.《工业与民用配电设计手册》(第三版)P22 表 1-61。

由 $\cos\phi_r = 0.9$,得 $\sin\phi_r = 0.44$。

$Q_M = S_r[\sin\phi_r + r(1 - \beta)] = 4000 \times [0.44 + 0.36(1 - 0.75)] = 2120\text{kvar}$

8.《工业与民用配电设计手册》(第三版)P3 式(1-5)、式(1-6)、式(1-7)。

由 $\cos\phi_1 = 0.85$,得 $\tan\phi_1 = 0.62$;由 $\cos\phi_1 = 0.95$,得 $\tan\phi_1 = 0.33$。

$P_{js1} = 5000 \times 0.85 = 4250\text{kW}$

$P_{js2} = 4000 \times 0.95 = 3800\text{kW}$

$Q_{js1} = 4250 \times 0.62 = 2635\text{kvar}$

$Q_{js2} = 3800 \times 0.33 = 1254\text{kvar}$

$$S = \sqrt{\sum P_{js}^2 + \sum Q_{js}^2} = \sqrt{(4250 + 3800)^2 + (2635 + 1254)^2}$$

$$= \sqrt{(8050)^2 + (3889)^2} = 8940\text{kV·A}$$

9.《工业与民用配电设计手册》(第三版)P21 式(1-55)。

$$\cos\phi_1 = \sqrt{\frac{1}{1 + \left(\frac{\beta_{av}Q_c}{\alpha_{av}P_c}\right)^2}} = \sqrt{\frac{1}{1 + \left(\frac{0.8 \times 8.8}{0.7 \times 18}\right)^2}} = 0.873$$

10.《工业与民用配电设计手册》(第三版)P15 式(1-43)。

$W_y = \alpha_{av}P_cT_n = 0.7 \times 18 \times 5000 = 63000\text{MW·h}$

题 11 ~ 14 答案:**DBAD**

11. 旧规范《35 ~ 110kV 变电所设计规范》(GB 50059—1992)第 3.1.3 条:装有两台及以上主变压器的变电所,当断开一台时,其余主变压器的容量不应小于 60% 的全部负荷,并应保证用户的一、二级负荷。按旧规范计算如下:(新规范中已取消 60% 的要求,计算起来更为简单,在这里不赘述。)

总负荷:$\sum S_1 = (6000 + 4000 + 21500) \times 2 = 63000\text{kV·A}$

$63000 \times 0.6 = 37800\text{kV·A} \leqslant S_T$

一、二级总负荷:$\sum S_2 = 6000 + 4000 + 4000 + 6000 = 20000\text{kV·A}$

因此每台变压器容量应大于 37800kV·A，选择 40000kV·A。

12.《3～110kV 高压配电装置设计规范》(GB 50060—2008)第 4.1.2 条：选用导体的长期允许电流不得小于该回路的持续工作电流。

$$I_N = \frac{S_N}{\sqrt{3}U_N} = \frac{20000}{\sqrt{3}\times 110} = 105\text{A}$$

$$I_d \geqslant 1.3I_N = 1.3\times 105 = 136.5\text{A}$$

13.《3～110kV 高压配电装置设计规范》(GB 50060—2008)第 4.1.4 条：验算导体短路电流热效应的计算时间，宜采用主保护动作时间加相应的断路器全分闸时间。

14.《3～110kV 高压配电装置设计规范》(GB 50060—2008)第 4.1.4 条：验算电器短热效应的计算时间，宜采用后备保护动作时间加相应的断路器全分闸时间。

题 15～19 答案：**CCCAB**

15.《电力装置的继电保护和自动装置设计规范》(GB/T 50062—2008)第 9.0.3 条：对电动机单相短路故障，当接地电流大于 5A 时，应装设有选择性的单相接地保护；当接地电流小于 5A 时，可装设接地检测装置。

题干中电动机电容电流为 0.5A，因此可不装设单相接地保护。

16.《工业与民用配电设计手册》(第三版)P124 倒数第 8 行“最大短路电流值用以校验电气设备的动稳定、热稳定”，以及 P211、212 式(5-26)及表 5-9。

10kV 最大运行方式下，短路电流：$I_k = \frac{S_{kmax}}{\sqrt{3}U_{av}} = \frac{100}{\sqrt{3}\times 10.5} = 5.5\text{kA}$

电缆最小允许截面：$S_{min} = \frac{\sqrt{Q_t}}{c}\times 10^3 = \frac{I}{c}\sqrt{t}\times 10^3 = \frac{5.5}{137}\times\sqrt{0.2}\times 10^3 = 18.0\text{mm}^2$

17.《工业与民用配电设计手册》(第三版)P656 式(12-1)、P324 表 7-22 过负荷保护部分。

电动机额定电流：$I_r = \frac{P_r}{\sqrt{3}U_r\eta\cos\phi} = \frac{800}{\sqrt{3}\times 10\times 0.8\times 0.92} = 62.8\text{A}$

过负荷保护动作电流及动作时间：$I_{op\cdot K} = k_{rel}k_{jx}\frac{I_{rM}}{k_r n_{TA}} = 1.05\times 1\times\frac{62.8}{0.85\times 20} = 3.88\text{A}$

$$t_{op} = (1.1\sim 1.2)t_{st} = (1.1\sim 1.2)\times 10 = 11\sim 12\text{s}$$

18.《工业与民用配电设计手册》(第三版)P325 表(7-22)单相接地保护部分。

$$I_{op} \leqslant \frac{I_C - I_{CM}}{1.25} = \frac{9.25 - 0.5}{1.25} = 7.2\text{A}$$

19.《工业与民用配电设计手册》(第三版)P329 中“(3)保护装置的电压整定值一般为电动机额定电压的 40%～50%，时限一般为 5～10s”。

题 20 ~ 25 答案:**ACDBDB**

20.《3 ~ 110kV 高压配电装置设计规范》(GB 50060—2008)第 5.1.1 条中 A1 值。

注:避雷线按带电部分考虑。

21.《3 ~ 110kV 高压配电装置设计规范》(GB 50060—2008)第 5.1.1 条中 D 值。

22.《3 ~ 110kV 高压配电装置设计规范》(GB 50060—2008)第 5.1.2 条和表 5.1.1 中 C 值。

23.《3 ~ 110kV 高压配电装置设计规范》(GB 50060—2008)第 7.1.11 条:建筑物与户外油浸变压器的外廓间距不宜小于 10000mm。

24.《3 ~ 110kV 高压配电装置设计规范》(GB 50060—2008)第 5.5.3 条。

25.《交流电气装置的过电压保护和绝缘配合》(DL/T 620—1997)第 5.2.1 条 b 款。

$h_x = 25\text{m}, h = 40\text{m}$,即 $h_x \geqslant 0.5h$,则 $r_x = (h - h_x)P = (40 - 25) \times \frac{5.5}{\sqrt{40}} = 13\text{m}$。

2008 年案例分析试题(下午卷)

专业案例题(共 40 题,考生从中选择 25 题作答,每题 2 分)

题 1~5:某车间负荷采用低压三相电源线路供电,线路长度 $L=50$m,允许电压降 5%,保护装置 0.4s 内可切除短路故障,线路发生最大的短路电源 $I_k=6.8$kA,线路采用铜芯交联聚乙烯绝缘电缆穿钢管明敷,环境温度 40℃,电源导体最高温度 90℃,电缆经济电流密度 2.0A/mm²,电缆热稳定系数 $c=137$,电压损失百分数 0.50%/(kW·km)。车间设备功率数值统计见下表,有功功率同时系数取 0.8,无功功率同时系数取 0.93。

车间设备功率数值统计表

序号	设备名称	额定功率 P_r(kW)	额定负载持续率 C_r(%)	额定电压 U_r(V)	需要系数 K_x	功率因数	
						cosϕ	tanϕ
1	数控机床	50	100	380	0.2	0.5	1.73
2	起重机	22	20	380	0.1	0.5	1.73
3	风机	7.5	100	380	0.75	0.8	0.75
4	其他	5	100	380	0.75	0.8	0.75

请回答下列问题。

1. 按需要系数法计算车间总计算功率 P_e(计及同时系数)为下列哪一项数值? ( )

(A)21.6kW (B)21.4kW

(C)17.3kW (D)17.1kW

解答过程:

2. 若假定 $P_e=21.5$kW。计算选择车间电缆导体截面不应小于下列哪一项数值?(铜芯交联聚乙烯电缆穿钢管明敷时允许载流量见下表) ( )

铜芯交联聚乙烯绝缘穿钢管明敷时允许载流量表

电缆导体截面(mm²)	25	35	50	70
允许载流量(A)	69	82	104	129
电缆导体最高温度(℃)	90			
环境温度(℃)	40			

(A)25mm^2　(B)35mm^2　(C)50mm^2　(D)70mm^2

解答过程：

3.若假定已知车间负荷计算电流 $I_c=55A$，按电缆经济电流密度选择电缆导体截面应为下列哪个数值？（　）

(A)25mm^2　(B)35mm^2　(C)50mm^2　(D)70mm^2

解答过程：

4.按热稳定校验选择电缆导体最小截面应为下列哪一项数值？（　）

(A)25mm^2　(B)35mm^2　(C)50mm^2　(D)70mm^2

解答过程：

5.若假定 $P_e=21.5kW$，计算供电线路电压损失应为下列哪一项数值？（　）

(A)0.054%　(B)0.54%　(C)5.4%　(D)54%

解答过程：

题6～10：一座66/10kV重要变电所，装有容量为16000kV·A的主变压器两台，采用蓄电池直流操作系统，所有断路器配电磁操作机构。控制、信号等经常负荷为2000W，事故照明负荷为1000W，最大一台断路器合闸电流为98A。

请回答下列问题。

6.说明在下列关于变电所所用电源和操作电源以及蓄电池容量选择的表述中，哪一项是不正确的？（　）

(A)变电所的操作电源采用一组 110V 或 220V 固定铅酸蓄电池组或镉镍蓄电池组。作为充电、浮充电的硅整流装置宜合用一套

(B)变电所的直流母线,采用单母线或分段单母线的接线

(C)变电所可装设一台所用变压器即可满足变电所用电的可靠性

(D)变电所蓄电池组的容量按全所事故停电 1h 的放电容量及事故放电末期最大冲击负荷容量确定

解答过程:

7. 该变电所选择一组 220V 铅酸电池作为直流电源,若经常性负荷的事故放电容量为9.09A·h,事故照明负荷放电容量为4.54A·h,按满足事故全停电状态下长时间放电容量要求,选择蓄电池计算容量 C_c 是下列哪一项?(可靠系数取 1.25,容量系数取 0.4) ( )

(A)28.41A·h　　(B)14.19A·h

(C)34.08A·h　　(D)42.59A·h

解答过程:

8. 若选择一组 10h 放电标称容量为 100A·h 的 220V 铅酸蓄电池作为直流电源,若事故初期放电电流 13.63A,计算事故放电初期冲击系数应为下列哪一项数值?(可靠系数 $K_k=1.10$) ( )

(A)1.5　　(B)1.0　　(C)0.5　　(D)12.28

解答过程:

9. 若选择一组 10h 放电标称容量为 100A·h 的 220V 铅酸蓄电池作为直流电源,计算事故放电末期冲击系数应为下列哪一项数值?(可靠系数 $K_k=1.10$) ( )

(A)12.28　　(B)11.78　　(C)1.50　　(D)10.78

解答过程:

10. 若选择一组蓄电池容量为 80A·h 的 220V 铅酸蓄电池作为直流电源，电路器合闸电缆选用 VLV 型电缆，电缆的允许压降为 8V，电缆的计算长度为 90m，请计算断路器合闸电缆的计算截面应为下面哪一项数值？（电缆的电阻系数：铜 $\rho = 0.0184\Omega \cdot mm^2$，铝 $\rho = 0.031\Omega \cdot mm^2$）（　　）

(A) $68.35mm^2$　　(B) $34.18mm^2$

(C) $74.70mm^2$　　(D) $40.57mm^2$

解答过程：

题 11 ~ 14：某 35/10kV 变电所，其 10kV 母线短路容量为 78MV·A（基准容量 100MV·A），10kV 计算负荷有功功率 6000kW，自然功率因数 0.75。请回答下列问题。

11. 如果供电部门与该用户的产权分界为本 35kV 变电所 35kV 受电端，说明根据规范规定 35kV 供电电压正、负偏差的绝对值之和允许值不超过下列哪一项数值？（　　）

(A) 5%　　(B) 10%

(C) 7%　　(D) 15%

解答过程：

12. 论述说明为提高 10kV 母线的功率因数通常采用下列哪种措施？（　　）

(A) 并联电容器补偿　　(B) 增加感应电动机的容量

(C) 并联电抗器补偿　　(D) 串联电容器补偿

解答过程：

13. 为使 10kV 母线的功率因数达到 0.95，10kV 母线的电容补偿容量应为下列哪一项数值？（年平均负荷系数取 1）（　　）

(A)1200kvar　　(B)2071kvar

(C)3318kvar　　(D)2400kvar

解答过程：

14. 该变电所10kV侧有一路长度为5km的LGJ-120架空供电线路，该线路的计算有功功率为1500kW，自然功率因数0.8，请计算该供电线路电压损失应为下列哪一项数值？（LGJ-120导线电阻为0.285Ω/km，电抗为0.392Ω/km）　　(　　)

(A)3.63%　　(B)4.34%

(C)6.06%　　(D)5.08%

解答过程：

题15～19：某体育场设有照明设施和管理用房，其场地灯光布置采用四塔照明方式，其中灯塔位置如下图所示。灯塔距场地中心点水平距离为103m，场地照明灯具采用金属卤化物灯。

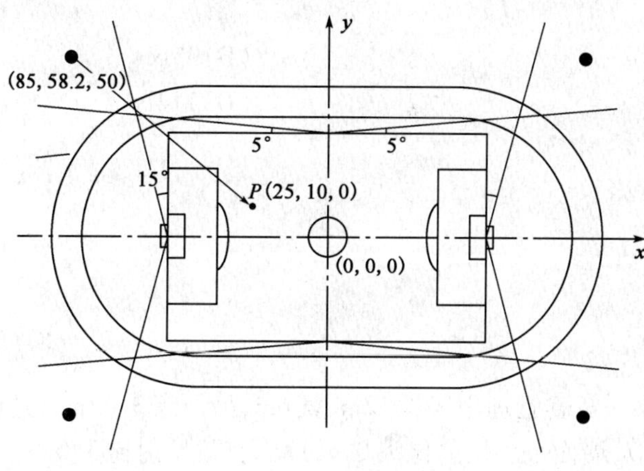

体育场平面示意图

请回答下列问题。

15. 该体育场灯塔最下排的投光灯至体育场地的垂直距离最少不宜小于下列哪个数值？　　(　　)

(A)27.6　　(B)37.5　　(C)48.0　　(D)54.8

解答过程：

16. 假设场地面积为 $17360m^2$，要求场地水平面上的平均照度为 1600lx，场地照明灯具采用 2000W 金属卤化物灯，光源光通量 200000lm，镇流器功率为光源功率 10%，灯具效率为 0.8，利用系数取 0.8，灯具维护系数取 0.7，计算场地照明总功率为下列哪一项数值？（不考虑四塔灯数量的均等） （ ）

(A)385kW (B)550kW
(C)682kW (D)781kW

解答过程：

17. 假设场地中心为参考坐标原点(0,0,0)，现灯塔上某一灯具 S，其坐标 $x=-85m$，$y=58.2m$，$z=50m$，其瞄准点为 P 坐标为 $x_p=-25m$，$y_p=10m$，$z_p=0$。若灯具为 2000W 金属卤化物灯，光源光通量为 200000lm，查得投光灯 S 射向 P 点的光强值 $I=2100000cd$，灯具维护系数取 0.7，计算考虑灯具维护系数后在 P 点处垂直面照度应为下列哪一项数值？ （ ）

(A)146lx (B)95lx
(C)209lx (D)114lx

解答过程：

18. 体育场的某一竞赛管理用房长 12m、宽 6m，吊顶高 3.42m。经计算，室内顶棚有效空间反射比为 0.7，墙面平均反射比为 0.5，地面有效反射比为 0.2。现均匀布置 8 盏 2×36W 嵌入式格栅照明灯具，用 T8 直管荧光灯管配电子镇流器，T8 直管荧光灯功率为 36W，光通量为 2850lm，工作面高度为 0.75m，格栅灯具效率为 0.725，其利用系数见下表(查表时 RI 取表中最接近值)，维护系数为 0.8，计算该房间的平均照度为下列哪一项数值？ （ ）

(A)367lx (B)286lx
(C)309lx (D)289lx

荧光灯格栅灯具利用系数表

有效顶棚反射比(%)	80		70			50		30	
墙反射比(%)	50	50	50	50	30	30	10	30	10
地面反射比(%)	30	10	30	20	10	10	10	10	10
室形系数 RI									
0.8	0.48	0.45	0.47	0.46	0.40	0.39	0.36	0.39	0.36
1.0	0.54	0.5	0.53	0.52	0.45	0.45	0.42	0.44	0.42
1.25	0.61	0.55	0.59	0.57	0.51	0.50	0.47	0.49	0.47
1.5	0.65	0.59	0.64	0.61	0.55	0.54	0.51	0.53	0.51
2.0	0.75	0.64	0.70	0.67	0.60	0.59	0.57	0.59	0.57
2.5	0.76	0.67	0.74	0.70	0.64	0.63	0.61	0.62	0.60

解答过程:

19. 体育场灯塔某照明回路为三相平衡系统,负载电流为180A,采用YJV-0.6/1kV电缆,其载流量见下表(已考虑环境温度影响),当每相三次谐波电流含量为40%时,中性线电缆截面最小应选用下列哪一项数值? (　　)

YJV-0.6/1kV 电力电缆的载流量表

截面(mm^2)	70	95	120	150	185	240
载流量(A)	210	248	283	318	358	414

(A)$70m^2$　　(B)$95m^2$

(C)$120m^2$　　(D)$150m^2$

解答过程:

题20~24:某工程中有一台直流电动机,额定功率1500kW,额定电压660V,额定电流2500A,采用晶闸管变流器调速,速度反馈不可逆速度调节系统,变流器主电路为三相全控桥接线,电网额定电压10kV,电压波动系数0.95。

请回答下列问题。

20. 已知该调速系统电动机空载转速为470r/min,电动机额定转速465r/min,电动

机带实际负载时转速 468r/min，计算调速系统的静差率应为下列哪个数值？（ ）

(A) 0.4%　　(B) 0.6%

(C) 1.06%　　(D) 1.08%

解答过程：

21. 变流变压器阀侧绕组为 Y 接线时，计算绕组的最低相电压应为下列哪一项数值？（ ）

(A) 660V　　(B) 627V

(C) 362V　　(D) 381V

解答过程：

22. 若变流变压器阀侧绕组 390V，变流器最小出发延迟角为 30°，计算该变流变压器输出的空载电压应下列哪一项数值？（ ）

(A) 751V　　(B) 375V

(C) 790V　　(D) 867V

解答过程：

23. 当变流变压器阀侧绕组为△接线时，计算电动机额定运行时该变压器阀侧绕组的相电流应为下列哪一项数值？（ ）

(A) 2500A　　(B) 2040A

(C) 589A　　(D) 1178A

解答过程：

24. 当变流器空载整流电压为800V时,计算变流变压器的等值容量应为下列哪一项数值? (　　)

(A)3464kV·A　　(B)2100kV·A

(C)2000kV·A　　(D)2826kV·A

解答过程:

题25～29:某110/35kV区域变电站,向附近的轧钢厂、钢绳厂及水泵厂等用户供电,供电方案见下图。

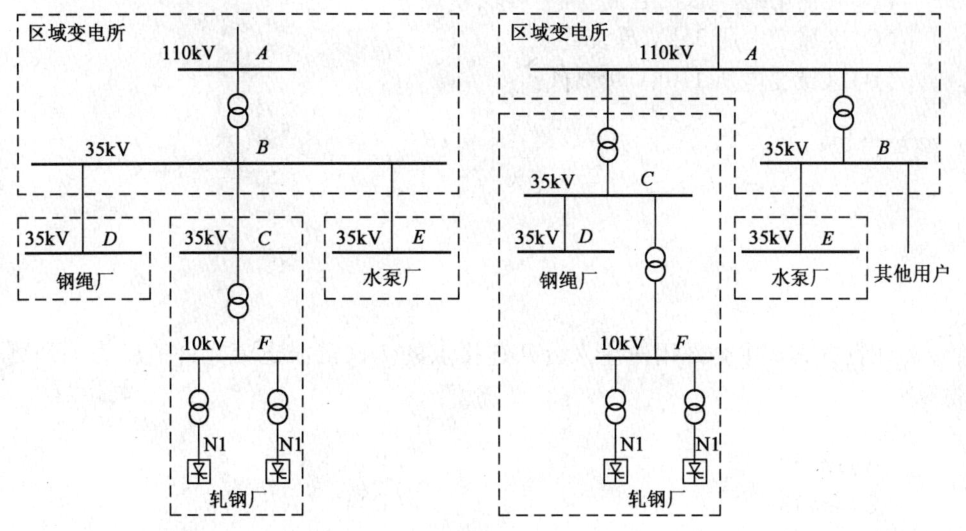

区域变电站110kV侧最小短路容量为1500MV·A,35kV母线侧最小短路容量为500MV·A,35kV母线的供电设备容量为25000kV·A,轧钢厂用电协议容量为15000kV·A。

方案一:区域变电所以35kV分别向轧钢厂、钢绳厂及水泵厂等用户供电。轧钢厂设35/10kV专用变电所,以10kV向整流变压器供电。

轧钢厂共设有两台4500kV·A整流变压器,各供一套6脉动三相桥式整流装置,每台整流变压器10kV侧基波电流$I_1=225$A,7次谐波电流的有效值按工程设计法计算。

方案二:由于轧钢厂及钢绳厂合并为轧钢钢绳厂并拟自建110/35kV专用降压变电所,改为110kV由区域变电站受电,轧钢厂整流变压器运行情况同上。

假定不考虑轧钢厂其他谐波源,不考虑7次谐波以外次数谐波,也无其他会放大谐波电流的容性负荷,请回答下列问题。

25. 解释说明方案 1 中的电网谐波公共连接点应为下列哪一项?（　　）

(A)轧钢厂总变电所 35kV 母线 C 点
(B)轧钢厂总变电所 10kV 母线 F 点
(C)区域变电所 35kV 母线 B 点
(D)区域变电所 110kV 母线 A 点

解答过程:

26. 解释说明方案 2 中的电网谐波公共连接点应为下列哪一项数值?（　　）

(A)轧钢钢绳厂总变电所 35kV 母线 C 点
(B)轧钢钢绳厂总变电所 10kV 母线 F 点
(C)区域变电所 35kV 母线 B 点
(D)区域变电所 110kV 母线 A 点

解答过程:

27. 计算方案 2 中全部用户注入公共连接点的 7 次谐波电流允许值应为下列哪一项数值?（　　）

(A)13.6A　　(B)6.8A
(C)4.53A　　(D)17.6A

解答过程:

28. 在方案 1 中,假定 35kV 侧公共连接点允许注入的 7 次谐波电流值为 17.6A,请计算出轧钢厂允许注入公共连接点 7 次谐波电流应为下列哪一项数值?（　　）

(A)13.63A　　(B)12.2A
(C)10.6A　　(D)13.0A

解答过程:

29. 在方案 1 中,计算轧钢厂整流装置 7 次谐波电流在公共连接点引起的 7 次谐波电压含有率与下列哪项数值最接近?(按近似工程估算公式计算)　　　(　　)

(A)2.42%　　(B)0.52%　　(C)0.92%　　(D)1.29%

解答过程:

题 30 ~ 34:某新建办公建筑,地上共 29 层,层高均为 5m,地下共 2 层,其中地下二层为汽车库,地下一层机电设备用房并设有电信进线机房,裙房共 4 层,5 ~ 29 层为开敞办公空间,每层开敞办公面积 $1200m^2$,各层平面相同,各层弱电竖井位置均上下对应,请回答下列问题。

30. 在 5 ~ 29 层开敞办公空间内按一般办公区功能设置综合布线系统时,每层按规定至少设置多少双孔(一个语音点和一个数据点)5e 类或以上等级的信息插座?　　　(　　)

(A)120 个　　(B)110 个

(C)100 个　　(D)90 个

解答过程:

31. 如果 5 ~ 29 层自每层电信竖井至本层最远点信息插座的水平电缆长度为 83m,则楼层配线设备可每几层居中设一组?　　　(　　)

(A)9 层　　(B)7 层

(C)5 层　　(D)3 层

解答过程:

32. 若本建筑综合布线接地系统中存在有两个不同的接地体,其接地电位差(电压有效值)不应大于下列哪一项数值?　　　(　　)

(A)2Vr·m·s　　(B)1Vr·m·s

(C)3Vr·m·s　　(D)4Vr·m·s

解答过程：

33. 设在弱电竖井中具有接地的金属线槽内敷设的综合布线电缆沿竖井内明敷设，当竖井内有容量有 8kV·A 的 380V 电力电缆平行敷设时，说明它们之间的最小净距应为下列哪一项数值？（　　）

(A)100mm　　(B)150mm
(C)200mm　　(D)300mm

解答过程：

34. 如果自弱电竖井配出至二层平面的综合布线专用金属线槽内设有 100 根直径为 6mm 的非屏蔽超五类电缆，则此处应选用下列哪种规格的金属线槽才能满足规范要求？（　　）

(A)75mm×50mm　　(B)100mm×50mm
(C)100mm×75mm　　(D)50mm×50mm

解答过程：

题 35～37：某 110kV 变电站接地网范围为 120m×150m，由 15m×15m 正方形网格组成，接地体为 $60mm\times8mm^2$ 截面的镀锌扁钢，埋深 0.8m。已知土壤电阻率均为 $\rho=300\Omega\cdot m$，请回答下列问题。

35. 计算该接地网的工频接地电阻最接近下列哪一项数值？（　　）

(A)1.044Ω　　(B)1.057Ω　　(C)1.515Ω　　(D)0.367Ω

解答过程：

36. 若接地装置的接地电阻为 1Ω,110kV 有效接地系统计算用入地短路电流为 10kA,接地短路电流持续时间为 0.5s,最大接触电位差系数 $K_{tmax}=0.206$,计算最大接触电位差数值并判断下列哪一项是正确的? ( )

(A)7940V,不满足要求 (B)2060V,满足要求

(C)2060V,不满足要求 (D)318.2V,满足要求

解答过程:

37. 若接地装置的接地电阻为 1Ω,110kV 有效接地系统计算用入地短路电流为 10kA,接地短路电流持续时间为 0.5s,最大跨步电位差系数 $K_{smax}=0.126$,计算最大跨步电位差数值并判断下列哪一项是正确的? ( )

(A)8740V,不满足要求 (B)1260V,满足要求

(C)1260V,不满足要求 (D)543.1V,满足要求

解答过程:

题 38 ~ 40:某 10kV 架空配电线路设计采用钢筋混凝土电杆、铁横担、钢芯铝绞线,直线杆采用针式绝缘子,耐张杆采用悬式绝缘子组成的绝缘子串,请回答下列问题。

38. 假定某杆塔两侧档距为 90m 和 100m,与之对应的高差角分别为 15°和 20°,请计算该杆塔的水平档距与下面哪个值最接近? ( )

(A)95m (B)100m

(C)105mm (D)110m

解答过程:

39. 一般情况下导线弧垂最低点的应力不应超过破坏应力的 40%,当导线弧垂最低点的应力为破坏应力的 40%时,说明导线悬挂点的最大应力可为下列哪一项数值?(以破坏应力为基准) ( )

(A)34%　　(B)38%

(C)44%　　(D)48%

解答过程：

40. 假定导线的破坏应力为 260.29N/mm²，计算该导线最大使用应力应为下列哪一项数值？（　　）

(A)65.07N/mm²　　(B)74.37N/mm²

(C)86.76N/mm²　　(D)104.12N/mm²

解答过程：

2008年案例分析试题答案(下午卷)

题1-5答案:**DAABB**

1.《工业与民用配电设计手册》(第三版)P2式(1-1)及P3式(1-9)。

起重机的有功功率:$P=2P_r\sqrt{\varepsilon_r}=2\times22\times\sqrt{0.2}=19.7kW$

总计算功率:$P_e=K_{\sum P}\sum(K_xP_e)=0.8\times(50\times0.2+19.7\times0.1+7.5\times0.75+5\times0.75)=17.076kW$

2.《工业与民用配电设计手册》(第三版)P3式(1-10)、式(1-11)、式(1-8)。

$$Q_c=K_{\sum P}\sum(K_xP_e\tan\phi)=0.93\times[(50\times0.2+19.7\times0.1)\times1.73+(7.5+5)\times0.75\times0.75]=25.78kvar$$

$$S_c=\sqrt{P_c^2+Q_c^2}=\sqrt{21.5^2+25.78^2}=33.57kV\cdot A$$

$$I_c=\frac{S_c}{\sqrt{3}U_r}=\frac{33.57}{\sqrt{3}\times0.38}=51A<69A$$

3.《电力工程电缆设计规范》(GB 50217—2007)附录B式(B.0.2-4)。

$$S_j=\frac{I_{max}}{J}=\frac{55}{2}=27.5mm^2$$

根据B.0.3-3要求,当电缆经济电流截面介于电缆标称截面档次时,可视其接近程度,选择较接近一档截面,且宜偏小选取。因此选择截面为25mm²。

4.《工业与民用配电设计手册》(第三版)P211式(5-26)。

$$S_{min}=\frac{\sqrt{Q_t}}{c}\times10^3=\frac{I}{c}\sqrt{t}\times10^3=\frac{6.8}{137}\times\sqrt{0.4}\times10^3=31.4mm^2$$

最小截面选择35mm²。

5.《工业与民用配电设计手册》(第三版)P254式(6-3)。

$$\Delta u=Pl\Delta u_P=21.5\times0.05\times0.5\%=0.54\%$$

题6~10答案:**CDADA**

6.《35kV~110kV变电站设计规范》(GB 50059—2011)第3.6.1条,其他部分基本是旧规范《35~110kV变电所设计规范》(GB 50059—1992)第3.3.2条、第3.3.3条、第3.3.4条,而新规范中已做了部分修改,可忽略。

第3.6.1条:在两台及以上主变压器的变电所中,宜装设两台容量相同可互为备用的所用变压器。

7.《电力工程直流系统设计技术规程》(DL/T 5044—2004)附录B.2.1.2式(B.1)。

$$C_c=K_K\frac{C_{S.X}}{K_{CC}}=1.25\times\frac{9.09+4.54}{0.4}=42.6A\cdot h$$

8.《电力工程直流系统设计技术规程》(DL/T 5044—2004)附录 B.2.1.3 式(B.2)。

$$K_{cho} = K_K \frac{I_{cho}}{I_{10}} = 1.1 \times \frac{13.63}{100/10} = 1.5$$

9.《电力工程直流系统设计技术规程》(DL/T 5044—2004)附录 B.2.1.3 式(B.5)。

$$K_{chm.x} = K_K \frac{I_{chm}}{I_{10}} = 1.1 \times \frac{98}{10} = 10.78$$

10.《电力工程直流系统设计技术规程》(DL/T 5044—2004)附录 D 中 D.1 计算公式。

电缆计算截面：$S_{cac} = \frac{\rho \cdot 2LI_{ca}}{\Delta U_p} = \frac{0.031 \times 2 \times 90 \times 98}{8} = 68.35\text{mm}^2$

注：VLV 电缆为铝芯聚氯乙烯绝缘聚氯乙烯护套电力电缆。

题 11～14 答案：**BACB**

11.《电能质量　供电电压允许偏差》(GB/T 12325—2008)第 4.1 条。

12.《供配电系统设计规范》(GB 50052—2009)第 6.0.2 条。

13.《工业与民用配电设计手册》(第三版)P21 式(1-57)。

由 $\cos\phi_1 = 0.75$，得 $\tan\phi_1 = 0.882$；由 $\cos\phi_2 = 0.95$，得 $\tan\phi_2 = 0.329$。

$Q_c = \alpha_{av} P_c(\tan\phi_1 - \tan\phi_2) = 1 \times 6000 \times (0.882 - 0.329) = 3318\text{kvar}$

14.《工业与民用配电设计手册》(第三版)P254 式(6-3)。

由 $\cos\phi_1 = 0.8$，得 $\tan\phi_1 = 0.75$。

线路电压损失：$\Delta u = \frac{Pl}{10U_n^2}(R' + X\tan\phi) = \frac{1500 \times 5}{10 \times 10^2} \times (0.285 + 0.392 \times 0.75) = 4.3425$

题 15～19 答案：**CCACC**

15.《照明设计手册》(第二版)P377 中要求最下方的投光灯与地面的夹角不得小于 25°。

$h = l\tan\phi = 103 \times \tan 25° = 48\text{m}$

16.《照明设计手册》(第二版)P224 式(5-66)。

需要灯具的数量：$E_{av} = \frac{N\Phi U\eta k}{A}$

$$N = \frac{E_{av}A}{\Phi U\eta k} = \frac{1600 \times 17360}{200000 \times 0.8 \times 0.8 \times 0.7} = 310$$

总功率：$\sum P = 310 \times 2 \times (1 + 10\%) = 682\text{kW}$

17.《照明设计手册》(第二版)P226 式(5-76)。

$$\sin\delta = \frac{\sqrt{(85-25)^2+(58.2-10)^2}}{\sqrt{(85-25)^2+(58.2-10)^2+(50-0)^2}} = 0.839$$

$$E_{v1} = \frac{I_{(\alpha,\beta)}\sin\delta}{(x_P-x)^2+(y_P-y)^2+(z_P-z)^2}$$

$$= \frac{2100000\times 0.839}{(-25+85)^2+(10-58.2)^2+(0-50)^2} = 209.17\text{lx}$$

考虑维护系数：$E_v = E_{v1}\times 0.7 = 209.17\times 0.7 = 146.45\text{lx}$

18.《建筑照明设计标准》(GB 50034—2004)第2.0.47条。

室形指数：$RI = \frac{ab}{h(a+b)} = \frac{12\times 6}{(3.42-0.75)\times(12+6)} = 1.5$

根据题中表格查得利用系数为0.61。

《照明设计手册》(第二版)P211式(5-39)。

房间平均照度：$E_{av} = \frac{N\Phi Uk}{A} = \frac{16\times 2850\times 0.61\times 0.8}{12\times 6} = 309.1\text{lx}$

19.《工业与民用配电设计手册》(第三版)P495表9-11。

按中性线电流选择截面：$I = \frac{180\times 0.4\times 3}{0.86} = 251\text{A} < 283\text{A}$

故选择截面为120mm^2。

题20～24答案：**CDACB**

20.《电气传动自动化技术手册》(第二版)P281式(4-2)。

$$n_0 = \frac{n_0 - n}{n_0} = \frac{470-465}{470} = 1.06\%$$

注：此题公式与教科书不一致，可能有误，个人认为分母应该为额定转速较为恰当，结果为1.08%。

21.《钢铁企业电力设计手册》(下册)P402。

对于不可逆系统：$\sqrt{3}U_2 = (0.95\sim 1.0)U_{ed} = (0.95\sim 1.0)\times 660 = 627\sim 660\text{V}$

因此，$U_{ed} = 364\sim 381.5\text{V}$。

22.《钢铁企业电力设计手册》(下册)P401及P402表26-18。

$U_d = AU_2\beta\cos\alpha = 2.34\times 390\times 0.95\times 0.866 = 750.8\text{V}$

23.《钢铁企业电力设计手册》(下册)P402式(26-47)及表26-18。

二次线电流：$I_2 = K_2 I_{ed} = 0.408\times 2500 = 1020\text{A}$

二次相电流：$I_{2n} = \frac{I_{ed}}{\sqrt{3}} = \frac{1020}{\sqrt{3}} = 588.9\text{A}$

24.《电气传动自动化技术手册》(第二版)P426式(6-55)和式(6-56)。

$$K_{st}^{\cdot}=\frac{1}{2K_{UV}}(m_1K_{1L}+m_2K_{1V})=\frac{1}{2\times 2.34}\times(3\times 0.816+3\times 0.816)=1.046$$

$$S_t=K_{UV}U_{d0}I_{dN}=1.046\times 800\times 2500=2092\text{kV·A}$$

题 25～29 答案:**CDABD**

25.《电能质量　公用电网谐波》(GB/T 14549—1993)第 3.1 条,公共连接点:用户接入公用电网的连接处。

26.《电能质量　公用电网谐波》(GB/T 14549—1993)第 3.1 条,公共连接点:用户接入公用电网的连接处。

27.《电能质量　公用电网谐波》(GB/T 14549—1993)第 5.1 条及表 2,附录 B 式(B1)。

查表 2 可知,7 次谐波允许值为 6.8A(基准短路容量为 750MV·A)。

$$I_h=\frac{S_{h1}}{S_{h2}}I_{hp}=\frac{1500}{750}\times 6.8=13.6\text{A}$$

28.《电能质量　公用电网谐波》(GB/T 14549—1993)附录 C 式(C6)。

$$I_{hi}=I_h\left(\frac{S_i}{S_t}\right)^{\frac{1}{\alpha}}=17.6\times\left(\frac{15}{25}\right)^{\frac{1}{1.4}}=12.22\text{A}$$

29.《工业与民用配电设计手册》(第三版)P282 表 6-20。

两台设备的各 7 次谐波电流:$I_{h1}=I_{h2}=I_1\times 14\%=225\times 0.14=31.5\text{A}$

《电能质量　公用电网谐波》(GB/T 14549—1993)附录 C 式(C5)及式(C2)。

10kV 母线的设备谐波电流:$I_{h10}=\sqrt{I_{h1}^2+I_{h2}^2+K_hI_{h1}I_{h2}}=\sqrt{31.5^2+31.5^2+0.72\times 31.5^2}=52\text{A}$

35kV 母线的设备谐波电流:$I_{h35}=\frac{I_{10}}{n_T}=\frac{52}{3.5}=14.86\text{A}$

公共连接点(35kV)的谐波含有率:$HRU_h=\frac{\sqrt{3}U_NhI_h}{10S_k}=\frac{\sqrt{3}\times 35\times 7\times 14.86}{10\times 500}=1.26\%$

注:此题引用《工业与民用配电设计手册》(第三版)P282 表 6-20 数据,结果有微小误差。也可用《电气传动自动化技术手册》(第二版)P737 式(11-13)计算。

题 30～34 答案:**ADBDC**

30.《民用建筑电气设计规范》(JGJ 16—2008)第 21.2.3 条:每 4～10m^2 设一对点位。

信息插座数量:$N=\frac{1200}{4\sim 10}=120\sim 300$ 个,故最少为 120 个。

31.《综合布线系统工程设计规范》(GB 50311—2007)第 3.2.3 条:综合布线系统信道水平线缆最长为 90m,建筑层高为 5m,83＋1×5＝88m＜90m,因此每 3 层设一组。

32.《综合布线系统工程设计规范》(GB 50311—2007)第7.0.4条。

如布线系统的接地系统中存在两个不同的接地体,其接地电位差不应大于1Vr·m·s。

33.《综合布线系统工程设计规范》(GB 50311—2007)第7.0.1条及表7.0.1-1综合布线电缆与电力电缆的间距。

34.《综合布线系统工程设计规范》(GB 50311—2007)第6.5.6条:布防缆线在线槽内的截面利用率为30~50%。

线缆总截面积:$S = 100 \times \frac{\pi d^2}{4} = 100 \times \frac{\pi \times 6^2}{4} = 2826\text{mm}^2$

线槽截面积:$S_c = \frac{2826}{0.3 \sim 0.5} = 5652 \sim 9420\text{mm}^2$

因此$100 \times 75 = 7500\text{mm}^2$在此区间范围内。

题35~37答案:**ACC**

35.《交流电气装置的接地设计规范》(GB/T 50065—2011)附录A第A.0.3条。

各算子:$L_0 = 2 \times (120 + 150) = 540$,$L = 11 \times 120 + 9 \times 150 = 2670$,$S = 120 \times 150 = 18000$,$h = 0.8$,$\rho = 300$,$d = 0.03$

$$\alpha_1 = \left(3\ln\frac{L_0}{\sqrt{S}} - 0.2\right)\frac{\sqrt{S}}{L_0} = \left(3 \times \ln\frac{540}{\sqrt{18000}} - 0.2\right) \times \frac{\sqrt{18000}}{540} = 0.9879$$

$$B = \frac{1}{1 + 4.6\frac{h}{\sqrt{S}}} = \frac{1}{1 + 4.6 \times \frac{0.8}{\sqrt{18000}}} = 0.9733$$

$$R_e = 0.213\frac{\rho}{\sqrt{S}}(1 + B) + \frac{\rho}{2\pi L}\left(\ln\frac{S}{9hd} - 5B\right)$$

$$= 0.213 \times \frac{300}{\sqrt{18000}} \times (1 + 0.9733) + \frac{300}{2\pi \times 2670} \times \left(\ln\frac{18000}{9 \times 0.8 \times 0.03} - 5 \times 0.9733\right)$$

$$= 0.9410 + 0.0179 \times 6.4641 = 1.0567$$

$$R_n = \alpha_1 R_e = 0.9879 \times 1.0567 = 1.0439\Omega$$

注:该题计算过程极为烦琐,但无应用价值。

36.《交流电气装置的接地设计规范》(GB/T 50065—2011)附录D及第4.2.2条式(4.2.2-1)(表层衰减系数取1)。

最大接触电位差:$U_{tmax} = k_{tmax}U_g = 0.206 \times 10 \times 10^3 \times 1 = 2060\text{V}$

最大接触电位差限值:$U_t = \frac{174 + 0.17\rho}{\sqrt{t}} = \frac{174 + 0.17 \times 300}{\sqrt{0.5}} = 318.2\text{V} < U_{tmax}$

不满足要求。

注:原题考查《交流电气装置的接地》(DL/T 621—1997)附录B式(B3)、式(B4)及第3.4条,此规范中无"表层衰减系数"参数。

37.《交流电气装置的接地设计规范》(GB/T 50065—2011)附录 D 及第 4.2.2 条式(4.2.2-2)(表层衰减系数取 1)。

最大跨步电位差：$U_{smax} = k_{smax}U_g = 0.126 \times 10 \times 10^3 \times 1 = 1260V$

最大跨步电位差限值：$U_s = \frac{174 + 0.7\rho}{\sqrt{t}} = \frac{174 + 0.7 \times 300}{\sqrt{0.5}} = 543V < U_{smax}$

不满足要求。

注：原题考查《交流电气装置的接地》(DL/T 621—1997)附录 B 式(B3)、式(B7)及第 3.4 条，此规范中无"表层衰减系数"参数。

题 38 ~ 40 答案：**BCD**

38.《钢铁企业电力设计手册》(上册)P1064 式(21-14)。

$$l_h = \frac{\left(\frac{l_1}{\cos\beta_1} + \frac{l_2}{\cos\beta_2}\right)}{2} = \frac{\left(\frac{90}{\cos15°} + \frac{100}{\cos20°}\right)}{2} = \frac{(92.56 + 105.15)}{2} = 99m$$

39.《钢铁企业电力设计手册》(上册)P1064 中"极大档距：弧垂最低点应力不得超过破坏应力的 40%，而悬挂点应力可较弧垂最低点应力高 10%，即不得超过破坏应力的 44%"。

40.《钢铁企业电力设计手册》(上册)P1065 式(21-17)。

最大使用应力：$\sigma_m = \frac{\sigma_n}{F} = \frac{260.29}{2.5} = 104.12N$

注：题干要求为最大使用应力，电线的安全系数 F 应取允许范围内的最小值。

2009年

注册电气工程师(供配电)执业资格考试

专业考试试题及答案

2009年专业知识试题(上午卷)

一、单项选择题(共40题,每题1分,每题的备选项中只有1个最符合题意)

1. 易燃物质可能出现的最高浓度不超过爆炸下限的哪一项数值,可划为非爆炸危险区域?（　　）

(A)5%　　(B)10%
(C)20%　　(D)30%

2. 在爆炸性气体环境1区、2区内,引向电压为1000V以下笼型感应电动机支线的长期允许载流量不应小于电动机额定电流的多少倍?（　　）

(A)1.1　　(B)1.25
(C)1.4　　(D)1.5

3. 二级负荷的供电系统,宜由两回路线路供电,在负荷供电较小或地区供电条件困难时,规范规定二级负荷可由下列哪一项数值的一回专用架空线路供电?（　　）

(A)1kV及以上　　(B)3kV及以上
(C)6kV及以上　　(D)10kV及以上

4. 民用建筑中初步设计及施工图设计阶段,负荷计算宜采用下列哪种方法?（　　）

(A)变值系数法　　(B)需要系数法
(C)利用系数法　　(D)单位指标法

5. 某大型企业几个车间负荷均较大,当供电电压为35kV,能减少变、配电级数,简化接线且技术经济合理时,配电电压宜采用下列哪个电压等级?（　　）

(A)380/220V　　(B)6kV
(C)10kV　　(D)35kV

6. 35kV变电站主接线一般有分段单母线、单母线、外桥、内桥、线路变压器组几种形式,下列哪种情况宜采用外桥接线?（　　）

(A)变电站有两回电源线和两台变压器,供电线路较短或需经常切换变压器
(B)变电站有两回电源线和两台变压器,供电线路较长或不需经常切换变压
(C)变电站有两回电源线和两台变压器,且35kV配电装置有一至二回路转送负荷线路

(D)变电站有一回电源线和一台变压器

7. 在TN及TT系统接地形式的低压电网中,当选用Y,yn0接线组别的三相变压器时,其中任何一相的电流在满载时不得超过额定电流值,而由单相不平衡负载引起的中性点电流不得超过低压绕组额定电流的多少? ( )

(A)30% (B)25% (C)20% (D)15%

8. 供配电系统设计中,在正常情况下,电动机端子处电压偏差允许值(以额定电压百分数表示)哪一项符合规定? ( )

(A) +10%, -10% (B) +10%, -5%
(C) +5%, -5% (D) +5%, -10%

9. 35~110kV变电站设计中,有关并联电容器装置的电器和导体的长期允许电流,下列哪一项要求是正确的? ( )

(A)不应小于电容器组额定电流的1.05倍
(B)不应小于电容器组额定电流的1.1倍
(C)不应小于电容器组额定电流的1.35倍
(D)不应小于电容器组额定电流的1.5倍

10. 在110kV及以下变电所设计中,35kV配电装置单列布置,当采用35kV手车式高压开关柜时,柜后通道不宜小于下列哪一项数值? ( )

(A)0.6m (B)0.8m
(C)1.0m (D)1.2m

11. 直埋35kV及以下电力电缆与事故排油管交叉时,它们之间的最小垂直净距为下列哪一项数值? ( )

(A)0.25m (B)0.3m
(C)0.5m (D)0.7m

12. 某爆炸性气体环境易燃物质的比重大于空气比重,问这种情况下位于1区附近的变电所、配电所室内地面应高出室外地面多少? ( )

(A)0.3m (B)0.4m
(C)0.5m (D)0.6m

13. 某35kV屋外充油电气设备,单个油箱的油量为1200kg,设置了能容纳100%油量的储油池。下列关于储油池的做法,哪一组符合规范规定的要求? ( )

(A)储油池的四周高出地面120mm,储油池内铺设了厚度为200mm的卵石层,其卵石直径为50~60mm

(B)储油池的四周高出地面100mm,储油池内铺设厚度为150mm的卵石层,其卵石直径为60~70mm

(C)储油池的四周高出地面80mm,储油池内铺设了厚度为250mm的卵石层,其卵石直径为40~50mm

(D)储油池的四周高出地面200mm,储油池内铺设了厚度为300mm的卵石层,其卵石直径为60~70mm

14. 某110kV用户变电站由地区电网(无限大电源容量)受电,有关系统接线和元件参数如右图所示,在最大运行方式下,图中k点的三相短路电流最接近下列哪个数值? ( )

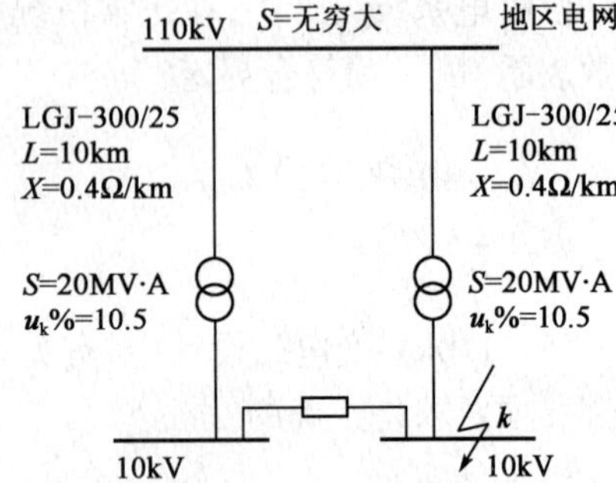

(A)20.83kA

(B)19.81kA

(C)10.41kA

(D)9.91kA

15. 一台额定电压为10.5kV,额定电流为2000A的限流电抗器,其阻抗电压为$X_k=8$,则该电抗器电抗标幺值应为下列哪一项数值?($S_j=100\text{MV}\cdot\text{A}$,$U_j=10.5\text{kV}$) ( )

(A)0.2199 (B)0.002

(C)0.3810 (D)0.004

16. 高压并联电容器断路器的选择中,下列哪一项规定是不正确的? ( )

(A)断路器关合时,触头弹跳时间不应大于2ms

(B)断路器开断时间不应重击穿

(C)每天投切超过两次,断路器应具备频繁操作的性能

(D)能承受关合涌流

17. 10kV配电所专用电源线的进线开关可采用能够隔离开关的条件为下列哪一项? ( )

(A)无继电保护

(B)无自动装置要求

(C)出线回路为1回

(D)无自动装置和继电保护要求,出线回路少且无需带负荷操作

18. 在设计110kV变电站主接线时,当110kV线路为8回时,宜采用下列哪种接线? ( )

(A)具有旁路母线接线 (B)单母线

(C)双母线　　　　(D)单母线分段

19. 在民用建筑中,关于高、低压电器的选择,下列哪一项描述是错误的?　(　　)

(A)对于电压为0.4kV系统,变压器低压侧开关宜采用断路器

(B)配变电所电压10(6kV)的母线分段处,宜装设与电源进线开关相同型号的断路器

(C)采用电压为10(6kV)固定式配电装置时,应在电源侧装设隔离电器

(D)两个配变电所之间的电气联络线,当联络容量较大时,应在两侧装设带保护的负荷开关电器

20. 主保护装置整定采用0.5s延时速断,断路器开断时间为0.08s,断路器燃弧持续时间为0.01s,根据规范规定校验导体电流热效应的计算时间是下列哪一项数值?

(　　)

(A)0.08s　　　　(B)0.5s

(C)0.58s　　　　(D)0.59s

21. 在室外实际环境温度35℃、海拔高度2000m敷设的铝合金绞线,计及日照影响,规范规定其长期允许载流量的综合校正系数应为下列哪一项数值?　(　　)

(A)1.00　　　　(B)0.88

(C)0.85　　　　(D)0.81

22. 建筑物内电缆沿煤气管道敷设时,下列哪一项配置符合规范规定?　(　　)

(A)电缆布置在煤气管上方

(B)电缆布置在煤气管下方

(C)电缆与煤气管并排平行布置

(D)电缆布置不受限制

23. 一根1kV标称截面$240mm^2$聚氯乙烯四芯电缆直埋敷设的环境为:湿度大于4%但小于7%沙土,环境温度30℃,导体最高工作温度70℃。根据规范规定此电缆实际允许载流量为下列哪一项数值?　(　　)

(A)219A　　　　(B)254A

(C)270A　　　　(D)281A

24. 有关两座10kV配电所之间的联络线两侧采用开关的类型选择,下列说法哪一个是正确的?　(　　)

(A)应在联络线两侧配电所装设隔离开关

(B)应在联络线一侧配电所装设断路器

(C)应在联络线两侧配电所装设断路器

(D)应在联络线供电侧配电所装设断路器

25. 3kV 及以上异步电动机和同步电动机设置的继电保护,下列哪一项不正确? ( )

(A)定子绕组相间短路 (B)定子绕组单相接地
(C)定子绕组过负荷 (D)定子绕组过电压

26. 电力装置的继电保护设计中,作为远后备保护的电流保护,最小灵敏系数应为下列哪一项数值? ( )

(A)1.2 (B)1.3 (C)1.5 (D)2.0

27. 三相电流不平衡的电力装置回路应装设三支电流表分别检测三相电流的条件是哪一项? ( )

(A)三相负荷不平衡率大于5%的1200V及以上的电力用户线路
(B)三相负荷不平衡率大于10%的1200V及以上的电力用户线路
(C)三相负荷不平衡率大于15%的1200V及以上的电力用户线路
(D)三相负荷不平衡率大于20%的1200V及以上的电力用户线路

28. 在变电所直流电源系统设计时,关于直流电源系统负荷性质的分类,下列哪一项论述是不正确的? ( )

(A)测量、自动装置属于控制类负荷
(B)远动、通信装置属于控制类负荷
(C)热工仪表信号、继电保护属于控制类负荷
(D)事故照明及断路器电磁操作的合闸机构属于动力类负荷

29. 在建筑物防雷设计中,当树木高于第一类防雷建筑物且不在接闪器保护范围内时,树木和建筑物之间的净距不应小于下列哪一项数值? ( )

(A)3m (B)4m (C)5m (D)6m

30. 在建筑物防雷设计中,当采用独立避雷针保护第一类防雷建筑物时,若避雷针接地装置的冲击电阻 $R_f = 10\Omega$,被保护建筑物的计算高度 $h_x = 20m$,避雷针至建筑物之间空气中的最小距离为下列哪一项数值? ( )

(A)3.2m (B)3.8m (C)4.0m (D)4.8m

31. 在多雷区,经变压器与架空线连接的非直配电机,下列关于在其电机出线上装设避雷器的说法哪一项是正确的? ( )

(A)如变压器高压侧标称电压为110kV及以下,宜装设一组旋转电机阀式避雷器

(B)如变压器高压侧标称电压为66kV及以下,宜装设一组旋转电机阀式避雷器

(C)如变压器高压侧标称电压为66kV及以上,宜装设一组旋转电机阀式避雷器

(D)如变压器高压侧标称电压为110kV及以上,宜装设一组旋转电机阀式避雷器

32. 某建筑物入口为防雷跨步电压,下述哪一项做法不符合规范规定? (　　)

(A)入口处水平接地极局部埋深2m

(B)入口处水平接地极局部应包以绝缘物

(C)接地网上面敷设60mm沥青层,其宽度突出接地网两侧各1m

(D)防直击雷的人工接地网设置在距建筑物入口5m外

33. 规范规定下列哪一项电气装置的外露可导电部分可不接地? (　　)

(A)交流额定电压110V及以下的电气装置

(B)直流额定电压110V及以下的电气装置

(C)手持式或移动式电气装置

(D)I类照明灯具的金属外壳

34. 航空障碍标志灯的设置应符合相关规定,当航空障碍灯用于高出地面90m时,其障碍标志灯类型和灯光颜色应为下列哪一项? (　　)

(A)高光强,航空白色　　(B)低光强,航空红色

(C)中光强,航空白色　　(D)中光强,航空红色

35. 手术室的一般照明在手术台四周布置,应采用不积灰尘的洁净灯具,光源一般选用下列哪一项色温的直管荧光灯? (　　)

(A)3000K　　(B)4500K

(C)6000K　　(D)6500K

36. 在PLC选型中,有关模块的选择,下列哪一项描述是错误的? (　　)

(A)在选择CPU模块时要注意其响应时间、运算速度和内存的大小

(B)当随主板提供的RAM存储区和用户程序存储区不够用时,可选择存储卡扩展容量

(C)为适应现场某些特殊控制需要,可选择带微处理器(CPU)的存储器等能独立完成赋予任务的特殊功能模块,不占用主CPU资源

(D)特殊功能模块包括高速计算模块、PID调节模块、定位模块、模拟量输入及输出模块

37. 在交流电动机、直流电动机的选择中，下列哪一项是直流电动机的优点？（　　）

(A)启动及调速特性好　　(B)价格便宜

(C)维护方便　　(D)电动机的结构简单

38. 在建筑设备监控系统中选用温度传感器的量程，下列哪一项符合规范要求？（　　）

(A)测点温度 1 ~1.2 倍　　(B)测点温度 1 ~1.5 倍

(C)测点温度 1.2 ~1.3 倍　　(D)测点温度 1.2 ~1.5 倍

39. 安全防范系统的线缆敷设，下列哪一项符合规范的要求？（　　）

(A)明敷设的信号线路与具有强磁场、强电场的电气设备之间的净距离宜大于 0.8m

(B)导线的接头在线槽内应焊接或用端子连接

(C)同轴电缆只允许全线缆有一个中间接头

(D)线缆穿管敷设截面利用率不应大于 40%

40. 设计通过市区的 35kV 架空电力线路时，如果两侧屏蔽物的平均高度大于杆塔高度，此时最大设计风速宜比当地最大设计风速减少多少？（　　）

(A)10%　　(B)15%

(C)20%　　(D)30%

二、多项选择题(共 30 题，每题 2 分。每题的备选项中有 2 个或 2 个以上符合题意。错选、少选、多选均不得分)

41. 在电击防护的设计中，采用下列哪些措施可兼作直接接触防护和间接接触防护？（　　）

(A)安全特低电压 SELV　　(B)保护特低电压 PELV

(C)自动切断电源　　(D)总等电位联结

42. 在爆炸性气体环境中，为防止爆炸性气体混合物的形成或缩短爆炸性气体混合物滞留时间，下列措施哪些是正确的？（　　）

(A)工艺装置宜采取露天或开敞式布置

(B)设置机械通风装置

(C)在爆炸危险环境内设置正压室

(D)在区域内易形成和积聚爆炸性气体混合物的地点设置自动测量仪表装置，当气体或蒸汽浓度接近爆炸下限值时，应能可靠发出信号或切断电源

43. 自备柴油发电机组布置在地下一层，应有哪些环保措施？（　　）

(A)防潮　　　　(B)防火　　　　(C)消声　　　　(D)减震

44. 关于民用建筑中的二级负荷,下列哪些项表述是正确的?　　　　(　　)

(A)地、市级办公楼中的主要办公室、会议室、总值班室照明
(B)水运客运站通信、导航设施
(C)四星级以上宾馆的饭店客房照明
(D)大型商场及超市的自动扶梯、空调用电

45. 关于单个气体放电灯设备功率,下列哪些表述是正确的?　　　　(　　)

(A)荧光灯采用普通型电感镇流器时,荧光灯的设备功率为荧光灯管的额定功率加25%
(B)荧光灯采用节能型电感镇流器时,荧光灯的设备功率为荧光灯管的额定功率加10% ~15%
(C)荧光灯采用电子型镇流器时,荧光灯的设备功率为荧光灯管的额定功率加10%
(D)荧光高压汞灯采用节能型电感镇流器时,荧光高压汞灯的设备功率为荧光灯管的额定功率加6% ~8%

46. 在电压为63kV及110kV的配电装置中,关于接地刀闸的装设,下列哪几项表述是正确的?　　　　(　　)

(A)每段母线上宜装设接地刀闸
(B)只需要在其中一段母线上装设接地刀闸
(C)在断路器两侧隔离开关的断路器侧宜装设接地刀闸
(D)线路隔离开关的线路侧不宜装设接地刀闸

47. 当需要限制电容器极间和电源侧对地过电压时,下列关于高压并联电容器装置的操作过电压和避雷器接线方式的表述,哪几项符合规范规定?　　　　(　　)

(A)电抗率为12%以上时,可采用避雷器与电抗器并联连接和中性点避雷器接线方式
(B)电抗率为4.5% ~6%时,可采用避雷器与电抗器并联连接和中性点避雷器接线方式
(C)电抗率大于1%时,可采用避雷器与电抗器并联连接和中性点避雷器接线方式
(D)电抗率为4.5% ~6%时,用避雷器接线方式宜经模拟计算研究确定

48. 在110kV及以下供配电系统无功补偿设计中,考虑并联电容器分组时,应满足下列哪些要求?　　　　(　　)

(A)分组电容器投切时,不应产生谐振

(B)适当增加分组组数和减少分组容量
(C)应与配套设备的技术参数相适应
(D)应满足电压偏差的允许范围

49. 下列关于10kV变电所并联电容器装置设计方案中，哪几项不符合规范要求？（　　）

(A)高压电容器组采用中性点接地的星形接线
(B)单台高压电容器设置专用熔断器作为电容器内部故障保护，熔丝额定电流按电容器额定电流的2.0倍考虑
(C)因电容器组容量较小，高压电容器装置设置在高压配电室内，与高压配电装置的距离不小于1.0m
(D)如果高压电容器装置设置在单独房间内，成套电容器柜单列布置时，柜正面与墙面距离不应小于1.5m

50. 下列关于35kV配电装置室对建筑物的要求中，哪几项是错误的？（　　）

(A)配电装置室的耐火等级不应低于三级
(B)配电装置室应设防火门，并应向外开启
(C)充油电气设备间的门若开向不属于配电装置范围的建筑物内，其门应为非燃烧体或难燃烧体的实体门
(D)配电装置室按事故排烟要求装设事故通风装置，GIS配电装置室可不设通风、排风装置

51. 关于爆炸性气体环境电气设备的选择，下列哪些项是符合规范要求的？（　　）

(A)根据爆炸性危险区域的分区、电气设备的种类和防爆结构的要求，应选择相应的电气设备
(B)选用的防爆电气设备的级别和组别，不应高于该爆炸气体环境内爆炸性气体混合物的级别和组别
(C)当存在两种以上易燃性物质形成的爆炸性气体混合物时，危险程度较高的级别和组别应该选用防爆电气设备
(D)电气设备的结构应满足电气设备在规定的运行条件下不降低防爆性能的要求

52. 终端变电站中可采用下列哪些限制短路电流的措施？（　　）

(A)变压器分列运行　　(B)采用高阻抗变压器
(C)变电站母线装设并联电抗器　　(D)采用大容量变压器

53. 供配电系统短路电流计算中，在下列哪些情况下，可不考虑高压异步电动机对短路峰值电流的影响？（　　）

(A)在计算不对称短路电流时
(B)异步电动机与短路点之间已相隔一台变压器
(C)在计算异步电动机附近短路点的短路峰值电流时
(D)在计算异步电动机配电电缆处短路点的短路峰值电流时

54. 在选择高压电气设备时,下列哪些高压电气设备不需要校验额定电流与额定开断电流? ( )

(A)电压互感器 (B)母线
(C)隔离开关 (D)支柱绝缘子

55. 在1kV及以下电源中性点直接接地系统中,关于单相回路的电缆芯数的选择,下列哪些表述是正确的? ( )

(A)保护线与受电设备的外露可导电部位连接接地,保护线与中性线合用导体时,应选用两芯电缆
(B)保护线与受电设备的外露可导电部位连接接地,保护线与中性线各自独立时,应选用三芯电缆
(C)受电设备外露可导电部位的接地与电源系统接地各自独立时,应选用两芯电缆
(D)受电设备外露可导电部位的接地与电源系统接地不独立时,应选用四芯电缆

56. 规范要求室内裸导体敷设应按下列哪些使用环境条件校验? ( )

(A)环境温度 (B)风速和日照
(C)污秽 (D)海拔高度

57. 钢带铠装电缆应适应下列哪些情况? ( )

(A)鼠害严重的场所 (B)白蚁严重的场所
(C)敷设在电缆槽盒里 (D)为移动式电气设备供电

58. 电力变压器的保护装置应符合下列哪些要求? ( )

(A)8MV·A 单独运行的变压器应装设纵联差动保护
(B)0.4MV·A 及以上的车间内油浸式变压器,应装设瓦斯保护
(C)2MV·A 及以上的变压器,当电流速断灵敏系数不符合要求时,宜装设纵联差动保护
(D)6.3MV·A 及以上并联运行的变压器,应装设纵联差动保护

59. 某变电所向一单独经济核算单位供给10kV电源时,其馈电柜应装设下列哪些表计? ( )

(A)电流表　　　　　　　　　　　　(B)电压表
(C)有功电能表　　　　　　　　　　(D)无功电能表

60. 在变电站直流操作电源系统设计中,选择直流断路器时,直流断路器应满足下列哪些条件?　　(　　)

(A)蓄电池出口回路直流断路器额定电流应按蓄电池 1h 放电率电流选择,并按事故放电初期(1min)放电电流校验保护动作的安全性。且应与直流馈线回路保护电气配合
(B)电磁保护操作机构合闸回路的直流断路器,其额定电流应按大于合闸电流选择
(C)直流断路器断流能力应满足直流系统短路电流的要求
(D)各级断路器保护动作电流和动作时间应满足选择性要求,考虑上、下级差的配合且应有足够的灵敏系数

61. 在建筑物防雷设计中,下列哪些表述是正确的?　　(　　)

(A)架空避雷线和避雷网宜采用截面不小于 $25mm^2$ 的镀锌钢绞线
(B)除第一类防雷建筑物外,金属屋面的金属物宜利用其屋面作为接闪器,金属板之间采用搭接时,其搭接长度不应小于 100mm
(C)避雷网和避雷带宜采用圆钢或扁钢,优先采用圆钢。圆钢直径不应小于 8mm,扁钢截面不小于 $48mm^2$,其厚度不应小于 4mm
(D)当一座防雷建筑物中兼有第一、二、三类防雷建筑物,且第一类防雷建筑物的面积占建筑物总面积的 25% 及以上时,该建筑物宜确定为第一类建筑物

62. 第三类防雷建筑物防直击雷,宜采用下列哪些措施?　　(　　)

(A)在建筑物上装设避雷针
(B)设独立避雷针
(C)在建筑物上装设避雷带
(D)在建筑物上装设避雷带和避雷针的组合

63. 下列关于散流电阻和接地电阻说法,哪些是正确的?　　(　　)

(A)散流电阻大于接地电阻
(B)散流电阻小于接地电阻
(C)通常可将散流电阻作为接地电阻
(D)两者无任何联系

64. 下列哪些项严禁保护接地?　　(　　)

(A)I 类照明灯具的外露可导电部分
(B)采用不接地的局部等电位联结保护方式的所有电气设备外露可导电部分及

外界可导电部分

(C)采用电气隔离保护方式的电气设备外露可导电部分及外界可导电部分

(D)采用双重绝缘及加强绝缘保护方式中的绝缘外护物里面的可导电部分

65. 在照明设计中应根据不同场所的照明要求选择照明方式,下列哪些项是正确的? ( )

(A)工作场所通常应设置一般照明

(B)同一场所内的不同区域有不同的照度要求,应采用不分区一般照明

(C)对于部分作业面照度要求较高,只采用一般照明不合理的场所,宜采用混合照明

(D)在一个工作场所内部不应只采用局部照明

66. 有关交流调速系统的描述,下列哪些项是错误的? ( )

(A)转子回路串电阻的调速方法为调转差率,用于绕线型异步电动机

(B)变极对数的调速方法为调转差率,用于绕线型异步电动机

(C)定子侧调压为调转差率

(D)液力耦合器及电磁转差离合器调速均为调电机转差率

67. 正确选择快速熔断器,可使晶闸管元件可得到保护,下述哪些是正确的? ( )

(A)快速熔断器的 I^2t 值应小于晶闸管元件允许的 I^2t 值

(B)快速熔断器的通断能力必须大于线路可能出现的最大短路电流

(C)快速熔断器分断时的电弧电压峰值必须小于晶闸管元件允许的反向峰值电压

(D)快速熔断器的额定电流应等于晶闸管元件本身的额定电流

68. 下列哪些叙述符合防烟、排烟设置的联动控制设计的规定? ( )

(A)排烟阀、送风口应与消防联动控制其工作状态

(B)排烟风机入口处的防火阀在280℃关断后,不应联动停止排烟风机

(C)挡烟垂壁由其附近的专用感烟探测器组成的电路控制

(D)设于空调通风管出口的防火阀,应采用定温保护装置,并应在风温到达90℃时动作阀门关闭

69. 入侵报警系统设计中,下列关于入侵报警系统的设置和选择,哪些符合规范的规定? ( )

(A)被动红外探测器的防护区内,不应有影响探测的障碍物

(B)红外、微波复合入侵探测器,应视为两种探测原理的探测装置

(C)采用室外双束或四束主动红外探测器,探测器最远警戒距离不应大于其最

大射束距离的2/3

(D)门磁、窗磁开关应安装在普通门、窗的内上侧,无框门、卷帘门可安装在门下侧

70. 下列关于10kV架空电力线路路径选择的要求,哪些项符合规范的规定?
( )

(A)应避开洼地、冲刷地带、不良地质地区、原始森林区以及影响线路安全运行的其他区,不宜跨越房屋

(B)应减少与其他设施交叉,当与其他架空线路交叉时,其交叉点不应选在被跨越点的杆塔顶上

(C)不应跨越储存易燃、易爆物的仓库区域

(D)跨越一级架空弱电线路的交叉角应大于或等于30°

2009年专业知识试题答案(上午卷)

1. **答案**:B

依据:《爆炸和火灾危险环境电力装置设计规范》(GB 50058—1992)第2.2.2条。

2. **答案**:B

依据:《爆炸和火灾危险环境电力装置设计规范》(GB 50058—1992)第2.5.13条。

3. **答案**:C

依据:《供配电系统设计规范》(GB 50052—2009)第3.0.7条。

4. **答案**:B

依据:《工业与民用配电设计手册》(第三版)P1倒数第3行。

5. **答案**:D

依据:《供配电系统设计规范》(GB 50052—2009)第5.0.3条。

6. **答案**:A

依据:《工业与民用配电设计手册》(第三版)P48表2-17。

7. **答案**:B

依据:《供配电系统设计规范》(GB 50052—2009)第7.0.8条。

8. **答案**:C

依据:《供配电系统设计规范》(GB 50052—2009)第5.0.4-1条。

9. **答案**:C

依据:旧规范《35~110kV变电所设计规范》(GB 50059—1992)第3.7.3条,新规范已修改,若要求符合现行《并联电容器装置设计规范》(GB 50227—2008)的要求,可参考《并联电容器装置设计规范》(GB 50227—2008)第5.1.3条。

10. **答案**:C

依据:《3~110kV高压配电装置设计规范》(GB 50060—2008)第5.4.4条表5.4.4小注4。

11. **答案**:C

依据:旧规范《35~110kV变电所设计规范》(GB 50059—1992)附录二,新规范已取消该表。

12. **答案**:D

依据:《爆炸和火灾危险环境电力装置设计规范》(GB 50058—1992)第2.5.7条。

13. **答案**:D

依据:《3~110kV 高压配电装置设计规范》(GB 50060—2008)第 5.5.3 条。

14. **答案:**B

依据:无明确条文,可参考《工业与民用配电设计手册》(第三版)第四章内容。

线路阻抗标幺值:$X_l = X\frac{S_j}{U_j^2} = 0.4 \times 10 \times \frac{100}{115^2} = 0.03$

变压器阻抗标幺值:$X_T = \frac{u_k\%}{100} \cdot \frac{S_j}{S_{rT}} = \frac{10.5}{100} \times \frac{100}{20} = 0.525$

总短路阻抗标幺值:$X = X_l + X_T = 0.03 + 0.525 = 0.555$

短路电流有名值:$I_g = I_j \cdot I_* = \frac{5.5}{0.555/2} = 19.81\text{kA}$

15. **答案:**A

依据:《工业与民用配电设计手册》(第三版)P128 表 4-2。

16. **答案:**C

依据:旧规范《并联电容器装置设计规范》(GB 50227—1995)第 5.3.1 条,新规范已修改。

17. **答案:**D

依据:《10kV 及以下变电所设计规范》(GB 50053—1994)第 3.2.14 条。

18. **答案:**C

依据:《35kV~110kV 变电站设计规范》(GB 50059—2011)第 3.2.4 条。

19. **答案:**D

依据:《10kV 及以下变电所设计规范》(GB 50053—1994)第 3.2.15 条、第 3.2.5 条、第 3.2.10 条、第 3.2.6 条。

20. **答案:**C

依据:《3~110kV 高压配电装置设计规范》(GB 50060—2008)第 4.1.4 条。

21. **答案:**C

依据:《工业与民用配电设计手册》(第三版)P206 表 5-4 或《导体和电器选择设计技术规定》(DL/T 5222—2005)附录 D 表 D.11。

22. **答案:**B

依据:《电力工程电缆设计规范》(GB 50217—2007)第 5.1.10-2 条。

注:煤气比空气轻。

23. **答案:**B

依据:《电力工程电缆设计规范》(GB 50217—2007)附录 C 表 C.0.1-1,附录 D 表 D.0.1和表 D.0.3。

24. **答案:**D

依据:《10kV 及以下变电所设计规范》(GB 50053—1994)第 3.2.6 条。

25. **答案**:D

依据:《电力装置的继电保护和自动装置设计规范》(GB/T 50062—2008)第 9.0.1条。

26. **答案**:A

依据:《电力装置的继电保护和自动装置设计规范》(GB/T 50062—2008)附录 B 表 B.0.1。

27. **答案**:B

依据:《电力装置的电测量仪表装置设计规范》(GB/T 50063—2008)第 3.2.2-5 条。

28. **答案**:B

依据:《电力工程直流系统设计技术规程》(DL/T 5044—2004)第 5.1.2 条条文说明。经常负荷:继电保护和自动装置、操作装置、信号装置、经常照明及其他需长期接入系统的设备;事故负荷:事故照明、不停电电源、运动、通信设备备用电压 UN 和事故状态投运的信号;冲击负荷:断路器合闸机构在断路器合闸时的短时冲击电流。

29. **答案**:C

依据:《建筑物防雷设计规范》(GB 50057—2010)第 4.2.5 条。

30. **答案**:D

依据:《建筑物防雷设计规范》(GB 50057—2010)第 4.2.1-5 条式(4.2.1-1)。

31. **答案**:B

依据:《交流电气装置的过电压保护和绝缘配合》(DL/T 620—1997)第 9.13 条。

32. **答案**:C

依据:旧规范《建筑物防雷设计规范》(GB 50057—1994)(2000 年版)第 4.3.5 条,新规范已修改。

33. **答案**:B

依据:《民用建筑电气设计规范》(JGJ 16—2008)第 12.3.3 条。

34. **答案**:C

依据:《民用建筑电气设计规范》(JGJ 16—2008)第 10.3.5 条表 10.3.5。

35. **答案**:B

依据:《照明设计手册》(第二版)P287 倒数第 7 行。

36. **答案**:D

依据:《电气传动自动化技术手册》(第二版)P803 ~ 806。

37. **答案**:A

依据:《钢铁企业电力设计手册》(下册)P7。

38. **答案:**D

依据:《民用建筑电气设计规范》(JGJ 16—2008)第18.7.1-2条。

39. **答案:**D

依据:《安全防范工程技术规范》(GB 50348—2004)第3.11.5条。

40. **答案:**C

依据:《66kV及以下架空电力线路设计规范》(GB 50061—2010)第4.0.11-3条。

---

41. **答案:**AB

依据:旧规范《建筑物电气装置　第4-41部分:安全防护—电气防护》(GB 16895.21—2004)第411.1条,新规范《低压电气装置　第4-41部分:安全防护　电击防护》(GB 16895.21—2011)已无明确条文。

42. **答案:**ABC

依据:《爆炸和火灾危险环境电力装置设计规范》(GB 50058—1992)第2.1.3条第三款。

43. **答案:**CD

依据:《民用建筑电气设计规范》(JGJ 16—2008)第6.1.1-2条。

注:防潮不属于环保措施,而属于安全措施。

44. **答案:**ACD

依据:《民用建筑电气设计规范》(JGJ 16—2008)附录A-12。

45. **答案:**AC

依据:《工业与民用配电设计手册》(第三版)P2。

46. **答案:**AC

依据:《3～110kV高压配电装置设计规范》(GB 50060—2008)第2.0.6条、第2.0.7条。虽然"宜"表述不准确,但其他选择明显错误。

47. **答案:**ACD

依据:旧规范《并联电容器装置设计规范》(GB 50227—1995)第4.2.10.3条。

48. **答案:**ACD

依据:《供配电系统设计规范》(GB 50052—2009)第6.0.11条。

49. **答案:**ABC

依据:《10kV及以下变电所设计规范》(GB 50053—1994)第5.2.1条、第5.2.4条、

第5.3.1条、第5.3.5条。

50. **答案**:AD

依据:《3~110kV高压配电装置设计规范》(GB 50060—2008)第7.1.3条、第7.1.4条、第7.1.8条、第7.3.5条。

51. **答案**:ACD

依据:《爆炸和火灾危险环境电力装置设计规范》(GB 50058—1992)第2.5.2条。

52. **答案**:AB

依据:《35kV~110kV变电站设计规范》(GB 50059—2011)第3.2.6条或《工业与民用配电设计手册》(第三版)P126,选项C答案应为串联电抗器。

53. **答案**:AB

依据:《工业与民用配电设计手册》(第三版)P151。

54. **答案**:AD

依据:《工业与民用配电设计手册》(第三版)P199表5-1。

55. **答案**:AC

依据:《电力工程电缆设计规范》(GB 50217—2007)第3.2.2条。

注:选项B应为"宜"选用三芯电缆,而不是"应"。

56. **答案**:AD

依据:《导体和电器选择设计技术规定》(DL/T 5222—2005)第7.1.2条。

57. **答案**:AB

依据:《电力工程电缆设计规范》(GB 50217—2007)第3.5.4-2条、第3.5.3-3条、第3.5.4-4条、第3.5.5条。

58. **答案**:BCD

依据:《电力装置的继电保护和自动装置设计规范》(GB/T 50062—2008)第4.0.2条、第4.0.3条。

59. **答案**:ACD

依据:《民用建筑电气设计规范》(JGJ 16—2008)第5.3.1条、第5.3.2条。

60. **答案**:ACD

依据:《电力工程直流系统设计技术规程》(DL/T 5044—2004)第7.5.2条。

61. **答案**:BC

依据:旧规范《建筑物防雷设计规范》(GB 50057—1994)(2000年版)条文。参见《建筑物防雷设计规范》(GB 50057—2010)第4.5.1-1条、第4.1.3条、第4.1.4-1条、第4.1.2条,新规范已部分修改。

62. **答案**:ACD

依据:《建筑物防雷设计规范》(GB 50057—2010)第 4.4.1 条。

63. **答案**:BC

依据:《工业与民用配电设计手册》(第三版)P889。

64. **答案**:BCD

依据:《民用建筑电气设计规范》(JGJ 16—2008)第 12.3.4 条。

65. **答案**:ACD

依据:《建筑照明设计标准》(GB 50034—2004)第 3.1.1 条。

66. **答案**:BC

依据:《钢铁企业电力设计手册》(下册)P271 表 25-2。实际定子调压为能耗转差调节,选项 C 答案表述不完整。

67. **答案**:ABC

依据:《钢铁企业电力设计手册》(下册)P420。

68. **答案**:AC

依据:《民用建筑电气设计规范》(JGJ 16—2008)第 13.4.6 条。

69. **答案**:ACD

依据:《民用建筑电气设计规范》(JGJ 16—2008)第 14.2.3 条。

70. **答案**:ABC

依据:《66kV 及以下架空电力线路设计规范》(GB 50061—2010)第 3.0.3 条,其中"不宜跨越房屋"为旧规范条文。

2009年专业知识试题(下午卷)

一、单项选择题(共40题,每题1分,每题的备选项中只有1个最符合题意)

1. 对于易燃物质重于空气、通风良好且第二级释放源的主要生产装置区,以释放源为中心,半径为15m,地坪上的高度为7.5m及半径为7.5m,顶部与释放源的距离为7.5m的范围内,宜划分为爆炸危险区域的下列哪个区? ( )

(A)0区 (B)1区 (C)2区 (D)附加2区

2. 下列哪一项是一级负荷中特别重要负荷? ( )

(A)国宾馆中的主要办公室用电负荷
(B)铁路及公路客运站中的重要用电负荷
(C)特级体育场馆的应急照明
(D)国家级国际会议中心总值班室的用电负荷

3. 单项负荷均衡分配到三相,当单项负荷的总计算容量小于计算范围内三相对称负荷总计算容量的百分之多少时,应全部按三相对称负荷计算? ( )

(A)10% (B)15% (C)20% (D)25%

4. 尖峰电流指单台或多台用电设备持续多长时间的最大负荷电流? ( )

(A)5s左右 (B)3s左右
(C)1s左右 (D)0.5s左右

5. 高压配电系统采用放射式、树干式、环式或其他组合方式配电,其放射式配电的特点在下列表述中哪一项是正确的? ( )

(A)投资少,事故影响范围大
(B)投资较高,事故影响范围较小
(C)切换操作方便、保护配置复杂
(D)运行比较灵活、切换操作不便

6. 变配电所中6~10kV母线的分段处,当属于下列哪种情况时,可只装设隔离电器? ( )

(A)事故时手动切换电源能满足要求
(B)需要带负载
(C)继电保护或自动装置无要求

(D)事故时手动切换能满足要求,不需要带负载操作,同时对母线分段开关无继电保护或自动装置要求

7. 下列哪种应急电源,适用于允许中断供电时间为毫秒级的负荷? ( )

(A)快速自启动的发电机组
(B)UPS 不间断电源
(C)独立于正常电源的手动切换投入的柴油发电机组
(D)独立于正常电源的专用馈电线路

8. 关于变电所的变压器是否采用有载调压变压器,在下列表述中哪一项是不正确的? ( )

(A)110kV 变电所中的 110/35kV 降压变压器,直接向 35kV 电网送电时,应采用有载调压变压器
(B)3 5kV 降压变压器的主变电所,在电压偏差不能满足要求时应采用有载调压变压器
(C)35kV 降压变压器的主变电所,直接向 10kV 电网送电时,应采用有载调压变压器
(D)6kV 配电变压器不宜采用有载调压变压器,但在当地 6kV 电源电压偏差不能满足要求时,且用电单位有对电压要求严格的设备,经技术经济比较合理时,亦可采用 6kV 有载调压变压器

9. 110kV 及以下供配电系统中,应急电源的工作时间,应按生产技术上要求停电时间考虑。当与自启动的发电机组配合使用时,应急电源的工作时间不宜少于下列哪一项数值? ( )

(A)7min (B)8min
(C)9min (D)10min

10. 在 110kV 及以下变电所设计中,当屋外油浸变压器之间需设置防火墙时,防火墙两端应分别大于变压器储油池的两侧各多少米? ( )

(A)0.5m (B)0.6m
(C)0.8m (D)1.0m

11. 民用建筑中,配电装置室及变压器门的宽度和高度宜按电气设备最大不可拆卸部件宽度和高度分别加多少米? ( )

(A)0.3m,0.5m (B)0.3m,0.6m
(C)0.5m,0.5m (D)0.5m,0.8m

12. 设计 35kV 屋外配电装置和选择导体、电器时的最大风速应如何确定? ( )

(A)离地 10m 高,30 年一遇 10min 平均最大风速

(B)离地 15m 高,30 年一遇 10min 平均最大风速

(C)离地 10m 高,30 年一遇 5min 平均最大风速

(D)离地 15m 高,30 年一遇 5min 平均最大风速

13. 变电所所区内的电缆多数敷设在沟、槽、管中,少数电缆采用直埋,下列有关电缆外护层的选择,哪一项不符合规范的要求? ( )

(A)直埋电缆应采用铠装并有黄麻外护层的电缆

(B)在电缆沟内敷设的电缆不应有黄麻外护层

(C)直埋在白蚁危害严重地区的塑料电缆没有尼龙外套时,可采用钢丝铠装

(D)敷设在保护管中的电缆应具有挤塑外套

14. 在选择导体和电气设备时,下面关于确定短路电流热效应计算时间的原则哪一项是错误的? ( )

(A)对导体(不包括电缆),宜采用主保护动作时间加相应断路器开断时间

(B)对电器,宜采用主保护动作时间加相应断路器开断时间

(C)对导体(不包括电缆),主保护有死区,可采用能对该死区起作用的后备保护时间

(D)对电器,宜采用后备保护动作时间加相应断路器开断时间

15. 某配电回路当选用的保护电器为符合《低压断路器》(JR 1284—1985)的低压断路器时,假设低压断路器瞬时或短延时过电流脱扣器的整定电流值为 2kA,那么该回路的短路电流值不应小于下列哪一项数值? ( )

(A)2.0kA (B)2.6kA (C)3.0kA (D)4.0kA

16. 有关 10kV 变电所对建筑的要求,下列哪一项是正确的? ( )

(A)高压配电室不应设自然采光窗

(B)低压配电室之间的门应能双向开启

(C)低压配电室不宜设自然采光窗

(D)高、低压配电室之间的门应向低压配电室方向开启

17. 3 ~ 110kV 屋外高压配电装置架构设计时,应考虑下列哪一项荷载的组合? ( )

(A)运行、地震、安装、断线 (B)运行、安装、检修、地震

(C)运行、安装、断线 (D)运行、安装、检修、断线

18. 若熔断器的标称电压为 6kV,则熔断器的最高电压为多少? ( )

(A)6.3kV (B)6.6kV (C)6.9kV (D)7.2kV

19. 10kV 负荷开关应具有切合电感、电容性小电流的能力，应能开断不超过多大的电缆电容或限定长度的架空线充电电流？（　　）

(A) 5A　　(B) 10A
(C) 15A　　(D) 20kA

20. 根据规范规定，有环保要求时不应选用下列哪种电缆？（　　）

(A) 聚氯乙烯绝缘电缆　　(B) 聚乙烯绝缘电缆
(C) 橡皮绝缘电缆　　(D) 矿物绝缘电缆

21. 沿不同冷却条件的路径敷设绝缘导线和电缆时，应按冷却条件最坏段选择绝缘导线和电缆的截面，规范规定此时该段的长度应超过下列哪一项数值？（　　）

(A) 20m　　(B) 10m
(C) 5m　　(D) 3m

22. 采用多芯电缆的干线，其中性线和保护地线合一的导体，规范规定导体截面不小于下列哪一项数值？（　　）

(A) $1.5mm^2$　　(B) $2.5mm^2$
(C) $4mm^2$　　(D) $6mm^2$

23. 规范规定非开挖式电缆隧道内通道净宽不宜小于下列哪一项数值？（　　）

(A) 600mm　　(B) 700mm
(C) 800mm　　(D) 900mm

24. 35 ~ 110kV 变电所的二次接线设计中，下列哪一项要求不正确？（　　）

(A) 隔离开关与相应的断路器之间应装设闭锁装置
(B) 隔离开关与相应的接地刀闸之间应装设闭锁装置
(C) 断路器两侧的隔离开关之间应装设闭锁装置
(D) 屋内的配电装置应装设防止误入带电间隔的设施

25. 采用数字式仪表测量谐波电流、谐波电压时，测量仪表的准确度(级)应不低于下列哪一项数值？（　　）

(A) 1.0　　(B) 1.5　　(C) 2.0　　(D) 2.5

26. 采用交流整流电源作为继电保护直流电源，直流母线电压在最大负荷时保护动作不应低于额定电压的多少？（　　）

(A) 75%　　(B) 80%
(C) 85%　　(D) 90%

27. 在变电所直流电源系统设计时，为控制负荷和动力负荷合并提供 DC220 电源的系统，在均衡充电情况下，直流母线电压应不高于下列哪个数值？（　　）

(A)268V　　(B)247.5V
(C)242V　　(D)192V

28. 在变电所直流电源系统设计时，下列哪种不是蓄电池容量的选择条件？（　　）

(A)应满足事故初期(1min)冲击负荷电流放电容量
(B)应满足全所事故全停电时间内放电容量
(C)应满足蓄电池组持续放电时间内(5s)冲击负荷电流的放电容量
(D)蓄电池标称容量应大于蓄电池计算容量最大值的 1.1 倍

29. 在建筑物防雷击电磁脉冲设计中，当无法获得设备的耐冲击电压时，220/380V 三相系统中设备绝缘耐冲击过电压额定值，下列哪个选用是正确的？（　　）

(A)家用电器、手提工具为 4kV
(B)配电线路和最后分支线路的设备为 4kV
(C)电缆、母线、分线盒、开关、插座等布线系统为 6kV
(D)永久接至固定装置的固定安装的电动机为 6kV

30. 当年雷击次数大于或等于 N 时，棉、粮及易燃大量集中露天堆场宜采用避雷针作为防直击雷的措施，关于雷击次数 N 和独立避雷针保护范围的滚球半径应取下列哪组数值？（　　）

(A)0.05，100m　　(B)0.05，600m
(C)0.012，60m　　(D)0.012，45m

31. 某地区海拔高度 800m，35kV 配电系统采用中性点不接地系统，35kV 配电设备相对地雷电冲击耐受电压的取值应为下列哪一项？（　　）

(A)95kV　　(B)118kV
(C)185kV　　(D)215kV

32. 高层建筑竖向电缆井道内的接地干线与相近楼板钢筋做等电位联结时，规范规定应不大于下列哪一项数值？（　　）

(A)10m　　(B)15m
(C)20m　　(D)30m

33. 在满足眩光限制和配光要求条件下，应选用效率高的灯具，当荧光灯灯具出光型式选用格栅时，灯具效率不应低于下列哪一项数值？（　　）

(A)80%　　(B)70%

(C)60%　　(D)50%

34. 为了对各种照明灯具的光强分布特性进行比较，灯具的光强分布曲线是按下列哪一项编制的？（　　）

(A)发光强度 1000cd　　(B)照度 1000lx
(C)光通量 1000lm　　(D)亮度 1000cd/m^2

35. 关于 PLC 编程语言的描述，下列哪一项是错误的？（　　）

(A)各 PLC 都有一套符合相应国际或国家标准的编程软件
(B)图形化编程语言包括功能块图语言、顺序功能图语言及梯形图语言
(C)顺序功能图语言是一种描述控制程序的顺序行为特征的图形化语言
(D)指令表语言是一种人本化的高级编程语言

36. 在 10/0.4kV 变压器为电动机供电时，当系统短路容量是变压器容量的 50 倍以上时，笼型电动机全压直接经常启动的最大电动机额定功率不宜大于电源变压器容量的多少？（　　）

(A)15%　　(B)20%　　(C)25%　　(D)30%

37. 在进行建筑设备监控系统网络层的配置时，下列哪一项不符合规范的规定？（　　）

(A)控制器之间通信应为对等式直接数据通信
(B)当采用分布式智能输入、输出模块时，不可用软件配置的方法，把各个输入、输出点分配到不同的控制器中进行监控
(C)用双绞线作为传输介质
(D)控制器可与现场网络层的只能现场仪表和分布式智能输入、输出模块进行通信

38. 安全防范系统的集成设计中，下列哪一项不符合规范中各子系统间的联动或组合设计的规定？（　　）

(A)出入口控制系统宜与消防报警系统的联动，保证火灾情况下的紧急逃生
(B)根据实际需要，电子巡查系统可与出入口控制系统或入侵报警系统进行联动或组合
(C)出入口控制系统可与入侵报警系统或/和视频安防系统联动或组合
(D)入侵报警系统可与视频安防监控系统或/和出入口控制系统联动或组合

39. 按规范规定，在移动通信信号室内覆盖系统中，基站接受端到系统的上行噪声电平应小于下列哪一项数值？（　　）

(A) -100dBm　　(B)100dBm

(C)120dBm (D) -120dBm

40. 某 66kV 架空电力线路档距为 140m，请计算导线与地线在档距中央的距离应大于或等于下列哪个数值？ ( )

(A)1.88m (B)2.25m (C)2.68m (D)3.15m

二、多项选择题（共 30 题，每题 2 分。每题的备选项中有 2 个或 2 个以上符合题意。错选、少选、多选均不得分）

41. 在 TN 系统中作为间接接触保护，下列哪些措施是不正确的？ ( )

(A)TN 系统中采用过电流保护
(B)TN-S 系统中采用剩余电流保护器
(C)TN-C 系统中采用剩余电流保护器
(D)TN-C-S 系统中采用剩余电流保护，且保护导体与 PEN 导体应在剩余电流保护器的负荷侧连接

42. 爆炸性粉尘环境 10 区的电压为 1000V 以下电缆配线技术要求，下列哪些是正确的？ ( )

(A)铜芯电缆的最小截面 2.5mm^2 及以上
(B)铜芯电缆的最小截面 1.5mm^2 及以上
(C)重型移动电缆
(D)中型移动电缆

43. 建筑物谐波源较多供配电系统设计，下列哪些措施是正确的？ ( )

(A)选用 D，Yn11 接线组别的配电变压器
(B)选择配电变压器容量使负载率大于 70%
(C)设置滤波装置
(D)设置不配电抗器的功率因数补偿电容器组

44. 根据允许中断供电的时间，可选用下列哪些项的应急电源？ ( )

(A)允许中断供电的时间为 15s 以上的供电，可选用快速自启动的发电机组
(B)自投装置的动作时间能满足允许中断供电时间的，选用带自动投入装置的专用馈电线路
(C)允许中断供电时间为毫秒级的供电，选用蓄电池静止型不间断供电装置、蓄电池机械储能电机型不间断供电装置或柴油机不间断供电装置
(D)不间断供电装置(UPS)，适合于要求连续供电或允许中断供电时间为毫秒级的供电

45. 在 10kV 配电系统中，关于中性点经高电阻接地系统的特点，下列表述哪些是正

确的？（ ）

（A）可以限制单相接地故障电流
（B）可以消除大部分谐振过电压
（C）单相接地故障电流小于10A，系统可在接地故障下持续不中断供电
（D）系统绝缘水平要求较低

46. 需要降低冲击负荷引起电网电压波动和电压闪变时，宜采取下列哪些项的供电措施？（ ）

（A）采用专线供电
（B）与其他负荷共用配电线路时，增加配电线路阻抗
（C）对较大功率的冲击性负荷或冲击性负荷群由专用配电变压器供电
（D）对于大功率电弧炉的炉用变压器由短路容量较大的电网供电

47. 110kV及以下供配电系统中，用电单位的供电电压应根据下列哪些因素，经技术经济比较确定？（ ）

（A）用电容量及用电设备特性
（B）供电距离及供电线路的回路数
（C）用电设备过电压水平
（D）当地公共电网现状及其发展规划

48. 某10kV配电所，电源和母线分段开关有继电保护和自动装置要求，且出线回路较多，下列哪些做法不符合规范要求？（ ）

（A）10kV配电所专用电源线的进线开关采用隔离开关
（B）配电所10kV非专用电源线的进线侧装设带保护的开关设备
（C）10kV母线的分段处装设断路器
（D）与另一10kV配电所之间的联络线在供电侧配电所装设隔离开关

49. 下列关于10kV变电所的设置原则，哪些不符合规范的要求？（ ）

（A）10kV配电所与火灾危险区域的建筑物毗邻时，配电所可通过走廊与火灾危险环境建筑物相遇，通向走廊的门应为难燃烧体的
（B）10kV变配电所与火灾危险区域的建筑物毗邻时，变配电所与火灾危险环境建筑物共用的隔墙应是密实的难燃烧体
（C）10kV变配电所与火灾危险区域的建筑物毗邻时，变压器室的门窗应通向非火灾危险环境
（D）10kV变配电所不宜设在有火灾危险区域的正上方，可设在有火灾危险区域的正下方

50. 当低压配电装置成排布置时，下列表述哪些是正确的？（ ）

（A）抽屉式低压开关柜双排面对面布置时，屏前通道净宽不应小于2m，屏后通道净宽不应小于1m

(B)当建筑物墙面遇有柱类局部凸出物,凸出部分的净宽可减少0.2m

(C)固定式低压开关柜双排对面布置时,屏前通道净宽不应小于2m,屏后通道净宽不应小于0.8m

(D)抽屉式低压开关柜单排布置时,屏前通道净宽不应小于1.8m,屏后通道净宽不应小于1m

51. 关于电力系统短路电流实用计算中,下列哪些假设条件是正确的? (　　)

(A)正常工作时三相系统对称运行

(B)电力系统各元件的磁路不饱和,即带铁芯的电气设备电抗值不随电流大小发生变化

(C)不考虑短路点的电弧阻抗和变压器的励磁电流

(D)在低压网络的短路电流计算时,元件的电阻忽略不计

52. 在进行低压配电线路的短路保护设计时,关于绝缘导体的热稳定校验,当短路持续时间属于下列哪几项时,应计入短路电流非周期分量的影响? (　　)

(A)0.05s　　(B)0.08s

(C)0.015s　　(D)0.2s

53. 高压并联电容器装置的电器和导体,应满足下列哪些项的要求? (　　)

(A)在当地环境条件下正常运行要求

(B)短路时的动热稳定要求

(C)接入电网处负载的过负载要求

(D)操作过程的特殊要求

54. 有关10kV变压器一次侧开关的装设,下列说法哪些是正确的? (　　)

(A)10kV系统以放射式供电时,宜装设隔离开关或负荷开关

(B)10kV系统以放射式供电时,当变压器在变电所时,可不装开关

(C)10kV系统以树干式供电时,应装设带保护的开关或跌落式熔断器

(D)10kV系统以树干式供电时,必须装设断路器

55. 规范要求非裸导体应按下列哪些技术条件进行选择和校验? (　　)

(A)电流和经济电流密度　　(B)电晕

(C)动稳定和热稳定　　(D)允许电压降

56. 电缆绝缘类型的选择,下列哪些要求符合规范规定? (　　)

(A)在使用电压、工作电流及其特征和环境条件下,电缆绝缘特性可以小于常规预期寿命

(B)应根据运行可靠性、施工和维护的简便性以及允许最高工作温度与造价的

综合经济因素选择

(C)应符合防火场所的要求,并有利于安全

(D)明确需要与环境保护协调时,应选用符合环境环保的电缆绝缘类型

57. 电力装置的继电保护和自动装置设计中,当采用蓄电池组作直流电源时,下列哪些说法是正确的? ( )

(A)由浮充电设备引起的波纹系数不应大于5%

(B)由浮充电设备引起的电压允许波动应控制在额定电压的10%范围内

(C)充电后期直流母线电压上限不应高于额定电压的110%

(D)充电后期直流母线电压下限不应低于额定电压的85%

58. 备用电源和备用设备的自动投入装置,应符合下列哪些项的要求? ( )

(A)工作回路上的电压,不论因何原因消失时,自动投入装置应瞬间动作

(B)手动断开工作回路时,延时启动自动投入装置

(C)保证自动投入装置只动作一次

(D)保证在备用回路有电压、工作回路断开后才投入备用回路

59. 有关直流充电装置的额定电流的选择,下列说法哪些是正确的? ( )

(A)额定电流应满足浮充电的要求

(B)有初充电要求时,额定电流应满足初充电的要求

(C)充电装置直流输出均衡充电电流调节范围为40% ~80%

(D)额定电流应满足均衡充电的要求

60. 建筑物应根据其重要性、使用特性、发生雷电事故的可能性和后果,按防雷要求进行分类,下列哪些建筑物应划为第二类防雷建筑物? ( )

(A)在平均雷暴日大于15天/年的地区,高度为18m孤立的水塔

(B)特大型、大型铁路旅客站

(C)具有10区爆炸危险环境的建筑物

(D)高度超过100m建筑物

61. 有关变电站的10kV配电装置装设阀式避雷器的位置和形式,下列说法哪些是正确的? ( )

(A)架空进线各相上均应装设配电阀式避雷器

(B)每组母线各相上均应装设配电阀式避雷器

(C)架空进线各相上均应装设电站阀式避雷器

(D)每组母线各相上均应装设电站阀式避雷器

62. 下列哪几种情况下,系统采用不接地方式? ( )

(A)单相接地故障电容电流不超过 10A 的 35kV 系统

(B)单相接地故障电容电流超过 10A,但又需要系统在接地故障条件下运行的 35kV 系统

(C)10kV 系统不直接连接发电机的系统,单相接地故障电容电流不超过 10A,由 10kV 钢筋混凝土杆塔架空线路构成的系统

(D)10kV 电缆线路构成的系统,且单相接地故障电容电流不超过 30A

63. 下列关于电梯接地的描述,哪些是正确的? ( )

(A)与建筑物的用电设备不能采用同一接地体

(B)与电梯相关的所有电气设备及导管、线槽的外露可导电部分均应可靠接地

(C)电梯轿厢和金属件,应采用等电位联结

(D)当轿厢接地线利用电缆芯线时,应采用一根铜芯导体,截面不得小于 $2.5mm^2$

64. 在气体放电灯的频闪效应对视觉作业有影响的场所,应采用下列哪些措施? ( )

(A)灯具设置电容补偿

(B)采用高频电子镇流器

(C)相邻灯具分接在不同相序

(D)单相供电,使场所的灯具接在相同相序上

65. 下列关于道路照明开关灯时天然光照度的说法,哪些项要求是正确的? ( )

(A)主干路照明开灯时宜为 15lx

(B)主干路照明关灯时宜为 30lx

(C)次干路照明开灯时宜为 15lx

(D)次干路照明关灯时宜为 20lx

66. 调节系统如下图所示,下列哪些项的描述是正确的? ( )

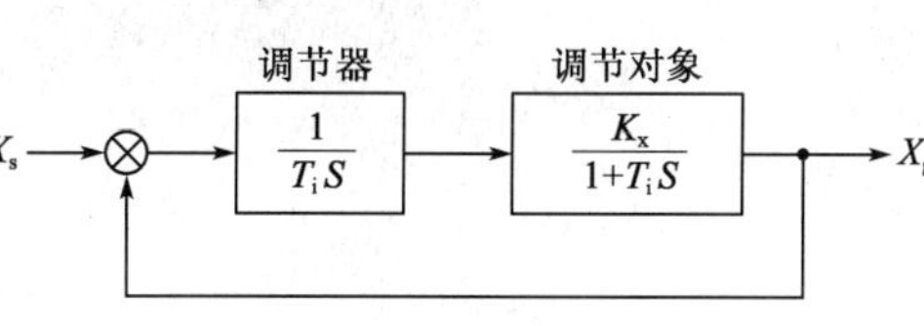

(A)该系统的调节器为时间常数 T_i 的积分调节器

(B)该系统的调节对象为时间常数 T_i,放大系数 K 的惯性环节

(C)该系统为二阶闭环调节系统

(D)该系统的闭环传递函数为$(1+K)/(1+T_iS+T_iS^2)$

67. 下列交流电动机调速方法中,哪些不属于高速调速? ( )

(A)变级数控制　　(B)转子串电阻

(C)液力耦合器控制　　(D)定子变压控制

68. 下列哪几项符合建筑设备监控系统控制器的技术规定？ （　　）

(A)硬件和软件宜采用模块化结构

(B)在管理网络层故障时应能继续独立工作

(C)CPU 不宜低于 32 位

(D)RAM 数据应有 72h 断电保护

69. 电子信息系统机房的接地,下面哪几项不符合规范要求？ （　　）

(A)机房交流功能接地、保护接地、直流功能接地、防雷接地等各种接触宜共用接地网,接地电阻按其中最小值确定

(B)机房内应做等电位联结,并设置等电位联结端子箱

(C)对于工作频率小于 30kHz,且设备数量较少的机房,可采用 M 型接地方式

(D)当各系统共用接地网时,宜将各系统用接地导体串联后与接地网连接

70. 下列关于架空电力线路过电压保护方式的设计原则中,哪些项与规范不一致？ （　　）

(A)66kV 线路,年平均雷暴日数为 40 天以上的地区,宜全线架设地线

(B)35kV 线路,进出线宜架设地线

(C)在多雷区,10kV 混凝土杆线路可在三角排列的中线上装设避雷器

(D)在多雷区,10kV 混凝土杆铁横担线路,当采用绝缘导线时,应提高绝缘子耐压等级

2009年专业知识试题答案(下午卷)

1. **答案**:C

依据:《爆炸和火灾危险环境电力装置设计规范》(GB 50058—1992)第2.3.2条。

2. **答案**:C

依据:《民用建筑电气设计规范》(JGJ 16—2008)附录A。

3. **答案**:B

依据:《工业与民用配电设计手册》(第三版)P13。

4. **答案**:C

依据:《钢铁企业电力设计手册》(上册)P111中“尖峰电流计算”。

5. **答案**:B

依据:《工业与民用配电设计手册》(第三版)P35。

6. **答案**:D

依据:《10kV及以下变电所设计规范》(GB 50053—1994)第3.2.5条,选项C答案不完整。

7. **答案**:B

依据:《民用建筑电气设计规范》(JGJ 16—2008)第6.3.2-2条。

8. **答案**:C

依据:《供配电系统设计规范》(GB 50052—2009)第5.0.6条。

9. **答案**:D

依据:旧规范《供配电系统设计规范》(GB 50052—1995)第2.0.5条,新规范已修改。

10. **答案**:D

依据:《3~110kV高压配电装置设计规范》(GB 50060—2008)第5.5.5条。

11. **答案**:A

依据:《民用建筑电气设计规范》(JGJ 16—2008)第4.9.4条。

12. **答案**:A

依据:《供配电系统设计规范》(GB 50052—2009)第3.0.5条。

13. **答案**:C

依据:旧规范《供配电系统设计规范》(GB 50052—1995)第3.8.4条(选项A、B)和《电力工程电缆设计规范》(GB 50217—2007)第3.5.3条、第3.5.7条(选项C、D)。

14. **答案**:B

依据:《导体和电器选择设计技术规定》(DL/T 5222—2005)第5.0.13条或《3~110kV高压配电装置设计规范》(GB 50060—2008)第4.1.4条。

15. **答案**:B

依据:《低压配电设计规范》(GB 50054—2011)第6.2.4条。

16. **答案**:B

依据:此题不严谨,可参考《10kV及以下变电所设计规范》(GB 50053—1994)第6.2.1条、第6.2.2条与《民用建筑电气设计规范》(JGJ 16—2008)第4.9.8条,选项D答案也应正确,但考虑到本题考查《10kV以下变电所设计规范》(GB 50053—1994),建议选B。

17. **答案**:B

依据:《3~110kV高压配电装置设计规范》(GB 50060—2008)第7.2.3条。

18. **答案**:C

依据:《工业与民用配电设计手册》(第三版)P200表5-2。

19. **答案**:B

依据:《导体和电器选择设计技术规定》(DL/T 5222—2005)第10.2.4条。

20. **答案**:A

依据:《电力工程电缆设计规范》(GB 50217—2007)第3.4.2条。

21. **答案**:C

依据:旧规范《低压配电设计规范》(GB 50054—1995)第2.2.3条,新规范已取消。

22. **答案**:C

依据:旧规范《低压配电设计规范》(GB 50054—1995)第2.2.8条,新规范已取消。

23. **答案**:C

依据:《电力工程电缆设计规范》(GB 50217—2007)第5.5.1-4条表5.5.1。

24. **答案**:C

依据:旧规范《35~110kV变电所设计规范》(GB 50059—1992)第3.5.3条,新规范已取消。

25. **答案**:A

依据:《电力装置的电测量仪表装置设计规范》(GB/T 50063—2008)第3.8.6条。

26. **答案**:C

依据:《电力装置的继电保护和自动装置设计规范》(GB/T 50062—2008)第15.3.1条。

注:原题考查旧规范 GB 500062—1992 第2.0.10条:采用交流整流电源作为继电保护直流电源,直流母线电压在最大负荷时保护动作不应低于额定电压80%,但新规范已修改。

27. **答案**:C

依据:《电力工程直流系统设计技术规程》(DL/T 5044—2004)第4.2.3-3条。

28. **答案**:D

依据:《电力工程直流系统设计技术规程》(DL/T 5044—2004)第7.1.5条。

29. **答案**:B

依据:《建筑物防雷设计规范》(GB 50057—2010)第6.4.4条。

30. **答案**:A

依据:《建筑物防雷设计规范》(GB 50057—2010)第4.5.5条。

注:旧规范要求当年累计次数大于或等于0.06。

31. **答案**:C

依据:《交流电气装置的过电压保护和绝缘配合》(DL/T 620—1997)第10.4.5条表19。

32. **答案**:C

依据:《民用建筑电气设计规范》(JGJ 16—2008)第12.5.6-4条。

33. **答案**:C

依据:《建筑照明设计标准》(GB 50034—2004)第3.3.2条。

34. **答案**:C

依据:《照明设计手册》(第二版)P103。

35. **答案**:D

依据:《电气传动自动化技术手册》(第二版)P800。

36. **答案**:B

依据:《钢铁企业电力设计手册》(下册)P89表24-1。

37. **答案**:B

依据:《民用建筑电气设计规范》(JGJ 16—2008)第18.4.7条。

38. **答案**:A

依据:《安全防范工程技术规范》(GB 50348—2004)第3.10.3条。

39. **答案**:D

依据:《民用建筑电气设计规范》(JGJ 16—2008)第20.5.2-9条。

40. 答案:C

依据:《66kV及以下架空电力线路设计规范》(GB 50061—2010)第5.2.2条。

---

41. 答案:CD

依据:《低压电气装置 第4-41部分:安全防护 电击防护》(GB 16895.21—2011)第411.4条。

42. 答案:AC

依据:《爆炸和火灾危险环境电力装置设计规范》(GB 50058—1992)第3.4.4条,表3.4.4。

43. 答案:AC

依据:《供配电系统设计规范》(GB 50052—2009)第5.0.13条或《工业与民用配电设计手册》(第三版)P290表6-40。

44. 答案:ACD

依据:《供配电系统设计规范》(GB 50052—2009)第5.0.13条,其中"蓄电池不间断储能电机型不间断供电装置"为旧规范内容。

45. 答案:ABC

依据:《工业与民用配电设计手册》(第三版)P33。

46. 答案:ACD

依据:《供配电系统设计规范》(GB 50052—2009)第5.0.11条。

47. 答案:ABD

依据:《供配电系统设计规范》(GB 50052—2009)第5.0.1条。

48. 答案:AD

依据:《10kV及以下变电所设计规范》(GB 50053—1994)第3.2.2条、第3.2.4条、第3.2.5条、第3.2.6条。

49. 答案:BCD

依据:《爆炸和火灾危险环境电力装置设计规范》(GB 50058—1992)第4.3.5条和(GB 50052—1994)第2.0.1条第八款。

50. 答案:BD

依据:《10kV及以下变电所设计规范》(GB 50053—1994)第4.2.9条表4.2.9。

51. 答案:ABC

依据:《导体和电器选择设计技术规定》(DL/T 5222—2005)附录 F-F.1.1、附录 F-F.1.4、附录 F-F.1.8、附录 F-F.1.9。

52. **答案:**AB

依据:《低压配电设计规范》(GB 50054—2011)第 6.2.3-2 条。

53. **答案:**AB

依据:《并联电容器装置设计规范》(GB 50227—2008)第 5.1.2 条。

54. **答案:**ABC

依据:《10kV 及以下变电所设计规范》(GB 50053—1994)第 3.2.13 条。

55. **答案:**ACD

依据:《导体和电器选择设计技术规定》(DL/T 5222—2005)第 7.1.1 条。

56. **答案:**BCD

依据:《电力工程电缆设计规范》(GB 50217—2007)第 3.4.1 条。

57. **答案:**CD

依据:《电力装置的继电保护和自动装置设计规范》(GB/T 50062—2008)第15.3.1条。

58. **答案:**CD

依据:《电力装置的继电保护和自动装置设计规范》(GB/T 50062—2008)第11.0.2条。

59. **答案:**ABD

依据:《电力工程直流系统设计技术规程》(DL/T 5044—2004)第 7.2.2 条。

60. **答案:**BD

依据:《民用建筑电气设计规范》(JGJ 16—2008)第 11.2.3 条。

61. **答案:**AD

依据:《交流电气装置的过电压保护和绝缘配合》(DL/T 620—1997)第 7.3.9 条。

62. **答案:**ACD

依据:《交流电气装置的过电压保护和绝缘配合》(DL/T 620—1997)第 3.1.2 条。

63. **答案:**BC

依据:《通用用电设备配电设计规范》(GB 50055—2011)第 3.3.7 条。

64. **答案:**BC

依据:《建筑照明设计标准》(GB 50034—2004)第 7.2.11 条。

65. **答案:**ABC

依据:《照明设计手册》(第二版)P458 最后一段。

66. **答案:**ABC

依据:《钢铁企业电力设计手册》(上册)P457。

67. **答案:**BCD

依据:《钢铁企业电力设计手册》(上册)P270。

68. **答案:**ABD

依据:《民用建筑电气设计规范》(JGJ 16—2008)第 18.4.5 条。

69. **答案:**CD

依据:《民用建筑电气设计规范》(JGJ 16—2008)第 23.4.2 条。

70. **答案:**AD

依据:《66kV 及以下架空电力线路设计规范》(GB 50061—2010)第 6.0.14 条。

2009年案例分析试题(上午卷)

[案例题是4选1的方式,各小题前后之间没有联系,共25道小题,每题分值为2分,上午卷50分,下午卷50分,试卷满分100分。案例题一定要有分析(步骤和过程)、计算(要列出相应的公式)、依据(主要是规程、规范、手册),如果是论述题要列出论点]

题1~5:在一住宅单元楼内以单相220V、TN-C-S系统供电,单元楼内PE干线的阻抗值32mΩ,PE分支干线的阻抗值37mΩ,重复接地电阻值R_a为10Ω,以及故障电流值I_d为900A,请回答下列问题。

1. 如右图所示,楼内设有以点画线表示的总等电位联结MEB,试求在用电设备C发生图示的碰外壳接地故障时,用电设备金属外壳上的预期接触电压值U_f是多少? ( )

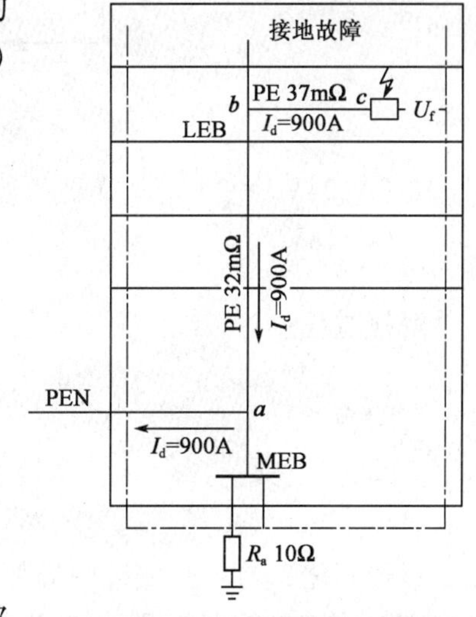

(A)36V

(B)62V

(C)29V

(D)88V

解答过程:

2. 如右图所示,在该楼层内做虚线所示的局部(辅助)等电位联结LEB,试求这种情况下用电设备C发生图示的碰外壳接地故障时,用电设备金属外壳上的预期接地电压值U_f是多少? ( )

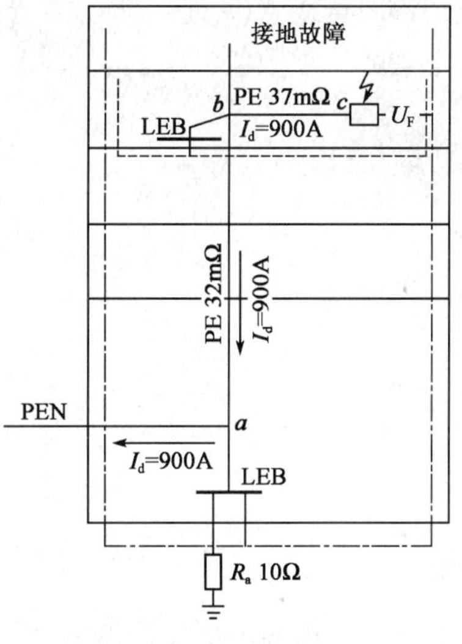

(A)33V

(B)88V

(C)42V

(D)24V

解答过程:

3. 在建筑物的浴室内有一台用电设备的电源经一接线盒从浴室外的末端配电箱引来，电路各 PE 线的阻抗值如下图所示。在设计安装中将局部等电位 LEB 联结到浴室外末端配电箱的 PE 母排，如虚线所示的 dc 线段，而断开 bd 连线。当用电设备发生碰外壳接地故障时，故障电流 I_d 为 600A，故障设备的预期接触电压 U_f 为下列哪一项数值？（　　）

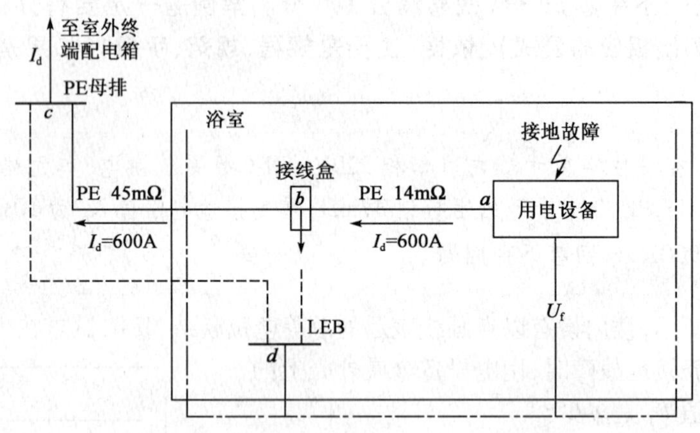

(A)24V　　(B)35V

(C)18V　　(D)32V

解答过程：

4. 接问题 3，在设计安装中局部等电位联结 LEB 不接向浴室外末端配电箱而改接至浴室内接线盒（b 处），即连接 db 线段。发生同样接地故障时设备的预期接触电压 U_f 为下列哪一项数值？（　　）

(A)8.4V　　(B)12V

(C)10.5V　　(D)18V

解答过程：

5. 如果用电设备安装在浴室的 0 区内，下列哪一项供电措施是正确的？（　　）

(A)由隔离变压器供电

(B)由标称电压为 12V 的安全特低电压供电

(C)由动作电流不大于 30mA 的剩余电流动作保护进行供电

(D)由安装在 0、1、2 内的电源接线盒的线路供电

解答过程：

题 6～10：地处西南某企业 35kV 电力用户具有若干 10kV 变电所。所带负荷等级为三级，其供电系统图和已知条件如下：

1)35kV 线路电源侧短路容量为 500MV·A。

2)35kV 电源线路长 15km。

3)10kV 馈电线路 20 回，均为截面积 $185mm^2$ 的电缆出线，每回平均长度 1.3km。

4)35/10kV 变电站向车间 A 馈电线路所设的主保护动作时间和后备保护时间分别为 0 和 0.5s，当主保护装置为速动时，短路电流持续时间为 0.2s。

5)车间 B 变电所 3 号变压器容量 800kV·A，额定电压 10/0.4kV，Y，yn0 接线，其低压侧计算电流为 900A，低压母线载流量为 1500A。

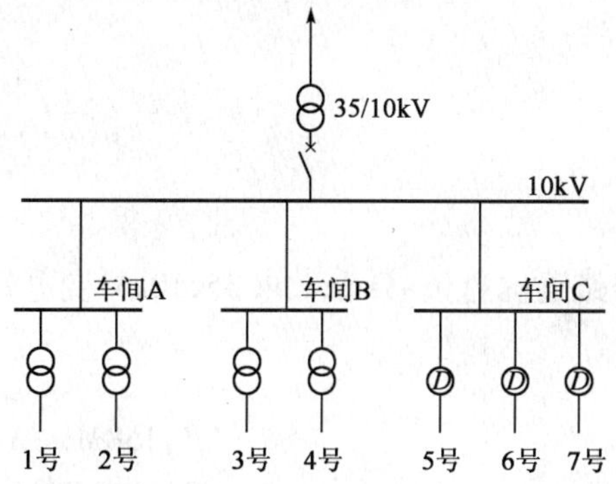

请回答下列问题。

6. 为充分利用变压器的容量，车间 B 的 3 号变压器低压侧主断路器长延时过电流脱扣器整定电流宜选用下列哪一项数值？ (　　)

(A)800A　　(B)1000A

(C)1250A　　(D)1600A

解答过程：

7. 车间C的5号笼型异步电动机负载为螺杆式空气压缩机，额定电流为157A，启动电流倍数为6.5，电动机启动时间为8s，采用定时限继电器为过负载保护，电流互感器变比为200/5，接线系数取1，过负荷保护动作于信号，过负荷保护装置动作整定值和过负荷保护装置动作时间应选取下列哪组数值？（　　）

(A)4.9A,9s　　(B)4.9A,11s

(C)5.5A,9s　　(D)5.5A,11s

解答过程：

8. 截面积为185mm^{2}的10kV电缆线路单相接地故障电容电流取1.40A/km，当变电站10kV系统中性点采用经消弧线圈接地时，消弧线圈容量为下列哪一项数值？（　　）

(A)100kV·A　　(B)200kV·A

(C)300kV·A　　(D)400kV·A

解答过程：

9. 已知35kV架空线路电抗为0.4Ω/km，求35/10kV变电站35kV母线短路容量为下列哪一项数值？（　　）

(A)145MV·A　　(B)158MV·A

(C)230MV·A　　(D)290MV·A

解答过程：

10. 35/10kV变电所向车间A的馈电线路为10kV交联聚乙烯铝芯电缆，敷设在电缆沟中的电路计算负荷电流为45A，通过电流回路最大电流为5160A，按电缆热稳定条件，电缆截面应选择下列哪一项？（　　）

(A)25mm^2　　(B)35mm^2

(C)50mm^2　　(D)70mm^2

解答过程：

题 11～15：在某市开发区拟建设一座 110/10kV 变电所，两台主变压器布置在室外，型号为 SFZ10－20000/110，设两回 110kV 电源架空进线。高压配电装置为屋内双层布置：10kV 配电室、电容室、维修间、备件库等均匀布置在一层；110kV 配电室、控制室布置在二层。请回答下列问题。

11. 该变电所所址的选择和所区的表述中，下列哪一项表述不符合规范要求？（　　）

（A）靠近负荷中心

（B）所址的选择应与城乡或工矿企业规划相协调，对于变电站的进出线口只需考虑架空线路的引入和引出的方便

（C）所址周围环境宜无明显污秽，如空气污秽时，所址宜设在污源影响最小处

（D）变电所内为满足消防要求的主要道路宽度，应为 3.5m，主要设备运输道路的宽度可根据运输要求确定，并应具备回车条件。

解答过程：

12. 该 110/10kV 变电所一层 10kV 配电室内，布置 36 台 KYN1-10 型手车式高压开关柜（小车长度为 800mm），采用双列布置。请判断 10kV 配电室操作通道的最小宽度应为下列哪一项数值？并说明其依据及主要考虑的因素是什么？（　　）

（A）3000mm　　（B）2500mm　　（C）2000mm　　（D）1700mm

解答过程：

13. 为实现无功补偿，拟在变电所一层设置 6 台 GR-1 型 10kV 电容器柜，关于室内高压电容器装置的布置，在下列表述中哪一项是不符合规范要求的？（　　）

（A）室内高压电容器宜设置在高压配电室内

（B）成套电容器柜双列布置时，柜面之间的距离应不小于 2m

(C)当高压电容器室的长度超过7m时,应设两个出口

(D)高压并联电容器装置室,宜采用自然通风,当自然通风不能满足要求时,可采用自然通风和机械通风

解答过程:

14. 若两台主变压器布置在高压配电装置室外侧(每台主变压器油重5.9t),关于主变压器的布置,下列表述哪一项是正确的? ( )

(A)每台主变压器设置能容纳100%油量的储油池,并设置有将油排到安全处所的设施

(B)两台主变压器之间无防火墙时,其最小防火净距应为8m

(C)屋外油浸变压器之间设置防火墙时,防火墙的高度低于变压器油枕的顶端高度

(D)当高压配电装置室外墙距主变压器外廓5m以内时,在变压器高度以上3m的水平线以下及外廓两侧各加3m的外墙范围内,不应有门、窗或通风孔

解答过程:

15. 该变电所二层110kV配电装置室内布置有8个配电间隔,变电所110kV室外进线门型构架至高压配电装置室之间导线为LGJ-150钢芯铝绞线,当110kV系统中性点为非有效接地时,请问门型构架处不同相的带电部分之间最小安全净距应为下列哪一项数值? ( )

(A)650mm　　(B)900mm

(C)1000mm　　(D)1500mm

解答过程:

题16~20:某10kV变电所,10kV系统中性点不接地。请回答下列问题。

16. 继电保护设计时,系统单相接地故障持续时间在1min~2h之间,请按规范规定选择标称电压为10kV电缆。其缆芯与绝缘屏蔽层(或金属护套之间)的额定电压U_0最小为下列哪一项数值? ( )

(A)6kV　　(B)8.7kV　　(C)10kV　　(D)12kV

解答过程：

17. 某一控制、信号回路，额定电压 U_n = DC110V，电缆长度 68m，已知回路最大工作电流 4.2A。按允许电压降 $\Delta U_p = 4\%\ U_n$ 计算，铜芯电缆的最小截面应为下列哪一项数值？（铜导体电阻系数 $\rho = 0.0184\Omega mm^2/m$，不考虑敷设条件的影响）（　　）

(A)$6mm^2$　　(B)$4mm^2$

(C)$2.5mm^2$　　(D)$1.5mm^2$

解答过程：

18. 该变电所水平布置三相 63mm×6.3mm 硬铜母线，长度为 10m，母线相间导体中心间距为 350mm，母线绝缘子支撑点间距 1.2m。已知母线三相短路冲击电流 75kA，母线水平放置，为校验母线短路动稳定，短路电流通过母线的应力为哪一项数值？（矩形截面导体的形状系数 $K_x = 0.66$，振动系数 $\beta = 1$，不考虑敷设条件的影响）（　　）

(A)4395.8MPa　　(B)632.9MPa

(C)99.8MPa　　(D)63.3MPa

解答过程：

19. 距变电所 220/380V 线路低压配出点 300m 有三相平衡用电设备，负载电流 261A，功率因数 $\cos\phi = 1$，按允许载流量设计选用导体标称截面 $95mm^2$ 的电缆。为校验允许电压降的设计要求，计算线路电压降为下列哪一项数值？[功率因数 $\cos\phi = 1$，查表 $\Delta u_a\% = 0.104\%/(A\cdot km)$]（　　）

(A)3.10%　　(B)5.36%

(C)7%　　(D)8.14%

解答过程：

20. 若变电所地处海拔高度3000m，室内实际环境温度25℃，规范规定室内高压母线长期允许载流量的综合校正系数应采用下列哪一项数值？（　　）

(A)1.05　　(B)1.00　　(C)0.94　　(D)0.88

解答过程：

题21～25：某厂根据负荷发展需要，拟新建一座110/10kV变电站，用于厂区内10kV负荷的供电，变电所基本情况如下：

1）电源取自地区110kV电网（无限大电源容量）。

2）主变采用两台容量为31.5MV·A三相双绕组自冷有载调压变压器，户外布置。变压器高、低压侧均采用架空套管进线。

3）每台变压器低压侧配置2组10kV并联电容器，每组容量为2400kvar；用单星形接线，配12%干式空芯电抗器，选用无重燃的真空断路器进行投切。

4）110kV设备采用GIS户外布置，10kV设备采用中置柜户内双列布置。

5）变电站接地网水平接地极采用ϕ20热镀锌圆钢，垂直接地极采用L50×50×5热镀锌角钢；接地网埋深0.8m，按下图敷设。

方格均为(8×8)m

请回答下列问题。

21. 在本站过电压保护中，下列哪一项无需采取限制措施？（　　）

(A)工频过电压　　(B)谐振过电压

(C)线路合闸和重合闸过电压　　(D)雷电过电压

解答过程：

22. 当需要限制电容器极间和电源侧对地过电压时,10kV 并联电容器组过电压可采用哪一个图的接线方式? ( )

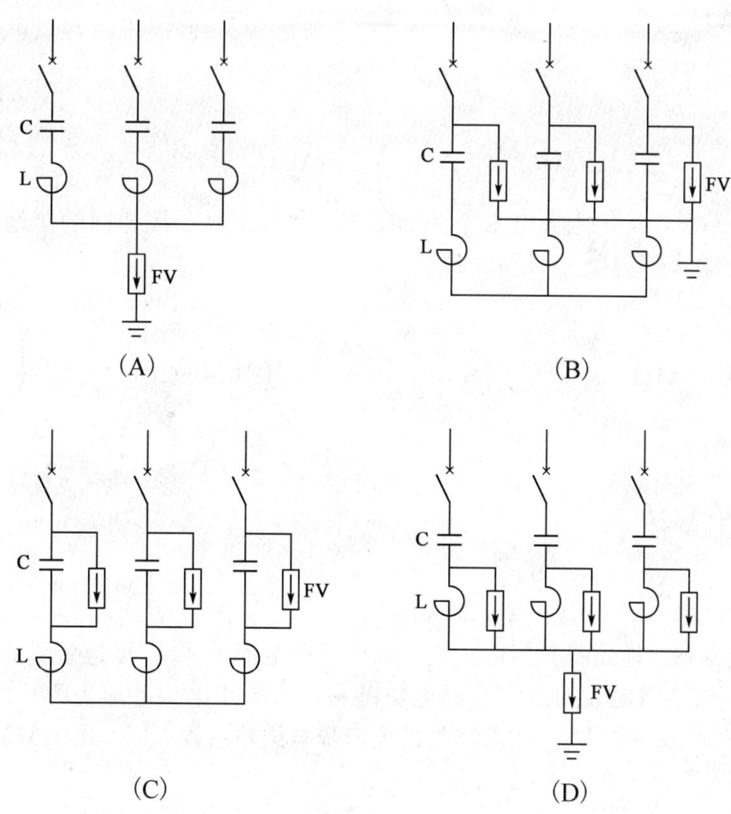

解答过程:

23. 变电站采用独立避雷针进行保护,下列有关独立避雷针设计的表述哪一项是不正确的? ( )

(A)独立避雷针宜设独立的接地装置。在非高土壤电阻率地区,其接地电阻不应超过 10Ω

(B)独立避雷针宜设独立的接地装置,接地电阻难以满足要求时,该接地装置可与主接地网连接,但避雷针与主接地网的地下连接点至 35kV 及以下设备与主接地网的地下连接点之间,沿接地体的长度不得小于 10m

(C)独立避雷针不应设在人经常通行的地方,避雷针及其接地装置与道路或出入口等的距离不宜小于 3m,否则应采取均压措施,或铺设砾石或沥青地面,也可敷设混凝土地面

(D)110kV 及以上的配电装置,一般将避雷针装在配电装置的架构或房顶上,但

在土壤电阻率大于 1000Ω·m 的地区，宜装设独立避雷针。否则应通过验算，采取降低接地电阻或加强绝缘等措施

解答过程：

24. 变电站场地均匀土壤电阻率为 50Ω·m，则本站复合接地网的接地电阻为哪一项？（要求精确计算，小数点保留 4 位） （　　）

(A) 0.5886Ω　　(B) 0.5826Ω

(C) 0.4741Ω　　(D) 0.4692Ω

解答过程：

25. 假定本站接地短路时接地装置的入地短路电流为 4kA，接地装置的接地电阻为 0.5Ω，请计算接地网地表的最大接触电位差和最大跨步电位差应为哪一组数据？（已知最大接触电位差系数 $K_{tmax}=0.2254$，最大跨步电位差系数 $K_{smax}=0.0831$） （　　）

(A) 202.0V，316.8V　　(B) 450.8V，166.2V

(C) 507.5V，169.9V　　(D) 592.7V，175.2V

解答过程：

2009 年案例分析试题答案(上午卷)

题 1-5 答案:**BABAB**

1.《工业与民用配电设计手册》(第三版)P920、921 有关等电位的内容,U_f 为碰壳点与 MEB 之间的电位差,即 U_{ac}。

$$U_{ac} = I_d R_{PE(ac)} = 900 \times (37 + 32) \times 10^{-3} = 62.1\text{V}$$

2.《工业与民用配电设计手册》(第三版)P920、921,由于做局部等电位联结,U_f 为碰壳点与 LEB 之间的电位差,即 U_{ab}。

$$U_{ab} = I_d R_{PE(ab)} = 900 \times 37 \times 10^{-3} = 33.3\text{V}$$

3.《工业与民用配电设计手册》(第三版)P920、921,由于断开 *bd* 段,LEB 与 PE 母排等电位,因此 U_f 为碰壳点与 PE 母排之间的电位差,即 U_{ac}。

$$U_{ac} = I_d R_{PE(ac)} = 600 \times (14 + 45) \times 10^{-3} = 35.4\text{V}$$

4.《工业与民用配电设计手册》(第三版)P920、921,由于连接 *bd* 段,LEB 与接线盒等电位,因此 U_f 为碰壳点与 LEB 之间的电位差,即 U_{ab}。

$$U_{ab} = I_d R_{PE(ab)} = 600 \times 14 \times 10^{-3} = 8.4\text{V}$$

5.《工业与民用配电设计手册》(第三版)P926 倒数第 1 行,0 区内只允许用 12V 及以下的 SELV 供电。也可参考《建筑物电气装置　第 7 部分:特殊装置或场所的要求　第 702 节:游泳池和其他水池》(GB 16895.19—2002)的相关条文。

题 6 ~ 10 答案:**CACBC**

6.《低压配电设计规范》(GB 50054—2011)第 6.3.3 条式(6.3.3-1):$I_B \leqslant I_n \leqslant I_z$。

$$I_B = \frac{S}{\sqrt{3}U_N} = \frac{800}{\sqrt{3} \times 0.4} = 1154.7\text{A}$$

因此 $I_B \leqslant I_n$,选 1250A。

7.《工业与民用配电设计手册》(第三版)P324 表 7-22 过负荷保护相关公式。

$$I_{opK} = K_{rel}K_{jx}\frac{I_{rM}}{K_r n_{TA}} = 1.05 \times 1 \times \frac{157}{0.85 \times \frac{200}{5}} = 4.849\text{A}$$

$$t_{op} = (1.1 \sim 1.2)t_{st} = (1.1 \sim 1.2) \times 8 = 8.8 \sim 9.6\text{s}$$

8.《工业与民用配电设计手册》(第三版)P153 表 4-20。

$$I_C = (1 + 16\%) \times (1.4 \times 1.3 \times 20) = 42.224\text{A}$$

《导体和电器选择设计技术规定》(DL/T 5222—2005)第 18.1.4 条公式。

$$Q_C = KI_C\frac{U_N}{\sqrt{3}} = 1.35 \times 42.2 \times \frac{10}{\sqrt{3}} = 328.92\text{kV·A}$$

条文规定:为便于运行调谐,宜选用容量接近于计算值的消弧线圈,即300kV·A。

9.《工业与民用配电设计手册》(第三版)P127、128 表4-1、表4-2。

设:$S_j = 100\text{MV}\cdot\text{A}$;$U_j = 37\text{kV}$;$I_j = 1.56\text{kA}$。

$$X_{*S} = \frac{S_j}{S''_s} = \frac{100}{500} = 0.2$$

$$X_{*1} = X\frac{S_j}{U_j^2} = 0.4 \times 15 \times \frac{100}{37^2} = 0.438$$

$$X_* = X_{*s} + X_{*1} = 0.2 + 0.438 = 0.638$$

由P134 式(4-12)可得:$I''_* = \frac{1}{X_*} = \frac{1}{0.638} = 1.5674$

由P126 式(4-3)可得:$I = I_* I_j = 1.5674 \times 1.56 = 2.445\text{kA}$

$S_k = \sqrt{3} I_k U_j = \sqrt{3} \times 2.445 \times 37 = 156.69\text{kV}\cdot\text{A}$

10.《工业与民用配电设计手册》(第三版)P207 中"短路电流持续时间:校验电缆热稳定应采用后备保护动作时间与断路器分闸时间之和,即 $t = 0.5\text{s}$"。

《工业与民用配电设计手册》(第三版)P211 式(5-26)及P212 表5-9。

可得:

$$S_{min} = \frac{\sqrt{Q_t}}{c} \times 10^3 = \frac{I_k}{c}\sqrt{t} \times 10^3 = \frac{5.16}{90} \times \sqrt{0.5} \times 10^3 = 40.54\text{mm}^2$$

因此,选择最小截面为50mm^2。

题11~15 答案:**BBABC**

11.《35kV~110kV 变电站设计规范》(GB 50059—2011)第2.0.1 条第三款:与城乡或工矿企业规划相协调,便于架空和电缆线路的引入和引出。

12.《3~110kV 高压配电装置设计规范》(GB 50060—2008)第5.4.4 条及条文说明。

双列布置时,最小宽度为双车长+900mm,即2×800+900=2500mm,主要考虑断路器在操作通道内检修。

13.《并联电容器装置设计规范》(GB 50227—2008)第8.1.4 条、第9.1.5 条、第9.2.4条及《10kV 及以下变电所设计规范》(GB 50053—1994)第5.3.5 条规定。

14.《3~110kV 高压配电装置设计规范》(GB 50060—2008)第5.5.3 条、第5.5.4 条表5.4.4、第5.5.5 条和第7.1.11 条。

15.《3~110kV 高压配电装置设计规范》(GB 50060—2008)第5.5.3 条、第5.1.4 条表5.1.4 中A2 值。

题16~20 答案:**BCDDB**

16.《工业与民用配电设计手册》(第三版)P481 表9-2:中性点非有效接地系统中单相接地故障时间在1min~2h 之间必须选用II类的电缆绝缘水平,对 $U_n = 10\text{kV}$,$U_0 =$

8.7kV。

17.《电力工程直流系统设计技术规程》(DL/T 5044—2004)附录D式(D.1)。

$$S_{cac} = \frac{\rho \cdot 2LI_{ca}}{\Delta U_p} = \frac{0.0184 \times 2 \times 68 \times 4.2}{110 \times 0.04} = 2.34\text{mm}^2$$

18.《工业与民用配电设计手册》(第三版)P208式(5-14)。

各参数：$K_x = 0.66, \beta = 1, i_{p3} = 75\text{kA}, l = 1.2\text{m}, D = 0.35\text{m}$

$W = 0.167bh^2 = 0.167 \times 6.3 \times 63^2 \times 10^{-9} = 4.176 \times 10^{-6}$

母线应力：$\sigma_c = 1.73K_x(i_{p3})^2 \dfrac{l^2}{DW}\beta \times 10^{-2} = 1.73 \times 0.66 \times 75^2 \times \dfrac{1.2^2}{0.35 \times 4.176 \times 10^{-6}} \times 1 \times 10^{-2} = 63.3 \times 10^6\text{Pa} = 63.3\text{MPa}$

19.《工业与民用配电设计手册》P254式(6-3)。

$\Delta u = Il\Delta u_a = 261 \times 0.3 \times 0.104 = 8.14$

20.《工业与民用配电设计手册》P206表5-4或《导体和电器选择设计技术规定》(DL/T 52222—2005)附录D表D.11。

题21～25答案:**CDBBB**

21.《交流电气装置的过电压保护和绝缘配合》(DL/T 620—1997)第4.2.1条d)款:范围Ⅰ的线路合闸和重合闸过电压一般不超过3.0P.U.,通常无需采取限制措施。

22.《交流电气装置的过电压保护和绝缘配合》(DL/T 620—1997)第4.2.5条。

并联电容补偿装置电抗器的电抗率不低于12%时宜选F4,即选项D。

23.《交流电气装置的过电压保护和绝缘配合》(DL/T 620—1997)第7.1.6条和第7.1.7条,其中选项B应为:独立避雷针宜设独立的接地装置,接地电阻难以满足要求时,该接地装置可与主接地网连接,但避雷针与主接地网的地下连接点至35kV及以下设备与主接地网的地下连接点之间,沿接地体的长度不得小于15m。

24.《交流电气装置的接地设计规范》(GB/T 50065—2011)附录A第A.0.3条。

各算子：$L_0 = 5 \times 8 \times 4 = 160, L = 40 \times (6 + 6) = 480, S = 40 \times 40 = 1600, h = 0.8, \rho = 50, d = 0.02$

$$\alpha_1 = \left(3\ln\frac{L_0}{\sqrt{S}} - 0.2\right)\frac{\sqrt{S}}{L_0} = \left(3 \times \ln\frac{160}{\sqrt{1600}} - 0.2\right) \times \frac{\sqrt{1600}}{160} = 0.98972$$

$$B = \frac{1}{1 + 4.6 \times \dfrac{h}{\sqrt{S}}} = \frac{1}{1 + 4.6 \times \dfrac{0.8}{\sqrt{1600}}} = 0.91575$$

$$R_e = 0.213\frac{\rho}{\sqrt{S}}(1 + B) + \frac{\rho}{2\pi L}\left(\ln\frac{S}{9hd} - 5B\right) =$$

$$0.213 \times \frac{50}{\sqrt{1600}} \times (1 + 0.91575) + \frac{50}{2\pi \times 480} \times \left(\ln \frac{1600}{9 \times 0.8 \times 0.02} - 5 \times 0.91575\right) =$$

$$0.510068 + 0.078532 = 0.5886\Omega$$

$$R_n = \alpha_1 R_e = 0.98972 \times 0.5886 = 0.582549\Omega$$

注:该题计算过程极为烦琐,且无实际应用价值,只为占用考生的时间,近年已无此类题目。

25.《交流电气装置的接地设计规范》(GB/T 50065—2011)附录D。

接地装置地位:$U_g = IR = 4000 \times 0.5 = 2000V$

最大接触电位差:$U_{tmax} = K_{tmax} U_g = 0.2254 \times 2000 = 450.8V$

最大跨步电位差:$U_{smax} = K_{smax} U_g = 0.0831 \times 2000 = 166.2V$

注:原考查《交流电气装置的接地》(DL/T 621—1997)附录B式(B3)、式(B4)、式(B5)。

2009 年案例分析试题(下午卷)

[专业案例题(共 40 题,考生从中选择 25 题作答,每题 2 分)]

题 1 ~ 5:某厂为进行节能技术改造,拟将原由可控硅供电的直流电动机改用交流调速同步电动机,电动机水冷方式不变,原直流电动机的功率 $P_n = 2500kW$,转速为 585r/min,要求调速比大于 15:1,请回答下列问题。

1. 在该厂改造方案讨论中,对于直流电动机与同容量、同转速的同步电动机进行技术性能比较,曾提出如下观点,其中哪一项是错误的? ( )

(A)同步电动机的结构比直流电动机的简单,价格便宜
(B)直流电动机的 GD^2 比同步电动机的大
(C)直流电动机的外形尺寸及质量大于同步电动机
(D)直流电动机冷却用水量比同步电动机少

解答过程:

2. 本工程选用哪种交流调速系统最合适? ( )

(A)由变频电源供电的交流调速系统
(B)定子调压调速系统
(C)串级调速系统
(D)调速型液力耦合器

解答过程:

3. 该厂直流电动机的设备年工作 6000h,有效作业率 0.7,平均负载系数 0.65,设直流电动机平均效率为 0.91,同步电动机的平均效率为 0.96,改为交流传动方案后,估算电动机本身的年节能为下列哪一项数值? ( )

(A)$39.1 \times 10^4 kW \cdot h$　　(B)$60.9 \times 10^4 kW \cdot h$
(C)$85.9 \times 10^4 kW \cdot h$　　(D)$188.7 \times 10^4 kW \cdot h$

解答过程:

4. 改造方案中,如选6级同步电动机,要求电机的转速为585r/min,试求同步电动机的定子变频电源的频率接近下列哪一项? ( )

(A)29Hz (B)35Hz

(C)39Hz (D)59Hz

解答过程:

5. 如上述同步电动机要求的电源频率为33Hz,系统电源频率为50Hz,宜采用下列哪种交流调速方式? ( )

(A)交—交变频装置的交流调速系统

(B)定子调压调速系统

(C)串级调速系统

(D)交—直—交变频调速系统

解答过程:

题6~10:某车间变电所设置一台10/0.4kV、630kV·A变压器,其空载有功损耗1.2kW,满载有功损耗6.2kW。车间负荷数据见下表。

设备名称	额定功率	相数/电压	额定负载持续率	需要系数	cosϕ
对焊机1台	97kV·A	1/380	20%	0.35	0.7
消防水泵1台	30kW	3/380		0.8	0.8
起重机1台	30kW	3/380	40%	0.2	0.5
风机、水泵等	360kW	3/380		0.8	0.8
有功和无功功率同时系数K均为0.9					

请回答下列问题。

6. 对焊机的等效三相设备功率为哪一项? ( )

(A)67.9kW　　(B)52.6kW
(C)30.37kW　　(D)18.4kW

解答过程:

7.采用利用系数法计算时,起重机的设备功率为哪一项?　　(　　)

(A)37.95kW　　(B)30kW
(C)18.97kW　　(D)6kW

解答过程:

8.假设采用需要系数法计算对焊机的等效三相设备功率为40kW,起重机的设备功率为32kW,为选择变压器容量,求0.4kV侧计算负荷的有功功率为哪一项?　　(　　)

(A)277.56kW　　(B)299.16kW
(C)308.4kW　　(D)432kW

解答过程:

9.假设变电所0.4kV侧计算视在功率为540kV·A,功率因数为0.92,问变电所10kV侧计算有功功率为哪一项?　　(　　)

(A)593kW　　(B)506kW
(C)503kW　　(D)497kW

解答过程:

10.假设变电所0.4kV侧计算视在功率补偿前为540kV·A,功率因数为0.8,问功率因数补偿到0.92,变压器的有功功率损耗为哪一项数值?　　(　　)

(A)3.45kW (B)4.65kW

(C)6.02kW (D)11.14kW

解答过程：

题 11～15：拟对一台笼型电动机采用能耗制动方式。该电动机型号规格为 YZ180L-8，额定电压 380V，额定功率 11kW，额定转速 694r/min，$P_c = 40\%$，额定电流 $I_{ed} = 25.8A$，空载电流 $I_{kz} = 12.5A$，定子单相电阻 $R_d = 0.56\Omega$，制动电压为直流 60V，制动时间 2s，电动机每小时接电次数为 30 次，制动回路电缆为 $6mm^2$ 铜芯电缆，其电阻值可忽略不计。请回答下列问题。

11. 取制动电流为空载电流的 3 倍，其外加制动电阻值与下列哪一项数值相近？ ( )

(A)0.22Ω (B)0.48Ω

(C)1.04Ω (D)1.21Ω

解答过程：

12. 若将制动电压改为直流 220V，取制动电流为空载电流的 3 倍，假设已知制动电压为直流 60V 时制动回路的外加电阻为 1.08Ω，220V 制动方案比 60V 制动方案在外加电阻上每天多消耗电能为下列哪一项数值？ ( )

(A)69W·h (B)86W·h

(C)2064W·h (D)2672W·h

解答过程：

13. 关于能耗制动的特点，下列叙述哪一项是错误的？ ( )

(A)制动转矩较大且基本稳定

(B)可使生产机械可靠停止

(C)能量不能回馈电网，效率较低

(D)制动转矩较平滑,可方便地改变制动转矩

解答过程:

14. 制动电阻持续率 FC_R 为下列哪一项数值? ( )

(A)0.83% (B)1.7%
(C)16.7% (D)40%

解答过程:

15. 笼型电动机的能耗制动转矩在转速下降到下列哪一项数值附近时达最大值? ( )

(A)0.5 ~0.09 倍同步转速 (B)0.1 ~0.2 倍同步转速
(C)0.25 ~0.3 倍同步转速 (D)0.35 ~0.4 倍同步转速

解答过程:

题 16 ~20:某企业 110kV 变电站直流系统电压 110V,采用阀控式密闭铅酸蓄电池组,无端电池,单体电池浮充电 2.23V,直流系统不带压降装置,充电装置采用一组 20A 的高频开关电源模块若干个,站内控制负荷、动力负荷合并供电。请回答下列问题。

16. 该直流系统蓄电池组电池个数宜选择下列哪一项? ( )

(A)50 个 (B)52 个
(C)57 个 (D)104 个

解答过程:

17. 事故放电末期单个蓄电池的最低允许值为下列哪一项数值？　（　　）

(A)1.85V　　(B)1.80V

(C)1.75V　　(D)1.70V

解答过程：

18. 该变电站控制保护设备的经常负荷电流约为50A，选择蓄电池容量为300A·h，已知该类型电池的10h放电率 $I_{10}=0.1C$，其中 C 为电池容量，请计算充电装置的20A高频开关电源模块数量最接近下列哪一项数值？　（　　）

(A)3个　　(B)6个

(C)9个　　(D)12个

解答过程：

19. 假定充电装置额定电流为125A，请选择充电装置回路的直流电流表测量范围是下列哪一项？　（　　）

(A)0～80A　　(B)0～100A

(C)0～150A　　(D)0～200A

解答过程：

20. 如该变电站为无人值班变电所，其事故照明用直流供电。那么，在进行直流负荷统计计算时，对事故照明负荷的放电时间应按下列哪一项数值计算？　（　　）

(A)0.5h　　(B)1.0h

(C)1.5h　　(D)2.0h

解答过程：

题 21 ~ 25：某城市道路，路面为沥青混凝土，路宽 21m，采用双侧对称布置灯，灯具仰角 θ 为 15°，见下图。

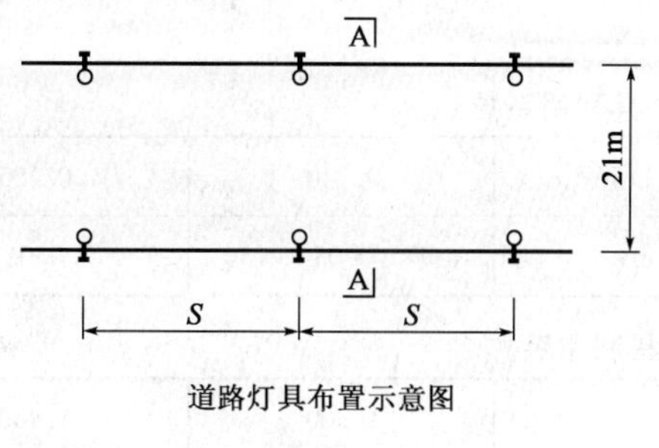

道路灯具布置示意图

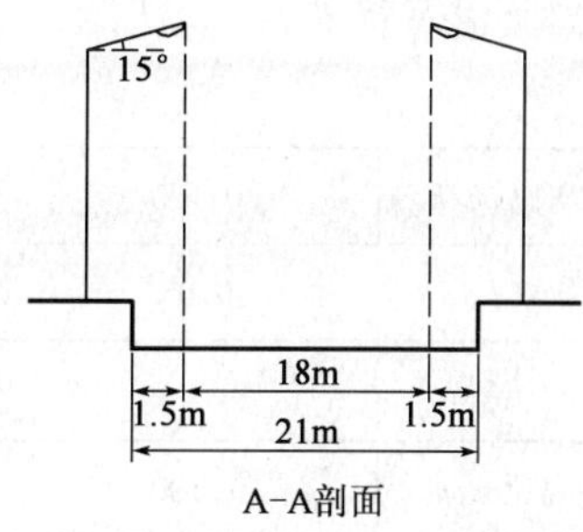

A-A 剖面

请回答下列问题。

21. 道路表面为均匀漫反射表面，其表面亮度为 1.0cd/m^2，已知路面反射比为 0.2，则道路表面照度值应为下列哪一项数据？（　　）

(A) 10lx　　(B) 16lx

(C) 21lx　　(D) 31lx

解答过程：

22. 若道路的路面平均亮度维持值 LAV 为 1.5cd/m^2，该道路的路面亮度符合下列哪一种道路照明设计标准？（　　）

(A) 居住区道路　　(B) 支路

(C) 次干路　　(D) 主干路

解答过程：

23. 若灯具采用半截光型，灯具高度为 13m，按灯具的配光类型、布置方式，计算灯具的间距不宜大于下列哪一项数值？（　　）

(A) 32.5m　　(B) 30m

(C) 45.5m　　(D) 52m

解答过程：

24. 若灯具高度为13m，光源采用150W 高压钠灯，光通量为16000lm，维护系数为0.65，灯具间距25m，灯具在人行道侧和车道侧的利用系数按表1和表2选择，试计算道路平均照度为下列哪一项数值？（　　）

人行道侧灯具利用系数　　表1

横向距离比 oh/h	0.100	0.115	0.140	0.165
利用系数 U_2	0.03	0.04	0.05	0.06

车道侧灯具利用系数　　表2

横向距离比 w/h	1.100	1.200	1.300	1.400
利用系数 U_1	0.27	0.29	0.31	0.33

(A)7lx　　(B)15lx
(C)23lx　　(D)29lx

解答过程：

25. 若路灯采用三相四线制低压配电线路供电，每相接入25盏灯具，每盏灯具的基波电流为1.45A，每相的三次谐波电流含量为42%，选用YJV-0.6/1.0kV电缆，线路N线与相线同截面，电缆载流量见下表（已考虑环境温度影响），若不计电压降，电缆截面最小选用下列哪一项数值？（　　）

YJV-0.6/1.0kV 电力电缆载流量表

截面积(mm^2)	4	6	10	16
载流量(A)	40	50	67	86

(A)$4mm^2$　　(B)$6mm^2$
(C)$10mm^2$　　(D)$16mm^2$

解答过程：

题26～30：北方某地新建的综合楼内设有集中空调系统，在地下一层制冷站内设螺杆式冷水机、热交换器、冷冻水泵和冷却水泵等设备，楼上会议室设定风量空调系统，办公室设变风量空调系统。请回答下列问题。

26. 下列哪一种控制是由建筑设备监控系统完成的？ （ ）

（A）冷水机的压缩机运行 （B）冷水机的冷凝器运行
（C）冷冻水供水压差恒定闭环控制 （D）冷水机的蒸发器运行

解答过程：

27. 在热交换系统中，为使二次侧热水温度保持在设定范围，应根据下列哪一项设定值来控制一次侧温度调节阀开度？ （ ）

（A）一次供水温度 （B）二次供水温度
（C）一次供回水压力 （D）二次供回水压力

解答过程：

28. 在冬季，为保证空调机组内供、回水盘管的安全使用，通常会采用下列哪一项措施？ （ ）

（A）设温度检测 （B）风机停止运行
（C）设防冻开关报警和连锁控制 （D）关闭电动调节阀

解答过程：

29. 在会议室使用的空调系统中，是根据下列哪一项的温度设定值来调节冷水阀或热水阀的开度，保持会议室的温度不变的？ （ ）

（A）送风处 （B）排风处
（C）新风处 （D）回风处

解答过程：

30. 在办公室使用的空调系统中，根据送风静压设定值控制下列哪一项？　(　　)

(A)变速风机转速
(B)变风量末端设备
(C)风机的启停
(D)比例、积分连续调节冷水阀或热水阀的开度

解答过程：

题 31 ~35：某工厂配电站 10kV 母线最大运行方式时短路容量 150MV·A，最小运行方式短路容量 100MV·A，该 10kV 母线供电的一台功率最大的异步电动机，额定功率 4000kW，额定电压 10kV，额定电流 260A，启动电流倍数 6.5，启动转矩相对值 1.1，此电动机驱动的风机静阻转矩相对值 0.3，母线上其他计算负荷 10MV·A，功率因数 0.9，请回答下列问题。

31. 本案例中 4000kW 电动机驱动的风机启动时，电动机端电压最少应为下列哪一项数值？　(　　)

(A)10kV　　(B)5.5kV
(C)5.22kV　　(D)3kV

解答过程：

32. 本案例中 4000kW 电动机启动前母线电压为 10kV，计算这台电动机直接启动时最低母线电压应为下列哪一项数值？(忽略供电电缆电抗)　(　　)

(A)7.8kV　　(B)8kV
(C)8.4kV　　(D)9.6kV

解答过程：

33. 本案例中 4000kW 电动机若采用变比为 64% 自耦变压器启动，启动回路的额定输入容量为下列哪一项数值？(忽略供电电缆电抗)　(　　)

(A)10.65MV·A (B)11.99MV·A

(C)18.37MV·A (D)29.27MV·A

解答过程:

34. 本案例中4000kW电动机采用电抗器降压启动,电抗器每相额定电抗为1Ω,电动机启动时母线电压相对值为0.82,计算电动机启动转矩与全压启动转矩的相对值为下列哪一项数值(忽略电抗器与母线和电抗器与电动机之间的电缆电抗) ( )

(A)0.41 (B)0.64

(C)0.67 (D)1.12

解答过程:

35. 本案例中4000kW电动机采用串联电抗器方式启动,计算为满足设计规范中在电动机不频繁启动时及一般情况下对配电母线电压的要求,电抗器的最小电抗值为下列哪一项数值?(忽略电抗器与母线和电抗器与电动机之间的电缆电抗) ( )

(A)0.27Ω (B)0.43Ω

(C)1.8Ω (D)2.03Ω

解答过程:

题36~40:某企业变电站拟新建一条35kV架空电源线路,采用钢筋混凝土电杆、铁横担、钢芯铝绞线。请回答下列问题。

36. 35kV架空电力线路设有地线的杆塔应接地,假定杆塔处土壤电阻率$\rho \geqslant 2000\Omega \cdot m$,请问在雷雨季,在地面干燥时,每基杆塔的工频接地电阻不宜超过下面哪一项数值? ( )

(A)4Ω (B)10Ω

(C)20Ω (D)30Ω

解答过程：

37. 右图为架空线路某钢筋混凝土电杆放射型水平接地装置[见《交流电气装置的接地》(DL/T 621—1997)附录D表D1的示意图]，已知水平接地极为50mm×5mm的扁钢，埋深$h=0.8$m，土壤电阻率$\rho=500\Omega\cdot$m，请计算该装置工频接地电阻值最接近下列哪一项数值？（　）

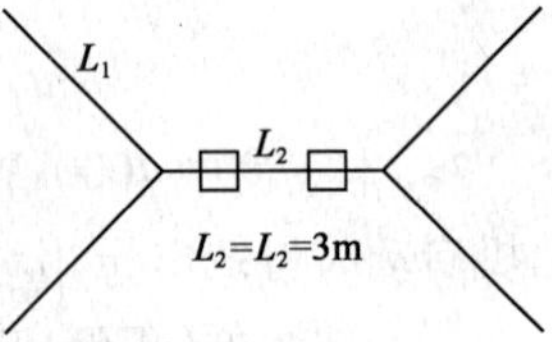

(A)55Ω　　(B)57Ω

(C)60Ω　　(D)126Ω

解答过程：

38. 在架空电力线路力学计算中，下列关于导线比载的表述，哪一项是正确的？（　）

(A)导线上每米长度的荷载折算到单位截面上的数值

(B)导线上每米长度的荷载

(C)导线单位截面上的荷载

(D)长度为代表档距的导线上的荷载折算到单位截面上的数值

解答过程：

39. 已知该架空电力线路设计气象条件和导线的物理参数如下：

1)导线单位长度质量$P_1=0.6$kg/m。

2)导线截面$A=170\text{mm}^2$。

3)导线直径$d=17$mm。

4)覆冰厚度$b=20$mm。

5)重力加速度$g=9.8\text{m/s}^2$。

请计算导线的自重加冰重比载γ_3与下列哪一项数值最接近？单位为N/(m·mm^2)。

（　）

(A) 128×10^{-3}　　(B) 150×10^{-3}

(C) 6000×10^{-3}　　(D) 20560×10^{3}

解答过程：

40. 已知某杆塔相邻两档等高悬挂，档距分别为 120m 和 100m，电线截面积 $A=170\text{mm}^2$，出现灾害性天气时的比载 $\gamma_5=100\times10^{-3}\text{N/(m}\cdot\text{mm}^2)$。请计算此时一根导线施加在杆塔上的水平荷载最接近下列哪一项数值？（　）

(A) 500N　　(B) 1000N

(C) 1500N　　(D) 2000N

解答过程：

2009年案例分析试题答案(下午卷)

题1~5答案:**DAAAD**

1.《钢铁企业电力设计手册》(下册) P7、8中"23.2.1.1 交流电动机与直流电动机的比较",其中,(4)直流电动机的效率低,耗能大,散热条件差,需要冷却通风功率大,冷却水多。与选项D矛盾。

2.《钢铁企业电力设计手册》(下册)P271 表25-2 常用交流调速方案比较,按表25-2中调速比的差异,满足题干15.1的要求只有变频率调速方式。

3.《钢铁企业电力设计手册》(上册) P306 式(6-43)。

$$W = P_n\left(\frac{1}{\eta_2} - \frac{1}{\eta_1}\right)T_Y K_L K_W = 2500 \times \left(\frac{1}{0.91} - \frac{1}{0.96}\right) \times 0.65 \times 6000 \times 0.7 = 39.1 \times 10^4 \text{kW·h}$$

4.《钢铁企业电力设计手册》(下册)P1~3 表23-1。

由 $n = \frac{60f}{p}$,得:$f = \frac{np}{60} = \frac{585 \times 3}{60} = 29.25\text{Hz}$。

注:p 为极对数。

5.《钢铁企业电力设计手册》(下册) P310 表25-11。

交—交变频调频范围:$(1/2 \sim 1/3) \times 50 = 16.67 \sim 25\text{Hz}$

不满足输出33Hz的要求,而交—直—交变频调频范围宽,可满足要求。

题6~10答案:**BCACB**

6.《工业与民用配电设计手册》(第三版) P2 式(1-3)及P13 式(1-36)。

单相设备功率:$P_e = S_r\sqrt{\varepsilon_r}\cos\phi = 97 \times \sqrt{0.2} \times 0.7 = 30.37\text{kW}$

三相设备功率:$P_d = \sqrt{3}P_{UV} = \sqrt{3} \times 30.37 = 52.6\text{kW}$

注:本题仅要求求出对焊机的等效三相设备功率,未涉及负荷计算中该单相设备是否需换算成等效三相的问题,可不考虑单相设备负荷需大于三相设备负荷总和的15%的要求。

7.《工业与民用配电设计手册》(第三版)P2 式(1-2)。

$$P_e = P_r\sqrt{\varepsilon_r} = 30 \times \sqrt{0.4} = 18.97\text{kW}$$

8.《工业与民用配电设计手册》(第三版)P2 中"总设备功率要求:消防设备功率一般不计入总设备功率"。因此,由P3 式(1-9)可得:

$P_c = K\sum(K_x P_e) = 0.9 \times (40 \times 0.35 + 32 \times 0.2 + 360 \times 0.8) = 277.56\text{kW}$

9.《钢铁企业电力设计手册》(上册)P291 式(6-14)和式(6-17)。

负载系数:$\beta = \dfrac{P_2}{S_N \cos\phi_2} = \dfrac{S_2}{S_N} = \dfrac{540}{630} = 0.857$

变压器功率损失:$\Delta P = P_0 + \beta^2 P_k = 1.2 + 0.857^2 \times 6.2 = 5.75\text{kW}$

变电所10kV侧计算有功功率:$P_1 = P_2 + \Delta P = 540 \times 0.92 + 5.75 = 502.55\text{kW}$

10.《工业与民用配电设计手册》(第三版) P3 式(1-5)、式(1-6)和式(1-7),计算补偿后的视在功率。

由 $\cos\phi_2 = 0.92$,得 $\tan\phi_2 = 0.426$。

$P_1 = P_2 = 540 \times 0.8 = 432\text{kW}$

$Q_2 = P_2 \tan\phi_2 = 432 \times 0.426 = 184\text{kvar}$

$S_2 = \sqrt{P_2^2 + Q_2^2} = \sqrt{432^2 + 184^2} = 469.55\text{kV}\cdot\text{A}$

《钢铁企业电力设计手册》(上册)P291 式(6-14)和式(6-17)。

负载系数:$\beta = \dfrac{P_2}{S_N \cos\phi_2} = \dfrac{S_2}{S_N} = \dfrac{469.55}{630} = 0.745$

变压器功率损失:$\Delta P = P_0 + \beta^2 P_k = 1.2 + 0.745^2 \times 6.2 = 4.64\text{kW}$

题 11 ~ 15 答案:**BCABB**

11.《钢铁企业电力设计手册》(下册) P114。

制动电流取空载电流的3倍,即 $I_{zd} = 3 \times 12.5 = 37.5\text{A}$。

制动回路全部电阻:$R = U_{zd}/I_{zd} = 60/37.5 = 1.6\Omega$

制动电阻:$R_{zd} = R - (2R_d + R_1) = 1.6 - 2 \times 0.56 = 0.48\Omega$

注:可参考 P114 例题分析计算。

12.《钢铁企业电力设计手册》(下册)P115。

制动电流取空载电流的3倍,即 $I_{zd} = 3 \times 12.5 = 37.5\text{A}$。

制动电压为220V时:$R = U_{zd}/I_{zd} = 220/37.5 = 5.87\Omega$

制动电阻:$R_{zd} = R - (2R_d + R_1) = 5.87 - 2 \times 0.56 = 4.75\Omega$

$\Delta W = \Delta P t = I^2 \Delta R t = 37.5^2 \times (4.75 - 1.08) \times \dfrac{2 \times 30 \times 24}{3600} = 2064\text{W}\cdot\text{h}$

13.《钢铁企业电力设计手册》(下册) P95、96 表 24-6 交流电动机能耗制动性能中特点一栏。其中,制动转矩较大且基本稳定为反接制动的性能特点。

14.《钢铁企业电力设计手册》(下册) P115 左侧倒数第2行。

制动电阻接电持续率:$\text{FC}_R = \dfrac{30 \times 2}{3600} = 0.0167 = 1.67\%$

15.《钢铁企业电力设计手册》(下册)P114 中"24.2.7 能耗制动第6行:当转速降

到0.1~0.2倍同步转速时,制动转矩达到最大值”。

题16~20答案:**BABDB**

16.《电力工程直流系统设计技术规程》(DL/T 5044—2004)附录B中B.1.1.蓄电池个数选择。

$$n=\frac{1.05U_n}{U_f}=\frac{1.05\times 110}{2.23}=51.79$$

选择52个。

17.《电力工程直流系统设计技术规程》(DL/T 5044—2004)附录B中B.1.3。

对于控制负荷和动力负荷合并供电:$U_m \geqslant \frac{0.875U_n}{n}=0.875\times\frac{110}{52}=1.85V$

18.《电力工程直流系统设计技术规程》(DL/T 5044—2004)附录C.2.1。

基本铅酸蓄电池模块:$n_1=\frac{1.0I_{10}\sim 1.25I_{10}}{I_{me}}+\frac{I_{jc}}{I_{me}}=\frac{(1.0\sim 1.25)\times 300\times 0.1}{20}+\frac{50}{20}=$ 4~4.375个

附加模块数量:$n_2=1(n_1\leqslant 6)$

总电池模块数量:$n=n_1+n_2=(4\sim 4.375)+1=5\sim 5.375$个

选择最接近答案,即6个。

19.《电力装置的电测量仪表装置设计规范》(GB/T 50063—2008)第8.1.2条:电流互感器额定一次电流的选择,宜满足正常运行的实际负荷电流达到额定值的60%,且不应小于30%的要求。

因125/0.6=208.33A,选择小于208A且相近的答案为200A。

20.《电力工程直流系统设计技术规程》(DL/T 5044—2004)第5.2.3条表5.2.3中11事故照明部分,可查得为1h。

题21~25答案:**BDCBC**

21.《照明设计手册》(第二版)P2式(1-7),路面为均匀漫反射。

$$E=L\frac{\pi}{\rho}=1.0\times\frac{3.14}{0.2}=15.71\text{lx}$$

22.《照明设计手册》(第二版)P446表18-2:快速路、主干路的LAV为1.5~2.0cd/m^2。

23.《照明设计手册》(第二版)P446表18-12,$h=13$m,$W=21$m,因此$h>0.6W$。

双侧布灯:$S\leqslant 3.5h=3.5\times 13=45.5$m

24.《照明设计手册》(第二版)P446例(18-1)和P445式(18-2)。

车道距高比:$W/h=19.5/13=1.5$

查表1,得利用系数$U_1=0.33$。

人行道距高比:$W/h=1.5/13=0.115$

查表2,得利用系数 $U_2=0.04$。

总利用系数 $U=U_1+U_2=0.33+0.04=0.37$

$$E_{av}=\frac{\Phi UkN}{SW}=\frac{16000\times0.37\times0.65\times2}{25\times21}=14.66\text{lx}$$

25.《工业与民用配电设计手册》(第三版) P495 表9-10及表9-11。

$$I_N=\frac{1.45\times0.42\times3}{0.86}\times25=53\text{A}<67\text{A},选\ 10\text{mm}^2。$$

题26~30答案:**CBCDA**

26.《民用建筑电气设计规范》(JGJ 16—2008)第18.8.1条:2.建筑设备监控系统应具有下列控制功能中2)冷冻水供水压差恒定闭环控制。

27.《民用建筑电气设计规范》(JGJ 16—2008)第18.9.1条:2.自动调节系统应根据二次供水温度设定值控制一次侧温度调节阀开度。

28.《民用建筑电气设计规范》(JGJ 16—2008)第18.10.3条:4.在寒冷地区,空调机组应设置防冻开关报警和连锁控制。

29.《民用建筑电气设计规范》(JGJ 16—2008)第18.10.3条:5.在定风量空调系统中,应根据回风或室内温度设定值,比例、积分连续调节冷水阀或热水阀开度,保持回风或室内温度不变。

30.《民用建筑电气设计规范》(JGJ 16—2008)第18.10.3条第9款:1)当采用定静压法时,应根据送风静压设定值控制变速风机转速 。

注:近年考试已极少出现如此简单的题目。

题31~35答案:**BABCD**

31.《工业与民用配电设计手册》(第三版) P268 式(6-23)。

电动机端子电压相对值:$u_{stM}\geqslant\sqrt{\frac{1.1M_j}{M_{stM}}}=\sqrt{\frac{1.1\times0.3}{1.1}}=0.548$

电动机端子电压:$U=0.548U_N=0.548\times10=5.48\text{kV}$

32.《工业与民用配电设计手册》(第三版)P270 表6-16全压启动相关公式。

母线短路容量:$S_{km}=100\sim150\text{MV·A}$

电动机额定容量:$S_{rm}=\sqrt{3}U_{rm}I_{rm}=\sqrt{3}\times10\times0.26=4.5\text{MV·A}$

启动时启动回路额定输入容量:$S_{st}=S_{stM}=k_{st}S_{rm}=6.5\times4.5=29.25\text{MV·A}(X_1=0)$

预接负荷无功功率:$Q_{fh}=10\times\sqrt{1-\cos^2\phi}=10\times0.436=4.36\text{Mvar}$

母线电压相对值:$u_{stM}=\frac{S_{km}+Q_{fh}}{S_{km}+Q_{fh}+S_{st}}=\frac{(100\sim150)+4.36}{(100\sim150)+4.36+29.25}=0.781\sim0.84$

最低母线低压为 $U_{stM}=u_{stM}U_n=0.781\times10=7.81\text{kV}$

33.《工业与民用配电设计手册》(第三版)P270 表6-16自耦变压器降压启动相关

公式。

启动回路输入容量：$S_{st}=k_zS_{stM}=0.64^2\times\sqrt{3}\times10\times0.26\times6.5=11.99\text{MV}\cdot\text{A}$

34.《工业与民用配电设计手册》(第三版) P267 表 6-13 电动机启动方式及其特点。

由 $M_{dk}=k_{st}^2M_{st}$，得电抗器降压启动时启动转矩与全压启动的比值：$\frac{M_{dk}}{M_{st}}=k_{st}^2=0.82^2=0.6724$。

35.《通用用电设备配电设计规范》(GB 50055—2011)第 2.2.2 条：配电母线上的电压一般情况下，电动机不频繁启动时，不宜低于额定电压的 85%。因此，母线电压相对值 $U_{stM}=0.85$，由《工业与民用配电设计手册》(第三版) P270 表 6-16，电抗器降压启动公式可得：

由 $u_{stM}=\frac{S_{km}+Q_{fh}}{S_{km}+Q_{fh}+S_{st}}$，得 $\frac{100+4.36}{100+4.36+S_{st}}=0.85$，则 $S_{st}=18.41$。

由 $S_{st}=\frac{1}{\frac{1}{S_{stM}}+\frac{X_R}{U_m^2}}$，得 $\frac{1}{\frac{1}{29.25}+\frac{X_R}{10^2}}=18.41$，则 $X_R=2.013\Omega$。

注：校验继电保护装置灵敏系数和校验电动机启动的依据为最小短路电流值，即最小短路容量下的短路电流值。参考《工业与民用配电设计手册》(第三版) P124 倒数第 7 行。

题 36～40 答案：**DCABD**

36.《交流电气装置的过电压保护和绝缘配合》(DL/T 620—1997)第 6.1.4 条及表 8，不宜超过 30Ω。

37.《交流电气装置的接地设计规范》(GB/T 50065—2011)附录 F 式(F.0.1)。

由表 D1：$A_t=2.0$，$L=4l_1+l_2=4\times3+3=15$，$d=b/2=0.05/2=0.025$

由式 D1 得出接地电阻：$R=\frac{\rho}{2\pi L}\left(\ln\frac{L^2}{hd}+A_t\right)=\frac{500}{2\pi\times15}\times\left(\ln\frac{15^2}{0.8\times0.025}+2\right)=60.1\Omega$

38.《钢铁企业电力设计手册》(上册) P1057 中"23.3.3 电线的比载：电线上每单位长度(m)在单位截面积(mm^2)上的荷载，称为比载"。

39.《钢铁企业电力设计手册》(上册) P1057 表 21-23 电线比载计算公式表。

$$\gamma_3=\gamma_1+\gamma_2=\frac{P_1g}{A}+0.9\pi\frac{b(b+d)}{A}g\times10^{-3}=\frac{0.6\times9.8}{170}+0.9\pi\times\frac{20\times(20+17)}{170}\times9.8\times10^{-3}$$

$$=0.0346+120.55\times10^{-3}=155\times10^{-3}\text{N/(m}\cdot\text{mm}^2)$$

40.《钢铁企业电力设计手册》(上册)P1064 中“水平档距”及 P1057 中“23.3.3 电线的比载”的定义。

水平档距:$l_h = \frac{l_1 + l_2}{2} = \frac{120 + 100}{2} = 110\text{m}$

水平荷载:$F_n = \gamma_5 l_h A = 100 \times 110 \times 170 \times 10^{-3} = 1870\text{N}$

2010年

注册电气工程师(供配电)执业资格考试

专业考试试题及答案

2010年专业知识试题(上午卷)

一、单项选择题(共40题,每题1分,每题的备选项中只有1个最符合题意)

1. 在爆炸性气体环境内,低压电力、照明线路用的绝缘导线和电缆的额定电压必须低于工作电压,且不应低于下列哪一项数值? ( )

(A)400V (B)500V
(C)750V (D)1000V

2. 隔离电器应有效地将所有带电的供电导体与有关回路隔离,以下所列对隔离电器的要求,哪一项要求是不正确的? ( )

(A)在干燥条件下触头在断开位置时,每极触头间应能耐受与电气装置标称电压相对应的冲击电压,且断开触头间的漏泄电流也不应超过额定值
(B)隔离电器断开触头间的距离,应是可见的或明显的,有可靠的标记标示"断开"或"闭合"的位置
(C)半导体器件不应作为隔离电器
(D)断路器均可用作隔离电器

3. 应急电源的工作时间,应按生产技术上要求的停车时间考虑,当与自启动的发电机组配合使用时,不应少于下列哪一项数值? ( )

(A)5min (B)10min
(C)15min (D)30min

4. 某车间的一台起重机,电动机的额定功率为120kW,电动机的额定负载持续率为40%。采用需要系数法计算,该起重机的设备功率为下列哪一项数值? ( )

(A)152kW (B)120W
(C)76kW (D)48kW

5. 35kV户外配电装置采用单母线分段接线时,下列表述中哪一项是正确的? ( )

(A)当一段母线故障时,该段母线的回路都要停电
(B)当一段母线故障时,分段断路器自动切除故障段,正常段会出现间断供电
(C)重要用户的电源从两段母线引接,当一路电源故障时,该用户将失去供电
(D)任一元件故障,将会使两段母线失电

6. 与单母线分段接线相比,双母线接线的优点为下列哪一项? (　　)

(A)当母线故障或检修时,隔离开关作为倒换操作电器,不易误操作
(B)增加一组母线,每回路就需要增加一组母线隔离开关,操作方便
(C)供电可靠,通过两组母线隔离开关的倒换操作,可以轮流检修一组母线而不致供电中断
(D)接线简单清晰

7. 某35/6kV变电所装有两台主变压器,当6kV侧有8回出线并采用手车式高压开关柜时,宜采用下列哪种接线方式? (　　)

(A)单母线　　(B)分段单母线
(C)双母线　　(D)设置旁路设施

8. 在设计低压配电系统时,下列哪一项做法不符合规范规定? (　　)

(A)220V或380V单相用电设备接入220V/380V三相系统时,宜使三相平衡
(B)由地区公共低压电网供电的220V照明负荷,线路电流小于或等于40A时,可采用220V单相供电
(C)由地区公共低压电网供电的220V照明负荷,线路电流小于或等于30A时,可采用220V单相供电
(D)由地区公共低压电网供电的220V照明负荷,线路电流大于30A时,宜采用220/380V三相四线制供电

9. 当应急电源装置(EPS)用作应急照明系统备用电源时,有关应急电源装置(EPS)切换时间的要求,下列哪一项是不正确的? (　　)

(A)用作安全照明电源装置时,不应大于0.5s
(B)用作疏散照明电源装置时,不应大于5s
(C)用作备用照明电源装置时(不包括金融、商业交易场所),不应大于5s
(D)用作金融、商业交易场所备用照明电源装置时,不应大于1.5s

10. 在110kV以下变电所设计中,设置于屋内的干式变压器,在满足巡视检修的要求外,其外廓与四周墙壁的净距(全封闭型的干式变压器可不受此距离的限制)不应小于下列哪一项数值? (　　)

(A)0.6m　　(B)0.8m
(C)1.0m　　(D)1.2m

11. 民用10(6)kV屋内配电装置顶部距建筑物顶板的距离不宜小于下列哪一项数值? (　　)

(A)0.5m　　(B)0.8m
(C)1.0m　　(D)1.2m

12. 下列关于爆炸性气体环境中变、配电所的布置,哪一项不符合规范的规定? (　　)

(A)变、配电所和控制室应布置在爆炸危险区域 1 区以外
(B)变、配电所和控制室应布置在爆炸危险区域 2 区以外
(C)当变、配电所和控制室为正压室时,可布置在爆炸危险区域 1 区以内
(D)当变、配电所和控制室为正压室时,可布置在爆炸危险区域 2 区以内

13. 油重为 2500kg 以上的屋外油浸变压器之间无防火墙时,下列变压器之间的最小防火净距,哪一组数据是正确的? (　　)

(A)35kV 及以下为 4m,63kV 为 5m,110kV 为 6m
(B)35kV 及以下为 5m,63kV 为 6m,110kV 为 8m
(C)35kV 及以下为 5m,63kV 为 7m,110kV 为 9m
(D)35kV 及以下为 6m,63kV 为 8m,110kV 为 10m

14. 一台容量为 31.5MV·A 的三相三绕组电力变压器三侧阻抗电压分别为 $u_{k1-2}\% = 18$,$u_{k1-3}\% = 10.5$,$u_{k2-3}\% = 6.5$,变压器高、中、低三个绕组的电抗百分值应为下列哪组数据? (　　)

(A)9%,5.23%,3.25%　　(B)7.33%,4.67%,-0.33%
(C)11%,7%,-0.5%　　(D)22%,14%,-1%

15. 某 110kV 用户变电站由地区电网(无穷大电源容量)受电,有关系统接线和元件参数如右图所示,图中 k 点的三相短路全电流最大峰值为下列哪一项数值? (　　)

(A)28.18kA　　(B)27.45kA
(C)26.71kA　　(D)19.27kA

16. 高压并联电容器组采用双星形接线时,双星形电容器组的中性点连接线的长期允许电流不应小于电容器组额定电流的百分数为下列哪一项数值? (　　)

(A)100%　　(B)67%　　(C)50%　　(D)33%

17. 当保护电器为符合《低压断路器》(JB 1284—1985)的低压断路器时,低压断路器瞬时或短延时过流脱扣器整定电流应小于短路电流的倍数为下列哪一项数值? (　　)

(A)0.83　　(B)0.77　　(C)0.67　　(D)0.5

18. 在设计 110kV 及以下配电装置时,最大风速可采用离地 10m 高,多少年一遇多少时间(分钟)的平均最大风速? (　　)

(A)20 年,15min　　(B)30 年,10min

(C)50 年,5min　　　　　　　　　(D)100 年,8min

19. 验算低压电器在短路条件下的通断能力时,应采用安装处预期短路电流周期分量的有效值,当短路点附近所接电动机额定电流之和超过短路电流多少时,应计入电动机反馈电流的影响?　　(　　)

(A)0.5%　　　　　　　　　(B)0.8%

(C)1%　　　　　　　　　(D)1.5%

20. 根据规范确定裸导体(钢芯铝线及管形导体除外)的正常最高工作温度不应大于下列哪一项数值?　　(　　)

(A)+70℃　　　　　　　　　(B)+80℃

(C)+85℃　　　　　　　　　(D)+90℃

21. 为了消除由于温度引起的危险应力,规范规定矩形硬铝导体的直线段一般每隔多少米左右安装一个伸缩接头?　　(　　)

(A)15m　　　　　　　　　(B)20m

(C)30m　　　　　　　　　(D)40m

22. 下述哪一项配电装置硬导体的相色标志符合规范规定?　　(　　)

(A)L1 相红色,L2 相黄色,L3 相绿色

(B)L1 相红色,L2 相绿色,L3 相黄色

(C)L1 相黄色,L2 相绿色,L3 相红色

(D)L1 相黄色,L2 相红色,L3 相绿色

23. 6 根电缆土中并行直埋,净距为 100mm,电缆载流量的校正系数为下列哪一项数值?　　(　　)

(A)1.00　　　　　　　　　(B)0.85

(C)0.81　　　　　　　　　(D)0.75

24. 变电所内电缆隧道设置安全孔,下述哪一项符合规范规定?　　(　　)

(A)安全孔间距不宜大于 75m,且不少于 2 个

(B)安全孔间距不宜大于 100m,且不少于 2 个

(C)安全孔间距不宜大于 150m,且不少于 2 个

(D)安全孔间距不宜大于 200m,且不少于 2 个

25. 变配电所的控制、信号系统设计时,下列哪一项设置成预告信号是不正确的?

(　　)

(A)自动装置动作　　　　　　　　　(B)保护回路断线

（C）直流系统绝缘降低　　（D）断路器跳闸

26. 规范规定车间内变压器的油浸式变压器容量为下列哪一项数值及以上时，应装设瓦斯保护？（　　）

（A）0.4MV·A　　（B）0.5MV·A
（C）0.63MV·A　　（D）0.8MV·A

27. 电力变压器运行时，下列哪一项故障及异常情况应瞬时跳闸？（　　）

（A）由于外部相间短路引起的过电流
（B）过负荷
（C）绕组的匝间短路
（D）变压器温度升高和冷却系统故障

28. 在变电所直流电源系统设计时，下列哪一项直流负荷是随机负荷？（　　）

（A）控制、信号、监控系统
（B）断路器跳闸
（C）事故照明
（D）恢复供电断路器合闸

29. 当按建筑物电子信息系统的重要性和使用性质确定雷击电磁脉冲防护等级时，医院的大型电子医疗设备，应划为下列哪一项防护等级？（　　）

（A）A 级　　（B）B 级
（C）C 级　　（D）D 级

30. 某座 35 层的高层住宅，长 $L=65$m、宽 $W=20$m、高 $H=110$m，所在地年平均雷暴日为 60.5 天，与该建筑物截收相同雷击次数的等效面积为下列哪一项数值？（　　）

（A）0.038km^2　　（B）0.049km^2
（C）0.058km^2　　（D）0.096km^2

31.　某地区年平均雷暴日为 28 天，该地区为下列哪一项？（　　）

（A）少雷区　　（B）中雷区
（C）多雷区　　（D）雷电活动特殊强烈地区

32. 利用基础内钢筋网作为接地体的第二类防雷建筑，接闪器成闭合环的多根引下线，每根引下线在距地面 0.5m 以下所连接的有效钢筋表面积总和应不小于下列哪一项数值？（　　）

（A）0.37m^2　　（B）0.82m^2
（C）1.85m^2　　（D）4.24m^2

33. 下列哪种埋入土壤中的人工接地极不符合规范规定？（　　）

(A)50mm^2 裸铜排　　(B)70mm^2 裸铝排

(C)90mm^2 热镀锌扁钢　　(D)90mm^2 热浸锌角钢

34. 考虑到照明设计时布灯的需要和光源功率及光通量的变化不是连续的这一实际情况，在一般情况下，设计照度值与照明标准值相比较，可有 -10% ~ +10% 的偏差，适用此偏差的照明场所装设的灯具数量至少为下列哪一项数值？（　　）

(A)5 个　　(B)10 个　　(C)15 个　　(D)20 个

35. 在工厂照明设计中应选用效率高和配光曲线适合的灯具，某工业厂房长 90m、宽 30m，灯具离作业面高度为 8m，宜选择下列哪一种配光类型的灯具？（　　）

(A)宽配光　　(B)中配光

(C)窄配光　　(D)特窄配光

36. 右图所示为二阶闭环调节系统的标准形式，设 $K_x = 2.0$，$T_i = 0.02$，为将该调节系统校正为二阶标准形式，该积分调节器的积分时间 T_i 应为下列哪一项？（　　）

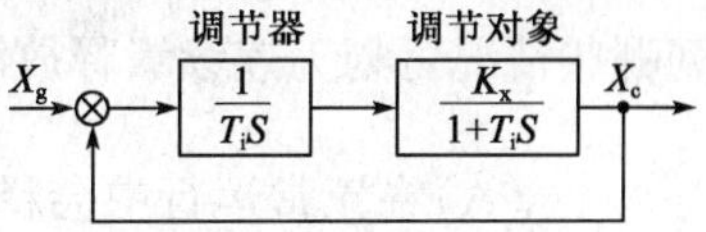

(A)0.04　　(B)0.08　　(C)0.16　　(D)0.8

37. 反接制动是将交流电动机的电源相序反接产生制动转矩的一种电制动方式，下述哪种情况不宜采用反接制动？（　　）

(A)绕线型起重电动机　　(B)需要准确停止在零位的机械

(C)小功率笼型电动机　　(D)经常正反转的机械

38. 在视频安防监控系统设计中，摄像机镜头的选择，在光照度变化范围相差多少倍以上的场所，应选择自动或电动光圈镜头？（　　）

(A)20 倍　　(B)50 倍

(C)75 倍　　(D)100 倍

39. 某建筑需设置 1600 门的交换机，但交换机及配套设备尚未选定，机房的使用面积宜采用下列哪一项数值？（　　）

(A) ≥30m^2　　(B) ≥35m^2

(C) ≥40m^2　　(D) ≥45m^2

40. 10kV 架空电力线路设计的最高气温宜采用下列哪一项数值？（　　）

(A)30℃　　(B)35℃　　(C)40℃　　(D)45℃

二、多项选择题(共30题,每题2分。每题的备选项中有2个或2个以上符合题意。错选、少选、多选均不得分)

41. 下图表示直接接触伸臂范围的安全限值,图中标注正确的是哪些项? ( )

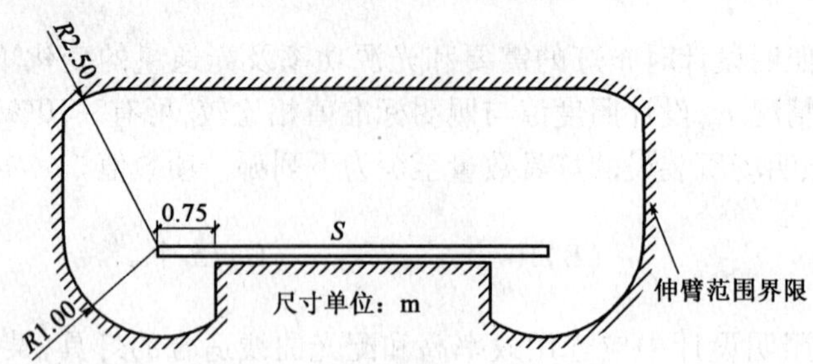

(A)$R2.50$　　(B)$R1.00$

(C)0.75　　(D)S(非导电地面)

42. 在爆炸性气体环境中,爆炸性气体的释放源可分为连续级、第一级和第二级,下列哪些情况可划为连续级释放源? ( )

(A)在正常运行中会释放易燃物质的泵、压缩机和阀门等密闭处

(B)没有用惰性气体覆盖的固定顶盖储罐中的易燃液体的表面

(C)油水分离器等直接与空间接触的易燃液体的表面

(D)正常运行时会向空间释放易燃物质的取样点

43. 考虑到电磁环境卫生与电磁兼容,在民用建筑物、建筑群内不得有下列哪些设施? ( )

(A)高压变配电所

(B)核辐射装置

(C)大型电磁辐射发射装置

(D)电磁辐射较严重的高频电子设备

44. 一级负荷中特别重要的负荷,除由两个电源供电外,尚应增设应急电源,并严禁将其他负荷接入应急供电系统,下列哪些项可作为应急电源? ( )

(A)蓄电池

(B)独立于正常电源的发电机组

(C)供电系统中专用的馈电线路

(D)干电池

45. 民用建筑中,关于负荷计算,下列哪些项的表述符合规范的规定? ( )

(A)当应急发电机仅为一级负荷中特别重要负荷供电时,应以一级负荷的计算容量,作为选用应急发电机容量的依据

(B)当应急发电机为消防用电负荷及一级负荷供电时，应将两者计算负荷之和作为选用应急发电机容量的依据

(C)当自备发电机作为第二电源，且尚有第三电源为一级负荷中特别重要负荷供电时，以及当向消防负荷、非消防负荷及一级负荷中特别重要负荷供电时，应以三者的计算负荷之和作为选用自备发电机容量的依据

(D)当消防设备的计算负荷大于火灾时切除非消防设备的计算负荷时，可不计入计算负荷

46. 在低压配电系统中，电源有一点与地直接连接，负荷侧电气装置的外露可导电部分接至电气上与电源的接地点无关的接地极，下列哪几种系统接地形式不具有上述特点？（　　）

(A)TN-C 系统　　(B)TN-S 系统

(C)TT 系统　　(D)IT 系统

47. 在交流电网中，由于许多非线性电气设备的投入运行而产生了谐波，关于谐波的危害，在下列表述中哪些是正确的？（　　）

(A)旋转电动机定子中的正序和负序谐波电流，形成反向旋转磁场，使旋转电动机转速持续降低

(B)变压器等电气设备由于过大的谐波电流，而产生附加损耗，从而引起过热，导致绝缘损坏

(C)高次谐波含量较高的电流能使断路器的开断能力降低

(D)使通信线路产生噪声，甚至造成故障

48. 当应急电源装置(EPS)用作应急照明系统备用电源时，关于应急电源装置(EPS)的选择，下列哪些项表述符合规定？（　　）

(A)EPS 装置应按负荷性质、负荷容量及备用供电时间等要求选择

(B)EPS 装置可分交流制式及直流制式。电感性和混合式的照明负荷宜选用交流制式；纯电阻及交、直流共用的照明负荷宜选用直流制式

(C)EPS 的额定输出功率不应小于所连接的应急照明负荷总容量的 1.2 倍

(D)EPS 的蓄电池初装容量应保证备用时间不小于 90min

49. 某机加工车间内 10kV 变电所设计中，设计者对防火和建筑提出下列要求，请问哪几项不符合规范的要求？（　　）

(A)可燃油油浸电力变压器的耐火等级应为一级。高压配电室、高压电容器室的耐火等级不应低于二级。低压配电室和电压电容器室的耐火等级不应低于三级

(B)变压器室位于建筑物内，可燃油油浸变压器的门按乙级防火门设计

(C)可燃油油浸变压器宜设置容量为 50% 变压器油量的储油池

(D)高压配电室临街的一面设不能开启的自然采光窗，窗台距室外地坪不低于 1.7m

50. 下列关于高压配电装置设计的要求中,哪几项不符合规范的规定? ( )

(A)电压为63kV的配电装置的母线上宜装设接地刀闸,不宜装设接地器

(B)电压为63kV的配电装置,断路器两侧隔离开关的断路器侧宜装设接地刀闸

(C)电压为63kV的配电装置,线路隔离开关的线路侧不宜装设接地刀闸

(D)电压为63kV的屋内、外配电装置的隔离开关与相应的断路器和接地刀闸之间应装设闭锁装置

51. 高压电容器柜的布置应符合下列哪些项的要求? ( )

(A)分层布置的电容器组柜(台)架,不宜超过三层,每层不应超过三排,四周和层间不得设置隔板

(B)屋内电容器组的电容器底部距地面的最小距离为100mm

(C)屋内外布置的电容器组,在其四周或一侧应设置维护通道,其宽度不应小于1.2m

(D)当电容器双排布置时,柜(台)架和墙之间或柜(台)架之间可设置检修通道,其宽度不应小于1m

52. 短路电流计算是供配电设计中一个重要环节,短路电流计算主要是为了解决下列哪些问题? ( )

(A)电气接线方案的比较和选择

(B)确定中性点接地方式

(C)验算防雷保护范围

(D)验算接地装置的接触电压和跨步电压

53. 当35/10kV终端变电所所需限制短路电流时,一般情况下可采取下列哪些措施? ( )

(A)变压器分列运行

(B)采用高阻抗的变压器

(C)在10kV母线分段处安装电抗器

(D)在变压器回路中装设电抗器

54. 在选择变压器时,应采用有载调压变压器的是下列哪些项? ( )

(A)35kV以上电压的变电所中的降压变压器,直接向35kV、10(6)kV电网送电时

(B)10(6)kV配电变压器

(C)35kV降压变电所的主变压器,在电压偏差不能满足要求时

(D)35kV升压变电所的主变压器

55. 在民用建筑低压三相四线制系统中，关于选用四极开关的表述，下列哪些项符合规范规定？ （　　）

(A) TN-C-S、TN-S 系统中的电源转换开关，应采用切断相导体和中性导体的四极开关
(B) IT 系统中有中性导体时不应采用四极开关
(C) 正常供电电源与备用发电机之间，其电源转换开关应采用四极开关
(D) TT 系统的电源进线开关应采用四极开关

56. 选用 10kV 及以下电力电缆，规范要求下列哪些情况应采用铜芯导体？ （　　）

(A) 架空输配电线路
(B) 耐火电缆
(C) 重要电源具有高可靠性的回路
(D) 爆炸危险场所

57. 下列哪些场所电缆应采用穿管方式敷设？ （　　）

(A) 室外沿高墙明敷设的电缆
(B) 地下电缆与公路、铁道交叉时
(C) 绿化带中地下电缆
(D) 在有爆炸危险场所明敷的电缆

58. 对 3kV 及以上装于绝缘支架上的并联补偿电容器组，应装设下列哪些项保护？ （　　）

(A) 电容器组引出线短路保护　　(B) 电容器组单相接地保护
(C) 电容器组过电压保护　　(D) 电容器组过补偿保护

59. 3～500kV 配电系统的中性点经低电阻接地的系统，下列哪几项单相接地故障电流值在可采用范围内？ （　　）

(A) 30A　　(B) 100A　　(C) 300A　　(D) 500A

60. 在变电所直流操作电源系统设计中，直流电源成套装置在电气控制室布置时，下列关于运行通道和维护通道的最小宽度哪些项是正确的？ （　　）

(A) 双排面对面布置时为 1400mm
(B) 双排背对背布置时为 1000mm
(C) 单排布置时，正面与墙的距离为 1200mm
(D) 单排布置时，背面与墙的距离为 800mm

61. 某座 6 层的医院病房楼，所在地年平均雷暴日为 46 天，若已知计算建筑物年预计雷击次数的校正系数 $k=1$，与该建筑物截收相同雷击次数的等效面积为 0.028km^2，

下列关于该病房楼防雷设计的表述哪些是正确的？（ ）

（A）该建筑物年预计雷击次数为 0.15 次
（B）该建筑物年预计雷击次数为 0.10 次
（C）该病房楼划为第二类防雷建筑物
（D）该病房楼划为第三类防雷建筑物

62. 在防雷击电磁脉冲设计时，为减少电磁干扰的感应效应需采取基本屏蔽措施，下列哪些项是正确的？（ ）

（A）建筑物和房间的外部设屏蔽
（B）以合适的路径敷设线路
（C）线路屏蔽
（D）前三项所述措施不宜联合使用

63. 通常变电所的接地系统应与下列哪些物体相连接？

（A）变压器外壳
（B）装置外可导电部分
（C）高压系统的接地导体
（D）中性导体通过独立接地极接地的低压电缆的金属护层

64. 建筑物电气装置的保护线可由下列哪些部分构成？（ ）

（A）多芯电缆的芯线
（B）固定的裸导线
（C）电缆的护套、屏蔽层及铠装等金属外皮
（D）煤气管道

65. 在照明供电设计中，下列哪些项是正确的？（ ）

（A）三相照明线路各相负荷的分配宜保持平衡，最大相负荷电流不宜超过三相负荷平均值 115%
（B）备用照明应由两路电源或两回路电路供电
（C）在照明分支回路中，可采用三相低压断路器对三个单相分支回路进行控制和保护
（D）备用照明仅在故障情况下使用时，当正常照明因故断电，备用照明应自动投入工作

66. 有关 PLC 模拟量输入、输出模块的描述，下列哪些项是正确的？（ ）

（A）生产过程中连续变化的信号，如温度、料位、流量等，通过传感器及检测仪表将其转换为连续的电气量，经模拟量输入模块上的模/数转换器变成数字量，使 PLC 能识别接收

(B)模拟量输出模块接收 CPU 运算后的数值，并按比例把其转换成模拟量信号输出

(C)模拟量输出模块电压变化范围有 0～5V、-10～+10V 等

(D)模拟量输出模块的电流输出范围有 4～30mA

67. 异步电动机调速的电流型和电压型交—直—交变频器各有特点，下述哪些项符合电流型交—直—交变频器的特点？（　　）

(A)直流滤波环节为电抗器　　(B)输出电压波形为近似正弦波

(C)输出电流波形为矩形　　(D)输出动态阻抗小

68. 关于火灾报警装置的设置，下列哪几项符合规范规定？（　　）

(A)设置火灾自动报警系统的场所，应设置火灾警报装置

(B)每个防火分区至少应设置两个火灾警报装置

(C)火灾警报装置设置的位置宜在有人值班的值班室

(D)警报装置宜采用手动或自动控制方式

69. 关于安全防范入侵报警系统的控制、显示记录设备，下列哪些项符合规范的规定？（　　）

(A)系统宜按时间、区域、部位编程设防或撤防，程序编制应固定

(B)在探测器防护区内发生入侵事件时，系统不应产生漏报警，平时宜避免误报警

(C)系统宜具有自检功能及设备防拆报警和故障报警功能

(D)现场报警控制器宜安装在具有安全防护的弱电间内，应配备可靠电源

70. 下列哪些项是规范中关于市区 10kV 架空电力线路可采用绝缘铝绞线的规定？（　　）

(A)建筑施工现场　　(B)游览区和绿化区

(C)市区一般街道　　(D)高层建筑临近地段

2010年专业知识试题答案(上午卷)

1. **答案:**B

依据:《爆炸和火灾危险环境电力装置设计规范》(GB 50058—1992)第2.5.8-五条。

2. **答案:**D

依据:《工业与民用配电设计手册》(第三版)P638有关隔离电气的叙述,以及《低压配电设计规范》(GB 50054—2011)第3.1.6条、第2.1.7条。

3. **答案:**B

依据:旧规范《并联电容器装置设计规范》(GB 50227—1995)第2.0.5条,新规范已修改。

4. **答案:**A

依据:《工业与民用配电设计手册》(第三版)P2式(1-1)。

5. **答案:**A

依据:《工业与民用配电设计手册》(第三版)P47表2-17。

6. **答案:**C

依据:《钢铁企业电力设计手册》(上册)P45表1-20。

注:选项A不是相对于单母线分段接线的优点,而是双母线接线的特点。

7. **答案:**B

依据:《35kV~110kV变电站设计规范》(GB 50059—2011)第3.2.5条。

8. **答案:**B

依据:旧规范《并联电容器装置设计规范》(GB 50227—1995)第4.0.12条,新规范已修改。另外,《民用建筑电气设计规范》(JGJ 16—2008)相关条文与之冲突的地方,应服从国标。

9. **答案:**A

依据:《民用建筑电气设计规范》(JGJ 16—2008)第6.2.2-5条。

10. **答案:**A

依据:《3~110kV高压配电装置设计规范》(GB 50060—2008)第5.4.6条。

11. **答案:**B

依据:《民用建筑电气设计规范》(JGJ 16—2008)第4.6.3条。

12. **答案**:A

依据:《爆炸和火灾危险环境电力装置设计规范》(GB 50058—1992)第2.5.7条。

13. **答案**:B

依据:《3～110kV高压配电装置设计规范》(GB 50060—2008)第5.5.4条表5.5.4。

14. **答案**:C

依据:《工业与民用配电设计手册》(第三版)P131式(4-11)。

15. **答案**:C

依据:《工业与民用配电设计手册》(第三版)第四章短路电流计算部分内容,P128表4-2。

$$X_{*T}=\frac{u_k\%}{100}\times\frac{S_j}{S_{rT}}=0.105\times\frac{20}{20}=0.105$$

P134式(4-12):$I_*=\frac{1}{X_{*T}}=\frac{1}{0.105}=9.524$

$$I=I_*\frac{S_j}{\sqrt{3}U_j}=9.524\times\frac{20}{\sqrt{3}\times10.5}=10.47\text{kA}$$

P150式(4-25):$i_p=2.55I=2.55\times10.47=26.69\text{kA}$

16. **答案**:A

依据:《并联电容器装置设计规范》(GB 50227—2008)第5.8.3条。

17. **答案**:B

依据:《低压配电设计规范》(GB 50054—2011)第6.2.4条。

18. **答案**:B

依据:《3～110kV高压配电装置设计规范》(GB 50060—2008)第3.0.5条。

19. **答案**:C

依据:《低压配电设计规范》(GB 50054—2011)第3.1.2条。

20. **答案**:A

依据:《3～110kV高压配电装置设计规范》(GB 50060—2008)第4.1.6条。

21. **答案**:B

依据:《导体和电器选择设计技术规定》(DL/T 5222—2005)第7.3.10条。

22. **答案**:C

依据:《3～110kV高压配电装置设计规范》(GB 50060—2008)第2.0.2条。

23. **答案**:D

依据:《电力工程电缆设计规范》(GB 50217—2007)附录D表D.0.4。

24 . 答案:A

依据:《电力工程电缆设计规范》(GB 50217—2007)第 5.5.7-1 条。

25. 答案:D

依据:《民用建筑电气设计规范》(JGJ 16—2008)第 5.4.2 条。

26. 答案:A

依据:《电力装置的继电保护和自动装置设计规范》(GB/T 50062—2008)第 4.0.2 条。

27. 答案:C

依据:《电力装置的继电保护和自动装置设计规范》(GB/T 50062—2008)第 4.0.3 条。

28. 答案:D

依据:《电力工程直流系统设计技术规程》(DL/T 5044—2004)表 5.2.3。

29. 答案:A

依据:《民用建筑电气设计规范》(JGJ 16—2008)表 11.9.1。

30. 答案:C

依据:《建筑物防雷设计规范》(GB 50057—2010)附录 A 建筑物年预计雷击次数。

31. 答案:B

依据:《交流电气装置的过电压保护和绝缘配合》(DL/T 620—1997)第 2.3 条。

32. 答案:B

依据:《建筑物防雷设计规范》(GB 50057—2010)第 4.3.5-5 条表 4.3.5。

33. 答案:B

依据:《建筑物电气装置　第 5-54 部分:电气设备的选择和安装—接地配置、保护导体和保护联结导体》(GB 16895.3—2004)表 54-1,角钢与扁钢均为"带状"接地体。

34. 答案:B

依据:《建筑照明设计标准》(GB 50034—2004)第 4.1.7 条,条文说明。

35. 答案:A

依据:《照明设计手册》(第二版)P7 式(1-9)计算 RI =2.81 和 P106 式(4-13)查得为宽配光。书上表述不完整,相关资料确定如下原则:0.8 ~0.5 为窄配光,1.7 ~0.8 为中配光,1.7 ~5 为宽配光。

36. 答案:B

依据:《钢铁企业电力设计手册》(下册)P457 式(26-80)。

37. 答案:B

依据:《钢铁企业电力设计手册》(下册)P95 ~97 表 24-6。

38. **答案**:D

依据:《视频安防监控系统工程设计规范》(GB 50395—2007)第6.0.2-5条。

39. **答案**:C

依据:《民用建筑电气设计规范》(JGJ 16—2008)第20.2.8条。

40. **答案**:C

依据:《66kV及以下架空电力线路设计规范》(GB 50061—2008)第4.0.1条。

---

41. **答案**:AC

依据:《低压电气装置 第4-41部分:安全防护 电击防护》(GB 16895.21—2011)附录B中图B.1。

注:规范中仅标注S为可能有人地面,并未明确绝缘与否。

42. **答案**:BC

依据:《爆炸和火灾危险环境电力装置设计规范》(GB 50058—1992)第2.2.3条。

43. **答案**:BCD

依据:《民用建筑电气设计规范》(JGJ 16—2008)第22.2.2条。

44. **答案**:ABD

依据:《供配电系统设计规范》(GB 50052—2009)第3.0.4条。

45. **答案**:BC

依据:《民用建筑电气设计规范》(JGJ 16—2008)第3.5.4条。

46. **答案**:ABD

依据:《工业与民用配电设计手册》(第三版)P879中"系统接地型式中字母代号代表的意义"。

47. **答案**:BCD

依据:《工业与民用配电设计手册》(第三版)P285、286中"(三)"。

48. **答案**:ABD

依据:《民用建筑电气设计规范》(JGJ 16—2008)第6.2.2条。

49. **答案**:BCD

依据:《10kV及以下变电所设计规范》(GB 50053—1994)第6.1.1条、第6.1.2条、第6.1.6条、第6.2.1条。

50. **答案**:AC

依据:《3~110kV高压配电装置设计规范》(GB 50060—2008)第2.0.6条、第2.0.7

条、第 2.0.10 条。

51. **答案**:CD

依据:《并联电容器装置设计规范》(GB 50227—2008)第 8.2.2 条、第 8.2.3 条、第8.2.4 条。

52. **答案**:ABD

依据:《钢铁企业电力设计手册》(上册)P177 中“4.1”。

53. **答案**:ABD

依据:《工业与民用配电设计手册》(第三版)P126 或《35kV ~ 110kV 变电站设计规范》(GB 50059—2011)第 3.2.6 条。

54. **答案**:AC

依据:《供配电系统设计规范》(GB 50052—2009)第 5.0.6 条。

55. **答案**:ACD

依据:《民用建筑电气设计规范》(JGJ 16—2008)第 7.5.3 条。

56. **答案**:BCD

依据:《电力工程电缆设计规范》(GB 50217—2007)第 3.1.2 条。

57. **答案**:BD

依据:《电力工程电缆设计规范》(GB 50217—2007)第 5.2.3 条。

58. **答案**:AC

依据:《电力装置的继电保护和自动装置设计规范》(GB 50062—2008)第 8.1.1 条、第 8.1.3 条。

59. **答案**:BCD

依据:《交流电气装置的过电压保护和绝缘配合》(DL/T 620—1997)第 2.1 条。

60. **答案**:ABC

依据:《电力工程直流系统设计技术规程》(DL/T 5044—2004)第 8.1.4 条。

61. **答案**:BC

依据:《建筑物防雷设计规范》(GB 50057—2010)相关条文。

62. **答案**:ABC

依据:《建筑物防雷设计规范》(GB 50057—2010)第 6.3.1 条。

63. **答案**:ABC

依据:《建筑物电气装置　第 4 部分:安全防护　第 44 章:过电压保护　第 446 节:低压电气装置对高压接地系统接地故障的保护》(GB 16895.11—2001)第 442.2 条。

64. **答案**:ABC

依据:《建筑物电气装置　第5-54部分:电气设备的选择和安装—接地配置、保护导体和保护联结导体》(GB 16895.3—2004)第534.2.1条。

65. **答案**:ABD

依据:《民用建筑电气设计规范》(JGJ 16—2008)第10.7.3条、第10.7.5条、第10.7.6条、第10.7.7条。

66. **答案**:ABC

依据:手册中无具体依据,可参考《注册电气工程师执业资格考试专业考试复习指导书》P650、651内容。

67. **答案**:ABC

依据:《钢铁企业电力设计手册》(下册)P311表25-12。

注:题干的异步电动机,输出电压波形只有在负载为异步电动机时才近似为正弦波。

68. **答案**:AD

依据:《民用建筑电气设计规范》(JGJ 16—2008)第13.6.4条。

69. **答案**:BD

依据:《民用建筑电气设计规范》(JGJ 16—2008)第14.2.5条。

70. **答案**:ABD

依据:《66kV及以下架空电力线路设计规范》(GB 50061—2010)第5.1.2条。

2010年专业知识试题(下午卷)

一、单项选择题(共40题,每题1分,每题的备选项中只有1个最符合题意)

1. 对于易燃物质轻于空气、通风良好且为第二级释放源的主要生产装置区,当释放源距地坪的高度不超过4.5m时,以释放源为中心,半径为4.5m,顶部与释放源的距离为7.5m,及释放源至地坪以上的范围内,宜划分为爆炸危险区域的是下列哪一项?
( )

(A)0区 (B)1区
(C)2区 (D)附加2区

2. 下列关于一级负荷的表述哪一项是正确的? ( )

(A)重要通信枢纽用电单位中的重要用电负荷
(B)交通枢纽用电单位中的用电负荷
(C)中断供电将影响重要用电单位的正常工作
(D)中断供电将造成公共场所秩序混乱

3. 在配电设计中,通常采用多长时间的最大平均负荷作为按发热条件选择电器或导体的依据? ( )

(A)10min (B)20min (C)30min (D)60min

4. 某车间一台电焊机的额定容量为80kV·A,电焊机的额定负载持续率为20%,额定功率因数为0.65,则该电焊机的设备功率为下列哪一项数值? ( )

(A)52kW (B)33kW
(C)26kW (D)23kW

5. 10kV及以下变电所设计中,一般情况下,动力和照明宜共用变压器,在下列关于设置照明专用变压器的表述中哪一项是正确的? ( )

(A)在TN系统的低压电网中,照明负荷应设专用变压器
(B)当单台变压器的容量小于1250kV·A时,可设照明专用变压器
(C)当照明负荷较大或动力和照明采用共用变压器严重影响照明质量及灯泡寿命时,可设照明专用变压器
(D)负荷随季节性变化不大时,宜设照明专用变压器

6. 具有三种电压的110kV变电所,通过主变压器各侧线圈的功率均达到该变压器容量的下列哪个数值以上时,主变压器宜采用三线圈变压器? ( )

(A)10%　　　　　　　　　　(B)15%

(C)20%　　　　　　　　　　(D)30%

7. 对于二级负荷的供电系统,在负荷较小或地区供电条件困难时,下列供电方式中哪一项是不正确的?　　(　　)

(A)可由一回35kV专用的架空线路供电

(B)可由一回6kV专用的架空线路供电

(C)当采用一回专用电缆线路供电时,应采用两根电缆组成的电路供电,其每个电缆应能承受50%的二级负荷

(D)当采用一回专用电缆线路供电时,应采用两根电缆组成的电路供电,其每个电缆应能承受100%的二级负荷

8. 并联电容器装置设计,应根据电网条件、无功补偿要求确定补偿容量,在选择单台电容器额定容量时,下列哪种因素是不需要考虑的?　　(　　)

(A)电容器组设计容量

(B)电容器组每相电容器串联、并联的台数

(C)电容器组的保护方式

(D)电容器产品额定容量系列的优先值

9. 对冲击性负荷的供电需要降低冲击性负荷引起的电网电压波动和电压闪变(不包括电动机启动时允许的电压下降)时,下列所采取的措施中,哪一项是不正确的?

(　　)

(A)采用电缆供电

(B)与其他负荷共用配电线路时,降低配电线路阻抗

(C)较大功率的冲击性负荷或冲击性负荷群对电压波动、闪变敏感的负荷分别由不同的变压器供电

(D)对于大功率电弧炉的炉用变压器由短路容量较大的电网供电

10. 在10kV配电室,选用外形尺寸为800mm×1500mm×2300mm(宽×深×高)的手车式高压开关柜(手车长1000mm),设备单列布置,则该配电室室内最小宽度为下列哪一项数值?　　(　　)

(A)4.3m　　　　　　　　　　(B)4.5m

(C)4.7m　　　　　　　　　　(D)4.8m

11. 当低压配电装置成排布置时,配电屏长度最小超过下列哪一项数值时,屏后面的通道应设有两个出口?　　(　　)

(A)5m　　　　　　　　　　(B)6m

(C)7m　　　　　　　　　　(D)8m

12. 35kV 高压配电装置工程设计中，屋外电器的最低环境温度应选择下列哪一项？（　　）

(A)极端最低温度　　(B)最冷月平均最低温度
(C)年最低温度　　(D)该处通风设计温度

13. 下列有关35kV 变电所所区布置的做法，哪一项不符合规范的要求？（　　）

(A)变电所内为满足消防要求的主要道路宽度为3m
(B)变电所建筑物内高出屋外地面0.4m
(C)屋外电缆沟壁高出地面0.1m
(D)电缆沟沟底纵坡坡度为1.0%

14. 在选择电力电缆时，需进行必要的短路电流计算，下列有关短路计算的条件哪一项不符合规定？（　　）

(A)计算短路电流时系统接线，应按系统最大的运行方式，且宜按工程建成后5～10年规划发展考虑
(B)短路点应选取在通过电缆回路最大短路电流可能发生处
(C)宜按三相短路计算
(D)短路电流作用时间，应取保护切除时间与断路器开断时间之和

15. 某35kV 架空配电线路，当系统基准容量 $S_j = 100\text{MV}\cdot\text{A}$，电路电抗值 $X_1 = 0.43\Omega$ 时，该线路的电抗标幺值 X_* 为下列哪一项数值？（　　）

(A)0.031　　(B)0.035　　(C)0.073　　(D)0.082

16. 在低压接地故障保护中，为降低接地故障引起的电气火灾危险而装设漏电流动作保护器，其额定动作电流不应超过下列哪个值？（　　）

(A)0.50A　　(B)0.30A
(C)0.05A　　(D)0.03A

17. 在低压配电线路的保护中，有关短路保护电器装设位置，下列说法哪个是正确的？（　　）

(A)配电线路各相上均应装设短路保护电器
(B)N线应装设同时断开相线短路保护电器
(C)N线不应装设短路保护电器
(D)对于中性点不接地且N线不引出的三相三线配电系统，可只在两相上装设保护电器

18. 发电厂3～20kV 屋外支柱绝缘子和穿墙套管、3～6kV 屋外支柱绝缘子和穿墙套管，可采用下列哪一项产品？（　　）

(A)高一级电压,高一级电压
(B)高一级电压,高二级电压
(C)同级电压,高一级电压
(D)高一级电压,同级电压

19. 关于低压交流电动机的保护,下列哪一项描述是错误的? ( )

(A)交流电动机应装设短路保护和接地故障保护,并应根据具体情况分别装设过载保护、断相保护和低电压保护。同步电动机尚应装设失步保护
(B)数台交流电动机总计算电流不超过 30A,且允许无选择的切断时,数台交流电动机可共用一套短路保护电器
(C)额定功率大于 3kW 的连续运行的电动机宜装设过载保护
(D)需要自启动的重要电动机,不宜装设低电压保护,但按工艺或安全条件在长时间停电后不允许自启动时,应装设长延时的低电压保护

20. 已知短路的热效应 $Q_d = 745(kA)^2s$,热稳定系数 $c = 87$,按热稳定校验选择裸导体最小截面不应小于下列哪一项数值? ( )

(A)40mm ×4mm　　(B)50mm ×5mm
(C)63mm ×6.3mm　　(D)63mm ×8mm

21. 500V 以下电压配电绝缘导线穿管敷设时,按满足机械强度要求,规范规定导线的最小铜芯截面应为下列哪一项数值? ( )

(A)$0.75mm^2$　　(B)$1.0mm^2$
(C)$1.5mm^2$　　(D)$2.5mm^2$

22. 规范规定易受水浸泡的电缆应选用下列哪种外护层? ( )

(A)钢带铠装　　(B)聚乙烯
(C)金属套管　　(D)粗钢丝铠装

23. 30 根电缆在电缆托盘中无间距叠置三层并列敷设时,电缆载流量的校正系数为下列哪一项数值? ( )

(A)0.45　　(B)0.50
(C)0.55　　(D)0.60

24. 35 ~110kV 变电所设计,下列哪一项要求不正确? ( )

(A)主变压器应在控制室内控制
(B)母线分段、旁路及母联断路器应在控制室内控制
(C)110kV 屋内配电装置的线路应在控制室内控制
(D)10kV 屋内配电装置馈电线路应在控制内控制

25. 变配电所二次回路控制电缆芯线截面为 1.5mm^2 时，其芯数不宜超过下列哪一项数值？（　　）

(A)19　　(B)24

(C)30　　(D)37

26. 规范规定单独运行的变压器容量最小为下列哪一项数值时，应装设纵联差动保护？（　　）

(A)10MV·A　　(B)8MV·A

(C)6.3MV·A　　(D)5MV·A

27. 在正常运行情况下，下列关于变电所直流操作电源系统中直流母线电压的要求，哪一项符合规范规定？（　　）

(A)直流母线电压应为直流系统标称电压的 100%

(B)直流母线电压应为直流系统标称电压的 105%

(C)直流母线电压应为直流系统标称电压的 110%

(D)直流母线电压应为直流系统标称电压的 112.5%

28. 在电力工程直流电源系统设计时，对于交流电源事故停电时间的确定，下列哪一项是不正确的？（　　）

(A)与电力系统连接的发电厂，厂用交流电源事故停电时间为 1h

(B)不与电力系统连接的孤立发电厂，厂用交流电源事故停电时间为 2h

(C)直流输电换流站，全站交流电源事故停电时间为 2h

(D)无人值班的变电所，全所交流电源事故停电时间为 1h

29. 某第二类防雷建筑物基础采用周边无钢筋的闭合条形混凝土，周长为 50mm，采用 3 根 ϕ12 圆钢在基础内敷设人工基础接地体，圆钢之间敷设净距不应小于下列哪一项？（　　）

(A)圆钢直径　　(B)圆钢直径的 2 倍

(C)圆钢直径的 3 倍　　(D)圆钢直径的 6 倍

30. 建筑物采取的防直击雷的措施，下列哪一项说法是正确的？（　　）

(A)第三类防雷建筑物不宜在建筑物上装设避雷针

(B)第一、二类防雷建筑物宜设独立避雷针

(C)第一类防雷建筑物不得在建筑物上装设避雷带

(D)第二类防雷建筑物宜在建筑物上装设避雷带和避雷针的组合

31. 某地区海拔高度 800m 左右，10kV 配电系统采用中性点低电阻接地系统，10kV 电气设备相对地雷电冲击耐受电压的取值应为下列哪一项？（　　）

(A)28kV　　(B)42kV

(C)60kV　　(D)75kV

32. 根据规范要求，距建筑物 30m 的广场，室外景观照明灯具宜采用下列哪一种接地方式？（　　）

(A)TN-S　　(B)TN-C

(C)TT　　(D)IT

33. 在潮湿场所向手提式照明灯具供电，下列哪一项措施是正确的？（　　）

(A)采用 II 类灯具，电压值不大于 50V

(B)采用 II 类灯具，电压值不大于 36V

(C)采用 III 类灯具，电压值不大于 50V

(D)采用 III 类灯具，电压值不大于 25V

34. 为了限制眩光，要求灯具有一定的遮光角，当光源平均亮度为 50 ~ 500kcd/m^2 时，直接型灯具的遮光角不应小于下列哪个数值？（　　）

(A)10°　　(B)15°　　(C)20°　　(D)25°

35. 关于现场总线的特点，下列表述哪一项是错误的？（　　）

(A)用户可按照需要，把来自不同厂商的产品通过现场总线，组成大小随意开放的自动控制互联系统

(B)互联设备间、系统间的信息传送与交换，不同制造厂商的性能类似的设备可实现相互替换

(C)现场总线已构成一种新的全分散性控制系统的体系结构，简化了系统结构，提高了可靠性

(D)安装费用与维护开销增加

36. 在大容量电流型变频器中，常采用将几组具有不同输出相位的逆变器并联运行的多重化技术，以降低输出电流的谐波含量。二重化输出直接并联的逆变器的 5 次谐波可能达到的最低谐波含量为下列哪一项？（　　）

(A)3.83%　　(B)5.36%

(C)4.54%　　(D)4.28%

37. 在火灾发生期间，给火灾应急广播最少持续供电时间为下列哪一项数值？

（　　）

(A)≥20min　　(B)≥30min

(C)≥45min　　(D)≥60min

38. 对于安全防范系统中集成式安全管理系统的设计，下列哪一项不符合规范设计要求？ （　　）

(A) 应能对系统欲行状况和报警信息数据等进行记录和显示

(B) 应能对信号传输系统进行检测，并能与所有部位进行有线和/或无线通信联络

(C) 应设置紧急报警装置

(D) 应能连接各子系统的主机

39. 通信设备使用直流基础电源电压为 -48V，按规范规定电信设备受电端子上电压变动范围应为下面哪一项数值？ （　　）

(A) -40 ~ -57V　　(B) -43.2 ~ 52.8V

(C) -43.2 ~ -55.2V　　(D) -40 ~ -55.2V

40. 35kV 架空电力线路设计中，在最低气温工况下，应按下列哪一种情况计算？ （　　）

(A) 无风，无冰　　(B) 无风，覆冰厚度 5mm

(C) 风速 5m/s，无冰　　(D) 风速 5m/s，覆冰厚度 5mm

二、多项选择题（共 30 题，每题 2 分。每题的备选项中有 2 个或 2 个以上符合题意。错选、少选、多选均不得分）

41. 在 660V 低压配电系统和电气设备中，下列间接接触保护措施哪几项是正确的？ （　　）

(A) 自动切断供电电源

(B) 采用双重绝缘或加强绝缘的设备

(C) 采用安全特低压（SELV）保护

(D) 采用安全分隔保护措施

42. 爆炸性粉尘环境的范围应根据下列哪些因素确定？ （　　）

(A) 爆炸性粉尘的量　　(B) 爆炸性粉尘的释放率

(C) 环境湿度　　(D) 爆炸性粉尘的浓度和物理特性

43. 为了人身健康不会受到损害，下列哪些建筑物宜按一级电磁环境设计？ （　　）

(A) 居住建筑　　(B) 学校

(C) 医院　　(D) 有人值班的机房

44. 民用建筑中，关于负荷计算的内容和用途，下列表述哪些是正确的？ （　　）

(A)负荷计算,可作为按发热条件选择变压器、导体及电器的依据
(B)负荷计算,可作为电能损耗及无功功率补偿的计算依据
(C)季节性负荷,可以确定变压器的容量和台数及经济运行方式
(D)二、三级负荷,可用以确定备用电源及其容量

45. 用电单位的供电电压等级与下列哪些因素有关? ( )

(A)用电容量 (B)供电距离
(C)用电单位的运行方式 (D)用电设备特性

46. 在下列哪几种情况下,用电单位宜设置自备电源? ( )

(A)需要设备自备电源作为一级负荷中特别重要负荷的应急电源时
(B)所在地区偏僻,远离电力系统,设备自备电源经济合理时
(C)设备自备电源较从电力系统取得第二电源经济合理时
(D)已有两路电源,为更可靠为一级负荷供电时

47. 110kV 及以下供配电系统的设计,为减小电压偏差可采取下列哪些措施? ( )

(A)正确选择变压器的变压比和电压分接头
(B)降低配电系统阻抗
(C)补偿无功功率
(D)增大变压器容量

48. 下列 10kV 变电所所址选择条件中,哪几条不符合规范的要求? ( )

(A)装有可燃性油浸电力变压器的 10kV 车间内变电所,不应设在四级耐火等级的建筑物内;当设在三级耐火等级的建筑物内时,建筑物应采取局部防火措施
(B)多层建筑中,装有可燃性油的电气设备的 10kV 变电所应设置在底层靠内墙部位
(C)高层主体建筑内不宜装置装有可燃性油的电气设备的变电所,当受条件限制必须设置时,可设在底层靠外墙部位疏散出口的两旁
(D)附近有棉、粮集中的露天堆场,不应设置露天或半露天的变电所

49. 以下是为某工程 10/0.4kV 变电所(有自动切换电源要求)电气部分设计确定的一些原则,其中哪几条不符合规范的要求? ( )

(A)10kV 变电所接在母线上的避雷器和电压互感器合用一组隔离开关
(B)10kV 变电所架空进、出线上的避雷器回路中不装设隔离开关
(C)变压器低压侧电压为 0.4kV 的总开关采用隔离开关
(D)单台变压器的容量不宜大于 800kV·A

50. 民用建筑宜集中设置配变电所，当供电负荷较大、供电半径较长时，也可分散布置，高层建筑的变配电所宜设在下列哪些楼层上？（　　）

（A）避难层　　（B）设备层
（C）地下的最底层　　（D）屋顶层

51. 用最大短路电流校验导体和电器的动稳定和热稳定时，应选取被校验导体和电器通过最大短路电流的短路点，在选取短路点时，下列表述哪些符合规定？（　　）

（A）对带电抗器的3～10kV出线回路，校验母线与母线隔离开关之间隔板前的引线和套管时，短路点应选在电抗器前
（B）对带电抗器的3～10kV出线回路，校验母线与母线隔离开关之间隔板前的引线和套管时，短路点应选在电抗器后
（C）对带电抗器的3～10kV出线回路，除母线与母线隔离开关之间隔板前的引线和套管外，校验其他导体和电器时，短路点应选在电抗器前
（D）对不带电抗器的回路，短路点应选在正常接线方式时短路电流为最大的地点

52. 高压电器和导体的选择，需进行动稳定、热稳定校验，在下列哪几项校验时，应计算三相短路峰值（冲击）电流？（　　）

（A）校验高压电器和导体的动稳定时
（B）校验高压电器和导体的热稳定时
（C）校验断路器的关合能力时
（D）校验限流熔断器的开断能力时

53. 高压并联电容器装置串联电抗器的电抗率的选择，下列哪些项符合规定？（　　）

（A）用于抑制谐波，并联电容器装置接入电网处的背景谐波为3次及以上，电抗率可取4.5%～5%与12%
（B）用于抑制谐波，并联电容器装置接入电网处的背景谐波为3次及以上，电抗率宜取4.5%～5%
（C）仅用于限制涌流时，电抗率宜取0.1%～1%
（D）用于抑制谐波，并联电容器装置接入电网处的背景谐波为5次及以上，电抗率宜取4.5%～5%

54. 有关10kV配电所专用电源线的进线开关的选择，下列哪些项可采用隔离开关？（　　）

（A）无继电保护要求且无需带负荷操作
（B）无自动装置和继电保护要求，出线回路为3且无需带负荷操作
（C）无自动装置要求，出线回路数少

(D)无自动装置和继电保护要求,出线回路为2且无需带负荷操作

55. 3 ~ 35kV 配电装置工程设计选用室内导体时,规范要求应满足下述哪些基本规定? ( )

(A)导体的长期允许电流不得小于该回路的持续工作电流

(B)应按系统最大的运行方式下可能流经的最大短路电流校验导体的动稳定和热稳定

(C)采用主保护动作时间加相应断路器开断时间确定导体短路电流热效应计算时间

(D)应考虑日照对导体载流量的影响

56. 大电流负荷采用多根电缆并联供电时,下列哪些项符合规范要求? ( )

(A)采用不同截面的电缆,但累计载流量大于负载电流

(B)并联各电缆长度宜相等

(C)并联各电缆采用相同型号、材质

(D)并联各电缆采用相同截面的导体

57. 变电所的二次接线设计中,下列描述哪些是正确的? ( )

(A)有人值班的变电所,断路器的控制回路可不设监视信号

(B)驻所值班的变电所,可装设简单的事故信号和能重复动作的预告信号装置

(C)无人值班的变电所,可装设当远动装置停用时转为变电所就地控制的简单的事故信号和预告信号

(D)有人值班的变电所,宜装设能重复动作、延时自动解除,或手动解除音响的中央事故信号和预告信号装置

58. 对 3 ~ 10kV 中性点不接地系统的线路装设相间短路保护装置时,下列哪些项要求是正确的? ( )

(A)由电流继电器构成的保护装置,应接于两相电流互感器上

(B)后备保护应采用近后备方式

(C)当线路短路使重要用户母线电压低于额定电压的60%时,应快速切除故障

(D)当过电流保护时限不大于 0.5 ~ 0.7s 时,应装设瞬动的电流速断保护

59. 在变电所直流操作电源系统设计时,采用电压控制法计算储蓄电池容量,进行蓄电池电压水平校验时,应对下列哪些内容进行校验? ( )

(A)事故放电初期(1min)承受冲击负荷电流时能保持的电压值

(B)在事故放电情况下,蓄电池组出口端电压不应低于直流系统标称电压的105%

(C)任意事故放电阶段末期承受随即(5s)冲击负荷电流时能保持的电压值

(D)任意事故放电阶段末期蓄电池所能保持的电压值

60. 建筑物防雷设计中,在土壤高电阻率地区,为降低防直击雷接地装置的接地电阻,采用下列哪些方法? ( )

(A)水平接地体局部包绝缘物,可采用 50 ~ 80mm 厚的沥青层
(B)接地体埋于较深的低电阻率土壤中
(C)采用降阻剂
(D)换土

61. 10kV 配电系统中的配电变压器(10/0.4kV)装设阀式避雷器的位置和接地连接应符合下列哪些规定? ( )

(A)当低压配电系统接地形式为 IT 时,阀式避雷器的接地线应接至变压器低压侧中性点
(B)当低压配电系统接地形式为 TN 时,阀式避雷器的接地线应接至变压器低压侧中性点
(C)避雷器装设位置应尽量靠近变压器
(D)避雷器的接地线应与变压器金属外壳连接

62. 下列哪几种接地属于功能性接地? ( )

(A)根据系统运行的需要进行接地
(B)在信号电路中设置一个等电位点作为电子设备基准电位
(C)用来消除或减轻雷电危及人身和损坏设备的接地
(D)屏蔽接地

63. 关于计算机监控系统信号回路控制电缆的屏蔽选择及接地方式,下列哪些项符合规范规定? ( )

(A)开关量信号,可选总屏蔽
(B)高电平模拟信号,宜选用对绞线芯总屏蔽,必要时也可选用对绞线芯分屏蔽
(C)低电平模拟信号或脉冲量信号,宜选用对绞线芯分屏蔽,必要时也可选用对绞线芯分屏蔽复合总屏蔽
(D)模拟信号回路控制电缆屏蔽层两端应分别接地

64. 下列有关人民防空地下室应急照明的连续供应时间,哪些符合规范规定? ( )

(A)医疗救护工程不应小于 6h
(B)一等人员掩蔽所不应小于 5h
(C)二等人员掩蔽所、电站控制室不应小于 3h

(D)物资库等其他配套工程不应小于1.5h

65. 在爆炸性气体环境危险区域对照明灯具的选型,下列哪些项符合规定? (　　)

(A)在爆炸性气体环境危险区域1区,采用固定式增安型灯具
(B)在爆炸性气体环境危险区域1区,采用固定式隔爆型灯具
(C)在爆炸性气体环境危险区域2区,采用固定式增安型灯具
(D)在爆炸性气体环境危险区域2区,采用固定式隔爆型灯具

66. 下列有关液力耦合器调速的描述,哪些项是正确的? (　　)

(A)液力耦合器是装于电动机与负载轴之间的机械无级调速装置,由两个互不接触的金属叶轮组成,在两个轮之间充满油,利用油和轮间的摩擦力来传输转矩
(B)上述油压越大,所传输的转矩越大,因此,可通过调节油压来改变转矩,从而实现调速
(C)液力耦合器是一种高效的调速方法
(D)液力耦合器调速的转差能量变成油的热能而消耗掉,并存在漏油和机械磨损现象

67. 交—交变频器(电压型)和交—直—交变频器各有特点,下列哪几项符合交—交变频器的特点? (　　)

(A)换能环节少　　(B)换流方式为电源电压换流
(C)元件数量较少　　(D)电源功率因数较高

68. 在公共建筑的配电线路设置防火剩余电流动作报警系统时,下面论述哪些符合规范的规定? (　　)

(A)火灾自动报警系统保护对象分级为特级的建筑物的配电线路,应设置防火剩余电流动作报警系统
(B)火灾自动报警系统保护对象分级为特级的建筑物的配电线路,宜设置防火剩余电流动作报警系统
(C)火灾自动报警系统保护对象分级为一级的建筑物的配电线路,应设置防火剩余电流动作报警系统
(D)火灾自动报警系统保护对象分级为一级的建筑物的配电线路,宜设置防火剩余电流动作报警系统

69. 在建筑群内地下通信管道设计中,下列哪些项符合规范的规定? (　　)

(A)应与红线外公用通信管网、红线内各建筑物及通信机房引入管道衔接
(B)建筑群地下通信管道,宜有一个方向与公用通信管网相连
(C)通信管道的路由和位置宜与高压电力管、热力管、燃气管安排在不同路侧

(D)管道坡度宜为1‰~2‰,当室外道路已有坡度时,可利用其地势获得坡度

70. 10kV 架空电力线路的导线材质和导线的最大使用张力与绞线瞬时破坏张力的比值如下,请问哪几项符合规范规定? ( )

(A)铝绞线 30%　　(B)铝绞线 35%

(C)钢芯铝绞线 45%　　(D)钢芯铝绞线 50%

2010 年专业知识试题答案(下午卷)

1. 答案:C

依据:《爆炸和火灾危险环境电力装置设计规范》(GB 50058—1992)第 2.3.7 条。

2. 答案:A

依据:《民用建筑电气设计规范》(JGJ 16—2008)第 3.2.1-1 条。

3. 答案:C

依据:《工业与民用配电设计手册》(第三版)P1 第 2 行。

4. 答案:D

依据:《工业与民用配电设计手册》(第三版)P2 式(1-3)。

5. 答案:C

依据:《10kV 及以下变电所设计规范》(GB 50053—1994)第 3.3.4 条。

6. 答案:B

依据:《35kV ~ 110kV 变电站设计规范》(GB 50059—2011)第 3.1.4 条。

7. 答案:C

依据:《民用建筑电气设计规范》(JGJ 16—2008)第 3.2.10 条。

8. 答案:C

依据:《并联电容器装置设计规范》(GB 50227—2008)第 5.2.4 条。

9. 答案:A

依据:《供配电系统设计规范》(GB 50052—2009)第 5.0.11 条。

10. 答案:B

依据:《3 ~ 110kV 高压配电装置设计规范》(GB 50060—2008)第 5.4.4 条表 5.4.4。

11. 答案:B

依据:《10kV 及以下变电所设计规范》(GB 50053—1994)第 4.2.6 条。

12. 答案:C

依据:《3 ~ 110kV 高压配电装置设计规范》(GB 50060—2008)第 3.0.2 条。

13. 答案:A

依据:《35kV ~ 110kV 变电站设计规范》(GB 50059—2011)第 2.0.6 条、第 2.0.8 条、第 2.0.7 条。

14. **答案**:A

依据:《电力工程电缆设计规范》(GB 50217—2007)第3.7.8条。

15. **答案**:A

依据:《工业与民用配电设计手册》(第三版)P128表4-2。

16. **答案**:B

依据:《低压配电设计规范》(GB 50054—2011)第6.4.3条,此题原答案为选项A,是旧规范《低压配电设计规范》(GB 50054—1995)第4.4.21条,新规范已调整为300mA。

17. **答案**:D

依据:旧规范《低压配电设计规范》(GB 50054—1995)第4.5.4条,新规范已取消。

18. **答案**:B

依据:《导体和电器选择设计技术规定》(DL/T 5222—2005)第21.0.4条。

19. **答案**:B

依据:《通用用电设备配电设计规范》(GB 50055—2011)第2.3.3条。

20. **答案**:C

依据:《工业与民用配电设计手册》(第三版)P211式(5-26)。

21. **答案**:C

依据:《低压配电设计规范》(GB 50054—2011)第3.2.2-5条,此题原答案为选项B;是旧规范《低压配电设计规范》(GB 50054—1995)表2.2.2,新规范对应数据已修改。

22. **答案**:B

依据:《电力工程电缆设计规范》(GB 50217—2007)第3.5.1-2条。

23. **答案**:B

依据:《电力工程电缆设计规范》(GB 50217—2007)附录D表D.0.6。

24. **答案**:D

依据:旧规范《35~110kV变电所设计规范》(GB 50059—1992)第3.5.1条,新规范已取消。

25. **答案**:D

依据:《电力装置的继电保护和自动装置设计规范》(GB 50062—2008)第15.1.6条。

26. **答案**:A

依据:《电力装置的继电保护和自动装置设计规范》(GB/T 50062—2008)第4.0.3-2条。

27. **答案**:B

依据:《电力工程直流系统设计技术规程》(DL/T 5044—2004)第4.2.2条。

28. **答案**:D

依据:《电力工程直流系统设计技术规程》(DL/T 5044—2004)第5.2.3条。

29. **答案**:B

依据:《建筑物防雷设计规范》(GB 50057—2010)第4.3.5-5条表4.3.5注2。

30. **答案**:D

依据:《建筑物防雷设计规范》(GB 50057—2010)第4.3.1条。

31. **答案**:C

依据:《导体和电器选择设计技术规定》(DL/T 5222—2005)第10.4.5条表19。

32. **答案**:C

依据:《民用建筑电气设计规范》(JGJ 16—2008)第10.9.3-3条。

33. **答案**:D

依据:《建筑照明设计标准》(GB 50034—2004)第7.1.2-2条。

34. **答案**:C

依据:《建筑照明设计标准》(GB 50034—2004)第4.3.1条表4.3.1。

35. **答案**:D

依据:《电气传动自动化技术手册》(第二版)P826。

36. **答案**:B

依据:《钢铁企业电力设计手册》(下册)P327表25-16。

37. **答案**:A

依据:《民用建筑电气设计规范》(JGJ 16—2008)第13.9.13条。

38. **答案**:B

依据:《安全防范工程技术规范》(GB 50348—2004)第3.3.2-1条。

39. **答案**:A

依据:《民用建筑电气设计规范》(JGJ 16—2008)第20.2.9-1条。

40. **答案**:A

依据:《66kV及以下架空电力线路设计规范》(GB 50061—2010)第4.0.1条。

---

41. **答案**:ABC

依据:《低压电气装置　第4-41部分:安全防护　电击防护》(GB 16895.21—2011)第413.3.2条。应有足够的敏感度,题干中电压660V肯定有用,很奇怪的一个数字。

42. **答案:**ABD

依据:《爆炸和火灾危险环境电力装置设计规范》(GB 50058—1992)第3.3.1条。

43. **答案:**ABC

依据:《民用建筑电气设计规范》(JGJ 16—2008)第22.2.5-2条。

注:原题考查旧规范GB 500062—1992第2.0.10条:采用交流整流电源作为继电保护直流电源,直流母线电压在最大负荷时保护动作不应低于额定电压80%,但新规范已修改。

44. **答案:**ABC

依据:《民用建筑电气设计规范》(JGJ 16—2008)第3.5.1条。

45. **答案:**ABD

依据:《供配电系统设计规范》(GB 50052—2009)第5.0.1条。

46. **答案:**ABC

依据:《供配电系统设计规范》(GB 50052—2009)第4.0.1条。

47. **答案:**ABC

依据:《供配电系统设计规范》(GB 50052—2009)第5.0.9条。

48. **答案:**ABC

依据:《10kV及以下变电所设计规范》(GB 50053—1994)第2.0.2条、第2.0.3条、第2.0.4条、第2.0.5条。

49. **答案:**CD

依据:《10kV及以下变电所设计规范》(GB 50053—1994)第3.2.11条、第3.2.15条、第3.3.3条。

50. **答案:**ABD

依据:《民用建筑电气设计规范》(JGJ 16—2008)第4.2.3条。

51. **答案:**AD

依据:《导体和电器选择设计技术规定》(DL/T 5222—2005)第5.0.6条。

52. **答案:**AC

依据:《工业与民用配电设计手册》(第三版)P206。

53. **答案:**ACD

依据:《并联电容器装置设计规范》(GB 50227—2008)第5.5.2条。

54. **答案**:AC

依据:《10kV 及以下变电所设计规范》(GB 50053—1994)第 3.2.2 条。

55. **答案**:AC

依据:《3~110kV 高压配电装置设计规范》(GB 50060—2008)第 4.1.2 条、第 4.1.3 条、第 4.1.4 条。

56. **答案**:BCD

依据:《电力工程电缆设计规范》(GB 50217—2007)第 3.7.11 条。

57. **答案**:BCD

依据:旧规范《35~110kV 变电所设计规范》(GB 50059—1992)第 3.5.2 条,新规范已修改。

58. **答案**:AC

依据:《电力装置的继电保护和自动装置设计规范》(GB/T 50062—2008)第 5.0.2 条。

59. **答案**:ACD

依据:《电力工程直流系统设计技术规程》(DL/T 5044—2004)附录 B 第 B.2.1.3 款。

60. **答案**:BCD

依据:旧规范《建筑物防雷设计规范》(GB 50057—1994)(2000 年版)第 4.3.4 条,新规范已取消。

61. **答案**:BCD

依据:《交流电气装置的过电压保护和绝缘配合》(DL/T 620—1997)第 8.1 条。

62. **答案**:AB

依据:《工业与民用配电设计手册》(第三版)P871 中"接地的分类"。

63. **答案**:ABC

依据:《电力工程电缆设计规范》(GB 50217—2007)第 3.6.7-3 条、第 3.6.9-1 条。

64. **答案**:AC

依据:《人民防空地下室设计规范》(GB 50038—2005)第 7.5.5-4 条。

65. **答案**:BCD

依据:《爆炸和火灾危险环境电力装置设计规范》(GB 50058—1992)表 2.5.3-4。

66. **答案**:ABD

依据:手册无对应条文,可参考《注册电气工程师执业资格考试专业考试复习指导书》P616 相关内容。

67. **答案**:AB

依据:《钢铁企业电力设计手册》(下册)P310 表25-11。

68. **答案**:AD

依据:《民用建筑电气设计规范》(JGJ 16—2008)第13.12.1条。

69. **答案**:AC

依据:《民用建筑电气设计规范》(JGJ 16—2008)第20.7.4条。

70. **答案**:AB

依据:《66kV及以下架空电力线路设计规范》(GB 50061—2010)第5.2.3条。

2010 年案例分析试题(上午卷)

[案例题是 4 选 1 的方式,各小题前后之间没有联系,共 25 道小题,每题分值为 2 分,上午卷 50 分,下午卷 50 分,试卷满分 100 分。案例题一定要有分析(步骤和过程)、计算(要列出相应的公式)、依据(主要是规程、规范、手册),如果是论述题要列出论点]

题 1~5:某车间长 30m、宽 18m、高 12m,工作面高 0.8m,灯具距工作面高 10m,顶棚反射比为 0.5,墙面反射比为 0.3,地面反射比为 0.2,现均匀布置 10 盏 400W 金属卤化物灯,灯具平面布置如下图所示,已知金属卤化物灯光通量为 32000lm,灯具效率为 77%,灯具维护系数为 0.7。

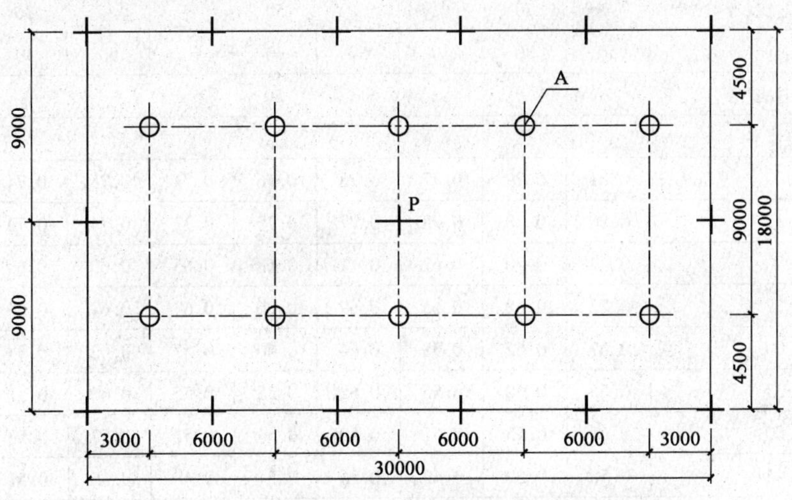

车间灯具平面布置图(尺寸单位:mm)

请回答下列问题。

1. 若按车间的室形指数 RI 值选择不同配光的灯具,下列说法哪一项是正确的?请说明依据和理由。（　　）

(A) 当 RI = 3 ~ 5 时,宜选用特窄配光灯具

(B) 当 RI = 1.65 ~ 3 时,宜选用窄配光灯具

(C) 当 RI = 0.8 ~ 1.65 时,宜选用中配光灯具

(D) 当 RI = 0.5 ~ 0.8 时,宜选用宽配光灯具

解答过程:

2. 计算该车间的室形指数 RI 应为下列哪一项数值？（　　）

(A)3.00　　(B)1.80

(C)1.125　　(D)0.625

解答过程：

3. 已知金属卤化物灯具的利用系数见下表，计算该车间工作面上的平均照度应为下列哪一项数值？（　　）

金属卤化物灯具的利用系数表

顶棚反射比(%)	70			50			30		
墙面反射比(%)	50	30	10	50	30	10	50	30	10
地面反射比(%)	20								
室空间比 RCR									
1.00	0.81	0.79	0.77	0.78	0.76	0.74	0.75	0.74	0.72
1.11	0.80	0.78	0.78	0.77	0.75	0.73	0.74	0.73	0.71
2.00	0.74	0.70	0.67	0.71	0.68	0.65	0.69	0.66	0.64
2.22	0.72	0.68	0.65	0.69	0.66	0.63	0.67	0.64	0.62
3.00	0.67	0.62	0.58	0.64	0.60	0.57	0.62	0.59	0.56
3.33	0.65	0.60	0.56	0.62	0.58	0.55	0.60	0.57	0.54
4.00	0.61	0.55	0.51	0.59	0.54	0.51	0.57	0.53	0.50
4.44	0.58	0.52	0.48	0.56	0.51	0.48	0.55	0.51	0.47
5.00	0.55	0.49	0.45	0.53	0.48	0.45	0.52	0.48	0.44
5.55	0.52	0.46	0.42	0.50	0.45	0.42	0.49	0.45	0.41

(A)212lx　　(B)242lx

(C)311lx　　(D)319lx

解答过程：

4. 若每盏金属卤化物灯镇流器功耗为 48W，计算该车间的照明功率密度为下列哪一项数值？（　　）

(A)$7.41W/m^2$　　(B)$8.30W/m^2$

(C)$9.96W/m^2$　　(D)$10.37W/m^2$

解答过程:

5. 已知金属卤化物灯具光源光强分布(1000lm)如下表,若只计算直射光,试计算车间中灯A在工作面中心点P的水平面照度应为下列哪一项数值? ( )

光源光强分布表

θ(°)	0	2.5	7.5	12.5	17.5	24.9	27.5	36.9	37.5
I_θ(cd)	346.3	345.0	338.7	329.4	322	295.7	283.6	242	239.6
θ(°)	44.9	47.5	56.9	57.6	62.5	67.5	72.5	77.5	82.5
I_θ(cd)	208.8	197	116	108.8	54.2	35	22.2	13.3	6.6

(A)20.8lx (B)27.8lx

(C)34.7lx (D)39.7lx

解答过程:

题6~10:某企业拟建一座10kV变电所,用电负荷如下:

1)一般工作制大批量冷加工机床类设备152台,总功率448.6kW。

2)焊接变压器组($\varepsilon_r=65\%$,功率因数0.5)6×23kV·A+3×32kV·A,总设备功率94.5kW,平均有功功率28.4kW,平均无功功率49kvar;

3)泵、通风机类设备共30台,总功率338.9kW,平均有功功率182.6kW,平均无功功率139.6kvar;

4)传送带10台,总功率32.6kW,平均有功功率16.3kW,平均无功功率14.3kvar。

请回答下列问题。

6. 计算每台23kV·A焊接变压器的设备功率,并采用需要系数法计算一般工作制大批量冷加工机床设备的计算负荷(需要系数取最大值),计算结果为下列哪一项? ( )

(A)9.3kW,机床类设备的有功功率89.72kW,无功功率155.2kvar

(B)9.3kW,机床类设备的有功功率71.78kW,无功功率124.32kvar

(C)9.3kW,机床类设备的有功功率89.72kW,无功功率44.86kvar

(D)55.8kW,机床类设备的有功功率89.72kW,无功功率67.29kvar

解答过程:

7. 采用利用系数法（利用系数 $K_1=0.14$；$\tan\phi=1.73$），计算机床类设备组的平均有功功率、无功功率，变电所供电所有设备的平均利用系数（指有效使用台数等于实际设备台数考虑），变电所电压母线最大系数（达到稳定温升的持续时间按 1h 计）。其计算结果最接近下列哪一项数值？（　　）

（A）89.72kW，155.4kvar，0.35，1.04
（B）62.80kW，155.4kvar，0.32，1.07
（C）62.80kW，31.4kvar，0.32，1.05
（D）62.80kW，108.64kvar，0.32，1.05

解答过程：

8. 若该变电所补偿前的计算负荷为 $P_c=290.1$kW、$Q_c=310.78$kvar，如果要求平均功率因数补偿到 0.9，请计算补偿前的平均功率因数（年平均负荷系数 $\alpha_{av}=0.75$，$\beta_{av}=0.8$）为下列哪一项数值？（　　）

（A）0.57，275.12kvar　　（B）0.65，200.54kvar
（C）0.66，191.47kvar　　（D）0.66，330.7kvar

解答过程：

9. 若该变电所补偿前的计算负荷为 $P_c=390.1$kW、$Q_c=408.89$kvar，实际补偿容量为 280kvar，忽略电网损耗，按最低损失率为条件选择变压器容量并计算变压器负荷率，其计算结果最接近下列哪一组数值？（　　）

（A）500kV·A，82%　　（B）800kV·A，51%
（C）800kV·A，53%　　（D）1000kV·A，57%

解答过程：

10. 请判断在变电所设计中，下列哪一项不是节能措施？请说明依据和理由。（　　）

（A）合理选择供电电压等级

(B)为了充分利用设备的容量资源,应尽量使变压器满负荷运行

(C)提高系统的功率因数

(D)选择低损耗变压器

解答过程:

题 11 ~15:一台水泵由异步电动机驱动,电动机参数为额定功率 15kW、额定电压 380V、额定效率 0.87、额定功率因数 0.89、启动电流倍数 7.0、启动时间 4s,另外,该水泵频繁启动且系统瞬时停电恢复供电时需要自启动。

请回答下列问题。

11. 下列哪一项可用作该水泵电动机的控制电器?并请说明依据和理由。 (   )

(A)熔断器 (B)接触器

(C)断路器 (D)负荷开关

解答过程:

12. 确定该水泵电动机不宜设置下列哪一项保护?并请说明依据和理由。 (   )

(A)短路保护 (B)接地故障保护

(C)断相保护 (D)低电压保护

解答过程:

13. 该水泵电动机采用断路器长延时脱扣器用作电动机过载保护时(假定断路器长延时脱扣器 7.2 倍、整定电流动作时间 7s),其整定电流应为下列哪一项数值? (   )

(A)30A (B)26A

(C)24A (D)23A

解答过程:

14. 假设该水泵电动机额定电流 24A、启动电流倍数为 6.8，当长延时脱扣器用作电动机电流后备保护时，长延时脱扣器整定电流 25A，其最小瞬动倍数应为下列哪一项数值？（　　）

(A)2　　(B)7　　(C)12　　(D)13

解答过程：

15. 假设该水泵电动机额定电流 24A，启动电流倍数为 6.8，用断路器瞬动脱扣器作短路保护，其瞬动脱扣器最小整定值为下列哪一项数值？（　　）

(A)326A　　(B)288A　　(C)163A　　(D)72A

解答过程：

题 16～20：某企业总变电所设计中，安装有变压器 TR1 及电抗器 L，并从总变电所 6kV 母线引一回路向车间变电所供电，供电系统如下图所示。6kV 侧为不接地系统，380V 系统为 TN-S 接地形式。

请回答下列问题。

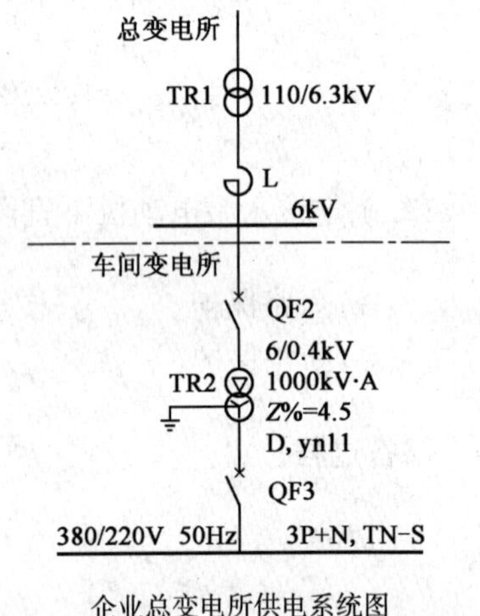

企业总变电所供电系统图

16. 如上图所示，总变电所主变压器 TR1 电压等级为 110/6.3kV。假设未串接电抗器 L 时，6kV 母线上的三相短路电流 $I''=48\text{KA}$，现欲在主变压器 6kV 侧串一电抗器 L，把 I'' 限制在 25kA，该电抗器的电抗值应为下列哪一项？（　　）

(A)0.063Ω　　(B)0.07Ω

(C)0.111Ω　　(D)0.176Ω

解答过程：

17. 假设 TR2 变压器 6kV 侧短路容量为 30MV·A。不计系统侧及变压器的电阻,变压器的相保电抗等于正序电抗,380V 母线上 A 相对 N 线的短路电流为下列哪一项?（ ）

(A)6.33kA　　(B)21.3kA

(C)23.7kA　　(D)30.6kA

解答过程:

18. 变压器 TR2 的高压侧使用断路器 QF2 保护,其分断时间为 150ms,主保护动作时间为 100ms,后备保护动作时间为 400ms,对该断路器进行热稳定校验时,其短路电流持续时间应取下列哪一项数值?（ ）

(A)250ms　　(B)500ms

(C)550ms　　(D)650ms

解答过程:

19. 假设通过 6kV 侧断路器 QF2 的最大三相短路电流 $I''_{k3}=34kA$,短路电流持续时间为 430ms,短路电流直流分量等效时间为 50ms,变压器 6kV 短路视为远端短路,冲击系数 $K_p=1.8$,断路器 QF2 的短路耐受能力为 25kA/3s,峰值耐受电流为 63kA,下列关于该断路器是否通过动、热稳定校验的判断中,哪一项是正确的？请说明理由。（ ）

(A)热稳定校验不通过,动稳定校验不通过

(B)热稳定校验不通过,动稳定校验通过

(C)热稳定校验通过,动稳定校验不通过

(D)热稳定校验通过,动稳定校验通过

解答过程:

20. 假设变压器 TR2 的绕组接线组别为 Y,yn0,6kV 侧过电流保护的接线方式及 CT 变比如下图所示。已知 6kV 侧过电流保护继电器 KA1 和 KA2 的动作整定值为 15.3A。最小运行方式下变压器低压侧单相接地稳态短路电流为 12.3kA。欲利用高压侧过电

流保护兼作低压侧单相接地保护，其灵敏系数应为下列哪一项？ （ ）

(A)0.6

(B)1.03

(C)1.2

(D)1.8

解答过程：

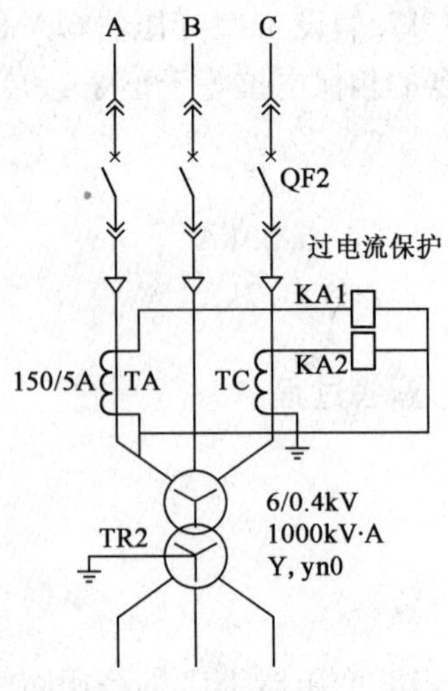

6kV 侧过电流保护的接地方式及 CT 变比

题 21～25：某企业的 110kV 变电所，地处海拔高度 900n，110kV 采用半高型室外配电装置，110kV 配电装置母线高 10m，35kV 及 10kV 配电装置选用移开式交流金属封闭开关柜，室内单层布置，主变压器布置在室外，请回答下列问题。

21. 计算变电所的 110kV 系统工频过电压一般不超过下列哪一项数值？并说明依据和理由。 （ ）

(A)94.6kV (B)101.8kV

(C)126kV (D)138.6kV

解答过程：

22. 该变电所的 110kV 配电装置的防直击雷采用单支独立避雷针保护，如果避雷针高度为 30m，计算该避雷针在地面上和离地面 10m 高度的平面上的保护半径分别为下列哪一项？ （ ）

(A)45m，20m (B)45m，25m

(C)45.2m，20.1m (D)45.2m，25.1m

解答过程：

23. 该变电所 10kV 出线带有一台高压感应电动机，其容量为 600kW，确定开断空

载高压感应电动机的操作过电压一般不超过下列哪一项数值？并说明依据和理由。 （ ）

(A)19.6kV (B)24.5kV

(C)39.2kV (D)49kV

解答过程：

24. 该变电所的10kV系统为中性点不接地系统，当连接由中性点接地的电磁式电压互感器的空载母线，因合闸充电或在运行时接地故障消除等原因的激发，会使电压互感器饱和而产生铁磁谐振过电压，请判断下列为限制此过电压的措施哪一项是错误的？并说明依据和理由。 （ ）

(A)选用励磁特性饱和点较高的电磁式电压互感器

(B)用架空线路代替电缆以减少 X_{co}，使 $X_{co} \leqslant 0.01X_m$（X_m 为电压互感器在线电压作用下单相绕组的励磁电抗）

(C)装设专门的消谐装置

(D)10kV电压互感器高压绕组中性点经 $R_{p.n} \geqslant 0.06X_m$（容量大于600W）的电阻接地

解答过程：

25. 确定在选择110kV变压器时，变压器的内绝缘相对地和相间的雷电冲击耐受电压应为下列哪一项？请说明依据和理由。 （ ）

(A)200kV,200kV (B)395kV,395kV

(C)450kV,450kV (D)480kV,480kV

解答过程：

2010年案例分析试题答案(上午卷)

题1~5答案:**CCABB**

1.《照明设计手册》(第二版)P7室形指数定义及式(1-9)。

室形指数:$RI = \frac{LW}{h(L+W)} = \frac{30 \times 18}{10 \times (30+18)} = 1.125$

P231第3条照明质量内容:当RI=0.8~1.65时,应选用中配光灯具。

2.《照明设计手册》(第二版)P7室形指数定义及式(1-9)。(计算同题1)。

3.《照明设计手册》(第二版)P212式(5-41)或最后一行的公式RI=5/RCR。

RCR=5/1.125=4.44

查题中利用系数表,可知利用系数取0.51。

《照明设计手册》(第二版)P211式(5-39)。

$$E_{av} = \frac{N\Phi Uk}{A} = 10 \times 32000 \times 0.51 \times 0.7/(30 \times 18) = 211.56\text{lx}$$

4.《建筑照明设计标准》(GB 50034—2004)第2.0.46条照明功率密度的定义可知:

$LPD = 10 \times (400+48)/(30 \times 18) = 8.30\text{W/m}^2$

5.利用勾股定理计算θ角:$L = \sqrt{4.5^2 + 6.0^2} = 7.5$

$\theta = \arctan(7.5/10) = 36.8°$

查表得$I_\theta = 242\text{cd}$。

《照明设计手册》(第二版)P188式(5-2)计算点光源水平照度值。

$$E_{h1} = \frac{I_\theta}{R^2}\cos\theta = \frac{242}{12.5^2}\cos 36.8° = 1.24$$

《照明设计手册》(第二版)P191式(5-15)计算实际水平面的照度。

$$E_{av} = \frac{32000 \times 1.24 \times 0.7}{1000} = 27.78\text{lx}$$

题6~10答案:**ADCBB**

6.《工业与民用配电设计手册》(第三版)P3表1-1中(大批量冷机床设备)需用系数$K_x = 0.17 \sim 0.20$,按题意取最大值,则$K_x = 0.20$,功率因数为0.5,由式(1-5)、式(1-6)分别计算P_c、Q_c:

由$\cos\phi = 0.5$,得$\tan\phi = 1.732$。

$P_c = K_x P_e = 0.2 \times 448.6 = 89.72\text{kW}$

$Q_c = P_c \tan\phi = 89.72 \times 1.732 = 155.2\text{kvar}$

《工业与民用配电设计手册》(第三版)P2式(1-3)。

$P_e = S_r \sqrt{\varepsilon_r}\cos\phi = 23 \times \sqrt{0.65} \times 0.5 = 9.27\text{kW}$

7.《工业与民用配电设计手册》(第三版)P7-8 式(1-12)、式(1-13)、式(1-14)。

$P_{av} = K_1 P_e = 0.14 \times 448.6 = 62.8\text{kW}$

$Q_{av} = P_{av} \tan\phi = 62.8 \times 1.73 = 108.644\text{kW}$

$$K_{lav} = \sum P_{av} / \sum P_e = \frac{62.8 + 28.4 + 182.6 + 16.3}{448.6 + 94.5 + 338.9 + 32.6} = \frac{290.1}{914.6} = 0.317$$

由于按有效使用台数等于实际设备台数考虑,则 $n_{yx} = 201$,按《工业与民用配电设计手册》(第三版)P10 表 1-9 查得 $K_m = 1.07$,由 P9 式(1-25)得:

$$K_{ml} \leqslant 1 + \frac{K_m - 1}{\sqrt{2t}} = 1 + \frac{1.07 - 1}{\sqrt{2} \times 1} = 1.05$$

因此,母线最大系数取 1.05。

8.《工业与民用配电设计手册》(第二版)P21 式(1-55)和式(1-57)。

$$\cos\phi_1 = \sqrt{\frac{1}{1 + \left(\frac{\beta_{av} Q_c}{\alpha_{av} P_c}\right)^2}} = \sqrt{\frac{1}{1 + \left(\frac{0.8 \times 310.78}{0.75 \times 290.1}\right)^2}} = 0.66$$

由 $\cos\phi_1 = 0.66$,得 $\tan\phi_1 = 1.14$;由 $\cos\phi_2 = 0.90$,得 $\tan\phi_2 = 0.48$。

$Q_c = \alpha_{av} P_c (\tan\phi_1 - \tan\phi_2) = 1.0 \times 290.1 \times (1.14 - 0.48) = 191.466\text{kvar}$

注:补偿容量应按系统最不利条件计算,年平均有功负荷系数取 1.0。

9.《工业与民用配电设计手册》(第三版)P3 式(1-11)。

$S_c = \sqrt{P_c^2 + Q_c^2} = \sqrt{390.1^2 + (408.89 - 280)^2} = 410.84\text{kV·A}$

《钢铁企业电力设计手册》(上册)P291 倒数第 4 行:变压器最低损失率大体发生在负载系数 $\beta = 0.5 \sim 0.6$ 时,因此,变压器额定容量可选择区间为 $S_T = 410.84/(0.5 \sim 0.6) = 684.73 \sim 821.68\text{kV·A}$,选择变压器容量为 800kV·A,负荷率为 51%。

10.《钢铁企业电力设计手册》(上册)P291 倒数第 4 行:变压器最低损失率大体发生在负载系数 $\beta = 0.5 \sim 0.6$ 时,因此,变压器满载运行不是节能措施。

题 11 ~ 15 答案:**BDADA**

11.《通用用电设备配电设计规范》(GB 50055—2011)第 2.4.4 条第二款:控制电器宜采用接触器、启动器或其他电动机专用控制开关。

12. 旧规范《通用用电设备配电设计规范》(GB 50055—1993)第 2.4.10 条第二款:需要自启动的重要电动机,不宜装设低电压保护。与题干要求矛盾。新规范可参考《通用用电设备配电设计规范》(GB 50055—2011)第 2.3.12 条第 5 款,但是相关表述已变化,与本题无直接对应关系。

13.《工业与民用配电设计手册》(第三版)P656 表 12-1。

电动机的额定电流:$I_r = \frac{P_r}{\sqrt{3} U_r \eta \cos\phi} = \frac{15}{\sqrt{3} \times 0.38 \times 0.87 \times 0.89} = 29.34\text{A}$

《通用用电设备配电设计规范》(GB 50055—2011)第 2.3.9 条第 1 款:热继电器或

过载脱扣器的整定电流，应接近但不小于电动机的额定电流，因此 $I_{ed} = 30A$。

14.《通用用电设备配电设计规范》(GB 50055—2011)第 2.3.5 条第三款：瞬动过电流脱扣器或过电流继电器瞬动原件的整定电流，应取电动机启动电流的 2～2.5倍。

瞬动倍数：$n = 24 \times 6.8 \times (2 \sim 2.5)/25 = 13 \sim 16.3$

因此最小瞬动倍数为13。

15.《通用用电设备配电设计规范》(GB 50055—2011)第 2.3.5 条第三款：瞬动过电流脱扣器或过电流继电器瞬动原件的整定电流，应取电动机启动电流的 2～2.5 倍。

瞬动脱扣器整定电流：$I_{set1} = (2 \sim 2.5) \times 24 \times 6.8 = 326.4 \sim 408A$

因此最小值为 326A。

题 16～20 答案：**BCCCC**

16.《工业与民用配电设计手册》(第三版)P128 表 4-2、P127 表 4-1 和 P126 式(4-16)。

设：$S_j = 100MV \cdot A$；$U_j = 6.3kV$；$I_j = 9.16kA$。

则 $X_j = U_j/(\sqrt{3}I_j) = 0.397\Omega$

$$I_{*1} = \frac{I''_1}{I_j} = \frac{48}{9.16} = 5.24$$

$$I_{*2} = \frac{I''_2}{I_j} = \frac{25}{9.16} = 2.73$$

《工业与民用配电设计手册》(第三版)P132 式(4-12)和 P126 式(4-4)。

$$X_{*1} = \frac{1}{I_{*1}} = \frac{1}{5.24} = 0.191$$

$$X_{*2} = \frac{1}{I_{*2}} = \frac{1}{2.73} = 0.366$$

$$\Delta X_* = X_{*2} - X_{*1} = 0.175$$

$$X = \Delta X_* X_j = 0.175 \times 0.397 = 0.07$$

17.《工业与民用配电设计手册》(第三版)P154 式(4-47)(该公式电压要求代入 0.38kV，但此处需代入 0.4kV，否则无答案)和表 4-21 注释③。

$$Z_S = \frac{(cU_n)^2}{S_S''} \times 10^3 = \frac{(1 \times 0.4)^2}{50} \times 10^3 = 3.2m\Omega$$

$$X_S = 0.995Z_S = 0.995 \times 3.2 = 3.184m\Omega$$

高压侧系统电抗归算到低压侧的相保电抗：$X_{php} = \dfrac{2X_S}{3} = \dfrac{2 \times 3.184}{3} = 2.12m\Omega$

《工业与民用配电设计手册》(第三版)P155 第一行：变压器的正序阻抗可按表 4-2 公式计算，变压器的负序阻抗等于正序阻抗。

由《工业与民用配电设计手册》(第三版)P128 表 4-2 计算如下：

变压器的正序电抗(相保电抗)：$X_T = \dfrac{u_k\%}{100} \times \dfrac{U_r^2}{S_{rT}} = \dfrac{4.5}{100} \times \dfrac{0.4^2}{1} = 7.2m\Omega$

由《工业与民用配电设计手册》(第三版)P163 表 4-55 计算如下：

低压网络单相接地故障短路电流：$I_{k1}'' = \frac{220}{X_{php}} = \frac{220}{(2.12 + 7.2)} = 23.6\text{kA}$

注：此题较复杂且不够严谨，勿深究，知其原理即可，考试时若时间不允许可放弃。

18.《3～110kV高压配电装置设计规范》（GB 50060—2008）第4.1.4条：验算电器短路热效应的计算时间，宜采用后备保护动作时间加相应的断路器全分闸时间。

$T = 400 + 150 = 550\text{ms}$

19.《工业与民用配电设计手册》（第三版）P212表5-10、P211式（5-26）和P150式（4-25），《导体和电器选择设计技术规定》（DL/T 5222—2005）附录F中式（F.6.1）分别计算周期分量与非周期分量的热效应。

动稳定校验：$i_p = K_p\sqrt{2}I_k'' = 1.8 \times \sqrt{2} \times 34 = 86.55\text{kA}$

$i_p < i_{max} = 63\text{kA}$，不能通过校验。

热稳定校验：$Q_t = Q_z + Q_f = 34^2 \times 0.43 + 34^2 \times 0.05 = 554.88\text{kA}^2\text{s}$

$I_{th}t_{th} = 25^2 \times 3 = 1875\text{kA}^2\text{s}$

$Q_t < I_{th}t_{th}$，通过校验。

20.《工业与民用配电设计手册》（第三版）P297表7-3，低压侧单相接地保护（利用高压侧三项式过电流保护）相应公式。

$$I''_{2k1\cdot min} = \frac{2}{3} \times \frac{I''_{22k1\cdot min}}{n_T} = \frac{2}{3} \times \frac{12.3 \times 10^3}{15} = 546.67\text{A}$$

$$I_{op} = I_{opK}\frac{n_{TA}}{K_{jx}} = 15.3 \times \frac{30}{1} = 459\text{A}$$

$$K_{ren} = \frac{I''_{2k1\cdot min}}{I_{op}} = \frac{546.67}{459} = 1.19$$

题21～25答案：**ABBBD**

21.《交流电气装置的过电压保护和绝缘配合》（DL/T 620—1997）第3.2.2条a）款：工频过电压的1.0P.U. $= U_m/\sqrt{3} = 126/\sqrt{3} = 72.7\text{kV}$，其中110kV的系统最高低压查《交流电气装置的过电压保护和绝缘配合》（DL/T 620—1997）第10.4.5条表21。

《交流电气装置的过电压保护和绝缘配合》（DL/T 620—1997）第4.1.1条b）款：对范围Ⅰ的110kV及220kV系统，工频过电压一般不超过1.3P.U.，即$1.3 \times 72.7 = 94.56\text{kV}$。

22.《交流电气装置的过电压保护和绝缘配合》（DL/T 620—1997）第5.2.1条式（4）和式（6）。

地面上保护半径：$r_1 = 1.5hP = 1.5 \times 30 \times 1 = 45\text{m}$

离地10m高的平面上保护半径：$0.5h = 0.5 \times 30 = 15\text{m}$

$h_x = 10 < 0.5h$

$r_1 = (1.5h - 2h_x)P = (1.5 \times 30 - 2 \times 10) \times 1 = 25\text{m}$

23.《交流电气装置的过电压保护和绝缘配合》(DL/T 620—1997)第3.2.2条b)款:操作过电压的1.0P. U. $=\sqrt{2}U_m/\sqrt{3}=\sqrt{2}\times12/\sqrt{3}=9.8$kV,其中10kV的系统最高低压查《工业与民用配电设计手册》(第三版)P200表5-2。

《交流电气装置的过电压保护和绝缘配合》(DL/T 620—1997)第4.2.7条:开断空载电动机的过电压一般不超过2.5P. U,即$2.5\times9.8=24.5$kV。

24.《交流电气装置的过电压保护和绝缘配合》(DL/T 620—1997)第4.1.5条d)款第3)小条:用一段电缆代替架空线路以减少X_{co}。

25.《交流电气装置的过电压保护和绝缘配合》(DL/T 620—1997)第10.4.5条表19注释1:内绝缘相对地和相间的雷电冲击耐受电压均为480kV。

2010年案例分析试题(下午卷)

专业案例题(共40题,考生从中选择25题作答,每题2分)

题1~5:某企业设10kV车间变电所,所带低压负荷为若干标称电压为380V的低压笼型电动机。其车间变电所380V低压配电母线短路容量为15MV·A。请回答下列问题。

1. 车间某电动机额定容量250kV·A,电动机额定启动电流倍数为6.5,当计算中忽略低压配电线路阻抗的影响且不考虑变压器预接负荷的无功功率时,该电动机启动时低压母线电压相对值为下列哪一项? (　　)

(A)0.43　　(B)0.87
(C)0.9　　(D)0.92

解答过程:

2. 车间某笼型异步电动机通过一减速比为20的减速器与一静阻转矩为30kN·m的生产机械相连,减速器效率为0.9,如电动机在额定电压下启动转矩为3.5kN·m。为了保证生产机械要求的启动转矩,启动时电动机端子电压相对值(启动时电动机端子电压与标称电压的比值)至少应为下列哪一项? (　　)

(A)0.66　　(B)0.69
(C)0.73　　(D)0.79

解答过程:

3. 车间由最大功率约为150kW的离心风机,且有在较大范围连续改变电机转速用于调节风量的要求,下列哪一项电气传动方案是适宜选用的?并说明依据和理由。 (　　)

(A)笼型电机交—交变频传动　　(B)笼型电机交—直—交变频传动
(C)直流传动　　(D)笼型电机变级传动

解答过程：

4. 某台笼型电动机，其额定电流为45A，定子空载电流25A，电动机定子每相绕组电阻0.2Ω，能耗制动时在定子两相绕组施加固定直流电压为48V，在直流回路串接的制动电阻宜为下列哪一项？ (　　)

(A)0.13Ω　　(B)0.24Ω　　(C)0.56Ω　　(D)0.64Ω

解答过程：

5. 要求车间某台电动机整体结构防护形式能承受任何方向的溅水，且能防止直径大于1mm的固体异物进入壳内，电动机整体结构防护等级(IP代码)宜为下列哪一项？请说明依据和理由。 (　　)

(A)IP53　　(B)IP44　　(C)IP43　　(D)IP34

解答过程：

题6～10：某110kV变电站采用全户内布置，站内设3台主变压器，110kV采用中性点直接接地方式。变电站内仅设一座综合建筑物，建筑物长54m、宽20m、高18m，全站围墙长73m、高40m。变电站平面布置如下图所示。

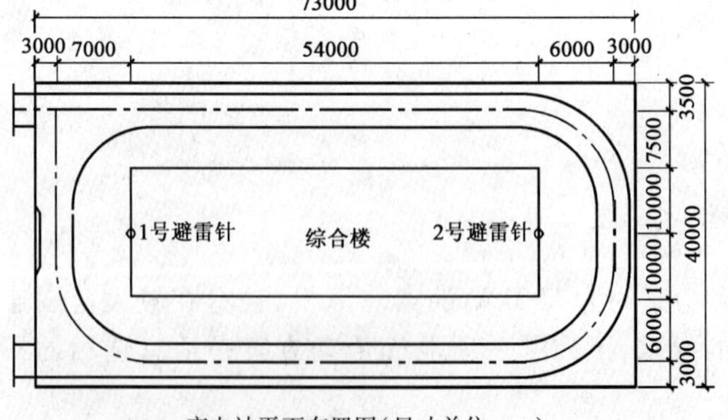

变电站平面布置图(尺寸单位：mm)

请回答下列问题。

6. 假定该变电站所在地区年平均雷暴日为87.6天，变电站综合楼的年预计雷击次数为下列哪一项？（　　）

(A)0.319次/年　　(B)0.271次/年

(C)0.239次/年　　(D)0.160次/年

解答过程：

7. 该变电站综合楼为第三类防雷建筑物，设两支等高的避雷针进行防雷保护，避雷针针尖距地面最小距离应为下列哪一项数值？（避雷针位置如上图所示，要求按滚球法计算，数值计算按四舍五入取小数点后一位）（　　）

(A)50m　　(B)52m

(C)54m　　(D)56m

解答过程：

8. 该变电站110kV配电装置保护接地的接地电阻R应满足下列哪一项？并说明依据和理由。（式中I为计算用的流经接地装置的入地短路电流）（　　）

(A)$R \leqslant 2000/I$　　(B)$R \leqslant 250/I$

(C)$R \leqslant 120/I$　　(D)$R \leqslant 50/I$

解答过程：

9. 该变电站接地网拟采用以水平接地极为主73×40（长×宽）边缘闭合的复合接地网，水平接地极采用ϕ20的热镀锌圆钢，垂直接地极采用L50×50×5的热镀锌角钢，敷设深度0.8m，站区内土壤电阻率为100Ω·m。请采用《交流电气装置的接地》（DL/T 621—1997）附表中A3的方法计算变电站接地网的接地电阻为下列哪一项数值？（　　）

(A)0.93Ω　　(B)0.90Ω

(C)0.81Ω　　(D)0.73Ω

解答过程：

10. 假定该变电站110kV单相接地短路电流为15kA，主保护动作时间30ms，断路器开断时间60ms，第一级后备保护的动作时间0.5s。问根据热稳定条件，不考虑防腐时，变电站接地线的最小截面不小于下列哪一项？（变电站配有1套速动主保护、近后备等保护） （ ）

(A) 160.4mm^2　　(B) 93.5mm^2
(C) 64.3mm^2　　(D) 37.5mm^2

解答过程：

题11～15：一座110/10kV有人值班的重要变电所，装有容量为20MV·A的主变压器两台，采用220V铅酸蓄电池作为直流电源，所有断路器配电磁操作机构，最大一台断路器合闸电流为98A。请回答下列问题。

11. 下列关于该变电所所有电源和操作电源以及蓄电池容量选择的设计原则中，哪一项不符合规范的要求？并说明依据和理由。 （ ）

(A) 变电所的操作电源，采用一组220V固定铅酸蓄电池组，充电、浮充电用的硅整流装置合用一套
(B) 变电所的直流母线，采用单母线接线方式
(C) 变电所装设两台容量相同可互为备用的所用变压器
(D) 变电所蓄电池组的容量按全所事故停电1h的放电容量确定

解答过程：

12. 该变电所信号、控制、保护装置容量为3000W（负荷系数为0.6），交流不停电装置容量为220W（负荷系数为0.6），事故照明容量为1000W（负荷系数为1），直流电源的经常负荷电流和事故放电容量为下列哪组？ （ ）

(A) 8.18A，13.33A·h　　(B) 8.18A，22.11A·h
(C) 8.78A，13.33A·h　　(D) 13.64A，19.19A·h

解答过程：

13. 如该变电所经常性负荷的事故放电容量为 9.09A·h,事故照明等负荷的事故放电容量为 4.54A·h,按满足事故全停电状态下长时间放电容量要求计算的蓄电池 10h,放电率计算容量为下列哪一项?(可靠系数取 1.25,容量系数取 0.4)　(　)

(A)14.19A·h　(B)28.41A·h
(C)34.08A·h　(D)42.59A·h

解答过程:

14. 该变电所选择一组 10h 放电标称容量为 100A·h 的 220V 铅酸蓄电池作为直流电源,若直流系统的经常负荷电流为 12A,请按满足浮充电要求和均衡充电要求(蓄电池组与直流母线连接)分别计算充电装置的额定电流为下列哪组数值?　(　)

(A)12A,10~12.5A　(B)12A,22~24.5A
(C)12.1A,10~12.5A　(D)12.1A,22~24.5A

解答过程:

15. 该变电所的断路器合闸电缆选用 VLV 型电缆,回路的允许电压降为 8V,电缆的长度为 90m,按允许电压降计算断路器合闸回路电缆的最小截面为下列哪一项数值?(电缆的电阻系数:铜 $\rho = 0.0184\Omega \cdot mm^2/m$,铝 $\rho = 0.031\Omega \cdot mm^2/m$)　(　)

(A)34.18mm^2　(B)40.57mm^2
(C)68.36mm^2　(D)74.70mm^2

解答过程:

题 16~20:办公楼高 140m,地上 30 层,地下三层,其中第 16 层为避难层,消防控制室与安防监控中心共用,设在首层。首层大厅高度为 9m,宽 30m,进深 15m;在二层分别设置计算机网络中心和程控电话交换机房;3~29 层为标准层,为大开间办公室,标准层面积为 2000m^2/层,其中核心筒及公共走廊面积占 25%;该建筑在第 30 层有一多功能厅,长 25m、宽 19m,吊顶高度为 6m,为平吊顶,第 30 层除多功能厅外,还有净办公面积 1125m^2。请回答下列问题。

16. 在该建筑的多功能厅设置火灾探测器,根据规范规定设置的最少数量为下列哪一项? ( )

(A)6 (B)8

(C)10 (D)12

解答过程:

17. 在本建筑中需设置广播系统,该系统与火灾应急广播合用。已知地上每层扬声器为一个支路,10 个扬声器,每个 3W;地下每层为一个支路,由 16 个扬声器,每个扬声器 5W。假定广播线路衰耗 2dB。根据规范的要求说明广播系统功放设备的最小容量应选择下列哪一项?(老化系数取 1.35) ( )

(A)1140W (B)1939W

(C)2432W (D)3648W

解答过程:

18. 在第 30 层设置综合布线系统,按净办公面积每 7.5m^2 设置一个普通语音点,另外在多功能厅也设置 5 个语音点。语音主干采用三类大对数铜缆,根据规范确定该层语音主干电缆的最低配置数量为下列哪一项?请说明依据和理由。 ( )

(A)150 对 (B)175 对

(C)300 对 (D)400 对

解答过程:

19. 在建筑中设置综合布线系统,在标准层办公区按照办公区每 7.5m^2 一个语音点和一个数据点,水平子系统采用 6 类 UPT 铜缆(直径为 5.4mm),从弱电间配线架出线采用金属线槽,缆线在槽内的截面积利用率为 35%,试问线槽最小规格为下列哪一项?请说明依据和理由。 ( )

(A)150mm × 100mm (B)300mm × 100mm

(C)400mm × 100mm (D)500mm × 100mm

解答过程：

20. 在二层的计算机网络主机房设计时，已确定在该主机房内将要设置 20 台 19″标准机柜（宽 600mm，深 1100mm），主机房的最小面积应为下列哪一项？请说明依据和理由。（　　）

(A) $60m^2$　　(B) $95m^2$
(C) $120m^2$　　(D) $150m^2$

解答过程：

> 题 21～25：某台 10kV 笼型感应电动机的工作方式为负荷平稳连续工作制，额定功率 800kW。额定转速 2975r/min，电动机启动转矩倍数 0.72，启动过程中的最大负荷转矩 899N·m。请回答下列问题。

21. 已知电动机的额定效率 0.89，额定功率因数 0.85，计算电动机的额定电流为下列哪一项？（　　）

(A) 35A　　(B) 48A　　(C) 54A　　(D) 61A

解答过程：

22. 已知电动机的加速转矩系数为 1.25，电压波动系数为 0.88，负载要求电动机的最小启动转矩应大于下列哪项？（　　）

(A) 1244N·m　　(B) 1322N·m
(C) 1555N·m　　(D) 1875N·m

解答过程：

23. 若电动机采用铜芯交联聚乙烯绝缘电缆(YJV)供电,电缆沿墙穿钢管明敷,环境温度35℃,缆芯最高温度90℃,三班制(6000h),所在地区电价0.5元/kW·h,计算电流59A,下列按经济电流密度选择的电缆截面哪一项是正确的?请说明依据和理由。 (　　)

(A)$35mm^2$　　(B)$50mm^2$　　(C)$70mm^2$　　(D)$95mm^2$

解答过程:

24. 电动机的功率因数为 $\cos\phi=0.82$,要求就地设置无功功率补偿装置,补偿后该电动机供电回路的功率因数 $\cos\phi=0.92$,计算下列补偿量哪一项是正确的? (　　)

(A)156kvar　　(B)171kvar

(C)218kvar　　(D)273kvar

解答过程:

25. 若电动机的额定电流为59A,启动电流倍数为5倍,电流互感器变比为75/5,电流速断保护采用GL型继电器,接于相电流差。保护装置的动作电流应为下列哪一项? (　　)

(A)31A　　(B)37A

(C)55A　　(D)65A

解答过程:

题26~30:某台直流他励电动机的主要数据为:额定功率 $P=22kW$,额定电压 $U=220V$,额定转速 $n=1000r/min$,额定电流为110A,电枢回路电阻0.1Ω。请回答下列问题。

26. 关于交、直流电动机的选择,下列哪一项是正确的?请说明依据和理由。 (　　)

(A)机械对启动、调速及制动无要求时,应采用绕线转子电动机

(B)调速范围不大的机械,且低速运行时间较短时宜采用笼型电动机

(C)变负载运行的风机和泵类机械,当技术经济合理时,应采用调速装置,并应选用相应类型的电动机

(D)重载启动的机械,选用绕线转子电动机不能满足启动要求时宜采用笼型电动机

解答过程:

27. 判断下列关于直流电动机电枢回路串联电阻调速方法的特性,哪一项是错误的? (　　)

(A)电枢回路串联电阻的调速方法,属于恒转矩调速

(B)电枢回路串联电阻的调速方法,一般在基速以上需要提高转速时使用

(C)电枢回路串联电阻的调速方法,因某机械特性变软,系统转速受负载的影响较大,轻载时达不到调速的目的,重载时还会产生堵转

(D)电枢回路串联电阻的调速方法在串联电阻中流过的是电枢电流,长期运行损耗大

解答过程:

28. 该电机若采用电枢串电阻的方法调速,调速时保持直流电源电压和励磁电流为额定值,负载转矩为电动机的额定转矩,计算该直流电动机运行在 $n = 800\text{r/min}$ 时,反电动势和所串电阻为下列哪组数值? (　　)

(A)167.2V,0.38Ω　　(B)176V,0.30Ω

(C)188.1V,0.19Ω　　(D)209V,0.01Ω

解答过程:

29. 若采用改变磁通实现调速,当电枢电流为100A,电动机电动势常数为0.175V/rpm时,计算直流电动机的转速应为下列哪一项? (　　)

(A)1004r/min　　(B)1138r/min

(C)1194r/min　　(D)1200r/min

解答过程:

30. 如果该电动机采用晶闸管三相桥式整流器不可逆调速系统供电,并采用速度调节系统时,计算变流变压器的二次相电压应为下列哪一项数值?　　(　　)

(A)127V　　(B)133V

(C)140V　　(D)152V

解答过程:

题 31 ~ 35:如右图所示,某工厂变电所 35kV 电源进行测(35kV 电网)最大运行方式时短路容量 650 MV·A、最小运行方式时短路容量 500MV·A,该变电所 10kV 母线皆有两组整流设备,整流器接线均为三相全控桥式。已知 1 号整流设备 10kV 侧 5 次谐波电流值为 20A,2 号整流设备 10kV 侧 5 次谐波电流值 30A。请回答下列问题。

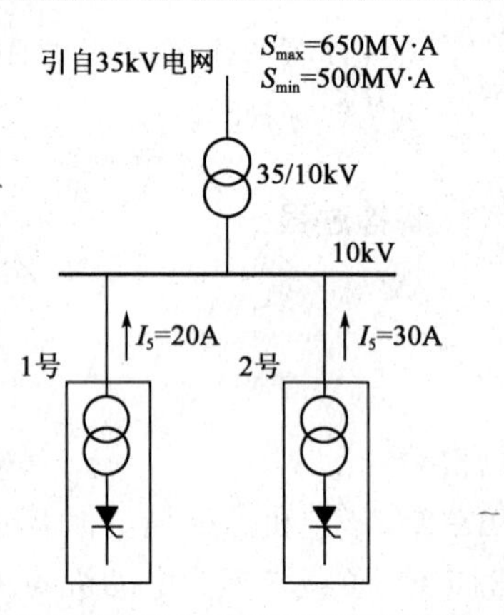

31. 若各整流器产生下列各次谐波,选择下列哪一项是非特征次谐波?请说明依据和理由。　　(　　)

(A)5 次　　(B)7 次

(C)9 次　　(D)11 次

解答过程:

32. 若各整流器产生下列各次谐波,判断哪一项是负序谐波？请说明依据和理由。 （ ）

(A)5 次 (B)7 次

(C)9 次 (D)13 次

解答过程:

33. 计算按照规范要求允许全部用户注入 35kV 电网公共连接点的 5 次谐波电流分量为下列哪一项? （ ）

(A)31.2A (B)24A

(C)15.8A (D)12A

解答过程:

34. 计算注入 35kV 电网公共连接点的 5 次谐波电流值为下列哪一项? （ ）

(A)10A (B)13A

(C)14A (D)50A

解答过程:

35. 假设注入电网的 7 次谐波电流 10A,计算由此产生的 7 次谐波电压含有率最大值为下列哪一项? （ ）

(A)24% (B)0.85%

(C)0.65% (D)0.24%

解答过程:

题 36～40：某 110/35/10kV 区域变电站，分别向水泵厂及轧钢厂等用户供电，供电系统如下图所示，区域变电站 35kV 母线最小短路容量为 500MV·A，35kV 母线的供电设备容量为 12500kV·A，轧钢厂用电协议容量为 7500kV·A。水泵厂最大负荷时，由区域变电所送出的 10kV 供电线路的电压损失为 4%，水泵厂 10/0.4kV 变压器的电压损失为 3%，厂区内 380V 线路的电压损失为 5%，区域变电站 10kV 母线电压偏差为 0。在水泵厂最小负荷时，区域变电所 10kV 母线电压偏差为 +5%。

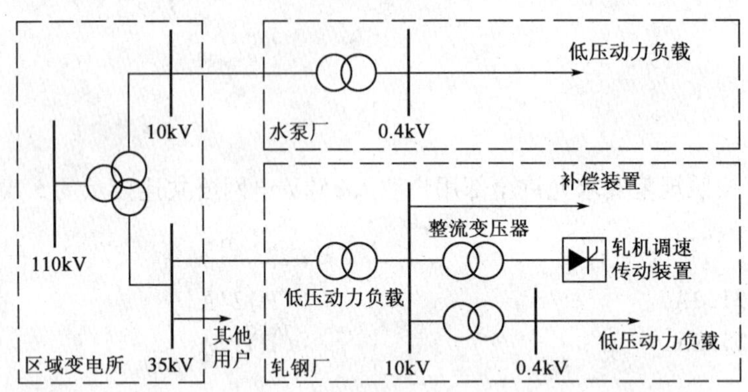

请回答下列问题。

36. 设水泵厂变压器 10 ±5%/0.4kV 的分接头在 －5% 位置上，最小负荷为最大负荷的 25%，计算水泵厂 380V 线路末端的电压偏差范围为下列哪一项？（　　）

(A)5%　　(B)10%

(C)14%　　(D)19%

解答过程：

37. 设水泵厂 10/0.4kV 容量为 1600kV·A 变压器短路损耗为 16.6kW，阻抗电压为 4.5%，变压器满载及负荷功率因数为 0.9 时，计算变压器的电压损失率为下列哪一项？（　　）

(A)2.06%　　(B)3.83%

(C)4.5%　　(D)5.41%

解答过程：

38. 设水泵厂 10/0.4kV 容量为 1600kV·A 变压器，变压器阻抗电压为 4.5%，计算在 0.4kV 侧设置 500kvar 补偿电容器后，变压器电压损失减少值为下列哪一项？（　　）

(A) 1.41%　　(B) 1.69%

(C) 1.72%　　(D) 1.88%

解答过程：

39. 计算轧钢厂在区域变电所 35kV 母线上，可注入的 7 次谐波电流允许值是下列哪一项？（　　）

(A) 7.75A　　(B) 8.61A

(C) 10.56A　　(D) 12.22A

解答过程：

40. 判断下列关于谐波的描述哪一项是错误的？请说明依据和理由。（　　）

(A) 谐波可能在公用电网中产生并联谐振引起过电压而损坏电网中的其他用电设备

(B) 谐波使接在统一电网中的电力电容器可能由于对谐波电流的放大而过电流

(C) 并联电容器的容性阻抗特性，以及阻抗和频率成反比的特性，使得电容器容易吸收谐波电流而引起过载发热

(D) 谐波电压与基波电压峰值不会发生叠加，电容器介质不会发生局部放电

解答过程：

2010年案例分析试题答案(下午卷)

题1~5答案:**CCBBB**

1.《工业与民用配电设计手册》(第三版)P270式(6-6),采用全压启动的公式计算,忽略低压线路阻抗与预接负荷的无功功率。

则 $X_1 = 0, S_{st} = S_{stM} = k_{st}S_{rM} = 6.5 \times 250 = 1625\text{ kV·A}$

$$Q_{fh} = 0, u_{stM} = \frac{S_{km} + Q_{fh}}{S_{km} + Q_{fh} + S_{st}} = \frac{S_{km}}{S_{km} + S_{st}} = \frac{15}{15 + 1.625} = 0.902$$

2.《钢铁企业电力设计手册》(下册)P14式(23-16)。

$$M_i = \frac{M_e}{i\eta} = \frac{30}{20 \times 0.9} = 1.667$$

《工业与民用配电设计手册》(第三版)P268式(6-23)。

注:式中分子分母同时代入相对值或绝对值不影响计算结果。

$$u_{stm} \geqslant \sqrt{\frac{1.1M_j}{M_{stm}}} = \sqrt{\frac{1.1 \times 1.667}{3.5}} = 0.73$$

3.《钢铁企业电力设计手册》(上册)P307风机、水泵的调速方法有以下几种中第2)条:要求连续无极变流量控制,当为笼型电动机时,可采取变频调速(其中液力耦合调速答案无选项)。

由《钢铁企业电力设计手册》(下册)P310表25-11中的频率调节范围可知,交—交变频器的调频范围有限,而交—直—交变频传动调频范围宽。

4.《钢铁企业电力设计手册》(下册)P114能耗制动中说明:制动电流通常取空载电流的3倍,即 $I_{zd} = 3 \times 25 = 75\text{A}$。

制动回路全部电阻:$R = U_{zd}/I_{zd} = 48/75 = 0.64\Omega$

制动电阻:$R_{zd} = R - (2R_d + R_1) = 0.64 - 2 \times 0.2 = 0.24$

注:可参考P114例题分析计算。

5.《工业与民用配电设计手册》(第三版)P594~596表11-11,选择IP44。

题6~10答案:**DBAAA**

6.《建筑物防雷设计规范》(GB 50057—2010)附录A。

其中 $N_g = 0.024T_d^{1.3} = 0.024 \times 87.6^{1.3} = 8.044$

$$A_e = [LW + 2(L + W)\sqrt{H(200 - H)} + \pi H(200 - H)] \times 10^{-6}$$
$$= [54 \times 20 + 2(54 + 20) \times \sqrt{18 \times (200 - 18)} + 3.14 \times 18 \times (200 - 18)] \times 10^{-6} = 0.01984$$

$N = kN_gA_e = 1 \times 8.044 \times 0.01984 = 0.1596$

注：本题中未明确该变电所为孤立建筑物，因此 $k=1$。

7.《建筑物防雷设计规范》（GB 50057—2010）附录 D 滚球法确定接闪器的保护范围。

参考附图 D.0.2 侧视图，确定 AOB 轴线的保护范围中 AB 之间最低点高度，即俯视图中 O 点高度，设该点高度为 h_1。以 h_1 为假想避雷针，按单支避雷针方式计算，设 $h_1 < h_r = 60$。

由式（附 4.1）$r_x = \sqrt{h_1(2h_r - h_1)} - \sqrt{h_x(2h_r - h_x)}$，则 $10 = \sqrt{h_1(2\times 60 - h_1)} - \sqrt{18\times(2\times 60 - 18)}$。

整理得 $h_1^2 - 120h + 2793 = 0$，利用求根公式 $x = \dfrac{-b\pm\sqrt{b^2-4ac}}{2a}$，可得 $h_1 = 31.6\text{m}$ 和 $h_1 = 88.4\text{m}$（与题设矛盾，舍去）。

由式（附 4.4）$h_x = h_r - \sqrt{(h_r - h)^2 + \left(\dfrac{D}{2}\right)^2}$（$x=0$ 处），得 $31.6 = 60 - \sqrt{(60-h)^2 + \left(\dfrac{54}{2}\right)^2}$。

整理得 $h = 51.2\text{m}$，应选择接近且不小于 51.2m 的答案，即 52m。

8.《交流电气装置的接地》（DL/T 621—1997）第 5.1.1 条 a）款：有效接地和低电阻接地系统中变电所电气装置保护接地电阻宜符合下列要求，一般情况下，$R\leqslant 2000/I$（其中 I 为计算用流经接地装置的入地短路电流）。《交流电气装置的接地设计规范》（GB 60065—2011）相关表述已有变化。

9.《交流电气装置的接地设计规范》（GB/T 50065—2011）附录 A 第 A.0.3 条。

各算子：$L_0 = L = (73+40)\times 2 = 226$，$S = 73\times 40 = 2920$，$h = 0.8$，$\rho = 100$，$d = 0.02$

$$\alpha_1 = \left(3\ln\frac{L_0}{\sqrt{S}} - 0.2\right)\frac{\sqrt{S}}{L_0} = \left(3\times\ln\frac{226}{\sqrt{2920}} - 0.2\right)\times\frac{\sqrt{2920}}{226} = 0.97855$$

$$B = \frac{1}{1+4.6\dfrac{h}{\sqrt{S}}} = \frac{1}{1+4.6\times\dfrac{0.8}{\sqrt{2920}}} = 0.93624$$

$$\begin{aligned}R_e &= 0.213\frac{\rho}{\sqrt{S}}(1+B) + \frac{\rho}{2\pi L}\left(\ln\frac{S}{9hd} - 5B\right)\\ &= 0.213\times\frac{100}{\sqrt{2920}}\times(1+0.93624) + \frac{100}{2\pi\times 226}\times\\ &\quad\left(\ln\frac{2920}{9\times 0.8\times 0.02} - 5\times 0.93624\right)\\ &= 0.763216 + 0.368925 = 1.13214\Omega\end{aligned}$$

$$R_n = \alpha_1 R_e = 0.97855\times 1.13214 = 1.11\Omega$$

注：此题有争议，题干已知条件似不全。另有一版本接地网为 9×16 的网格，则 $L=73\times9+40\times16=1297\text{m}$，代入公式最后结果为 0.81Ω，答案为选项 C。此题因无实际应用价值，在近年的考试中已极少出现。

10.《交流电气装置的接地设计规范》(GB/T 50065—2011)附录 E。

配有 1 套速动保护，t_e 按式(C3)取值，即 $t_e \geqslant t_o + t_r = 0.06 + 0.5 = 0.56\text{s}$

$$S_g \geqslant \frac{I_g}{c}\sqrt{t_e} = \frac{15\times10^3}{70}\sqrt{0.56} = 160.2567\text{mm}^2$$

注：此题不严谨，需使用前题中接地材质为圆钢的条件。

题 11～15 答案：**DADDC**

11.《35kV～110kV 变电站设计规范》(GB 50059—2011)第 3.7.4 条，其他均为旧规范《35～110kV 变电所设计规范》(GB 50059—1992)第 3.3.1 条、第 3.3.2 条、第 3.3.3 条，新规范条文已修改。

12.《电力工程直流系统设计技术规程》(DL/T 5044—2004)第 5.1.2 条经常负荷与事故负荷的定义、表 5.2.3。

经常负荷：要求直流系统在正常和事故工况下均应可靠供电的负荷。(一般包括继电保护和自动装置、操作装置、信号装置、经常照明及其他长期接入直流系统的负荷等。)

事故负荷：要求直流系统在交流电源系统事故停电时间内可靠供电的负荷。(一般包括事故照明、不停电电源、远动通信设备电源和事故状态投运的信号等。)

经常负荷电流：$I_1 = 3000\times0.6/220 = 8.18\text{A}$

事故负荷电流：$I_2 = (3000\times0.6 + 220\times0.6 + 1000\times1)/220 = 13.32\text{A}$

$C = 13.32\times1 = 13.32\text{A·h}$(其中事故放电持续时间按表 5.2.3 数据为 1h)

注：经常负荷在事故工况下也需可靠供电，且不同的事故负荷有不同的持续放电时间。

13.《电力工程直流系统设计技术规程》(DL/T 5044—2004)附录 B 式(B.1)。

$$C_c = K_K\frac{C_{S\cdot X}}{K_{CC}} = 1.25\times\left(\frac{9.09+4.54}{0.4}\right) = 42.59\text{A·h}$$

14.《电力工程直流系统设计技术规程》(DL/T 5044—2004)附录 C 第 C.1.1 条。

浮充电额定电流：$I_r = 0.01I_{10} + I_{jc} = 0.01\times10 + 12 = 12.1\text{A}$

均衡充电额定电流：$I_r = (1.0\sim1.25)I_{10} + I_{jc} = (1.0\sim1.25)\times10 + 12 = 22\sim24.5\text{A}$

15.《电力工程直流系统设计技术规程》(DL/T 5044—2004)附录 D 第 D.1 条。

$$S_{cac} = \frac{\rho\cdot 2LI_{ca}}{\Delta U_p} = \frac{0.031\times2\times90\times98}{8} = 68.355\text{mm}^2$$

注：VLV 型电缆为铝芯电力电缆。

题 16 ~ 20 答案:**CCBBA**

16.《火灾自动报警系统设计规范》(GB 50116—1998)第 8.1.4 条式(8.1.4)及表 8.1.2和表 3.1.1。

由表 3.1.1 可知,本建筑为特级保护对象;由表 8.1.2 可知,保护面积为 $60m^2$。

$$N = \frac{S}{KA} = \frac{25 \times 19}{(0.7 \sim 0.8) \times 60} = 9.89 \sim 11.3$$,选 10 个。

17.《民用建筑电气设计规范》(JGJ 16—2008)第 16.5.4 条式(16.5.4-1)和式(16.5.4-2)。

$$P = K_1 K_2 \sum P_0 = 1.58 \times 1.35 \times (30 \times 30 + 80 \times 3) = 2431.62$$

18.《综合布线系统工程设计规范》(GB 50311—2007)第 4.3.5 条第 1 款:……并在总需求线对的基础上至少预留 10% 的备用线对。

第 30 层语音点 $N_1 = (1125/7.5) \times 1 = 150$ 个,且多功能厅语音点 $N_2 = 5$ 个。

则 $N = (N_1 + N_2) \times (1 + 10\%) = 155 \times 1.1 = 170.5$ 个

19.根据题意,每层的线缆根数 $N = [2000 \times (1 - 25\%)/7.5] \times 2 = 400$(电话与网络分别考虑)。

最小横截面积:$S_{min} = 400 \times \pi D^2/(4 \times 0.35) = 26174 < 30000m^2$

取 $300 \times 100mm^2$。

20.《民用建筑电气设计规范》(JGJ 16—2008)第 23.2.3 条第 2 款及式(23.2.3-1)。

$$A = K \sum S = (5 \sim 7) \times (0.6 \times 1.1) \times 20 = 66 \sim 92.4$$

注:因其面积为估算,仅选项 A 较为接近此结果的下限,其他选项都超过此结果上限。

题 21 ~ 25 答案:**DCCCD**

21.《工业与民用配电设计手册》(第三版)P656 式(12-1)。

电动机的额定电流:$$I_r = \frac{P_r}{\sqrt{3} U_r \eta \cos\phi} = \frac{800}{\sqrt{3} \times 10 \times 0.89 \times 0.85} = 61.05A$$

22.《钢铁企业电力设计手册》(下册)P50 式(23-136)。

电动机最小启动转矩:$$M_{Mmin} \geqslant \frac{M_{1max} K_s}{K_u^2} = \frac{899 \times 1.25}{0.85^2} = 1555.36N \cdot m$$

23.《工业与民用配电设计手册》(第三版)P532 表 9-57。

根据 $I_c = 59A$,$T_{max} = 6000h$(三班制),$P = 0.5$ 元/(kW·h),查表 9-57,得 $S_{se} = 70mm^2$。

注:按经济电流密度选择截面,不必用环境温度进行校验,参考 P535 例 9-1 的相关数据。

24.《工业与民用配电设计手册》(第三版)P21 式(1-57)。

$$Q_c = \alpha_{av} P_c (\tan\phi_1 - \tan\phi_2) = 1 \times 800 \times (0.7 - 0.426) = 219.2kvar$$

25.《工业与民用配电设计手册》(第三版)P323 表 7-22。

$$I_{opK} = K_{rel}K_{jx}\frac{K_{st}I_{rM}}{n_{TA}} = (1.8 \sim 2.0) \times \sqrt{3} \times \frac{5 \times 59}{15} = 61.3 \sim 68.1\text{A}$$

题 26 ~ 30 答案:**CBADA**

26.《通用用电设备配电设计规范》(GB 50055—2011)第 2.1.2 条。

27.《电气传动自动化技术手册》(第二版)P392 中"电枢回路串联电阻的调速方法,属于恒转矩调速,并且只能在需要向下调速时使用"。

28.《钢铁企业电力设计手册》(下册)P3 表 23-1 中直流电机相应公式。

$E_N = C_e n_N, C_e = \frac{E_N}{n_N} = \frac{U - I_a R_a}{n_N} = \frac{220 - 110 \times 0.1}{1000} = 0.209$,$C_e$ 为电机电动势常数,维持恒定。

当转速 $n = 800\text{r/min}$ 时,$E = C_e n = 0.209 \times 800 = 167.2\text{V}$。

由 $E = U - I_N(R_a + R)$,得 $R = \frac{U - E}{I_N} - R_a = \frac{220 - 167.2}{110} - 0.1 = 0.38\Omega$。

29.《钢铁企业电力设计手册》(下册)P3 表 23-1 中直流电机相应公式。

$$n = \frac{U - I_a R_a}{C_e} = \frac{220 - 100 \times 0.1}{0.175} = 1200\text{r/min}$$

30.《钢铁企业电力设计手册》(下册)P402。

当整流线路采用三相桥式整流,并以转速反馈为主反馈的调速系统,不可逆系统:$\sqrt{3}U_2 = (0.95 \sim 1.0)U_{ed}$

则 $U_2 = \frac{(0.95 \sim 1.0)U_{ed}}{\sqrt{3}} = \frac{(0.95 \sim 1.0) \times 220}{\sqrt{3}} = 120 \sim 127\text{V}$

题 31 ~ 35 答案:**CABBB**

31.《工业与民用配电设计手册》(第三版)P281 式(6-35)。

$n_c = kp \pm 1, k = 1,2,3,4,\cdots$ 因此,特征谐波为 2、4、5、7、8、10、11、13 等。

32.《工业与民用配电设计手册》(第三版)P281。

负序谐波 $n_c = 3n - 1$,n 为正整数(如 2,5,8,11 等)。

33.《电能质量　公用电网谐波》(GB/T 14549—1993)第 5.1 条表 2,查得注入 35kV 公共连接点的谐波电流允许值 $I_{hp} = 12\text{A}$。

附录 B 式(B1):$I_h = \frac{S_{k1}}{S_{k2}}I_{hp} = \frac{500}{250} \times 12 = 24\text{A}$

34.《电能质量　公用电网谐波》(GB/T 14549—1993)附录 C5。

10kV 侧谐波电流:$I_{h1} = \sqrt{I_{h1}^2 + I_{h2}^2 + K_h I_{h1} I_{h2}} = \sqrt{20^2 + 30^2 + 1.28 \times 20 \times 30} = 45.4\text{A}$

换算至公共连接点(35kV)谐波点电流：$I_h = \frac{I_{h1}}{n_T} = \frac{45.4}{3.5} = 12.99\text{A}$

35.《电能质量　公用电网谐波》(GB/T 14549—1993)附录C2。

$$\text{HRU}_h = \frac{\sqrt{3}U_N h I_h}{10S_k} = \frac{\sqrt{3} \times 35 \times 7 \times 10}{10 \times 500} = 0.8487$$

注：求谐波电压含有率的最大值，分母中短路容量应代入最小短路容量。

题36~40答案：**CBADD**

36.《工业与民用配电设计手册》(第三版)P258例6-1或P257式(6-10)。

最大负荷时：$\delta_{ux} = [0 - 4 - 3 - 5 + 10]\% = -2\%$

最小负荷时：$\delta'_{ux} = [5 - 0.25 \times (4 + 3 + 5) + 10]\% = 12\%$

电压偏差范围：12% -(-2%) =14%

37.《工业与民用配电设计手册》(第三版)P254例6-6。

$$u_a = \frac{100\Delta P_T}{S_{rT}} = \frac{100 \times 16.6}{1600} = 1.0375$$

$$u_r = \sqrt{u_T^2 - u_a^2} = \sqrt{4.5^2 - 1.0375^2} = 4.379$$

$$\Delta u_T = \beta(u_a\cos\phi + u_r\sin\phi) = 1 \times (1.0375 \times 0.9 + 4.379 \times 0.436) = 2.843$$

38.《工业与民用配电设计手册》(第三版)P260式(6-13)。

$$\Delta U_T \approx \Delta Q_c \frac{u_T}{S_{rT}}\% = 500 \times \frac{4.5}{1600}\% = 1.406\%$$

39.《电能质量　公用电网谐波》(GB/T 14549—1993)第5.1条表2：基准短路容量为250MV·A时，$I_{hp} = 8.8\text{A}$。

附录B式(B1)：$I_h = \frac{S_{k1}}{S_{k2}} I_{hp} = \frac{500}{250} \times 8.8 = 17.6\text{A}$

附录C式(C6)：$I_{hi} = I_h \left(\frac{S_i}{S_t}\right)^{\frac{1}{\alpha}} = 17.6 \times \left(\frac{7500}{12500}\right)^{\frac{1}{1.4}} = 12.22\text{A}$

40.《工业与民用配电设计手册》(第三版)P285、286中“3. 对并联电容器的影响，谐波电压与基波电压峰值发生叠加，使得电容器介质更容易发生局部放电”。因此选项D表述错误。

2011年

注册电气工程师(供配电)执业资格考试

专业考试试题及答案

2011 年专业知识试题(上午卷)

一、单项选择题(共 40 题,每题 1 分,每题的备选项中只有 1 个最符合题意)

1. 在爆炸性气体环境内,低压电力、照明线路用的绝缘导线和电缆的额定电压必须低于工作电压,且不应低于下列哪一项数值? (   )

(A)400V (B)500V

(C)750V (D)1000V

2. 隔离电器应有效地将所有带电的供电导体与有关回路隔离,以下所列对隔离电器的要求,哪一项要求是不正确的? (   )

(A)隔离电器在断开位置时,每极触头间应能耐受规定的有关冲击电压要求,且断开触头间的漏泄电流也不应超过额定值

(B)隔离电器断开触头间的距离,应是可见的或明显的,有可靠的标记"断开"或"闭合"位置

(C)半导体器件不应作为隔离电器

(D)断路器均可用作隔离电器

3. 校验 3 ~110kV 高压配电装置中的导体和电器的动稳定、热稳定以及电器的短路开断电流时,应按下列哪一项短路电流验算? (   )

(A)按单相接地短路电流验算

(B)按两相接地短路电流验算

(C)按三相短路电流验算

(D)按三相短路电流验算,但当单项、两项接地短路较三相短路严重时,应按严重情况验算

4. 某车间的一台起重机,电动机的额定功率为 120kW,电动机的额定负载持续率为 40%。采用需要系数法计算,该起重机的设备功率为下列哪一项数值? (   )

(A)152kW (B)120W

(C)76kW (D)48kW

5. 35kV 户外配电装置采用单母线分段接线时,下列表述中哪一项是正确的? (   )

(A)当一段母线故障时,该段母线的回路都要停电

(B)当一段母线故障时,分段断路器自动切除故障段,正常段会出现间断供电

(C)重要用户的电源从两段母线引接,当一路电源故障时,该用户将失去供电

(D)任一元件故障,将会使两段母线失电

6. 与单母线分段接线相比双母线接线的优点为下列哪一项? ( )

(A)当母线故障或检修时,隔离开关作为倒换操作电器,不易误操作
(B)增加一组母线,每回路就需要增加一组母线隔离开关,操作方便
(C)供电可靠,通过两组母线隔离开关的倒换操作,可以轮流检修一组母线而不致供电中断
(D)接线简单清晰

7. 某35/6kV变电所装有两台主变压器,当6kV侧有8回出线并采用手车式高压开关柜时,宜采用下列哪种接线方式? ( )

(A)单母线 (B)分段单母线
(C)双母线 (D)设置旁路设施

8. 在正常运行情况下,电动机端子处电压偏差允许值(以额定电压百分数表示),下列哪一项是符合要求的? ( )

(A) +10%、-10% (B) +10%, -5%
(C) +5%、-10% (D) +5%, -5%

9. 当应急电源装置(EPS)用作应急照明系统备用电源时,有关应急电源装置(EPS)切换时间的要求,下列哪一项是不正确的? ( )

(A)用作安全照明电源装置时,不应大于0.5s
(B)用作疏散照明电源装置时,不应大于5s
(C)用作备用照明电源装置时(不包括金融、商业交易场所),不应大于5s
(D)用作金融、商业交易场所备用照明电源装置时,不应大于1.5s

10. 在110kV以下变电所设计中,设置于屋内的干式变压器,在满足巡视检修的要求外,其外廓与四周墙壁的净距(全封闭型的干式变压器可不受此距离的限制)不应小于下列哪一项数值? ( )

(A)0.6m (B)0.8m (C)1.0m (D)1.2m

11. 民用10(6)kV屋内配电装置顶部距建筑物顶板的距离不宜小于下列哪一项数值? ( )

(A)0.5m (B)0.8m (C)1.0m (D)1.2m

12. 下列关于爆炸性气体环境中变、配电所的布置,哪一项不符合规范的规定? ( )

(A)变、配电所和控制室应布置在爆炸危险区域1区以外

(B)变、配电所和控制室应布置在爆炸危险区域2区以外

(C)当变、配电所和控制室为正压室时,可布置在爆炸危险区域1区以内

(D)当变、配电所和控制室为正压室时,可布置在爆炸危险区域2区以内

13. 油重为2500kg以上的屋外油浸变压器之间无防火墙时,下列变压器之间的最小防火净距,哪一组数据是正确的? ( )

(A)35kV及以下为4m,66kV为5m,110kV为6m

(B)35kV及以下为5m,66kV为6m,110kV为8m

(C)35kV及以下为5m,66kV为7m,110kV为9m

(D)35kV及以下为6m,66kV为8m,110kV为10m

14. 一台容量为31.5MV·A的三相三绕组电力变压器三侧阻抗电压分别为$u_{k1-2}\% = 18$,$u_{k1-3}\% = 10.5$,$u_{k2-3}\% = 6.5$,变压器高、中、低三个绕组的电抗百分值应为下列哪组数据? ( )

(A)9%,5.23%,3.25% (B)7.33%,4.67%,-0.33%

(C)11%,7%,-0.5% (D)22%,14%,-1%

15. 某110kV用户变电站由地区电网(无穷大电源容量)受电,有关系统接线和元件参数如右图所示,图中k点的三相短路全电流最大峰值为下列哪一项数值? ( )

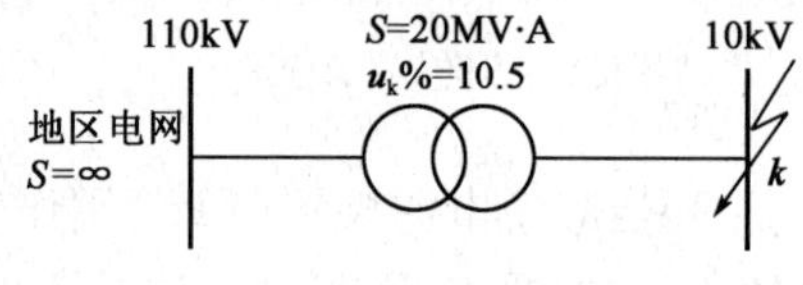

(A)28.18kA (B)27.45kA

(C)26.71kA (D)19.27kA

16. 高压并联电容器组采用双星形接线时,双星形电容器组的中性点连接线的长期允许电流不应小于电容器组额定电流的百分数为下列哪一项数值? ( )

(A)100% (B)67%

(C)50% (D)33%

17. 当保护电器为符合《低压断路器》(JB 1284—1985)的低压断路器时,低压断路器瞬时或短延时过流脱扣器整定电流应小于短路电流的倍数为下列哪一项数值? ( )

(A)0.83 (B)0.77

(C)0.67 (D)0.5

18. 在设计110kV及以下配电装置时,最大风速可采用离地10m高,多少年一遇多少时间(分钟)的平均最大风速? ( )

(A)20年,15min (B)30年,10min

(C)50 年,5min　　(D)100 年,8min

19. 验算低压电器在短路条件下的通断能力时,应采用安装处预期短路电流周期分量的有效值,当短路点附近所接电动机额定电流之和超过短路电流多少时,应计入电动机反馈电流的影响? ( )

(A)0.5%　　(B)0.8%
(C)1%　　(D)1.5%

20. 根据规范确定裸导体(钢芯铝线及管形导体除外)的正常最高工作温度不应大于下列哪一项数值? ( )

(A) +70℃　　(B) +80℃
(C) +85℃　　(D) +90℃

21. 为了消除由于温度引起的危险应力,规范规定矩形硬铝导体的直线段一般每隔多少米左右安装一个伸缩接头? ( )

(A)15m　　(B)20m
(C)30m　　(D)40m

22. 下述哪项配电装置硬导体的相色标志符合规范规定? ( )

(A)L1 相红色,L2 相黄色,L3 相绿色
(B)L1 相红色,L2 相绿色,L3 相黄色
(C)L1 相黄色,L2 相绿色,L3 相红色
(D)L1 相黄色,L2 相红色,L3 相绿色

23. 常用的 10kV,6 根电缆土中并行直埋,净距为 100mm 时,电缆流量的校正系数为下列哪一项数值? ( )

(A)1.00　　(B)0.85
(C)0.81　　(D)0.75

24. 变电所内电缆隧道设置安全孔,下述哪一项符合规范规定? ( )

(A)安全孔间距不宜大于 75m,且不少于 2 个
(B)安全孔间距不宜大于 100m,且不少于 2 个
(C)安全孔间距不宜大于 150m,且不少于 2 个
(D)安全孔间距不宜大于 200m,且不少于 2 个

25. 变配电所的控制、信号系统设计时,下列哪一项设置成预告信号是不正确的?
( )

(A)自动装置动作　　(B)保护回路断线

(C)直流系统绝缘降低　　(D)断路器跳闸

26. 规范规定车间内变压器的油浸式变压器容量为下列哪一项数值及以上时,应装设瓦斯保护?　　(　　)

(A)0.4MV·A　　(B)0.5MV·A
(C)0.63MV·A　　(D)0.8MV·A

27. 电力变压器运行时,下列哪一项故障及异常情况应瞬时跳闸?　　(　　)

(A)由于外部相间短路引起的过电流
(B)过负荷
(C)绕组的匝间短路
(D)变压器温度升高和冷却系统故障

28. 在变电所直流电源系统设计时,下列哪一项直流负荷是随机负荷?　　(　　)

(A)控制、信号、监控系统
(B)断路器跳闸
(C)事故照明
(D)恢复供电断路器合闸

29. 当按建筑物电子信息系统的重要性和使用性质确定雷击电磁脉冲防护等级时,医院的大型电子医疗设备,应划为下列哪一项防护等级?　　(　　)

(A)A级　　(B)B级
(C)C级　　(D)D级

30. 某座35层的高层住宅,长 $L=65\mathrm{m}$、宽 $W=20\mathrm{m}$、高 $H=110\mathrm{m}$,所在地年平均雷暴日为60.5天,与该建筑物截收相同雷击次数的等效面积为下列哪一项数值?　　(　　)

(A)$0.038\mathrm{km}^2$　　(B)$0.049\mathrm{km}^2$
(C)$0.058\mathrm{km}^2$　　(D)$0.096\mathrm{km}^2$

31. 某地区平均年雷暴日为28天,该地区为下列哪一项?　　(　　)

(A)少雷区　　(B)中雷区
(C)多雷区　　(D)雷电活动特殊强烈地区

32. 利用基础内钢筋网作为接地体的第二类防雷建筑,接闪器成闭合环的多根引下线,每根引下线在距地面0.5m以下所连接的有效钢筋表面积总和应不小于下列哪一项数值?　　(　　)

(A)$0.37\mathrm{m}^2$　　(B)$0.82\mathrm{m}^2$
(C)$1.85\mathrm{m}^2$　　(D)$4.24\mathrm{m}^2$

33. 下列哪种埋入土壤中的人工接地极不符合规范规定？ (　　)

(A)50mm² 裸铜排　　(B)70mm² 裸铝排
(C)90mm² 热镀锌扁钢　　(D)90mm² 热浸锌角钢

34. 考虑到照明设计时布灯的需要和光源功率及光通量的变化不是连续的这一实际情况，在一般情况下，设计照度值与照明标准值相比较，可有 -10% ~ +10% 的偏差，适用此偏差的照明场所装设的灯具数量至少为下列哪一项数值？ (　　)

(A)5 个　　(B)10 个　　(C)15 个　　(D)20 个

35. 在工厂照明设计中应选用效率高和配光曲线适合的灯具，某工业厂房长 90m、宽 30m，灯具离作业面高度为 8m，宜选择下列哪一种配光类型的灯具？ (　　)

(A)宽配光　　(B)中配光
(C)窄配光　　(D)特窄配光

36. 如右图所示为二阶闭环调节系统的标准形式，设 $K_x=2.0$，$T_i=0.02$，为将该调节系统校正为二阶标准形式，该积分调节器的积分时间 T_i 应为下列哪一项？ (　　)

调节器　调节对象
X_g → $\frac{1}{T_i S}$ → $\frac{K_x}{1+T_i S}$ → X_c

(A)0.04　　(B)0.08　　(C)0.16　　(D)0.8

37. 反接制动是将交流电动机的电源相序反接，产生制动转矩的一种电制动方式，下述哪种情况不宜采用反接制动？ (　　)

(A)绕线型起重电动机　　(B)需要准确停止在零位的机械
(C)小功率笼型电动机　　(D)经常正反转的机械

38. 在视频安防监控系统设计中，摄像机镜头的选择，在光照度变化范围相差多少倍以上的场所，应选择自动或电动光圈镜头？ (　　)

(A)20 倍　　(B)50 倍
(C)75 倍　　(D)100 倍

39. 某建筑需设置 1600 门的交换机，但交换机及配套设备尚未选定，机房的使用面积宜采用下列哪一项数值？ (　　)

(A)≥30m²　　(B)≥35m²
(C)≥40m²　　(D)≥45m²

40. 10kV 架空电力线路设计的最高气温宜采用下列哪一项数值？ (　　)

(A)30℃　　(B)35℃　　(C)40℃　　(D)45℃

二、多项选择题（共30题，每题2分。每题的备选项中有2个或2个以上符合题意。错选、少选、多选均不得分）

41. 下图表示直接接触伸臂范围的安全限值，图中标注正确的是哪些项？（　　）

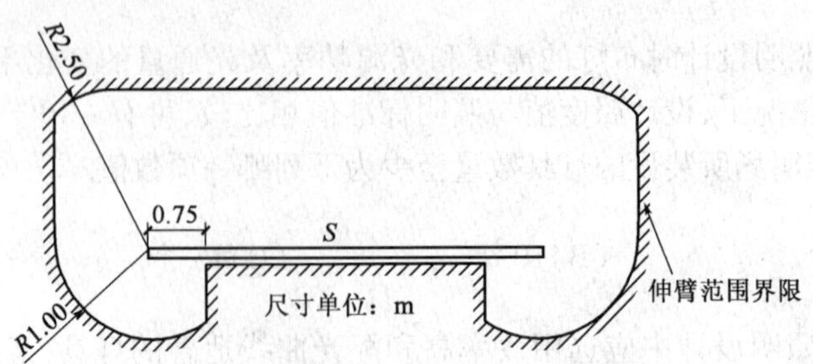

(A) $R2.50$　　(B) $R1.00$

(C) 0.75　　(D) S（非导电地面）

42. 在爆炸性气体环境中，爆炸性气体的释放源可分为连续级、第一级和第二级，下列哪些情况可划为连续级释放源？（　　）

(A) 在正常运行中会释放易燃物质的泵、压缩机和阀门等密闭处

(B) 没有用惰性气体覆盖的固定顶盖储罐中的易燃液体的表面

(C) 油水分离器等直接与空间接触的易燃液体的表面

(D) 正常运行时会向空间释放易燃物质的取样点

43. 考虑到电磁环境卫生与电磁兼容，在民用建筑物、建筑群内不得有下列哪些设施？（　　）

(A) 高压变配电所

(B) 核辐射装置

(C) 大型电磁辐射发射装置

(D) 电磁辐射较严重的高频电子设备

44. 一级负荷中特别重要的负荷，除由两个电源供电外，尚应增设应急电源，并严禁将其他负荷接入应急供电系统，下列哪些项可作为应急电源？（　　）

(A) 蓄电池

(B) 独立于正常电源的发电机组

(C) 供电系统中专用的馈电线路

(D) 干电池

45. 民用建筑中，关于负荷计算，下列哪些项表述符合规范的规定？（　　）

(A) 当应急发电机仅为一级负荷中特别重要负荷供电时，应以一级负荷的计算容量，作为选用应急发电机容量的依据

（B）当应急发电机为消防用电负荷及一级负荷供电时，应将两者计算负荷之和作为选用应急发电机容量的依据

（C）当自备发电机作为第二电源，且尚有第三电源为一级负荷中特别重要负荷供电时，以及当向消防负荷、非消防负荷及一级负荷中特别重要负荷供电时，应以三者的计算负荷之和作为选用自备发电机容量的依据

（D）当消防设备的计算负荷大于火灾切除非消防设备的计算负荷时，可不计入计算负荷

46. 在低压配电系统中，电源有一点与地直接连接，负荷侧电气装置的外露可导电部分接至电气上与电源的接地点无关的接地极，下列哪几种系统接地形式不具有上述特点？（　　）

（A）TN-C 系统　　（B）TN-S 系统

（C）TT 系统　　（D）IT 系统

47. 在交流电网中，由于许多非线性电气设备的投入运行而产生了谐波，关于谐波的危害，在下列表述中哪些是正确的？（　　）

（A）旋转电动机定子中的正序和负序谐波电流，形成反向旋转磁场，使旋转电动机转速持续降低

（B）变压器等电气设备由于过大的谐波电流，而产生附加损耗，从而引起过热，导致绝缘损坏

（C）高次谐波含量较高的电流能使断路器的开断能力降低

（D）使通信线路产生噪声，甚至造成故障

48. 当应急电源装置（EPS）用作应急照明系统备用电源时，关于应急电源装置（EPS）的选择，下列哪些项表述符合规定？（　　）

（A）EPS 装置应按负荷性质、负荷容量及备用供电时间等要求选择

（B）EPS 装置可分交流制式及直流制式，电感性和混合式的照明负荷宜选用交流制式；纯电阻及交、直流共用的照明负荷宜选用直流制式

（C）EPS 的额定输出功率不应小于所连接的应急照明负荷总容量的 1.2 倍

（D）EPS 的蓄电池初装容量应保证备用时间不小于 90min

49. 某机加工车间内 10kV 变电所设计中，设计者对防火和建筑提出下列要求，请问哪几项不符合规范的要求？（　　）

（A）可燃油油浸电力变压器的耐火等级应为一级。高压配电室、高压电容器室的耐火等级不应低于二级。低压配电室和电压电容器室的耐火等级不应低于三级

（B）变压器室位于建筑物内，可燃油油浸变压器的门按乙级防火门设计

（C）可燃油油浸变压器宜设置容量为 50% 变压器油量的储油池

（D）高压配电室临街的一面设不能开启的自然采光窗，窗台距室外地坪不低于1.7m

50. 下列关于高压配电装置设计的要求中,哪几条不符合规范的规定? ( )

(A)电压为 66kV 的配电装置的母线上宜装设接地刀闸,不宜装设接地器

(B)电压为 66kV 的敞开式配电装置,断路器两侧隔离开关的断路器侧宜配电接地开关

(C)电压为 66kV 的配电装置,线路隔离开关的线路侧不宜装设接地刀闸

(D)电压为 66kV 的屋内、外配电装置的隔离开关与相应的断路器和接地刀闸之间应装设闭锁装置

51. 高压电容器柜的布置应符合下列哪些项要求? ( )

(A)分层布置的电容器组柜(台)架,不宜超过三层,每层不应超过三排,四周和层间不得设置隔板

(B)屋内电容器组的电容器底部距地面的最小距离为 100mm

(C)屋内外布置的电容器组,在其四周或一侧应设置维护通道,其宽度不应小于 1.2m

(D)当电容器双排布置时,柜(台)架和墙之间或柜(台)架之间可设置检修通道,其宽度不应小于 1m

52. 短路电流计算是供配电设计中一个重要环节,短路电流计算主要是为了解决下列哪些问题? ( )

(A)电气接线方案的比较和选择

(B)确定中性点接地方式

(C)验算防雷保护范围

(D)验算接地装置的接触电压和跨步电压

53. 当 35/10kV 终端变电所所需限制短路电流时,一般情况下可采取下列哪些措施? ( )

(A)变压器分列运行

(B)采用高阻抗的变压器

(C)在 10kV 母线分段处安装电抗器

(D)在变压器回路中装设电抗器

54. 在选择变压器时,应采用有载调压变压器的是下列哪些项? ( )

(A)35kV 以上电压的变电所中的降压变压器,直接向 35kV、10(6)kV 电网送电时

(B)10(6)kV 配电变压器

(C)35kV 降压变电所的主变压器,在电压偏差不能满足要求时

(D)35kV 升压变电所的主变压器

55. 在民用建筑低压三相四线制系统中，关于选用四极开关的表述，下列哪些项符合规范规定？（　　）

(A) TN-C-S、TN-S 系统中的电源转换开关，应采用切断相导体和中性导体的四极开关

(B) IT 系统中有中性导体时不应采用四极开关

(C) 正常供电电源与备用发电机之间，其电源转换开关应采用四极开关

(D) TT 系统的电源进线开关应采用四极开关

56. 选用 10kV 及以下电力电缆，规范要求下列哪些情况应采用铜芯导体？（　　）

(A) 架空输配电线路

(B) 耐火电缆

(C) 重要电源具有高可靠性的回路

(D) 爆炸危险场所

57. 下列哪些场所电缆应采用穿管方式敷设？（　　）

(A) 室外沿高墙明敷设的电缆

(B) 地下电缆与公路、铁道交叉时

(C) 绿化带中地下电缆

(D) 在有爆炸危险场所明敷的电缆

58. 对 3kV 及以上装于绝缘支架上的并联补偿电容器组，应装设下列哪些项保护？（　　）

(A) 电容器组引出线短路保护　　(B) 电容器组单相接地保护

(C) 电容器组过电压保护　　(D) 电容器组过补偿保护

59. 3～500kV 配电系统的中性点经低电阻接地的系统，为获得快速选择性断电保护所需的足够电流，一般可采用下列哪几项单相接地故障电流值？（　　）

(A) 30A　　(B) 100A

(C) 300A　　(D) 500A

60. 在变电所直流操作电源系统设计中，直流电源成套装置在电气控制室布置时，下列关于运行通道和维护通道的最小宽度哪些项是正确的？（　　）

(A) 双排面对面布置时为 1400mm

(B) 双排背对背布置时为 1000mm

(C) 单排布置时，正面与墙的距离为 1200mm

(D) 单排布置时，背面与墙的距离为 800mm

61. 某座 6 层的医院病房楼，所在地年平均雷暴日为 46 天，若已知计算建筑物年预

计雷击次数的校正系数 $k=1$，与该建筑物截收相同雷击次数的等效面积为 $0.028km^2$，下列关于该病房楼防雷设计的表述哪些是正确的？（　　）

(A)该建筑物年预计雷击次数为0.15
(B)该建筑物年预计雷击次数为0.10
(C)该病房楼划为第二类防雷建筑物
(D)该病房楼划为第三类防雷建筑物

62. 在防雷击电磁脉冲设计时，为减少电磁干扰的感应效应需采取基本屏蔽措施，下列哪些项是正确的？（　　）

(A)建筑物和房间的外部设屏蔽
(B)以合适的路径敷设线路
(C)线路屏蔽
(D)前三项所述措施不宜联合使用

63. 通常变电所的接地系统应与下列哪些物体相连接？（　　）

(A)变压器外壳
(B)装置外可导电部分
(C)高压系统的接地导体
(D)中性导体通过独立接地极接地的低压电缆的金属护层

64. 建筑物电气装置的保护线可由下列哪些部分构成？（　　）

(A)多芯电缆的芯线
(B)固定的裸导线
(C)电缆的护套、屏蔽层及铠装等金属外皮
(D)煤气管道

65. 在照明供电设计中，下列哪些项是正确的？（　　）

(A)三相照明线路各相负荷的分配宜保持平衡，最大相负荷电流不宜超过三相负荷平均值115%
(B)备用照明应由两路电源或两回路电路供电
(C)在照明分支回路中，可采用三相低压断路器对三个单相分支回路进行控制和保护
(D)备用照明仅在故障情况下使用时，当正常照明因故断电，备用照明应自动投入工作

66. 有关 PLC 模拟量输入、输出模块的描述，下列哪些项是正确的？（　　）

(A)生产过程中连续变化的信号，如温度、料位、流量等，通过传感器及检测仪表将其转换为连续的电气量，经模拟量输入模块上的模/数转换器变成数字量，使 PLC 能识别接收
(B)模拟量输出模块接收 CPU 运算后的数值，并按比例把其转换成模拟量信号

输出

(C)模拟量输出模块电压变化范围有 0 ~ 5V、-10 ~ +10V 等

(D)模拟量输出模块的电流输出范围有 4 ~ 30mA

67. 异步电动机调速的电流型和电压型交—直—交变频器各有特点，下述哪些项符合电流型交—直—交变频器的特点？（　　）

(A)直流滤波环节为电抗器　　(B)输出电压波形为近似正弦波

(C)输出电流波形为矩形　　(D)输出动态阻抗小

68. 关于火灾报警装置的设置，下列哪几项符合规范规定？（　　）

(A)设置火灾自动报警系统的场所，应设置火灾警报装置

(B)每个防火分区至少应设置两个火灾警报装置

(C)火灾警报装置设置的位置宜在有人值班的值班室

(D)警报装置宜采用手动或自动控制方式

69. 安全防范入侵报警系统的控制、显示记录设备，下列哪些项符合规范的规定？（　　）

(A)系统宜按时间、区域部位编程设防或撤防，程序编制应固定

(B)在探测器防护区内，发生入侵事件时，系统不应产生漏报警，平时宜避免误报警

(C)系统宜具有自检功能及设备防拆报警和故障报警功能

(D)现场报警控制器宜安装在具有安全防护的弱电间内，应配备可靠电源

70. 下列哪些项是规范中关于市区 10kV 架空电力线路可采用绝缘铝绞线的规定？（　　）

(A)建筑施工现场　　(B)游览区和绿化区

(C)市区一般街道　　(D)高层建筑临近地段

2011年专业知识试题答案(上午卷)

1. **答案**:B

依据:《爆炸和火灾危险环境电力装置设计规范》(GB 50058—1992)第2.5.8条第五款。

2. **答案**:D

依据:《工业与民用配电设计手册》(第三版)P638有关隔离电气的叙述,以及《低压配电设计规范》(GB 50054—2011)第3.1.6条、第2.1.7条。

3. **答案**:D

依据:《3~110kV高压配电装置设计规范》(GB 50060—2008)第4.1.3条。

4. **答案**:A

依据:《工业与民用配电设计手册》(第三版)P2式(1-1)。

5. **答案**:A

依据:《工业与民用配电设计手册》(第三版)P47有关分段单母线的特点。

6. **答案**:C

依据:《钢铁企业电力设计手册》(上册)P44-45。

7. **答案**:B

依据:《35kV~110kV变电站设计规范》(GB 50059—2011)第3.2.5条。

8. **答案**:D

依据:《工业与民用配电设计手册》(第三版)P256表6-3。

9. **答案**:A

依据:《民用建筑电气设计规范》(JGJ 16—2008)第6.2.2-5条。

10. **答案**:A

依据:《3~110kV高压配电装置设计规范》(GB 50060—2008)第5.4.6条。

11. **答案**:B

依据:《民用建筑电气设计规范》(JGJ 16—2008)第4.6.3条。

12. **答案**:A

依据:《爆炸和火灾危险环境电力装置设计规范》(GB 50058—1992)第2.5.7条。

13. **答案**:B

依据:《3~110kV高压配电装置设计规范》(GB 50060—2008)第5.5.4条。

14. **答案**:C

依据:《工业与民用配电设计手册》(第三版)P131 式(4-11)。

15. **答案**:C

依据:《工业与民用配电设计手册》(第三版)P128 表 4-2。

$$X_{*T}=\frac{u_k\%}{100}\times\frac{S_j}{S_{rT}}=0.105\times\frac{20}{20}=0.105$$

P134 式(4-12):$I_*=\frac{1}{X_{*T}}=\frac{1}{0.105}=9.524$

$$I=I_*\frac{S_j}{\sqrt{3}U_j}=9.524\times\frac{20}{\sqrt{3}\times10.5}=10.47\text{kA}$$

P150 式(4-25):$i_p=2.55I=2.55\times10.47=26.69\text{kA}$

16. **答案**:A

依据:《并联电容器装置设计规范》(GB 50227—2008)第 5.8.3 条。

17. **答案**:B

依据:《低压配电设计规范》(GB 50054—2011)第 6.2.4 条。

18. **答案**:B

依据:《3~110kV 高压配电装置设计规范》(GB 50060—2008)第 3.0.5 条。

19. **答案**:C

依据:《低压配电设计规范》(GB 50054—2011)第 3.1.2 条。

20. **答案**:A

依据:《3~110kV 高压配电装置设计规范》(GB 50060—2008)第 4.1.6 条或《导体和电器选择设计技术规定》(DL/T 5222—2005)第 7.1.4 条。

21. **答案**:B

依据:《导体和电器选择设计技术规定》(DL/T 5222—2005)第 7.3.10 条。

22. **答案**:C

依据:《3~110kV 高压配电装置设计规范》(GB 50060—2008)第 2.0.2 条。

23. **答案**:D

依据:《电力工程电缆设计规范》(GB 50217—2007)附录 D 表 D.0.4。

24. **答案**:A

依据:《电力工程电缆设计规范》(GB 50217—2007)第 5.5.7-1 条。

25. **答案**:D

依据:《民用建筑电气设计规范》(JGJ 16—2008)第 5.4.2 条。

26. **答案**:A

依据:《电力装置的继电保护和自动装置设计规范》(GB 50062—2008)第4.0.2条。

27. **答案**:C

依据:《电力装置的继电保护和自动装置设计规范》(GB 50062—2008)第4.0.3条。

28. **答案**:D

依据:《电力工程直流系统设计技术规程》(DL/T 5044—2004)表5.2.3。

29. **答案**:A

依据:《民用建筑电气设计规范》(JGJ 16—2008)表11.9.1。

30. **答案**:C

依据:《建筑物防雷设计规范》(GB 50057—2010)附录一式(A.0.3-5),原题依据旧规范《建筑物防雷设计规范》(GB 50057—1994)(2000年版)附录一式(附1.5)。

31. **答案**:B

依据:《交流电气装置的过电压保护和绝缘配合》(DL/T 620—1997)第2.3条。

32. **答案**:B

依据:《建筑物防雷设计规范》(GB 50057—2010)第4.3.5条,原题答案为旧规范《建筑物防雷设计规范》(GB 50057—1994)(2000年版)第3.3.5条。

33. **答案**:B

依据:《建筑物电气装置　第5-54部分:电气设备的选择和安装—接地配置、保护导体和保护联结导体》(GB 16895.3—2004)表54-1,角钢与扁钢均为"带状"接地体。

34. **答案**:B

依据:《建筑照明设计标准》(GB 50034—2004)第4.1.7条条文说明。

35. **答案**:A

依据:《照明设计手册》(第二版)P7式(1-9)计算RI=2.81和P106式(4-13)查得为宽配光。

注:有如下分类:0.8~0.5为窄配光;1.7~0.8为中配光,1.7~5为宽配光。

36. **答案**:B

依据:《钢铁企业电力设计手册》(下册)P457式(26-80)。

37. **答案**:B

依据:《钢铁企业电力设计手册》(下册)P95~97中表24-6~表24-8,"需要准确停止在零位的机械"为再生制动的特点。

38. **答案**:D

依据:《视频安防监控系统工程设计规范》(GB 50395—2007)第6.0.2-5条。

39. **答案**:C

依据:《民用建筑电气设计规范》(JGJ 16—2008)第20.2.8条表20.2.8。

40. **答案**:C

依据:《66kV及以下架空电力线路设计规范》(GB 50061—2010)第4.0.1条。

---

41. **答案**:AC

依据:《低压电气装置　第4-41部分:安全防护　电击防护》(GB 16895.21—2011)附录B中图B.1,注意S为可能有人地面,并未明确绝缘与否。

42. **答案**:BC

依据:《爆炸和火灾危险环境电力装置设计规范》(GB 50058—1992)第2.2.3条。

43. **答案**:BCD

依据:《民用建筑电气设计规范》(JGJ 16—2008)第22.2.2条。

44. **答案**:ABD

依据:《供配电系统设计规范》(GB 50052—2009)第3.0.4条。

45. **答案**:BC

依据:《民用建筑电气设计规范》(JGJ 16—2008)第3.5.4条。

46. **答案**:ABD

依据:《工业与民用配电设计手册》(第三版)P879系统接地型式中字母代号代表的意义。

47. **答案**:BCD

依据:《工业与民用配电设计手册》(第三版)P285、286中"(三)"。

48. **答案**:ABD

依据:《民用建筑电气设计规范》(JGJ 16—2008)第6.2.2条。

49. **答案**:BCD

依据:《10kV及以下变电所设计规范》(GB 50053—1994)第6.1.1条、第6.1.2条、第6.1.6条、第6.2.1条。

50. **答案**:AC

依据:《3~110kV高压配电装置设计规范》(GB 50060—2008)第2.0.6条、第2.0.7条、第2.0.10条。

51. **答案**:CD

依据:《并联电容器装置设计规范》(GB 50227—2008)第8.2.2条、第8.2.3条、第8.2.4条。

52. **答案**:ABD

依据:《钢铁企业电力设计手册》(上册)P177中“4.1”。

53. **答案**:ABD

依据:《工业与民用配电设计手册》(第三版)P126或《35kV~110kV变电站设计规范》(GB 50059—2011)第3.2.6条。

54. **答案**:AC

依据:《供配电系统设计规范》(GB 50052—2009)第5.0.6条。

55. **答案**:ACD

依据:《民用建筑电气设计规范》(JGJ 16—2008)第7.5.3条。

56. **答案**:BCD

依据:《电力工程电缆设计规范》(GB 50217—2007)第3.1.2条。

57. **答案**:BD

依据:《电力工程电缆设计规范》(GB 50217—2007)第5.2.3条。

58. **答案**:AC

依据:《电力装置的继电保护和自动装置设计规范》(GB 50062—2008)第8.1.1条、第8.1.3条。

59. **答案**:BCD

依据:《交流电气装置的过电压保护和绝缘配合》(DL/T 620—1997)第2.1条。

60. **答案**:ABC

依据:《电力工程直流系统设计技术规程》(DL/T 5044—2004)第8.1.4条。

61. **答案**:BC

依据:《建筑物防雷设计规范》(GB 50057—2010)相关条文。

62. **答案**:ABC

依据:《建筑物防雷设计规范》(GB 50057—2010)第6.3.1条。

63. **答案**:ABC

依据:《建筑物电气装置　第4部分:安全防护　第44章:过电压保护　第446节:低压电气装置对高压接地系统接地故障的保护》(GB 16895.11—2001)第442.2条。

64. **答案**:ABC

依据:《建筑物电气装置　第5-54部分:电气设备的选择和安装—接地配置、保护导体和保护联结导体》(GB 16895.3—2004)第534.2.1条。

65. **答案:**ABD

依据:《民用建筑电气设计规范》(JGJ 16—2008)第10.7.3条、第10.7.5条、第10.7.6条、第10.7.7条。

66. **答案:**ABC

依据:手册无对应条文,可参考《注册电气工程师执业资格考试专业考试复习指导书》P650、651相关内容。

67. **答案:**ABC

依据:《钢铁企业电力设计手册》(下册)P311表25-12。

注:题干的异步电动机,输出电压波形只有在负载为异步电动机时才近似为正弦波。

68. **答案:**AD

依据:《民用建筑电气设计规范》(JGJ 16—2008)第13.6.4条。

69. **答案:**BD

依据:《民用建筑电气设计规范》(JGJ 16—2008)第14.2.5条。

70. **答案:**ABD

依据:《66kV及以下架空电力线路设计规范》(GB 50061—2010)第5.1.2条。

2011 年专业知识试题(下午卷)

一、单项选择题(共 40 题,每题 1 分,每题的备选项中只有 1 个最符合题意)

1. 对于易燃物质轻于空气、通风良好且为第二级释放源的主要生产装置区,当释放源距地坪的高度不超过 4.5m 时,以释放源为中心,半径为 4.5m,顶部与释放源的距离为 7.5m,及释放源至地坪以上的范围内,宜划分为爆炸危险区域为下列哪一项? ( )

(A)0 区　　(B)1 区
(C)2 区　　(D)附加 2 区

2. 下列关于一级负荷的表述哪一项是正确的? ( )

(A)重要通信枢纽用电单位中的重要用电负荷
(B)交通枢纽用电单位中的用电负荷
(C)中断供电将影响重要用电单位的正常工作
(D)中断供电将造成公共场所秩序混乱

3. 在配电设计中,通常采用多长时间的最大平均负荷作为按发热条件选择电器或导体的依据? ( )

(A)10min　　(B)20min
(C)30min　　(D)60min

4. 某车间一台电焊机的额定容量为 80kV·A,电焊机的额定负载持续率为 20%,额定功率因数为 0.65,则该电焊机的设备功率为下列哪一项数值? ( )

(A)52kW　　(B)33kW
(C)26kW　　(D)23kW

5. 10kV 及以下变电所设计中,一般情况下,动力和照明宜共用变压器,在下列关于设置照明专用变压器的表述中哪一项是正确的? ( )

(A)在 TN 系统的低压电网中,照明负荷应设专用变压器
(B)当单台变压器的容量小于 1250kV·A 时,可设照明专用变压器
(C)当照明负荷较大或动力和照明采用共用变压器严重影响照明质量及灯泡寿命时,可设照明专用变压器
(D)负荷随季节性变化不大时,宜设照明专用变压器

6. 具有三种电压的 110kV 变电所,通过主变压器各侧线圈的功率均达到该变压器

容量的下列哪个数值以上时,主变压器宜采用三线圈变压器? ( )

(A)10% (B)15%
(C)20% (D)30%

7.10kV 变电所电气设备外露可导电部分必须与接地装置有可靠的电气连接,成排的配电装置应采用下列哪种方式与接地线相连? ( )

(A)任意一点与接地线相连
(B)任意两点与接地线相连
(C)两端均应与接地线相连
(D)一端与接地线相连

8.并联电容器装置设计,应根据电网条件、无功补偿要求确定补偿容量,在选择单台电容器额定容量时,下列哪种因素是不需要考虑的? ( )

(A)电容器组设计容量
(B)电容器组每相电容器串联、并联的台数
(C)电容器组的保护方式
(D)电容器产品额定容量系列的优先值

9.对冲击性负荷的供电需要降低冲击性负荷引起的电网电压波动和电压闪变(不包括电动机启动时允许的电压下降)时,下列所采取的措施中,哪一项是不正确的?
( )

(A)采用电缆供电
(B)与其他负荷共用配电线路时,降低配电线路阻抗
(C)较大功率的冲击性负荷或冲击性负荷群对电压波动、闪变敏感的负荷分别由不同的变压器供电
(D)对于大功率电弧炉的炉用变压器由短路容量较大的电网供电

10.某企业一 10kV 配电室,选用外形尺寸为 800mm × 1500mm × 2300mm(宽 × 深 × 高)的手车式高压开关柜(手车长 1000mm),设备单列布置,则该配电室室内最小宽度为下列哪一项数值? ( )

(A)4.3m (B)4.5m
(C)4.7m (D)4.8m

11.当低压配电装置成排布置时,配电屏长度最小超过下列哪一项数值时,屏后面的通道应设有两个出口? ( )

(A)5m (B)6m
(C)7m (D)8m

12. 35kV 高压配电装置工程设计中,屋外电器的最低环境温度应选择下列哪一项? （ ）

(A)极端最低温度 (B)最冷月平均最低温度
(C)年最低温度 (D)该处通风设计温度

13. 下列有关 35kV 变电所所区布置的做法,哪一项不符合规范的要求? （ ）

(A)变电所内为满足消防要求的主要道路宽度为 3m
(B)变电所建筑物内高出屋外地面 0.4m
(C)屋外电缆沟壁高出地面 0.1m
(D)电缆沟沟底纵坡坡度为 1.0%

14. 在选择电力电缆时,需进行必要的短路电流计算,下列有关短路计算的条件哪一项不符合规定? （ ）

(A)计算用系统接线,应采取短路电流最大的运行方式,且宜按工程建成后 5~10年规划发展考虑
(B)短路点应选取在通过电缆回路最大短路电流可能发生处
(C)宜按三相短路计算
(D)短路电流作用时间,应取保护切除时间与断路器开断时间之和

15. 某 35kV 架空配电线路,当系统基准容量 $S_j = 100\text{MV·A}$,电路电抗值 $X_1 = 0.43\Omega$ 时,该线路的电抗标幺值 X_* 为下列哪一项数值? （ ）

(A)0.031 (B)0.035
(C)0.073 (D)0.082

16. 在低压接地故障保护中,为降低接地故障引起的电气火灾危险而装设漏电流动作保护器,其额定动作电流不应超过下列哪个值? （ ）

(A)0.50A (B)0.30A
(C)0.05A (D)0.03A

17. 在低压配电线路的保护中,有关短路保护电器装设位置,下列说法哪个是正确的? （ ）

(A)配电线路各相上均应装设短路保护电器
(B)N 线应装设同时断开相线短路保护电器
(C)N 线不应装设短路保护电器
(D)对于中性点不接地且 N 线不引出的三相三线配电系统,可只在两相上装设保护电器

18. 3~20kV 屋外支柱绝缘子和穿墙套管的爬电距离,应满足安装地点污秽等级的

要求，当不能满足时，可采用下列哪一电压等级支柱绝缘子和穿墙套管？ ( )

(A)低一级电压 (B)同级电压

(C)高一级电压或高二级电压 (D)高三级电压

19. 关于低压交流电动机的保护，下列哪一项描述是错误的？ ( )

(A)交流电动机应装设短路保护和接地故障保护，并应根据具体情况分别装设过载保护、断相保护和低电压保护。同步电动机尚应装设失步保护

(B)数台交流电动机总计算电流不超过30A，且允许无选择地切断时，数台交流电动机可共用一套短路保护电器

(C)额定功率大于3kW的连续运行的电动机宜装设过载保护

(D)需要自启动的重要电动机，不宜装设低电压保护，但按工艺或安全条件在长时间停电后不允许自启动时，应装设长延时的低电压保护

20. 已知短路的热效应 $Q_d = 745(\text{kA})^2\text{s}$，热稳定系数 $c = 87$，按热稳定校验选择裸导体最小截面不应小于下列哪一项数值？ ( )

(A)40mm×4mm (B)50mm×5mm

(C)63mm×6.3mm (D)63mm×8mm

21. 500V以下电压配电绝缘导线穿管敷设时，按满足机械强度要求，规范规定导线的最小铜芯截面应为下列哪一项数值？ ( )

(A)0.75mm^2 (B)1.0mm^2

(C)1.5mm^2 (D)2.5mm^2

22. 规范规定易受水浸泡的电缆应选用下列哪种外护层？ ( )

(A)钢带铠装 (B)聚乙烯

(C)金属套管 (D)粗钢丝铠装

23. 30根电缆在电缆托盘中无间距叠置三层并列敷设时，电缆载流量的校正系数为下列哪一项数值？ ( )

(A)0.45 (B)0.50

(C)0.55 (D)0.60

24. 35~110kV变电所设计，下列哪一项要求不正确？ ( )

(A)主变压器应在控制室内控制

(B)母线分段、旁路及母联断路器应在控制室内控制

(C)110kV屋内配电装置的线路应在控制室内控制

(D)10kV屋内配电装置馈电线路应在控制内控制

25. 变配电所二次回路控制电缆芯线截面为 1.5mm^{2}时，其芯数不宜超过下列哪一项数值？（　　）

(A)19　(B)24　(C)30　(D)37

26. 规范规定单独运行的变压器容量最小为下列哪一项数值时，应装设纵联差动保护？（　　）

(A)10MV·A　(B)8MV·A　(C)6.3MV·A　(D)5MV·A

27. 在正常运行情况下，下列关于变电所直流操作电源系统中直流母线电压的要求，哪一项负荷规范规定？（　　）

(A)直流母线电压应为直流系统标称电压的 100%
(B)直流母线电压应为直流系统标称电压的 105%
(C)直流母线电压应为直流系统标称电压的 110%
(D)直流母线电压应为直流系统标称电压的 112.5%

28. 在电力工程直流电源系统设计时，对于交流电源事故停电时间的确定，下列哪一项是不正确的？（　　）

(A)与电力系统连接的发电厂，厂用交流电源事故停电时间为 1h
(B)不与电力系统连接的孤立发电厂，厂用交流电源事故停电时间为 2h
(C)直流输电换流站，全站交流电源事故停电时间为 2h
(D)无人值班的变电所，全所交流电源事故停电时间为 1h

29. 某第二类防雷建筑物基础采用周边无钢筋的闭合条形混凝土，周长为 50mm，采用 3 根 ϕ12 圆钢在基础内敷设人工基础接地体，圆钢之间敷设净距不应小于下列哪一项？（　　）

(A)圆钢直径　(B)圆钢直径的 2 倍
(C)圆钢直径的 3 倍　(D)圆钢直径的 6 倍

30. 建筑物采取的防直击雷的措施，下列哪一项说法是正确的？（　　）

(A)第三类防雷建筑物不宜在建筑物上装设避雷针
(B)第一、二类防雷建筑物宜设独立避雷针
(C)第一类防雷建筑物不得在建筑物上装设避雷带
(D)第二类防雷建筑物宜在建筑物上装设避雷带和避雷针的组合

31. 某地区海拔高度 800m 左右，10kV 配电系统采用中性点低电阻接地系统，10kV 电气设备相对地雷电冲击耐受电压的取值应为下列哪一项？（　　）

(A)28kV　(B)42kV

(C)60kV　　(D)75kV

32. 根据规范要求,距建筑物 30m 的广场,室外景观照明灯具宜采用下列哪种接地方式?　　(　　)

(A)TN-S　　(B)TN-C
(C)TT　　(D)IT

33. 在潮湿场所向手提式照明灯具供电,下列哪一项措施是正确的?　　(　　)

(A)采用 II 类灯具,电压值不大于 50V
(B)采用 II 类灯具,电压值不大于 36V
(C)采用 III 类灯具,电压值不大于 50V
(D)采用 III 类灯具,电压值不大于 25V

34. 为了限制眩光,要求灯具有一定的遮光角,当光源平均亮度为 50 ~ 500kcd/m^2 时,直接型灯具的遮光角至少不应小于下列哪个数值?　　(　　)

(A)10°　　(B)15°
(C)20°　　(D)25°

35. 关于现场总线的特点,下列哪一项是错误的?　　(　　)

(A)用户可按照需要,把来自不同厂商的产品通过现场总线,组成大小随意开放的自动控制互联系统
(B)互联设备间、系统间的信息传送与交换,不同制造厂商的性能类似的设备可实现相互替换
(C)现场总线已构成一种新的全分散性控制系统的体系结构,简化了系统结构,提高了可靠性
(D)安装费用与维护开销增加

36. 在大容量的电流型变频器中,常采用将几组具有不同输出相位的逆变器并联运行的多重化技术,以降低输出电流的谐波含量。二重化输出直接并联的逆变器的 5 次谐波可能达到的最低谐波含量为下列哪一项?　　(　　)

(A)3.83%　　(B)5.36%
(C)4.54%　　(D)4.28%

37. 在火灾发生期间,给火灾应急广播最少持续供电时间为下列哪一项数值?
(　　)

(A)≥20min　　(B)≥30min
(C)≥45min　　(D)≥60min

38. 对于安全防范系统中集成式安全管理系统的设计，下列哪一项不符合规范设计要求？（　　）

(A)应能对系统欲行状况和报警信息数据等进行记录和显示

(B)应能对信号传输系统进行检测，并能与所有部位进行有线和/或无线通信联络

(C)应设置紧急报警装置

(D)应能连接各子系统的主机

39. 通信设备使用直流基础电源电压为 -48V，按规范规定电信设备受电端子上电压变动范围应为下面哪一项数值？（　　）

(A) -40 ~ -57V　　(B) -43.2 ~52.8V

(C) -43.2 ~ -55.2V　　(D) -40 ~ -55.2V

40. 35kV 架空电力线路设计中，在最低气温工况下，应按下列哪种情况计算？（　　）

(A)无风，无冰　　(B)无风，覆冰厚度 5mm

(C)风速 5m/s，无冰　　(D)风速 5m/s，覆冰厚度 5mm

二、多项选择题（共 30 题，每题 2 分。每题的备选项中有 2 个或 2 个以上符合题意。错选、少选、多选均不得分）

41. 在 660V 低压配电系统和电气设备中，下列的间接接触保护措施哪几项是正确的？（　　）

(A)自动切断供电电源　　(B)采用双重绝缘或加强绝缘的设备

(C)采用安全特低压（SELV）保护　　(D)采用安全分隔保护措施

42. 爆炸性粉尘环境的范围应根据下列哪些因素确定？（　　）

(A)爆炸性粉尘的量　　(B)爆炸性粉尘的释放率

(C)环境湿度　　(D)爆炸性粉尘的浓度和物理特性

43. 为了人身健康不会受到损害，下列哪些建筑物宜按一级电磁环境设计？（　　）

(A)居住建筑　　(B)学校

(C)医院　　(D)有人值守的机房

44. 民用建筑中，关于负荷计算的内容和用途，下列哪些表述是正确的？（　　）

(A)负荷计算，可作为按发热条件选择变压器、导体及电器的依据

(B)负荷计算，可作为电能损耗及无功功率补偿的计算依据

(C)季节性负荷,可以确定变压器的容量和台数及经济运行方式
(D)二、三级负荷,可用以确定备用电源及其容量

45. 用电单位的供电电压等级与下列哪些因素有关? ( )

(A)用电容量 (B)供电距离
(C)用电单位的运行方式 (D)用电设备特性

46. 在下列哪几种情况下,用电单位宜设置自备电源? ( )

(A)需要设备自备电源作为一级负荷中特别重要负荷的应急电源时
(B)所在地区偏僻,远离电力系统,设备自备电源经济合理时
(C)设备自备电源较从电力系统取得第二电源经济合理时
(D)已有两路电源,为更可靠为一级负荷供电时

47. 110kV 及以下供配电系统的设计,为减小电压偏差可采取下列哪些措施? ( )

(A)正确选择变压器的变压比和电压分接头
(B)降低配电系统阻抗
(C)补偿无功功率
(D)增大变压器容量

48. 下列 10kV 变电所所址选择条件中,哪几条不符合规范的要求? ( )

(A)装有可燃性油浸电力变压器的 10kV 车间内变电所,不应设在四级耐火等级的建筑物内;当设在三级耐火等级的建筑物内时,建筑物应采取局部防火措施
(B)多层建筑中,装有可燃性油的电气设备的 10kV 变电所应设置在底层靠内墙部位
(C)高层主体建筑内不宜设置装有可燃性油的电气设备的变电所,当受条件限制必须设置时,可设在底层靠外墙部位疏散出口的两旁
(D)附近有棉、粮集中的露天堆场,不应设置露天或半露天的变电所

49. 以下是为某工程 10/0.4kV 变电所(有自动切换电源要求)电气部分设计确定的一些原则,其中哪几条不符合规范的要求? ( )

(A)10kV 变电所接在母线上的避雷器和电压互感器合用一组隔离开关
(B)10kV 变电所架空进、出线上的避雷器回路中不装设隔离开关
(C)变压器低压侧电压为 0.4kV 的总开关采用隔离开关
(D)单台变压器的容量不宜大于 800kV·A

50. 高层建筑的变配电所宜设在下列哪些楼层上? ( )

(A)避难层 (B)设备层 (C)地下的最底层 (D)屋顶层

51. 用最大短路电流校验导体和电器的动稳定和热稳定时，应选取被校验导体和电器通过最大短路电流的短路点，在选取短路点时，下列哪些表述符合规定？（　　）

(A)对带电抗器的3～10kV出线回路，校验母线与母线隔离开关之间隔板前的引线和套管时，短路点应选在电抗器前

(B)对带电抗器的3～10kV出线回路，校验母线与母线隔离开关之间隔板前的引线和套管时，短路点应选在电抗器后

(C)对带电抗器的3～10kV出线回路，除母线与母线隔离开关之间隔板前的引线和套管外，校验其他导体和电器时，短路点应选在电抗器前

(D)对不带电抗器的回路，短路点应选在正常接线方式时短路电流为最大的地点

52. 高压电器和导体的选择，需进行动稳定、热稳定校验，在下列哪几项校验时，应计算三相短路峰值(冲击)电流？（　　）

(A)校验高压电器和导体的动稳定时

(B)校验高压电器和导体的热稳定时

(C)校验断路器的关合能力时

(D)校验限流熔断器的开断能力时

53. 高压并联电容器装置串联电抗器的电抗率的选择，下列哪些项符合规定？（　　）

(A)用于抑制谐波，并联电容器装置接入电网处的背景谐波为3次及以上，电抗率可取4.5%～5%与12%

(B)用于抑制谐波，并联电容器装置接入电网处的背景谐波为3次及以上，电抗率宜取4.5%～5%

(C)仅用于限制涌流时，电抗率宜取0.1%～1%

(D)用于抑制谐波，并联电容器装置接入电网处的背景谐波为5次及以上，电抗率宜取4.5%～5%

54. 为了提高自然功率因数，可采用多种方式，请判断下列哪几种方法可以提高自然功率因数？（　　）

(A)正确选择电动机、变压器容量，提高负荷率

(B)在布置和安装上采取适当措施

(C)采用同步电动机

(D)选用带空载切除的间歇工作制设备

55. 3～35kV配电装置工程设计选用室内导体时，规范要求应满足下述哪些基本规定？（　　）

(A)导体的长期允许电流不得小于该回路的持续工作电流

(B)应按系统最大的运行方式下可能流经的最大短路电流校验导体的动稳定和

热稳定

(C)采用主保护动作时间加相应断路器开断时间确定导体短路电流热效应计算时间

(D)应考虑日照对导体载流量的影响

56. 大电流负荷采用多根电缆并联供电时,下列哪些项符合规范要求? ( )

(A)采用不同截面的电缆,但累计载流量大于负载电流

(B)并联各电缆长度宜相等

(C)并联各电缆采用相同型号、材质

(D)并联各电缆采用相同截面的导体

57. 变电所的二次接线设计中,下列哪些项描述是正确的? ( )

(A)有人值班的变电所,断路器的控制回路可不设监视信号

(B)驻所值班的变电所,可装设简单的事故信号和能重复动作的预告信号装置

(C)无人值班的变电所,可装设当远动装置停用时转为变电所就地控制的简单的事故信号和预告信号

(D)有人值班的变电所,宜装设能重复动作、延时自动解除,或手动解除音响的中央事故信号和预告信号装置

58. 对 3 ~ 10kV 中性点不接地系统的线路装设相间短路保护装置时,下列哪些项要求是正确的? ( )

(A)由电流继电器构成的保护装置,应接于两相电流互感器上

(B)后备保护应采用近后备方式

(C)当线路短路使重要用户母线电压低于额定电压的 60% 时,应快速切除故障

(D)当过电流保护时限不大于 0.5 ~ 0.7s 时,应装设瞬动的电流速断保护

59. 在变电所直流操作电源系统设计时,采用电压控制法计算储蓄电池容量、进行蓄电池电压水平校验时,应对下列哪些内容进行校验? ( )

(A)事故放电初期(1min)承受冲击负荷电流时能保持的电压值

(B)在事故放电情况下,蓄电池组出口端电压不应低于直流系统标称电压的 105%

(C)任意事故放电阶段末期承受随即(5s)冲击负荷电流时能保持的电压值

(D)任意事故放电阶段末期蓄电池所能保持的电压值

60. 建筑物防雷设计中,在高土壤电阻率地区,为降低防直击雷接地装置的接地电阻,采用下列哪些方法? ( )

(A)水平接地体局部包绝缘物,可采用 50 ~ 80mm 厚的沥青层

(B)接地体埋于较深的低电阻率土壤中

(C)采用降阻剂

(D)换土

61. 10kV 配电系统中的配电变压器(10/0.4kV)装设阀式避雷器的位置和接地连接应符合下列哪些规定? ( )

(A)当低压配电系统接地形式为IT,阀式避雷器的接地线应接至变压器低压侧中性点

(B)当低压配电系统接地形式为TN,阀式避雷器的接地线应接至变压器低压侧中性点

(C)避雷器装设位置应尽量靠近变压器

(D)避雷器的接地线应与变压器金属外壳连接

62. 下列哪几种接地属于功能性接地? ( )

(A)根据系统运行的需要进行接地

(B)在信号电路中设置一个等电位点作为电子设备基准电位

(C)用来消除或减轻雷电危及人身和损坏设备的接地

(D)屏蔽接地

63. 计算机监控系统信号回路控制电缆的屏蔽选择及接地方式,下列哪些项符合规范规定? ( )

(A)开关量信号,可选总屏蔽

(B)高电平模拟信号,宜选用对绞线芯总屏蔽,必要时也可选用对绞线芯分屏蔽

(C)低电平模拟信号或脉冲量信号,宜选用对绞线芯分屏蔽,必要时也可选用对绞线芯分屏蔽复合总屏蔽

(D)模拟信号回路控制电缆屏蔽层两端应分别接地

64. 下列有关人民防空地下室应急照明的连续供应时间,哪些符合规范规定? ( )

(A)医疗救护工程不应小于6h

(B)一等人员掩蔽所不应小于5h

(C)二等人员掩蔽所、电站控制室不应小于3h

(D)物资库等其他配套工程不应小于1.5h

65. 在爆炸性气体环境危险区域对照明灯具的选型,下列哪些项符合规定? ( )

(A)在爆炸性气体环境危险区域1区,采用固定式增安型灯具

(B)在爆炸性气体环境危险区域1区,采用固定式隔爆型灯具

(C)在爆炸性气体环境危险区域2区,采用固定式增安型灯具

(D)在爆炸性气体环境危险区域2区,采用固定式隔爆型灯具

66. 下列有关液力耦合器调速的描述,哪些项是正确的? ( )

(A)液力耦合器是装于电动机与负载轴之间的机械无级调速装置,由两个互不接触的金属叶轮组成,在两个轮之间充满油,利用油和轮间的摩擦力来传输转矩

(B)上述油压越大,所传输的转矩越大,因此可通过调节油压来改变转矩,从而实现调速

(C)液力耦合器是一种高效的调速方法

(D)液力耦合器调速的转差能量变成油的热能而消耗掉,并存在漏油和机械磨损现象

67. 交—交变频器(电压型)和交—直—交变频器各有特点,下列哪项符合交—交变频器特点? ( )

(A)换能环节少　　(B)换流方式为电源电压换流

(C)元件数量较少　　(D)电源功率因数较高

68. 在公共建筑的配电线路设置防火剩余电流动作报警系统时,下面哪些论述符合规范的规定? ( )

(A)火灾自动报警系统保护对象分级为特级的建筑物的配电线路,应设置防火剩余电流动作报警系统

(B)火灾自动报警系统保护对象分级为特级的建筑物的配电线路,宜设置防火剩余电流动作报警系统

(C)火灾自动报警系统保护对象分级为一级的建筑物的配电线路,应设置防火剩余电流动作报警系统

(D)火灾自动报警系统保护对象分级为一级的建筑物的配电线路,宜设置防火剩余电流动作报警系统

69. 在建筑群内地下通信管道设计中,下列哪些项符合规范的规定? ( )

(A)应与红线外公用通信管网、红线内各建筑物及通信机房引入管道衔接

(B)建筑群地下通信管道,宜有一个方向与公用通信管网相连

(C)通信管道的路由和位置宜与高压电力管、热力管、燃气管安排在不同路侧

(D)管道坡度宜为1‰~2‰,当室外道路已有坡度时,可利用其地势获得坡度

70. 10kV 架空电力线路的导线材质和导线的最大使用张力与绞线瞬时破坏张力的比值如下,请问哪几项符合规范规定? ( )

(A)铝绞线 30%　　(B)铝绞线 35%

(C)钢芯铝绞线 45%　　(D)钢芯铝绞线 50%

2011年专业知识试题答案(下午卷)

1. **答案**:C

依据:《爆炸和火灾危险环境电力装置设计规范》(GB 50058—1992)第2.3.7条。

2. **答案**:A

依据:《民用建筑电气设计规范》(JGJ 16—2008)第3.2.1-1条。

3. **答案**:C

依据:《工业与民用配电设计手册》(第三版)P1第2行。

4. **答案**:D

依据:《工业与民用配电设计手册》(第三版)P2式(1-3)。

5. **答案**:C

依据:《10kV及以下变电所设计规范》(GB 50053—1994)第3.3.4条。

6. **答案**:B

依据:《35kV~110kV变电站设计规范》(GB 50059—2011)第3.1.4条。

7. **答案**:C

依据:《10kV及以下变电所设计规范》(GB 50053—1994)第3.1.4条。

8. **答案**:C

依据:《并联电容器装置设计规范》(GB 50227—2008)第5.2.4条。

9. **答案**:A

依据:《供配电系统设计规范》(GB 50052—2009)第5.0.11条。

10. **答案**:B

依据:《3~110kV高压配电装置设计规范》(GB 50060—2008)第5.4.4条表5.4.4。

11. **答案**:B

依据:《10kV及以下变电所设计规范》(GB 50053—1994)第4.2.6条。

12. **答案**:C

依据:《3~110kV高压配电装置设计规范》(GB 50060—2008)第3.0.2条表3.0.2。

13. **答案**:A

依据:《35kV~110kV变电站设计规范》(GB 50059—2011)第2.0.6条、第2.0.8条、第2.0.7条。

14. **答案**:A

依据:《电力工程电缆设计规范》(GB 50217—2007)第3.7.8条。

15. **答案**:A

依据:《工业与民用配电设计手册》(第三版)P128表4-2。

$$X_* = X\frac{S_j}{U_j^2} = 0.43 \times \frac{100}{37^2} = 0.0314$$

16. **答案**:B

依据:《低压配电设计规范》(GB 50054—2011)第6.4.3条,此题原答案为选项A;是旧规范《低压配电设计规范》(GB 50054—1995)第4.4.21条,新规范已调整为300mA。

17. **答案**:D

依据:旧规范《低压配电设计规范》(GB 50054—1995)第4.5.4条,新规范已取消。

18. **答案**:C

依据:《导体和电器选择设计技术规定》(DL/T 5222—2005)第21.0.4条。

19. **答案**:B

依据:《通用用电设备配电设计规范》(GB 50055—2011)第2.3.3条。

20. **答案**:C

依据:《工业与民用配电设计手册》(第三版)P211式(5-26)。

21. **答案**:C

依据:《低压配电设计规范》(GB 50054—2011)第3.2.2-5条,此题原答案为选项B;是旧规范《低压配电设计规范》(GB 50054—1995)表2.2.2,新规范对应数据已修改。

22. **答案**:B

依据:《电力工程电缆设计规范》(GB 50217—2007)第3.5.1-2条。

23. **答案**:B

依据:《电力工程电缆设计规范》(GB 50217—2007)附录D表D.0.6。

24. **答案**:D

依据:旧规范《35~110kV变电所设计规范》(GB 50059—1992)第3.5.1条,新规范已取消。

25. **答案**:D

依据:《电力装置的继电保护和自动装置设计规范》(GB/T 50062—2008)第15.1.6条。

26. **答案**:A

依据:《电力装置的继电保护和自动装置设计规范》(GB/T 50062—2008)第4.0.3-2条。

27. **答案**:B

依据:《电力工程直流系统设计技术规程》(DL/T 5044—2004)第4.2.2条。

28. **答案**:D

依据:《电力工程直流系统设计技术规程》(DL/T 5044—2004)第5.2.3条表5.2.3。

29. **答案**:B

依据:《建筑物防雷设计规范》(GB 50057—2010)第4.3.5-5条表4.3.5注2,原答案为旧规范《建筑物防雷设计规范》(GB 50057—1994)(2000年版)第3.3.5-5条表3.3.5注2。

30. **答案**:D

依据:《建筑物防雷设计规范》(GB 50057—2010)第4.3.1条,原答案为旧规范《建筑物防雷设计规范》(GB 50057—1994)(2000年版)第3.3.1条。

31. **答案**:C

依据:《交流电气装置的过电压保护和绝缘配合》(DL/T 620—1997)第10.4.5条表19,括号内为中性点低电阻接地系统数值。

32. **答案**:C

依据:《民用建筑电气设计规范》(JGJ 16—2008)第10.9.3-3条。

33. **答案**:D

依据:《建筑照明设计标准》(GB 50034—2004)第7.1.2-2条。

34. **答案**:C

依据:《建筑照明设计标准》(GB 50034—2004)第4.3.1条表4.3.1。

35. **答案**:D

依据:暂未查到相关出处,可参考《注册电气工程师执业资格考试专业考试复习指导书》P658、659相关内容。

36. **答案**:B

依据:《钢铁企业电力设计手册》(下册)P327表25-16。

37. **答案**:A

依据:《民用建筑电气设计规范》(JGJ 16—2008)第13.9.13条表13.9.13。

38. **答案**:B

依据:《安全防范工程技术规范》(GB 50348—2004)第3.3.2-1条。

39. **答案**:A

依据:《民用建筑电气设计规范》(JGJ 16—2008)第20.2.9-1条。

40. **答案**:A

依据:《66kV 及以下架空电力线路设计规范》(GB 50061—2010)第 4.0.1 条。

---

41. **答案**:ABC

依据:《低压电气装置　第 4-41 部分:安全防护　电击防护》(GB 16895.21—2011)第 413.3.2 条,题干中 660V 的电压肯定有用,很怪的一个数字。

42. **答案**:ABD

依据:《爆炸和火灾危险环境电力装置设计规范》(GB 50058—1992)第 3.3.1 条。

43. **答案**:ABC

依据:《民用建筑电气设计规范》(JGJ 16—2008)第 22.2.5-2 条。

注:《建筑物防雷设计规范》(GB 50057—2010)第 3.0.3 条及条文说明,其中条文说明中明确:人员密集的公共建筑物,是指如集会、展览、博览、体育、商业、影剧院、医院、学校等。

44. **答案**:ABC

依据:《民用建筑电气设计规范》(JGJ 16—2008)第 3.5.1 条。

45. **答案**:ABD

依据:《供配电系统设计规范》(GB 50052—2009)第 5.0.1 条。

46. **答案**:ABC

依据:《供配电系统设计规范》(GB 50052—2009)第 4.0.1 条。

47. **答案**:ABC

依据:《供配电系统设计规范》(GB 50052—2009)第 5.0.9 条。

48. **答案**:ABC

依据:《10kV 及以下变电所设计规范》(GB 50053—1994)第 2.0.2 条、第 2.0.3 条、第 2.0.4 条、第 2.0.5 条。

49. **答案**:CD

依据:《10kV 及以下变电所设计规范》(GB 50053—1994)第 3.2.11 条、第 3.2.15 条、第 3.3.3 条。

50. **答案**:ABD

依据:《民用建筑电气设计规范》(JGJ 16—2008)第 4.2.3 条。

51. **答案**:AD

依据:《导体和电器选择设计技术规定》(DL/T 5222—2005)第 5.0.6 条。

52. **答案**:AC

依据:《工业与民用配电设计手册》(第三版)P206。

53. **答案**:ACD

依据:《并联电容器装置设计规范》(GB 50227—2008)第5.5.2条。

54. **答案**:ACD

依据:《工业与民用配电设计手册》(第三版)P20。

55. **答案**:AC

依据:《3~110kV高压配电装置设计规范》(GB 50060—2008)第4.1.2条、第4.1.3条、第4.1.4条。

56. **答案**:BCD

依据:《电力工程电缆设计规范》(GB 50217—2007)第3.7.11条。

57. **答案**:BCD

依据:旧规范《35~110kV变电所设计规范》(GB 50059—1992)第3.5.2条,新规范已部分修改。

58. **答案**:AC

依据:《电力装置的继电保护和自动装置设计规范》(GB/T 50062—2008)第5.0.2条。

59. **答案**:ACD

依据:《电力工程直流系统设计技术规程》(DL/T 5044—2004)附录B第B.2.1.3款。

60. **答案**:BCD

依据:旧规范《建筑物防雷设计规范》(GB 50057—1994)(2000年版)第4.3.4条,新规范已取消。

61. **答案**:BCD

依据:《交流电气装置的过电压保护和绝缘配合》(DL/T 620—1997)第8.1条。

62. **答案**:AB

依据:《工业与民用配电设计手册》(第三版)P871中"接地的分类"。

63. **答案**:ABC

依据:《电力工程电缆设计规范》(GB 50217—2007)第3.6.7-3条、第3.6.9-1条。

64. **答案**:AC

依据:《人民防空地下室设计规范》(GB 50038—2005)第7.5.5-4条。

65. **答案**:BCD

依据:《爆炸和火灾危险环境电力装置设计规范》(GB 50058—1992)表2.5.3-4。

66. **答案**:ABD

依据:手册中无对应内容,可参考《注册电气工程师执业资格考试专业考试复习指导书》P616。

67. **答案**:AB

依据:《钢铁企业电力设计手册》(下册)P310 表 25-11。

68. **答案**:AD

依据:《民用建筑电气设计规范》(JGJ 16—2008)第 13.12.1 条。

69. **答案**:AC

依据:《民用建筑电气设计规范》(JGJ 16—2008)第 20.7.4 条。

70. **答案**:AB

依据:《66kV 及以下架空电力线路设计规范》(GB 50061—2010)第 5.2.3 条。

2011 年案例分析试题(上午卷)

[案例题是 4 选 1 的方式,各小题前后之间没有联系,共 25 道小题,每题分值为 2 分,上午卷 50 分,下午卷 50 分,试卷满分 100 分。案例题一定要有分析(步骤和过程)、计算(要列出相应的公式)、依据(主要是规程、规范、手册),如果是论述题要列出论点]

题 1 ~5:某电力用户设有 110/10kV 变电站一座和若干 10kV 车间变电所,用户所处海拔高度 1500m,其供电系统图和已知条件如下图。

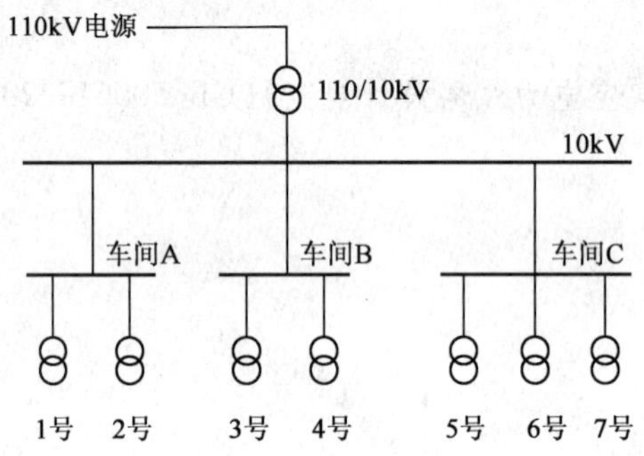

1)110kV 线路电源侧短路容量为 2000MV·A。

2)110kV 线路电源电抗值为 0.4Ω/km。

3)110/10kV 变电站 10kV 母线短路容量为 200MV·A。

4)110/10kV 变电站主变容量 20MV·A,短路电抗 8%,短路损耗 90kW,主变压器二侧额定电压分别为 110kV、10.5kV。

5)110/10kV 变电站主变压器采用有载调压。

6)车间 A 设有大容量谐波源,其 7 次谐波电流折算到 10kV 侧为 33A。

请回答下列问题。

1. 最大负荷时,主变压器负载率为 84%,功率因数 0.92,请问 110/10.5kV 变压器电压损失为下列哪个数值? ( )

(A)2.97% (B)3.03%

(C)5.64% (D)6.32%

解答过程:

2. 计算车间 A 的 7 次谐波电流在 110/10kV 变电站 10kV 母线造成的 7 次谐波电压

含有率为下列哪个数值？（ ）

(A)2.1 (B)2.0

(C)2.5% (D)3.0%

解答过程：

3. 车间C电源线路为截面185mm^{2}架空线路，在高峰期间负荷为2000kW，功率因数0.7左右(滞后)，车间C高压母线电压偏差变化范围 -2% ~ -7%，为改善车间C用电设备供电质量和节省电耗，请说明下列的技术措施中哪一项是最有效的？（ ）

(A)向车间C供电的电源线路改用大截面导线

(B)提高车间C的功率因数到0.95

(C)减少车间C电源线路的谐波电流

(D)加大110/10kV母线短路容量

解答过程：

4. 计算该110/10kV变电站的110kV供电线路长度大约为下列哪个数值？（ ）

(A)149km (B)33km

(C)17km (D)0.13km

解答过程：

5. B车间10kV室外配电装置裸带电部分与用工具才能打开的栅栏之间的最小电气安全净距为下列哪个数值？（ ）

(A)875mm (B)950mm

(C)952mm (D)960mm

解答过程：

题 6 ~ 10:某车间工段用电设备的额定参数及使用情况见下表:

设备名称	额定功率(kW)	需要系数	$\cos\phi$	备注
金属冷加工机床	40	0.2	0.5	
起重机用电动机	30	0.3	0.5	负荷持续率 $\varepsilon=40\%$
电加热器	20	1	0.98	单台单相380V
冷水机组、空调设备送风机	40	0.85	0.8	
高强气体放电灯	8	0.9	0.6	含镇流器功率损耗
荧光灯	4	0.9	0.9	含电感镇流器的功率损耗、有补偿

请回答下列问题。

6. 采用需要系数法计算本工段起重机用电设备组的设备功率为下列哪一项数值? ( )

(A)9kW (B)30kW (C)37.80kW (D)75kW

解答过程:

7. 采用需要系数法简化计算本工段电加热器用电设备组的等效三相负荷应为下列哪一项数值? ( )

(A)20kW (B)28.28kW
(C)34.60kW (D)60kW

解答过程:

8. 假设经需要系数法计算得出起重机设备功率为33kW,电加热器等效三相负荷为40kW,考虑有功功率同时系数0.85、无功功率同时系数0.90后,本工段总用电设备组计算负荷的视在功率为下列哪一项数值? ( )

(A)127.6kW (B)110.78kW
(C)95.47kW (D)93.96kW

解答过程:

9. 假设本工段计算负荷为105kV·A，供电电压220/380V，本工段计算电流为下列哪一项数值？（　　）

(A)142.76A　　(B)145.06A　　(C)159.72A　　(D)193.92A

解答过程：

10. 接至本工段电源进线点前的电缆线路为埋地敷设的电缆，根据本工段计算电流采用"gG"型，熔体额定电流为200A的熔断器作为该电缆线路保护电器，并已知该电器在约定时间内可靠动作电流为1.6倍的熔体额定电流，按照0.6/1kV铜芯交联聚乙烯绝缘电力电缆（见下表）截面应为下列哪一项数值？（考虑电缆敷设处土壤温度，热阻系数、并列系数等总校正系数为0.8）（　　）

0.6/1kV 铜芯交联聚乙烯绝缘电力电缆的载流量

电力电缆的截面(mm^2)	载　流　量(A)	电力电缆的截面(mm^2)	载　流　量(A)
70	178	150	271
95	211	185	304
120	240	240	351

(A)3×70+1×35　　(B)3×95+1×50
(C)3×150+1×70　　(D)3×185+1×95

解答过程：

题11~15：某用户根据负荷发展需要，拟在厂区内新建一座变电站，用于厂区内10kV负荷供电，该变电所电源取自地区110kV电网（无限大电源容量），采用2回110kV架空专用线路供电，变电站基本情况如下：

1)主变采用两台三相自冷型油浸有载调压变压器，户外布置。变压器参数如下：

型号	SZ10-31500/110
电压比	110±8×1.25%/10.5kV
短路阻抗	u_k = 10.5%
接线组别	YN，d11
中性点绝缘水平	60kV

2)每回110kV电源架空线路长度约10km，导线采用LGJ-240/25，单位电抗取0.4Ω/km。

3)10kV 馈电线路均为电缆出线。

4)变电站 110kV 配电装置布置采用常规设备户外型布置,10kV 配电装置采用中置式高压开关柜户内双列布置。

请回答下列问题。

11. 根据规范需求,说明本变电站 110kV 配电装置采用下列哪种接线形式?(　　)

(A)线路—变压器组接线　　(B)单母线接线
(C)分段单母线接线　　(D)扩大桥形接线

解答过程:

12. 假设该变电站 110kV 配电装置采用桥形接线,10kV 单母线分段接线,且正常运行方式为分列运行,变电站 10kV 母线三相短路电流为下列哪一项数值?(　　)

(A)15.05kA　　(B)15.75kA　　(C)16.35kA　　(D)16.49kA

解答过程:

13. 假定该变电站主变容量改为 2×50MV·A,110kV 配电装置采用桥形接线,10kV 采用单母线分段接线,且正常运行方式为分列运行,为将本站 10kV 母线最大三相短路电流限制到 20kA 以下,可采用高阻抗变压器,满足要求的变压器最小短路阻抗为下列哪一项数值?(　　)

(A)10.5%　　(B)11%　　(C)12%　　(D)13%

解答过程:

14. 有关该 110/10kV 变电站应设置的继电保护和自动装置,下列哪一项叙述是正确的?(　　)

(A)10kV 母线应装设专用的母线保护
(B)10kV 馈电线路应装设带方向的电流速断

(C)10kV 馈电线路宜装设有选择性的接地保护,并动作于信号

(D)110/10kV 变压器应装设电流速断保护作为主保护

解答过程:

15. 选择该变电站 110kV 隔离开关设备时,环境最高温度宜采用下列哪一项? ( )

(A)年最高温度

(B)最热月平均最高温度

(C)安装处通风设计温度,当无资料时,可取最热月平均最高温度加 5°C

(D)安装处通风设计最高排风温度

解答过程:

题 16~20:某企业的 35kV 变电所,35kV 配电装置选用移开式交流金属封闭开关柜,室内单层布置,10kV 配电装置采用移开式交流金属封闭开关柜,室内单层布置,变压器布置在室外,平面布置示意图见下图。

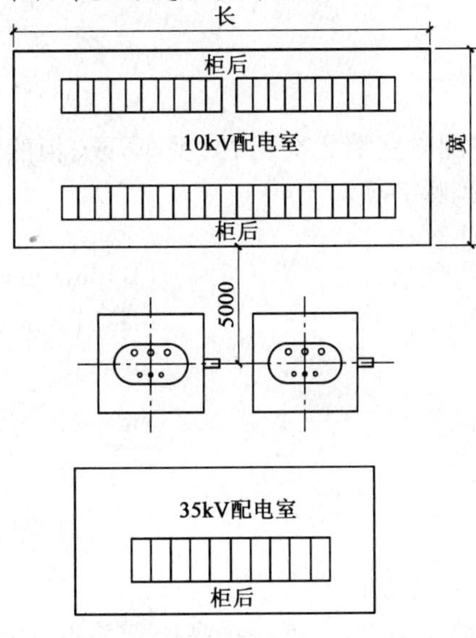

35kV 变电所平面布置示意图

请回答下列问题。

16. 如果 10kV 及 35kV 配电室是耐火等级为二级的建筑,下列关于变电所建筑物及设备的防火间距的要求中哪一项表述是正确的? ( )

(A)10kV 配电室面对变压器的墙在设备总高加 3m 及两侧各 3m 的范围内不设门窗不开孔洞时，则该墙与变压器之间的防火净距可不受限制

(B)10kV 配电室面对变压器的墙在设备总高加 3m 及两侧各 3m 的范围内不开一般门窗，但设有防火门时，则该墙与变压器之间的防火净距应大于或等于 5m

(C)两台变压器之间的最小防火净距应为 3m

(D)所内生活建筑与油浸变压器之间的最小防火净距，当最大单台油浸变压器的油量为 5 ~ 10t，对二级耐火建筑的防火间距最小为 20m

解答过程：

17. 如上图所示，10kV 配电室墙无突出物，开关柜的深度为 1500mm，则 10kV 配电室室内最小净宽为下列哪一项？（　　）

(A)5500mm + 单车长　　(B)5900mm + 双车长

(C)6200mm + 单车长　　(D)7000mm

解答过程：

18. 如上图所示，35kV 配电室墙无突出物，手车开关柜的深度为 2800mm，则 35kV 配电室室内最小净宽为下列哪一项？（　　）

(A)4700mm + 双车长　　(B)4800mm + 单车长

(C)5000mm + 单车长　　(D)5100mm

解答过程：

19. 如果 10kV 配电室墙无突出物，第一排高压开关柜共有 21 台，其中有三台高压开关柜宽度为 1000mm，其余为 800mm，第二排高压开关柜共有 20 台，其宽度均为 800mm，中间维护通道为 1000mm，则 10kV 配电室的最小长度为下列哪一项数值？（　　）

(A)19400mm　　(B)18000mm　　(C)18400mm　　(D)17600mm

解答过程:

20. 说明下列关于变压器事故油浸的描述中哪一项是正确的? ( )

(A) 屋外变压器单个油箱的油量在 1000kg 以上,应设置能容纳 100% 油量的储油池,或 10% 油量的储油池和挡油墙

(B) 屋外变压器当设置有油水分离装置的总事故储油池时,其容量不应小于最小一个油箱的 60% 的油量

(C) 变压器储油池和挡油墙的长、宽尺寸,可按设备外廓尺寸每边相应大 1m 计算

(D) 变压器储油池的四周,应高出地面 100mm,储油池内应铺设厚度不小于 250mm 的卵石层,其卵石直径应为 30 ~ 50mm

解答过程:

题 21 ~ 25:某座建筑物由一台 1000kV·A 变压器采用 TN-C-S 系统供电,线路材质、长度和截面如下图所示,图中小间有移动式设备由末端配电器供电,回路首端装有单相 I_n = 20A 断路器,建筑物做总等电位联结,已知截面为 $50mm^2$、$6mm^2$、$25mm^2$ 铜电缆每芯导体在短路时每公里的热态电阻值为 0.4Ω、3Ω、8Ω。

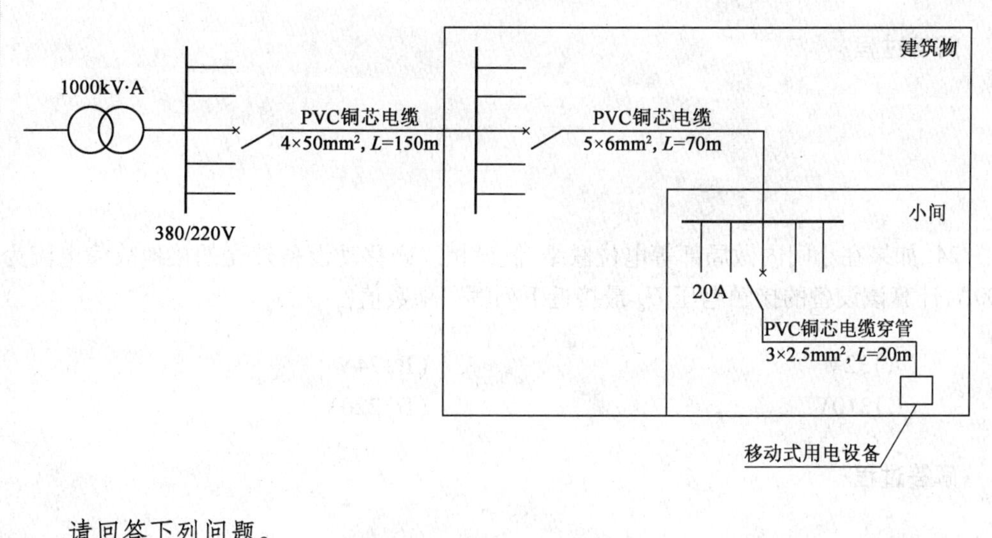

请回答下列问题。

21. 该移动式设备发生相线碰外壳接地故障时，计算回路故障电流 I_d 最接近下列哪一项数值？（故障点阻抗、变压器零序阻抗和电缆电抗可忽略不计） （ ）

(A)171A (B)256A

(C)442A (D)512A

解答过程：

22. 假设移动设备相线碰外壳的接地故障电流为200A，计算该移动设备金属外壳的预期接触电压 U_d 最接近下列哪一项数值？ （ ）

(A)74V (B)86V

(C)110V (D)220V

解答过程：

23. 在移动设备供电回路的首端安装额定电流 I_n 为20A 的断路器，断路器的瞬动电流为 $12I_n$，该回路的短路电流不应小于下列哪一项数值，才能使此断路器可靠瞬时地切断电源？ （ ）

(A)240A (B)262A

(C)312A (D)360A

解答过程：

24. 如果在小间内做局部等电位联结，假设相线碰移动设备外壳的接地故障电流为200A，计算该设备的接触电压 U_d 最接近下列哪一项数值？ （ ）

(A)32V (B)74V

(C)310V (D)220V

解答过程：

25. 如果在小间内移动式设备有带电裸露导体,作为防宜接电击保护的措施下列哪种处理方式最好? ( )

(A)采用额定电压为 50V 的特低电压电源供电

(B)设置遮挡和外护物以防止人体与裸露导体接触

(C)裸露导体包以绝缘,小间地板绝缘

(D)该回路上装有动作电流不大于 30mA 的剩余电流动作保护器

解答过程:

2011 年案例分析试题答案(上午卷)

题 1-5 答案:**ADBCD**

1.《工业与民用配电设计手册》(第三版)P254 式(6-6)。

$$u_a = \frac{100\Delta P_T}{S_{rT}} = \frac{100 \times 90}{20 \times 10^3} = 0.45$$

$$u_r = \sqrt{u_T^2 - u_a^2} = \sqrt{8^2 - 0.45^2} = 7.987$$

由 $\cos\phi = 0.92$,得 $\sin\phi = 0.392$。

变压器电压损失:$\Delta u_T = \beta(u_a\cos\phi + u_r\sin\phi) = 0.84 \times (0.45 \times 0.92 + 7.987 \times 0.392) = 2.978$

2.《电能质量　公用电网谐波》(GB/T 14549—1993)附录 C 式(C2)。

7 次谐波的电压含有率:$HRU_7 = \frac{\sqrt{3}U_N h I_h}{10S_h}(\%) = \frac{\sqrt{3} \times 10 \times 7 \times 33}{10 \times 200}(\%) = 2.0\%$

注:此处 U_N 根据规范的要求应为电网的标称电压,有关标称电压可查《工业与民用配电设计手册》(第三版)P127 表 4-1,若此处代入基准电压 10.5kV,则算出答案为 2.1%,显然是不对的。此公式也可查阅《工业与民用配电设计手册》(第三版)P288 式(6-40),此处要求的也是电网的标称电压。

3.《供配电系统设计规范》(GB 50052—2009)第 5.0.9 条。

采取无功功率补偿的措施,即为提高功率因数。

4.《工业与民用配电设计手册》(第三版)P134 式(4-12)和式(4-14)(选择基准容量为 100MV·A)。

110kV 线路电源侧短路电路总电抗标幺值:$X_{*c1} = \frac{1}{S_{*k}} = \frac{1}{2000/100} = \frac{1}{20} = 0.05$

10kV 线路电源侧短路电路总电抗标幺值:$X_{*c2} = \frac{1}{S_{*k}} = \frac{1}{200/100} = \frac{1}{2} = 0.5$

《工业与民用配电设计手册》(第三版)P128 表(4-2)变压器、线路相关公式。

110/10.5kV 变压器短路电抗标幺值:$X_{*T} = \frac{u_k\%}{100} \times \frac{S_j}{S_{rT}} = 0.08 \times \frac{100}{20} = 0.40$

由供电网络关系可知 110kV 的供电线路标幺值:$X_{*1} = X_{*c2} - X_{*c1} - X_{*T} = 0.5 - 0.05 - 0.4 = 0.05$

110kV 的供电线路有名值:$X_1 = X_{*1}\frac{U_j^2}{S_j} = 0.05 \times \frac{115^2}{100} = 6.6125\Omega$

根据 110kV 线路单位长度电抗值求出线路长度:$l = \frac{6.6125}{0.4} = 16.53\text{km}$

5.《10kV 及以下变电所设计规范》(GB 50053—1994)第4.2.1条表4.2.1中C款。

查表可得:裸带电部分至用钥匙或工具才能打开或拆卸的栅栏(10kV)的安全净距为 200+750=950mm。

根据表下的注释,进行海拔参数的修正。

$$m = A \times \left[1 + \frac{(1500-1000)}{100} \times 1\%\right] + 750$$

$$= 200 \times \left[1 + \frac{(1500-1000)}{100} \times 1\%\right] + 750 = 960\text{mm}$$

题 6~10 答案:**CCBCC**

6.《工业与民用配电设计手册》(第三版)P2 式(1-1)。

$$P_e = 2P_r\sqrt{\varepsilon_r} = 2 \times 30 \times \sqrt{0.4} = 37.95\text{kW}$$

7.《工业与民用配电设计手册》(第三版)P3 式(1-5)。

计算过程见下表。

设备名称	额定功率(kW)	需要系数	设备功率(kW)
金属冷加工机床	40	0.2	8
起重机用电动机	39.75	0.3	11.925
电加热器	20	1	20(单相)
冷水机组、空调设备送风机	40	0.85	34
高强气体放电灯	8	0.9	7.2
荧光灯	4	0.9	3.6

三相负荷总功率:$P = 8 + 11.925 + 34 + 7.2 + 3.6 = 64.725\text{kW}$

单相用电设备占三相负荷设备功率的百分比:$20/64.725 = 30.9\% > 15\%$

根据《工业与民用配电设计手册》(第三版)P13 中"单相负荷化为三相负荷的简化方法第二条及第三条式(1-36)",单相 380V 设备为线间负荷,因此,等效三相负荷 $P_{e3} = 20 \times \sqrt{3} = 34.6\text{kW}$。

8.《工业与民用配电设计手册》(第三版)P3 式(1-9)~式(1-11)。计算过程见下表。

设备名称	设备功率	需要系数	$\cos\phi$	$\tan\phi$	有功功率	无功功率
金属冷加工机床	40	0.2	0.5	1.732	8	13.856
起重机用电动机	33	0.3	0.5	1.732	9.9	17.147
电加热器	40	1	0.98	0.203	40	8.12
冷水机组、空调设备送风机	40	0.85	0.8	0.75	34	25.5
高强气体放电灯	8	0.9	0.6	1.333	7.2	9.6
荧光灯	4	0.9	0.9	0.484	3.6	1.742
小计	—	—	—	—	102.7	75.96
$K_P = 0.85, K_Q = 0.9$	—	—	—	—	87.30	68.36
视在功率	—	—	—	—	110.876	

注:此题难度不大,但很容易出错,计算时需仔细,在考场上此类题目会占用较多时间,建议留到最后计算。

9.《工业与民用配电设计手册》P3 式(1-8)。

$$I_c = \frac{S_c}{\sqrt{3}U_r} = \frac{105}{\sqrt{3} \times 0.38} = 159.53\text{A}$$

10.《低压配电设计规范》(GB 50054—2011)第 6.3.3 条。

满足 $I_B \leqslant I_n \leqslant I_z$，即熔体额定电流小于等于导体允许持续载流量，按题意应有 $0.8I_z \geqslant I_n = 200\text{A}, I_z \geqslant 250\text{A}$。

题 11 ~ 15 答案：**AADCA**

11. 旧规范《35 ~ 110kV 变电所设计规范》(GB 50059—1992)第 3.2.3 条：35 ~ 110kV 线路为两回及以下时，宜采用桥形、线路—变压器组或线路分支接线。

注：桥形与扩大桥形不可等同。新规范已取消该规定。

12.《工业与民用配电设计手册》(第三版)P128 表 4-2(选择基准容量为 100MV·A)，分列运行等效电路如右图所示。

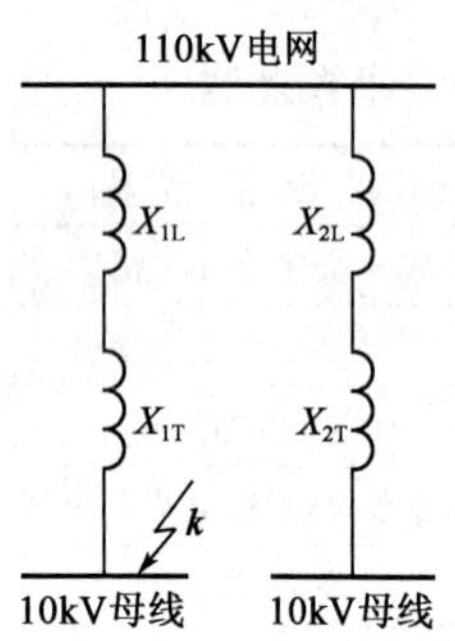

110kV 输电线路电抗标幺值：$X_{*1} = X_1 \frac{S_j}{U_j^2} = 10 \times 0.4 \times \frac{100}{115^2} = 0.03$

110/10kV 变压器阻抗标幺值：$X_{*T} = \frac{u_k}{100} \times \frac{S_j}{S_{rT}} = 0.105 \times \frac{100}{31.5} = 0.33$

《工业与民用配电设计手册》(第三版)P134 式(4-12)和式(4-14)。

10kV 侧短路电流标幺值：$I_* = \frac{1}{X_*} = \frac{1}{0.333 + 0.03} = 2.755$

10kV 侧短路电流有名值：$I_B = I_* \frac{S_j}{\sqrt{3}U_j} = 2.755 \times \frac{100}{\sqrt{3} \times 10.5} = 15.15\text{kA}$

注：变压器分列运行，应只计算一个变压器与一条输电线路的电流值，《工业与民用配电设计手册》(第三版)P126 终端变电所可采取的限流措施中，变压器分列运行就是主要措施之一，因此，电路参数不能按并联计算。

10kV 母线分段运行，10kV 母线短路电流只流过一台主变压器，其短路电流值较两台变压器并联运行时大为降低，从而在许多情况下允许 10kV 侧装设轻型电气设备，故障点的一段母线能维持较高的运行电压，不足之处是变压器的负荷不平衡，使电能损耗较并列运行时稍大，一台变压器故障时，该分段母线的供电在分段断路器接通前要停电，此问题可由分段断路器装设设备自投装置来解决。

13.《工业与民用配电设计手册》(第三版)P128 表 4-2(选择基准容量为100MV·A)。

110kV 输电线路电抗标幺值：$X_{*1} = X_1 \frac{S_j}{U_j^2} = 10 \times 0.4 \times \frac{100}{115^2} = 0.03$

短路电流小于 20kA 的总电抗：$X_* = \frac{1}{I_{*k}} = \frac{S_j}{\sqrt{3}I_k U_j} = \frac{100}{\sqrt{3} \times 20 \times 10.5} = 0.275$

110/10kV 高阻抗变压器阻抗最小标幺值：$X_{*T} = \frac{u_{kmin}}{100} \times \frac{S_j}{S_{rT}} = \frac{u_{kmin}}{100} \times \frac{100}{50} = 0.275 - 0.03$

整理后得到：$u_{kmin} = (0.275 - 0.03) \times 50 = 12.25$

14.《电力装置的继电保护和自动装置设计规范》(GB/T 50062—2008)第5.0.7-2条。

利用第7.0.2条、第7.0.4条排除选项A；利用第5.0.3-1、第5.0.3-2条排除选项B，注意本题中的10kV馈线为单侧电源线路，而非双侧电源线路；利用第5.0.7-2条选定C；利用第4.0.3-2条有关主保护的论述排除选项D。

注：单侧电源线路就是只有一侧有电源，另一侧为纯负载，单侧电源线路的开关的合闸无需检同期；双侧电源线路就是线路的两侧均有电源，其开关在合闸时因为开关两侧均有电压，所以通过检同期合闸。

15.《3～110kV高压配电装置设计规范》(GB 50006—2008)第3.0.2条表3.0.2裸导体和电器的环境温度或《导体和电器选择设计技术规定》(DL/T 5222—2005)第6.0.2条表6.0.2。

题16～20答案：**ABBAC**

16. 旧规范《35～110kV变电所设计规范》(GB 50059—1992)附录10附表10.1及表下方注解，新规范已取消此表。

此题应该说，选项A与选项B都是正确的，题目显然是考查上述规范的知识点，但依据《3～110kV高压配电装置设计规范》(GB 50060—2008)第7.1.11条，明确了选项B中的防火门应为甲级防火门。而该条规定中与选项A并无矛盾，因为GB 50060为2008年新版，所以建议答案为选项A。

17.《3～110kV高压配电装置设计规范》(GB 50060—2008)第5.4.4条表5.4.4。

$L = 1000 \times 2 + 1500 \times 2 + 900 + \text{双车长} = 5900 + \text{双车长}$

注：此题若按《10kV及以下变电所设计规范》(GB 50053—1994)第4.2.7条表4.2.7，则长度为5700+双车长，并无答案，且GB 50060为2008年版，效力更强。

18.《3～110kV高压配电装置设计规范》(GB 50060—2008)第5.4.4条表5.4.4及注解4。

$L = 2800 + 1000(\text{柜后维护通道}) + 1200 + \text{单车长} = 5000 + \text{单车长}$

19.《3～110kV高压配电装置设计规范》(GB 50060—2008)第5.4.4条表5.4.4。

$L = 3 \times 1000 + 18 \times 800 + 2 \times 1000 = 19400$

注：低压配电柜两个出口之间距离超过15m时，应增加出口，但高压配电柜无类似规定。

20.《3～110kV高压配电装置设计规范》(GB 50060—2008)第5.5.3条。

题21～25答案：**BACAA**

21.《工业与民用配电设计手册》(第三版)P921相线与大地短路的相关内容，移动式设备发生相线碰外壳接地故障时的电路图如下：

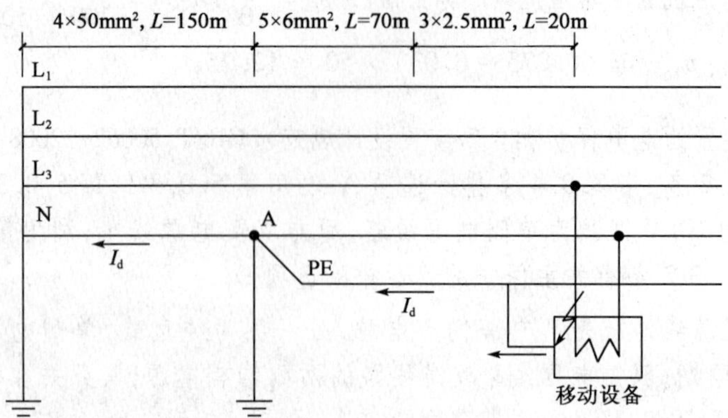

故障电流：$I_d = U_n / R_\Sigma = 220/[2 \times (0.15 \times 0.4 + 0.07 \times 3 + 0.02 \times 8)] = 255.8A$

注：电流从相线—保护线折返回中性点，电阻应该是单芯电线电阻的2倍。

22. 由上图可知，A 点为建筑物总等电位联结接地点，电位为0，则 $U_d = I_d \times R_1 = 200 \times (0.07 \times 3 + 0.02 \times 8) = 74V$。

23.《低压配电设计规范》(GB 50054—2011)第6.2.4条。

$I_K > = 1.3 \times 12 \times 20 = 312A$

24. 由上图可知，当小间做局部等电位联结，移动式设备发生相线碰外壳接地故障时，移动外壳对于小间的电位差为：

$U_d = I_d R_2 = 200 \times (0.02 \times 8) = 32V$

25.《低压电气装置　第4-41部分：安全防护　电击防护》(GB 16895.21—2011)。

①利用第412.5条排除选项D，剩余电流保护器只能作为附加保护，不是防止发生直接电击的主保护措施。

②利用第412.2条可知，遮拦和外护物可作为直接接触防护的一种措施，第412.2.4条中，当需要移动遮拦或打开外护物或拆下外护物的部件时，应符合以下条件：

a. 使用钥匙或工具。

b. 将遮拦或外护物所防护的带电部分的电源断开后，恢复供电只能在重新放回或重新关闭遮拦或外护物以后。

c. 有能防止触及带电部分的防护等级至少为IPXXB或IP2X的中间遮拦，这种遮拦只有使用钥匙或工具才能移开。

针对移动设备(即人们需要经常携带或推拉的设备)来说，此种防护方式是否最为便利、最好，应该是不言而喻的。

③裸露导体包以绝缘，属于直接接触防护中带电部分的绝缘；小间地板绝缘，实际属于间接接触防护的一种，主要针对0类设备。因此不应在选择范围之内。此外，还需要指出的是，第413.3.5条要求所做的配置应是永久性的，并不应使它有失效的可能。预计使用移动式或便携式设备时，也要确保有这种防护。此种防护是否为最好的防护措施，应该看是否能保证移动式设备所到之处都能做到地板绝缘。

④安全特低电压是直接接触和间接接触兼有的防护措施，有考友因为此点排除选项 A 是不妥当的。所谓兼有，即直接接触防护可以使用，间接接触防护也可以使用，而其作为防护措施本身并无排他性。另外，第 411.1.5.2 条规定，当建筑物内外已按 413.1.2设置总等电位联结……不需要符合第 411.1.5.1 条中的直接接触防护。其实作为防护措施来讲，无论是直接接触防护还是间接接触防护，安全特低电压都是一种普遍最优的选择。一方面，特低电压对人体无伤害；另一方面，其电气回路均设置隔离变压器，只有磁路耦合而无电路连接。因此隔离变压器故障时，也不会造成电击。

注：此题目有争议。有关接触电压、单相接地短路电流计算的题目，无具体依据，可引用《工业与民用配电设计手册》（第三版）P921 相关内容，也可直接画出电路图进行计算，只要过程结果都正确，都不会扣分。

2011年案例分析试题(下午卷)

专业案例题(共40题,考生从中选择25题作答,每题2分)

题1～5:某一除尘风机拟采用变频调速,技术数据为:在额定风量工作时交流感应电动机计算功率$P=900\mathrm{kW}$,电机综合效率$\eta_{m100}=0.92$,变频器效率$\eta_{mp100}=0.976$;50%额定风量工作时,电动机效率$\eta_{m50}=0.8$,变频器效率$\eta_{mp50}=0.92$;20%额定风量工作时$\eta_{m20}=0.65$,变频器效率$\eta_{mp20}=0.9$;工艺工作制度,年工作时间6000h,额定风量下工作时间占40%,50%额定风量下工作时间占30%,20%额定风量下工作时间占30%,忽略电网损失,请回答下列问题。

1. 采用变频调速,在上述工艺工作制度下,该风机的年耗电量与下述哪项值相近?（　　）

(A)2645500kW·h　　(B)2702900kW·h

(C)3066600kW·h　　(D)4059900kW·h

解答过程:

2. 若不采用变频器调速,风机风量Q_i的改变采用控制风机出口挡板开度的方式,在上述工艺工作制度下,该风机的年耗电量与下列哪个数值最接近?(设风机扬程为$H_i=1.4-0.4Q_i^2$,式中H_i和Q_i均为标幺值。提示:$P_i=\dfrac{PQ_iH_i}{\eta_m}$)（　　）

(A)3979800kW·h　　(B)4220800kW·h

(C)4353900kW·h　　(D)5388700kW·h

解答过程:

3. 若变频调速设备的初始投资为84万元,假设采用变频调速时的年耗电量是2156300kW·h,不采用变频调速时的年耗电量是3473900kW·h,若电价按0.7元/kW·h计算,仅考虑电价因素时预计初始投资成本回收期约为多少个月?（　　）

(A)10 个月　　(B)11 个月
(C)12 个月　　(D)13 个月

解答过程：

4. 说明除变频调速方式外，下列风量控制方式中哪种节能效果最好？（　　）

(A)风机出口挡板控制
(B)电机变频调速加风机出口挡板控制
(C)风机入口挡板控制
(D)电机变频调速加风机入口挡板控制

解答过程：

5. 说明下列哪一项是采用变频调速方案的缺点？（　　）

(A)调速范围　　(B)启动特性
(C)节能效果　　(D)初始投资

解答过程：

题 6～10：下图为一座 110kV/35kV/10kV 变电站，110kV 和 35kV 采用敞开式配电装置，10kV 采用户内配电装置，变压器三侧均采用架空套管出线。正常运行方式下，任一路 110kV 电源线路带全所负荷，另一路热备用，两台主变压器分别运行，避雷器选用阀式避雷器，其中：

110kV 电源进线为架空线路约 5km，进线段设有 2km 架空避雷线，主变压器距 110kV 母线避雷器最大电气距离为 60m。

35kV 系统以架空线路为主，架空线路进线段设有 2km 架空避雷线，主变压器距 35kV 母线避雷器最大电气距离为 60m。

10kV 系统以架空线路为主，主变压器距 10kV 母线避雷器最大电气距离为20m。

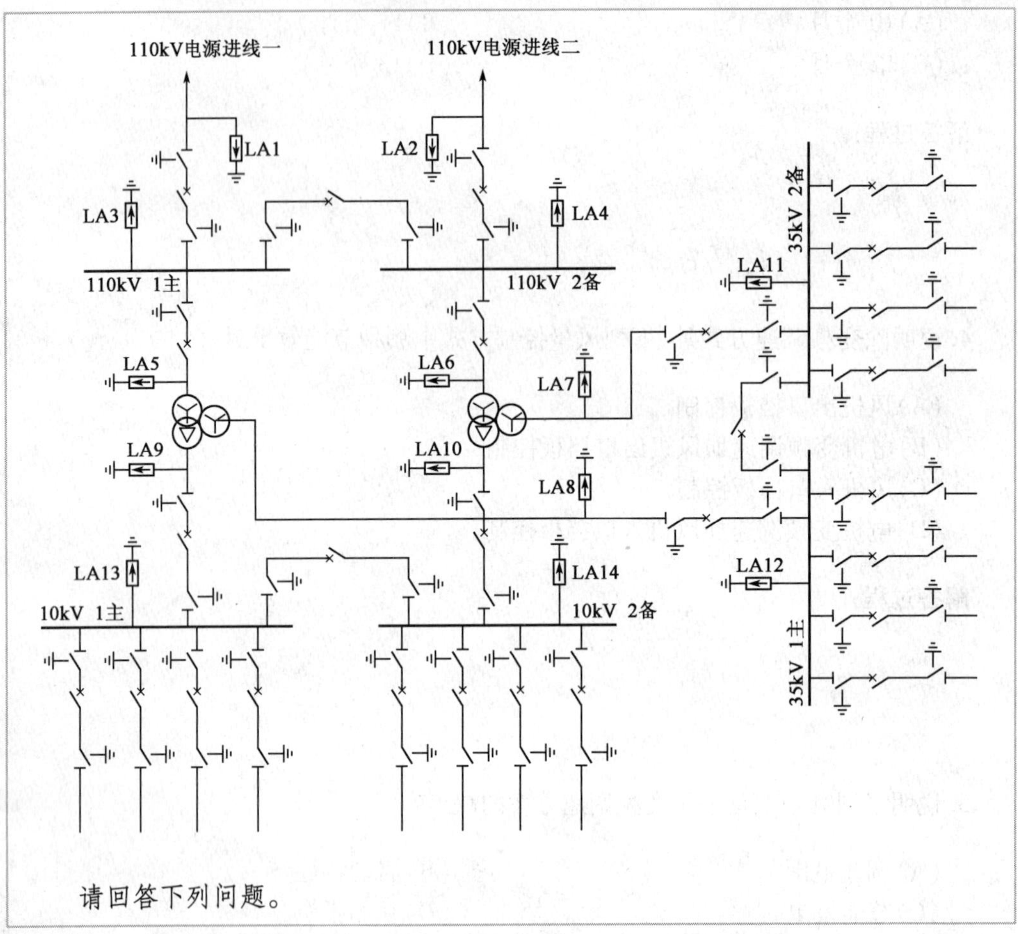

请回答下列问题。

6. 请说明下列关于110kV侧避雷器的设置哪一项是正确的？ (　　)

(A)只设置LA3、LA4

(B)只设置LA1、LA2、LA3、LA4

(C)只设置LA1、LA2

(D)只设置LA1、LA2、LA3、LA4、LA5、LA6

解答过程：

7. 主变压器低压侧有开路运行的可能，下列关于10kV侧、35kV侧避雷器的设置哪一项是正确的？ (　　)

(A)只设置LA7、LA8、LA9、LA10

(B)采用独立避雷针保护，不设置避雷器

(C)只设置LA11、LA12、LA13、LA14

(D)只设置LA7、LA8、LA9、LA10、LA11、LA12、LA13、LA14

解答过程：

8. 设35kV系统以架空线路为主，架空线路总长度为60km，35kV架空线路的单相接地电容电流均为0.1A/km；10kV系统以钢筋混凝土杆塔架空线路为主，架空线路总长度均为30km，架空线路的单相接地电容电流均为0.03A/km，电缆线路总长度为8km，电缆线路的单相接地电容电流均为1.6A/km。

请通过计算选择10kV系统及35kV系统的接地方式（假定10～35kV系统在接地故障条件下仍需短时运行），确定下列哪一项是正确的？（　　）

(A) 10kV及35kV系统均采用不接地方式

(B) 10kV及35kV系统均采用经消弧线圈接地方式

(C) 10kV系统采用高电阻接地方式，35kV系统采用低电阻接地方式

(D) 10kV系统采用经消弧线圈接地方式，35kV系统采用不接地方式

解答过程：

9. 假定10kV系统接地电容电流为36.7A，10kV系统采用经消弧线圈接地方式，消弧线圈的计算容量为下列哪一项数值？（　　）

(A) 275kV·A　　(B) 286kV·A　　(C) 332kV·A　　(D) 1001kV·A

解答过程：

10. 如果变电站接地网的外缘为90m×60m的矩形，站址土壤电阻率$\rho = 100\Omega \cdot m$，请通过简易计算确定变电站接地网的工频接地电阻值为下列哪一项数值？（　　）

(A) $R = 0.38\Omega$　　(B) $R = 0.68\Omega$　　(C) $R = 1.21\Omega$　　(D) $R = 1.35\Omega$

解答过程：

题11～15：某圆形办公室，半径为5m，吊顶高3.3m，采用格栅式荧光灯嵌入顶棚布置成3条光带，平面布置如下图所示。

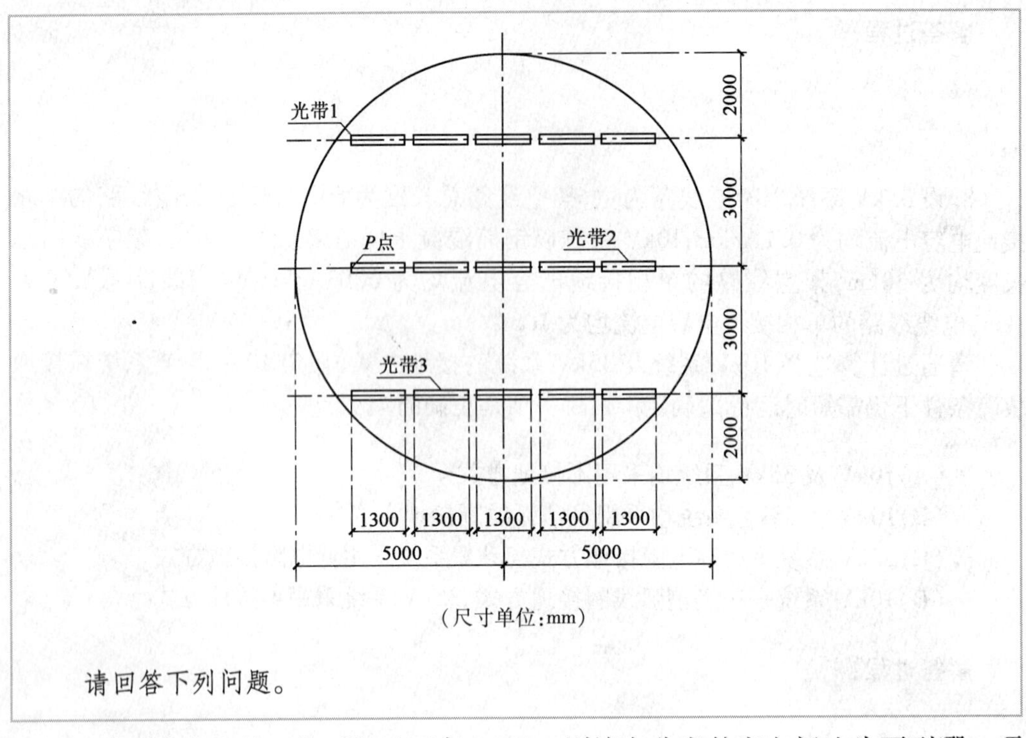

（尺寸单位：mm）

请回答下列问题。

11. 若该办公室的工作面距地面高 0.75m，则该办公室的室空间比为下列哪一项数值？（　　）

(A)1.28　　(B)2.55　　(C)3.30　　(D)3.83

解答过程：

12. 若该办公室的工作面距地面高 0.75m，选用 T5 三基色荧光灯管 36W。其光通量为 3250lm，要求照度标准值为 500lx，已知灯具利用系统为 0.51，维护系数为 0.8，需要光源数为下列哪一项数值（取整数）？（　　）

(A)15　　(B)18　　(C)30　　(D)36

解答过程：

13. 在题干图中，若各段光源采用相同的灯具，并按同一轴线布置，计算光带 1 在距地面 0.75m 高的 P 点的直射水平照度时，当灯具间隔 S 小于下列哪一项数值时，误差小于 10%，发光体可以按连续光源计算照度？（　　）

(A)0.29m (B)0.64m (C)0.86m (D)0.98m

解答过程：

14. 在题干图中，若已知光带1可按连续线光源计算照度，各灯具之间的距离 S 为0.2m，此时不连续线光源光强的修正系数为下列哪一项数值？（　　）

(A)0.62 (B)0.78 (C)0.89 (D)0.97

解答过程：

15. 若每套灯具采用2支36W直管型荧光灯，每支荧光灯通量为3250lm，各灯具之间的距离 $S=0.25$m，不连续线光源按连续光源计算照度的修正系数 $c=0.87$，已知灯具的维护系数为0.8，灯具在纵轴向的光强分布确定为C类灯具，荧光灯具发光强度值见下表，若距地面0.75m高的 P 点的水平方位系数为0.662，试用方位系数计算法求光带2在 P 点的直射水平照度为下列哪一项数值？（　　）

嵌入式格栅荧光灯发光强度值表

θ(°)	0	30	45	60	90
$I_{a(B-B)}$(cd)	278	344	214	23	0
$I_{o(B-B)}$(cd)	278	218	160	90	1

(A)194lx (B)251lx (C)289lx (D)379lx

解答过程：

题16～20：某工程项目设计中有一台同步电动机，额定功率 $P_n=1450$kW，额定容量 $S_n=1.9$MV·A，额定电压 $U_n=6$kV，额定电流 $I_n=183$A，启动电流倍数 $K_{st}=5.9$，额定转速 $n_0=500$r/min，折算到电动机轴上的总飞轮转矩 $GD^2=80$kN·m²，电动机全压启动时的转矩相对值 $M_{*q}=1.0$，电动机启动时的平均转矩相对值 $M_{*pq}=1.1$，生产机械的电阻转矩相对值 $M_{*j}=0.16$，6kV母线短路容量 $S_{km}=46$MV·A，6kV母线其他无功负载 $Q_{fh}=2.95$Mvar，要求分别计算及讨论有关该同步电动机的启动电压及启动时间，请回答下列问题。

16. 如采用全压启动，启动前，母线电压相对值为 1.0，忽略电动机馈电线路阻抗，计算启动时电动机定子端电压相对值 U_{*q} 应为下列哪一项数值？（　　）

(A) 0　　(B) 0.814
(C) 0.856　　(D) 1.0

解答过程：

17. 为满足生产机械所要求的启动转矩，该同步电动机启动时定子端电压相对值最小应为下列哪一项数值？（　　）

(A) 0.42　　(B) 0.40
(C) 0.38　　(D) 0.18

解答过程：

18. 如上述同步电动机的允许启动一次的时间为 $t_{st}=14s$，计算该同步电动机启动时所要求的定子端电压相对值最小应为哪一项数值？（　　）

(A) 0.50　　(B) 0.63
(C) 0.66　　(D) 1.91

解答过程：

19. 下列影响同步电动机启动时间的因素，哪一项是错误的？（　　）

(A) 电动机额定电压
(B) 电动机所带的启动转矩相对值
(C) 折合到电机轴上的飞轮转矩
(D) 电动机启动时定子端电压相对值

解答过程：

20. 如启动前母线电压6.3kV，启动瞬间母线电压5.4kV，启动时母线电压下降相对值为下列哪一项数值？（　　）

（A）0.9　（B）0.19
（C）0.15　（D）0.1

解答过程：

题21～25：某35kV变电所10kV系统装有一组4800kvar电力电容器，装于绝缘支架上，星形接线，中性点不接地，电流互感器变比为400/5，10kV最大运行方式下短路容量为300MV·A，最小运行方式下短路容量为200MV·A，10kV母线电压互感器二次额定电压为100V，请回答下列问题。

21. 说明该电力电容器组可不设置下列哪一项保护？（　　）

（A）中性线对地电压不平衡电压保护
（B）低电压保护
（C）单相接地保护
（D）过电流保护

解答过程：

22. 电力电容器组带有短延时速断保护装置的动作电流应为下列哪一项数值？（　　）

（A）59.5A　（B）68.8A　（C）89.3A　（D）103.1A

解答过程：

23. 电力电容器组过电流保护装置的最小动作电流和相应灵敏系数应为下列哪组数值？（　　）

（A）6.1A，19.5　（B）6.4A，18.6

(C)6.4A,27.9　　　　(D)6.8A,17.5

解答过程:

24. 电力电容器组过负荷保护装置的动作电流为下列哪一项数值? (　　)

(A)4.5A　　　　(B)4.7A

(C)4.9A　　　　(D)5.4A

解答过程:

25. 电力电容器组低电压保护装置的动作电压一般为下列哪一项数值? (　　)

(A)40V　　　　(B)45V

(C)50V　　　　(D)60V

解答过程:

题 26 ~ 30:某新建办公建筑,高 126m,设避难层和屋顶直升机停机坪,请回答下列问题。

26. 说明本建筑物按火灾自动报警系统的保护对象分级,应为下列哪一项? (　　)

(A)特级　　　　(B)一级

(C)二级　　　　(D)专题论证

解答过程:

27. 按规范规定,本建筑物的火灾自动报警系统形式应为下列哪一项? (　　)

(A)区域报警系统　　(B)集中报警系统
(C)控制中心报警系统　　(D)总线制报警系统

解答过程：

28. 因条件限制，在本建筑物中需布置油浸电力变压器，其总容量不应大于下列哪一项数值？　　(　　)

(A)630kV·A　　(B)800kV·A
(C)1000kV·A　　(D)1250kV·A

解答过程：

29. 说明在本建筑物中的下列哪个部位应设置备用照明？　　(　　)

(A)库房　　(B)屋顶直升机停机坪
(C)空调机房　　(D)生活泵房

解答过程：

30. 说明本建筑物的消防设备供电干线及分支干线，应采用哪一种电缆？　　(　　)

(A)有机绝缘耐火类电缆　　(B)阻燃型电缆
(C)矿物绝缘电缆　　(D)耐热性电缆

解答过程：

题 31 ~35:建筑物内某区域一次回风双风机空气处理机组(AHU),四管制送冷/热风+加湿控制,定风量送风系统,空气处理流程如下图所示。

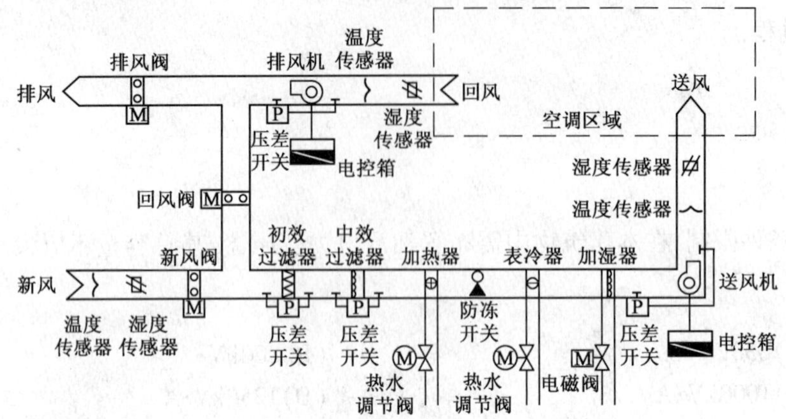

要求采用建筑设备监控系统(BAS)的 DDC 控制方式,监控功能要求见下表。

序号	监控内容	控制策略
1	检测内容	新风、回风、送风湿温度(PT1000,电容式),过滤器差压开关信号、风机压差开关信号,新风、回风、排风风阀阀位(DC0 ~10V),冷/热电动调节阀阀位(DC0 ~10V),风机启停、工作、故障及手/自动状态
2	回风温度自动控制	串级 PID 调节控制冷/热电动调节阀,主阀回风温度,副阀送风温度,控制回风温度
3	回风温度自动控制	串级 PID 调节控制加湿电磁阀,主阀回风温度,副阀送风湿度,控制回风湿度
4	新风量自动控制	过渡季根据新风、回风的温湿度计算焓值,自动调节新风、回风、排风风阀的开度,设定最小新风量
5	过滤器堵塞报警	两级空气过滤器,分别设堵塞超压报警,提示清扫
6	机组定时启停控制	根据事先排定的工作及节假日作息时间表,定时启停机组,自动统计机组工作时间,提示定时维修
7	联锁及保护控制	风机启停、风阀、电动调节阀联动开闭,风机启动后,其前后压差过低时,故障报警并连锁停机,热盘管出口处设防冻开关,当温度过低时,报警并打开热水阀

请回答下列问题。

31. 根据控制功能要求,统计输入 DDC 的 AI 点数为下列哪一项数值?(风阀、水阀均不考虑并联控制) ( )

(A)9 (B)10

(C)11 (D)12

解答过程:

32. 下列哪一项属于 DI 信号？ (   )

(A)防冻开关信号　　(B)新风温度信号
(C)回风湿度信号　　(D)风机启停控制信号

解答过程：

33. 若要求检测及保障室内空气品质，宜根据下列哪一项参数自动调节控制 AHU 的最小新风量？ (   )

(A)回风温度　　(B)室内焓值
(C)室内 CO 浓度　　(D)室内 CO_2 浓度

解答过程：

34. 若该 AHU 改为变风量送风系统，下列哪一项控制方法不适宜送风量的控制？ (   )

(A)定静压法　　(B)变静压法
(C)总风量法　　(D)定温度法

解答过程：

35. 选择室内温湿度传感器时，规范规定其响应时间不应大于下列哪一项数值？ (   )

(A)25s　　(B)50s
(C)100s　　(D)150s

解答过程：

题36~40：某企业变电站拟新建一条35kV架空电源线路，采用小接地电流系统，线路采用钢筋混凝土电杆、铁横担、铜芯铝绞线。请回答下列问题。

36. 小接地电流系统中，无地线的架空电力线路杆塔在居民区宜接地，其接地电阻不宜超过下面哪一项数据？（ ）

(A)1Ω (B)4Ω

(C)10Ω (D)30Ω

解答过程：

37. 如下图所示为架空线路某钢筋混凝土电杆环绕水平接地装置的示意图，已知水平接地极采用50mm×5mm的扁钢，埋深$h=0.8$m，土壤电阻率$\rho=500\Omega\cdot$m，$L_1=4$m，$L_2=2$m，计算该装置工频接地电阻值最接近下列哪一项数值？（ ）

(A)48Ω (B)52Ω

(C)57Ω (D)90Ω

解答过程：

38. 在架空电力线路的导线力学计算中，如果用符号表示比载γ_n（下角标代表导线在不同条件下），那么γ_7代表导线下列哪种比载？并回答导线比载的物理意义是什么？（ ）

(A)无冰时的风压比载 (B)覆冰时的风压比载

(C)无冰时的综合比载 (D)覆冰时的综合比载

解答过程：

39. 已知该架空电力线路设计气象条件和导线的参数如下：

①覆冰厚度$b=20$mm； ②覆冰时的风速$V=10$m/s；

③电线直径$d=17$； ④空气密度$\rho=1.2255$kg/m^2；

⑤空气动力系统$K=1.2$； ⑥风速不均匀系数$\alpha=1.0$；

⑦导线截面积 $A=170\text{mm}^2$；　　　　⑧理论风压 $W_0=0.5\rho V^2\text{N/m}^2(\text{P}_a)$。

计算导线覆冰时的风压比载 γ_5 与下列哪一项数值最接近？（　　）

(A) $3\times10^{-3}\text{N/(m·mm}^2)$　　(B) $20\times10^{-3}\text{N/(m·mm}^2)$

(C) $25\times10^{-3}\text{N/(m·mm}^2)$　　(D) $4200\times10^{-3}\text{N/(m·mm}^2)$

解答过程：

40. 已知某杆塔相邻两档导线等高悬挂，杆塔两侧导线最低点间的距离为120m，导线截面积 $A=170\text{mm}^2$，出现灾害性天气时的比载 $\gamma_3=100\times10^{-3}\text{N/(m·mm}^2)$，计算此时一根导线施加在横档上的垂直荷载最接近下列哪一项数值？（　　）

(A) 5000N　　(B) 4000N

(C) 3000N　　(D) 2000N

解答过程：

2011 年案例分析试题答案(下午卷)

题 1 ~5 答案:**BCBDD**

1.《钢铁企业电力设计手册》(上册)P306 有关调节电动机的转速部分内容。

根据风机的压力—流量特性曲线可知,转速与流量成正比,而功率与流量的 3 次方成比,即 $\frac{P_2}{P_1}=\left(\frac{N_2}{N_1}\right)^3$。

50% 额定风量工作时的功率 $P_{50}=(0.5)^3P_n$;20% 额定风量工作时的功率 $P_{20}=(0.2)^3P_n$。

《钢铁企业电力设计手册》(上册)P306 式(6-43),推导可得年耗电量的公式(忽略轧机相关系数)。

$$W=\frac{PT_Y}{\eta_m}=\frac{P_n\times6000\times40\%}{\eta_{m100}\eta_{mp100}}+\frac{P_{50}\times6000\times30\%}{\eta_{m50}\eta_{mp50}}+\frac{P_{20}\times6000\times30\%}{\eta_{m20}\eta_{mp20}}=2703000\text{kW·h}$$

2.《钢铁企业电力设计手册》(上册)P306 式(6-43),推导可得年耗电量的公式(忽略轧机相关系数)。

$Q_{100}=1,H_{100}=1.4-0.4Q_{100}^2=1.4-0.4\times1^2=1$

$Q_{50}=0.5,H_{50}=1.4-0.4Q_{50}^2=1.4-0.4\times0.5^2=1.3$

$Q_{20}=0.2,H_{20}=1.4-0.4Q_{20}^2=1.4-0.4\times0.2^2=1.384$

$$W=\frac{P_nQHT_Y}{\eta_m}$$
$$=\frac{P_n\times Q_{100}\times H_{100}\times6000\times40\%}{\eta_{m100}}+\frac{P_n\times Q_{50}\times H_{50}\times6000\times30\%}{\eta_{m50}}+\frac{P_n\times Q_{20}\times H_{20}\times6000\times30\%}{\eta_{m20}}$$
$$=\frac{900\times1\times6000\times40\%}{0.92}+\frac{900\times0.5\times1.3\times6000\times30\%}{0.8}+\frac{900\times0.2\times1.384\times6000\times30\%}{0.65}=4353947\text{kW·h}$$

3. 平均每月节省电费 $W=\frac{(3473900-2156300)\times0.7}{12}=7.686$ 万元,投资回收期(静态)$T=\frac{84}{7.686}=10.9\approx11$ 月。

4.《钢铁企业电力设计手册》(上册)P310 表 6-12。

此表格虽为例题,但也具有参考性,很明显,表格中各种控制方式下,风机功率消耗由左向右逐渐降低,最节能的是变频调速控制,其次为变极调速+入口挡板控制。

5.《钢铁企业电力设计手册》(下册)P271 表 25-2。

独立控制变频调速的特点为效率高,系统复杂,价格较高,转速变化率小。

题 6~10 答案:**BDDBB**

6.《交流电气装置的过电压保护和绝缘配合》(DL/T 620—1997)第 7.3.2 条和第 7.3.4 条表 11。

根据第 7.3.2 条,必须设置的避雷器为 LA1、LA3 和 LA2、LA4。

根据第 7.3.4 条表 11,可知主变压器距 110kV 母线避雷器最大电气距离未超过允许值,在主变压器附近可不必增设一组阀式避雷器,排除 LA5、LA6。

注:表 11 中按 110kV,2km 进线长度,2 回路进线确定最大电气距离。

7.《交流电气装置的过电压保护和绝缘配合》(DL/T 620—1997)第 7.3.2 条、第 7.3.4 条表11(35kV 侧)、第 7.3.8 条和第 7.3.9 条表 13(10kV 侧)。

根据第 7.3.2 条,必须设置的避雷器为 LA7、LA11 和 LA8、LA12。

根据第 7.3.4 条表 11,主变压器距 35kV 母线避雷器最大电气距离未超过允许值。

根据第 7.3.8 条,必须设置的避雷器为 LA9、LA10。

根据第 7.3.9 条表 13,必须设置的避雷器为 LA13、LA14,且 10kV 母线避雷器最大电气距离未超过允许值。

注:此题不严谨,系统图中未画出 10kV 和 35kV 的架空进线端,无法区分变压器中低压侧的避雷器是在架空进线前还是在架空进线后,按题意强调的几个条件,建议选 D。

8.《交流电气装置的过电压保护和绝缘配合》(DL/T 620—1997)第 3.1.2 条。

35kV 系统(架空线)接地电容电流 $I_{c35} = 60 \times 0.1 = 6A < 10A$,应采用不接地的方式。

10kV 系统(架空线+电缆)接地电容电流 $I_{c10} = 0.03 \times 30 + 1.6 \times 8 = 13.7A > 10A$,同时需在接地故障条件下运行,应采用消弧线圈接地方式。

注:题中要求 10kV 系统以钢筋混凝土杆塔架空线路为主,根据第 3.1.2-a 条确认 10A 为允许值。

9.《交流电气装置的过电压保护和绝缘配合》(DL/T 620—1997)第 3.1.6-c 条。

$$W = 1.35 I_c \frac{U_n}{\sqrt{3}} = 1.35 \times 36.7 \times \frac{10}{\sqrt{3}} = 286.05\text{kV}\cdot\text{A}$$

注:若题目要求确定消弧线圈的规格,则应选择与计算结果相接近的数值,可参见《导体和电器选择技术规定》(DL/T 5222—2005)第 18.1.4 条的要求。另外,10kV 系统电容电流除线路电容电流外,还应含有变电所增加的接地电容电流,但包含变电所附加电容电流后,却没有答案,因此,此题本意应该是考查消弧线圈的计算。

10.《交流电气装置的接地设计规范》(GB/T 50065—2011)附录 A 式(A.0.4-3)。

$$R \approx 0.5\frac{\rho}{\sqrt{S}} = 0.5 \times \frac{100}{\sqrt{90 \times 60}} = 0.68\Omega$$

题 11 ~ 15 答案:**BCDCB**

11.《照明设计手册》(第二版)P212 式(5-44)。

$$\mathrm{RCR} = \frac{2.5\text{墙面积}}{\text{地面积}} = \frac{2.5 \times 2\pi \times 5 \times (3.3 - 0.75)}{\pi \times 5^2} = 2.55$$

注:墙面积计算中的墙高是工作面至吊顶高度,可参考《照明设计手册》(第二版)P216 例 5-8。

12.《照明设计手册》(第二版)P211 式(5-39)。

$$E_{\mathrm{av}} = \frac{N\Phi Uk}{A}$$

$$N = \frac{E_{\mathrm{av}}A}{\Phi Uk} = \frac{500 \times 3.14 \times 5^2}{3250 \times 0.51 \times 0.8} = 29.6$$

因此取 30 只。

13.《照明设计手册》(第二版)P200 第 2 行,其中 θ 角可查 P198 表 5-4。

$$\theta = \arctan(3/2.55) = 49.6°$$

$$S \leqslant \frac{h}{4\cos\theta} = \frac{3.3 - 0.75}{4\cos 49.6°} = 0.983\mathrm{m}$$

14.《照明设计手册》(第二版)P200 式(5-25)。

$$C = \frac{Nl'}{N(l' + S) - S} = \frac{5 \times 1.3}{5 \times (1.3 + 0.2) - 0.2} = 0.89$$

15.《照明设计手册》(第二版)P194 式(5-21)。

$$E_{\mathrm{h}} = \frac{\Phi I'_{\theta 0}k}{1000h}\cos^2\theta(AF) = \frac{2 \times 3250 \times 0.87 \times 0.8 \times 278/1.3}{1000 \times 2.55} \times 1^2 \times 0.662 = 251\mathrm{lx}$$

题 16 ~ 20 答案:**BABAC**

16.《工业与民用配电设计手册》(第三版)P270 表 6-16 全压启动公式。

电动机启动回路额定输入容量:$S_{\mathrm{st}} = S_{\mathrm{stM}} = K_{\mathrm{st}}S_{\mathrm{rm}} = 5.9 \times 1.9 = 11.21\mathrm{MV \cdot A}$

母线电压相对值:$U_{\mathrm{stM}} = \dfrac{S_{\mathrm{km}} + Q_{\mathrm{fh}}}{S_{\mathrm{km}} + Q_{\mathrm{fh}} + S_{\mathrm{st}}} = \dfrac{46 + 2.95}{46 + 2.95 + 11.21} = 0.814$

电动机端电压相对值:$U_{\mathrm{stM}} = U_{\mathrm{stM}}\dfrac{S_{\mathrm{st}}}{S_{\mathrm{stM}}} = 0.814 \times \dfrac{11.21}{11.21} = 0.814$

17.《工业与民用配电设计手册》(第三版)P268 式(6-23)。

启动时电动机端子电压应能保证的最小启动转矩:$u_{\mathrm{stM}} \geqslant \sqrt{\dfrac{1.1M_{\mathrm{j}}}{M_{\mathrm{stM}}}} =$

$\sqrt{\frac{1.1\times0.16}{1.0}}=0.42$

18.《钢铁企业电力设计手册》(上册)P277 式(5-16)。

$$t_{st}=\frac{GD^2n_N^2}{3580P_{Nm}(u_{sm}^2m_{sa}-m_r)}=\frac{80\times500^2}{3580\times1450\times(u_{sm}^2\times1.1-0.16)}=14$$

方程求解可得 $u_{sm}=0.63$。

注:本题也可依据《工业与民用配电设计手册》(第三版)P268 式(6-24),但需注意:此处总飞轮转矩 GD^2 的单位为 $Mg\cdot m^2$,与题干给的 $kN\cdot m^2$ 不一致,相差一个重力加速度 g=9.8。

19.《工业与民用配电设计手册》(第三版)P268 式(6-24)。

由公式 $t_{st}=\frac{GD^2n_0^2}{365P_{rM}(u_{stm}^2M_{Mav}-M_{jav})}$ 可知,影响启动时间的因素不包括电动机额定电压。

20.《工业与民用配电设计手册》(第三版)P266 式(6-21)。

$$\Delta u_{st}=\frac{U-U_{st}}{U_n}=\frac{6.3-5.4}{6.0}=0.15$$

题 21~25 答案:**CABCC**

21.《电力装置的继电保护和自动装置设计规范》(GB/T 50062—2008)第 8.1.3 条。

22.《工业与民用配电设计手册》(第三版)P317 表 7-20 及注解。

最小运行方式下,两相短路超瞬态电流:$I''_{k2\cdot min}=0.866I''_{k3\cdot min}=0.866\frac{S_{kmin}}{\sqrt{3}U_j}=0.866\times\frac{200}{\sqrt{3}\times10.5}=9.52kA$

保护装置的动作电流:$I_{opK}\leqslant\frac{I''_{k2\cdot min}}{2n_{TA}}=\frac{9.52}{2\times400/5}=0.0595kA=59.5A$

23.《工业与民用配电设计手册》(第三版)P317 表 7-20 及注解。

电容器组额定电流:$I_{rC}=\frac{Q_n}{\sqrt{3}U_n}=\frac{4800}{\sqrt{3}\times10}=277.13A$

保护装置的动作电流:$I_{opK}=K_{rel}K_{jx}\frac{K_{gh}I_{rC}}{K_rn_{TA}}=1.2\times1.0\times\frac{1.3\times277.13}{0.85\times400/5}=6.4A$

保护装置一次动作电流:$I_{op}=I_{opK}\frac{n_{TA}}{K_{jx}}=6.4\times\frac{400/5}{1}=512A$

最小运行方式下,两相短路超瞬态电流:$I''_{k2\cdot min}=0.866I''_{k3\cdot min}=0.866\frac{S_{kmin}}{\sqrt{3}U_j}=0.866\times\frac{200}{\sqrt{3}\times10.5}=9.52kA$

保护装置灵敏系数：$K_{ren}=\dfrac{I''_{k2\cdot min}}{I_{op}}=\dfrac{9.52}{512}=0.01859kA=18.59A$

24.《工业与民用配电设计手册》(第三版)P317 表 7-20 及注解。

电容器组额定电流：$I_{rC}=\dfrac{Q_n}{\sqrt{3}U_n}=\dfrac{4800}{\sqrt{3}\times 10}=277.13A$

保护装置的动作电流：$I_{opK}=K_{rel}K_{jx}\dfrac{I_{rC}}{K_r n_{TA}}=1.2\times 1.0\times\dfrac{277.13}{0.85\times 400/5}=4.89A$

25.《工业与民用配电设计手册》(第三版)P318 表 7-20 及注解。

保护装置的动作电压：$U_{opK}=K_{min}U_{r2}=0.5\times 100=50V$

题 26～30 答案：**ACDBC**

26.《火灾自动报警系统设计规范》(GB 50116—1998)第 3.1.1 条。

27.《火灾自动报警系统设计规范》(GB 50116—1998)第 5.2.1.3 条。

28.《高层民用建筑防火设计规范》(GB 50045—1995)(2005 年版)4.1.2.7 条。

29.《民用建筑电气设计规范》(JGJ 16—2008)第 13.8.2-3 条。

30.《民用建筑电气设计规范》(JGJ 16—2008)第 13.10.4.1 条。

题 31～35 答案：**CADDD**

31. 无条文依据。所谓 AI 点，即模拟量输入点，一般为 DDC 需要检测模拟量，如温度、湿度、阀门开度等，在监控功能表中应查看监控内容一栏：

①新风、回风、送风湿温度(PT1000，电容式)检测：共 6 个 AI 点。

②新风、回风、排风风阀阀位(DC0～10V)检测：共 3 个 AI 点(若为阀门开闭，即为 DI 点)。

③冷/热电动调节阀阀位(DC0～10V)检测：共 2 个 AI 点(若为阀门开闭，即为 DI 点)。

因此共 11 个 AI 点。

注：可参考《注册电气工程师执业资格考试专业考试复习指导书》P688 图 15-2-5 相关内容。显然，监控功能表中带有控制的几栏应为输出量(DO 或 AO)，而报警信号为数字输入量(DI)。这样区别对待就很好判断 AI 点了。

32. 无条文依据。点位分析如下：

防冻开关信号：DI 点；新风温度信号：AI 点；回风湿度信号：AI 点；风机启停控制信号：DO 点。

33.《民用建筑电气设计规范》(JGJ 16—2008)第 18.10.3-7 条。

34.《民用建筑电气设计规范》(JGJ 16—2008)第 18.10.3-9 条。

35.《民用建筑电气设计规范》(JGJ 16—2008)第18.7.1-2条。

题36~40答案:**DBDDD**

36.《66kV及以下架空电力线路设计规范》(GB 50061—2010)第6.0.16-1条。

37.《交流电气装置的接地设计规范》(GB/T 50065—2011)附录F式(F.0.1)。

工频接地电阻:$R=\frac{\rho}{2\pi L}\left(\ln\frac{L^2}{hd}+A_t\right)$

其中 $L=4L_1=4\times4=16\text{m}, A_t=1.0, d=b/2=0.025$。

$$R=\frac{\rho}{2\pi L}\left(\ln\frac{L^2}{hd}+A_t\right)=\frac{500}{2\pi\times16}\times\left(\ln\frac{16^2}{0.8\times0.025}+1\right)=52\Omega$$

38.《钢铁企业电力设计手册》(上册)P1057中"21.3.3 电线的比载"及表21-23。

电线上每单位长度(m)在单位截面(mm^2)上的荷载称为比载;γ_7 为覆冰时综合比载。

39.《钢铁企业电力设计手册》(上册)P1057表21-23及理论风压公式 $W_0=0.5\rho V^2$。

覆冰时风比载:$\gamma_5=\alpha KW_0(d+2b)\times10^{-3}=0.5\alpha K\rho V^2(d+2b)\times10^{-3}=0.5\times1.0\times1.2\times1.2255\times10^2\times(17+2\times20)\times10^{-3}=4191\times10^{-3}\text{N/m}\cdot\text{mm}^2$

40.《钢铁企业电力设计手册》(上册)P1064垂直档距定义及P1082式(21-28)。

垂直档距近似认为电线单位长度上的垂直力与杆塔两侧电线最低点水平距离之和,因此若两相邻两档杆塔等高,单位长度上的垂直力为零,那么垂直档距近似认为是杆塔两侧电线最低点水平距离。

导线的垂直荷载:$Q=\gamma_3 Sl_c=100\times10^{-3}\times170\times120=2040\text{N}$

2012 年

注册电气工程师(供配电)执业资格考试

专业考试试题及答案

2012年专业知识试题(上午卷)

一、单项选择题(共40题,每题1分,每题的备选项中只有1个最符合题意)

1. 对所有人来说,在手握电极时15~100Hz交流电流通过人体,能自行摆脱的电极的电流有效值应为下列哪一项? ( )

(A)50mA (B)30mA

(C)10mA (D)5mA

2. 在电气专用房间,为防止人体直接接触位于其上方的低压裸带电导体引起的直接接触电击事故,应将此导体置于伸臂范围以外,裸带电体至地面的垂直净距不小于下列哪一个值? ( )

(A)2.2m (B)2.5m

(C)2.8m (D)3.0m

3. 下述哪一项电流值在电流通过人体的效应中被称为"反应阀"? ( )

(A)通过人体能引起任何感觉的最小电流

(B)能引起肌肉不自觉收缩的接触电流的最小值

(C)大于30mA的电流值

(D)能引起心室纤维性颤动的最小电流值

4. "防间接电击保护"是针对人接触下面哪一部分? ( )

(A)电气装置的带电部分

(B)在故障情况下电气装置的外露可导电部分

(C)电气装置外(外部)可导电部分

(D)电气装置的接地导体

5. 下列哪一项不可以用作低压配电装置的接地极? ( )

(A)埋于地下混凝土内的非预应力钢筋

(B)条件允许的埋地敷设的金属水管

(C)埋地敷设输送可燃液体或气体的金属管道

(D)埋于基础周围的金属物,如护坡桩等

6. 楼栋25层普通住宅,建筑高度为73m,根据当地航空部分要求需设置航空障碍标志灯,已知该楼内消防设备用电按一级负荷供电,客梯、生活水泵电力及楼梯照明按二级负荷供电,除航空障碍标志灯外,其余用电设备按三级负荷供电,该楼的航空障碍标

志灯按下列哪一项要求供电？ (　　)

(A)一级负荷　　(B)二级负荷
(C)三级负荷　　(D)一级负荷中特别重要负荷

7. 校验 3 ~ 110kV 高压配电装置中的导体和电器的动稳定、热稳定以及电器的短路开断电流时，应按下列哪项短路电流验算？ (　　)

(A)按单相接地短路电流验算
(B)按两相接地短路电流验算
(C)按三相短路电流验算
(D)按三相短路电流验算，但当单相、两相接地短路较三相短路严重时，应按严重情况验算

8. 建筑物内消防及其他防灾用电设备，应在下列哪一处设自动切换装置？ (　　)

(A)变电所电压出线回路端
(B)变电所常用低压母线与备用电母线端
(C)最末一级配电箱的前一级开关处
(D)最末一级配电箱处

9. 已知一台 35/10kV 额定容量为 5000kV·A 的变压器，其阻抗电压百分值 $u_k\% = 7.5$，基准容量为 100MV·A，该变压器电抗标幺值应为下列哪一项数值？(忽略电阻值) (　　)

(A)1.5　　(B)0.167
(C)1.69　　(D)0.015

10. 某配电回路中选用的保护电器符合《低压断路器》(JB 1284—1985)的标准，假设所选低压断路器瞬时或短延时过电流脱扣器的整定电流值为 2kA，那么该回路的适中电流值不应小于下列哪个数值？ (　　)

(A)2.4kA　　(B)2.6kA
(C)3.0kA　　(D)4.0kA

11. 某企业的 10kV 供配电系统中含有总长度为 25km 的 10kV 电缆线路和 35km 的 10kV 架空线路，请估算该系统线路产生的单相接地电容电流应为下列哪一项数值？ (　　)

(A)26A　　(B)25A
(C)21A　　(D)1A

12. 以下是 10kV 变电所布置的几条原则，其中哪一组是符合规定的？ (　　)

(A)变电所宜单层布置,当采用双层布置时,变压器应设在上层,配电室应布置在底层

(B)当采用双层布置时,设于二层的配电室应设搬运设备的通道、平台或孔洞

(C)有人值班的变电所,由于10kV电压低,可不设单独的值班室

(D)有人值班的变电所如单层布置,低压配电室不可以兼作值班室

13. 某变电站10kV母线短路容量250MV·A,如要将某一电缆出线短路容量限制在100MV·A以下,所选择限流电抗器的额定电流为750A,该电抗器的额定电抗百分数应不小于下列哪一项数值? ( )

(A)5 (B)6 (C)8 (D)10

14. 油重为2500kg以上的屋外油浸变压器之间无防火墙,变压器之间要求的防火净距,下列哪一组数据是正确的? ( )

(A)35kV以下为5m,63kV为6m,110kV为8m

(B)35kV以下为6m,63kV为8m,110kV为10m

(C)35kV以下为5m,63kV为7m,110kV为9m

(D)35kV以下为4m,63kV为5m,110kV为6m

15. 某变电所有110±2×2.5%/10.5kV、25MV·A主变压器一台,校验该变压器低压侧的计算工作电流值应为下列哪一项数值? ( )

(A)1375A (B)1443A

(C)1788A (D)2750A

16. 35kV屋外配电装置,不同时停电检修的相邻两回路边相距离(不考虑海拔修正措施)不得小于下列哪一项数值? ( )

(A)2900mm (B)2400mm

(C)1150mm (D)500mm

17. 10kV及以下电缆采用单根保护管埋地敷设时,按规范规定其埋置深度距排水沟底不宜小于下列哪一项数值? ( )

(A)0.3m (B)0.5m (C)0.8m (D)1.0m

18. 选择高压电气设备时,对额定电压、额定电流、机械荷载、额定开断电流、热稳定、动稳定、绝缘水平,均应考虑的是下列哪种设备? ( )

(A)隔离开关 (B)熔断器

(C)断路器 (D)接地开关

19. 低压控制电缆在桥架敷设时，电缆总截面面积与桥架横断面面积之比，按规范规定不应大于下列哪一项数值？（　　）

（A）20%　　（B）30%　　（C）40%　　（D）50%

20. 某企业变电所，长 20m、宽 6m、高 4m，欲利用其不远处（10m）的金属杆作防雷保护，该杆高 20m，位置如右图所示，试计算该变电所能否被金属杆保护？（　　）

（A）没有被安全保护

（B）能够被金属杆保护

（C）不知道该建筑物的防雷类别，无法计算

（D）不知道滚球半径，无法计算

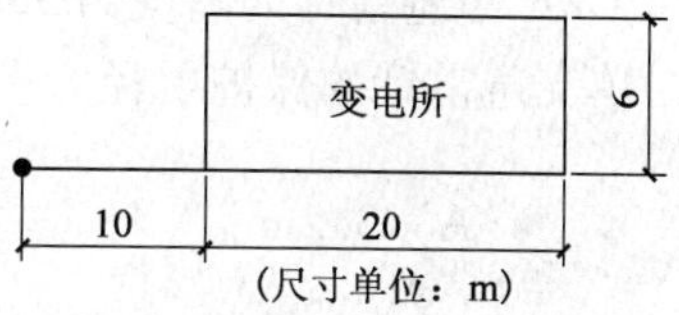

21. 当高度在 15m 及以上烟囱的防雷引下线采用圆钢明敷时，按规范规定其直径不应小于下列哪一项数值？（　　）

（A）8mm　　（B）10mm

（C）12mm　　（D）16mm

22. 计算 35kV 线路电流保护时，计算人员按如下方法计算，请问其中哪一项计算是错误的？（　　）

（A）主保护整定值按被保护区末端金属性三相短路计算

（B）校验主保护灵敏系数时用系统最大运行方式下本线路三相短路电流除以整定值

（C）后备保护整定值按相邻电力设备和线路末端金属性短路计算

（D）校验后备保护灵敏系数用系统最小运行方式下相邻电力设备和线路末端产生最小短路电流除以整定值

23. 在建筑物防雷击电磁脉冲设计中，380/220V 三相配电系统中家用电器的绝缘耐冲击过电压额定值，可按下列哪一项数值选取？（　　）

（A）6kV　　（B）4kV　　（C）2.5kV　　（D）1.5kV

24. 选择户内电抗器安装处的环境最高温度应采用下列哪一项？（　　）

（A）最热月平均最高温度　　（B）年最高温度

（C）该处通风设计最高温度　　（D）该处通风设计最高排风温度

25. 某湖边一座 30 层的高层住宅，其外形尺寸长、宽、高分别为 50m、23m、92m，所在地年平均雷暴日为 47.4 天，在建筑物年预计雷击次数计算中，与建筑物截收相同雷击次数的等效面积为下列哪一项数值？（　　）

（A）$0.2547km^2$　　（B）$0.0399km^2$

(C)0.0469km^2　　(D)0.0543km^2

26. 某电流互感器的额定二次负荷为10VA,二次额定电流5A,它对应的额定负荷阻抗为下列何值?　　(　　)

(A)0.4Ω　　(B)1Ω

(C)2Ω　　(D)10Ω

27. 当避雷针的高度为35m时,请用折线法计算室外配电设备被保护物高度为10m时单支避雷针的保护半径为下列哪一项数值?　　(　　)

(A)23.2m　　(B)30.2m

(C)32.5m　　(D)49m

28. 用于中性点经消弧线圈接地系统的电压互感器,其第三绕组(开口三角)电压应为下列哪一项?　　(　　)

(A)100/3V　　(B)$100/\sqrt{3}$V

(C)67V　　(D)100V

29. 已知某配电线路保护导体预期故障电流 I_d 为23.5kA,故障电流的持续时间 t 为0.2s,计算系数 k 取143,根据保护导体最小截面公式计算,下列保护导体最小截面哪一项符合规范要求?　　(　　)

(A)50mm^2　　(B)70mm^2

(C)95mm^2　　(D)120mm^2

30. 某第一类防雷建筑物,当地土壤电阻率为300Ω·m,其防直击雷的接地装置围绕建筑物设置成环形接地体,当该环形接地体所包围的面积为100m^{2}时,请判断下列问题,哪一个是正确的?　　(　　)

(A)该环形接地体需要补加垂直接地体4m

(B)该环形接地体需要补加水平接地体4m

(C)该环形接地体不需要补加接地体

(D)该环形接地体需要补加两根2m水平接地体

31. 请计算如右图所示架空线简易铁塔水平接地装置的工频接地电阻值最接近下面哪个数值?(假定土壤电阻率 $\rho = 500\Omega\cdot m$,水平接地极采用50mm×5mm的扁钢,深埋 $h = 0.8m$)　　(　　)

L_1

$L_1 = L_2 = 2m$

L_2

(A)10Ω

(B)30Ω

(C)50Ω

(D)100Ω

32. 封闭式母线在室内水平敷设时,支持点间距不宜大于下列哪一项数值? (　　)

(A)1.0m　　(B)1.5m
(C)2.0m　　(D)2.5m

33. 按规范要求设计的变电室,下列哪一项室内电气设备外露可导电部分可不接地? (　　)

(A)变压器金属外壳　　(B)配电柜的金属框架
(C)配电柜表面的电流、电压表　　(D)电缆金属桥架

34. 电缆保护管的内径不宜小于电缆外径或多根电缆包络外径的多少倍? (　　)

(A)1.3 倍　　(B)1.5 倍
(C)1.8 倍　　(D)2.0 倍

35. 室内外一般环境污染场所灯具污染的维护系数取值与灯具擦拭周期的关系,下列哪一项表述与国家标准规范的要求一致? (　　)

(A)与灯具擦拭周期有关,规定最少 1 次/年
(B)与灯具擦拭周期有关,规定最少 2 次/年
(C)与灯具擦拭周期有关,规定最少 3 次/年
(D)与灯具擦拭周期无关

36. 应急照明不能选用下列哪种光源? (　　)

(A)白炽灯　　(B)卤钨灯
(C)荧光灯　　(D)高强度气体放电灯

37. 博物馆建筑陈列室对光特别敏感的绘画展品表面应按下列哪一项照明标准值设计? (　　)

(A)不大于 50lx　　(B)100lx
(C)150lx　　(D)300lx

38. 下列有关异步电动机启动控制的描述,哪一项是错误的? (　　)

(A)直接启动时校验在电网形成的电压降不得超过规定值,还应校验其启动功率不得超过供电设备和电网的过载能力
(B)降压启动方式即启动时将电源电压降低加到电动机定子绕组上,待电动机接近同步转速后,再将电动机接至电源电压上运行
(C)晶闸管交流调压调速的主要优点是简单、便宜、使用维护方便,其缺点为功率损耗高、效率低、谐波大
(D)晶闸管交流调压调速,常用的接线方式为,每相电源各串一组双向晶闸管,

分别与电动机定子绕组连接，另外电源中性线与电动机绕组的中心点连接

39. 直接型气体放电灯具，平均亮度不小于500kcd/m^2，其遮光角不应小于下列哪一项数值？（　　）

(A)10°　　(B)15°　　(C)20°　　(D)30°

40. 关于可编程控制器PLC的I/O接口模块，下列描述哪一项是错误的？（　　）

(A)I/O接口模块是PLC中CPU与现场输入、输出装置或其他外部设备之间的接口部件

(B)PLC系统通过I/O模块与现场设备连接，每个模块都有与之对应的编程地址

(C)为满足不同需要，有数字量输入输出模块、模拟量输入输出模块、计数器等特殊功能模块

(D)I/O接口模块必须与CPU放置在一起

二、多项选择题（共30题，每题2分。每题的备选项中有2个或2个以上符合题意。错选、少选、多选均不得分）

41. 在TN系统内做总等电位联结的防电击效果优于仅做人工的重复接地，在下列概念中哪几项是正确的？（　　）

(A)在建筑物以低压供电，做总等电位联结时，发生接地故障，人体接触电压较低

(B)总等电位联结能消除自建筑物外沿金属管线传导来的危险电压引发的电击事故

(C)总等电位联结的地下部分接地装置，其有效寿命大大超过人工重复接地装置

(D)总等电位联结能将接触电压限制在安全值以下

42. 关于总等电位联结的论述中，下面哪些是错误的？（　　）

(A)电气装置外露可导电部分与总接地端子之间的连接线是保护导体

(B)电气装置外露可导电部分与装置外可导电部分之间的连接线是总等电位联结导体

(C)总接地端子与金属管道之间的连接线是辅助等电位导体

(D)总接地端子与接地极之间的连接线是保护导体

43. 供配电系统短路电流计算中，在下列哪些情况下，可不考虑高压异步电动机对短路峰值电流的影响？（　　）

(A)在计算不对称短路电流时

(B)异步电动机与短路点之间已相隔一台变压器
(C)在计算异步电动机附近短路点的短路峰值电流时
(D)在计算异步电动机配电电缆处短路点的短路峰值电流时

44. 下列哪些条件不符合 35kV 变电所所址选择的要求？ ( )

(A)与城乡或工矿企业规划相协调，便于架空线和电缆线路的引入和引出
(B)所址标高宜在 30 年一遇的高水位之上，否则变电所应有可靠的防洪措施
(C)周围环境宜无明显污秽，如空气污秽时，所址宜设在受污源影响最小处
(D)可不考虑变电所与周围环境、邻近设施的相互影响

45. 远离发电机端的网络发生短路时，可认为下列哪些项相等？ ( )

(A)三相短路电流非周期分量初始值
(B)三相短路电流稳态值
(C)三相短路电流第一周期全电流有效值
(D)三相短路后 0.2s 的周期分量有效值

46. 下列电力负荷中哪些属于一级负荷？ ( )

(A)建筑高度为 32m 的乙、丙类厂房的消防用电设备
(B)建筑高度为 60m 的综合楼的电动防火门、窗、卷帘等消防设备
(C)人民防空地下室二等人员隐蔽所、物资库的应急照明
(D)民用机场的机场宾馆及旅客过夜用房用电

47. 在电气工程设计中，采用下列哪些项进行高压导体和电器校验？ ( )

(A)三相短路电流非周期分量初始值
(B)三相短路电流持续时间 t 时的交流分量有效值
(C)三相短路电流全电流最大瞬时值
(D)三相短路超瞬态电流有效值

48. 变配电所中，当 6～10kV 母线采用单母线分段接线时，分段处宜装设断路器，但属于下列哪几种情况时，可装设隔离开关或隔离触头组？ ( )

(A)母线上短路电流较小
(B)不需要带负荷操作
(C)继电保护或自动装置无要求
(D)出线回路较少

49. 在电力系统中，下列哪些因素影响短路电流计算值？ ( )

(A)短路点距电源的远近

(B)系统网的结构

(C)基准容量的取值大小

(D)计算短路电流时采用的方法

50. 对冲击性负荷供电需要降低冲击性负荷引起的电网电压波动和电网闪变时,宜采取下列哪些措施? ( )

(A)采用专线供电

(B)对较大功率的冲击性负荷或冲击性负荷群与对电压波动、闪变敏感的负荷,分别由不同变压器供电

(C)与其他负荷共用配电线路时,加大配电线路阻抗

(D)对大功率电弧炉的炉用变压器由短路容量较大的电网供电

51. 某大型民用建筑内需设置一座10kV变电所,下列哪几种形式比较适宜? ( )

(A)室外变电所

(B)组合式成套变电站

(C)半露天变电所

(D)户外箱式变电站

52. 电容器组额定电压的选择,应符合下列哪些要求? ( )

(A)宜按电容器接入电网处的运行电压进行计算

(B)电容器运行承受的长期工频过电压,应不大于电容器额定电压的1.1倍

(C)应计入接入串联电抗器引起的电容器运行电压升高

(D)应计入电容器分组回路对电压的影响

53. 选择电流互感器时,应考虑下列哪些技术参数? ( )

(A)短路动稳定性

(B)短路热稳定性

(C)二次回路电压

(D)一次回路电流

54. 对于配电装置室的建筑要求,下列哪些表述是正确的? ( )

(A)配电装置室应设防火门,并应向外开启

(B)配电装置室不宜装设事故通风装置

(C)配电装置室的耐火等级不应低于二级

(D)配电装置室可开窗,但应采取防止雨、雪、小动物、风沙及污秽尘埃进入的措施

55. 高层民用建筑中消防用电设备的配电线路应满足火灾时连续供电的需要,下列哪些敷设方式是符合规范规定的? ( )

(A)暗敷设时,应穿管并应敷设在不燃烧体结构内且保护层厚度不应小于30mm

(B)明敷设时，应穿有防火保护的金属管或有防火保护的封闭式金属线槽

(C)当采用阻燃或耐火电缆时，敷设在天棚内可不采取防火保护措施

(D)当采用矿物绝缘类不燃性电缆时，可直接敷设

56. 当一级负荷用电由同一10kV配电所供给时，下列哪几种做法符合规范的要求？ (　　)

(A)母线分段处应设防火隔板或有门洞的隔墙

(B)供给一级负荷用电的两路电缆不应同沟敷设，当无法分开时，该电缆沟内的两路电缆应采用阻燃性电缆，且应分别敷设在电缆沟两侧的支架上

(C)供给一级负荷用电的两路电缆不应同沟敷设，当无法避免时，允许采用阻燃性电缆，分别敷设在电缆沟一侧不同层的支架上

(D)供给一级负荷用电的两路电缆应同沟敷设

57. 人民防空地下室电气设计中，下列哪些项表述符合国家规范要求？ (　　)

(A)进、出防空地下室的动力、照明线路，应采用电缆或护套线

(B)电缆和电线应采用铜芯电缆和电线

(C)当防空地下室内的电缆或导线数量较多，且又集中敷设时，可采用电缆桥架敷设的方式。电缆桥架可直接穿过临空墙、防护密闭隔墙、密闭隔墙

(D)电缆、护套线、弱电线路和备用预埋管穿过临空墙、防护密闭隔墙、密闭隔墙，除平时有要求外，可不做密闭处理，临战时采取防护密闭或密闭封堵，在30天转换时限内完成

58. 保护35kV以下变压器的高压熔断器的选择，下列哪几项要求是正确的？ (　　)

(A)当熔体内通过电力变压器回路最大工作电流时不误熔断

(B)当熔体通过电力变压器回路的励磁涌流时不误熔断

(C)当高压熔断器的断流容量不满足被保护回路短路容量要求时，不可在被保护回路中装设限流电阻来限制短路电流

(D)高压熔断器还应按海拔高度进行校验

59. 下列哪些建筑物应划为第二类防雷建筑物？ (　　)

(A)有爆炸危险的露天钢质封闭气罐

(B)预计雷击次数为0.05次/年的省级办公建筑物

(C)国际通信枢纽

(D)具有20区爆炸危险场所的建筑物

60. 对电线、电缆导体截面的选择，下列哪几项符合规范要求？ (　　)

(A)按照敷设方式、环境温度确定的导体截面，其导体载流量不应小于预期负

荷的最大计算电流和按保护条件所确定的电流

(B)屋外照明用灯头线采用铜线线芯的最小允许截面为 $1.0mm^2$

(C)线路电压损失不应超过允许值

(D)生产用的移动式用电设备采用铜芯软线的线芯最小允许截面 $0.75mm^2$

61. 某一般性 12 层住宅楼,经计算预计雷击次数为 0.1 次/年,为防直击雷,沿屋角、屋脊、屋檐和檐角等易受雷击的部分敷设接闪带、接闪网,并在整个屋面组成接闪网格,按规范规定接闪网格应不大于下列哪些项数值? ( )

(A)12m×8m (B)10m×10m (C)24m×16m (D)20m×20m

62. 对于变压器引出线、套管及内部的短路故障,下列保护配置哪几项是正确的? ( )

(A)变电所有两台 2.5MV·A 变压器,装设纵联差动保护

(B)两台 6.3MV·A 并列运行变压器,装设纵联差动保护

(C)一台 6.3MV·A 重要变压器,装设纵联差动保护

(D)8MV·A 以下变压器装设电流速断保护和过电流保护

63. 10kV 配电系统,系统接地电容电流 30A,采用消弧线圈接地,该系统下列哪些项满足规定? ( )

(A)系统故障点的残余电流不大于 5A

(B)消弧线圈的容量为 250kV·A

(C)在正常运行情况下,中性点的长时间电压位移不超过 1000V

(D)消弧线圈接于容量为 500kV·A、接线为 YN,d 的双绕组变压器中性点上

64. 为了限制 3~66kV 不接地系统中的中性点接地的电磁式电压互感器因过饱和可能产生的铁磁谐振过电压,可采取的措施有下列哪几项? ( )

(A)选用励磁特性饱和点较高的电磁式电压互感器

(B)增加同一系统中电压互感器中性点接地的数量

(C)在互感器的开口三角形绕组装设专门消除此类铁磁谐振的装置

(D)在 10kV 及以下的母线上装设中性点接地的星形接线电容器

65. 某一 10/0.4kV 车间变电所,配电变压器安装在车间外,高压侧为小电阻接地方式,低压侧为 TN 系统,为防止高压侧接地故障引起低压侧工作人员的电击事故,可采取下列哪些措施? ( )

(A)高压保护接地和低压侧系统接地共用接地装置

(B)高压保护接地和低压侧系统接地分开独立设置

(C)高压系统接地和低压侧系统接地共用接地装置

(D)在车间内,实行总等电位联结

66. 在电气设计中，以下哪几项做法符合规范要求？ ( )

(A)根据实际情况在 TT 系统中使用四极开关
(B)根据实际情况在 TN-C 系统中使用四极开关
(C)根据实际情况利用大地作为电力网的中性线
(D)根据实际情况在电源侧和负荷侧可设置两个互相独立的接地装置

67. 接地网的接地导体与接地导体，以及接地导体与接地极连接采用搭接时，其符合规范要求的搭接长度不应小于下列哪些数值？ ( )

(A)扁钢宽度的 1.5 倍 (B)圆钢直径的 4 倍
(C)扁钢宽度的 2 倍 (D)圆钢直径的 6 倍

68. 某建筑群的综合布线区域内存在高于国家标准规定的干扰时，布线方式选择下列哪些措施符合国家标准规范要求？ ( )

(A)宜采用非屏蔽缆线布线方式
(B)宜采用屏蔽缆线布线方式
(C)宜采用金属管线布线方式
(D)可采用光缆布线方式

69. 某办公室照明配电设计中，额定工作电压为 AC220V，已知末端分支线负荷有功功率为 500W($\cos\phi=0.92$)，请判断下列保护开关整定值和分支线导线截面，哪些数值符合规范规定？(不考虑电压降和线路敷设方式的影响，导线允许持续载流量按下表选取) ( )

导线截面(mm^2)	0.75	1.0	1.5	2.5
导线载流量(A)	8	11	16	21

(A)导线过负荷保护开关整定值 3A，分支线导线截面选择 0.75mm^2
(B)导线过负荷保护开关整定值 6A，分支线导线截面选择 1.0mm^2
(C)导线过负荷保护开关整定值 10A，分支线导线截面选择 1.5mm^2
(D)导线过负荷保护开关整定值 16A，分支线导线截面选择 2.5mm^2

70. 关于电动机的启动方式的特点比较，下列描述中哪些是正确的？ ( )

(A)电阻降压启动适用于低压电动机，启动电流较大，启动转矩较小，启动电阻消耗较大
(B)电抗器降压启动适用于低压电动机，启动电流较大，启动转矩较小
(C)延边三角形降压启动要求电动机具有 9 个出线头，启动电流较小，启动转矩较大
(D)星形—三角形降压启动要求电动机具有 6 个出线头，适用于低压电动机，启动电流较小，启动转矩较小

2012年专业知识试题答案(上午卷)

1. **答案**:D

依据:《电流对人和家畜的效应　第1部分:通用部分》(GB/T 13870.1—2008)第5.4条。

2. **答案**:B

依据:《低压配电设计规范》(GB 50054—2011)第4.2.6条。

3. **答案**:B

依据:《电流对人和家畜的效应 第1部分:通用部分》(GB/T 13870.1—2008)第3.2.2条。

4. **答案**:B

依据:《低压电气装置　第4-41部分:安全防护 电击防护》(GB 16895.21—2011)第413条,此条未找到明确对应条款,考查电气专业的基本知识。

5. **答案**:C

依据:《建筑物电气装置　第5-54部分:电气设备的选择和安装—接地配置、保护导体和保护联结导体》(GB 16895.3—2004)第542.2.6条。

6. **答案**:A

依据:《民用建筑电气设计规范》(JGJ 16—2008)第10.3.5-6条。

7. **答案**:D

依据:《3~110kV高压配电装置设计规范》(GB 50060—2008)第4.1.3条。

8. **答案**:D

依据:《建筑设计防火规范》(GB 50016—2006)第11.1.5条。

9. **答案**:A

依据:《工业与民用配电设计手册》(第三版)P128表4-2,注意公式中变压器额定容量的单位是MV·A。

10. **答案**:B

依据:《低压配电设计规范》(GB 50054—2011)第6.2.4条。

11. **答案**:A

依据:《工业与民用配电设计手册》(第三版)P153式(4-41)和式(4-44),题目中明确要求为“估算”。

12. **答案**:B

依据:《10kV及以下变电所设计规范》(GB 50053—1994)第4.1.7条、第4.1.6条。

13. **答案**:D

依据:《工业与民用配电设计手册》(第三版)P219 式(5-34)。

设:$S_j=100\text{MV}\cdot\text{A}, U_j=10.5\text{kV}, I_j=5.5\text{kV}$。

$$x_{rk}\% \geqslant \left(\frac{I_j}{I_{ky}}-X_{*S}\right)\frac{I_{rk}U_j}{U_{rk}I_j}\times 100\% = \left(\frac{5.5}{5.5}-\frac{100}{250}\right)\times\frac{0.75\times 10.5}{10\times 5.5}\times 100\% = 8.6\%,$$

选 10%。

14. **答案**:A

依据:《3~110kV 高压配电装置设计规范》(GB 50060—2008)第 5.4.4 条。

15. **答案**:A

依据:《工业与民用配电设计手册》(第三版)P3 式(1-8)。

16. **答案**:B

依据:《3~110kV 高压配电装置设计规范》(GB 50060—2008)第 5.1.1 条表 5.1.1 中 D 值。

17. **答案**:A

依据:《并联电容器装置设计规范》(GB 50227—2008)第 5.4.5-2 条。

18. **答案**:C

依据:《工业与民用配电设计手册》(第三版)P199 表 5-1,虽然缺少机械荷载和绝缘水平两项,但根据其他已可以选出正确答案了。

19. **答案**:D

依据:《民用建筑电气设计规范》(JGJ 16—2008)第 8.10.7 条。

20. **答案**:A

依据:《交流电气装置的过电压保护和绝缘配合》(DL/T 620—1997)第 5.2.1 条,$4=h_x<0.5h=0.5\times 20=10$。

在 4m 高度的保护半径:$r_x=(1.5h-2h_x)P=(1.5\times 20-2\times 4)\times 1=22\text{m}$

变电所最远点距金属杆:$l=\sqrt{30^2+6^2}=30.6\text{m}$

显然无法完全保护。

21. **答案**:C

依据:《建筑物防雷设计规范》(GB 50057—2010)第 5.3.3 条。

22. **答案**:B

依据:《工业与民用配电设计手册》(第三版)P124 倒数第 7 行:最小短路电流(即最小运行方式下的短路电流)作为校验继电保护灵敏度系数的依据,除此之外,也可参考 P309 表 7-13 过电流保护一栏,但因为书上写的是 6~10kV 线路保护公式,因此只做参考。

23. **答案**:C

依据:《建筑物防雷设计规范》(GB 50057—2010)第6.4.4条表6.4.4。

24. **答案**:D

依据:《3~110kV高压配电装置设计规范》(GB 50060—2008)第3.0.2条表3.0.2。

25. **答案**:C

依据:《建筑物防雷设计规范》(GB 50057—2010)附录A式(A.0.3-2)。

26. **答案**:A

依据:《工业与民用配电设计手册》(第三版)P440式(8-32)。

27. **答案**:B

依据:《交流电气装置的过电压保护和绝缘配合》(DL/T 620—1997)第5.2.1条式(6)。

28. **答案**:A

依据:《导体和电器选择设计技术规定》(DL/T 5222—2005)第16.0.7条:经消弧线圈接地即为非直接接地方式。

29. **答案**:C

依据:《建筑物电气装置 第5-54部分:电气设备的选择和安装—接地配置、保护导体和保护联结导体》(GB 16895.3—2004)第543.1.2条:保护导体的截面积不应小于由如下两者之一所确定的值。

30. **答案**:C

依据:《建筑物防雷设计规范》(GB 50057—2010)第4.2.4-6条及小注。

31. **答案**:C

依据:《交流电气装置的接地设计规范》(GB 50065—2011)附录F式(F.0.1)及表F.0.1。

$A_t = 1.76, L = 4 \times 4 = 16, d = b/2 = 0.025\text{m}$

$$R = \frac{\rho}{2\pi L}\left(\ln\frac{L^2}{hd} + A_t\right) = \frac{500}{2\pi \times 16} \times \left(\ln\frac{16^2}{0.8 \times 0.025} + 1.76\right) = 55.8\Omega$$

32. **答案**:C

依据:《民用建筑电气设计规范》(JGJ 16—2008)第8.11.1条、第8.11.5条。

33. **答案**:C

依据:《建筑物电气装置 第4部分:安全防护 第44章:过电压保护 第446节:低压电气装置对高压接地系统接地故障的保护》(GB 16895.11—2001)第442.2条。

34. **答案**:B

依据:《电力工程电缆设计规范》(GB 50217—2007)第5.4.4-2条。

35. **答案**:B

依据:《建筑照明设计标准》(GB 50034—2004)第4.1.6条表4.1.6。

36. **答案**:D

依据:《建筑照明设计标准》(GB 50034—2004)第3.2.5条。

37. **答案**:A

依据:《建筑照明设计标准》(GB 50034—2004)第5.2.8条。

38. **答案**:D

依据:《钢铁企业电力设计手册》(下册)P89、90及P282。

39. **答案**:D

依据:《建筑照明设计标准》(GB 50034—2004)第4.3.1条。

40. **答案**:D

依据:《电气传动自动化技术手册》(第二版) P788倒数第5行。

---

41. **答案**:AB

依据:《工业与民用配电设计手册》(第三版)P918中"2.接地和总等电位联结"。

42. **答案**:BCD

依据:《交流电气装置的接地》(DL/T 621—1997)第7.2.6条图6,《交流电气装置的接地设计规范》(GB/T 50065—2011)已取消。

43. **答案**:DB

依据:《工业与民用配电设计手册》(第三版)P151 第4行。

44. **答案**:BD

依据:《35kV~110kV变电站设计规范》(GB 50059—2011)第2.0.1条。

45. **答案**:BD

依据:《工业和民用配电设计手册》(第三版)P124、P125图4-1和P134内容,远端短路时$I_k'' = I_{0.2} = I_k$,即初始值、短路0.2s值和稳态值相等。

46. **答案**:BCD

依据:《建筑设计防火规范》(GB 50016—2006)第11.1.1-1条,《高层民用建筑设计防火规范》(GB 50045—1995)(2005年版) 第9.1.1条,《人民防空地下室设计规范》(GB 50038—2005)第7.2.4条表7.2.4,《民用建筑电气设计规范》(JGJ 16—2008)附录A。

47. **答案**:BCD

依据:《工业与民用配电设计手册》(第三版)P206中"2.短路电流计算的目的"。

48. **答案**:BC

依据:《10kV 及以下变电所设计规范》(GB 50053—1994) 第 3.2.5 条。此题选项 D 答案有争议,可参考《工业与民用配电设计手册》(第三版)P46 中“(7)”,建议此处按规范条文选择。

49. **答案**:AB

依据:《工业与民用配电设计手册》(第三版)P124。

50. **答案**:ABD

依据:《供配电系统设计规范》(GB 50052—2009)第 5.0.11 条。

51. **答案**:AB

依据:《10kV 及以下变电所设计规范》(GB 50053—1994)第 4.1.1 条。

52. **答案**:ABC

依据:《3~110kV 高压配电装置设计规范》(GB 50060—2008)第 5.2.2 条。

53. **答案**:ABD

依据:《导体和电器选择设计技术规定》(DL/T 5222—2005)第 15.0.1 条。

54. **答案**:AD

依据:《民用建筑电气设计规范》(JGJ 16—2008)第 4.9.1 条、第 4.9.8 条、第 4.9.10 条;也可参考《低压配电设计规范》(GB 50054—2011)第 4.3.7 条及《10kV 及以下变电所设计规范》(GB 50053—1994)第六章。

55. **答案**:ABD

依据:《高层民用建筑设计防火规范》(GB 50045—1995)(2005 年版)第 9.1.4 条。

56. **答案**:AB

依据:《民用建筑电气设计规范》(JGJ 16—2008)第 4.5.5 条,此题不严谨,只能理解为选项 B 答案中的“阻燃性”是包含“耐火类”的,否则答案只能选一个。

57. **答案**:ABD

依据:《人民防空地下室设计规范》(GB 50038—2005)第 7.4.1 条、第 7.4.2 条、第 7.4.6 条、第 7.4.10 条。

58. **答案**:ABD

依据:《导体和电器选择设计技术规定》(DL/T 5222—2005)第 17.0.2 条、第 17.0.10 条,选择 C 答案在《钢铁企业电力设计手册》P573 中“最后一段”。

59. **答案**:AC

依据:《建筑物防雷设计规范》(GB 50057—2010)第 3.0.3 条。

60. **答案**:ABC

依据:《民用建筑电气设计规范》(JGJ 16—2008)第 7.4.2 条和《工业与民用配电设计手册》(第三版)P494 表 9-9。

61. 答案:CD

依据:《建筑物防雷设计规范》(GB 50057—2010)第 3.0.4-3 条、第 4.4.1 条。

62. 答案:BC

依据:《电力装置的继电保护和自动装置设计规范》(GB/T 50062—2008)第 4.0.3 条,D 答案中过电流保护为外部相间短路引起的,与题意不符。

63. 答案:CD

依据:《工业与民用配电设计手册》(第三版)P873 或《交流电气装置的过电压保护和绝缘配合》(DL/T 620—1997)第 3.1.2 条,《导体和电器选择设计技术规定》(DL/T 5222—2005)第 18.1.4 条、第 18.1.7 条、第 18.1.8-3 条。

64. 答案:ACD

依据:《导体和电器选择设计技术规定》(DL/T 5222—2005)第 4.1.5-d)条。

65. 答案:BC

依据:《建筑物电气装置 第 4 部分:安全防护 第 44 章:过电压保护 第 446 节:低压电气装置对高压接地系统接地故障的保护》(GB 16895.11—2001)第 442.4.2 条及图 44B。

66. 答案:AD

依据:选项 B、选项 C 明显不对,但选项 C 的依据未找到,选项 D 答案即为 TT 系统,其他可查《民用建筑电气设计规范》(JGJ 16—2008)第 7.5.3-4 条。

67. 答案:CD

依据:《民用建筑电气设计规范》(JGJ 16—2008)第 12.5.7 条。

68. 答案:BD

依据:《综合布线系统工程设计规范》(GB 50311—2007)第 7.0.2-2 条。

69. 答案:CD

依据:《建筑照明设计标准》(GB 50034—2004)第 7.3.1 条,此题不是考查线路计算电流,而仅是考查此条文。

70. 答案:ACD

依据:《钢铁企业电力设计手册》(下册)P90 表 24-3。

2012年专业知识试题(下午卷)

一、单项选择题(共40题,每题1分,每题的备选项中只有1个最符合题意)

1. 在低压配电系统变压器选择中,一般情况下,动力和照明宜共用变压器,在下列关于设置专用照明变压器的表述中哪一项是正确的? ( )

(A)在TN系统的低压电网中,照明负荷应设专用变压器
(B)当单台变压器的容量小于1250kV·A时,可设照明专用变压器
(C)当照明负荷较大或动力和照明采用共用变压器严重影响照明质量及灯泡寿命时,可设照明专用变压器
(D)负荷随季节性负荷变化不大时,宜设照明专用变压器

2. 下面哪种属于防直接电击的保护措施? ( )

(A)自动切断供电　　(B)接地
(C)等电位联结　　(D)将裸露导体包以合适的绝缘防护

3. 关于中性点经电阻接地系统的特点,下列表述中哪一项是正确的? ( )

(A)当电网接有较多的高压电动机或较多的电缆线路时,中性点经电阻接地可减少单相接地发展为多重接地故障的可能性
(B)当发生单相接地时,允许带接地故障运行1~2h
(C)单相接地故障电流小,过电压高
(D)继电保护复杂

4. 某建筑高度为36m的普通办公楼,地下室平时为III类普通汽车库,战时为防空地下室,属二等人员隐蔽所,下列楼内用电设备哪一项为一级负荷? ( )

(A)防空地下室战时应急照明　　(B)自动扶梯
(C)消防电梯　　(D)消防水泵

5. 110kV配电装置当出线回路数较多时,一般采用双母线接线,其双母线接线的优点,下列表述中哪一项是正确的? ( )

(A)当母线故障或检修时,隔离开关作为倒换操作电气,不易误操作
(B)操作方便,适于户外布置
(C)一条母线检修时,不致使供电中断
(D)接线简单清晰,设备投资少,可靠性最高

6. 在城市供电规划中,10kV开关站最大供电容量不宜超过下列哪个数值? ( )

(A)10000kV·A (B)15000kV·A
(C)20000kV·A (D)无具体要求

7. 以下是为某工程 10kV 变电所电气部分设计确定的一些原则,请问其中哪一条不符合规范要求? ( )

(A)10kV 变电所接在母线上的避雷器和电压互感器合用一组隔离开关
(B)10kV 变电所架空进、出线上的避雷器回路中不装设隔离开关
(C)变压器 0.4kV 低压侧有自动切换电源要求的总开关采用隔离开关
(D)变电所中单台变压器(低压为 0.4kV)的容量不宜大于 1250kV·A

8. 低压并联电容器装置应采用自动投切,下列哪种参数不属于自动投切的控制量? ( )

(A)无功功率 (B)功率因素
(C)电压或时间 (D)关合涌流

9. 10kV 变电所的电容器组应装设放电装置,请问使电容器组两端的电压从峰值(1.414 倍的额定电压)降至 50V 所需的时间,高、低压电容器分别不应大于下列哪组数值?(电容器组为手动投切) ( )

(A)5min,1min (B)4min,2min
(C)3min,3min (D)2min,4min

10. 10kV 配电所高压电容器装置的开关设备及导体载流部分的长期允许电流不应小于电容器额定电流的多少倍? ( )

(A)1.2 (B)1.25
(C)1.3 (D)1.35

11. 容量为 2000kV·A 的油浸变压器安装于变压器室内,请问变压器的外轮廓与变压器室后壁、侧壁的最小净距是下列哪一项数值? ( )

(A)600mm (B)800mm
(C)1000mm (D)1200mm

12. 总油量超过 100kg 的 10kV 油浸变压器安装在室内,下面哪一种布置方案符合规范要求? ( )

(A)为减少房屋面积,与 10kV 高压开关柜布置在同一房间内
(B)为方便运行维护,与其他 10kV 高压开关柜布置在同一房间内
(C)宜装设在单独的防爆间内,不设置消防设施
(D)宜装设在单独的变压器间内,并应设置灭火设施

13. 电容器的短时限速断和过电流保护，是针对下列哪一项可能发生的故障设置的？ ( )

(A)电容器内部故障

(B)单台电容器引出线短路

(C)电容器组和断路器之间连接线短路

(D)双星接线的电容器组，双星容量不平衡

14. 在设计远离发电厂的110/10kV变电所时，校验10kV断路器分断能力（断路器开端时间为0.15s），应采用下列哪一项？ ( )

(A)三相短路电流第一周期全电流峰值

(B)三相短路电流第一周期全电流有效值

(C)三相短路电流周期分量最大瞬时值

(D)三相短路电流周期分量稳态值

15. 继电保护、自动装置的二次回路的工作电压最高不应超过下列哪一项数值？ ( )

(A)110V (B)220V

(C)380V (D)500V

16. 当电流互感器二次绕组的容量不满足要求时，可以采取下列哪种正确措施？ ( )

(A)将两个二次绕组串联使用

(B)将两个二次绕组并联使用

(C)更换额定电流大的电流互感器，增大变流比

(D)降低准确级使用

17. 下列有关互感器二次回路的规定哪一项是正确的？ ( )

(A)互感器二次回路中允许接入的负荷与互感器精确度等级有关

(B)电流互感器二次回路不允许短路

(C)电压互感器二次回路不允许开路

(D)1.0级及2.0级的电度表处电压降，不得大于电压互感器额定二次电压的1.0%

18. 1kV及其以下电源中性点直接接地时，单相回路的电缆芯数选择，下列叙述中哪一项符合规范要求？ ( )

(A)保护线与受电设备的外露可导电部分连接接地的情况，保护线与中性线合用同一导体时，应采用三芯电缆

(B)保护线与受电设备的外露可导电部分连接接地的情况，保护线与中性线各自独立时，应采用两芯电缆

(C)保护线与受电设备的外露可导电部分连接接地的情况,保护线与中性线各自独立时,应采用两芯电缆与另外的保护线导体组成,并分别穿管敷设

(D)受电设备的外露可导电部分连接接地与电源系统接地各自独立的情况,应采用两芯电缆

19. 标称电压为110V的直流系统,其所带负荷为控制、继电保护、自动装置,问在正常运行时,直流母线电压应为下列哪一项数值? ( )

(A)110V (B)115.5V

(C)121V (D)大于121V

20. 工业企业厂房内,交流工频500V以下无遮拦的裸导体至地面的距离不应小于下列哪一项数值? ( )

(A)2.5m (B)3.0m

(C)3.5m (D)4.0m

21. 下列哪一项风机和水泵电气传动控制方案的观点是错误的? ( )

(A)一般采用母线供电,电器控制,为满足生产要求,实现经济运行,可采用交流调速

(B)变频调速的优点是调速性能好,节能效果好,可使用笼型异步电动机;缺点是成本高

(C)串级调速的优点是变流设备容量小,较其他无级调速方案经济;缺点为必须使用绕线转子异步电动机,功率因数低,电机损耗大,最高转速降低

(D)对于100~200kW容量的风机水泵传动宜采用交—交变频装置

22. 变压器的纵联差动保护应符合下列哪一条要求? ( )

(A)应能躲过外部短路产生的最大电流

(B)应能躲过励磁涌流

(C)应能躲过内部短路产生的不平衡电流

(D)应能躲过最大负荷电流

23. 在交流变频调速装置中,被普遍采用的交—交变频器,实际上就是将其直流输出电压按正弦波调制的可逆整流器,因此网侧电流中会含有大量的谐波分量。下列谐波电流描述中,哪一项是不正确的? ( )

(A)除基波外,在网侧电流中还含有$k_m \pm 1$次的整数次谐波电流,称为特征谐波

(B)在网侧电流中还存在着非整数次谐波电流,称为旁频谐波

(C)旁频谐波直接和交—交变频器的输出频率及输出相数有关

(D)旁频谐波直接和交—交变频器电源的系统阻抗有关

24. 某电动机,铭牌上的负载持续率为FC=25%,现所拖动的生产机械的负载

持续率为28%，问负载转矩 M_1 与电动机铭牌上的额定转矩 M_m 应符合下列哪种关系？（　　）

(A) $M_1 \leqslant \frac{0.28}{0.25}M_m$　　(B) $M_1 \leqslant \sqrt{\frac{0.28}{0.25}}M_m$

(C) $M_1 \leqslant \sqrt{\frac{0.25}{0.28}}M_m$　　(D) $M_1 = M_m$

25. 在环境噪声大于60dB的场所设置的火灾应急广播扬声器，按规范要求在其播放范围内最远点的播放声压级应高于背景噪声多少分贝？（　　）

(A)3dB　　(B)5dB

(C)10dB　　(D)15dB

26. 等电位联结作为一项电气安全措施，它的目的是用来降低下列哪一项电压？（　　）

(A)故障接地电压　　(B)跨步电压

(C)安全电压　　(D)接触电压

27. 在有梁的顶棚上设置感烟探测器、感温探测器，规范规定当梁间距为下列哪一项数值时不计梁对探测器保护面积的影响？（　　）

(A)小于1m　　(B)大于1m

(C)大于3m　　(D)大于5m

28. 按照国家标准规范规定，布线竖井内的高压、低压和应急电源的电气线路，相互之间的距离应等于或大于多少？（　　）

(A)100mm　　(B)150mm

(C)200mm　　(D)300mm

29. 火灾自动报警系统的传输线路采用铜芯绝缘导线敷设于线槽内时，应满足绝缘等级，还应满足机械强度的要求，下列哪一项选择符合规范规定？（　　）

(A)采用电压等级交流50V、线芯的最小截面面积1.00mm² 的铜芯绝缘导线

(B)采用电压等级交流250V、线芯的最小截面面积0.75mm² 的铜芯绝缘导线

(C)采用电压等级交流380V、线芯的最小截面面积0.50mm² 的铜芯绝缘导线

(D)采用电压等级交流500V、线芯的最小截面面积0.50mm² 的铜芯绝缘导线

30. 按照国家标准规范规定，公共建筑的工作房间和工业建筑作业区域内，邻近作业面外0.5m范围内的照度均匀度不应小于多少？（　　）

(A)0.5　　(B)0.6

(C)0.7 (D)0.8

31. 在有线电视系统工程接收天线的设计中,规范规定两幅天线的水平或垂直间距不应小于较长波长天线的工作波长的1/2,且不应小于下列哪一项数值? ( )

(A)0.6m (B)0.8m
(C)1.0m (D)1.2m

32. 下列有关变频启动的描述,哪一项是错误的? ( )

(A)可以实现平滑启动,对电网冲击小
(B)启动电流大,需考虑对被启动电机的加强设计
(C)变频启动装置的功率仅为被启动电动机功率的5% ~7%
(D)适用于大功率同步电动机的启动控制,可若干电动机共用一套启动装置,较为经济

33. 规范规定综合布线系统的配线子系统当采用双绞线电缆时,其敷设长度不宜超过下列哪一项数值? ( )

(A)70m (B)80m
(C)90m (D)100m

34. 仅供笼型异步电动机启动用的普通晶闸管软启动装置,按变流种类可归类为下列哪一种? ( )

(A)整流 (B)交流调压
(C)交—直—交间接变频 (D)交—交直接变频

35. 规范规定综合布线区域内存在的电磁干扰场强高于下列哪一项数值时,宜采用屏蔽布线系统进行防护? ( )

(A)3V/m (B)4V/m
(C)5V/m (D)6V/m

36. 可编程控制器PLC控制系统中的中枢是中央处理单元(CPU),它包括微处理器和控制接口电路。下面列出的有关CPU主要功能的描述,哪一条是错误的? ( )

(A)以扫描方式读入所有输入装置的状态和数据,存入输入映像区中
(B)逐条解读用户程序,执行包括逻辑运算、算数运算、比较、变换、数据传输等任务
(C)随机将计算结果立即输出到外部设备
(D)扫描程序结束后,更新内部标志位,将结果送入输出映像区或寄存器;随后将映像区内的各输出状态和数据传送到相应的输出设备中

37. 35kV 架空电力线路耐张段的长度不宜大于下列哪个数值？（　　）

(A)5km　　(B)5.5km

(C)6km　　(D)8km

38. 某一项工程，集中火灾报警控制器安装在消防控制室墙上，其底边距地 1.3m，其靠近门轴的侧面距墙 0.4m，正面操作距离为 1.3m，验收时认为不合格，其原因是下列哪一项？（　　）

(A)其底边距离地应为 1.4m

(B)其靠近门轴的侧面距墙不应小于 0.5m

(C)其正面操作距离应为 1.5m

(D)其底边距地应为 1.5m

39. 10kV 架空电力线路在最大计算风偏条件下，边导线与城市多层建筑或规划建筑线间的最小水平距离应为下列哪一项数值？（　　）

(A)1.0m　　(B)1.5m

(C)2.5m　　(D)3.0m

40. 对于黑白电视系统，闭路电视监控系统中图像水平清晰度的要求，下列表述中哪一项是正确的？（　　）

(A)不应低于 270 线　　(B)不应低于 420 线

(C)不应低于 450 线　　(D)不应低于 550 线

二、多项选择题（共 30 题，每题 2 分，每题的备选项中有 2 个或有 2 个以上符合题意。错选、少选、多选均不得分）

41. 用电单位的供电电压等级与用电负荷的下列哪些因素有关？（　　）

(A)用电容量　　(B)供电距离

(C)用电单位的运行方式　　(D)用电设备特性

42. 安全特低电压配电回路 SELV 的外露可导电部分应符合以下哪些要求？（　　）

(A)安全特低电压回路的外露可导电部分不允许与大地连接

(B)安全特低电压回路的外露可导电部分不允许与其他回路的外露可导电部分连接

(C)安全特低电压回路的外露可导电部分不允许与装置外可导电部分连接

(D)安全特低电压回路的外露可导电部分不允许与其他回路的保护导体连接

43. 电力系统的电能质量主要指标包括下列哪几项？（　　）

(A)电压偏差和电压波动

(B)频率偏差

(C)系统容量

(D)电压谐波畸变率和谐波电流含有率

44. 下列关于供电系统负荷分级的叙述,哪几项符合规范的规定? ( )

(A)火力发电厂与变电所设置的消防水泵、电动阀门、火灾探测报警与灭火系统、火灾应急照明应按二级负荷供电

(B)室外消防用水量为20L/s的露天堆场的消防用电设备应按三级负荷供电

(C)单机容量为25MW以上的发电厂,消防水泵应按二级负荷供电

(D)以石油、天然气及其产品为原料的石油化工厂,其消防水泵房用电设备的电源,应按一级负荷供电

45. 当采用低压并联电容器作无功补偿时,低压并联电容器装置回路,投切控制器无显示功能时,应具有下列哪些表计? ( )

(A)电流表 (B)电压表

(C)功率因数表 (D)有功功率表

46. 在供配电系统设计中,计算电压偏差时,应计入采取某些措施后的调压效果,下列所采取的措施,哪些是应计入的? ( )

(A)自动或手动调整并联补偿电容器的投入量

(B)自动或手动调整异步电动机的容量

(C)改变供配电系统运行方式

(D)自动或手动调整并联电抗器的投入量

47. 设计供配电系统时,为了减小电压偏差应采取下列哪些措施? ( )

(A)降低系统阻抗

(B)采取补偿无功功率措施

(C)大容量电动机采取降压启动措施

(D)尽量使三相负荷平衡

48. 下列关于35kV高压配电装置中导体最高工作温度和最高允许温度的规定,哪几条符合规范的要求? ( )

(A)裸导体的正常最高工作温度不应大于+70℃,在计及日照影响时,钢芯铝线及管型导体不宜大于+80℃

(B)当裸导体接触面处有镀锡的可靠覆盖层时,其最高工作温度可提高到+85℃

(C)验算短路热稳定时,裸导体的最高允许温度,对硬铝及铝锰合金可取+200℃,硬铜可取+250℃

(D)验算短路热稳定时,短路前的导体温度采用额定负荷下的工作温度

49. 某机床加工车间10kV变电所设计中，设计者对防火和建筑提出下列要求，请问哪些条不符合规范的要求？（　　）

(A)可燃油油浸电力变压器室的耐火等级应为一级，高压配电室、高压电容器室的耐火等级不应低于二级。低压配电室、低压电容器室的耐火等级不应低于三级

(B)变压器室位于车间内，可燃油油浸变压器的门按乙级防火门设计

(C)可燃油油浸变压器室设置容量为100%变压器油量的储油池

(D)高压配电室设不能开启的自然采光窗，窗台距室外地坪不宜低于1.6m

50. 计算低压侧短路电流时，有时需计算矩形母线的电阻，其电阻值与下列哪些项有关？（　　）

(A)矩形母线的长度　　(B)矩形母线的截面积

(C)矩形母线的几何均距　　(D)矩形母线的材料

51. 变电所内各种地下管线之间和地下管线之间与建筑物、构筑物、道路之间的最小净距，应满足下列哪些要求？（　　）

(A)应满足安全的要求

(B)应满足检修、安装的要求

(C)应满足工艺的要求

(D)应满足气象条件的要求

52. 适用于风机、水泵作为调节压力和流量的电气传动系统有下列哪几项？（　　）

(A)绕线电动机转子串电阻调速系统

(B)绕线电动机串级调速系统

(C)直流电动机的调速系统

(D)笼型电动机交流变频调速系统

53. 某35kV变电所设计的备用电源自动投入装置有如下功能，请指出下列哪些项是不正确的？（　　）

(A)手动断开工作回路断路器时，备用电源自动投入装置动作投入备用电源断路器

(B)工作回路上的电压一旦消失，自动投入装置应立即动作

(C)在检定工作电压确实无电压而且工作回路确实断开后才投入备用电源断路器

(D)备用电源自动投入装置动作后，如投到故障上，再自动投入一次

54. 在有关35kV及以下电力电缆终端和接头的叙述中，下列哪些项负荷规范的规定？（　　）

(A)电缆终端的额定电压及其绝缘水平,不得低于所连接电缆额定电压及其要求的绝缘水平

(B)电缆接头的额定电压及其绝缘水平,不得低于所连接电缆额定电压及其要求的绝缘水平

(C)电缆绝缘接头的绝缘环两侧耐受电压,不得低于所连电缆护层绝缘水平的2倍

(D)电缆与电气连接具有整体式插接功能时,电缆终端的装置类型应采用不可分离式终端

55. 对于无人值班变电所,下列哪些直流负荷统计时间和统计负荷系数是正确的?（　）

(A)监控系统事故持续放电时间为1h,负荷系数为0.5

(B)监控系统事故持续放电时间为2h,负荷系数为0.6

(C)监控系统事故持续放电时间为1h,负荷系数为1.0

(D)监控系统事故持续放电时间为2h,负荷系数为0.8

56. 一台10/0.4kV 容量为0.63MV·A 的星形—星形连接的配电变压器,低压侧中性点直接接地,请问下列哪几项保护可以作为其低压侧单相接地短路保护?（　）

(A)高压侧装设三相式过电流保护

(B)低压侧中性线上装设零序电流保护

(C)低压侧装设三相过电流保护

(D)高压侧由三相电流互感器组成的零序回路上装设零序电流保护

57. 下列有关交流电动机能耗制动的描述,哪些项是正确的?（　）

(A)能耗制动转矩随转速的降低而增加

(B)能耗制动是将运转中的电动机与电源断开,向定子绕组通入直流励磁电流,改接为发电机使电能在其绕组中消耗(必要时还可消耗在外接电阻中)的一种电制动方式

(C)能耗制动所产生的制动转矩较平滑,可方便地改变制动转矩值

(D)能量不能回馈电网,效率较低

58. 关于35kV 变电所蓄电池组的容量选择,以下哪些条款是正确的?（　）

(A)蓄电池组的容量应满足全所事故停电1h 放电容量

(B)事故放电容量取全所经常性直流负荷

(C)事故放电容量取全所事故照明负荷

(D)蓄电池组的容量应满足事故放电末期最大冲击负荷容量

59. 火灾探测区域的划分应符合下列哪些规定?（　）

(A)红外光束线型感烟火灾探测器的探测区域长度不宜超过100m

(B)缆式感温火灾探测器的探测区域长度不宜超过200m

(C)空气管差温火灾探测器的探测区域长度应大于150m

(D)红外光束线型感烟火灾探测器的探测区域长度不宜小于200m

60. 请判断下列问题中哪些是正确的? (　　)

(A)粮、棉及易燃物大量集中的露天堆场,无论其大小都不是建筑物,不必考虑防直击雷措施

(B)粮、棉及易燃物大量集中的露天堆场,当其年计算雷击次数大于或等于0.06时,宜采取防直击雷措施

(C)粮、棉及易燃物大量集中的露天堆场,采取独立避雷针保护时其保护范围的滚球半径 h_r 可取60m

(D)粮、棉及易燃物大量集中的露天堆场,采取独立避雷针保护时其保护范围的滚球半径 h_r 可取100m

61. 根据规范要求,建筑高度不超过24m的建筑或建筑高度大于24m的单层公共建筑,下列哪些场所应设置火灾自动报警系统? (　　)

(A)每座占地面积大于 $1000m^2$ 的棉、毛、丝、麻、化纤及其织物的库房,占地面积超过 $500m^2$ 或总建筑面积超过 $1000m^2$ 的卷烟库房

(B)建筑面积大于 $500m^2$ 的地下、半地下商店

(C)净高2.2m的技术夹层,净高大于0.8m的闷顶或吊顶内

(D)2500个座位的体育馆

62. 对Y,yn0接线组的10/0.4kV变压器,常利用在低压侧装设零序电流互感器(ZCT)的方法实现低压侧单相接地保护,如为此目的,如下图所示ZCT安装位置正确的是哪些? (　　)

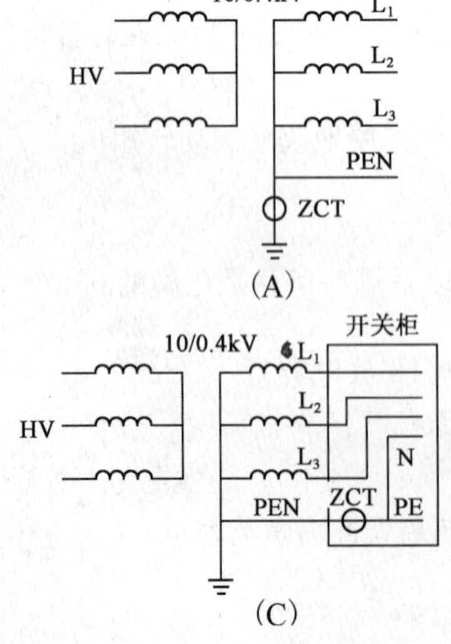

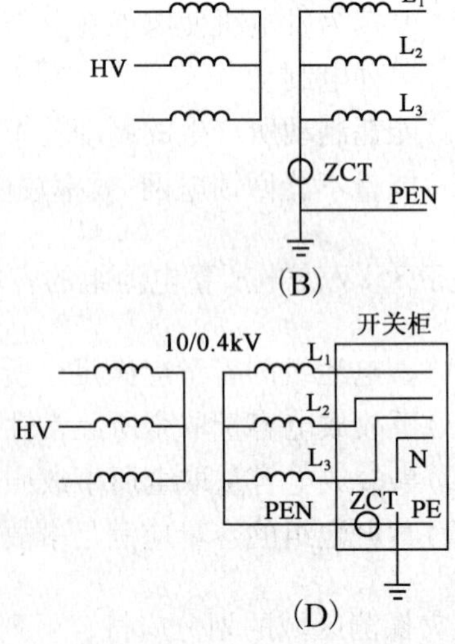

63. 在视频安防监控系统设计中,下列叙述哪些符合规范的规定? ( )

(A)应根据各类建筑物安全防范关系的需要,对建筑物内(外)的所有公共场所、通道、电梯及重要部位和场所进行视频探测,图像实时监视和有效记录、回放
(B)系统应能独立运行
(C)系统画面显示应能任意编程,能自动或手动切换
(D)应能与入侵报警系统、出入口控制系统等联动

64.《建筑照明设计标准》(GB 50034—2004)中下列条款哪些是强制性条文? ( )

(A)6.1.1 (B)6.1.2,6.1.3,6.1.4
(C)6.1.5,6.1.6,6.1.7 (D)6.1.8,6.1.9

65. 在建筑工程中设置的有线广播系统,从功放设备的输出端至线路上最远的用户扬声器之间的线路衰耗,下面哪些说法符合规范要求? ( )

(A)业务性广播不应小于 2dB(1000Hz 时)
(B)服务性广播不应小于 1dB(1000Hz 时)
(C)业务性广播不应小于 2dB(1000Hz 时)
(D)服务性广播不应小于 1dB(1000Hz 时)

66. 下列有关交流电动机反接制动的描述,哪些是正确的? ( )

(A)反接制动时,电动机转子电压很高,有很大制动电流,为限制反接电流,必须在转子中再串联反接电阻
(B)能量消耗不大,较经济
(C)制动转矩较大且基本稳定
(D)笼型电动机因转子不能接入外界电阻,为防止制动电流过大而烧毁电动机,只有小功率(10kW 以下)电动机才能采用反接制动

67. 下列 4 条关于 10kV 架空电力线路路径选择的要求,哪些是符合规范要求的? ( )

(A)应避开洼地、冲刷地带、不良地质地区、原始森林区以及影响线路安全运行的其他地区
(B)应减少与其他设施交叉。当与其他架空线路交叉时,其交叉点不应选在被跨越线路的杆塔顶上
(C)不应跨越存储易燃、易爆物的仓库区域
(D)跨越二级架空弱电线路的交叉角应大于或等于 15°

68. 在设计整流变压器时,下列考虑的因素哪些是正确的? ( )

(A)整流变压器短路机会较多,因此变压器绕组和结构应有较大的机械强度,在同等容量下整流变压器体积将比一般电力变压器大些

(B)晶闸管装置发生过电压机会较多,因此变压器有较高的绝缘强度

(C)整流变压器的漏抗可限制短路电流,改变电网侧的电流波形,因此变压器的漏抗越大越好

(D)为了避免电压畸变和负载不平衡时中点浮动,整流变压器一次和二次绕组中的一个应接成三角形或附加短路绕组

69. 在设计 35kV 交流架空电力线路时,最大设计风速采用下列哪些是正确的? ( )

(A)架空电力线路通过市区或森林等地区,如两侧屏蔽物的平均高度大于塔杆高度 2/3,其最大设计风速宜比当地最大设计风速减小 20%

(B)架空电力线路通过市区或森林等地区,如两侧屏蔽物的平均高度大于塔杆高度 2/3,其最大设计风速宜比当地最大设计风速增加 20%

(C)山区架空电力线路的最大设计风速,应根据当地气象资料确定,当无可靠资料时,最大设计风速可按附近平地风速减少 10%,且不应低于 25m/s

(D)山区架空电力线路的最大设计风速,应根据当地气象资料确定,当无可靠资料时,最大设计风速可按附近平地风速增加 10%,且不应低于 25m/s

70. 建筑与建筑群的综合布线系统基本配置设计中,用铜芯对绞电缆组网,在干线电缆的配置,对计算机网络配置原则,下列表述中哪些是正确的? ( )

(A)宜按 24 个信息插座配 2 对对绞线

(B)48 个信息插座配 2 对对绞线

(C)每个集成器(HUB)配 2 对对绞线

(D)每个集成器(HUB)群配 4 对对绞线

2012 年专业知识试题答案(下午卷)

1. **答案**:C

依据:《10kV 及以下变电所设计规范》(GB 50053—1994)第 3.3.4 条。

2. **答案**:D

依据:旧规范《建筑物电气装置　第 4-41 部分:安全防护—电击防护》(GB 16895.21—2004)第 412.1 条,新规范已修改。另可参见《低压配电设计规范》(GB 50054—2011)第 5.1 条。

3. **答案**:A

依据:《钢铁企业电力设计手册》(上册)P37 中"1.5.4 中性点经电阻接地系统"。

4. **答案**:A

依据:《人民防空地下室设计规范》(GB 50038—2005)第 7.2.4 条。

5. **答案**:C

依据:《钢铁企业电力设计手册》(上册)P45 表 1-20。

6. **答案**:B

依据:《城市电力规划规范》(GB 50293—1999)第 7.3.4 条。

7. **答案**:C

依据:《10kV 及以下变电所设计规范》(GB 50053—1994)第 3.2.11 条、第 3.2.15 条、第 3.3.3 条。

8. **答案**:D

依据:《供配电系统设计规范》(GB 50052—2009)第 6.0.10 条。

9. **答案**:A

依据:《10kV 及以下变电所设计规范》(GB 50053—1994)第 5.1.3 条,此题不严谨,《并联电容器装置设计规范》(GB 50227—2008)上相关规定与之不一致,不过此题明显考查 GB 50053—1994 的规范原文,因此建议选 A。

10. **答案**:D

依据:《10kV 及以下变电所设计规范》(GB 50053—1994)第 5.1.2 条,此题不严谨,GB 50227—1994 上相关规定为 1.3,但此题题干中明确问 10kV 配电所,因此建议选 D。

11. **答案**:B

依据:《3 ~ 110kV 高压配电装置设计规范》(GB 50060—2008)第 5.4.5 条。

12. **答案**:D

依据:《3~110kV 高压配电装置设计规范》(GB 50060—2008)第5.5.1条。

13. **答案**:C

依据:《电力装置的继电保护和自动装置设计规范》(GB/T 50062—2008)第8.1.2-1条。

14. **答案**:D

依据:《工业和民用配电设计手册》(第三版)P124图4-1(a):远离发电厂的变电所可不考虑交流分量的衰减,分断时间0.15s为周期分量稳态值(0.01s为峰值)。

15. **答案**:D

依据:《电力装置的继电保护和自动装置设计规范》(GB/T 50062—2008)第15.1.1条。

16. **答案**:A

依据:无具体条文,电流互感器的特性:两个相同的二次绕组串联时,其二次回路内的电流不变,负荷阻抗数值增加一倍,所以因继电保护或仪表的需要而扩大电流互感器容量时,可采用二次绕组串接连线。

17. **答案**:A

依据:《电力装置的电测量仪表装置设计规范》(GB/T 50063—2008)第9.1.2条、第9.2.1-2条和第8.1.5条、第8.2.2条的条文说明,选项A答案是电气常识。

18. **答案**:D

依据:《电力工程电缆设计规范》(GB50217—2007)第3.2.2条。

19. **答案**:B

依据:《电力工程直流系统设计技术规程》(DL/T 5044—2004)第4.2.2条。

20. **答案**:C

依据:《低压配电设计规范》(GB 50054—2011)第7.4.1条,需注意与《10kV及以下变电所设计规范》(GB 50053—1994)表4.2.1第一行的数值区分和对比;此题实为旧规范题目,依据《低压配电设计规范》(GB 50054—1995)第1.0.2条、第5.4.1条、第5.4.2条更贴切。

21. **答案**:D

依据:《钢铁企业电力设计手册》(下册)P334:交—交变频往往用于功率大于2000kW以上的低速传动中,用于轧钢机、提升机等,或《电气传动自动化技术手册》(第二版)P488,或《电气传动自动化技术手册》(第二版)P223。

22. **答案**:B

依据:《电力装置的继电保护和自动装置设计规范》(GB/T 50062—2008)第4.0.4-1条。

23. **答案**:D

依据:《电气传动自动化技术手册》(第二版)P491。

24. **答案**:B

依据:《钢铁企业电力设计手册》(下册)P54 式(23-157)。

25. **答案**:D

依据:《火灾自动报警系统设计规范》(GB 50116—1998)第 5.4.2.2 条。

26. **答案**:D

依据:《工业与民用配电设计手册》(第三版)P883 中"等电位联结的作用"中第一段。

27. **答案**:A

依据:《火灾自动报警系统设计规范》(GB 50116—1998)第 8.1.5.5 条。

28. **答案**:D

依据:《低压配电设计规范》(GB 50054—2011)第 7.7.6 条。

29. **答案**:B

依据:《火灾自动报警系统设计规范》(GB 50116—1998)第 10.1.2 条。

30. **答案**:A

依据:《建筑照明设计标准》(GB 50034—2004)第 4.2.1 条。

31. **答案**:C

依据:《有线电视系统工程技术规范》(GB 50200—1994)第 2.3.6.4 条。

32. **答案**:B

依据:《钢铁企业电力设计手册》(下册)P94 中"24.1.1.7 变频启动",《电气传动自动化技术手册》(第二版)P321。

33. **答案**:C

依据:《综合布线系统工程设计规范》(GB 50311—2007)第 3.2.3 条。

34. **答案**:A

依据:无。

35. **答案**:A

依据:《综合布线系统工程设计规范》(GB 50311—2007)第 3.5.1 条。

36. **答案**:C

依据:《电气传动自动化技术手册》(第二版)P797 中中央处理单元部分。

37. **答案**:A

依据:《66kV 及以下架空电力线路设计规范》(GB 50061—2010)第 3.0.6-1 条。

38. **答案**:B

依据:《火灾自动报警系统设计规范》(GB 50116—1998)第6.2.5.5条。

39. **答案**:B

依据:《66kV及以下架空电力线路设计规范》(GB 50061—2010)第12.0.10条。

40. **答案**:B

依据:《民用建筑电气设计规范》(JGJ 16—2008)第14.3.3-1条。

注:《视频安防监控系统工程设计规范》(GB 50395—2007)第5.0.10-1条规定为400TVL。

---

41. **答案**:ABD

依据:《供配电系统设计规范》(GB 50052—2009)第5.0.1条。

42. **答案**:ABD

依据:《低压电气装置 第4-41部分:安全防护 电击防护》(GB 16895.21—2011)第414.4.4条。

43. **答案**:ABD

依据:《工业与民用配电设计手册》(第三版)P253,电能质量主要指标包括电压偏差、电压波动和闪变、频率偏差、谐波(电压谐波畸变率和谐波电流含有率)和三相电压不平衡度等。有关电能质量共6本规范如下:

a.《电能质量 供电电压偏差》(GB/T 12325—2008)。

b.《电能质量 电压波动和闪变》(GB/T 12326—2008)。

c.《电能质量 三相电压不平衡》(GB/T 15543—2008)。

d.《电能质量 暂时过电压和瞬态过电压》(GB/T 18481—2001)。

e.《电能质量 公用电网谐波》(GB/T 14549—1993)[也可参考《电能质量 公用电网间谐波》(GB/T 24337—2009),但后者不属于大纲范围]。

f.《电能质量 电力系统频率允许偏差》(GB/T 15945—1995)。

44. **答案**:BD

依据:《火力发电厂与变电站设计防火规范》(GB 50229—2006)第9.1.2条、第11.7.1条,《建筑设计防火规范》(GB 50016—2006)第10.1.1条,《石油化工企业设计防火规范》(GB 50160—2008)第9.1.1条。

45. **答案**:ABC

依据:《3~110kV高压配电装置设计规范》(GB 50060—2008)第7.2.6条。

46. **答案**:ACD

依据:《供配电系统设计规范》(GB 50052—2009)第5.0.5条。

47. **答案**:ABD

依据:《供配电系统设计规范》(GB 50052—2009)第5.0.9条。

48. **答案**:ABD

依据:《3~110kV高压配电装置设计规范》(GB 50060—2008)第4.1.6条、第4.1.7条,《导体和电器选择设计技术规定》(DL/T 5222—2005)第7.1.4条。

49. **答案**:BD

依据:《10kV及以下变电所设计规范》(GB 50053—1994)第6.1.1条、第6.1.2条、第6.2.1条。

50. **答案**:ABD

依据:《工业与民用配电设计手册》(第三版)P156,未找到准确对应条文。

51. **答案**:ABC

依据:《35kV~110kV变电站设计规范》(GB 50059—2011)第2.0.9条。

52. **答案**:BD

依据:《钢铁企业电力设计手册》(上册)P307。

53. **答案**:ABD

依据:《电力装置的继电保护和自动装置设计规范》(GB/T 50062—2008)第11.0.2条。

54. **答案**:ABC

依据:《电力工程电缆设计规范》(GB 50217—2007)第4.1.3-1条、第4.1.7-1条、第4.1.7-3条、第4.1.1-3条。

55. **答案**:ACD

依据:《电力工程直流系统设计技术规程》(DL/T 5044—2004)第4.2.2条、第4.2.3条、第4.2.4条及表7.1.2。

56. **答案**:ABC

依据:《电力装置的继电保护和自动装置设计规范》(GB 50062—2008)第4.0.13条。

57. **答案**:BCD

依据:《钢铁企业电力设计手册》(下册)P95表24-7。

58. **答案**:AD

依据:旧规范《35~110kV变电所设计规范》(GB 50059—1992)第3.3.4条,新规范已修改。

59. **答案**:AB

依据:《火灾自动报警系统设计规范》(GB 50116—1998)第4.2.1.2条。

60. **答案**:BD

依据:《建筑物防雷设计规范》(GB 50057—2010)第4.5.5条。

61. **答案**:AB

依据:《建筑设计防火规范》(GB 50016—2006)第11.4.1条。

62. **答案**:BD

依据:无。

63. **答案**:BCD

依据:《安全防范工程技术规范》(GB 50348—2004)第3.4.1-3条。

64. **答案**:BC

依据:《建筑照明设计标准》(GB 50034—2004)P3中关于建设部发布该标准的公告。

65. **答案**:BC

依据:《民用建筑电气设计规范》(JGJ 16—2008)第16.2.8条。

66. **答案**:ACD

依据:《钢铁企业电力设计手册》(下册)P96表24-7。

67. **答案**:ABC

依据:《66kV及以下架空电力线路设计规范》(GB 50061—2010)第3.0.3条。

68. **答案**:ABD

依据:《钢铁企业电力设计手册》(下册)P403。

69. **答案**:AD

依据:《66kV及以下架空电力线路设计规范》(GB 50061—2010)第4.0.11条。

70. **答案**:AD

依据:《综合布线系统工程设计规范》(GB 50311—2007)第4.3.5-2条。

2012 年案例分析试题(上午卷)

[案例题是 4 选 1 的方式,各小题前后之间没有联系,共 25 道小题,每题分值为 2 分,上午卷 50 分,下午卷 50 分,试卷满分 100 分。案例题一定要有分析(步骤和过程)、计算(要列出相应的公式)、依据(主要是规程、规范、手册),如果是论述题要列出论点]

题 1~5:某小型企业拟新建检修车间、办公附属房屋和 10/0.4kV 车间变电所各一处。变电所设变压器一台,车间的用电负荷及有关参数见下表。

设备组名称	单 位	数 量	设备组总容量	电压(V)	需要系数 K_c	$\cos\phi/\tan\phi$
小批量金属加工机床	台	15	60kW	380	0.5	0.7/1.02
恒温电热箱	台	3	3×4.5kW	220	0.8	1.0/0
交流电焊机(ε=65%)	台	1	32kV·A	单相 380	0.5	0.5/1.73
泵、风机	台	6	20kW	380	0.8	0.8/0.75
5t 吊车(ε=40%)	台	1	30kW	380	0.25	0.5/1.73
消防水泵	台	2	2×4.5kW	380	1.0	0.8/0.75
单冷空调	台	6	6×1kW	220	1.0	0.8/0.75
电采暖器	台	2	2×1.5kW	220	1.0	1.0/0
照明			20kW	220	0.9	0.8/0.75

注:ε 为短时工作制设备的额定负载持续率。

请回答下列问题。

1. 当采用需要系数法计算负荷时,吊车的设备功率与下列哪个数值最接近? ( )

(A)19kW (B)30kW

(C)38kW (D)48kW

解答过程:

2. 计算交流电焊机的等效三相负荷(设备功率)于下列哪个数值最接近? ( )

(A)18kW　　(B)22kW
(C)28kW　　(D)39kW

解答过程：

3. 假定5t吊车的设备功率为40kW、交流电焊机的等效三相负荷(设备功率)为30kW,变电所低压侧无功补偿容量为60kvar,用需要系数法计算的该车间变电所0.4kV侧总计算负荷(视在功率)与下列哪个数值最接近?(车间用电负荷的同时系数取0.9,除交流电焊机外的其余单相负荷按平均分配到三相考虑)　　(　　)

(A)80kV·A　　(B)100kV·A
(C)125kV·A　　(D)160kV·A

解答过程：

4. 假定该企业变电所低压侧计算有功功率为120kW、自然平均功率因数为0.75,如果要将变电所0.4kV侧的平均功率因数提高到0.9,计算最小的无功补偿容量与下列哪个数值最接近?(假定年平均有功负荷系数 $\alpha_{av}=1$)　　(　　)

(A)30kvar　　(B)50kvar
(C)60kvar　　(D)75kvar

解答过程：

5. 为了限制并联电容器回路的涌流,拟在低压电容器组的电源侧设置串联电抗器,请问此时电抗率宜选择下列哪个数值?　　(　　)

(A)0.1% ~1%　　(B)3%
(C)4.5% ~6%　　(D)12%

解答过程：

题 6～10：某办公楼供电电源 10kV 电网中性点为小电阻接地系统，双路 10kV 高压电缆进户，楼内 10kV 高压与低压电器装置共用接地网，请回答下列问题。

6. 低压配电系统接地及安全保护采用 TN-S 方式，下列常用机电设备简单接线示意图中哪一项不符合规范的相关规定？（　　）

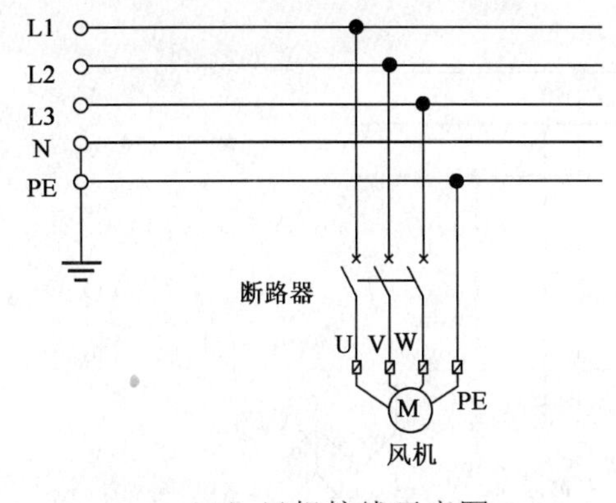

（A）风机接线示意图

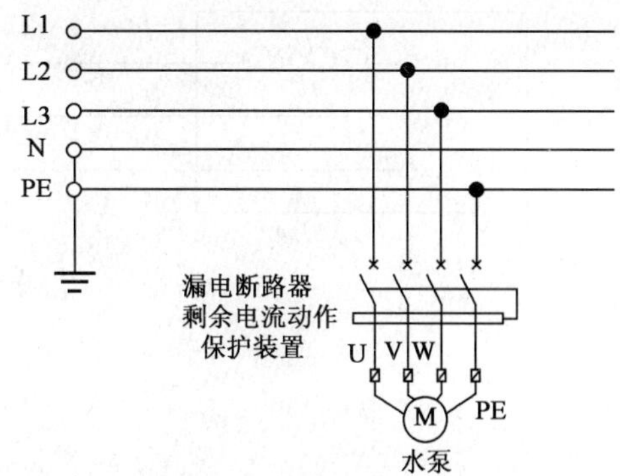

（B）水泵接线示意图

L
N
PE
漏电断路器
剩余电流动作
保护装置
L
N
PE
单相插座

（C）单相插座接线示意图

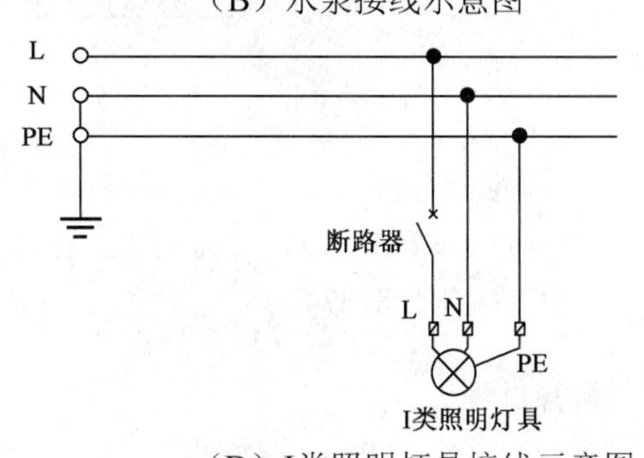

（D）I类照明灯具接线示意图

解答过程：

7. 高压系统计算用的流经接地网的入地短路电流为 800A，计算高压系统接地网最大允许的接地电阻是下列哪一项数值？（　　）

(A)1Ω　　(B)2.5Ω

(C)4Ω　　(D)5Ω

解答过程：

8. 楼内安装 AC220V 落地式风机盘管(橡胶支撑座与地面绝缘),电源相线与 PE 线等截面,配电线路接线示意图如下图,已知:变压器电阻 $R_T = 0.015\Omega$,中性点接地电阻 $R_B = 0.5\Omega$,全部相线电阻 $R_L = 0.5\Omega$,人体电阻 $R_K = 1000\Omega$,人体站立点的大地过渡电阻 $R_E = 20\Omega$,其他未知电阻、电抗、阻抗计算时忽略不计,计算发生如下图短路故障时人体接触外壳的接触电压 U_K 为下列哪一项? ( )

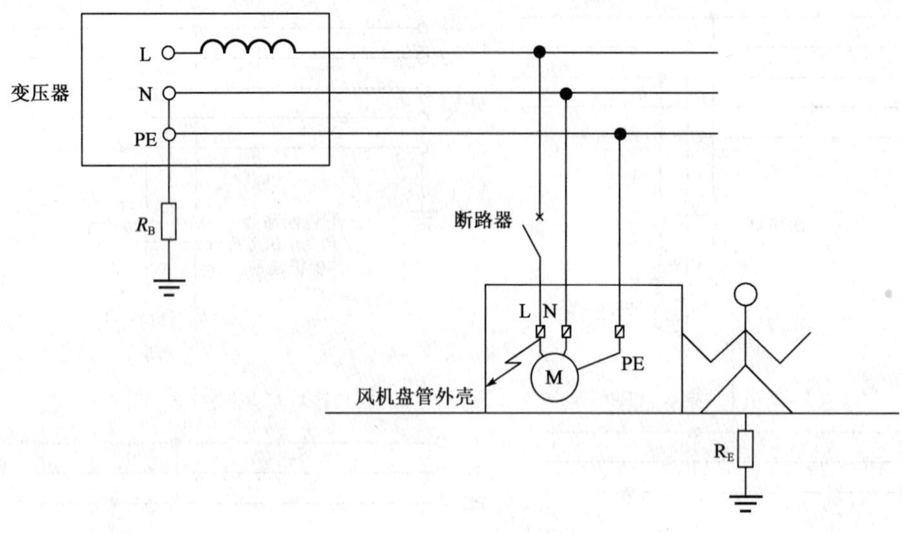

(A) $U_K = 106.146V$　　(B) $U_K = 108.286V$

(C) $U_K = 108.374V$　　(D) $U_K = 216.000V$

解答过程:

9. 建筑物基础为钢筋混凝土桩基,桩基数量 800 根,深度 $t = 36m$,基底长边 $L_1 = 180m$,短边 $L_2 = 90m$,土壤电阻率 $\rho = 120\Omega\cdot m$,若利用桩基基础做自然接地极,计算其接地电阻 R 是下列哪一项数值?(计算形状系数查图时,取靠近图中网格交叉点的近似值) ( )

(A) $R = 0.287\Omega$　　(B) $R = 0.293\Omega$

(C) $R = 0.373\Omega$　　(D) $R = 2.567\Omega$

解答过程:

10. 已知变电所地面土壤电阻率 $\rho_t = 1000\Omega\cdot m$，接地故障电流持续时间 $t = 0.5s$，高压电气装置发生单相接地故障时，变电所接地装置的接触电位差 U_t 和跨步电位差 U_s 不应超过下列哪一项数值？（　　）

(A) $U_t = 100V, U_s = 250V$
(B) $U_t = 550V, U_s = 250V$
(C) $U_t = 487V, U_s = 1236V$
(D) $U_t = 688V, U_s = 1748V$

解答过程：

题 11～15：某工程设计中，一级负荷中的特别重要负荷统计如下：

1）给水泵电动机：共 3 台（两用一备），每台额定功率 45kW，允许断电时间 5min；

2）风机用润滑油泵电动机：共 4 台（三用一备），每台额定功率 10kW，允许断电时间 5min；

3）应急照明安装容量：50kW，允许断电时间 5s；

4）变电所直流电源充电装置安装容量：6kW，允许断电时间 10min。

5）计算机控制与监视系统安装容量：30kW，允许断电时间 5ms。

上述负荷中电动机的启动电流倍数为 7，电动机的功率因数为 0.85，电动机效率为 0.92，启动时的功率因数为 0.5，直接但不同时启动，请回答下列问题。

11. 下列哪一项不能采用快速自启动柴油发电机作为应急电源？（　　）

(A) 变电所直流电源充电装置
(B) 应急照明和计算机控制与监视系统
(C) 给水泵电动机
(D) 风机用润滑油泵电动机

解答过程：

12. 若用不可变频的 EPS 作为电动机和应急照明的应急电源，其容量最小为下列哪一项？（　　）

(A) 170kW
(B) 187kW
(C) 495kW
(D) 600kW

解答过程：

13. 采用柴油发电机为所有负荷供电，发电机功率因数为0.8，用电设备的需要系数为0.85，综合效率均为0.9。那么，按稳定负荷计算，发电机的容量为下列哪一项？（　　）

(A)229kV·A　　(B)243.2kV·A

(C)286.1kV·A　　(D)308.1kV·A

解答过程：

14. 当采用柴油发电机作为应急电源，最大一台电动机启动前，发电机已经带有负载200kV·A、功率因数为0.9，不考虑因尖峰负荷造成的设备功率下降，发电机的短时过载系数为1.5，那么，按短时过负载能力校验，发电机的容量约为多少？（　　）

(A)329kV·A　　(B)343.3kV·A

(C)386.21kV·A　　(D)553.3kV·A

解答过程：

15. 当采用柴油发电机作为应急电源，已知发电机为无刷励磁，它的瞬变电抗 $X_d'=0.2$，当要求最大电动机启动时，满足发电机母线上的电压不低于80%的额定电压，则该发电机的容量至少应是多少？（　　）

(A)252kV·A　　(B)272.75kV·A

(C)296.47kV·A　　(D)322.25kV·A

解答过程：

题16～20：某110kV变电站有110kV、35kV、10kV三个电压等级，设一台三相三卷变压器，系统图如下图所示，主变110kV中性点采用直接接地，35kV、10kV中性点采用消弧线圈接地。（10kV侧无电源，且不考虑电动机的反馈电流）

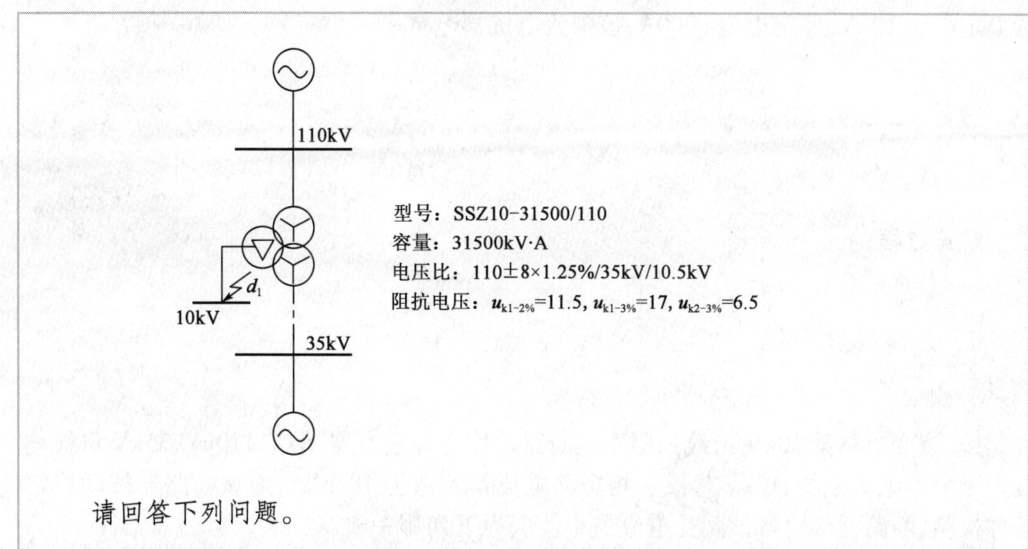

请回答下列问题。

16. 假定该变电站 110kV、35kV 母线系统阻抗标幺值分别为 0.025 和 0.12，请问该变电站 10kV 母线最大三相短路电流为下列哪一项？（S_j = 100MV·A，U_{j110} = 115kV，U_{j35} = 37kV，U_{j10} = 10.5kV） （　　）

(A) 9.74kA　　(B) 17.00kA
(C) 18.95kA　　(D) 21.12kA

解答过程：

17. 该变电站 10kV 母线共接有 16 回 10kV 线路，其中，架空线路 12 回，每回线路长度约 6km，单回路架设，无架空地线；电缆线路 4 回，每回线路长度为 3km，采用标称截面为 $150mm^2$ 三芯电力电缆。问该变电站 10kV 线路的单相接地电容电流为下列哪一项？（要求精确计算并保留小数点后 3 位数） （　　）

(A) 18.646A　　(B) 19.078A
(C) 22.112A　　(D) 22.544A

解答过程：

18. 假定该变电站 10kV 母线三相短路电流为 29.5kA，现需将本站 10kV 母线三相短路电流限制到 20kA 以下，拟采用在变压器 10kV 侧串联限流电抗器的方式，所选电抗

器额定电压 10kV、额定电流 2000A，该限流电抗器电抗率最小应为下列哪一项？（　　）

(A)3%　　(B)4%

(C)5%　　(D)6%

解答过程：

19. 该变电站某 10kV 出线采用真空断路器作为开断电器，假定 110kV、35kV 母线均接入无限大电源系统，10kV 母线三相短路电流初始值为 18.5kA，对该断路器按动稳定条件检验，断路器额定峰值耐受电流最小值应为下列哪一项？（　　）

(A)40kA　　(B)50kA

(C)63kA　　(D)80kA

解答过程：

20. 变电站 10kV 出线选用的电流互感器有关参数如下：型号 LZZB9-10，额定电流 200A，短时耐受电流 24.5kA，短时耐受时间 1s，峰值耐受电流 60kA。当 110kV、35kV 母线均接入无限大电源系统，10kV 线路三相短路电流持续时间为 1.2s 时，所选电流互感器热稳定允许通过的三相短路电流有效值是下列哪一项数值？（　　）

(A)19.4kA　　(B)22.4kA

(C)24.5kA　　(D)27.4kA

解答过程：

题 21 ~ 25：一座 35kV 变电所，有两回 35kV 进线，装有两台 35/10kV 容量为 5000kV·A 主变压器，35kV 母线和 10kV 母线均采用单母线分段接线方式，有关参数如图所示，继电保护装置由电流互感器、DL 型电流继电器、时间继电器组成，可靠系数为 1.2，接线系数为 1，继电器返回系数为 0.85。

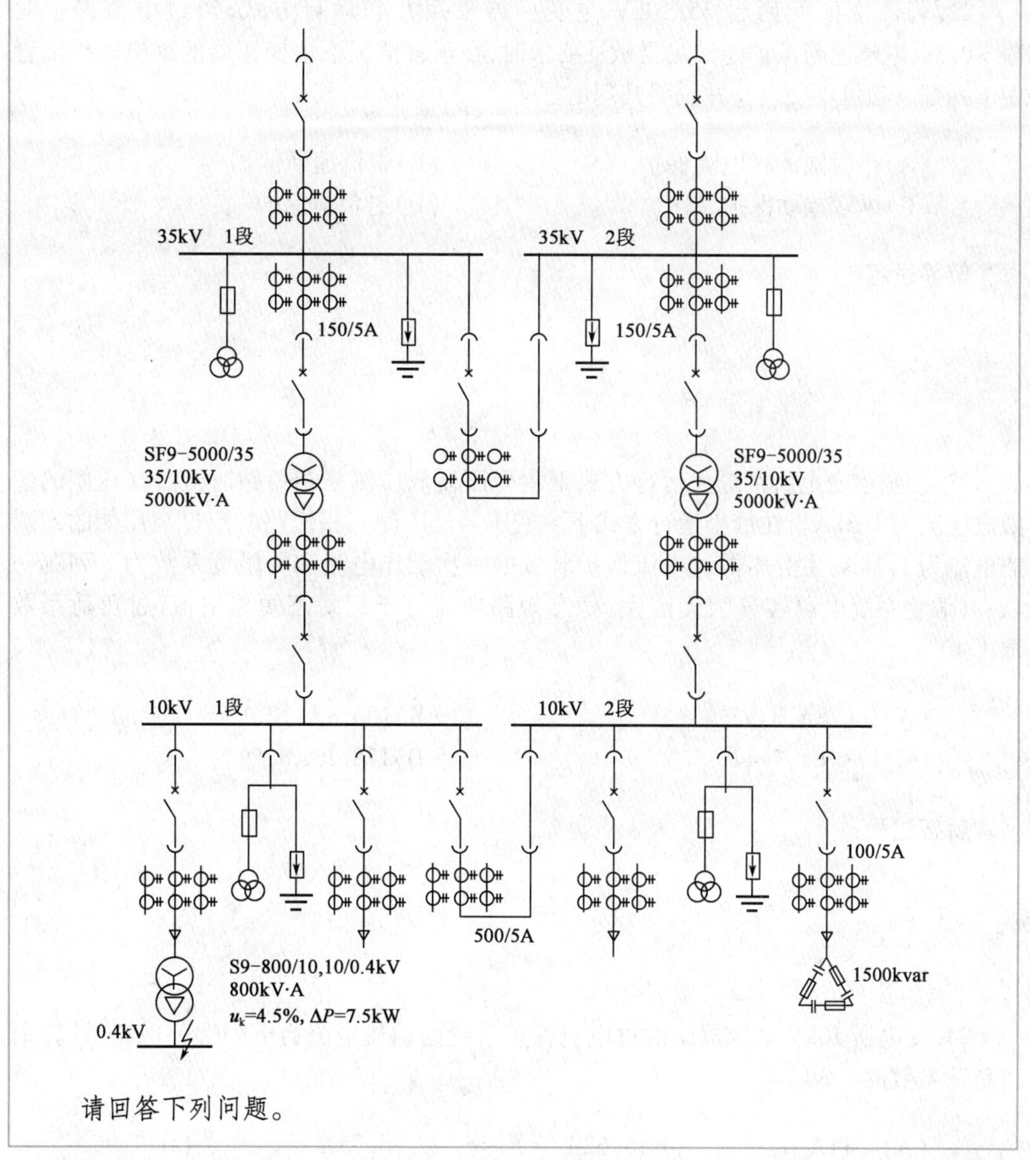

请回答下列问题。

21. 已知上图中10/0.4kV,800kV·A变压器高压侧短路容量为200MV·A,变压器短路损耗为7.5kW,低压侧0.4kV母线上三相短路和两相短路电流稳态值为下列哪一项?(低压侧母线段阻抗忽略不计)　　（　　）

(A)22.39kA,19.39kA　　(B)23.47kA,20.33kA

(C)25.56kA,22.13kA　　(D)287.5kA,248.98kA

解答过程:

22. 若该变电所两台 35/10kV 主变压器采用并联运行方式，当过电流保护时限 >0.5s，电流速断保护能满足灵敏性要求时，在正常情况下主变压器的继电保护配置中下列哪一项可不装设？并说明其理由。（　　）

(A)带时限的过电流保护　　(B)电流速断保护

(C)纵联差动保护　　(D)过负荷保护

解答过程：

23. 假定该变电所在最大运行方式下主变压器低压侧三相短路时流过高压侧的超瞬态电流为 1.3kA。在最小运行方式下主变压器低压侧三相短路时流过高压侧的超瞬态电流为 1.1kA，主变压器过电流保护装置的一次动作电流和灵敏度系数为下列哪一项？（假定系统电源容量为无穷大，稳态短路电流等于超瞬态短路电流，过负荷系数取 1.1）（　　）

(A)106.8A，8.92　　(B)106.8A，12.17

(C)128.1A，7.44　　(D)128.1A，8.59

解答过程：

24. 变电所 10kV 电容器组的过电流保护装置的动作电流为下列哪一项？（计算中过负荷系数取 1.3）（　　）

(A)6.11A　　(B)6.62A　　(C)6.75A　　(D)7.95A

解答过程：

25. 假定变电所的两段 10kV 母线在系统最大运行方式下母线三相短路超瞬态电流为 5480A，系统最小运行方式下母线三相短路超瞬态电流为 4560A，10kV 母线分段断路器电流速断保护装置的动作电流为下列哪一项？（　　）

(A)19.74A　　(B)22.8A　　(C)23.73A　　(D)27.4A

解答过程：

2012 年案例分析试题答案(上午卷)

题 1 ~5 答案:**CBBBA**

1.《工业与民用配电设计手册》(第三版)P2 式(1-1)。

吊车设备功率: $P_e = 2P_r\sqrt{\varepsilon_r} = 2 \times 30 \times \sqrt{0.4} = 60 \times 0.632 = 37.95\text{kW}$

2.《工业与民用配电设计手册》(第三版)P2 式(1-3)及 P13 式(1-36)。

电焊机设备功率(单相 380V): $P_e = S_r\sqrt{\varepsilon_r}\cos\phi = 32 \times \sqrt{0.65} \times 0.5 = 12.90\text{kW}$

电焊机设备功率(三相 380V): $P_d = \sqrt{3}P_e = \sqrt{3} \times 12.90 = 22.34\text{kW}$

3.《工业与民用配电设计手册》(第三版)P3 式(1-9)、式(1-10)、式(1-11)及 P23 表 1-21。

除交流电焊机外的其余单相负荷按平均分配到三相考虑,消防水泵及电采暖器不计入负荷,恒温电热箱应计入负荷。

设备组名称	设备组总容量	需要系数 K_c	有功功率 P_c	$\cos\phi/\tan\phi$	无功功率 Q_c
小批量金属加工机床	60kW	0.5	30	0.7/1.02	30.6
交流电焊机	30kW	0.5	15	0.5/1.73	25.95
泵、风机	20kW	0.8	16	0.8/0.75	12
5t 吊车	40kW	0.25	10	0.5/1.73	17.3
单冷空调	6kW	1.0	6	0.8/0.75	4.5
恒温电热箱	13.5kW	0.8	10.8	1.0/0	0
照明	20kW	0.9	18	0.8/0.75	13.5
小计			105.8		103.85
同时系数 $K_x = 0.9$			95.22		93.465
无功补偿 60kvar			95.22		33.465

0.4kV 侧总计算负荷: $S_c = \sqrt{P_c^2 + Q_c^2} = \sqrt{95.22^2 + 33.465^2} = 100.93\text{kV·A}$

注:此题无难度,仅计算量大,建议最后完成。同时系数与补偿容量代入先后顺序绝不能错,可参考《工业与民用配电设计手册》(第三版)P23 表 1-21。

4.《工业与民用配电设计手册》(第三版)P21 式(1-57)。

由 $\cos\phi_1 = 0.75$,得 $\tan\phi_1 = 0.88$。

由 $\cos\phi_2 = 0.9$,得 $\tan\phi_2 = 0.48$。

最小无功补偿容量: $Q_c = \alpha_{av}P_c(\tan\phi_1 - \tan\phi_2) = 1 \times 120 \times (0.88 - 0.48) = 48\text{kvar}$

5.《并联电容器装置设计规范》(GB 50227—2008)第 5.5.2-1 条。

仅用于限制涌流时,电抗率宜取0.1%～1.0%。

题6～10答案:**BBACC**

6.《低压配电设计规范》(GB 50054—1995)第4.4.17条、第4.4.18条、第4.4.19-1条。

7.《交流电气装置的接地设计规范》(GB/T 50065—2011)第4.2.1-1。

接地装置的接地电阻: $R \leqslant 2000/I = 2000/800 = 2.5\Omega$

8.《工业与民用配电设计手册》(第三版)P920、921。

短路分析:发生故障后,相保回路电流由变压器至相线L(0.015+0.5Ω)至短路点,再流经PE线(0.5Ω)与人体、大地及中性点接地电阻(1000+20+0.5Ω)的并联回路返回至变压器中性点,全回路电阻R和电路电流I_d为:

$R = 0.015 + 0.5 + (0.5//1020.5) = 1.015\Omega$

$I_d = 220/1.015 = 216.75\Omega$

接触电压(即人体电压): $U_K = I_d R_d = 216.75 \times \dfrac{0.5}{1020.5 + 0.5} \times 1000 = 106.15V$

注:此题与2008年上午案例第一题等效电路一样。

9.《工业与民用配电设计手册》(第三版)P893表14－13及P891图14-9。

特征值C_1: $C_1 = n/A = 800/(180 \times 90) = 4.94 \times 10^{-2}$,因此$K_1 = 1.4$。

$L_1/L_2 = 180/90 = 2$, $t/L_2 = 36/90 = 0.4$,查图14-9可知$K_2 = 0.3$。

接地电阻: $R = K_1 K_2 \dfrac{\rho}{L_1} = 1.4 \times 0.4 \times \dfrac{120}{180} = 0.373\Omega$

10.《交流电气装置的接地设计规范》(GB/T 50065—2011)第4.2.2条(表层衰减系数取1)。

6～35kV低电阻接地系统发生单相接地,发电厂、变电所接地装置的接触电位差和跨步电位差不应超过下列数值:

接触电位差: $U_t = \dfrac{174 + 0.17\rho_t}{\sqrt{t}} = \dfrac{174 + 0.17 \times 1000}{\sqrt{0.5}} = 486.5V$

跨步电位差: $U_s = \dfrac{174 + 0.7\rho_t}{\sqrt{t}} = \dfrac{174 + 0.7 \times 1000}{\sqrt{0.5}} = 1236V$

注:原题考查《交流电气装置的接地》(DL/T 621—1997)第3.4条a)款,式(1)和式(2),此规范无"表层衰减系数"参数。

题11～15答案:**BDBCD**

11.《供配电系统设计规范》(GB 50052—2009)第3.0.5条第1款。

注:也可参考《民用建筑电气设计规范》(JGJ 16—2008)第6.1.10-2条。选择自启动机组应符合下列条件:1)当市电中断供电时,单台机组应能自启动,并应在30s内向负荷供电。应急照明允许断电时间5s和计算机控制监视系统允许断电时间5ms,因此柴发机组不能满足要求。

12.《工业与民用配电设计手册》(第三版)P69 倒数第3行。

选用 EPS 的容量必须同时满足以下条件:

(1)负载中最大的单台直接启动的电机容量,只占 EPS 容量的1/7 以下: $P_{e1} = 45 \times 7 = 315\text{kW}$

(2)EPS 容量应是所供负载中同时工作容量总和的 1.1 倍以上: $P_{e2} = 1.1 \times (50 + 90 + 30) = 187\text{kW}$

(3)直接启动风机、水泵时,EPS 的容量为同时工作的风机水泵容量的 5 倍以上: $P_{e3} = 5 \times (90 + 30) = 600\text{kW}$

因此选择最大的一个容量为600kW。

13.《工业与民用配电设计手册》(第三版)P66 式(2-6)。

按稳定负荷计算发电机容量:

$$S_{G1} = \frac{P_{\sum}}{\eta_{\sum}\cos\phi} = \frac{(2 \times 45 + 3 \times 10 + 50 + 6 + 30) \times 0.85}{0.8 \times 0.9} = 243.2\text{kV·A}$$

14.《钢铁企业电力设计手册》(上册)P332 式(7-22)式(7-23)。

$$\beta' = \frac{\beta}{\eta_{mn}\cos\phi_{mn}} = \frac{7}{0.92 \times 0.85} = 8.95$$

$$\sin\phi_0 = \sin(\arccos 0.9) = 0.436$$

$$\sin\phi_{ms} = \sin(\arccos 0.5) = 0.866$$

发电机容量: $S_{G2} = \dfrac{\sqrt{(P_0\cos\phi_0 + \beta' P_{max}\cos\phi_{ms})^2 + (P_0\sin\phi_0 + \beta' P_{max}\sin\phi_{ms})^2}}{K_G} =$

$$\frac{\sqrt{(200 \times 0.9 + 8.95 \times 45 \times 0.5)^2 + (200 \times 0.436 + 8.95 \times 45 \times 0.866)^2}}{1.5} =$$

386.16kV·A

注:《钢铁企业电力设计手册》(上册)上对应的公式角标印刷错误,应该第一个括号内代入启动功率因数 $\cos\phi_{ms}$,而不是电动机额定功率因数 $\cos\phi_{mn}$,此点十分重要,如果存疑异,可参考《钢铁企业电力设计手册》(上册)P334 中例题的计算过程。

15.《钢铁企业电力设计手册》(上册)P332 式(7-24)。

$$S_{G3} = \beta' P_{max} X_d \frac{1 - \Delta V}{\Delta V} = 8.95 \times 45 \times 0.2 \times \frac{1 - 0.2}{0.2} = 322.2\text{kW}$$

题 16 ~20 答案:**CABBB**

16.《工业与民用配电设计手册》(第三版)P131 式(4-11),P128 表 4-2。

三相三绕组电力变压器每个绕组的电抗百分值及其标幺值为:

$$x_1\% = 0.5(u_{k1\text{-}2}\% + u_{k1\text{-}3}\% - u_{k2-3}\%) = 0.5 \times (11.5 + 17 - 6.5) = 11$$

$$X_{1*k} = \frac{u_k\%}{100} \times \frac{S_j}{S_{rT}} = 0.11 \times \frac{100}{31.5} = 0.35$$

$$x_2\% = 0.5(u_{k1\text{-}2}\% + u_{k2\text{-}3}\% - u_{k1\text{-}3}\%) = 0.5 \times (11.5 + 6.5 - 17) = 0.5$$

$$X_{2*k}=\frac{u_k\%}{100}\times\frac{S_j}{S_{rT}}=0.005\times\frac{100}{31.5}=0.01587$$

$$x_3\%=0.5(u_{k1\text{-}3}\%+u_{k2\text{-}3}\%-u_{k1\text{-}2}\%)=0.5\times(17+6.5-11.5)=6$$

$$X_{3*k}=\frac{u_k\%}{100}\times\frac{S_j}{S_{rT}}=0.06\times\frac{100}{31.5}=0.19$$

三相短路总电抗标幺值：$X_{*k}=[(0.025+0.35)\mathbin{/\!/}(0.12+0.01587)]+0.19=0.29$

《工业与民用配电设计手册》(第三版)P134 式(4-12)和式(4-15)。

三相短路电流标幺值：$I_{*k}=\frac{1}{X_{*k}}=\frac{1}{0.29}=3.4483$

10kV 侧三相短路电流有名值：$I_k=I_{*k}\frac{S_j}{\sqrt{3}U_j}=3.4483\times\frac{100}{\sqrt{3}\times10.5}=18.96\text{kA}$

17.《工业与民用配电设计手册》(第三版)P152 式(4-40)、式(4-42)及表(4-20)。

10kV 电缆线路电容电流：$I_{C1}=\frac{95+1.44S}{2200+0.23S}U_r l=\frac{95+1.44\times150}{2200+0.23\times150}\times10\times3=4.17543\text{A}$

10kV 无架空地线单回路：$I_{C2}=2.7U_r l\times10^{-3}=2.7\times10\times6\times10^{-3}=0.162\text{A}$

10kV 线路单相接地电容电流：$I_C=4I_{C1}+12I_{C2}=4\times4.17543+12\times0.162=18.64572\text{A}$

注：此题争议在于是否需要计算变电所附加的接地电容电流，按本题的出题意图：如果包括附加接地电容电流则没有答案可选，且本题目求的是 10kV 线路的单相接地电容电流值，而不是求 10kV 系统的单相接地电容电流值，因此不建议计算变电所附加的电容电流。

18.《工业与民用配电设计手册》(第三版)P128 表(4-2)、P127 表(4-1)、P126 式(4-16)和 P219 式(5-34)。

设：$S_j=100\text{MV·A}$；$U_j=10.5\text{kV}$；$I_j=5.50\text{kA}$。

$$I_{*s}=\frac{I_s}{I_j}=\frac{29.5}{5.5}=5.364$$

$$X_{*s}=\frac{1}{I_{*s}}=\frac{1}{5.364}=0.1864$$

$$x_{rk}\%\geqslant\left(\frac{I_j}{I_{ky}}-X_{*S}\right)\frac{I_{rk}U_j}{U_{rk}I_j}\times100\%=\left(\frac{5.5}{20}-0.1864\right)\times\frac{2\times10.5}{10\times5.5}\times100\%=0.0338=3.38\%$$

因此选择电抗器电抗率不得小于4%。

19.《工业与民用配电设计手册》(第三版)P212 表 5-10 和 P150 式(4-25)。

$i_{p3}=K_p\sqrt{2}I_k''=2.55I_k''=2.55\times18.5=47.175\text{kA}$

断路器动稳定校验计算公式：$i_{p3}\leqslant i_{max}$。

因 $i_{max}\geqslant47.175\text{kA}$，因此选择 50kA。

20.《工业与民用配电设计手册》(第三版)P212 表 5-10。

电流互感器热稳定校验计算公式：$Q_t \leqslant I_{th}^2 t$

$I_k^2 \times 1.2 \leqslant 24.5^2 \times 1$

$I_k^2 \leqslant 500.208$

$I_k \leqslant 22.365\text{kA}$

题 21 ~25 答案:**BCCDA**

21.《工业与民用配电设计手册》(第三版)P154 表 4-21、表 4-22 和 P162 式(4-54)。采用查表法:

根据表 4-22,800kV·A 容量对应的电阻和电抗分别为 $R_T = 1.88\text{m}\Omega$，$X_T = 8.8\text{m}\Omega$。

根据表 4-21,高压侧短路容量为 200MV·A 对应的电阻和电抗(归算到 0.4kV 侧)分别为 $R_s = 0.08\text{m}\Omega$，$X_s = 0.8\text{m}\Omega$。

低压侧三相短路电流：$I''_{k3} = \dfrac{230}{\sqrt{R_k^2 + X_k^2}} = \dfrac{230}{\sqrt{(1.88+0.08)^2+(8.8+0.8)^2}} = 23.47\text{kA}$

低压侧两相短路电流：$I''_{k2} = 0.866 I''_{k3} = 0.866 \times 23.47 = 20.33\text{kA}$

注:若采用直接计算的方式,计算结果与查表法有些许偏差,根据选项的设置,出题者的意图还是考查查表计算短路电流的方法,因此建议考生若在考场上遇到类似题目时,应优先选择查表计算。为对比说明,作者也将直接计算过程列在下面,供考生参考。

《工业与民用配电设计手册》(第三版)P154 式(4-47)、P162 式(4-54)和 P128 表4-2。

高压侧系统阻抗：$Z_s = \dfrac{(cU_n)^2}{S''_s} \times 10^3 = \dfrac{(1.05 \times 0.38)^2}{200} \times 10^3 = 0.796\text{m}\Omega$

归算到低压侧的高压系统电阻电抗:

$X_s = 0.995 Z_s = 0.995 \times 0.796 = 0.792\text{m}\Omega$，$R_s = 0.1 X_s = 0.1 \times 0.792 = 0.0792\text{m}\Omega$

变压器阻抗：$Z_T = \dfrac{u_k\%}{100} \times \dfrac{U_r^2}{S_{rT}} = 0.045 \times \dfrac{0.38^2}{0.8} = 0.0081225\Omega = 8.1225\text{m}\Omega$

变压器电阻：$R_T = \dfrac{\Delta P \times U_r^2}{S_{rT}} = \dfrac{7.5 \times 0.38^2}{0.8} \times 10^3 = 1.35375\text{m}\Omega$

变压器电抗：$X_T = \sqrt{Z_T^2 - R_T^2} = \sqrt{8.1225^2 - 1.35375^2} = 8.00889\text{m}\Omega$

短路电路总阻抗：$R_k = R_T + R_s = 1.35375 + 0.0792 = 1.43295\text{m}\Omega$

$X_k = X_T + X_s = 8.00889 + 0.792 = 8.80089\text{m}\Omega$

低压侧三相短路电流：$I''_{k3} = \dfrac{230}{\sqrt{R_k^2 + X_k^2}} = \dfrac{230}{\sqrt{1.43295^2 + 8.80089^2}} = 25.794\text{kA}$

低压侧两相短路电流：$I''_{k2} = 0.866 I''_{k3} = 0.866 \times 25.794 = 22.338\text{kA}$

22.《工业与民用配电设计手册》(第三版)P296 表 7-2。

23.《工业与民用配电设计手册》(第三版)P297 表 7-3 及注释 3。

变压器高压侧额定电流：$I_{1rT}=\frac{S}{\sqrt{3}U}=\frac{5000}{\sqrt{3}\times 35}=82.48\text{A}$

保护装置的动作电流：$I_{opK}=K_{rel}K_{jx}\frac{K_{gh}I_{1rT}}{K_r n_{TA}}=1.2\times 1\times\frac{1.1\times 82.48}{0.85\times 150/5}=4.27\text{A}$

保护装置一次动作电流：$I_{op}=I_{opK}\frac{n_{TA}}{K_{jx}}=4.27\times\frac{150/5}{1}=128.1\text{A}$

保护装置的灵敏度系数：$K_{ren}=\frac{I_{2k2\cdot min}}{I_{op}}=\frac{0.866\times 1100}{128.1}=7.44\text{A}$

24.《工业与民用配电设计手册》(第三版)P317 表 7-20。

电容器组额定电流：$I_{1C}=\frac{Q}{\sqrt{3}U}=\frac{1500}{\sqrt{3}\times 10}=86.6\text{A}$

保护装置的动作电流：$I_{opK}=K_{rel}K_{jx}\frac{K_{gh}I_{1C}}{K_r n_{TA}}=1.2\times 1\times\frac{1.3\times 86.6}{0.85\times 100/5}=7.95\text{A}$

25.《工业与民用配电设计手册》(第三版)P315 表 7-18。

保护装置的动作电流：$I_{opK}\leqslant\frac{I''_{k2\cdot min}}{2n_{TA}}=\frac{0.866\times 4560}{2\times 500/5}=19.74\text{A}$

2012 年案例分析试题(下午卷)

[专业案例题(共 40 题,考生从中选择 25 题作答,每题 2 分)]

题 1 ~5:某城市拟在市中心建设一座 400m 高集商业、办公、酒店为一体的标志性公共建筑,当地海拔标高 2000m,主电源采用 35kV 高压电缆进户供电、建筑物内设 35/10kV 电站与 10/0.4kV 的变配电室,高压与低压电气装置共用接地网,请回答下列问题。

1. 本工程 TN-S 系统,拟采用剩余电流动作保护电器作为手持式和移动设备的间接接触保护电器,为确保电流流过人体无有害的电生理效应,按右手到双脚流过 25mA 电流计算,保护电器的最大分断时间不应超过下列哪一项数值? (　　)

(A)0.20s　　(B)0.30s

(C)0.50s　　(D)0.67s

解答过程:

2. 楼内低压配电为 TN-S 系统,办公开水间设置 AC220/6kW 电热水器,间接接触保护断路器过电流额定值 $I_n = 32A$(瞬动 $I_a = 6I_n$),电热水器旁 500mm 处有一组暖气。为保障人身安全,降低电热水器发生接地故障时产生的接触电压,开水间做局部等电位联结,计算产生接触电压的那段线路导体的电阻最大不应超过下列哪一项数值? (　　)

(A)0.26Ω　　(B)1.20Ω

(C)1.56Ω　　(D)1.83Ω

解答过程:

3. 已知某段低压线路末端短路电流为 2.1kA,计算该断路器瞬动或短延时过流脱扣器整定值最大不超过多少? (　　)

(A)1.6kA　　(B)1.9kA

(C)2.1kA　　(D)2.4kA

解答过程：

4. 请确定变电所室内 10kV 空气绝缘母线桥相间距离最小不应小于多少？（　　）

(A) 125mm　　(B) 140mm
(C) 200mm　　(D) 300mm

解答过程：

5. 燃气锅炉房内循环泵低压电机额定电流为 25A，请确定电机配电线路导体长期允许载流量不应小于下列哪一项数值？（　　）

(A) 25A　　(B) 28A
(C) 30A　　(D) 32A

解答过程：

题 6～10：某工程通信机房设有静电架空地板，用绝缘缆线敷设，室内要求有通信设备、网络、UPS 及接地设备，请回答下列问题。

6. 人体与导体内发生放电的电荷达到 2×10^{-7}cm 以上时就可能受到电击，当人体的电容为 100pF 时，依据规范确定静电引起的人体电击的电压大约是下列哪一项数值？（　　）

(A) 100V　　(B) 500V
(C) 1000V　　(D) 3000V

解答过程：

7. 用电设备过电流保护器 5s 时的动作电流为 200A，通信机房内等电位联结，依据规范要求可能触及的外露可导电部分和外界可导电部分内的电阻应小于或等于下列哪一项数值？（　　）

(A)0.125Ω　　(B)0.25Ω
(C)1.0Ω　　(D)4.0Ω

解答过程:

8. 若电源线截面为 50mm^2,接地故障电流为 8.2kA,保护电器切断供电的时间为 0.2s,计算系数 K 取 143,计算保护导体的最小截面为下列哪一项数值?　　(　　)

(A)16mm^2　　(B)25mm^2
(C)35mm^2　　(D)50mm^2

解答过程:

9. 当防静电地板与接地导体采用导电胶粘接时,规范要求其接触面积不宜小于下列哪一项数值?　　(　　)

(A)10cm^2　　(B)20cm^2
(C)50cm^2　　(D)100cm^2

解答过程:

10. 机房内设备最高频率 2500MHz,等电位采用 SM 混合型,设等电位联结网格,网格四周设等电位联结时,对高频信号设备接地设计应采用下列哪一项措施符合规范要求?　　(　　)

(A)采用悬浮不接地
(B)避免接地导体长度为干扰频率波的 1/4 或奇数倍
(C)采用 2 根相同长度的接地导体就近与等电位联结网络连接
(D)采用 1 根接地导体汇聚连接至接地汇流排一点接地

解答过程:

题 11～15：某企业 10kV 变电所，装机容量为两台 20MV·A 的主变压器，2 回 110kV 出线(GIS)，10kV 母线为单母线分段接线方式，每段母线均有 15 回馈线，值班室设置变电所监控系统，并有人值班，请回答下列问题。

11. 关于直流负荷的叙述，下列哪一项叙述是错误的？ ( )

(A)电气和热工的控制、信号为控制负荷
(B)交流不停电装置负荷为动力负荷
(C)测量和继电保护、自动装置负荷为控制负荷
(D)断路器电磁操动合闸机构为控制负荷

解答过程：

12. 若变电所信号控制保护装置容量为 2500W，UPS 装置为 3000W，事故照明容量为 1500W，断路器操作负荷为 800W，各设备额定电压为 220V，功率因数取 1，那么直流负荷的经常负荷电流、0.5h 事故放电容量、1h 事故放电容量为下列哪一项数值？ ( )

(A)6.82A，10.91A·h，21.82A·h
(B)6.82A，10.91A·h，32.73A·h
(C)6.82A，12.20A·h，24.55A·h
(D)9.09A，12.05A·h，24.09A·h

解答过程：

13. 如果该变电所事故照明、事故停电放电容量为 44A·h，蓄电池采用阀控式铅酸蓄电池(胶体)(单体 2V)，单个电池的放电终止电压 1.8V，则该变电所的蓄电池容量宜选择下列哪一项？ ( )

(A)80A·h　　(B)100A·h
(C)120A·h　　(D)150A·h

解答过程：

14. 如果该变电所 220V 直流电源选用 220A·h 的 GF 型铅酸蓄电池，蓄电池的电池个数为 108 个，经常性负荷电流 15A，事故放电末期随机(5s)冲击放电电流值为 18A，事故放电初期(1min)冲击电流和 1h 事故放电末期电流均为 36A，计算事故放电末期承受随机(5s)冲击放电电流的实际电压和事故放电初期 1min 承受冲击放电电流时的实际电压为下列哪一项？(查曲线时所需数据取整数) ( )

(A)197.6V/210.6V (B)99.8V/213.8V
(C)205V/216V (D)217V/226.8V

解答过程：

15. 如果该变电所 1h 放电容量为 20A·h，该蓄电池拟仅带控制负荷，蓄电池个数为 108 个，选用阀控式铅酸蓄电池(贫液)(单体 2V)，则该变电所的蓄电池容量为下列哪一项？(查表时放电终止电压据计算结果就近取值) ( )

(A)65A·h (B)110A·h (C)140A·h (D)150A·h

解答过程：

题 16～20：某企业供电系统计算电路如下图所示。

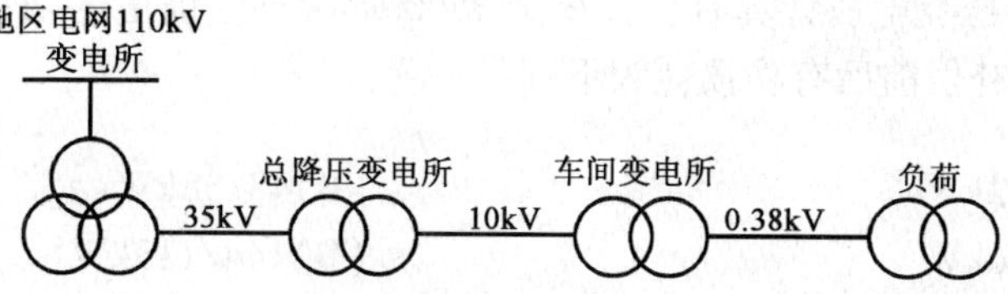

图中 35kV 电缆线路采用交联聚乙烯铜芯电缆，长度为 3.5km，电缆截面为 150mm^2，35kV 电缆有关参数见下表。

截面 (mm^2)	电阻 25℃ Ω/km	电抗 Ω/km	埋地 25℃ 允许负荷	埋地 30℃ 允许负荷	电压损失 [%(MW·km)]			电压损失 [%(kA·km)]		
					cosφ			cosφ		
					0.8	0.85	0.9	0.8	0.85	0.9
3×50	0.428	0.137	7.76	10.85	0.043	0.042	0.039	2.099	2.158	2.202
3×70	0.305	0.128	9.64	13.88	0.033	0.031	0.029	1.589	1.613	1.638

续上表

截面 (mm^2)	电阻25℃ Ω/km	电抗 Ω/km	埋地25℃允许负荷	埋地30℃允许负荷	电压损失 [%(MW·km)]			电压损失 [%(kA·km)]		
					cosϕ			cosϕ		
					0.8	0.85	0.9	0.8	0.85	0.9
3×95	0.225	0.121	11.46	16.79	0.026	0.025	0.022	1.250	1.262	1.267
3×120	0.178	0.116	12.97	19.52	0.022	0.020	0.018	1.049	1.049	1.044
3×150	0.143	0.112	14.67	22.19	0.019	0.017	0.015	0.896	0.896	0.881
3×185	0.116	0.109	16.49	25.70	0.016	0.015	0.013	0.782	0.772	0.752
3×240	0.090	0.104	19.04	30.31	0.014	0.013	0.011	0.663	0.653	0.624
3×300	0.072	0.103	21.40	34.98	0.012	0.011	0.009	0.593	0.571	0.544
3×400	0.054	0.103	24.07	39.46	0.011	0.010	0.008	0.519	0.496	0.465

请回答下列问题。

16. 已知35kV电源线供电负荷为三相平衡负荷，至降压变电所35kW侧计算电流为200A，功率因数为0.8，请问该段35kV电缆线路的电压损失Δu为下列哪一项？（　　）

(A)0.019%　　(B)0.63%
(C)0.72%　　(D)0.816%

解答过程：

17. 假定总降压变电所计算有功负荷为15000kW，补偿前后的功率因数分别为0.8和0.9，该段线路补偿前后有功损耗为下列哪一项？（　　）

(A)28/22kW　　(B)48/38kW
(C)83/66kW　　(D)144/113kW

解答过程：

18. 假定总降压变电所变压器的额定容量$S_N=20000kV\cdot A$，短路损耗$P_s=100kW$，变压器的阻抗电压$u_k=9\%$，计算负荷$S_j=15000kV\cdot A$，功率因数$\cos\phi=0.8$，该变压器的电压损失Δu为下列哪一项？（　　）

(A)0.5%　　(B)4.35%　　(C)6.75%　　(D)8.99%

解答过程：

19. 假定车间变电所变压器额定容量为 $S_N = 20000\text{kV}\cdot\text{A}$，空载损耗为 $P_o = 3.8\text{kW}$，短路损耗 $P_s = 100\text{kW}$，正常运行时的计算负荷 $S_j = 15000\text{kV}\cdot\text{A}$，该变压器在正常运行时的有功损耗 ΔP 为下列哪一项？　　（　　）

(A)9kW　　(B)12.8kW
(C)15.2kW　　(D)19.2kW

解答过程：

20. 该系统末端有一台交流异步电动机，如果电动机端子电压偏差为 -5%，忽略运行中其他参数变化，该电动机电磁转矩偏差百分数为下列哪一项？　　（　　）

(A)10.6%　　(B) -9.75%
(C)5.0%　　(D)0.25%

解答过程：

> 题 21 ~ 25：某炼钢厂除尘风机电动机额定功率 $P_e = 2100\text{kW}$，额定转速 $N = 1500\text{r/min}$，额定电压 $U_n = 10\text{kV}$；除尘风机额定功率 $P_n = 2000\text{kW}$，额定转速 $N = 1491\text{r/min}$，据工艺状况工作在高速或低速状态，高速时转速为 1350r/min，低速时为 300r/min，年作业 320 天，每天 24h，进行方案设计时，做液力耦合器调速方案和变频器调速方案的技术比较，变频器效率为 0.96，忽略风机电动机效率和功率因数影响，请回答下列问题。

21. 在做液力耦合器调速方案时，计算确定液力耦合器工作轮有效工作直径 D 是多少？　　（　　）

(A)124mm　　(B)246mm
(C)844mm　　(D)890mm

解答过程：

22. 若电机工作在额定状态，液力耦合器输出转速为300r/min时，电动机的输出功率是多少？（　　）

(A)380kW　　(B)402kW

(C)420kW　　(D)444kW

解答过程：

23. 当采用变频调速器且除尘风机转速为300r/min时，电动机的输出功率是多少？（　　）

(A)12.32kW　　(B)16.29kW

(C)16.80kW　　(D)80.97kW

解答过程：

24. 当除尘风机运行在高速时，试计算这种情况下用变频调速器调速比液力耦合器调速每天省多少度电？（　　）

(A)2350.18kW·h　　(B)3231.36kW·h

(C)3558.03kW·h　　(D)3958.56kW·h

解答过程：

25. 已知从风机的供电回路测得，采用变频调速方案时，风机高速运行时功率1202kW，低速运行时功率为10kW，采用液力耦合器调速方案时，风机高速运行时功率为1406kW，低速时为56kW，若除尘风机高速和低速各占50%，问采用变频调速比采用液力耦合器调速每年节约多少度电？（　　）

(A)688042kW·h　　(B)726151kW·h

(C)960000kW·h　　(D)10272285kW·h

解答过程：

题 26～30：某工程设计一电动机控制中心（MCC），其中最大一台笼型电动机额定功率 $P_{ed}=200kW$，额定电压 $U_{ed}=380V$，额定电流 $I_{ed}=362A$，额定转速 $N_{ed}=1490r/min$，功率因数 $\cos\phi_{ed}=0.89$，效率 $\eta_{ed}=0.945$，启动电流倍数 $K_{IQ}=6.8$，MCC 由一台 $S_B=1250kV\cdot A$ 的变压器（$U_d=4\%$）供电，变压器二次侧短路容量 $S_{d1}=150MV\cdot A$，MCC 除最大一台笼型电动机外，其他负荷总计 $S_{fh}=650kV\cdot A$，功率因数 $\cos\phi=0.72$，请回答下列问题。

26. 关于电动机转速的选择，下列哪一项是错误的？ （　）

（A）对于不需要调速的高转速或中转速的机械，一般应选用相应转速的异步或同步电动机直接与机械相连接

（B）对于不需要调速的低转速或中转速的机械，一般应选用相应转速的电动机通过减速机来转动

（C）对于需要调速的机械，电动机的转速产生了机械要求的最高转速相适应，并留存 5%～8% 的向上调速的余量

（D）对于反复短时工作的机械，电动机的转速除能满足最高转速外，还需从保证生产机械达到最大的加减速度而选择最合适的传动比

解答过程：

27. 如果该电动机的空载电流 $I_{kz}=55A$，定子电阻 $R_d=0.12\Omega$，采用能耗制动时，外加直流电压 $U_{zd}=60V$，忽略线路电阻，通常为获得最大制动转矩，外加能耗制动电阻值为下列哪一项？ （　）

（A）0.051Ω　　　　（B）0.234Ω

（C）0.244Ω　　　　（D）0.124Ω

解答过程：

28. 如果该电机每小时接电次数 20 次，每次制动时间为 12s，则制动电阻接电持续率为下列哪一项数值？ （　）

（A）0.67%　　　　（B）6.67%

（C）25.0%　　　　（D）66.7%

解答过程：

29. 若忽略线路阻抗影响,按全压启动方案,计算该电动机启动时的母线电压相对值等于下列哪一项数值? （ ）

(A)0.969 (B)0.946

(C)0.943 (D)0.921

解答过程:

30. 若该电动机启动时的母线电压相对值为 0.89,该线路阻抗为 0.0323Ω,计算启动时该电动机端子电压相对值等于下列哪一项? （ ）

(A)0.65 (B)0.84

(C)0.78 (D)0.89

解答过程:

题 31 ~35:某教室平面为扇形面积减去三角形面积,扇形的圆心角为 60°,布置见下图,圆弧形墙面的半径为 30m,教室中均匀布置格栅荧光灯具,计算中忽略墙体面积。

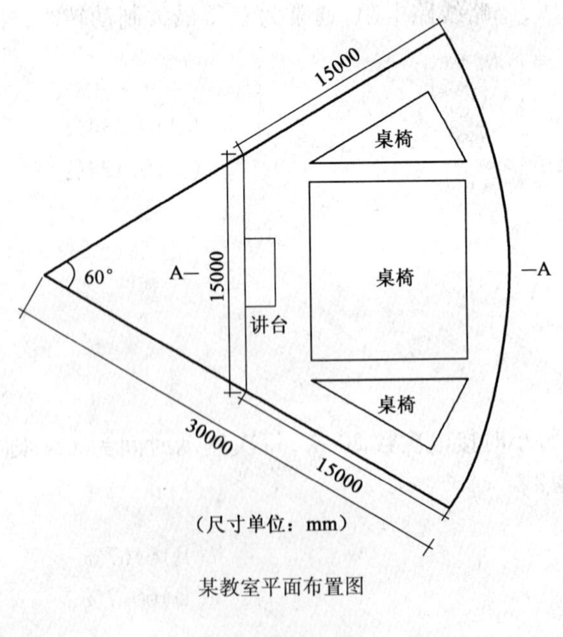

某教室平面布置图

请回答下列问题。

31. 若该教室按多媒体室选择光源色温，照明器具统一光值和照度标准值，下列哪一项是正确的？ （　　）

(A)色温 4500k，统一眩光值不大于 19，0.75 水平面照度值 300lx
(B)色温 4500k，统一眩光值不大于 19，地面照度值 300lx
(C)色温 6500k，统一眩光值不大于 22，0.75 水平面照度值 500lx
(D)色温 6500k，统一眩光值不大于 22，地面照度值 500lx

解答过程：

32. 教室黑板采用非对称光强分布特性的灯具照明，黑板照明灯具安装位置如下图所示。若在讲台上教师的水平视线距地 1.85m，距黑板 0.7m，为使黑板灯不会对教室产生较大的直接眩光，黑板灯具不应安装在教师水平视线 θ 角以内位置，黑板灯安装位置与黑板的水平距离 L 不应大于下列哪一项数值？ （　　）

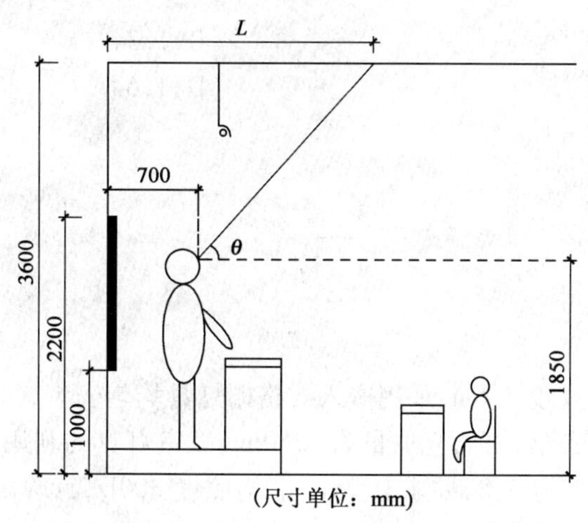

(A)1.85m　　(B)1.92m
(C)2.45m　　(D)2.78m

解答过程：

33. 若该教室室内空间 A-A 剖面如下图所示，无光源。采用嵌入式格栅荧光灯具，已知顶棚空间表面平均反射比为 0.77，计算顶棚的有效空间反射比为下列哪一项？

（　　）

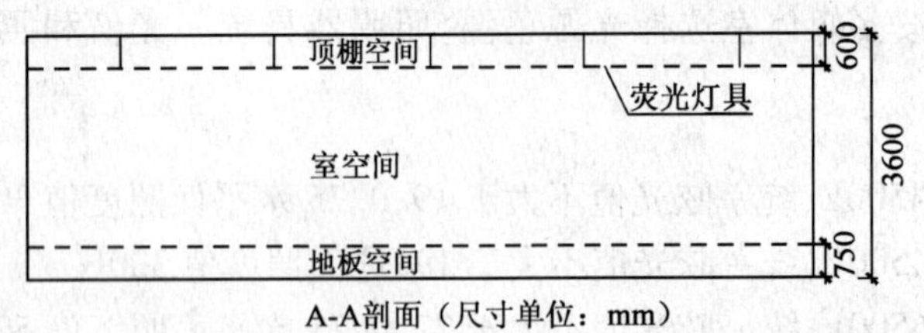

A-A剖面（尺寸单位：mm）

(A)0.69 (B)0.75
(C)0.78 (D)0.83

解答过程：

34. 若该教室顶棚高度3.6m，灯具嵌入顶棚安装，工作面高0.75m，该教室室空间比为下列哪一项数值？ （ ）

(A)1.27 (B)1.34
(C)1.46 (D)1.54

解答过程：

35. 若该教室平均高度3.6m，采用嵌入式格栅灯具均匀安装，每套灯具2×20W，采用节能型荧光灯。若荧光灯灯管光通量为3250lm，教室灯具的利用系数为0.6，灯具效率为0.7，灯具维护系数为0.8，要求0.75m平均照度300lx，计算需要多少套灯具(取整数)？ （ ）

(A)46 (B)42
(C)36 (D)32

解答过程：

题 36 ~ 40：某市有一新建办公楼，地下 2 层，地上 20 层，在第 20 层有一个多功能厅和一个大会议厅，其层高均为 5.5m，吊顶为平吊顶，高度为 5m，多功能厅长 35m、宽 15m，会议厅长 20m、宽 10m，请回答下列问题。

36. 在多功能厅设有 4 组扬声器音箱，每组音箱额定噪声功率 25W，配置的功率放大器峰值功率 1000W，如果驱动每组扬声器的有效值功率为 25W，试问工作时其峰值余量的分贝数为下列哪一项？ （　　）

(A)6dB　　(B)10dB

(C)20dB　　(D)40dB

解答过程：

37. 在会议厅设扬声器，为嵌入式安装，其辐射角为 100°，根据规范要求计算，扬声器的间距不应超过下列哪一项？ （　　）

(A)8.8m　　(B)10m

(C)12.5m　　(D)15m

解答过程：

38. 在多功能厅中有一反射声是由声源扬声器经反射面(体)到测试点，整个反射声的声程为 18m，试问该反射声到达测试点的时间为下列哪一项？ （　　）

(A)56.25ms　　(B)52.94ms

(C)51.43ms　　(D)50ms

解答过程：

39. 在会议厅中，当会场中某一点位置两只扬声器单独扩声时，第一只扬声器在该点产生的声压级为 80dB，另一只扬声器在该点产生的声压级为 90dB，请判断当两只扬声器同时作用时，在该点测得的声压级为下面哪一项？ （　　）

(A)90dB　　(B)90.414dB

(C)92.762dB　　(D)120dB

解答过程:

40. 在会议厅将扬声器靠一墙角布置,已知会议厅平均吸声系数为0.2,$D(\theta)=1$,请计算扬声器的供声临界距离,并判断下列哪一个数值是正确的?　　(　　)

(A)1.98m　　(B)2.62m

(C)3.7m　　(D)5.24m

解答过程:

2012年案例分析试题答案(下午卷)

题1~5答案:**CBABD**

1.《电流对人和家畜的效应 第1部分:通用部分》(GB/T 13870.1—2008)表12及心脏电流系数F公式。

折算到从“左手到双脚”的人体电流:$I_h = \dfrac{I_{ref}}{F}$

$I_{ref} = I_h F = 25 \times 0.8 = 20mA$

查表11和图20,可知从“左手到双脚”的20mA的人体电流对应的电流持续时间为500ms。

注:此题依据不能引用《电流通过人体的效应 第一部分:常用部分》(GB/T 13870.1—1992),依据作废规范解题原则上是不给分的。

2.《低压配电设计规范》(GB 50054—2011)第5.2.5条。

辅助等电位的最大线路电阻:$R \leqslant \dfrac{50}{I_a} = \dfrac{50}{32 \times 1.3} = 1.20\Omega$

注:《低压配电设计规范》(GB 50054—2011)第6.2.4条,I_a应取低压断路器瞬时或短延时过电流脱扣器整定电流的1.3倍。

3.《低压配电设计规范》(GB 50054—2011)第6.2.4条。

脱扣器整定电流:$I_a \leqslant \dfrac{2.1}{1.3} = 1.6kA$

4.《10kV及以下变电所设计规范》(GB 50053—1994)第4.2.1条表4.2.1。

注:表中符号A项数值应按每升高100m增大1%进行修正。

查表10kV空气绝缘母线桥相间距离为125mm,按海拔高度修正为$L = 125 \times (1 + 10 \times 1\%) = 137.5mm$,取140mm。

注:题干中若出现海拔超过1000m的数据,要有足够的敏感度——考查海拔修正的问题。此题与2011年上午案例第1题相似。

5.《爆炸和火灾危险环境电力装置设计规范》(GB 50058—1992)第2.2.1条第2.5.13条。

按第2.2.1条规定,2区:在正常运行时不可能出现爆炸性气体混合物的环境,或即使出现也仅是短时存在的爆炸性气体混合的环境。燃气锅炉房属于2区。

按第2.5.13条要求,导体允许载流量$I_n = 1.25 \times 25 = 31.25A$,取32A。

题6~10答案:**DBCBB**

6.《防止静电事故通用导则》(GB 12158—2006)第7.3.1条,规范原文:发生电击的人体电位约3kV。

注:此规范是历年考试中第一次考查,题目较偏。

7.《低压配电设计规范》(GB 50054—2011)第5.2.5条。

可同时触及的外露可导电部分和装置外可导电部分之间的电阻: $R \leqslant \frac{50}{I_a}=\frac{50}{200}=0.25\Omega$

注:此题与第二题考查点重复,但未考查动作电流与整定电流的关系,相对较为简单。

8.《建筑物电气装置 第5-54部分:电气设备的选择和安装 —接地配置、保护导体和保护联结导体》(GB 16895.3—2004)第543.1条表54.3及第543.1.2条。

电源线(即相线)截面为$50mm^2$,根据表54-3要求,截面不能小于$16mm^2$。

根据公式 $S=\frac{\sqrt{I^2t}}{K}=\frac{\sqrt{8.2^2\times0.2}}{143}\times10^3=25.64mm^2$,保护导体的截面积不应小于该值,综合以上两个条件,因此保护导体的截面取$35mm^2$。

9.《电子信息系统机房设计规范》(GB 50174—2008)第8.3.5条。

注:此规范较少考查,题目较偏。另需注意《工业与民用配电设计手册》(第三版)P908倒数9行,其中$10cm^2$数据有误,为旧规范要求。

10.《工业与民用配电设计手册》(第三版)P905页第13行:无论采用哪种接地系统,其接地线长度$L=\lambda/4$及$L=\lambda/4$的奇数倍的情况应避开。因此时其阻抗为无穷大,相当于一根天线,可接收和辐射干扰信号。

注:本题与2007年专业知识上午考题第66题重复。

题11~15答案:**DACCA**

11.《电力工程直流系统设计技术规程》(DL/T 5044—2004)第5.1.1条。

12.《电力工程直流系统设计技术规程》(DL/T 5044—2004)表5.2.3和表5.2.4。

经常性负荷电流:$2500\times0.6/(220\times1)=6.82A$

事故放电电流:$(2500\times0.6+3000\times0.6+1500\times1.0)/220\times1=21.82A$

0.5h事故放电容量:$0.5\times21.82=10.91A\cdot h$

1.0h事故放电容量:$1.0\times21.82=21.82A\cdot h$

13.《电力工程直流系统设计技术规程》(DL/T 5044—2004)附录B.2.1.2条式(B.1)和附表B.10,阀控式铅酸蓄电池(胶体)(单体2V)的$K_{CC}=0.52$。

变电所蓄电池容量: $C_c=K_K\frac{C_{S\cdot X}}{K_{CC}}=1.4\times\frac{44}{0.52}=118.46A\cdot h$,取答案$120A\cdot h$。

注:直流蓄电池容量查表与查图极少考查,建议复习时应充分利用住建部电教中心讲座的内容,主要是第10讲(2009年版)。

14.《电力工程直流系统设计技术规程》(DL/T 5044—2004)附录 B. 2. 1. 3 式(B.2)、式(B.3)、式(B.4)和式(B.5)。

a. 事故放电末期承受随机(5s)冲击放电电流的实际电压:

$$K_{m.x} = K_K \frac{C_{S.X}}{tI_{10}} = 1.1 \times \frac{1 \times 36}{1 \times 22} = 1.8$$

根据此数据,查图 B.1 中 $2.0I_{10}$ 曲线。

$$K_{chm.x} = K_K \frac{I_{chm}}{I_{10}} = 1.1 \times \frac{18}{1 \times 22} = 0.9$$

横坐标点位 0.9。

依据图 B.1 中 $2.0I_{10}$ 曲线,横坐标 0.9 的点对应纵坐标为 $U_d = 1.9V$,由式(B.3)得

$U_D = nU_d = 108 \times 1.9 = 205.2\ V$

b. 事故放电初期 1min 承受冲击放电电流的实际电压:

$$K_{cho} = K_K \frac{I_{cho}}{I_{10}} = 1.1 \times \frac{36}{220/10} = 1.8$$

查图 B.1 中的 0 族曲线,取整后得 $U_d = 2.0V$。

$U_D = nU_d = 108 \times 2.0 = 216V$

注:根据式(B.4)的计算结果确定曲线,根据式(B.5)的计算结果确定横坐标。

15.《电力工程直流系统设计技术规程》(DL/T 5044—2004)附录 B.1.3。

对控制负荷,蓄电池放电终止电压: $U_m \geqslant \frac{0.85U_n}{n} = \frac{0.85 \times 220}{108} = 1.73V$

查表 B.8 得 $K_{CC} = 0.615$, $C_c = K_K \frac{C_{S.X}}{K_{CC}} = 1.4 \times \frac{20}{0.615} = 45.5A\cdot h$

题 16 ~ 20 答案:**BDBBB**

16.《工业与民用配电设计手册》(第三版)P254 式(6-3)或 P542 表 9-63 有关电流矩公式。

三相平衡负荷线路电压损失:

$$\Delta u = \frac{\sqrt{3}Il}{10U_n}(R'\cos\phi + X'\sin\phi) = \frac{\sqrt{3} \times 200 \times 3.5}{10 \times 35} \times (0.143 \times 0.8 + 0.112 \times 0.6) = 0.629$$

注:此题实际考查的电流矩的公式,注意各参数的单位与手册是否一致,另提请考生注意负荷矩公式[(式 6-3)中第二个],未来有可能考查。题中表格可参见《工业与民用配电设计手册》(第三版)P550 表 9-75。

17.《工业与民用配电设计手册》(第三版)P16 式(1-47)。

补偿前每相线路有功功率损耗: $\Delta P_1' = 3I_c^2R \times 10^{-3} = \left(\frac{15000}{\sqrt{3} \times 35 \times 0.8}\right)^2 \times 0.143 \times 3.5 \times 10^{-3} = 48kW$

补偿前线路总损耗: $\Delta P_1 = 3\Delta P_1' = 3 \times 48 = 144kW$

补偿后每相线路有功功率损耗：$\Delta P_2' = 3I_c^2R \times 10^{-3} = \left(\frac{15000}{\sqrt{3} \times 35 \times 0.9}\right)^2 \times 0.143 \times 3.5 \times 10^{-3} = 38\text{kW}$

补偿后线路总损耗：$\Delta P_2 = 3\Delta P_2' = 3 \times 38 = 114\text{kW}$

注：此类题目要注意各参数的单位是否与手册中一致。

18.《工业与民用配电设计手册》(第三版) P254 式(6-6)。

$u_a = \frac{100\Delta P_T}{S_{rT}} = \frac{100 \times 100}{20000} = 0.5$

$u_r = \sqrt{u_T^2 - u_a^2} = \sqrt{9^2 - 0.5^2} = 8.986$

变压器电压损失：$\Delta u_T = \beta(u_a\cos\phi + u_r\sin\phi) = \frac{15000}{20000} \times (0.5 \times 0.8 + 8.986 \times 0.6) = 4.34$

注：此题与 2011 年案例上午第 1 题雷同，可参考。变压器与线路电压损失几乎年年必考，务必掌握。

19.《工业与民用配电设计手册》(第三版) P16 式(1-49) 或《钢铁企业电力设计手册》(上册) P291 式(6-14)。

电力变压器有功损耗：$\Delta P_T = \Delta P_o + \beta^2\Delta P_k = \Delta P_o + \left(\frac{S_c}{S_r}\right)^2 \Delta P_k = 3.8 + \left(\frac{15000}{20000}\right)^2 \times 16 = 12.8\text{kW}$

20.《工业与民用配电设计手册》(第三版) P267 式(6-13)。

由表可知，电磁转矩(近似等于启动转矩)与电动机端子电压的平方成正比，因此电磁转矩偏差百分数：

$\Delta M_p = (1 - 5\%)^2 - 1 = -0.0975 = -9.75\%$

注：电磁转矩与电动机端子电压无直接关系，电动机端子电压直接决定电动机启动转矩，电磁转矩与启动转矩及电机转动效率有直接关系。

题 21 ~ 25 答案：**CCBAC**

21.《钢铁企业电力设计手册》(下册) P362 式(25-131)。

耦合器有效工作直径：$D = K\sqrt[5]{\frac{P_n}{n_B^3}} = 14.7 \times \sqrt[5]{\frac{2000}{1491^3}} = 0.838\text{m} = 838\text{mm}$

注：液力耦合器的题目是第一次考查，虽然从来没接触过类似题目，但如果复习的时候注意到《钢铁企业电力设计手册》(下册) 中的有关液力耦合器调速方式的章节，快速定位应该不难。另请注意负载额定轴功率，可参考该页的例题。

22.《钢铁企业电力设计手册》(下册) P362 式(25-128)。

由 $\frac{P_T}{P_B} = \frac{n_T}{n_B}$，得 $P_B = \frac{P_T n_B}{n_T} = \frac{2100 \times 300}{1500} = 420\text{kW}$。

23.《钢铁企业电力设计手册》(上册)P306 中"6.6 风机、水泵的节电"。

流量与转速成正比,而功率与流量的 3 次方成比例:$\frac{P_T}{P_B}=\left(\frac{n_T}{n_B}\right)^3$

则 $P_B=P_T\left(\frac{n_B}{n_T}\right)^3=2000\times\left(\frac{300}{1491}\right)^3=16.29\text{kW}$

注:与 2011 下午案例第 1 题雷同,可参考。

24.《钢铁企业电力设计手册》(上册)P306 中"6.6 风机、水泵的节电",由题干忽略风机电动机效率和功率因数影响变频调速器即变速变流量控制,此控制方式的流量特性为:流量与转速成正比,而功率与流量的 3 次方成比例。在高速运行时电机的输出功率 P_B 为:

$$\frac{P_T}{P_B}=\left(\frac{n_T}{n_B}\right)^3$$

则:$P_B=P_T\left(\frac{n_B}{n_T}\right)^3=2100\times\left(\frac{1350}{1500}\right)^3=1530.9\text{kW}$

根据《钢铁企业电力设计手册》(下册)P362 式(25-128)。

液力耦合器调速的效率:$\eta_2=\frac{n_T}{n_B}=\frac{1350}{1500}=0.9$

由题干条件变频器的效率为 0.96,和《钢铁企业电力设计手册》(上册)P306 式(6-43),每天节省的电能为:

$$W=P_B\left(\frac{1}{\eta_2}-\frac{1}{\eta_1}\right)\times24=1531\times\left(\frac{1}{0.9}-\frac{1}{0.96}\right)\times24=2551.5\text{kW·h}$$

注:此题计算过程有争议。

25.《钢铁企业电力设计手册》(上册)P303 例 7 中的相关节能公式。

$\Delta W=\Delta Ph=[(1406+56)-(1202+10)]\times24\times320\times50\%=960000\text{kW·h}$

题 26 ~ 30 答案:**CDBCA**

26.《钢铁企业电力设计手册》(下册)P9 中"23.2.2 电动机转速的选择"第(1)~(4)条。

27.《钢铁企业电力设计手册》(下册)P114 例题。

外加能耗制动电阻:$R_{ed}=R-(2R_d+R_1)=\frac{60}{3\times55}-2\times0.12+0=0.124\Omega$

注:与 2009 年下午案例第 11 题雷同,可参考。

28.《钢铁企业电力设计手册》(下册)P115 例题。

负载持续率:$\text{FC}_\tau=\frac{20\times12}{3600}=0.0667=6.67\%$

29.《工业与民用配电设计手册》(第三版)P270 表 6-6 全压启动公式。

题干中未提及低压线路电抗,则 $X_1=0$。

$S_{st} = S_{stM} = k_{st}S_{rm} = 6.8 \times \sqrt{3} \times 0.38 \times 0.362 = 1.62\text{MV·A}$

预接负荷的无功功率：$Q_{fh} = S_{fh} \times \sqrt{1-\cos^2\phi} = 650 \times \sqrt{1-0.72^2} = 451\text{kV·A} = 0.451\text{MV·A}$

母线短路容量：$S_{km} = \dfrac{S_{rT}}{x_T + \dfrac{S_{rT}}{S_k}} = \dfrac{1.25}{0.04 + \dfrac{1.25}{150}} = 25.86\text{MV·A}$

电动机启动时母线电压相对值：$u_{stM} = \dfrac{S_{km} + Q_{fh}}{S_{km} + Q_{fh} + S_{st}} = \dfrac{25.86 + 0.451}{25.86 + 0.451 + 1.62} = 0.943$

注：与 2010 年下午案例第 1 题雷同，可参考。需注意公式中参数的单位。

30.《工业与民用配电设计手册》（第三版）P270 表 6-6 全压启动公式。

电动机额定启动容量：$S_{stM} = k_{st}S_{rm} = 6.8 \times \sqrt{3} \times 0.38 \times 0.362 = 1.62\text{MV·A}$

电动机启动时启动回路额定容量：$S_{st} = \dfrac{1}{\dfrac{1}{S_{stM}} + \dfrac{X_l}{U_m^2}} = \dfrac{1}{\dfrac{1}{1.62} + \dfrac{0.0323}{0.38^2}} = 1.189\text{MV·A}$

电动机端子电压相对值：$u_{stM} = u_{stM}\dfrac{S_{st}}{S_{stM}} = 0.89 \times \dfrac{1.189}{1.62} = 0.6533$

题 31～35 答案：**ACBCC**

31.《建筑照明设计标准》（GB 50034—2004）第 4.4.1 条和第 5.2.7 条。

32.《照明设计手册》（第二版）P248 倒数第 3 行和 P249 图 7-4。

灯具不应布置在教师站在讲台上水平上视线 45°仰角以内位置，即灯具与黑板的水平距离不应大于 L_2（P249 图 7-4），因此可以通过三角函数直接求出，其水平距离不应大于：

$L = 0.7 + (3.6 - 1.85)/\tan45° = 2.45\text{m}$

注：重点是要找到对应角 θ 的大小，与 2008 年下午案例第 15 题有关体育场照明类似，可参考。

33.《照明设计手册》（第二版）P213 式（5-45）。

空间开口平面面积（灯具所在平面面积），即扇形面积（半径 r）减去正三角形面积（边长 $r/2$）：

$$A_0 = \frac{60}{360}\pi r^2 - \frac{1}{2} \times \frac{r^2}{2} \times \frac{\sqrt{3}}{4} = \left(\frac{\pi}{6} - \frac{\sqrt{3}}{16}\right)r^2 = 0.415 \times 30^2 = 373.8\text{m}^2$$

空间表面面积（除灯具所在平面外的顶棚表面积）：

$$A_s = A_0 + \left(3 \times 15 + \frac{1}{3}\pi r\right) \times 0.6 = 373.8 + 76.4 \times 0.6 = 419.65\text{m}^2$$

有效空间反射比：$\rho_{eff} = \dfrac{\rho A_0}{A_s - \rho A_s + \rho A_0} = \dfrac{0.77 \times 373.8}{419.65 - 0.77 \times 419.65 + 0.77 \times 373.8} = 0.74887$

注：此题较偏，空间开口平面面积和空间表面面积在手册中未给出明确定义。

34.《照明设计手册》(第二版)P212 式(5-44)。

地面积：$S_g = \frac{60}{360}\pi r^2 - \frac{1}{2} \times \frac{r^2}{2} \times \frac{\sqrt{3}}{4} = \left(\frac{\pi}{6} - \frac{\sqrt{3}}{16}\right) r^2 = 0.415 \times 30^2 = 373.8\text{m}^2$

墙面积：$S_w = \left(3 \times 15 + \frac{1}{3}\pi r\right) \times (3.6 - 0.75) = 76.4 \times 2.85 = 217.74\text{m}^2$

室空间比：$\text{RCR} = \frac{2.5 \times S_w}{S_g} = \frac{2.5 \times 217.74}{373.8} = 1.45626$

注:与 2010 年上午案例第 3 题雷同,可参考。

35.《照明设计手册》(第二版)P211 式(5-39)。

工作面平均照度：$E_{av} = \frac{N\Phi Uk}{A}$

则 $N = \frac{AE_{av}}{\Phi Uk} = \frac{373.8 \times 300}{3250 \times 0.6 \times 0.8} = 71.88 \approx 72$

因此共需要 72/2 =36 套。

注:题目中的灯具效率属于干扰项,易出错,对比 2008 年下午案例第 16 题。《照明设计手册》(第二版)P224 式(5-66),需注意的是:投光灯的平均照度公式中存在灯具效率一项,但是一般的平均照度公式则不考虑灯具效率。

题 36 ~40 答案:**BABBA**

36.《民用建筑电气设计规范》(JGJ 16—2008)附录 G 式(G.0.1-2)。

扬声器的有效功率为电功率,扬声器的噪声功率为声功率,题干中均为 25W,即说明扬声器的电声转换效率为 1,即声功率 W_a = 电功率 W_e × 效率 η,因此有 $W_e = W_a$,为理想状态情况。

由公式 $L_W = 10\lg W_a + 120$ 推出 $L_W = 10\lg W_e + 120$ 可知,声压每提高 10dB,所要求的电功率(或说声功率)就必须增加 10 倍,一般为了峰值工作,扬声器的功率留出必要的功率余量是十分必要的。

因此,峰值余量的分贝数为:

$\Delta L_W = 10\lg W_{e2} - 10\lg W_{e1} = 10\lg 1000 - 10\lg(4 \times 25) = 30 - 20 = 10\text{dB}$

注:《民用建筑电气设计规范》(JGJ 16—2008)第 16.6.1-4 条要求扩声系统应有不少于 60dB 的工作余量。

37.《民用建筑电气设计规范》(JGJ 16—2008)第 16.6.5 条式(16.6.5-3)。

扬声器的间距：$L = 2(H - 1.3)\tan\frac{\theta}{2} = 2 \times (5 - 1.3)\tan\frac{100}{2} = 8.8\text{m}$

注:嵌入式安装意味着吊顶安装,因此应代入吊顶高度 5.0m,而不能采用层高 5.5m。

38. 此题无直接依据,只能根据音速直接计算,按空气中的音速在 1 个标准大气压和 15℃的条件下约为 340m/s。

因此反射声到达测试点的时间:$t = 18/340 = 0.05294 = 52.94\text{ms}$

39. 属于超纲题目，手册和规范中均无明确依据，只能查相关的声学专业书籍，考试时建议放弃。

声压级公式：$L = 20\lg\left(\frac{p}{p_0}\right)$

$p = p_0 \times 10^{\frac{L}{20}}$

因此：$p_1 = p_0 \times 10^{\frac{80}{20}} = p_0 \times 10^4$

$p_2 = p_0 \times 10^{\frac{90}{20}} = p_0 \times 10^{4.5}$

总声压级：$\sum p = \sqrt{p_1^2 + p_2^2} = \sqrt{p_0^2 \times 10^8 + p_0^2 \times 10^9} = p_0 \times 10^4 \times \sqrt{11}$

代入声压级公式：$L = 20\lg\left(\frac{p}{p_0}\right) = 20\lg(\sqrt{11} \times 10^4) = 90.414\text{dB}$

40.《民用建筑电气设计规范》(JGJ 16—2008)附录G式(G.0.1-3)、式(G.0.2-4)和表G.0.1。

房间常数：$R = S\alpha/(1-\alpha) = 20 \times 10 \times 0.2/(1-0.2) = 50$

指向性因数：$Q=4$(查表G.0.1，靠一墙角布置)

供声临界距离：$r_e = 0.14D(\theta)\sqrt{QR} = 0.14 \times 1 \times \sqrt{4 \times 50} = 1.980$

注：最后这道大题，是一个明显又偏又难的题，考试时建议放弃。

2013 年

注册电气工程师(供配电)执业资格考试

专业考试试题及答案

2013年专业知识试题(上午卷)

一、单项选择题(共40题,每题1分,每题的备选项中只有1个最符合题意)

1. 相对地电压为220V的TN系统配电线路或仅供给固定设备用电的末端线路,其间接接触防护电器切断故障回路的时间不宜大于下列哪一项数值? ( )

(A)0.4s
(B)3s
(C)5s
(D)10s

2. 人体的“内阻抗”是指下列人体哪个部位间阻抗? ( )

(A)在皮肤上的电极与皮下导电组织之间的阻抗
(B)是手和双脚之间的阻抗
(C)在接触电压出现瞬间的人体阻抗
(D)与人体两个部位相接触的二电极间的阻抗,不计皮肤阻抗

3. 在爆炸性危险环境的2区内,不能选用下列哪种防爆结构的绕线型感应电动机? ( )

(A)隔爆型
(B)正压型
(C)增安型
(D)无火花型

4. 在建筑物内实施总等电位联结时,应选用下列哪一项做法? ( )

(A)在进线总配电箱近旁安装接地母排,汇集诸联结线
(B)仅将需联结的各金属部分就近互相连通
(C)将需联结的金属管道结构在进入建筑物处联结到建筑物周围地下水平接地扁钢上
(D)利用进线总配电箱内PE母排汇集诸联结线

5. 下列电力负荷分级原则中哪一项是正确的? ( )

(A)根据对供电可靠性的要求及中断供电在政治、经济上所造成损失或影响的程度
(B)根据中断供电后,对恢复供电的时间要求
(C)根据场所内人员密集程度
(D)根据对正常工作和生活影响程度

6. 某35kV架空配电线路,当系统基准容量取100MV·A、线路电抗值为0.43Ω时,该线路的电抗标么值应为下列哪一项数值? ( )

(A)0.031　　(B)0.035

(C)0.073　　(D)0.082

7. 断续或短时工作制电动机的设备功率，当采用需要系数法计算负荷时，应将额定功率统一换算到下列哪一项负荷持续率的有功功率？（　　）

(A)$\varepsilon=25\%$　　(B)$\varepsilon=50\%$

(C)$\varepsilon=75\%$　　(D)$\varepsilon=100\%$

8. 在考虑供电系统短路电流问题时，下列表述中哪一项是正确的？（　　）

(A)以 100MV·A 为基准容量的短路电路计算电抗不小于 3 时，按无限大电源容量的系数进行短路计算

(B)三相交流系统的远端短路的短路电流是由衰减的交流分量和衰减的直流分量组成

(C)短路电流计算的最大短路电流值，是校验继电保护装置灵敏系数的依据

(D)三相交流系统的近端短路时，短路稳态电流有效值小于短路电流初始值

9. 并联电容器装置设计，应根据电网条件、无功补偿要求确定补偿容量，在选择单台电容器额定容量时，下列哪种因素是不需要考虑的？（　　）

(A)电容器组设计容量

(B)电容器组每相电容器串联、并联的台数

(C)宜在电容器产品额定容量系数的优先值中选取

(D)电容器组接线方式(星形、三角形)

10. 当基准容量为 100MV·A 时，系统电抗标么值为 0.02；当基准容量取1000MV·A时，系统电抗标么值应为下列哪一项数值？（　　）

(A)20　　(B)5　　(C)0.2　　(D)0.002

11. 成排布置的低压配电屏，其长度超过 6m 时，屏后的通道应设两个出口，并宜布置在通道两端，在下列哪种条件下应增加出口？（　　）

(A)当屏后通道两出口之间的距离超过 15m 时

(B)当屏后通道两出口之间的距离超过 30m 时

(C)当屏后通道内有柱或局部突出

(D)当屏前操作通道不满足要求时

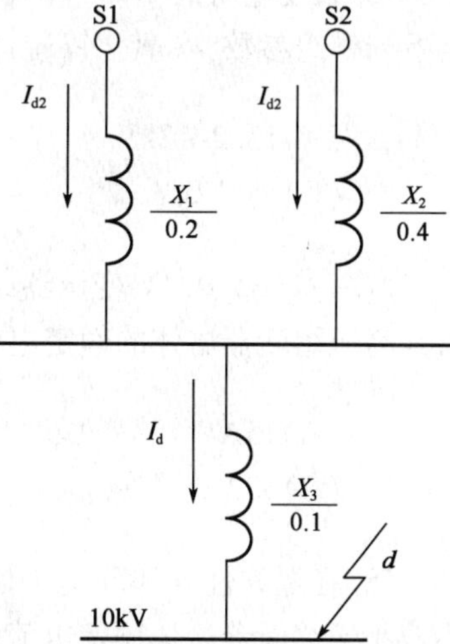

12. 一个供电系统由两个无限大电源系统 S1、S2 供电，其短路电流设计时的等值电抗如右图所示，计

算 d 点短路时，电源 S1 支路的分布系数应为下列哪一项数值？（　　）

(A)0.67　　(B)0.5　　(C)0.37　　(D)0.25

13. 对于低压配电系统短路电流的计算，下列表述中哪一项是错误的？（　　）

(A)当配电变压器的容量远小于系统容量时，短路电流可按无限大电源容量的网络进行计算

(B)计入短路电路各元件的有效电阻，但短路点的电弧电阻、导线连接点、开关设备和电器的接触电阻可忽略不计

(C)当电路电阻较大，短路电流直流分量衰减较快一般可以不考虑直流分量

(D)可不考虑变压器高压侧系统阻抗

14. 某 10kV 线路经常输送容量为 1343kV·A，该线路测量仪表用的电流互感器变比宜选用下列哪一项数值？（　　）

(A)50/5　　(B)75/5

(C)100/5　　(D)150/5

15. 某变电所用于计算短路电流的接线示意图见下图，已知电源 S 为无穷大系统；变压器 B 的参数为 $S_e = 20000\text{kV}\cdot\text{A}$，110/38.5/10.5kV，$u_{k1-2}\% = 10.5$，$u_{k1-3}\% = 17$，$u_{k2-3}\% = 6.5$；$K_1$ 点短路时 35kV 母线不提供反馈电流，试求 10kV 母线的短路电流与下列哪一个值最接近？（　　）

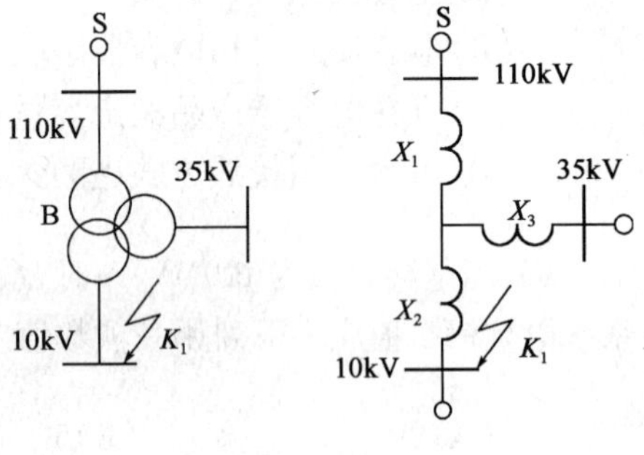

(A)16.92kA

(B)6.47kV

(C)4.68kV

(D)1.18kA

16. 某变电所的 10kV 母线（不接地系统）装设无间隙氧化锌避雷器，此避雷器应选定下列哪组参数？（氧化锌避雷器的额定电压/最大持续运行电压）（　　）

(A)13.2/12kV　　(B)14/32kV

(C)15/12kV　　(D)17/13.2kV

17. 一台 35/0.4V 变压器，容量为 1000kV·A，其高压侧用熔断器保护，可靠系数取 2，其高压熔断器熔体的额定电流应选择下列哪一项？（　　）

(A)15A　　(B)20A

(C)30A　　(D)40A

18. 在爆炸性气体环境 1 区、2 区内，选择绝缘导线和电缆截面时，导体允许截流量不应小于熔断器熔体额定电流的倍数，下列数值中哪一项是正确的？（　　）

(A)1.00　　(B)1.25

(C)1.30　　(D)1.50

19. 交流系统中,35kV 及以下电力电缆缆芯的相间额定电压,按规范规定不得低于使用回路的下列哪一项数值? (　　)

(A)工作线电压　　(B)工作相电压

(C)133%工作相电压　　(D)173%工作线电压

20. 某六层中学教学楼,经计算预计雷击次数为 0.07 次/年,按建筑物的防雷分类属下列哪类防雷建筑物? (　　)

(A)第一类防雷建筑物　　(B)第二类防雷建筑物

(C)第三类防雷建筑物　　(D)以上都不是

21. 一座桥形接线的 35kV 变电所,若不能从外部引入可靠的低压备用电源,考虑所用变压器的设置时,下列哪一项选择是正确的? (　　)

(A)宜装设两台容量相同可互为备用的所用变压器

(B)只装设一台所用变压器

(C)应装设三台不同容量的所用变压器

(D)应装设两台不同容量的所用变压器

22. 粮、棉及易燃物大量集中的露天堆场,当其年计算雷击次数大于或等于 0.05 时,应采用独立接闪杆或架空接闪线防直击雷,独立接闪杆和架空接闪线保护范围的滚球半径 h,可取下列哪一项数值? (　　)

(A)30m　　(B)45m

(C)60m　　(D)100m

23. 户外配电装置中的穿墙套管、支持绝缘子,在承受短路引起的荷载短时作用时,其设计的安全系数不应小于下列哪个数值? (　　)

(A)4　　(B)2.5

(C)2　　(D)1.67

24. 某医院 18 层大楼,预计雷击次数为 0.12 次/年,利用建筑物的钢筋作为引下线,同时建筑物的钢筋、钢结构等金属物连接在一起、电气贯通,为了防止雷电流流经引下线和接地装置时产生的高电位对附近金属物或电气和电子系统线路的反击,金属物或线路与引下线之间的距离要求中,下列哪一项与规范要求一致? (　　)

(A)大于 1m　　(B)大于 3m

(C)大于 5m　　(D)可无要求

25. 一建筑物高 90m、宽 25m、长 180m，建筑物为金属屋面的砖木结构，该地区年平均雷暴日为 80 天，求该建筑物年预计雷击次数为下列哪一项数值？（　　）

(A)1.039 次/年　　(B)0.928 次/年
(C)0.671 次/年　　(D)0.546 次/年

26. 10kV 中性点不接地系统，在开断空载高压感应电动机时产生的过电压一般不超过下列哪一项数值？（　　）

(A)12kV　　(B)14.4kV
(C)24.5kV　　(D)17.3kV

27. 直流系统母线上一般装设电压监视装置，其作用是下列哪一项？（　　）

(A)当系统电压过高或过低时，自动断开充电回路
(B)当系统电压过低时，自动切除部分负荷
(C)当系统电压过低时，自动关合充电回路
(D)当系统电压过高或过低时，发出信号

28. 某民用居住建筑为 16 层，高 45m，其消防控制室、消防水泵、消防电梯等应按下列哪级要求供电？（　　）

(A)一级负荷　　(B)二级负荷
(C)三级负荷　　(D)一级负荷中特别重要负荷

29. 对于采用低压 IT 系统供电要求场所，其故障报警应采用哪种装置？（　　）

(A)绝缘监视装置　　(B)剩余电流保护器
(C)零序电流保护器　　(D)过流脱扣器

30. 请用简易计算法计算如右图所示水平接地极为主边缘闭合的复合接地极（接地网）的接地电阻值最接近下面的哪一项数值？（假定土壤电阻率 $\rho = 1000\Omega\cdot m$）（　　）

30
10
20
10
(单位：m)

(A)1Ω
(B)4Ω
(C)10Ω
(D)30Ω

31. 正常环境下的屋内场所，采用护套绝缘电线直敷布线时，下列哪一项表述与国家标准规范的要求一致？（　　）

(A)其截面不应大于 $1.5mm^2$

(B)其截面不宜大于2.5mm^2

(C)其截面不宜大于4mm^2

(D)其截面不宜大于6mm^2

32. 按照国家标准规范规定,下列哪类灯具需要有保护接地? (　　)

(A)0 类灯具　　(B)I 类灯具

(C)II 类灯具　　(D)III 类灯具

33. 电缆竖井中,宜每隔多少米设置阻火隔层? (　　)

(A)5m　　(B)6m

(C)7m　　(D)8m

34. 根据规范要求,判断下述哪一项可以做接地极? (　　)

(A)建筑物钢筋混凝土基础桩

(B)室外埋地的燃油金属储罐

(C)室外埋地的天然气金属管道

(D)供暖系统的金属管道

35. 按现行国家标准规定,设计照度值与照度标准值比较,允许的偏差是哪一项?

(　　)

(A) -5% ~ +5%　　(B) -7.5% ~ +7.5%

(C) -10% ~ +10%　　(D) -15% ~ +15%

36. 某办公室长8m、宽6m、高3m,选择照度标准值500lx,设计8盏双管2×36W荧光灯,计算最大照度512lx,最小照度320lx,平均照度446lx,针对该设计下述哪条描述正确? (　　)

(A)平均照度低于照度标准值,不符合规范要求

(B)平均照度低于照度标准值偏差值,不符合规范要求

(C)照度均匀度值,不符合规范要求

(D)平均照度、平均照度与照度标准值偏差值、照度均匀度均符合规范要求

37. 关于电动机的交—交变频调速系统的描述,下列哪一项是错误的? (　　)

(A)用晶闸管移相控制的交—交变频调速系统,适用于大功率(3000kW以上)、低速(600r/min以下)的调速系统

(B)交—交变频调速电动机可以是同步电动机或异步电动机

(C)当电源频率为50Hz时,交—交变频装置最大输出频率被限制为$f_{o.max}\leq$ 16~20Hz

(D)当输出频率超过16~20Hz后,随输出频率增加,输出电流的谐波分量减少

38. 无彩电转播需求的室外灯光球场，下列哪一项指标符合体育建筑照明质量标准？（　　）

(A) GR 不应大于 50，Ra 不应小于 65
(B) GR 不应小于 50，Ra 不应大于 65
(C) UGR 不应大于 25，Ra 不应小于 80
(D) UGR 不应小于 25，Ra 不应大于 80

39. 民用建筑内，设置在走道和大厅等公共场所的火灾应急广场扬声器的额定功率不应小于 3W，对于其数量的要求，下列的表述中哪一项符合规范的规定？（　　）

(A) 从一个防火分区的任何部位到最近一个扬声器的距离不大于 15m
(B) 从一个防火分区的任何部位到最近一个扬声器的距离不大于 20m
(C) 从一个防火分区的任何部位到最近一个扬声器的距离不大于 25m
(D) 从一个防火分区的任何部位到最近一个扬声器的距离不大于 30m

40. 照明灯具电源的额定电压为 AC220V，在一般工作场所，规范允许的灯具端电压波动范围为下列哪一项？（　　）

(A) 185 ~ 220V　　(B) 195 ~ 240V
(C) 210 ~ 230V　　(D) 230 ~ 240V

二、多项选择题（共 30 题，每题 2 分，每题的备选项中有 2 个或 2 个以上符合题意，错选、少选、多选均不得分）

41. 在某建筑（二级保护对象）中有相邻 5 间房间，同时满足下列哪些条件时，可将其划为一个火灾报警探测区域？（　　）

(A) 总面积不超过 $400m^2$　　(B) 总面积不超过 $1200m^2$
(C) 在门口没有声音报警器　　(D) 在门口设有灯光显示装置

42. 低压配电接地装置的总接地端子，应与下列哪些导体连接？（　　）

(A) 保护联结导体　　(B) 接地导体
(C) 保护导体　　(D) 中性线

43. 提高车间电力负荷的功率因数，可以减少车间变压器的哪些损耗？（　　）

(A) 有功损耗　　(B) 无功损耗
(C) 铁损　　(D) 铜损

44. 当 35/10kV 终端变电所需限制 10kV 侧短路电流时，一般情况下可采取下列哪些措施？（　　）

(A) 变压器分列运行

(B)采用高阻抗的变压器

(C)10kV 母线分段开关采用高分断能力断路器

(D)在变压器回路中装设电抗器

45. 二级电力负荷的供电系统,采用以下哪几种供电方式是正确的? ( )

(A)宜由两回线路供电

(B)在负荷较小或地区供电条件困难时,可由一回 6kV 及以上专用架空线路供电

(C)当采用一回电缆线路时,应采用两根电缆组成的电缆线路供电,其每根电缆应能承受 100% 的二级负荷

(D)当采用一回电缆线路时,应采用两根电缆组成的电缆线路供电,其每根电缆应能承受 50% 的二级负荷

46. 在进行短路电流计算时,如满足下列哪些项可视为远端短路? ( )

(A)短路电流中的非周期分量在短路过程中由初始值衰减到零

(B)短路电流中的周期分量在短路过程中基本不变

(C)以供电电源容量为基准的短路电路计算电抗标么值不小于 3

(D)以供电电源容量为基准的短路电路计算电抗标么值小于 3

47. 为减少供配电系统的电压偏差,可采取下列哪些措施? ( )

(A)正确选用变压器变比和电压分接头

(B)根据需要,增大系统阻抗

(C)采用无功补偿措施

(D)宜使三相负荷平衡

48. 在电气工程设计中,短路电流的计算结果的用途是下列哪些项? ( )

(A)确定中性点的接地方式

(B)继电保护的选择与整定

(C)确定供配电系统无功功率的补偿方式

(D)验算导体和电器的动稳定、热稳定

49. 低压配电网络中,对下列哪些项宜采用放射式配电网络? ( )

(A)用电设备容量大

(B)用电负荷性质重要

(C)有特殊要求的车间、建筑物内的用电负荷

(D)用电负荷容量不大,但彼此相距很近

50. 对 3 ~ 20kV 电压互感器,当需要零序电压时,一般选用下列哪些项? ( )

(A)两个单相电压互感器 V-V 接线
(B)一个三相五柱式电压互感器
(C)一个三相三柱式电压互感器
(D)三个单相三线圈互感器,高压侧中性点接地

51. 选择 35kV 及以下变压器的高压熔断器熔体时,下列哪些要求是正确的? ( )

(A)当熔体内通过电力变压器回路最大工作电流时不熔断
(B)当熔体内通过电力变压器回路的励磁涌流时不熔断
(C)跌落式熔断器的断流容量仅需按短路电流上限校验
(D)高压熔断器还应按海拔高度进行校验

52. 选择低压接触器时,应考虑下列哪些要求? ( )

(A)额定工作制 (B)使用类别
(C)正常负载和过载特性 (D)分断短路电流的能力

53. 某 10kV 架空线路向一台 500kV·A 变压器供电,该线路终端处装设了一组跌落熔断器,该熔断器具有下列哪些作用? ( )

(A)限制工作电流 (B)投切操作
(C)保护作用 (D)隔离作用

54. 对于 35kV 及以下电力电缆绝缘类型的选择,下列哪些项表述符合规范规定? ( )

(A)高温场所不宜选用普通聚氯乙烯绝缘电缆
(B)低温环境宜选用聚氯乙烯绝缘电缆
(C)防火有低毒性要求时,不宜选用聚氯乙烯电缆
(D)100℃以上高温环境,宜选用矿物绝缘电缆

55. 有关交流调速系统的描述,下列哪些项是错误的? ( )

(A)转子回路串电阻的调速方法为变转差率,用于绕线型异步电动机
(B)变极对数的调速方法为有级调速,作用于转子侧
(C)定子侧调压为调转差率
(D)液力耦合器及电磁转差离合器调速均为调电机转差率

56. 低压配电设计中,有关绝缘导线布线的敷设要求,下列哪些表述符合规范规定? ( )

(A)直敷布线可用于正常环境的屋内场所,当导线垂直敷设至地面低于 1.8m 时,应穿管保护

(B)直敷布线应采用护套绝缘导线，其截面不宜大于 $6mm^2$

(C)在同一个槽盒里有几个回路时，其所有的绝缘导线应采用与最高标称电压回路绝缘相同的绝缘

(D)明敷或暗敷于干燥场所的金属管布线时，应采用管壁厚度不小于 1.2mm 的电线管

57. 下面是一组有关接地问题的叙述，其中正确的是哪些项？（ ）

(A)接地装置的对地电位是零电位

(B)电力系统中，电气装置、设施的某些可导电部分应接地，接地装置按用途分为工作(系统)接地、保护接地、雷电保护接地、防静电接地四种

(C)一般来说，同一接地装置的冲击接地电阻总不小于工频接地电阻

(D)在 3 ~ 10kV 变配电所中，当采用建筑物基础做自然接地极，且接地电阻又满足规定值时，可不另设人工接地网

58. 对于 35kV 及以下电缆，下列哪些项敷设方式符合规定？（ ）

(A)地下电缆与公路交叉时，应采用穿管

(B)有防爆、防火要求的明敷电缆，应采用埋砂敷设的电缆沟

(C)在载重车辆频繁经过的地段，可采用电缆沟

(D)有化学腐蚀液体溢流的场所，不得用电缆沟

59. 某变电所 35kV 备用电源自动投入装置功能如下，请指出哪几项功能是不正确的？（ ）

(A)手动断开工作回路断路器时，备用电源自动投入装置动作，投入备用电源断路器

(B)工作回路上的电压一旦消失，自动投入装置应立即动作

(C)在鉴定工作电压确定无电压而且工作回路确实断开后才投入备用电源断路器

(D)备用电源自动投入装置动作后，如投到故障上，再自动投入一次

60. 建筑物防雷设计，下列哪些表述与国家规范一致？（ ）

(A)当独立烟囱上的防雷引下线采用圆钢时，其直径不应小于 10mm

(B)架空接闪线和接闪网宜采用截面不小于 $50mm^2$ 的热镀锌钢绞线

(C)当建筑物利用金属屋面作为接闪器，金属板下面无易燃物品时，其厚度不应小于 0.4mm

(D)当独立烟囱上采用热镀锌接闪环时，其圆钢直径不应小于 12mm；扁钢截面不应小于 $100mm^2$，其厚度不应小于 4mm

61. 综合布线系统设备间机架和机柜安装时宜符合的规定，下列哪些项表述与规范的要求一致？（ ）

(A)机架或机柜前面的净空不应小于800mm,后面的净空不应小于800mm
(B)机架或机柜前面的净空不应小于800mm,后面的净空不应小于600mm
(C)机架或机柜前面的净空不应小于600mm,后面的净空不应小于800mm
(D)壁挂式配线设备底部离地面的高度不宜小于300mm

62. 某中学教学楼属第二类防雷建筑物,下列屋顶上哪些金属物宜作为防雷装置的接闪器? ( )

(A)高2.5m、直径80mm、壁厚为4mm的钢管旗杆
(B)直径为50mm,壁厚为2.0mm的镀锌钢管栏杆
(C)直径为16mm的镀锌圆钢爬梯
(D)安装在接收无线电视广播的功用天线的杆顶上的接闪器

63. 在变电所设计和运行中应考虑直接雷击、雷电反击和感应雷电过电压对电气装置的危害,其直击雷过电压保护可采用避雷针或避雷线,下列设施应装设直击雷保护装置的有哪些? ( )

(A)露天布置的GIS的外壳
(B)有火灾危险的建构筑物
(C)有爆炸危险的建构筑物
(D)屋外配电装置,包括组合导线和母线廊道

64. 下列哪些消防用电设备应按一级负荷供电? ( )

(A)室外消防用水量超过30L/s的工厂、仓库
(B)建筑高度超过50m的乙、丙类厂房和丙类库房
(C)一类高层建筑的电动防火门、窗、卷帘、阀门等
(D)室外消防用水量超过25L/s的企业办公楼

65. 关于静电保护的措施及要求,下列叙述有哪些是正确的? ( )

(A)静电接地的接地电阻一般不应大于100Ω
(B)对非金属静电导体不必做任何接地
(C)为消除静电非导体的静电,宜采用静电消除器
(D)在频繁移动的器件上使用的接地导体,宜使用$6mm^2$以上的单股线

66. 下列关于电子设备信号电路接地系统接地导体长度的规定哪些是正确的? ( )

(A)长度不能等于信号四分之一波长
(B)长度不能等于信号四分之一波长的偶数倍
(C)长度不能等于信号四分之一波长的奇数倍
(D)不受限制

67. 某设计院旧楼改造，为改善设计室照明环境，下列哪几种做法符合国家标准规范的要求？（　　）

(A)增加灯具容量及数量，提高照度标准到750lx
(B)加大采光窗面积，布置浅色家具，白色顶棚和墙面
(C)每个员工工作桌配备20W 节能工作台灯
(D)限制灯具中垂线以上等于和大于65°高度角的亮度

68. 某市有彩电转播需求的足球场场地平均垂直照度为1870lx，满足摄像照明要求，下列主席台前排的垂直照度，哪些数值符合国家规范标准规定的要求？（　　）

(A)200lx　　(B)300lx
(C)500lx　　(D)750lx

69. 关于可编程序控制器 PLC 循环扫描周期的描述，下列哪几项是错误的？（　　）

(A)扫描速度的快慢与控制对象的复杂程度和编程的技巧无关
(B)扫描速度的快慢与 PLC 所采用的处理器型号无关
(C)PLC 系统的扫描周期包括系统自诊断、通信、输入采样、用户程序执行和输出刷新等用时的总和
(D)通信时间的长短，连接的外部设备的多少，用户程序的长短，都不影响 PLC 扫描时间的长短

70. 采取下列哪些措施可降低或消除气体放电灯的频闪效应？（　　）

(A)灯具采用高频电子镇流器
(B)相邻灯具分接在不同相序
(C)灯具设置电容补偿
(D)灯具设置自动稳压装置

2013 年专业知识试题答案(上午卷)

1. 答案:C

依据:《低压配电设计规范》(GB 50054—2011)第 5.2.9-1 条。

2. 答案:D

依据:《电流对人和家畜的效应　第 1 部分:通用部分》(GB/T 13870.1—2008)第 3.1.3条。

3. 答案:D

依据:《爆炸和火灾危险环境电力装置设计规范》(GB 50058—1992)第 2.5.3 条的表 2.58.3-1。

4. 答案:C

依据:《低压配电设计规范》(GB 50054—2011)第 5.2.4-1、第 5.2.4-2 条。

5. 答案:A

依据:《供配电系统设计规范》(GB 50052—2009)第 3.0.1 条。

6. 答案:A

依据:《工业与民用配电设计手册》(第三版)P127、128 表 4-1、4-2。

$$X_* = X\frac{S_j}{U_j^2} = 0.43 \times \frac{100}{37^2} = 0.031$$

7. 答案:A

依据:《工业与民用配电设计手册》(第三版)P2 第 5 ~7 行。

8. 答案:D

依据:《工业与民用配电设计手册》(第三版)P124、125,无准确对应条文,但分析可知,选项 A 应为“以供电电源容量为基准”,选项 B 应为“不含衰减的交流分量”,选项 C 应为“最小短路电流值”。

9. 答案:D

依据:《并联电容器装置设计规范》(GB 50227—2008)第 5.2.4 条。

10. 答案:C

依据:《工业与民用配电设计手册》(第三版)P128 表 4-2 第 6 项。

11. 答案:A

依据:《低压配电设计规范》(GB 50054—2011)第 4.2.4 条。

12. **答案**:A

依据:《工业与民用配电设计手册》(第三版)P149 中分布系数内容,即为 0.4/(0.2 + 0.4) =0.67。

注:第 i 个电源的电流分布系数的定义,即等于短路点的输入阻抗与该电源对短路点的转移阻抗之比。

13. **答案**:D

依据:《工业与民用配电设计手册》(第三版)P162 中"一、计算条件"。

14. **答案**:C

依据:《电力装置的电测量仪表装置设计规范》(GB/T 50063—2008)第 8.1.2 条。

15. **答案**:B

依据:《工业与民用配电设计手册》(第三版)P131 式(4-11),P127 ~128 表(4-1)和式(4-2)。

设:$S_j = 100\text{MV·A}$;则 $U_j = 10.5\text{kV}, I_j = 5.5\text{kA}$。

高压端 X_1:$x_1\% = \frac{1}{2}(u_{k1\text{-}2}\% + u_{k1\text{-}3}\% - u_{k2\text{-}3}\%) = \frac{1}{2} \times (10.5 + 17 - 6.5) = 10.5$

$$X_{1*} = \frac{x\%}{100} \times \frac{S_j}{S_{rT}} = \frac{10.5}{100} \times \frac{100}{20} = 0.525$$

中压端 X_3:$x_2\% = \frac{1}{2}(u_{k1\text{-}2}\% + u_{k2\text{-}3}\% - u_{k1\text{-}3}\%) = \frac{1}{2} \times (10.5 + 6.5 - 17) = 0$

$$X_{3*} = \frac{x\%}{100} \times \frac{S_j}{S_{rT}} = \frac{0}{100} \times \frac{100}{20} = 0$$

低压端 X_2:$x_3\% = \frac{1}{2}(u_{k1\text{-}3}\% + u_{k2\text{-}3}\% - u_{k1\text{-}2}\%) = \frac{1}{2} \times (17 + 6.5 - 10.5) = 6.5$

$$X_{2*} = \frac{x\%}{100} \times \frac{S_j}{S_{rT}} = \frac{6.5}{100} \times \frac{100}{20} = 0.325$$

《工业与民用配电设计手册》(第三版)P134 式(4-13)。

$$I''_k = \frac{I_j}{X_{*\Sigma}} = \frac{5.5}{0.525 + 0.325} = 6.47\text{kA}$$

注:中、低压的下角标不要弄错。

16. **答案**:D

依据:《交流电气装置的过电压保护和绝缘配合》(DL/T 620—1997)第 5.3.4-a 条,其中最高电压 U_m 查《标准电压》(GB/T 156—2007)第 4.3 条。

17. **答案**:C

依据:《工业与民用配电设计手册》(第三版)P216 式(5-28)。

$$I_{rr} = KI_{gmax} = 2 \times \frac{1000}{35 \times 1.732} = 33\text{A}$$

取最接近值30A。

18. **答案**:B

依据:《爆炸和火灾危险环境电力装置设计规范》(GB 50058—1992)第2.5.13条。

19. **答案**:A

依据:《电力工程电缆设计规范》(GB 50217—2007)第3.3.1条。

20. **答案**:B

依据:《建筑物防雷设计规范》(GB 50057—2010)第3.0.3条及条文说明,其中条文说明中明确:人员密集的公共建筑物是指如集会、展览、博览、体育、商业、影剧院、医院、学校等。

注:因有关数据已更新,不建议以《民用建筑电气设计规范》(JGJ 16—2008)为依据。

21. **答案**:A

依据:《35kV~110kV变电站设计规范》(GB 50059—2011)第3.6.1条。

22. **答案**:D

依据:《建筑物防雷设计规范》(GB 50057—2010)第4.5.5条。

23. **答案**:D

依据:导体和电器选择设计技术规定》(DL/T 5222—2005)第5.0.15条及表5.0.15。

24. **答案**:D

依据:《建筑物防雷设计规范》(GB 50057—2010)第4.3.8-1条。

25. **答案**:A

依据:《建筑物防雷设计规范》(GB 50057—2010)附录A,本建筑物高度小于100m,采用如下公式:

$A_e = [LW + 2(L+W)\sqrt{H(200-H)} + \pi H(200-H)] \times 10^{-6} = (180 \times 25 + 2 \times 205 \times 99.5 + \pi \times 9900) \times 10^{-6} = 0.0764$

$N_g = 0.1T_d = 0.1 \times 80 = 8$

$N = kN_gA_e = 1.7 \times 8 \times 0.0764 = 1.039$ 次/年

注:金属屋面的砖木结构 k 取1.7。

26. **答案**:C

依据:《导体和电器选择设计技术规定》(DL/T 5222—2005)第4.2.7条:开断空载电动机的过电压一般不超过2.5p.u.。第3.2.2-b)条:操作过电压的1.0p.u. $= \sqrt{2}U_m/\sqrt{3} = \sqrt{2} \times 12/\sqrt{3} = 9.8$kV。

2.5p.u. $= 2.5 \times 9.8 = 24.5$kV

注:查《标准电压》(GB/T 156—2007)第4.3~4.5条,$U_m = 12kV$。

27. **答案**:D

依据:《电力工程直流系统设计技术规程》(DL/T 5044—2004)第6.3.1条。

28. **答案**:B

依据:《高层民用建筑设计防火规范》(GB 50045—1995)(2005年版)第3.0.1条及表3.0.1,《民用建筑电气设计规范》(JGJ 16—2008)第3.2.3-1条。

29. **答案**:A

依据:《低压配电设计规范》(GB 50054—2011)第5.2.20条。

30. **答案**:D

依据:《交流电气装置的接地设计规范》(GB 50065—2011)附录A式(A.0.4-3)~式(A.0.4-4),《交流电气装置的接地》(DL/T 621—1997)附录A表A2。

$$R\frac{\sqrt{\pi}}{4} \times \frac{\rho}{\sqrt{S}} + \frac{\rho}{L} = 0.443 \times \frac{1000}{\sqrt{100+300}} + \frac{1000}{200} = 27.15\Omega$$

31. **答案**:D

依据:《低压配电设计规范》(GB 50054—2011)第7.2.1-1条。

32. **答案**:B

依据:《建筑照明设计标准》(GB 50034—2004)第7.2.12条或《照明设计手册》(第二版)P100表4-6。

33. **答案**:C

依据:《电力工程电缆设计规范》(GB 50217—2007)第7.0.2-3条。

34. **答案**:A

依据:《低压配电设计规范》(GB 50054—2011)第8.1.2-3条和第8.1.2-6条。

35. **答案**:C

依据:《建筑照明设计标准》(GB 50034—2004)第4.1.7条。

36. **答案**:B

依据:《建筑照明设计标准》(GB 50034—2004)第4.1.7条。

37. **答案**:D

依据:《钢铁企业电力设计手册》(下册)P310表25-11以及P331中"25.5.4 交—交变频调速"第一段内容。

注:也可参考《电气传动自动化技术手册》(第二版)P490倒数第5行。

38. **答案**:A

依据:《建筑照明设计标准》(GB 50034—2004)第5.2.11条及条文说明。

注:GR为眩光值,Ra为显色指数。

39. **答案:**C

依据:《火灾自动报警系统设计规范》(GB 50116—1998)第5.4.2.1条。

40. **答案:**C

依据:《供配电系统设计规范》(GB 50052—2009)第5.0.4-2条或《工业与民用配电设计手册》(第三版)P256表6-3。

注:准确的范围应是211~231V。

---

41. **答案:**AD

依据:《火灾自动报警系统设计规范》(GB 50116—1998)第4.2.2条。

42. **答案:**ABC

依据:《交流电气装置的接地设计规范》(GB 50065—2011)第8.1.4条。

注:PE即保护导体。

43. **答案:**ABD

依据:《钢铁企业电力设计手册》(上册)P297中"6.3变配电设备的节电(2)提供功率因数减少电能损耗2)减少变压器的铜耗"及式(6-36)和式(6-37)。

44. **答案:**ABD

依据:《35kV~110kV变电站设计规范》(GB 50059—2011)第3.2.6条。

45. **答案:**AB

依据:《供配电系统设计规范》(GB 50052—2009)第3.0.7条。

46. **答案:**BC

依据:《工业与民用配电设计手册》(第三版)P124第二段内容。

47. **答案:**ACD

依据:《供配电系统设计规范》(GB 50052—2009)第5.0.9条。

48. **答案:**ABD

依据:《工业与民用配电设计手册》(第三版)P124第三段内容:最大短路电流值,用以校验电气设备的动稳定、热稳定及分断能力,整定继电保护装置。

《钢铁企业电力设计手册》(上册)P177中"4.1短路电流计算的目的及一般规定(5)接地装置的设计及确定中性点接地方式"。

注:也可参考《电力工程电气设计手册》(电气一次部分)P119中短路电流计算目的的内容。

49. **答案**:ABC

依据:《供配电系统设计规范》(GB 50052—2009)第7.0.3条。

50. **答案**:BD

依据:《导体和电器选择设计技术规定》(DL/T 5222—2005)第16.0.4条。

51. **答案**:ABD

依据:《导体和电器选择设计技术规定》(DL/T 5222—2005)第17.0.10条、第17.0.13条、第17.0.2条。

52. **答案**:ABC

依据:《工业与民用配电设计手册》(第三版)P642、643标题内容。

53. **答案**:CD

依据:《导体和电器选择设计技术规定》(DL/T 5222—2005)第17.0.13条及条文说明。

条文说明:跌落式高压熔断器没有限流作用。关于投切无明确文字,但常识是熔断器均无投切作用。

54. **答案**:ACD

依据:《电力工程电缆设计规范》(GB 50217—2007)第3.4.5条、第3.4.6条、第3.4.7条。

55. **答案**:ACD

依据:《钢铁企业电力设计手册》(下册)P271、272表25-2常用交流调速方案比较。

56. **答案**:ABC

依据:《低压配电设计规范》(GB 50054—2011)第7.1.4条、第7.2.1条、第7.2.10条。

57. **答案**:BD

依据:《交流电气装置的接地设计规范》(GB 50065—2011)第2.0.9条:接地装置是接地导体(线)和接地极的总和,显然"接地装置"不全是零电位的。选项A错误,依据第3.1.1条。选项B正确,依据《建筑物防雷设计规范》(GB 50057—2010)附录C式(C.0.1)。选项C错误。选项D未找到对应条文,但显然是正确的。

58. **答案**:ABD

依据:《电力工程电缆设计规范》(GB 50217—2007)第5.2.3-1条、第5.2.5-4条、第5.2.5-1条。

59. **答案**:ABD

依据:《电力装置的继电保护和自动装置设计规范》(GB/T 50062—2008)第11.0.2条。

60. **答案**:BD

依据:《建筑物防雷设计规范》(GB 50057—2010)第5.3.3条、第5.2.5条、第5.2.7-2条、第5.2.4条。

61. **答案**:BD

依据:《综合布线系统工程设计规范》(GB 50311—2007)第6.3.7条。

注:也可参考《民用建筑电气设计规范》(JGJ 16—2008)第21.5.4条。

62. **答案**:AC

依据:《建筑物防雷设计规范》(GB 50057—2010)第5.2.8-1条、第5.2.10条。

注:本题有争议。

63. **答案**:BCD

依据:《导体和电器选择设计技术规定》(DL/T 5222—2005)第7.1.1条、第7.1.3条。

64. **答案**:BC

依据:《建筑设计防火规范》(GB 50016—2006)第11.1.1条,《高层民用建筑设计防火规范》(GB 50045—1995)(2005年版)第9.1.1条。

65. **答案**:AC

依据:《防止静电事故通用导则》(GB 12158—2006)(超纲规范)第6.1.2条、第6.1.10条、第6.2.6条。

注:防静电接地内容,可参考《工业与民用配电设计手册》(第三版)P912~914的内容,但内容有限。此题有争议。

66. **答案**:AC

依据:《工业与民用配电设计手册》(第三版)P905中无论采用哪种接地系统,其接地线长度$L=\frac{\lambda}{4}$及$L=\frac{\lambda}{4}$的奇数倍的情况应避开。

67. **答案**:BCD

依据:《建筑照明设计标准》(GB 50034—2004)第5.2.2条。选项A错误,依据第6.2条充分利用自然光。选项B正确,依据《照明设计手册》(第二版)P268第3行中"2.辅助照明"内容。选项C正确,依据P264第2行:有视频显示终端的工作场所照明应限制灯具中垂线以上不小于65°高度角的亮度。选项D正确。

注:电脑显示屏即为视频显示终端。

68. **答案**:CD

依据:《建筑照明设计标准》(GB 50034—2004)第4.2.3-4条或《照明设计手册》(第二版)P374倒数第8行:主席台面的照度不宜低于200lx。靠近比赛区前12排观众席的垂直照度不宜小于场地垂直照度的25%。

注:题目不严谨,“主席台前排”在这里应理解为“前排观众席”,较为牵强。

69. **答案**:ABD

依据:《电气传动自动化技术手册》(第二版)P799 中"3. PLC 系统的扫描周期"。

70. **答案**:AB

依据:《建筑照明设计标准》(GB 50034—2004)第 7.2.11 条。

2013 年专业知识试题(下午卷)

一、单项选择题(共 40 题,每题 1 分,每题的备选项中只有 1 个最符合题意)

1. 国家标准中规定,在建筑照明设计中对照明节能评价指标采用的单位是下列哪一项?( )

(A)W/lx (B)W/lm (C)W/m^2 (D)lm/m^2

2. 高压配电系统可采用放射式、树干式、环式或其他组合方式配电,其放射式配电的特点在下列表述中哪一项是正确的?( )

(A)投资少、事故影响范围大
(B)投资较高、事故影响范围较小
(C)切换操作方便、保护配置复杂
(D)运行比较灵活、切换操作不便

3. 在三相配电系统中,每相均接入一盏交流 220V、1kW 的碘钨灯,同时在 A 相和 B 相间接入一个交流 380V、2kW 的全阻性负载,请计算等效三相负荷,下列哪一项数值是正确的?( )

(A)5kW (B)6kW (C)9kW (D)10kW

4. 35kV 变电所主接线一般有单母线分段、单母线、外桥、内桥、线路变压器组几种形式,下列哪种情况宜采用内桥接线?( )

(A)变电所有两回电源线路和两台变压器,供电线路较短或需经常切换变压器
(B)变电所有两回电源线路和两台变压器,供电线路较长或不需经常切换变压器
(C)变电所有两回电源线路和两台变压器,且 35kV 配电装置有一至二回转送负荷的线路
(D)变电所有一回电源线路和一台变压器,且 35kV 配电装置有一至二回转送负荷的线路

5. 10kV 及以下变电所设计中,一般情况下,动力和照明宜共用变压器,在下列关于设置专用变压器的表述中哪一项是正确的?( )

(A)在 TN 系统的低压电网中,照明负荷应设专用变压器
(B)当单台变压器的容量小于 1250kV·A 时,可设照明专用变压器
(C)当照明负荷较大或动力和照明采用共用变压器严重影响照明质量及灯泡的寿命时,可设照明专用变压器

(D)负荷随季节性变化不大时,宜设照明专用变压器

6. 具有3种电压的110kV变电所,通过主变压器各侧线圈的功率均达到该变压器容量的下列哪个数值以上时,主变压器宜采用三线圈变压器? ( )

(A)10% (B)15%
(C)20% (D)30%

7. 下列哪一项为供配电系统中高次谐波的主要来源? ( )

(A)工矿企业中各种非线性用电设备
(B)60Hz的用电设备
(C)运行在非饱和段的铁芯电抗器
(D)静补装置中的容性无功设备

8. 10kV变电所电气设备外露可导电部分必须与接地装置有可靠的电气连接,成排的配电装置应采用下列哪种方式与接地线相连? ( )

(A)任意一点与接地线相连 (B)任意两点与接地线相连
(C)两端均应与接地线相连 (D)一端与接地线相连

9. 下列关于高压配电装置设计的要求中,哪一条不符合规范的规定? ( )

(A)63kV敞开式配电装置中,每段母线上不宜装设接地刀闸或接地器
(B)63kV敞开式配电装置中,断路器两侧隔离开关的断路器侧和线路隔离开关的线路侧,宜配置接地开关
(C)气体绝缘金属封闭开关设备宜设隔离断口
(D)屋内、外配电装置的隔离开关与相应的断路器和接地刀闸之间应装设闭锁装置

10. 110kV屋外配电装置的设计时,按下列哪一项确定最大风速? ( )

(A)离地10m高,30年一遇15min平均最大风速
(B)离地10m高,20年一遇10min平均最大风速
(C)离地10m高,30年一遇10min平均最大风速
(D)离地10m高,30年一遇10min平均风速

11. 已知一条50km长的110kV架空线路,其架空导线每公里电抗为0.409Ω,若计算基准容量为100MV·A,该线路电抗标么值是多少? ( )

(A)0.204 (B)0.169
(C)0.155 (D)0.003

12. 10kV电容器装置的电器和导体的长期允许电流,应按下列哪一项选择?
( )

(A)等于电容器组额定电流的1.35倍

(B)不小于电容器组额定电流的1.35倍

(C)等于电容器组额定电流的1.30倍

(D)不小于电容器组额定电流的1.30倍

13. 某远离发电厂的变电所10kV母线最大三相短路电流为7kA,请指出10kA开关柜中的隔离开关的动稳定电流,选用下列哪一项最合理? ( )

(A)16kA (B)20kA

(C)31.5kA (D)40kA

14. 下列哪一项变压器可不装设纵联差动保护? ( )

(A)10MV·A及以上的单独运行变压器

(B)6.3MV·A及以上的并列运行变压器

(C)2MV·A及以上的变压器,当电流速断保护灵敏系数满足要求时

(D)3MV·A及以上的变压器,当电流速断保护灵敏系数不满足要求时

15. 按低压电器的选择原则规定,下列哪一项电器不能用作功能性开关电器? ( )

(A)负荷开关 (B)继电器

(C)半导体开关电器 (D)熔断器

16. 根据回路性质确定电缆芯线最小截面时,下列哪一项不符合规定? ( )

(A)电压互感器至保护和自动装置屏的电缆芯线截面不应小于1.5mm²

(B)电流互感器二次回路电缆芯线截面不应小于2.5mm²

(C)操作回路电缆芯线截面不应小于4mm²

(D)弱电控制回路电缆芯线截面不应小于0.5mm²

17. 在10kV及以下电力电缆和控制电缆的敷设中,下列哪一项叙述符合规范的规定? ( )

(A)在隧道、沟、线槽、竖井、夹层等封闭式电缆通道中,不得含有可能影响环境温升持续超过10℃的供热管路

(B)直埋敷设于非冻土地区时,电缆外皮至地面深度不得小于0.5m

(C)敷设于保护管中,使用排管时,管路纵向排水坡度不宜小于0.2%

(D)电缆沟、隧道的纵向排水坡度不应大于0.5%

18. 采用蓄电池组的直流系统,正常运行时其母线电压应与蓄电池组的下列哪种运行方式下的电压相同? ( )

(A)初充电电压 (B)均衡充电电压

(C)浮充电电压　　　　　　　　　　　　　(D)放电电压

19. 某 380/220V 照明回路,灯具全部采用荧光灯、铁芯镇流器且不设电容补偿(功率因数为 0.5),假定该回路的照明负荷三相均衡,计算负荷为 9kW,请计算该回路的计算电流最接近下列哪个数值?　　(　　)

(A)13.7A　　　　　　　　　　　　　　(B)27.3A
(C)47.2A　　　　　　　　　　　　　　(D)47.4A

20. 为远动、通信装置提供电源的直流系统,下列哪个电压值宜选为其标称电压?　　(　　)

(A)380V　　　　(B)220V　　　　(C)110V　　　　(D)48V

21. 对双绕组变压器的外部相间短路保护,以下说法哪一项是正确的?　　(　　)

(A)单侧电源的双绕组变压器的外部相间短路保护宜装于各侧
(B)单侧电源的双绕组变压器的外部相间短路保护电源侧保护可带三段时限
(C)双侧电源的双绕组变压器的外部相间短路保护应装于主电源侧
(D)三侧电源的双绕组变压器的外部相间短路保护应装于低压侧

22. 某厂有一台交流变频传动异步机,额定功率 75kW,额定电压 380V,额定转速 985r/min,额定频率 50Hz,最高弱磁转速 1800r/min,采用通用电压型变频装置供电。如果电机拖动恒转矩负载,当电机运行在 25Hz 时,变频器输出电压最接近下列哪一项数值?　　(　　)

(A)400V　　　　　　　　　　　　　　(B)380V
(C)220V　　　　　　　　　　　　　　(D)190V

23. 应用于标称电压为 10kV 的中性点不接地系统中的变压器的相对地雷击冲击耐受电压和短路时工频耐受电压分别是下列哪一项?　　(　　)

(A)75kV,35kV　　　　　　　　　　　(B)75kV,28kV
(C)60kV,35kV　　　　　　　　　　　(D)60kV,28kV

24. 根据现行的国家标准,下列哪一项指标不属于电能质量指标?　　(　　)

(A)电压偏差和三相电压不平衡度限值
(B)电压波动和闪变限值
(C)谐波电压和谐波电流限值
(D)系统短路容量限值

25. 综合分析低压配电系统的各种接地形式,对于有自设变电所的智能型建筑最适合的接地形式是下列哪一种?　　(　　)

(A)TN-S (B)TT

(C)IT (D)TN-C-S

26. 火灾自动报警系统中,规范规定特级保护对象的各避难层设置一个消防专用电话分机或电话塞孔间隔应为下列哪一项数值? ( )

(A)20m (B)25m (C)30m (D)40m

27. 按照国家标准规范规定,每套住宅进户线截面不应小于多少? ( )

(A)$4mm^2$ (B)$6mm^2$

(C)$10mm^2$ (D)$16mm^2$

28. 在进行火灾自动报警系统设计时,对于报警区域和探测区域的划分不符合规范规定的是下列哪一项? ( )

(A)报警区域可按防火分区划分,也可以按楼层划分

(B)报警区域既可将一个防火分区划分为一个报警区域,也可以将两层数个防火分区划分为一个报警区域

(C)探测区域应按独立房(套)间划分,一个探测区域的面积不宜超过$500m^2$,从主要入口能看清其内部,且面积不超过$1000m^2$ 的房间,也可划分为一个探测区域

(D)敞开或封闭楼梯间应单独划分探测区域

29. 请问下列哪款光源必须选配电子镇流器? ( )

(A)T8,36W 直管荧光灯 (B)400W 高压钠灯

(C)T5,28W 超细管荧光灯 (D)250W 金属卤化灯

30. 火灾报警控制器容量和每一总线回路所连接的火灾探测器和控制模块或信号模块的地址编码总数,宜留有一定余量,以下哪个选择符合规范规定? ( )

(A)余量按火灾报警控制器额定容量或总线回路地址编码总数额定值的70% ~75% 选择

(B)余量按火灾报警控制器额定容量或总线网络地址编码总数额定值的75% ~80% 选择

(C)余量按火灾报警控制器额定容量或总线回路地址编码总数额定值的80% ~85% 选择

(D)余量按火灾报警控制器额定容量或总线回路地址编码总数额定值的85% ~90% 选择

31. 根据他励直流电动机的机械特性,由负载力矩引起的转速降落 Δn 符合下列哪一项关系? ( )

(A) Δn 与电动机工作转速成正比

(B) Δn 与电枢电流平方成正比

(C) Δn 与电动机磁通成反比

(D) Δn 与电动机磁通平方的倒数成正比

32. 在进行民用建筑共用天线电视系数设计时,对系统的交扰调制比、载噪比和载波互调比有一定的要求,下列哪一项要求符合规范规定? ( )

(A) 交扰调制比≥44dB,载噪比≥47dB,载波互调比≥58dB

(B) 交扰调制比≥45dB,载噪比≥58dB,载波互调比≥54dB

(C) 交扰调制比≥52dB,载噪比≥45dB,载波互调比≥44dB

(D) 交扰调制比≥47dB,载噪比≥44dB,载波互调比≥58dB

33. 改变定子电压可以实现异步电动机的简易调速,当向下调节定子电压时,电动机的电磁转矩按下列哪一项关系变化? ( )

(A) 随定子电压值按一次方的关系下降

(B) 随定子电压值按二次方的关系下降

(C) 随定子电压值按三次方的关系下降

(D) 随电网频率按二次方的关系下降

34. 按规范要求,综合布线系统水平缆线与建筑物主干缆线及建筑群主干缆线之和所构成信道的总长度不应大于下面哪一项数据? ( )

(A) 100m　　(B) 500m

(C) 1000m　　(D) 2000m

35. 消防控制室内设备的布置,下列哪一项表述与规范的要求一致? ( )

(A) 设备面盘前的操作距离:单列布置时不应小于最小操作空间 1.0m,双列布置时不应小于 1.5m

(B) 设备面盘前的操作距离:单列布置时不应小于最小操作空间 1.5m,双列布置时不应小于 2.0m

(C) 设备面盘前的操作距离:单列布置时不应小于最小操作空间 1.8m,双列布置时不应小于 2.5m

(D) 设备面盘前的操作距离:单列布置时不应小于最小操作空间 2.0m,双列布置时不应小于 2.5m

36. 按规范规定,100m^3 乙类液体储罐与 10kV 架空电力线的最近水平距离不应小于电杆(塔)高度的倍数应为下列哪一项数值? ( )

(A) 1.0 倍　　(B) 1.2 倍

(C) 1.5 倍　　(D) 2.0 倍

37. 有线电视系统工程在系统质量主观评价时，若电视图像上出现垂直、倾斜或水平条纹，即"网纹"，请判断是由下列哪一项原因引起的？（　　）

(A) 载噪比　　(B) 交扰调制比
(C) 载波互调比　　(D) 载波交流声比

38. 在最大计算弧垂情况下，35kV 架空电力线路导线与建筑物之间的最小垂直距离，应符合下列哪一项数值的要求？（　　）

(A) 2.5m　　(B) 3.0m
(C) 4.0m　　(D) 5.0m

39. 有线电视系统中，对系统载噪比（C/N）的设计值要求，下列的表述中哪一项是正确的？（　　）

(A) 应不小于 38dB　　(B) 应不小于 40dB
(C) 应不小于 44dB　　(D) 应不小于 47dB

40. 某 10kV 架空电力线路采用铝绞线，在下列跨越高速公路和一、二级公路时，跨越档（交叉档）的导线接头、导线最小截面、绝缘子固定方式、至路面的最小垂直距离的描述中，哪组符合规定要求？（　　）

(A) 跨越档不得有接头，导线最小截面 35mm^2，交叉档绝缘子双固定，至路面的最小垂直距离为 7m
(B) 跨越档允许有一个接头，导线最小截面 25mm^2，交叉档绝缘子双固定，至路面的最小垂直距离为 7m
(C) 跨越档不得有接头，导线最小截面 35mm^2，交叉档绝缘子固定方式不限，至路面的最小垂直距离为 7m
(D) 跨越档不得有接头，导线最小截面 25mm^2，交叉档绝缘子双固定，至路面的最小垂直距离为 6m

二、多项选择题（共 30 题，每题 2 分，每题的备选项中有 2 个或 2 个以上符合题意，错选、少选、多选均不得分）

41. 在 TN-C 系统中，当部分回路必须装设漏电保护器（RCD）保护时，应将被保护部分的系统接地形式改成下列哪几种形式？（　　）

(A) TN-S 系统　　(B) TN-C-S 系统
(C) 局部 TT 系统　　(D) IT 系统

42. 下列哪些电源可作为应急电源？（　　）

(A) 有自动投入装置的独立于正常电源的专用的馈电线路
(B) 与系统联络的燃气轮机发电机组
(C) UPS 电源

(D)干电池

43. 某建筑高度 60m 的普通办公楼,下列楼内用电设备哪些为一级负荷？　(　　)

(A)消防电梯　　(B)自动扶梯

(C)公共卫生间照明　　(D)楼梯间应急照明

44. 下列关于 10kV 变电所并联电容器装置设计方案中哪几项不符合规范的要求？(　　)

(A)低压电容器组采用三角形接线

(B)单台高压电容器设置专用熔断器作为电容器内部故障保护,熔丝额定电流按电容器额定电流的 2.5 倍考虑

(C)因电容器组容量较小,高压电容器装置设置在高压配电室内,与高压配电室装置的距离不小于 1.5m

(D)如果高压电容器装置在单独房间内,当成套电容器柜单列布置时,柜正面与墙面距离不应小于 1.0m

45. 与高压并联电容器装置配套的断路器选择,除应符合断路器有关标准外,尚应符合下列哪几条规定？(　　)

(A)合、分时触头弹跳不应大于限定值,开断时不应出现重击穿

(B)应具备频繁操作的性能

(C)应能承受电容器组的关合涌流

(D)总回路中的断路器,应具有切除所连接的全部电容器组和开端总回路电容电流的能力

46. 某 110/35/10kV 全户内有人值班变电所,依据相关流程下列哪几项电气设备宜采用就地控制？(　　)

(A)主变压器各侧断路器

(B)110kV 母线分段、旁路及母线断路器

(C)35kV 馈电线路的隔离开关

(D)10kV 配电装置的接地开关

47. 35kV 室外配电装置架构的荷载条件,应符合下列哪些要求？(　　)

(A)确定架构设计应考虑断线

(B)连续架构可根据实际受力条件,分别按终端或中间架构设计

(C)计算用气象条件应按当地的气象资料

(D)架构设计计算其正常运行、安装、检修时的各种荷载组合

48. 在 10kV 变电所所址选择条件中,下列哪些描述不符合规范的要求？(　　)

(A)装有油浸电力变电器的 10kV 车间内变电所,不应设在四级耐火等级的建筑物内,当设在三级耐火等级的建筑物内时,建筑物应采取局部防火措施

(B)多层建筑中,装有可燃性油的电气设备的 10kV 变电所应设置在底层靠内墙部位

(C)高层主体建筑内不宜设置装有可燃性油的电气设备的变电所

(D)附件有棉、粮集中的露天堆场,不应设置露天或半露天的变电所

49. 在进行低压配电线路的短路保护设计时,关于绝缘导体的热稳定校验,当短路持续时间为下列哪几项时,应计入短路电流非周期分量的影响? ( )

(A)0.05s (B)0.08s
(C)0.15s (D)0.2s

50. 110kV 变电所所址选择应考虑下列哪些条件? ( )

(A)靠近生活中心

(B)节约用地

(C)周围环境宜无明显污秽,空气污秽时,站址宜设在受污秽源影响最小处

(D)便于架空线路和电缆线路的引入和引出

51. 验算高压断路器开断短路电流的能力时,应按下列哪几项规定? ( )

(A)按系统 10~15 年规划容量计算短路电流

(B)按可能发生最大短路电流的所有可能接线方式

(C)应分别计及分闸瞬间的短路电流交流分量和直流分量

(D)应计及短路电流峰值

52. 在选择用于Ⅰ类和Ⅱ类计量的电流互感器和电压互感器时,下列哪些选择是正确的? ( )

(A)110kV 及以上的电压等级电流互感器二次绕组额定电流宜选用 1A

(B)电压互感器的主二次绕组额定二次线电压为 $100\sqrt{3}$ V

(C)电流互感器二次绕组中所接入的负荷应保证实际二次负荷在 25%~100%

(D)电流互感器二次绕组中所接入的负荷应保证实际二次负荷在 30%~90%

53. 在外部火势作用一定时间内需维持通电的下列哪些场所或回路,明敷的电缆应实施耐火防护或选用具有耐火性的电缆? ( )

(A)公共建筑设施中的回路

(B)计算机监控、双重化继电保护、保安电源或应急电源及双回路合用同一通道未相互隔离时其中一个回路

(C)油罐区、钢铁厂中可能有熔化金属溅落等易燃场所

(D)消防、报警、应急照明、断路器操作直流或发电机组紧急停机的保安电源等

重要回路

54. 下面所列出的直流负荷哪些是动力负荷？（ ）

(A)交流不停电电源装置 (B)断路器电磁操动的合闸机构
(C)事故照明 (D)继电保护

55. 下列哪几项电测量仪表精准度选择不正确？（ ）

(A)测量电力电容器回路的无功功率表精确度选为 1.0 级
(B)蓄电池回路电流表精确度选为 1.5 级
(C)主变压器低压侧电能表精确度选为 3.0 级
(D)电量变送器输出测仪表的精确度选为 1.5 级

56. 下列有关绕线异步电动机反接制动的描述，哪些项是正确的？（ ）

(A)反接制动时，电动机转子电压很高，有很大的制动电流，为限制反接电流，在转子中须串接反接电阻或频敏变阻器
(B)在绕线异步电动机的转子回路接入频敏变阻器进行反接制动，可以较好地限制制动电流，并可取得近似恒定的制动力矩
(C)反接制动开始时，一般考虑电动机的转差率 $s=1.0$
(D)反接制动的能量消耗较大，不经济

57. 为了防止在开断高压感应电动机时，因断路器的截流，三相同时开断和高频重复重击穿等会产生过电压，一般在工程中常用的办法有下列哪几种？（ ）

(A)采用少油断路器
(B)在断路器与电动机之间装设旋转电机型金属氧化物避雷器
(C)在断路器与电动机之间装设 R-C 阻容吸收装置
(D)过电压较低，可不采取保护措施

58. 对于交流变频传动异步机，额定电压为 380V，额定频率为 50Hz，采用通用电压型变频装置供电，当电机实际速度超过额定转速运行在弱磁状态时，下列变频器输出电压和输出频率值哪些项是正确的？（ ）

(A)532V,70Hz (B)380V,70Hz
(C)380V,60Hz (D)228V,30Hz

59. A 类变、配电电气装置中下列哪些项目中的金属部分均应接地？（ ）

(A)电机、变压器和高压电器等的底座和外壳
(B)配电、控制、保护用的屏(柜、箱)及操作台灯的金属框架
(C)安装在配电屏、控制屏和配电装置上的电测量仪表、继电器盒等其他低压电器的外壳

(D)装在配电线路杆塔上的开关设备、电容器等电气设备

60. 在宽度小于3m的建筑物内走道顶棚上设置探测器时，应满足下列哪几项要求？（　　）

(A)感温探测器的安装间距不应超过10m
(B)感烟探测器的安装间距不应超过15m
(C)感温及感烟探测器的安装间距均不应超过20m
(D)探测器至端墙的距离，不应大于探测器安装间距的一半

61. 在绝缘导线布线时，不同回路的线路不应穿于同一根管路内，但规范规定了一些特定情况可穿在同一根管路内，某工程中下列哪些项表述符合国家标准规范要求？（　　）

(A)消防排烟阀DC24V控制信号回路和现场手动联动启排烟风机的AC220V控制回路，穿在同一根管路内
(B)某台AC380V功率为5.5kW的电机的电源回路和现场按钮AC220V控制回路穿在同一根管路内
(C)消火栓箱内手动起泵按钮AC24V控制回路和报警信号回路穿在同一根管路内
(D)同一盏大型吊灯的2个电源回路穿在同一根管路内

62. 有线电视系统在一般室外无污染区安装的部件应具备的性能，根据规范要求，下列哪些提法是正确的？（　　）

(A)应具备防止电磁波辐射和电磁波侵入的屏蔽性能
(B)应有良好的防潮措施
(C)应有良好的防雨和防霉措施
(D)应具有抗腐蚀能力

63. 下列哪几项照度标准值分级表述与国家标准规范的要求一致？（　　）

(A)0.5、1、3、4、10(lx)
(B)10、20、30、50、70、100(lx)
(C)100、200、300、500、700、1000(lx)
(D)1500、2000、3000、5000(lx)

64. 当有线电视系统传输干线的衰耗(以最高工作频率下的衰耗值为准)大于100dB时，可采用以下哪些传输方式？（　　）

(A)甚高频(VHF)　　(B)超高频(UHF)
(C)邻频　　(D)FM

65. 下列对电动机变频调速系统的描述中哪几项是错误的？（　　）

(A)交—交变频系统,直接将电网工频电源变换为频率、电压均可控制的交流,由于不经过中间直流环节,也称直接变频器
(B)交—直—交变频系统,按直流电源的性质,可分为电流型和电压型
(C)电压型交—直—交变频的储能元件为电感
(D)电流型交—直—交变频的储能元件为电容

66. 综合布线系统的缆线弯曲半径应符合下列哪几项要求? ( )

(A)主干光缆的弯曲半径不小于光缆外径的 10 倍
(B)4 对非屏蔽电缆的弯曲半径不小于电缆外径的 4 倍
(C)大对数主干电缆的弯曲半径不小于电缆外径的 10 倍
(D)室外光缆的弯曲半径不小于光缆外径的 15 倍

67. 在闭路监视电视系统中,对于摄像机的安装位置及高度,下列论述中哪些项是正确的? ( )

(A)摄像机宜安装在距监视器目标 5m 且不易受外界损伤的地方
(B)安装位置不应影响现场设备运行和人员正常活动
(C)室内宜距地面 3 ~4.5m
(D)室外应距地面 3.5 ~10m,并不得低于 3.5m

68. 下面哪些项关于架空电力线路在最大计算弧垂情况下导线与地面的最小距离符合规范规定? ( )

(A)线路电压 10kV,人口密集地区 6.5m
(B)线路电压 35kV,人口稀少地区 6.0m
(C)线路电压 66kV,人口稀少地区 5.5m
(D)线路电压 66kV,交通困难地区 5.0m

69. 对于建筑与建筑群综合布线系统指标之一的多模光纤波长,下列的数据中哪几项是正确的? ( )

(A)1310m (B)1300m (C)850m (D)650m

70. 在架空电力线路设计中,下列哪些措施符合规范规定? ( )

(A)市区 10kV 及以下架空电力线路,在繁华街道成人口密集地区,可采用绝缘铝绞线
(B)35kV 及以下架空电力线路导线的最大使用张力,不应小于绞线瞬时破坏张力的 40%
(C)10kV 及以下架空电力线路的导线初伸长对弧垂的影响,可采用减少弧垂补偿
(D)35kV 架空电力线路的导线与树干(考虑自然生长高度)之间的最小垂直距离为 3.0m

2013 年专业知识试题答案(下午卷)

1. **答案**:C

依据:《建筑照明设计标准》(GB 50034—2004)第 2.0.46 条。

2. **答案**:B

依据:《工业与民用配电设计手册》(第三版)P35 中 1)放射式:供电可靠性高,故障发生后影响范围较小,切换操作方便,保护简单,便于自动化,但配电线路和高压开关柜数量多而造价较高。

3. **答案**:B

依据:《工业与民用配电设计手册》(第三版)P6 表 1-5,卤钨灯的功率因数为 1;P12 式(1-28)和式(1-30)以及 P13 表 1-14。

根据题意,相负荷(碘钨灯)为 $P_{U1} = 1kW$, $P_{V1} = 1kW$, $P_{W1} = 1kW$ 。

线间负荷转换为相间负荷:

$P_{U2} = P_{UV}p_{(UV)U} + 0 = 2 \times 0.5 = 1kW$

$P_{V2} = P_{UV}p_{(UV)V} + 0 = 2 \times 0.5 = 1kW$

$P_{W2} = 0kW$

因此: $P_U = P_{U1} + P_{U2} = 1 + 1 = 2kW$

$P_V = P_{V1} + P_{V2} = 1 + 1 = 2kW$

$P_W = P_{W1} + P_{W2}1 + 0 = 1kW$

根据只有相间负荷,等效三相负荷取最大相负荷的 3 倍,因此 $P_d = 3 \times 2 = 6kW$。

注:碘钨灯为卤钨灯的一种。

4. **答案**:B

依据:《工业与民用配电设计手册》(第三版)P47 表 2-17 内桥接线的使用范围。

5. **答案**:C

依据:《10kV 及以下变电所设计规范》(GB 50053—1994)第 3.3.4 条。

6. **答案**:B

依据:《35kV ~110kV 变电站设计规范》(GB 50059—2011)第 3.1.4 条。

7. **答案**:A

依据:《供配电系统设计规范》(GB 50052—2009)第 5.0.13 条及《工业与民用配电设计手册》(第三版)P281。

8. **答案**:C

依据:《10kV 及以下变电所设计规范》(GB 50053—1994)第 3.1.4 条。

9. **答案**:A

依据:《3～10kV 高压配电装置设计规范》(GB 50060—2008)第 2.0.6 条、第 2.0.7 条、第 2.0.10 条。

10. **答案**:C

依据:《3～110kV 高压配电装置设计规范》(GB 50060—2008)第 3.0.5 条。

11. **答案**:C

依据:《工业与民用配电设计手册》(第三版)P127、128 表 4-1 及表 4-2。

$$X_{*}=X\frac{S_{\mathrm{j}}}{U_{\mathrm{j}}^{2}}=0.409\times50\times\frac{100}{115^{2}}=0.155$$

12. **答案**:B

依据:《10kV 及以下变电所设计规范》(GB 50053—1994)第 5.1.2 条。

注:本题明确"10kV 电容器装置",因此依据 GB 50053 更为贴切。但《并联电容器装置设计规范》(GB 500227—2008)第 5.1.3 条的 1.3 倍,由于该规范适用范围较广(750kV 及以下所有的电容器装置)不建议在此处采用。此题存争议。

13. **答案**:B

依据:《工业与民用配电设计手册》P206 倒数第 7 行:校验高压电器和导体的动稳定时,应计算短路电流峰值;P150 式(4-25)及(3),当短路点远离发电厂时,$i_{\mathrm{p}}=2.55I_{\mathrm{k}}''=2.55\times7=17.85\mathrm{kA}$。

14. **答案**:C

依据:《电力装置的继电保护和自动装置设计规范》(GB/T 50062—2008)第 4.0.3-2、第 4.0.3-3条。

15. **答案**:D

依据:《低压配电设计规范》(GB 50054—2011)第 3.1.10 条。

16. **答案**:C

依据:《电力装置的电测量仪表装置设计规范》(GB/T 50063—2008)第 9.1.5 条。A 正确,依据《电力工程电缆设计规范》(GB 50217—2007)第 3.6.10 条。C 错误。D 正确。

注:《电力装置的电测量仪表装置设计规范》(GB/T 50063—2008)第 9.2.6 条规定电压互感器计量回路不小于 2.5mm^2,但其保护回路电缆截面的要求未找到相关依据。

17. **答案**:C

依据:《电力工程电缆设计规范》(GB 50217—2007)第 5.1.9 条、第 5.3.3-2 条、第 5.4.6-4 条、第 5.5.5-1 条。

注:选项 A 答案不严谨,为旧规范条文。

18. **答案**:C

依据:《电力工程直流系统设计技术规程》(DL/T 5044—2004)第4.1.5条。

19. **答案**:B

依据:无依据,计算负荷视为等效三相负荷。

$$I=\frac{P}{\sqrt{3}U\cos\phi}=\frac{9}{\sqrt{3}\times 0.38\times 0.5}=27.3\text{A}$$

20. **答案**:D

依据:《电力工程直流系统设计技术规程》(DL/T 5044—2004)第4.2.1-4条。

21. **答案**:A

依据:《电力装置的继电保护和自动装置设计规范》(GB/T 50062—2008)第4.0.6-1条。

22. **答案**:D

依据:《钢铁企业电力设计手册》(下册)P316最后一段:在变频调速中,额定转速以下的调速通常采用恒磁通变频原则,即要求磁通 Φ_m = 常数,其控制条件是 U/f = 常数。

注:恒转矩调速即磁通恒定,可查阅相关教科书。

23. **答案**:A

依据:《交流电气装置的过电压保护和绝缘配合》(DL/T 620—1997)第10.4.5-a)条表19及注2。

24. **答案**:D

依据:《工业与民用配电设计手册》(第三版)P253,电能质量主要指标包括电压偏差、电压波动和闪变、频率偏差、谐波(电压谐波畸变率和谐波电流含有率)和三相电压不平衡度等。有关电能质量共6本规范如下:

a.《电能质量　供电电压偏差》(GB/T 12325—2008)。

b.《电能质量　电压波动和闪变》(GB/T 12326—2008)。

c.《电能质量　三相电压不平衡》(GB/T 15543—2008)。

d.《电能质量　暂时过电压和瞬态过电压》(GB/T 18481—2001)。

e.《电能质量　公用电网谐波》(GB/T 14549—1993)[也可参考《电能质量　公用电网间谐波》(GB/T 24337—2009),但后者不属于大纲范围]。

f.《电能质量　电力系统频率允许偏差》(GB/T 15945—1995)。

25. **答案**:A

依据:无明确条文,需熟悉TN/TT/IT系统原理及各自应用范围,TT系统一般用在长距离配电中,如路灯等;IT系统一般应用于轻易不允许停电的场所,如地下煤矿井道等;而TN系统应用最为广泛,一般民用建筑物均采用本系统。

26. **答案**:A

依据:《火灾自动报警系统设计规范》(GB 50116—1998)第5.6.3.3条。

27. **答案**:C

依据:《住宅设计规范》(GB 50096—2011)第 8.7.2-2 条。

28. **答案**:B

依据:《火灾自动报警系统设计规范》(GB 50116—1998)第 4.1.1 条、第 4.2.1.1 条、第 4.2.3.1 条。

29. **答案**:C

依据:《照明设计手册》(第二版)P82 直管荧光灯应配电子镇流器或节能型电感镇流器,一般 T8、T12 可配节能型电感镇流器,T5 均配置电子镇流器。

30. **答案**:C

依据:《火灾自动报警系统设计规范》(GB 50116—1998)第 5.1.2 条及条文说明。

31. **答案**:D

依据:《钢铁企业电力设计手册》(下册)P3 表 23-1。

32. **答案**:D

依据:《有线电视系统工程技术规范》(GB 50200—1994)第 2.2.2 条及表 2.2.2。

33. **答案**:B

依据:《钢铁企业电力设计手册》(下册)P280 中 25.2.3 部分内容。

34. **答案**:D

依据:《综合布线系统工程设计规范》(GB 50311—2007)第 3.3.1 条。

35. **答案**:B

依据:《火灾自动报警系统设计规范》(GB 50116—1998)第 6.2.5.1 条。

36. **答案**:C

依据:《建筑设计防火规范》(GB 50016—2006)第 11.2.1 条。

37. **答案**:C

依据:《有线电视系统工程技术规范》(GB 50200—1994)第 4.2.1.2 条及表 4.2.1-2 主观评价项目。

38. **答案**:C

依据:《66kV 及以下架空电力线路设计规范》(GB 50061—2010)第 12.0.9 条。

39. **答案**:C

依据:《有线电视系统工程技术规范》(GB 50200—1994)第 2.1.2 条。

40. **答案**:A

依据:《66kV 及以下架空电力线路设计规范》(GB 50061—2010)第 12.0.16 条及表 12.0.16。

41. **答案**:BC

依据:《系统接地的型式及安全技术要求》(GB 14050—2008)第 5.2.3 条,《剩余电流动作保护装置安装和运行》(GB 13955—2005)(超纲规范)第 4.2.2.1 条中也有相关内容,但两规范的表述有所不同。

42. **答案**:ACD

依据:《民用建筑电气设计规范》(JGJ 16—2008)第 3.3.3 条。

注:本题为针对《民用建筑电气设计规范》(JGJ 16—2008)的条文进行考查,也可参考《供配电系统设计规范》(GB 50052—2009)第 3.0.4 条。

43. **答案**:AD

依据:《高层民用建筑设计防火规范》(GB 50045—1995)(2005 年版)第 9.1.1 条。

注:关于负荷分级也可参考《民用建筑电气设计规范》(JGJ 16—2008)附录 A 中表 A。

44. **答案**:BD

依据:《10kV 及以下变电所设计规范》(GB 50053—1994)第 5.2.1 条、第 5.2.4 条、第 5.3.1 条、第 5.3.5 条。

45. **答案**:ABC

依据:《并联电容器装置设计规范》(GB 50227—2008)第 5.3.1 条。

46. **答案**:CD

依据:《35kV~110kV 变电站设计规范》(GB 50059—2011)第 3.10.1 条。

47. **答案**:BCD

依据:《3~110kV 高压配电装置设计规范》(GB 50060—2008)第 7.2.1~7.2.3 条。

注:构架有独立构架与连续构架之分。

48. **答案**:CD

依据:《10kV 及以下变电所设计规范》(GB 50053—1994)第 2.0.2~2.0.5 条。

49. **答案**:AB

依据:《低压配电设计规范》(GB 50054—2011)第 6.2.3-2 条。

50. **答案**:BCD

依据:《35kV~110kV 变电站设计规范》(GB 50059—2011)第 2.0.1 条。

51. **答案**:AC

依据:《3~110kV 高压配电装置设计规范》(GB 50060—2008)第 4.1.3 条,《工业与民用配电设计手册》(第三版)P201 中"1. 高压断路器"内容。

注:《导体和电器选择设计技术规定》(DL/T 5222—2005)第 5.0.4 条的表述略有不同。另根据第 9.2.2 条及附录 F:主保护动作时间 + 断路器分闸时间 >0.01s(短路电流峰值出现时间),可以排除选项 D。

52. **答案**:AC

依据:《电力装置的电测量仪表装置设计规范》(GB/T 50063—2008)第8.1.4、第8.1.5条和《导体和电器选择设计技术规定》(DL/T 5222—2005)第16.0.7条。

53. **答案**:BCD

依据:《电力工程电缆设计规范》(GB 50217—2007)第7.0.7条。

54. **答案**:ABC

依据:《电力工程直流系统设计技术规程》(DL/T 5044—2004)第5.1.1-2条。

55. **答案**:CD

依据:《电力装置的电测量仪表装置设计规范》(GB/T 50063—2008)第3.1.5条、第4.1.3条。

56. **答案**:ABD

依据:《钢铁企业电力设计手册》(下册)P96表24-7。

57. **答案**:BC

依据:《交流电气装置的过电压和绝缘配合》(DL/T 620—1997)第4.2.7条。

58. **答案**:BC

依据:《钢铁企业电力设计手册》(下册)P309倒数第4行(左侧):电动机在额定转速以上运转时,电子频率将大于额定频率,但由于电动机绕组本身不允许耐受高的电压,电动机电压不许限制在允许值范围内。

59. **答案**:ABD

依据:《交流电气装置的接地设计规范》(GB 50065—2011)第3.2.1、第3.2.2条。

注:所谓"A类"的说法是《交流电气装置的接地》(DL/T 621—1997)中的描述,《交流电气装置的接地设计规范》(GB 50065—2011)中已取消。

60. **答案**:ABD

依据:《火灾自动报警系统设计规范》(GB 50116—1998)第8.1.6条。

61. **答案**:BD

依据:《低压配电设计规范》(GB 50054—2011)第7.1.3条。

注:旧规范中允许"标称电压为50V以下的回路",新规中已取消该条。

62. **答案**:ABC

依据:《有线电视系统工程技术规范》(GB 50200—1994)第2.8.1条。

63. **答案**:AD

依据:《建筑照明设计标准》(GB 50034—2004)第4.1.1条。

64. **答案**:AC

依据:《有线电视系统工程技术规范》(GB 50200—1994)第 2.1.2 条。

65. **答案**:CD

依据:《钢铁企业电力设计手册》(下册)P310、311。

66. **答案**:ABC

依据:《综合布线系统工程设计规范》(GB 50311—2007)表 6.5.5。

67. **答案**:BD

依据:《民用建筑电气设计规范》(JGJ 16—2008)第 14.3.3-3 条、第 14.3.3-9 条,结合《视频安防监控系统工程设计规范》(GB 50395—2007)第 6.0.1-9 条。

68. **答案**:ABD

依据:《66kV 及以下架空电力线路设计规范》(GB 50061—2010)第 12.0.7 条。

69. **答案**:BC

依据:《综合布线系统工程设计规范》(GB 50311—2007)第 3.4.3 条或查看条文说明 3.3 中表 1 和表 2。

70. **答案**:AC

依据:《66kV 及以下架空电力线路设计规范》(GB 50061—2010)第 5.1.2 条、第 5.2.3 条、第 5.2.5 条、第 12.0.11 条。

2013 年案例分析试题(上午卷)

[案例题是4选1的方式,各小题前后之间没有联系,共25道小题,每题分值为2分,上午卷50分,下午卷50分,试卷满分100分。案例题一定要有分析(步骤和过程)、计算(要列出相应的公式)、依据(主要是规程、规范、手册),如果是论述题要列出论点]

题1~5:某高层办公楼供电电源为交流10kV,频率50Hz,10/0.4kV变电所设在本楼内,10kV侧采用低电阻接地系统,400/230V侧接地形式采用TN-S系统且低压电气装置采用保护总等电位联结系统。请回答下列问题。

1. 因低压系统发生接地故障,办公室有一电气设备的金属外壳带电,若已知干燥条件,大的接触表面积,50Hz/60Hz交流电流路径为手到手的人体总阻抗 Z_T 见下表,试计算人体碰触到该电气设备,交流接触电压75V,干燥条件,大的接触表面积,当电流路径为人体双手对身体躯干成并联,接触电流应为下列哪一项数值? ( )

人体总阻抗 Z_T 表

接触电压(V)	人体总阻抗 Z_T 值(Ω)	接触电压(V)	人体总阻抗 Z_T 值(Ω)
25	3250	125	1550
50	2500	150	1400
75	2000	175	1325
100	1725	200	1275

(A)38mA (B)75mA

(C)150mA (D)214mA

解答过程:

2. 办公楼10/0.4kV变电所的高压接地系统和低压接地系统相互连接,变电所的接地电阻为3.2Ω,若变电所10kV高压侧发生单相接地故障,测得故障电流为150A,在故障持续时间内低压系统线导体与变电所低压设备外露可导电部分之间的工频应力电压为下列哪一项数值? ( )

(A)110V (B)220V

(C)480V (D)700V

解答过程:

3. 办公楼内一台风机采用交联铜芯电缆 YJV-0.6/1kV-3×25+1×16 配电，该风机采用断路器的短路保护兼作单相接地故障保护，已知该配电线路保护断路器之前系统的相保电阻为 65mΩ，相保电抗为 40mΩ，保证断路器在 5s 内自动切断故障回路的动作电流为 1.62kA，线路单位长度阻抗值见下表，若不计该配电网络保护开关之后线路的电抗和接地故障点的阻抗，该配电线路长度不能超过下列哪一项数值？（　　）

线路单位长度电阻值（mΩ/m）

R'①						
$S(\text{mm}^2)$②		50	35	25	16	10
铝		0.575	0.822	1.151	1.798	2.875
铜		0.351	0.501	0.702	1.097	1.754
$R'_{php}=1.5(R'_{ph}+R'_p)$③						
$S_p=S(\text{mm}^2)$②4×		50	35	25	16	10
铝		1.725	2.466	3.453	5.394	8.628
铜		1.053	1.503	2.106	3.291	5.262
$S_p\approx S/2$ (mm^2)	3×	50	35	25	16	10
	+1×	25	16	16	10	6
铝		2.589	3.930	4.424	7.011	11.364
铜		1.580	2.397	2.699	4.277	6.932

注：①R'为导线 20℃时单位长度电阻：$R'=C_j\dfrac{\rho_{20}}{S}\times10^3\text{m}\Omega$。

铝 $\rho_{20}=2.82\times10^{-6}\Omega\cdot\text{cm}$，铜 $\rho_{20}=1.72\times10^{-6}\Omega\cdot\text{cm}$，$C_j$ 为绞入系数，导线截面≤6mm² 时，C_j 取 1.0；导线截面≥6mm² 时，C_j 取 1.02。

②S 为相线线芯截面，S_p 为 PEN 线芯截面。

③R'_{php} 为计算单相对地短路电流用，其值取导线 20℃时电阻的 1.5 倍。

(A)12m　　(B)24m　　(C)33m　　(D)48m

解答过程：

4. 楼内某办公室配电箱配电给除湿机，除湿机为三相负载，功率为 15kW，保证间接接触保护电器在规定时间内切断故障回路的动作电流为 756A，为降低除湿机发生接地故障时与邻近暖气片之间的接触电压，在该办公室设置局部等电位联结，计算该配电箱除湿机供电线路中 PE 线的电阻值最大不应超过下列哪一项数值？（　　）

(A)66mΩ　　(B)86mΩ　　(C)146mΩ　　(D)291mΩ

解答过程：

5. 该办公楼电源 10kV 侧采用低电阻接地系统，10/0.4kV 变电站接地网地表层的土壤电阻率 $\rho = 200\Omega \cdot m$，若表层衰减系数 $C_s = 0.86$，接地故障电流的持续时间 $t = 0.5s$，当10kV 高压电气装置发生单相接地故障时，变电站接地装置的接触电位差不应超过下列哪一项数值？（　　）

(A)59V　　(B)250V

(C)287V　　(D)416V

解答过程：

题 6 ~ 10：某省会城市综合体项目，地上 4 栋一类高层建筑，地下室连成一体，总建筑面积 280301m²，建筑面积分配见下表，设置 10kV 配电站一座。

建筑区域	五星级酒店	金融总部办公大楼	出租商务办公大楼	综合商业大楼	合计
建筑面积（m²）	58794	75860	68425	77222	280301

请回答下列问题。

6. 已知 10kV 电源供电线路每回路最大电流 600A，本项目方案设计阶段负荷估算见下表，请说明按规范要求应向电力公司最少申请几回路 10kV 电源供电线路？（　　）

建筑区域	建筑面积（m²）	装机指标（V·A/m²）	变压器装机容量（kV·A）	预测负荷率（%）	预测一、二级负荷容量（kV·A）
五星级酒店	58794	97	2×1600 2×1250	60	2594
金融总部办公大楼	75860	106	4×2000	60	2980
出租商务办公楼	68425	105	2×2000 2×1600	60	2792
综合商业大楼	77222	150	6×2000	60	3600
合　计	280301	117	32900	60	11966

(A)1 回供电线路　　(B)2 回供电线路

(C)3 回供电线路　　(D)4 回供电线路

解答过程：

7. 裙房商场电梯数量见下表，请按需要系数法计算（同时系数取0.8）供全部电梯的干线导线载流量不应小于下列哪一项？ （ ）

设 备 名 称	功率(kV·A)	额定电压(V)	数量(部)	需用系数
直流客梯	50	380	6	0.5
交流货梯	32①	380	2	0.5
交流食梯	4①	380	2	0.5

注：持续运行时间1h额定容量。

(A)226.1A (B)294.6A

(C)361.5A (D)565.2A

解答过程：

8. 已知设计选用额定容量为1600kV·A变压器的空载损耗2110W、负载损耗10250W、空载电流0.25%、阻抗电压6%，计算负载率51%的情况下，变压器的有功及无功功率损耗应为下列哪组数值？ （ ）

(A)59.210kW，4.150kvar (B)6.304kW，4.304kvar

(C)5.228kW，1.076kvar (D)4.776kW，28.970kvar

解答过程：

9. 室外照明电源总配电柜三相供电，照明灯具参数及数量见下表，当需用系数 $K_x = 1$ 时，计算室外照明总负荷容量为下列哪一项数值？ （ ）

灯 具 名 称	额定电压	光源功率(W)	电器功率(W)	功率因数 $\cos\phi$	数量(盏)	接于线电压的灯具数量		
						UV	VW	WU
大功率金卤投光灯	单相380V	1000	105	0.80	18	4	6	8

已查线间负荷换算系数：

$p_{(UV)U} = p_{(VW)V} = p_{(VW)V} = 0.72$

$p_{(UV)V} = p_{(VW)W} = p_{(VW)U} = 0.28$

$q_{(UV)U} = q_{(VW)V} = q_{(VW)V} = 0.09$

$q_{(UV)V} = q_{(VW)W} = q_{(VW)U} = 0.67$

(A)19.89kV·A　　(B)24.86kV·A　　(C)25.45kV·A　　(D)29.24kV·A

解答过程:

10.酒店自备柴油发电机组带载负荷统计见下表,请计算发电机组额定视在功率不应小于下列哪一项数值?(同时系数取1)　　(　　)

用电设备组名称	功率(kW)	需用系数 k_x	$\cos\phi$	备　注
照明负荷	56	0.4	0.9	火灾时可切除
动力负荷	167	0.6	0.8	火灾时可切除
UPS	120	0.8	0.9	功率单位 kV·A
24h 空调负荷	125	0.7	0.8	火灾时可切除
消防应急照明	100	1	0.9	
消防水泵	130	1	0.8	
消防风机	348	1	0.8	
消防电梯	40	1	0.5	

(A)705kV·A　　(B)874kV·A

(C)915kV·A　　(D)1133kV·A

解答过程:

题11~15:某企业新建35/10kV变电所,10kV侧计算有功功率17450kW,计算无功功率11200kvar,选用两台16000kV·A的变压器,每单台变压器阻抗电压8%,短路损耗为70kW,两台变压器同时工作,分列运行,负荷平均分配,35kV侧最大运行方式下短路容量为230MV·A,最小运行方式下短路容量为150MV·A,该变电所采用两回35kV输电线路供电,两回线路同时工作,请回答下列问题。

11.该变电所的两回35kV输电线路采用经济电流密度选择的导线的截面应为下列哪一项数值?(不考虑变压器损耗,经济电流密度取0.9A/mm^2)　　(　　)

(A)150mm^2　　(B)185mm^2

(C)300mm^2　　(D)400mm^2

解答过程:

12. 假定该变电所一台变压器所带负荷的功率因数为 0.7，其最大电压损失是为下列哪一项数值？（　　）

(A)3.04%　　(B)3.90%

(C)5.18%　　(D)6.07%

解答过程：

13. 请计算补偿前的 10kV 侧平均功率因数（年平均负荷系数 $\alpha_{av}=0.75$、$\beta_{av}=0.8$，假定两台变压器所带负荷的功率因数相同），如果要求 10kV 侧平均功率因数补偿到 0.9 以上，按最不利条件计算补偿容量，其计算结果最接近下列哪组数值？（　　）

(A)0.76，3315.5kvar　　(B)0.81，2094kvar

(C)0.83，1658kvar　　(D)0.89，261.8kvar

解答过程：

14. 该变电所 10kV 1 段母线皆有两组整流设备，整流器接线均为三相全控桥式，已知 1 号整流设备 10kV 侧 5 次谐波电流值为 20A，2 号整流设备 10kV 侧 5 次谐波电流值为 30A，则 10kV 1 段母线注入电网的 5 次谐波电流值为下列哪一项？（　　）

(A)10A　　(B)13A　　(C)14A　　(D)50A

解答过程：

15. 该变电所 10kV 母线正常运行时电压为 10.2kV，请计算 10kV 母线的电压偏差为下列哪一项？（　　）

(A)-2.86%　　(B)-1.9%

(C)2%　　(D)3%

解答过程：

题16~20：某企业新建35/10kV变电所，短路电流计算系统图如下图所示，其已知参数均列在图上，第一电源为无穷大容量，第二电源为汽轮发电机，容量为30MW，功率因数0.8，超瞬态电抗值$X_d=13.65\%$，两路电源同时供电，两台降压变压器并联运行，10kV母线上其中一回馈线给一台1500kW的电动机供电，电动机效率0.95，启动电流倍数为6，电动机超瞬态电抗相对值为0.156，35kV架空线路的电抗为0.37Ω/km（短路电流计算，不计及各元件电阻）。

汽轮发电机运算曲线数字表

X_c \ I^* \ t(s)	0	0.01	0.06	0.1	0.2	0.4	0.5
0.12	8.963	8.603	7.186	6.400	5.220	4.252	4.006
0.14	7.718	7.467	6.441	5.839	4.878	4.040	3.829
0.16	6.763	6.545	5.660	5.146	4.336	3.649	3.481
0.18	6.020	5.844	5.122	4.697	4.016	3.429	3.288
0.20	5.432	5.280	4.661	4.297	3.715	3.217	3.099
0.22	4.938	4.813	4.296	3.988	3.487	3.052	2.951
0.24	4.526	4.421	3.984	3.721	3.286	2.904	2.816
0.26	4.178	4.088	3.714	3.486	3.106	2.769	2.693
0.28	3.872	3.705	3.472	3.274	2.939	2.641	2.575
0.30	3.603	3.536	3.255	3.081	2.785	2.520	2.463
0.32	3.368	3.310	3.063	2.909	2.646	2.410	2.360
0.34	3.159	3.108	2.891	2.754	2.519	2.308	2.264
0.36	2.975	2.930	2.736	2.614	2.403	2.213	2.175
0.38	2.811	2.770	2.597	2.487	2.297	2.126	2.093
0.40	2.664	2.628	2.471	2.372	2.199	2.045	2.017
0.42	2.531	2.499	2.357	2.267	2.110	1.970	1.946
0.44	2.411	2.382	2.253	2.170	2.027	1.900	1.879
0.46	2.302	2.275	2.157	2.082	1.950	1.835	1.817
0.48	2.203	2.178	2.069	2.000	1.879	1.774	1.759
0.50	2.111	2.088	1.988	1.924	1.813	1.717	1.704
0.55	1.913	1.894	1.810	1.757	1.665	1.589	1.581
0.60	1.748	1.732	1.662	1.617	1.539	1.478	1.474
0.65	1.610	1.596	1.535	1.497	1.431	1.382	1.381
0.70	1.492	1.479	1.426	1.393	1.336	1.297	1.298
0.80	1.301	1.291	1.249	1.223	1.179	1.154	1.159
0.90	1.153	1.145	1.110	1.089	1.055	1.039	1.047
1.00	1.035	1.028	0.999	0.981	0.954	0.945	0.954
1.50	0.686	0.682	0.665	0.656	0.644	0.650	0.662
2.00	0.512	0.510	0.498	0.492	0.486	0.496	0.508

续上表

X_c \ I^* \ t(s)	0	0.01	0.06	0.1	0.2	0.4	0.5
2.20	0.465	0.463	0.453	0.448	0.443	0.453	0.464
2.30	0.445	0.443	0.433	0.428	0.424	0.435	0.444
2.40	0.426	0.424	0.415	0.411	0.407	0.418	0.426

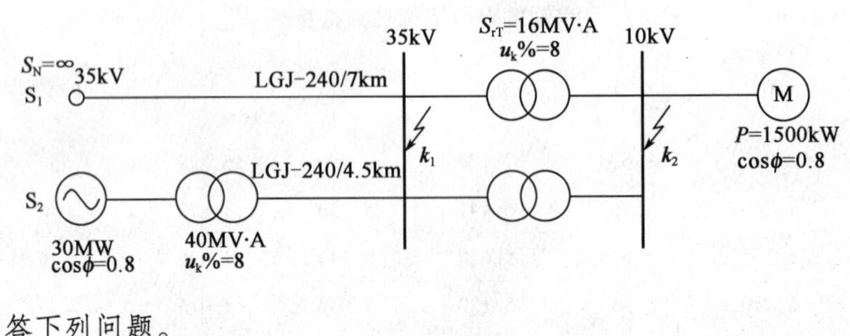

请回答下列问题。

16. k_1 点三相短路时，第一电源提供的短路电流和短路容量为下列哪组数值？（　　）

(A)2.65kA，264.6MV·A　　(B)8.25kA，529.1MV·A

(C)8.72kA，529.2MV·A　　(D)10.65kA，684.9MV·A

解答过程：

17. k_2 点三相短路时，第一电源提供的短路电流和短路容量为下列哪组数值？（　　）

(A)7.58kA，139.7MV·A　　(B)10.83kA，196.85MV·A

(C)11.3kA，187.3MV·A　　(D)12.60kA，684.9MV·A

解答过程：

18. k_1 点三相短路时(0s)，第二电源提供的短路电流和短路容量为下列哪组数值？（　　）

(A)0.40kA，25.54MV·A　　(B)2.02kA，202MV·A

(C)2.44kA，156.68MV·A　　(D)24.93kA，309MV·A

解答过程：

19. k_2 点三相短路时(0s),第二电源提供的短路电流和短路容量为下列哪组数值? (　　)

(A)2.32kA,41.8MV·A　　(B)3.03kA,55.11MV·A

(C)4.14kA,75.3MV·A　　(D)6.16kA,112MV·A

解答过程:

20. 假设短路点 k_2 在电动机附近,计算异步电动机反馈给 k_2 点的短路峰值电流为下列哪一项数值?(异步电动机反馈的短路电流系数取1.5) (　　)

(A)0.99kA　　(B)1.13kA

(C)1.31kA　　(D)1.74kA

解答过程:

题21~25:某企业从电网引来两路6kV电源,变电所主接线如下图所示,短路计算中假设工厂远离电源,系统电源容量为无穷大。

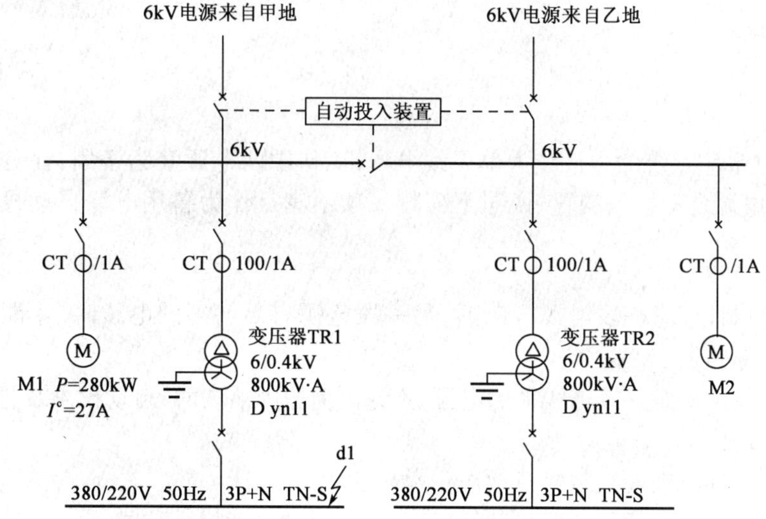

请回答下列问题。

21. 该企业的计算有功功率为6800kW，年平均运行时间为7800h，年平均有功负荷系数为0.8，计算该企业的电能计量装置中有功电能表的准确度至少为下列哪一项数值？（ ）

(A)0.2　　(B)0.5

(C)1.0　　(D)2.0

解答过程：

22. 设上图中电动机的额定功率为280kW，额定电流为27A，6kV母线的最大短路电流 I_k 为28kA。电动机回路的短路电流切除时间为0.6s，此回路电流互感器CT的额定热稳定参数如下表，说明根据量程和热稳定条件选择的CT应为下列哪一项？（ ）

编　号	一次额定电流(A)	准　确　度	额定热稳定电流(kA/s)
①	40	0.5	16/1
②	60	0.5	20/1
③	75	0.5	25/1
④	100	0.5	31.5/1

(A)①　　(B)②　　(C)③　　(D)④

解答过程：

23. 图中6kV系统的主接线为单母线分段，工作中两电源互为备用，在分段断路器上装设备用电源自动投入装置，说明下列哪一项不满足作为备用电源自动投入装置的基本要求？（ ）

(A)保证任意一段电源开断后，另一段电源有足够高的电压时，才能投入分段断路器

(B)保证任意一段母线上的电压，不论因何原因消失时，自动投入装置均应延时动作

(C)保证自动投入装置只动作一次

(D)电压互感器回路断线的情况下，不应启动自动投入装置

解答过程：

24. 本变电所采用了含铅酸蓄电池的直流电器作为操作控制电源，经计算，在事故停电时，要求电池持续放电 60min，其容量为 40A·h，已知此电池在终止电压下的容量系数为 0.58，并且取可靠系数为 1.4，计算直流电源中的电池在 10h 放电率下的计算容量应为下列哪一项数值？（　　）

(A)32.5A·h　　(B)56A·h
(C)69A·h　　(D)96.6A·h

解答过程：

25. 变压器的过电流保护装置电流回路的接线如右图所示，过负荷系数取 3，可靠系数取 1.2，返回系数取 0.9，最小运行方式下，变压器低压侧母线 d_1 点单相接地稳态短路电流 $I_k = 13.6\text{kA}$。当利用此过流保护装置兼作低压侧单相接地保护时其灵敏系数为下列哪一项数值？（　　）

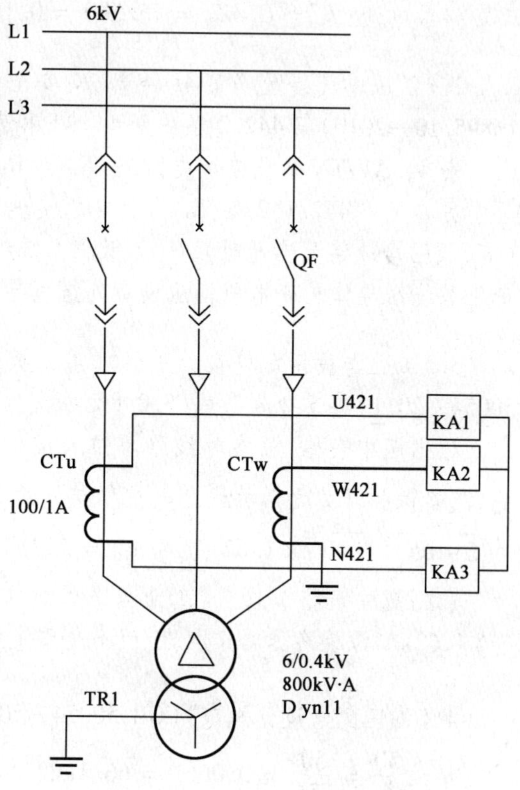

(A)1.7
(B)1.96
(C)2.1
(D)2.94

解答过程：

2013年案例分析试题答案(上午卷)

题1~5答案:**CBBAC**

1.《电流对人和家畜的效应　第1部分:通用部分》(GB/T 13870.1—2008)附录D中例1和例3。

根据题意查表可知,接触电压75V对应的人体总阻抗(手到手)为2000Ω,因此:

$Z_{TA}(H-H)$ 人体总阻抗,大的接触表面积,手到手:$Z_{TA}(H-H)=2000\Omega$

$Z_{TA}(H-T)$ 人体总阻抗,大的接触表面积,手到躯干:$Z_{TA}(H-T)=Z_{TA}(H-H)/2=1000\Omega$

双手对人体躯干成并联:$Z_T=Z_{TA}(H-T)/2=1000/2=500\Omega$

接触电流:$I_T=U_T/Z_T=75/500=0.15A=150mA$

2.《低压电气装置　第4-44部分:安全防护　电压骚扰和电磁骚扰防护》(GB/T 16895.10—2010)第442.2条中图44.A1和表44.A1。

表44.A1:TN系统接地类型,当 $R_E=R_B$ 时,$U_1=U_0=220V$。

另参见第442.1.2条:R_E 为变电所接地配置的接地电阻,R_B 为低压系统接地电阻(高、低压接地装置连通时),U_0 为低压系统线导体对地标称电压,U_1 为故障持续时间内低压系统线导体与变电所低压设备外露可导电部分之间的工频应力电压。

3.《工业与民用配电设计手册》(第三版)P163式(4-55),《低压配电设计规范》(GB 50054—2011)第5.2.8条式(5.2.8)。

根据题中表格,短路时线路单位长度的相保电阻 $R'_{php}=2.699m\Omega/m$,又根据题意,忽略保护开关之后的线路电抗和接地故障点阻抗,则 $U_0\geqslant Z_sI_a=\sqrt{R_{php}^2+X_{php}^2}I_a=\sqrt{(L+65)^2+40^2}\times1.62$,其中 $U_0=220V$,可得到 $L\leqslant24m$。

注:题中表格节选自《工业与民用配电设计手册》(第三版)P158表4-25,另题中的1.62kA为断路器动作电流,而不是整定电流,因此不需考虑1.3的系数。

4.《低压配电设计规范》(GB 50054—2011)第5.2.5条式(5.2.5)。

$$R\leqslant\frac{50}{I_a}=\frac{50}{756}=0.0661=66.1m\Omega$$

注:示意图可参考《工业与民用配电设计手册》(第三版)P920图15-5局部等电位联结降低接触电压(一)。

5.《交流电气装置的接地设计规范》(GB/T 50065—2011)第4.2.2条式(4.2.2-1)。

接触电位差:$U_t\leqslant\frac{174+0.17\rho C_s}{\sqrt{t}}=\frac{174+0.17\times200\times0.86}{\sqrt{0.5}}=287V$

题6~10答案:**DBDDB**

6.《10kV 及以下变电所设计规范》(GB 50053—1994)第 3.3.2 条。

按总装机容量计算：$I_1 = \frac{S}{\sqrt{3}U_n} = \frac{32900}{\sqrt{3}\times 10} = 1899.5\text{A}$

则回路数：$N_1 = \frac{I_1}{I_n} = \frac{1899.5}{600} = 3.17$，取 4 路。

按一二级负荷容量计算：$I_2 = \frac{S'}{\sqrt{3}U_n} = \frac{11966}{\sqrt{3}\times 10} = 690.9\text{A}$

则回路数：$N_1 = \frac{I_1}{I_n} = \frac{690.9}{600} = 1.15$，取 2 路。

校验可满足第 3.3.2 条对一、二级负荷的要求。

注：本题有争议。但电源供电回路数量应按总装机容量计算，再用一、二级负荷容量校验，不能用 60% 的负荷率(即实际计算负荷)核定电源数量。

7.《通用用电设备配电设计规范》(GB 50055—2011)第 3.3.4 条以及《工业与民用配电设计手册》(第三版)P3 式(1-9)、式(1-10)、式(1-11)。

计算过程见下表。

设备组名称	设备组总容量	个数	需要系数 K_c	综合系数 K_z	计算容量
直流客梯	50kV·A	6	0.5	1.4	210kV·A
交流货梯	32kV·A	2	0.5	0.9	28.8kV·A
交流食梯	4kV·A	2	0.5	0.9	3.6kV·A
小计					242.4kV·A
同时系数 $K_x = 0.8$					194kV·A
计算电流					294.64A

注：本题重点考查《通用用电设备配电设计规范》(GB 50055—2011)的相关条款。历年案例分析考查该规范次数极少，看来更新的规范考查概率较大。

8.《工业与民用配电设计手册》(第三版)P6 式(1-49)、式(1-50)。

有功损耗：$\Delta P_T = \Delta P_0 + \Delta P_K\left(\frac{S_c}{S_r}\right)^2 = 2.11 + 10.25\times 0.51^2 = 4.776\text{kW}$

无功损耗：$\Delta Q_T = \Delta Q_0 + \Delta Q_K\left(\frac{S_c}{S_r}\right)^2 = \frac{I_0\%}{100}\times S_r + \frac{u_k\%}{100}\times S_r\times\left(\frac{S_c}{S_r}\right)^2 = \frac{0.25}{100}\times 1600 + \frac{6}{100}\times 1600\times 0.51^2 = 28.97\text{kvar}$

注：也可参考《钢铁企业电力设计手册》(上册)P291、292 式(6-14)和式(6-19)。

9.《工业与民用配电设计手册》(第三版)P12 式(1-28)、式(1-30)、式(1-32)及 P13 表 1-14。

第一种方法：按单相负荷转三相负荷准确计算。

灯具总功率：$P = 1000 + 105 = 1105\text{W} = 1.105\text{kW}$

UV 线间负荷：$P_{UV} = 4\times 1.105 = 4.42\text{kW}$

VW 线间负荷：$P_{VW}=6\times1.105=6.63kW$

WU 线间负荷：$P_{WU}=8\times1.105=8.84kW$

将线间负荷换算成相负荷：

U 相：$P_U=P_{UV}p_{(UV)U}+P_{WU}p_{(WU)U}=4.42\times0.72+8.84\times0.28=5.66kW$

$Q_U=P_{UV}q_{(UV)U}+P_{WU}q_{(WU)U}=4.42\times0.09+8.84\times0.67=6.32kvar$

$S_U=\sqrt{5.66^2+6.32^2}=8.48kV\cdot A$

V 相：$P_V=P_{UV}p_{(UV)V}+P_{VW}p_{(VW)V}=4.42\times0.28+6.63\times0.72=6.01kW$

$Q_V=P_{UV}q_{(UV)V}+P_{VW}q_{(VW)V}=4.42\times0.67+6.63\times0.09=3.56kW$

$S_V=\sqrt{6.01^2+3.56^2}=6.99kV\cdot A$

W 相：$P_W=P_{VW}p_{(VW)W}+P_{WU}p_{(WU)W}=6.63\times0.28+8.84\times0.72=8.22kW$

$Q_W=P_{VW}q_{(VW)W}+P_{WU}q_{(WU)W}=6.63\times0.67+8.84\times0.09=5.24kW$

$S_W=\sqrt{8.22^2+5.24^2}=9.75kV\cdot A$

W 相为最大相负荷，取其 3 倍作为等效三相负荷，即 $S=3S_W=3\times9.75=29.25kV\cdot A$。

第二种方法：采用简化方法计算[式(1-34)]。

$P_d=1.73P_{WU}+1.27P_{VW}=1.73\times8.84+1.27\times6.63=23.71kW$

$$S_d=\frac{P_d}{\cos\phi}=\frac{23.71}{0.8}=29.64kV\cdot A$$

注：题干中系数有误，不知是否有意为之。第二种方法的结果与选项有偏差，也不知是否可判正确。本题原意是考查单相负荷转三相负荷的准确计算，但计算量偏大了。

10.《工业与民用配电设计手册》(第三版)P66 中“柴油发电机的容量选择”。

应急电源一般只设一台机组，其容量应按应急负荷大小和启动大的电动机容量等因素综合考虑，按本题已知条件，按应急负荷大小考虑。

计算过程见下表。

设备组名称	设备组总容量	需用系数 K_x	有功功率 P_c	$\cos\phi/\tan\phi$	无功功率 Q_c
UPS	120×0.9kW	0.8	86.4	0.9/0.484	41.8
应急照明	100kW	1	100	0.9/0.484	48.4
消防水泵	130kW	1	130	0.8/0.75	97.5
消防风机	348kW	1	348	0.8/0.75	261
消防电梯	40kW	1	40	0.5/1.73	69.28
小计			704.4		518

柴油发电机视在功率：$S=\sqrt{P^2+Q^2}=\sqrt{704.4^2+518^2}=874.4V$

注：柴油发电机应按消防负荷和重要负荷分别计算，但本题中未明确重要负荷，可不必考虑。

题 11～15 答案：**BDCBC**

11.《电力工程电缆设计规范》(GB 50217—2007)附录 B 式(B.0.2-4)。

第一年导体最大负荷电流：$I_{max} = \frac{S_c}{\sqrt{3}U_n} = \frac{\sqrt{17450^2 + 11200^2}}{2} \times \frac{1}{\sqrt{3} \times 35} = 171.0A$

经济电流截面计算：$S = \frac{I_{max}}{J} = \frac{171}{0.9} = 190mm^2$

第B.0.3-3条：当电缆经济电流截面介于电缆标称截面档次之间，可视其接近程度，选择较接近一档截面，且宜偏小选取。因此取185mm²。

注：I_{max}为第一年导体最大负荷电流，不能以变压器容量计算运行电流。

12.《工业与民用配电设计手册》（第三版）P254 式(6-6)。

$u_a = \frac{100\Delta P_T}{S_{rT}} = \frac{100 \times 70}{16000} = 0.44$

$u_r = \sqrt{u_T^2 - u_a^2} = \sqrt{8^2 - 0.438^2} = 7.99$

$\cos\phi = 0.7$

$\sin\phi = 0.714$

变压器电压损失(%)：$\Delta u_T = \beta(u_a\cos\phi + u_r\sin\phi) = 1 \times (0.44 \times 0.7 + 7.99 \times 0.714) = 6.01$

注：题意要求"最大电压损失"，因此此处变压器负载率取1，且假定功率因数为0.7，而按负荷平均分配功率因数应为0.84，说明此假定下两台变压器不是平均分配负荷的。若按大题干内条件计算负荷率，计算过程列在下方，供参考。

变压器负载率：$\beta = \frac{S_c}{S_{rT}} = \frac{\sqrt{17450^2 + 11200^2}}{2 \times 16000} = 0.648$

变压器电压损失(%)：$\Delta u_T = \beta(u_a\cos\phi + u_r\sin\phi) = 0.648 \times (0.44 \times 0.7 + 7.99 \times 0.714) = 3.90$

13.《工业与民用配电设计手册》（第三版）P21 式(1-55)和式(1-57)。

补偿前平均功率因数：$\cos\phi = \sqrt{\frac{1}{1 + \left(\frac{\beta_{av}Q_c}{\alpha_{av}P_c}\right)^2}} = \sqrt{\frac{1}{1 + \left(\frac{0.8 \times 11200}{0.75 \times 17450}\right)^2}} = 0.83$

无功补偿容量：由 $\cos\phi_1 = 0.83$，得 $\tan\phi_1 = 0.67$。

由 $\cos\phi_2 = 0.9$，得 $\tan\phi_2 = 0.484$。

$Q_c = \alpha_{av}P_c(\tan\phi_1 - \tan\phi_2) = 1 \times (17450/2) \times (0.672 - 0.484) = 1640.3kvar$

注：题意要求按最不利条件计算补偿容量，因此 $\alpha_{av} = 1$。

14.《电能质量　公用电网谐波》(GB/T 14549—1993)附录C表C1和式(C5)。

10kV 母线谐波总电流：$I_h = \sqrt{I_{h1}^2 + I_{h2}^2 + K_h I_{h1} I_{h2}} = \sqrt{20^2 + 30^2 + 1.28 \times 20 \times 30} = 45.48A$

折算至35kV电网侧谐波总电流：$I'_h = \frac{I_h}{n_T} = 45.48 \times \frac{10}{35} = 13A$

注：也可参考《电能质量　公用电网间谐波》(GB/T 24337—2009)。

15.《工业与民用配电设计手册》(第三版)P255 式(6-8)。

$$\delta U = \frac{U - U_n}{U_n} \times 100\% = \frac{10.2 - 10}{10} \times 100\% = 2\%$$

题 16 ~20 答案:**BBCBC**

16.《工业与民用配电设计手册》(第三版)P127、128 表 4-1 和表 4-2,P134 式(4-13)和式(4-14)。

设:$S_j = 100\text{MV·A}$;$U_j = 37\text{kV}$;$I_j = 1.56\text{kA}$ 。

1 号电源线路电抗标幺值:$X_* = X\frac{S_j}{U_j^2} = 0.37 \times 7 \times \frac{100}{37^2} = 0.189$

1 号电源提供的短路电流(k_1 短路点):$I_k = \frac{I_j}{X_{*k}} = \frac{1.56}{0.189} = 8.25\text{kA}$

1 号电源提供的短路容量(k_1 短路点):$S_k = \frac{S_j}{X_{*k}} = \frac{100}{0.189} = 529.1\text{MV·A}$

17.《工业与民用配电设计手册》(第三版)P127、128 表(4-1)和式(4-2),P134 式(4-13)和式(4-14)。

设:$S_j = 100\text{MV·A}$;$U_j = 10.5\text{kV}$;$I_j = 5.5\text{kA}$。

35/10kV 变压器电抗标幺值:$X'_{*T1} = \frac{u_k\%}{100} \times \frac{S_j}{S_{rT}} = 0.08 \times \frac{100}{16} = 0.5$

35/10kV 并联变压器标幺值:$X_{*T1} = \frac{X'_{*T1}}{2} = \frac{0.5}{2} = 0.25$

发电机等值电抗标幺值:$X_{*G} = X_d\frac{S_j}{S_G} = 13.65\% \times \frac{100}{37.5} = 0.364$

发电机升压变压器电抗标幺值:$X_{*T2} = \frac{u_k\%}{100} \times \frac{S_j}{S_{rT}} = 0.08 \times \frac{100}{40} = 0.2$

1 号电源线路电抗标幺值:$X_{*L1} = X\frac{S_j}{U_j^2} = 0.37 \times 7 \times \frac{100}{37^2} = 0.189$

2 号电源线路电抗标幺值:$X_{*L2} = X\frac{S_j}{U_j^2} = 0.37 \times 4.5 \times \frac{100}{37^2} = 0.122$

短路等值电路见图 1。

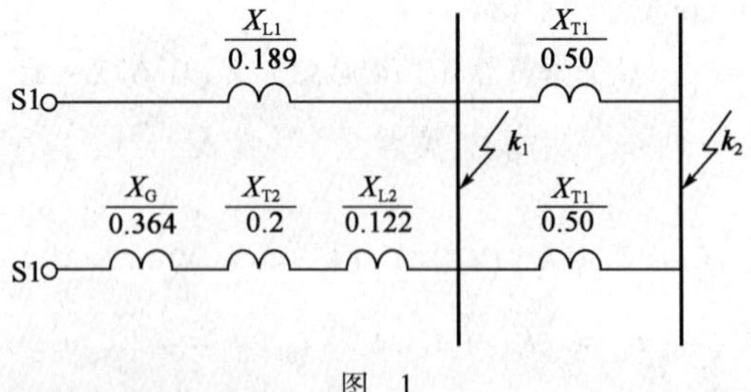

图 1

电路一次变换:$X_{*21} = X_{*L1} = 0.189$

$X_{*22} = X_{*G} + X_{*T2} + X_{*L2} = 0.686$

$X_{*23} = X_{*T1}//X_{*T1} = 0.25$,见图 2。

《工业与民用配电设计手册》(第三版)P149 式(4-23),电路二次变换,见图3。

$X_{*\Sigma}=(X_{*21}//X_{*22})+X_{*23}=0.398$

$C_1 = X_{*22}/(X_{*21}+X_{*22}) = 0.784$

$C_2 = X_{*21}/(X_{*21}+X_{*22}) = 0.216$

$$X_{*31}=\frac{X_{*\Sigma}}{C_1}=\frac{0.398}{0.784}=0.508$$

$$X_{*32}=\frac{X_{*\Sigma}}{C_2}=\frac{0.398}{0.216}=1.843$$

1 号电源提供的短路电流(k_2 短路点):$I_k = \dfrac{I_j}{X_{*k}} = \dfrac{5.5}{0.508} = 10.83\text{kA}$

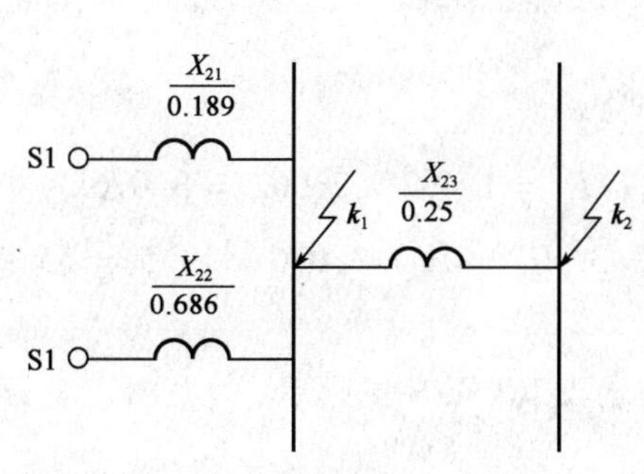

图 2

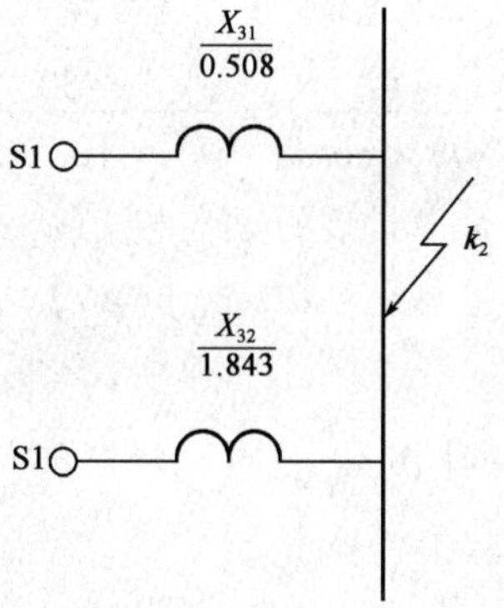

图 3

1 号电源提供的短路容量(k_2 短路点):$S_k = \dfrac{S_j}{X_{*k}} = \dfrac{100}{0.508} = 196.85\text{MV·A}$

注:本题关键在于图2、图3 的变换,但计算量较大。

18.《工业与民用配电设计手册》(第三版)P137 式(4-18)和式(4-20)及按发电机运算曲线计算。

设:$S_j=100\text{MV·A}$;$U_j=37\text{kV}$;$I_j=1.56\text{kA}$。

各电源对短路点的等值电抗归算到以本电源等值发电机的额定容量为基准的标幺值:

$$X_c = X_{*22}\frac{S_G}{S_j} = 0.686\times\frac{30}{0.8\times100} = 0.257\approx0.26$$

查表得到 $I_*=4.178$。

电源基准电流(由等值发电机的额定容量和相应的平均额定电压求的):$I_{rj} = \dfrac{P_G}{\sqrt{3}U_G\cos\phi} = \dfrac{30}{\sqrt{3}\times37\times0.8} = 0.585\text{kA}$

2 号电源提供的短路电流(k_1 短路点):$I_k = I_* I_{rj} = 4.178\times0.585 = 2.44\text{kA}$

2 号电源提供的短路容量(k_1 短路点):$S_k = \sqrt{3}I_k U_j = \sqrt{3}\times2.44\times37 = 156.36$ MV·A

注:发电机端电压显然不是37kV,但由于 k_1 点为35kV,可按此平均电压计算电源的基准电流。

19.《工业与民用配电设计手册》(第三版)P137 式(4-18)和式(4-20)及按发电机运算曲线计算。

设:$S_j = 100MV \cdot A$;$U_j = 10.5kV$;$I_j = 5.5kA$。

则 $X_{*32} = X_{*\Sigma} = \frac{0.398}{0.216} = 1.843$

各电源对短路点的等值电抗归算到以本电源等值发电机的额定容量为基准的标幺值:

$$X_c = X_{*32}\frac{S_G}{S_j} = 1.843 \times \frac{30}{0.8 \times 100} = 0.691 \approx 0.70$$

查表得到 $I_* = 1.492$。

电源基准电流(由等值发电机的额定容量和相应的平均额定电压求的):

$$I_{rj} = \frac{P_G}{\sqrt{3}U_G\cos\phi} = \frac{30}{\sqrt{3} \times 10.5 \times 0.8} = 2.062kA$$

2 号电源提供的短路电流(k_2 短路点):$I_k = I_* I_{rj} = 1.492 \times 2.062 = 3.076kA$

2 号电源提供的短路容量(k_2 短路点):$S_k = \sqrt{3}I_k U_j = \sqrt{3} \times 3.076 \times 10.5 = 55.94$ MV·A

注:同 18 题,发电机端电压未知,但由于 K_2 点为 10kV,可按此平均电压计算电源的基准电流。

20.《钢铁企业电力设计手册》(上册)P219 式(4-46)及式(4-47)。

电动机额定电流:$I_{ed} = \frac{P}{\sqrt{3}U_n\eta\cos\phi} = \frac{1500}{\sqrt{3} \times 10 \times 0.95 \times 0.8} = 114A = 0.114kA$

电动机反馈冲击电流:$i_{chd} = \sqrt{2}\frac{E''_{*d}}{X''_{*d}}K_{ch}I_{ed} = \sqrt{2} \times \frac{0.9}{1/6} \times 1.5 \times 0.114 = 1.31kA$

题 21 ~25 答案:**BCBDA**

21.《工业与民用配电设计手册》(第三版)P15 式(1-43)。

年平均电能消耗:$W_n = \alpha_{av}P_c T_n = 0.8 \times 6000 \times 7800 = 37440000kW \cdot h = 37440MW \cdot h$

月平均电能消耗:$W_y = 37440/12 = 3120MW \cdot h$

《电力装置的电测量仪表装置设计规范》(GB/T 50063—2008)第 4.1.2-2 条及表 4.1.3。

月平均用电量 1000MW·h 及以上,应为 II 类电能计量装置,按表 4.1.3 中要求,应选择 0.5s 级的有功电能表。

22.《电力装置的电测量仪表装置设计规范》(GB/T 50063—2008)第 8.1.2 条。

电流互感器额定一次电流宜满足正常运行时实际负荷电流达到额定值的 60%,且不应小于 30% 的要求。

$I = 27/(30\% \sim 60\%) = 45 \sim 90A$,选择 75A。

《工业与民用配电设计手册》(第三版)P213 表 5-10 电流互感器热稳定。

电动机回路实际短路热效应:$Q_{tn} = I_k^2 t = 28^2 \times 0.6 = 470.4kA^2s$

电流互感器额定短路热效应：$Q_t = I_k^2 t = 25^2 \times 1 = 625\text{kA}^2\text{s}$（根据题中表格，75A）$Q_{tn} < Q_t$，满足要求。

23.《电力装置的继电保护和自动装置设计规范》(GB/T 50062—2008)第11.0.2-3条。

注：此题应为2013年案例最简单一题。B条实际为旧规条文，新规已修改。

24.《电力工程直流系统设计技术规程》(DL/T 5044—2004)附录B式(B.1)。

电池10h放电率的计算容量：$C_c = K_K \dfrac{C_{S.X}}{K_{CC}} = 1.4 \times \dfrac{40}{0.58} = 96.6\text{A·h}$

25.《工业与民用配电设计手册》(第三版)P297表7-3。

变压器高压侧额定电流：$I_{1rT} = \dfrac{S}{\sqrt{3}U} = \dfrac{800}{\sqrt{3} \times 6} = 76.98\text{A}$

过电流保护装置动作电流：$I_{opK} = K_{rel} K_{jx} \dfrac{K_{st} I_{1rT}}{K_r n_{TA}} = 1.2 \times 1 \times \dfrac{3 \times 76.98}{0.9 \times 100/1} = 3.08\text{A}$

保护装置一次动作电流：$I_{op} = I_{opK} \dfrac{n_{TA}}{K_{js}} = 3.08 \times \dfrac{100}{1} = 308\text{A}$

最小运行方式下低压末端单相接地短路时，流过高压侧的稳态电流(D,yn)：

$$I_{2k1 \cdot min} = \frac{\sqrt{3}}{3} \frac{I_{22k1 \cdot min}}{n_T} = \frac{\sqrt{3}}{3} \times \frac{13600}{6/0.4} = 523.5\text{A}$$

保护装置灵敏度系数：$K_{ren} = \dfrac{I_{2k1 \cdot min}}{I_{op}} = \dfrac{523.5}{308} = 1.7$

2013年案例分析试题(下午卷)

［专业案例题(共40题,考生从中选择25题作答,每题2分)］

题1～5:某110/10kV变电所,变压器容量为2×25MV·A,两台变压器一台工作一台备用,变电所的计算负荷为17000kV·A,变压器采用室外布置,10kV设备采用室内布置。变电所所在地海拔高度为2000m,户外设备运行的环境温度为-25～45℃,且冬季时有冰雪天气,在最大运行方式下10kV母线的三相稳态短路电流有效值为20kA(回路总电阻小于总电抗的三分之一),请回答下列问题。

1.若110/10kV变电所出线间隔采用10kV真空断路器,断路器在正常环境条件下额定电流为630A,周围空气温度为40℃时允许温升为20℃,请确定该断路器在本工程所在地区环境条件下及环境温度5℃时的额定电流和40℃时的允许值为下列哪一项数值?（　　）

(A)740A,19℃　　(B)740A,20℃

(C)630A,19℃　　(D)630A,20℃

解答过程:

2.110/10kV变电所10kV供电线路中,电缆总长度约为32km,无架空地线的钢筋混凝土电杆架空线路10km,若采用消弧线圈经接地变压器接地,使接地故障点的残余电流小于等于10A。请确定消弧线圈的容量(计算值)应为下列哪一项数值?（　　）

(A)32.74kV·A　　(B)77.94kV·A

(C)251.53kV·A　　(D)284.26kV·A

解答过程:

3.若110/10kV变电所的10kV系统的电容电流为35A,阻尼率取3%,试计算当脱谐度和长时间中性点位移电压满足规范要求且采用过补偿方式时,消弧线圈的电感电流取值范围为下列哪一项数值?（　　）

(A)31.50 ~38.5A　　(B)35.0 ~38.50A

(C)34.25 ~36.75A　　(D)36.54 ~38.50A

解答过程：

4. 110/10kV 变电所 10kV 出线经穿墙套管引入室内，试确定穿墙套管的额定电压、额定电流宜为下列哪组数值？　　(　　)

(A)20kV，1600A　　(B)20kV，1000A

(C)10kV，1600A　　(D)10kV，1000A

解答过程：

5. 110/10kV 变电所 10kV 出线经穿墙套管引入室内，三相矩形母线水平布置，已知穿墙套管与最近的一组母线支撑绝缘子的距离为 800mm，穿墙套管的长度为 500mm，相间距离为 300mm，绝缘子上受力的折算系数取 1，试确定穿墙套管的最小弯矩破坏负荷为下列哪一项数值？　　(　　)

(A)500N　　(B)1000N　　(C)2000N　　(D)4000N

解答过程：

题 6 ~10：某 35kV 变电所，两回电缆进线，装有两台 35/10kV 变压器、两台 35/0.4kV 所用变，10kV 馈出回路若干。请回答下列问题。

6. 已知某 10kV 出线电缆线路的计算电流为 230A，采用交联聚乙烯绝缘铠装铜芯三芯电缆，直埋敷设在多石地层、非常干燥、湿度为 3% 的砂土层中，环境温度为 25℃，请计算按持续工作电流选择电缆截面时，该电缆最小截面为下列哪一项数值？　　(　　)

(A)120mm^2　　(B)150mm^2　　(C)185mm^2　　(D)240mm^2

解答过程：

7. 已知变电所室内 10kV 母线采用矩形硬铝母线，母线工作温度为 75℃，母线短路电流交流分量引起的热效应为 $400kA^2s$，母线短路电流直流分量引起的热效应为 $4kA^2s$，请计算母线截面最小应该选择下面哪一项数值？（　　）

(A) $160mm^2$　　(B) $200mm^2$

(C) $250mm^2$　　(D) $300mm^2$

解答过程：

8. 假定变电所所在地海拔高度为 2000m，环境温度为 +35℃，已知 35kV 户外软导线在正常使用环境下的载流量为 200A，请计算校正后的户外软导线载流量为下列哪一项数值？（　　）

(A) 120A　　(B) 150A

(C) 170A　　(D) 210A

解答过程：

9. 已知变电所一路 380V 所用电回路是以气体放电灯为主的照明回路，拟采用 1kV 交联聚乙烯等截面铜芯四芯电缆直埋敷设（环境温度 25℃，热阻系数 $\rho = 2.5$）见下表，该回路的基波电流为 80A，各相线电流中三次谐波分量为 35%，该回路的电缆最小截面应为下列哪一项数值？（　　）

交联聚乙烯绝缘电缆直埋敷设载流量表

敷设方式			三、四芯或单芯三角排列			二芯		
线芯截面(mm^2)			不同环境温度的载流量(A)					
主线芯		中性线	20℃	25℃	30℃	20℃	25℃	30℃
铜	1.5		22	21	20	26	25	24
	2.5		29	28	27	34	33	32
	4	4	37	36	34	44	42	41
	6	6	46	44	43	56	54	52
	10	10	61	59	57	73	70	68
	16	16	79	76	73	95	91	88
	25	16	101	97	94	121	116	113
	35	16	122	117	118	146	140	136

续上表

敷设方式			三、四芯或单芯三角排列			二芯		
线芯截面(mm^2)			不同环境温度的载流量(A)					
主线芯		中性线	20℃	25℃	30℃	20℃	25℃	30℃
铜	50	25	144	138	134	173	166	161
	70	35	178	171	166	213	204	198
	95	50	211	203	196	252	242	234
	120	70	240	230	223	287	276	267
	150	70	271	260	252	324	311	301
	185	95	304	292	283	363	311	301
	240	120	351	337	326	419	402	390
	300	150	396	380	368	474	455	441

(A)$25mm^2$　　(B)$35mm^2$　　(C)$50mm^2$　　(D)$70mm^2$

解答过程：

10.已知变电所另一路380V所用电回路出线采用聚氯乙烯绝缘铜芯电缆，线芯长期允许工作温度70℃，且用电缆的金属护层做保护导体，假定通过该回路的保护电器预期故障电流为14.1kA，保护电器自动切断电流的动作时间为0.2s，请确定该回路保护导体的最小截面应为下面哪一项数值？（　　）

(A)$25mm^2$　　(B)$35mm^2$　　(C)$50mm^2$　　(D)$70mm^2$

解答过程：

题11～15：某无人值班的35/10kV变电所，35kV侧采用线路变压器组接线，10kV侧采用单母线分段接线，设母联断路器：两台变压器同时运行、互为备用，当任一路电源失电或任一台变压器解列时，该路35kV断路器及10kV进线断路器跳闸，10kV母联断路器自动投入（不考虑两路电源同时失电），变电所采用蓄电池直流操作电源，电压等级为220V，直流负荷中，信号装置计算负荷电流为5A，控制保护装置计算负荷电流为5A，应急照明（直流事故照明）计算负荷电流为5A，35kV及10kV断路器跳闸电流均为5A，合闸电流均为120A（以上负荷均已考虑负荷系数），请回答下列问题。

11. 请计算事故全停电情况下，与之相对应的持续放电时间的放电容量最接近下列哪一项数值？（　　）

(A)15A·h　　(B)25A·h

(C)30A·h　　(D)50A·h

解答过程：

12. 假定事故全停电情况下(全停电前充电装置与蓄电池浮充电运行)，与之相对应的持续放电时间的放电容量为40A·h，选择蓄电池容量为150A·h，电池数108块，采用阀控式贫液铅酸蓄电池，为了确定放电初期(1min)承受冲击放电电流时，蓄电池所能保持的电压，请计算事故放电初期冲击系数K_{cho}值，其结果最接近下列哪一项数值？（　　）

(A)1.1　　(B)1.83　　(C)9.53　　(D)10.63

解答过程：

13. 假定事故全停电情况下，与之相对应的持续放电时间的放电容量为40A·h，选择蓄电池容量为150A·h，电池数为108块，采用阀控式贫液铅酸蓄电池，为了确定事故放电末期承受随机(5s)冲击放电电流时，蓄电池所能保持的电压，请分别计算任意事故放电阶段的10h放电率电流倍数$K_{m.x}$值及x_h事故放电末期冲击系数$K_{chm.x}$，其结果最接近下列哪组数值？（　　）

(A)$K_{m.x}=1.47$，$K_{chm.x}=8.8$　　(B)$K_{m.x}=2.93$，$K_{chm.x}=17.6$

(C)$K_{m.x}=5.50$，$K_{chm.x}=8.8$　　(D)$K_{m.x}=5.50$，$K_{chm.x}=17.6$

解答过程：

14. 假定选择蓄电池容量为120A·h，采用阀控式贫液铅酸蓄电池，蓄电池组与直流母线连接，不考虑蓄电池初充电要求，请计算变电所充电装置的额定电流，其结果最接近下列哪一项数值？(蓄电池自放电电流按最大考虑)（　　）

(A)15A (B)20A (C)25A (D)30A

解答过程:

15. 假设该变电所不设母联自投装置,并改用在线 UPS 交流操作电源,电压等级为 AC220V,请计算 UPS 容量,其结果最接近下列哪一项?(可靠系数取上限值) ( )

(A)31.64kV·A (B)34.32kV·A
(C)35.64kV·A (D)66.0kV·A

解答过程:

题 16~20:某新建项目,包括生产车间、66kV 变电所、办公建筑等,当地的年平均雷暴日为 20 天,预计雷击次数为 0.2 次/年,请回答下列问题。

16. 该项目厂区内有一个一类防雷建筑,电源由 500m 外 10kV 变电所通过架空线路引来,在距离该建筑物 18m 处改由电缆穿钢管埋地引入该建筑物配电室,电缆由室外引入室内后沿电缆沟敷设,长度为 5m,电缆规格为 YJV-10kV,$3 \times 35mm^2$,电缆埋地处土壤电阻率为 200Ω·m,电缆穿钢管埋地的最小长度宜为下列哪一项数值? ( )

(A)29m (B)23m (C)18m (D)15m

解答过程:

17. 该项目厂区内有一烟囱建筑,高 20m,防雷接地的水平接地体形式为近似边长 6m 的正方形,测得引下线的冲击接地电阻为 35Ω,土壤电阻率为 1000Ω·m,请确定是否需要补加水平接地体,若需要,补加的最小长度宜为下列哪一项数值? ( )

(A)需要 1.61m (B)需要 5.61m
(C)需要 16.08m (D)不需要

解答过程:

18. 该项目 66kV 变电所内有 A、B 两个电气设备，室外布置，设备的顶端平面为圆形，半径均为 0.3m，且与地面平行，高度分别为 16.5m 和 11m，拟在距 A 设备中心 15m、距 B 设备中心 25m 的位置安装 32m 高的避雷针一座，请采用折线法计算避雷针在 A、B 两个电气设备顶端高度上的保护半径应为下列哪组数值？并判断 A、B 两个电气设备是否在避雷针的保护范围内？（　　）

（A）11.75m，18.44m，均不在　　（B）15.04m，25.22m，均在

（C）15.04m，25.22m，均不在　　（D）15.50m，26.0m，均在

解答过程：

19. 该项目 66kV 变电所电源线路采用架空线，线路全程架设避雷线，其中有两档的档距分别为 500m 和 180m，试确定当环境条件为 15℃ 无风时，这两档中央导线和避雷线间的最小距离分别宜为下列哪组数值？（　　）

（A）3.10m，3.10m　　（B）6.00m，3.16m

（C）6.00m，6.00m　　（D）7.00m，3.16m

解答过程：

20. 该项目厂区内某普通办公建筑，低压电源线路采用带内屏蔽层的 4 芯电力电缆架空引入，作为建筑内用户 0.4kV 电气设备的电源，电缆额定电压为 1kV，土壤电阻率为 500Ω·m，屏蔽层电阻率为 17.24×10^{-9}Ω·m，屏蔽层每公里电阻为 1.4Ω，电缆芯线每公里的电阻为 0.2Ω，电缆线路总长度为 100m，电缆屏蔽层在架空前接地，架空距离为 80m，通过地下和架空引入该建筑物的金属管道和线路总数为 3，试确定电力电缆屏蔽层的最小面积宜为下列哪一项数值？（　　）

（A）0.37mm^2　　（B）2.22mm^2　　（C）2.77mm^2　　（D）4.44mm^2

解答过程：

题21~25:某企业所在地区海拔高度为2300m,总变电所设有110/35kV变压器,从电网用架空线引来一路110kV电源,110kV和35kV配电设备均为户外敞开式;其中,110kV系统为中性点直接接地系统,35kV和10kV系统为中性点不接地系统,企业设有35kV分变电所,请回答下列问题。

21. 总变电所某110kV间隔接线平、断面图如下图所示,请问现场安装的110kV不同相的裸导体之间的安全净距不应小于下列哪一项数值? ( )

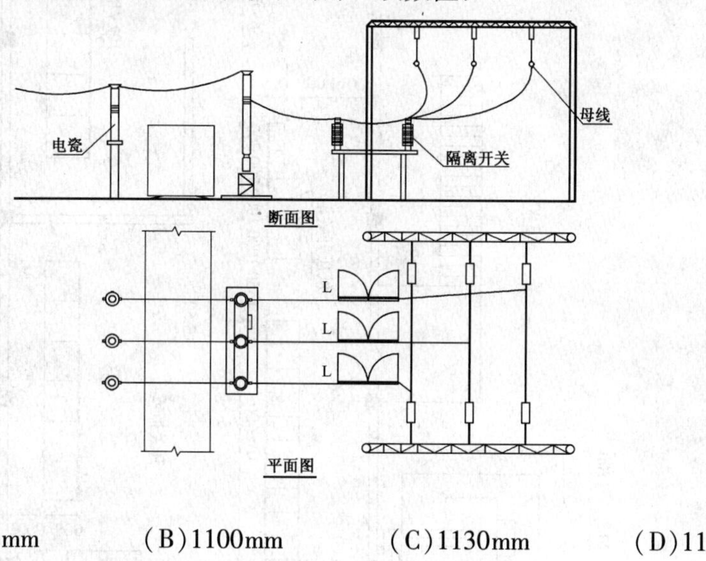

(A)1000mm (B)1100mm (C)1130mm (D)1149mm

解答过程:

22. 上题图中,如果设备运输道路上方的110kV裸导体最低点距离地面高为5000mm,请确定汽车运输设备时,运输限高应为下列哪一项数值? ( )

(A)1650mm (B)3233mm (C)3350mm (D)3400mm

解答过程:

23. 企业分变电所布置如下图所示,为一级负荷供电,其中一路电源来自总变电所,另一路电源来自柴油发电机。变压器T1为35/10.5kV,4000kV·A,油重3100kg,高3.5m;变压器T2、T3均为10/0.4kV,1600kV·A,油重1100kg,高2.2m。高低压开关柜均为无油设备同室布置,10kV电力电容器独立布置于一室,变压器露天布置,设有1.8m高的固定遮拦。请指出变电所布置上有几处不合乎规范要求?并说明理由。 ( )

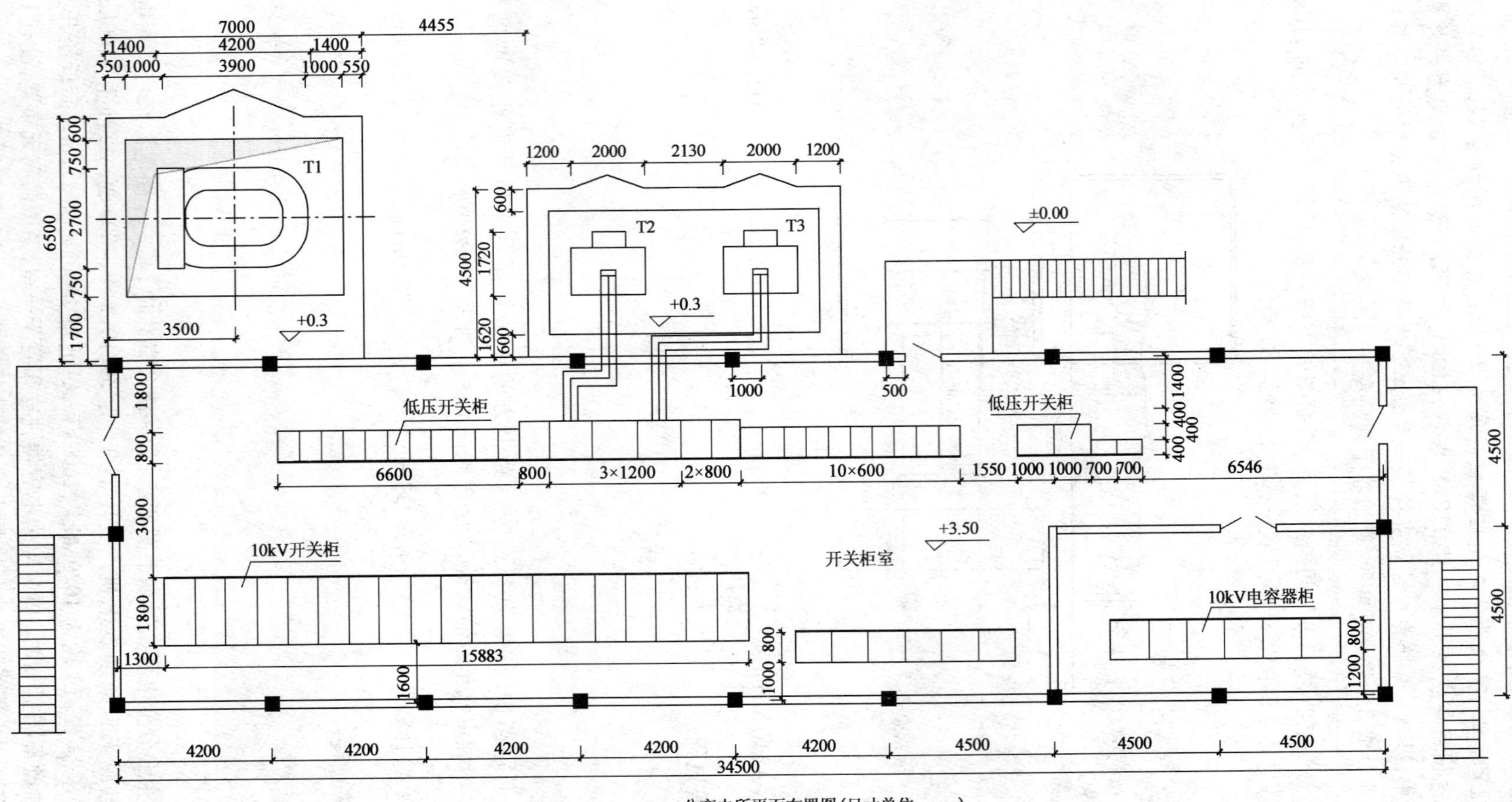

分变电所平面布置图(尺寸单位：mm)

(A)一处　　(B)二处
(C)三处　　(D)四处

解答过程：

24. 总变电所的35kV裸母线拟采用管形母线，该母线的长期允许载流量及计算用数据见下表，设计师初选的导体尺寸为 ϕ100/90，若当地最热月平均最高温度为35℃，计算该导体在实际环境条件下的载流量为下列哪一项数值？（　　）

铝镁硅系(6063)管形母线长期允许载流量及计算用数据

导体尺寸 D/d(mm)	导体截面 mm^2	载流量(导体最高允许温度)		截面系数 $W(cm^3)$	惯性半径 r_1(cm)	截面惯性矩 $I(cm^4)$
		+70℃	+80℃			
ϕ30/25	216	578	624	1.37	0.976	2.06
ϕ40/35	294	735	804	2.60	1.33	5.20
ϕ50/45	373	925	977	4.22	1.68	10.6
ϕ60/54	539	1218	1251	7.29	2.02	21.9
ϕ70/64	631	1410	1428	10.2	2.37	35.5
ϕ80/72	954	1888	1841	17.3	2.69	69.2
ϕ100/90	1491	2652	2485	33.8	3.36	169
ϕ110/100	1649	2940	2693	41.4	3.72	228
ϕ120/110	1806	3166	2915	49.9	4.07	299
ϕ130/116	2705	3974	3661	79.0	4.36	513
ϕ150/136	3145	4719	4159	107	5.06	806
ϕ170/154	4072	5696	4952	158	5.73	1339
ϕ200/184	4825	6674	5687	223	6.79	2227
ϕ250/230	7540	9139	7635	435	8.49	5438

注：1. 最高允许温度+70℃的载流量，是按基准环境温度+25℃，无风、无日照，辐射散热系数与吸收系数为0.5，不涂漆条件计算的。
2. 最高允许温度+80℃的载流量，是按基准环境温度+25℃，日照0.1W/cm^2，风速0.5m/s且与管形导体垂直，海拔1000m，辐射散热系数与吸收系数为0.5，不涂漆条件计算的。
3. 导体尺寸中，D为外径，d为内径。

(A)1975.6A　　(B)2120A
(C)2247A　　(D)2333.8A

解答过程：

25. 总变电所所在地区的污秽特征如下，大气污染较为严重，重雾重盐碱，离海岸盐场2.5km，盐密0.2mg/cm^2，总变电所中35kV断路器绝缘瓷瓶的爬电距离为875mm，请判断下列断路器绝缘瓷瓶爬电距离检验结论中，哪一项是正确的？并说明理由。（　　）

(A)经计算，合格　　(B)经计算，不合格

(C)无法计算，不能判定　　(D)无需计算，合格

解答过程：

题26~30：某变电所设一台400kV·A动力变压器，$U_d\%=4$，二次侧单母线给电动机负荷供电，其中一台笼型电动机额定功率$P=132$kW，额定电压380V，额定电流240A，额定转速1480r/min，$\cos\phi_{ed}=0.89$，额定效率0.94，启动电流倍数6.8，启动转矩倍数1.8，接至电动机的沿桥架敷设的电缆线路电抗为0.0245Ω，变压器一次侧的短路容量为20MV·A，母线已有负荷为200kV·A，$\cos\phi_n=0.73$。请回答下列问题。

26. 计算电动机启动时母线电压为下列哪一项数值？（忽略母线阻抗，仅计线路电抗）（　　）

(A)337.32V　　(B)336.81V

(C)335.79V　　(D)335.30V

解答过程：

27. 若该低压笼型电动机具有9个出线端子，现采用延边三角形降压启动，设星形部分和三角形部分的抽头比为2:1，计算电动机的启动电压和启动电流应为下列哪组数值？（　　）

(A)242.33V，699.43A　　(B)242.33V，720A

(C)242.33V，979.2A　　(D)283.63V，699.43A

解答过程：

28. 若采用定子回路接入对称电阻启动，设电动机的启动电压与额定电压之比为0.7，忽略线路电阻，计算每相外加电阻应为下列哪一项数值？（　　）

(A) 0.385Ω　　(B) 0.186Ω

(C) 0.107Ω　　(D) 0.104Ω

解答过程：

29. 若采用定子回路接入单相电阻启动，设电动机的允许启动转矩为 $1.2M_{st}$，忽略线路电阻，计算流过单相电阻的电流应为下列哪一项数值？（　　）

(A) 1272.60A　　(B) 1245.11A

(C) 1236.24A　　(D) 1231.02A

解答过程：

30. 当采用自耦变压器降压启动时，设电动机启动电压为额定电压的70%，允许每小时启动6次，电动机一次启动时间为12s，计算自耦变压器的容量应为下列哪一项数值？（　　）

(A) 450.62kV·A　　(B) 324.71kV·A

(C) 315.44kV·A　　(D) 296.51kV·A

解答过程：

题31～35：某办公室平面长14.4m、宽7.2m、高3.6m，墙厚0.2m（照明计算平面按长14.2m、宽7.0m），工作面高度为0.75m，平面图如下图所示，办公室中均匀布置荧光灯具。

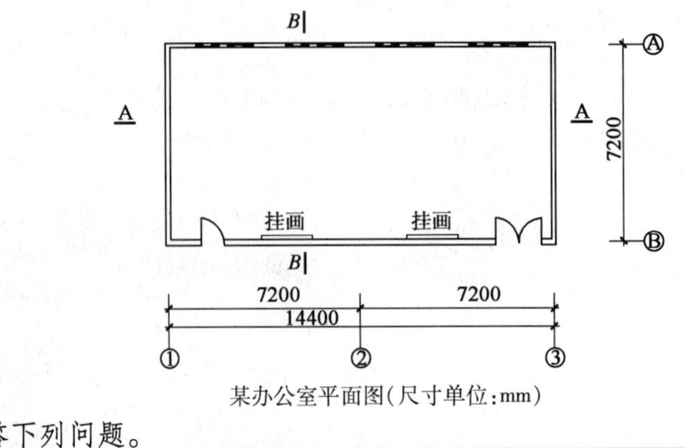

某办公室平面图（尺寸单位：mm）

请回答下列问题。

31. 若办公室无吊顶，采用杆吊式格栅荧光灯具，灯具安装高度3.1m，其A-A剖面见下图，其室内顶棚反射比为0.7，地面反射比为0.2，墙面反射比为0.5，玻璃窗反射比为0.09，窗台距室内地面高0.9m，窗高1.8m，玻璃窗面积为$12.1m^2$，若挂画的反射比与墙面反射比相同，计算该办公室空间墙面平均反射比ρ_{wav}应为下列哪一项数值？（ ）

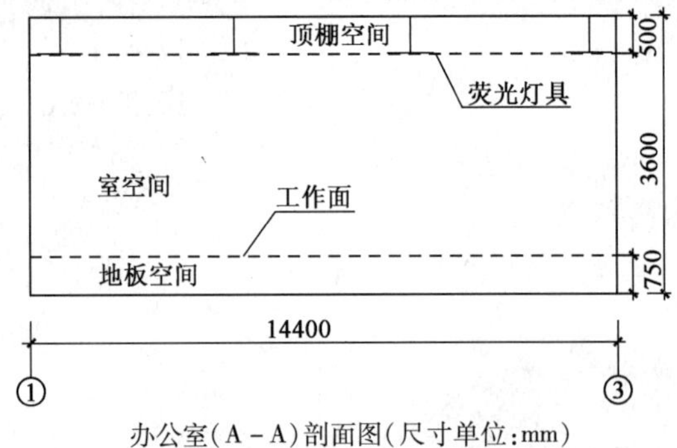

办公室（A－A）剖面图（尺寸单位：mm）

(A)0.40　　(B)0.45

(C)0.51　　(D)0.55

解答过程：

32. 若该办公室有平吊顶，高度3.1m，灯具嵌入顶棚安装，已知室内有效顶棚反射比为0.7，墙反射比为0.5，地面反射比为0.2，现均匀布置8套嵌入式3×28W格栅荧光灯具，用T5直管荧光灯配电子镇流器，28W荧光灯管光通量为2660lm，格栅灯具效率为0.64，其利用系数见下表，计算中RCR取小数点后一位数值，维护系数为0.8，求该房间的平均照度为下列哪一项？（ ）

荧光灯格栅灯具利用系数表

有效顶棚反射比(%)	70			50			30		
墙反射比(%)	50	30	10	50	30	10	50	30	10
地面反射比(%)	20								
室空间比 RCR									
1	0.69	0.68	0.67	0.66	0.65	0.64	0.63	0.62	0.61
1.2	0.67	0.66	0.65	0.64	0.63	0.62	0.61	0.60	0.59
1.5	0.65	0.64	0.63	0.62	0.61	0.60	0.58	0.57	0.57
2.0	0.61	0.59	0.58	0.59	0.57	0.56	0.57	0.55	0.53
2.5	0.57	0.56	0.54	0.56	0.54	0.52	0.54	0.51	0.49
3.0	0.54	0.52	0.51	0.53	0.50	0.48	0.51	0.48	0.46

(A)275lx　　(B)293lx
(C)313lx　　(D)329lx

解答过程：

33. 若该办公室有平吊顶，高度 3.1m，灯具嵌入顶棚安装，为满足工作面照度为 500lx，经计算均匀布置 14 套嵌入式 3×28W 格栅荧光灯具，单支 28W 荧光灯管配的电子镇流器功耗为 4W，T5 荧光灯管 28W 光通量为 2660lm，格栅灯具效率为 0.64，维护系数为 0.8，计算该办公室的照明功率密度值应为下列哪一项数值？（　　）

(A)$9.7W/m^2$　　(B)$11.8W/m^2$
(C)$13.5W/m^2$　　(D)$16W/m^2$

解答过程：

34. 若该办公室平吊顶高度为 3.1m，采用嵌入式格栅灯具均匀安装，每套灯具 4×14W，采用 T5 直管荧光灯，每支荧光灯管光通量为 1050lm，灯具的利用系数为 0.62，灯具效率为 0.71，灯具维护系数为 0.8，要求工作面照度为 500lx，计算需要灯具套数为下列哪一项数值？（取整数）（　　）

(A)14　　(B)21　　(C)24　　(D)27

解答过程：

35. 若该办公室墙面上有一幅挂画，画中心距地 1.8m，采用一射灯对该画局部照明，灯具距地 3m，光轴对准画中心，与墙面成 30°角，位置示意如下图所示，射灯光源的光强分布如下表，试求该面中心点的垂直照度应为下列哪项数值？（　　）

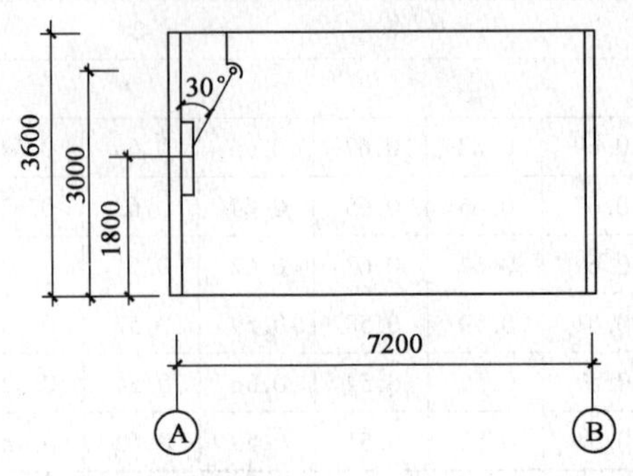

墙上挂画采用射灯照明位置（B-B）剖面图（尺寸单位：mm）

光源光强分布表

θ°	0	10	20	25	30	35	40	45	90
I_θ（cd）	3220	2300	1150	470	90	23	15	9	5

（A）23lx　　（B）484lx

（C）839lx　　（D）1452lx

解答过程：

题 36～40：有一栋写字楼，地下一层，地上 10 层，其中 1～4 层带有裙房，每层建筑面积 $3000m^2$；5～10 层为标准办公层，每层面积为 $2000m^2$，标准办公层每层公共区域面积占该层面积为 30%，其余为纯办公区域，请回答下列问题。

36. 在四层有一设有主席台的大型电视会议室，在主席台后部设有投影幕，观众席第一排至会议的投影幕布的距离为 8.4m，观众席设有 24 排座席，两排座席之间的距离为 1.2m，试通过计算确定为满足最后排的人能看清投影幕的内容，投影幕的最小尺寸（对角线），其结果应为下列哪一项数值？（　　）

（A）4.0m　　（B）4.13m

（C）4.5m　　（D）4.65m

解答过程：

37. 在第六层办公区域按照每5m^2设一个语音点，语音点采用8位模块通用插座，连接综合业务数字网，并采用S接口，该层的语音主干线若采用50对的三类大对数电缆，在考虑备用后，请计算至少配置的语音主干电缆根数应为下列哪一项数值？（　　）

（A）15　　（B）14
（C）13　　（D）7

解答过程：

38. 该办公楼第七层由一家公司租用，共设置了270个网络数据点，现采用48口的交换机，每台交换机(SW)设置一个主干端口，数据光纤按最大配置，试计算光纤芯数，按规范要求应为下列哪一项数值？（　　）

（A）8　　（B）12　　（C）14　　（D）16

解答过程：

39. 在2层有一个数据机房，设计了10台机柜，每台机柜设备的计算负荷为8kW（功率因数为0.8），需要配置不间断电源(UPS)，计算确定UPS输出容量应为下列哪一项数值？（　　）

（A）120kV·A　　（B）100kV·A
（C）96kV·A　　（D）80kV·A

解答过程：

40. 在首层大厅设置视频安防摄像机，已知该摄像机的镜头焦距为24.99mm，物体成像的像距为25.01mm，计算并判断摄像机观察物体的物距应为下列哪一项数值？（　　）

（A）25.65m　　（B）31.25m　　（C）43.16m　　（D）51.5m

解答过程：

2013 年案例分析试题答案(下午卷)

题 1 ~5 答案:**ADDAC**

1.《导体和电器选择设计技术规定》(DL/T 5222—2005)第 5.0.3 条。

环境温度5℃时的额定电流:$I_t = I[1+(40-5)\times 0.5\%] = 630\times 1.175 = 740\text{A}$

根据《工业与民用配电设计手册》(第三版)P205:空气温度随海拔的增加而相应递减,其值足以补偿由于海拔增加对高压电器温升的影响。因而在高海拔(不超过4000m)地区使用时,高压电器的额定电流可以保持不变。

环境温度 40℃时的允许温升:$T = T_n\left(1-\dfrac{2000-1000}{100}\times 0.3\%\right) = 20\times 0.97 = 19.4$ ℃

注:在 4000m 以下的环境中高压电器的额定电流可不修正。

2.《工业与民用配电设计手册》(第三版)P153 式(4-41)和式(4-42)和《导体和电器选择设计技术规定》(DL/T 5222—2005)第 18.1.4 条式(18.1.4)。

电缆线路单相接地电容电流:$I_{c1} = 0.1U_r l = 0.1\times 10\times 32 = 32\text{A}$

无架空地线单相接地电容电流:$I_{c2} = 2.7U_r l\times 10^{-3} = 2.7\times 10\times 10\times 10^{-3} = 0.27\text{A}$

P152 倒数第 5 行:电网中的单相接地电容电流由电力线路和电力设备两部分组成,考虑电力设备的电容电流,总电容电流 $I = (I_{c1}+I_{c2})\times(1+16\%) = 1.16\times(32+0.27) = 37.4\text{A}$

消弧线圈补偿容量:$Q = KI_c\dfrac{U_n}{\sqrt{3}} = 1.35\times 37.4\times\dfrac{10}{\sqrt{3}} = 291.51\text{kV·A}$

选答案 D,即 284.86kV·A。

校验接地故障点残余电流 $I_{cy} = \dfrac{Q'}{\sqrt{3}U_n} = \dfrac{291.51-284.86}{\sqrt{3}\times 10} = 0.384\text{A} < 10\text{A}$,满足要求。

注:不可忽略电网中电力设备产生的电容电流。

3.《导体和电器选择设计技术规定》(DL/T 5222—2005)第 18.1.7 条式(18.1.7)。

脱谐度:$U_0 = \dfrac{U_{bd}}{\sqrt{d^2+v^2}}\dfrac{10}{\sqrt{3}}\times 15\% = \dfrac{(10/\sqrt{3})\times 0.8\%}{\sqrt{0.03^2+v^2}}$

则:$v = \pm 0.044$

由于采用过补偿方式,脱谐度应取负值,为 −0.044,即 −4.4%。另规范规定脱谐度一般不应大于 10%(绝对值),因此本题脱谐度范围为 −10% ~ −4.4%。

消弧线圈电感电流:$v_1 = \dfrac{I_c - I_L}{I_c}$

$I_L = I_c(1-v_1)$

$I_L = 35 \times (1 + 0.044) = 36.54A$

$v_2 = \dfrac{I_c - I_L}{I_c}$

$I_L = I_c(1 - v_2)$

$I_L = 35 \times (1 + 0.1) = 38.5A$

注：公式 $Q = KI_c \dfrac{U_n}{\sqrt{3}}$，欠补偿时，一般 K 取(1－脱谐度)，因此若采用过补偿时，脱谐度实际应为负值。

4.《导体和电器选择设计技术规定》(DL/T 5222—2005)第 21.0.4 条。

3～20kV 屋外绝缘子和穿墙套管，当有冰雪时，宜采用高一级电压的产品，因此额定电压选择 20kV。

《电力工程电气设计手册》(电气一次部分)P232 表 6-3。

10kV 回路持续工作电流：$I = 1.05 \times \dfrac{S_n}{\sqrt{3}U_n} = 1.05 \times \dfrac{25000}{\sqrt{3} \times 10} = 1515.15A$

取 1600A。

5.《工业与民用配电设计手册》(第三版)P213 表 5-10。

作用在穿墙套管上的作用力：$F_c = 8.66\left(\dfrac{l_{rl} + l}{D}\right)i_{p3}^2 \times 10^{-2} = 8.66 \times \left(\dfrac{800 + 500}{300}\right) \times (2.55 \times 20)^2 \times 10^{-2} = 976N$

穿墙套管弯矩破坏负荷：$F_{ph} \geqslant \dfrac{F_c}{0.6} = \dfrac{976}{0.6} = 1626N$

选取 2000N。

注：三相短路峰值电流参考《工业与民用配电设计手册》(第三版)P150 式(4-25)及相关说明。

题 6～10 答案：**CCCBC**

6.《电力工程电缆设计规范》(GB 50217—2007)附录 C 表 C.0.3 及附录 D 式(D.0.2)和表 D.0.3。

根据表 C.0.3 交联聚乙烯绝缘铠装电力电缆直埋环境温度为 25℃，因此环境温度系数不修正。

根据表 D.0.3，土壤热阻系数修正系数：$k_1 = 0.75$

铝芯与铜芯电缆的持续载流量系数：$k_2 = 1.29$

电缆载流量：$I_z = \dfrac{I_n}{k_1 k_2} = \dfrac{230}{0.75 \times 1.29} = 237.73A < 247A$

因此选 $185mm^2$。

7.《导体和电器选择设计技术规定》(DL/T 5222—2005)第 7.1.8 条及式(7.1.8)。

裸导体的热稳定验算：$S \geqslant \dfrac{\sqrt{Q_d}}{c} = \dfrac{\sqrt{400 + 4}}{85} \times 10^3 = 236mm^2$

选取 $250mm^2$。

注：也可参考《工业与民用配电设计手册》(第三版)P212 表 5-9，$c=87$ 不影响答案选取，但题干明确为"硬铝"，建议依据《导体和电器选择设计技术规定》(DL/T 5222—2005)做答更为贴切。

8.《导体和电器选择设计技术规定》(DL/T 5222—2005)附录 D 表 D.11。

海拔 2000m，环境温度 +35℃，根据表 D.11，校正系数 $K=0.85$。

校正后的户外软导线载流量：$I=KI_n=0.85\times 200=170A$

9.《低压配电设计规范》(GB 50054—2011)第 3.2.9 条。

三次谐波分量为 35%，按中性导体电流选择截面：$I_b=\dfrac{80\times 0.35\times 3}{0.86}=97.67A$

查表选 $35mm^2$。

注：也可参考《工业与民用配电设计手册》(第三版)P495 表 9-10 及例 9-1

10.《低压配电设计规范》(GB 50054—2011)第 3.2.14 条及附录 A 表 A.0.2。

保护导体最小截面：$S\geqslant \dfrac{I}{k}\sqrt{t}\times 10^3=\dfrac{14.1}{141}\times\sqrt{0.2}\times 10^3=44.7mm^2<50\ mm^2$

题 11 ~ 15 答案：**BBACB**

11.《电力工程直流系统设计技术规程》(DL/T 5044—2004)第 5.2.3 条表 5.2.3。

无人值班变电所信号和控制负荷事故放电计算时间为 2h，事故照明为 1h，因此放电容量为：

$C_{CC}=2\times 5+2\times 5+1\times 5=25A\cdot h$

12.《电力工程直流系统设计技术规程》(DL/T 5044—2004)表 5.2.3 和附录 B 式(B.2)。

根据表 5.2.3，事故放电初期 1min 冲击放电电流值，控制、信号、断路器跳闸与分闸电流均需计入，仅事故照明电流不计入。

全所停电初期即两路电源均失电，因为断路器动作均为毫秒级，因此两路失电电源应有先后顺序，当第一路电源失电时，按题意，该回路 35kV 和 10kV 断路器断开，母联断路器闭合，此时(题中原话)充电装置和蓄电池浮充电运行；当第二路电源再失电，此回路 35kV 和 10kV 断路器断开，但母联断路器是否断开，题中未明确，按最不利条件考虑，即按断开母联断路器进行计算。

事故放电初期冲击系数：$K_{cho}=K_K\dfrac{I_{cho}}{I_{10}}=1.1\times\dfrac{3\times 5+5+5}{150/10}=1.83$

注：本题争议较大，出题人的本意是否考查上述复杂的倒闸过程仍有待商榷。但事故全停电时，断路器如何动作是本题的关键。

13.《电力工程直流系统设计技术规程》(DL/T 5044—2004)表 5.2.3 和附录 B 式(B.4)、式(B.5)。

任意事故放电阶段的10h放电率电流倍数：$K_{m.X} = K_K \frac{C_{S.X}}{tI_{10}} = 1.1 \times \frac{40}{2 \times 150/10} = 1.47$

x_h 事故放电末期冲击系数：$K_{chm.X} = K_K \frac{I_{chm}}{I_{10}} = 1.1 \times \frac{120}{150/10} = 8.8$

14.《电力工程直流系统设计技术规程》(DL/T 5044—2004)附录C中C.1.1-3。
蓄电池自放电电流按最大考虑，铅酸蓄电池取 $1.25I_{10}$。

则：$I_r = 1.25I_{10} + I_{jc} = 1.25 \times \frac{120}{10} + 5 + 5 = 25A$

15.《工业与民用配电设计手册》(第三版)P410、411 式(8-30)、式(8-31)。
正常操作时所需容量：$C = K_{rel}(C_1 + C_3) = 1.2 \times (5 + 5 + 120) \times 0.22 = 34.32\,kV·A$
正常操作时，计入信号装置及控制保护装置负荷：5+5(A)
事故操作时所需容量：$C' = K_{rel}(C_2 + C_3) = 1.2 \times (5 + 5 + 120) \times 0.22 = 34.32\,kV·A$
事故操作时，计入两台断路器同时分闸的负荷：2×5(A)
取两式较大者，即34.32kV·A。

注：由系统电源供电时，正常的控制操作及信号回路所消耗的容量 C_1 当系统发生故障时，两台断路器同时分闸所消耗的容量 C_2，系统电源正常供电或发生故障时一台断路器的合闸电磁铁的额定容量 C_3。本题中 C_1 与 C_2 数值相等，造成结果相等，属巧合。

题16~20答案：**AACDC**
16.《建筑物防雷设计规范》(GB 50057—2010)第4.2.3-3条式(4.2.3)。
当架空线转换成一段铠装电缆或护套电缆穿钢管直接埋地引入时，其埋地长度可按下式计算：
$l \geq 2\sqrt{\rho} = 2 \times \sqrt{200} = 28.28m$
取29m。

注：部分考友质疑从距离建筑18m处开始埋地，怎么埋地28m才能进入建筑物？其实这是考试时紧张过度，若建筑物体量大，没有规范规定电缆应在最近点进入建筑物，通常考虑到配电室位置及其他相关因素，电缆完全可以在建筑一侧敷设一段距离(如10m)再进入建筑物，平常设计时也经常遇到这样的情况。

17.《建筑物防雷设计规范》(GB 50057—2010)第3.0.4-4条：烟囱为第三类防雷建筑物。

第4.4.6-1条及式(4.2.4-1)，补打水平接地体的最小长度：$l_r = 5 - \sqrt{\frac{A}{\pi}} = 5 - \sqrt{\frac{6 \times 6}{\pi}} = 1.61m$

18.《交流电气装置的过电压保护和绝缘配合》(DL/T 620—1997)第5.2.1条式(4)~式(6)。

$h = 32\text{m} > 30\text{m}$

$P = \frac{5.5}{\sqrt{h}} = \frac{5.5}{\sqrt{32}} = 0.972$

1) $h_{xA} = 16.5 > \frac{h}{2} = 16$

$r_{xA} = (h - h_{xA})P = (32 - 16.5) \times 0.972 = 15.07\text{m} < 15 + 0.3 = 15.3\text{m}$

2) $h_{xB} = 11 < \frac{h}{2} = 16$

$r_{xB} = (1.5h - 2h_{xB})P = (1.5 \times 32 - 2 \times 11) \times 0.972 = 25.27\text{m} < 25 + 0.3 = 25.3\text{m}$

因此均不在保护范围内。

注:本题的关键在于设备顶端平面为圆形,半径均为 0.3m,因此设备最高点为顶端中心点。

19.《66kV 及以下架空电力线路设计规范》(GB 50061—2010)第 5.2.2 条式(5.2.2)。

导线与地线在档距中央的距离:

$S_{11} = 0.012L + 1 = 0.012 \times 500 + 1 = 7\text{m}$

$S_{12} = 0.012L + 1 = 0.012 \times 180 + 1 = 3.16\text{m}$

20.《建筑物防雷设计规范》(GB 50057—2010)第 3.0.4-3 条:办公楼为第三类防雷建筑物。

第 4.2.4-9 条,式(4.2.4-7):$I_f = \frac{0.5IR_s}{n(mR_s + R_c)} = \frac{0.5 \times 100 \times 1.4}{3 \times (4 \times 1.4 + 0.2)} = 4.023\text{kA}$

附录 H,式(H.0.1):$S_c \geqslant \frac{I_f \rho_c L_c \times 10^6}{U_w} = \frac{4.023 \times 17.24 \times 10^{-9} \times 100 \times 10^6}{2.5} = 2.77\text{mm}^2$

注:建议将《建筑物防雷设计规范》(GB 50057—2010)中所有附录均要熟悉,此规范更新后,考查的概率很大。

题 21 ~ 25 答案:**CBDAB**

21.《3 ~ 110kV 高压配电装置设计规范》(GB 50060—2008)第 5.1.1 条表 5.1.1,110J 的 A2 值。

《工业与民用配电设计手册》(第三版)P225:海拔增加时,……,对于海拔高于 1000m 但不超过 4000m 的高压电器外绝缘,海拔每升高 100m,其他绝缘强度约降低 1%。

因此:$A'_2 = 1000 \times \left(1 + \frac{2300 - 1000}{100} \times 1\%\right) = 1130\text{mm}$

注:也可参考《电力工程电气设计手册》(电气一次部分)P687 图 10-112 或《高压配电装置设计技术规程》DL/T 5352—2006 附录 B 图 B.1。

22.《3 ~ 110kV 高压配电装置设计规范》(GB 50060—2008)第 5.1.1 条表 5.1.1,110J 的 B1 值。

依据同题 21:

$$B'_1 = 1650 + \left(900 \times \frac{2300 - 1000}{100} \times 1\%\right) = 1767\text{mm}$$

$$h = 5000 - B_1 = 5000 - 1767 = 3233\text{mm}$$

23.《10kV及以下变电所设计规范》(GB 50053—1994)第4.2.6条:低压配电装置两个出口间的距离超过15m时,尚应增加出口(第一处)。第6.2.2条:变压器室、配电室、电容器室的门应向外开启(第二处)。第4.2.3条:当露天或半露天变压器供给一级负荷用电,相邻的可燃油油浸变压器的防火净距不应小于5m(第三处)。

《并联电容器装置设计规范》(GB 50227—2008)第9.1.5条:并联电容器室的长度超过7.0m,应设两个出口(第四处)。《3~110kV高压配电装置设计规范》(GB 50060—2008)第5.5.3条:贮油和挡油设施应大于设备外廓每边各1000mm(第五处)。

注:也许还有违反规范之处,请考友指正,应该任选出4处就可得分吧。此类题目需要对规范有足够的熟练度,且需有丰富的审图经验才能锻炼出来,在考场上自己很难判断图中大量信息的取舍是否全部正确,所以建议放弃此类题目。

24.《交流电气装置的过电压保护和绝缘配合》(DL/T 620—1997)附录D表D.11。

由主题干可知,35kV裸母线为室外导体,因此导体最高允许温度为+80℃,根据题干表格查得基准载流量为2485A。

根据表D.11的数据,实际环境温度+35℃时,校正系数为0.81(海拔2000m)和0.76(海拔3000m)。

利用插值法:海拔2300m时,校正系数 $K = 0.81 - 300 \times \frac{0.81 - 0.76}{3000 - 2000} = 0.81 - 0.015 = 0.795$

实际载流量:$I_a = KI'_a = 0.795 \times 2485 = 1975.6\text{A}$

注:题干中给的90%的数据均无用,但在考场上大题干对考试心理还是有一定影响的。

25.《导体和电器选择设计技术规定》(DL/T 5222—2005)附录C表C.1和C.2;《交流电气装置的过电压保护和绝缘配合》(DL/T 620—1997)第10.4.1条式(34)。

根据题意可知,污秽等级为III级,对应的爬电比距 $\lambda = 2.5\text{cm/kV}$。

爬电距离:$L = K_d \lambda U_m = (1 \sim 1.2) \times 2.5 \times 40.5 = 101.25 \sim 121.5\text{cm} = 1012.5 \sim 1215\text{mm} > 875\text{mm}$

注:系统最高电压 U_m 参考《标准电压》(GB/T 156—2007)第4.3条、第4.4条、第4.5条,另爬电距离公式也可参考《导体和电器选择设计技术规定》(DL/T 5222—2005)第21.0.9条的条文说明。

题26~30答案:**DACCC**

26.《工业与民用配电设计手册》(第三版)P270表6-16:全压启动相关公式。

母线短路容量:$S_{km} = \frac{S_{rT}}{x_T + \frac{S_{rT}}{S_k}} = \frac{0.4}{0.04 + \frac{0.4}{20}} = 6.667\text{MV·A}$

电动机额定容量：$S_{rm}=\sqrt{3}U_{rm}I_{rm}=\sqrt{3}\times0.38\times0.24=0.158\text{MV·A}$

电动机额定启动容量：$S_{stM}=k_{st}S_{rm}=6.8\times0.158=1.074\text{MV·A}$

启动时启动回路额定输入容量：$S_{st}=\dfrac{1}{\dfrac{1}{S_{stM}}+\dfrac{X_1}{U_m^2}}=\dfrac{1}{\dfrac{1}{1.074}+\dfrac{0.0245}{0.38^2}}=0.908\text{MV·A}$

预接负荷无功功率：$Q_{fh}=S_{fh}\times\sqrt{1-\cos^2\phi_{fh}}=0.2\times\sqrt{1-0.73^2}=0.137\text{Mvar}$

母线电压相对值：$u_{stM}=\dfrac{S_{km}+Q_{fh}}{S_{km}+Q_{fh}+S_{st}}=\dfrac{6.667+0.137}{6.667+0.137+0.908}=0.882$

最低母线低压：$U_{stM}=u_{stM}U_n=0.882\times0.38=0.3353\text{kV}=335.3\text{V}$

27.《钢铁企业电力设计手册》(下册)P102 式(24-2)和式(24-3)。

电动机的启动电压：$\dfrac{U'_{q\Delta}}{U_{q\Delta}}=\dfrac{1+\sqrt{3}K}{1+3K}$

$U'_{q\Delta}=U_{q\Delta}\times\dfrac{1+\sqrt{3}K}{1+3K}=380\times\dfrac{1+\sqrt{3}\times2}{1+3\times2}=242.33\text{V}$

电动机全压启动的启动电流：$I_{q\Delta}=k_{st}I_{rM}=6.8\times240=1632\text{A}$

电动机的启动电流：$\dfrac{I'_{q\Delta}}{I_{q\Delta}}=\dfrac{1+K}{1+3K}$

$I'_{q\Delta}=I_{q\Delta}\times\dfrac{1+K}{1+3K}=1632\times\dfrac{1+2}{1+3\times2}=699.43\text{A}$

注：延边三角形降压启动现应用渐少，此题稍偏。

28.《钢铁企业电力设计手册》(下册)P104 式(24-7)~式(24-9)。

电动机启动阻抗：$Z_{qd}=\dfrac{380}{\sqrt{3}I_{qd}}=\dfrac{380}{\sqrt{3}\times6.8\times240}=0.134\Omega$

电动机启动电阻：$R_{qd}=Z_{qd}\cos\phi_{qd}=0.134\times0.25=0.0336\Omega$

电动机启动电抗：$X_{qd}=Z_{qd}\sin\phi_{qd}=0.134\times0.97=0.1304\Omega$

每相允许的全部外加电阻：$R_w=\sqrt{\left(\dfrac{Z_{qd}}{a}\right)^2-X_{qd}^2}-R_{qd}=\sqrt{\left(\dfrac{0.134}{0.7}\right)^2-0.1304^2}-0.0336=0.107\Omega$

29.《钢铁企业电力设计手册》(下册)P105、106 式(24-10)~式(24-12)。

允许的启动转矩与电动机额定启动转矩之比：$\mu_q=\dfrac{M'_{qd}}{M_{qd}}=\dfrac{1.2}{1.8}=0.667$

电动机启动阻抗：$Z_{qd}=\dfrac{380}{\sqrt{3}I_{qd}}=\dfrac{380}{\sqrt{3}\times6.8\times240}=0.134\Omega$

外加单相启动电阻：$R_w=\dfrac{3}{2}Z_{qd}\left[\dfrac{1-2\mu_q}{2\mu_q}\cos\phi_{qd}+\sqrt{\left(\dfrac{1-2\mu_q}{2\mu_q}\right)^2\cos\phi_{qd}^2+\dfrac{1-\mu_q}{\mu_q}}\right]=$

$\dfrac{3}{2}\times0.134\times\left[\dfrac{1-2\times0.667}{2\times0.667}\times0.25+\sqrt{\left(\dfrac{1-2\times0.667}{2\times0.667}\right)^2\times0.25^2+\dfrac{1-0.667}{0.667}}\right]=$

0.1305Ω

流过单相电阻的电流：$I'_{qd} = I_{qd}\sqrt{\dfrac{9}{4\left(\dfrac{R_w}{Z_{qd}}\right)^2 + 12\dfrac{R_w}{Z_{qd}}\cos\phi_{qd} + 9}} =$

$$1632 \times \sqrt{\frac{9}{4 \times \left(\frac{0.1305}{0.134}\right)^2 + 12 \times \frac{0.1305}{0.134} \times 0.25 + 9}} = 1236.24\text{A}$$

注：计算过程非常烦琐，但只许直接代入公式，细心即可。

30.《钢铁企业电力设计手册》(下册)P106 式(24-13)、式(24-15)。

电动机额定容量：$S_{ed} = \sqrt{3}U_{rm}I_{rm} = \sqrt{3} \times 0.38 \times 0.24 = 0.158\text{MV·A}$

电动机启动容量：$S_{qd} = \left(\dfrac{U_{qd}}{U_{ed}}\right)^2 K_{iq}S_{ed} = 0.7^2 \times 6.8 \times 0.158 = 0.526\text{MV·A}$

自耦变压器容量：$S_{bz} = \dfrac{S_{qd}Nt_q}{2} = \dfrac{0.526 \times 6 \times \frac{12}{60}}{2} = 0.3156\text{MV·A} = 315.6\text{kV·A}$

题 31 ~35 答案：**BBCCC**

31.《照明设计手册》(第二版)P213 式(5-47)。

墙总面积：$A_w = 2 \times (14.2 + 7.0) \times (3.6 - 0.5 - 0.75) = 99.64\text{m}^2$

墙面平均反射比：$\rho_{wav} = \dfrac{\rho_w(A_w - A_g) + \rho_g A_g}{A_w}$

$$= \frac{0.5 \times (99.64 - 12.1) + 0.09 \times 12.1}{99.64} = 0.45$$

注：A_g 为玻璃窗或装饰物的面积，ρ_g 为玻璃窗或装饰物的面积。

32.《照明设计手册》(第二版)P211、212 式(5-39)和式(5-44)。

室空间比：$\text{RCR} = \dfrac{2.5A_w}{A_0} = \dfrac{2.5 \times 99.64}{14.2 \times 7.0} = 2.5$

查题干表格，利用系数为 0.57。

工作面上的平均照度：$E_{av} = \dfrac{N\Phi Uk}{A} = \dfrac{8 \times 3 \times 2660 \times 0.57 \times 0.8}{14.2 \times 7} = 293\text{lx}$

33.《建筑照明设计标准》(GB 50034—2004)第 2.0.46 条。

照明功率密度值：$\text{LPD} = \dfrac{14 \times 3 \times (28 + 4)}{14.2 \times 7} = 13.52\text{W/m}^2$

注：不能遗漏镇流器功率。

34.《照明设计手册》(第二版)P211 式(5-48)。

灯具数量：$E_{av} = \dfrac{N\Phi Uk}{A}$

$N = \dfrac{E_{av}A}{\Phi Uk} = \dfrac{500 \times 14.2 \times 7}{4 \times 1050 \times 0.62 \times 0.8} = 23.9$，取 24 个。

35.《照明设计手册》(第二版)P189 式(5-4),参考图 5-2。

中心点垂直照度:$E_h = \frac{I_\theta \cos^3\theta}{h^2} = \frac{3220 \times \cos^3 60^\circ}{[(3-1.8)\tan 30^\circ]^2} = 839\text{lx}$

注:垂直照度应为垂直于基准平面的照度,本题基准平面为挂画面。

题 36 ~ 40 答案:**ACDAB**

36.《民用建筑电气设计规范》(JGJ 16—2008)第 20.4.8.6 条。

最后排能看清屏幕的最小尺寸:$D = \frac{8.4 + 1.2 \times (24-1)}{8 \sim 9} = 4 \sim 4.5\text{m}$,取最小值 4m。

37.《民用建筑电气设计规范》(JGJ 16—2008)第 21.3.7-1 条:当采用 S 接口时,相应的主干电缆应按 2 对线配置,并在总需求的基础上预留 10% 的线对。

标准层语音点位数量:$n = \frac{2000 \times (1-30\%)}{5} = 280$ 个

语音主干线缆数量:$N = 2 \times \frac{n}{50} \times (1+10\%) = 2 \times \frac{280}{50} \times 1.1 = 12.32$ 根,取 13 根。

38.《民用建筑电气设计规范》(JGJ 16—2008)第 21.3.7-2 条第 2 款。

最大量配置:按每个集线器(HUB)或交换机(SW)设置一个主干端口,每 4 个主干端口宜考虑一个备份端口。当主干端口为光接口时,每个主干端口应按 2 芯光纤容量配置。

主干端口数量 $n = \frac{270}{48} = 5.625$ 个,因此取 6 个。备用端口 $n' = \frac{6}{4} = 1.5$ 个,取 2 个。

光纤电缆芯数:$m = 2 \times (6+2) = 16$ 芯

39.《电子信息系统机房设计规范》(GB 50174—2008)第 8.1.7 条式(8.1.7)。
不间断电源系统(UPS)的基本容量:$E \geqslant 1.2P = 1.2 \times 10 \times 8/0.8 = 120\text{kV·A}$

40.《视频安防监控系统工程设计规范》(GB 50395—2007)第 6.0.2-3 条的条文说明。

公式:$\frac{1}{f} = \frac{1}{u} + \frac{1}{v}$

$$\frac{1}{u} = \frac{1}{f} - \frac{1}{v} = \frac{1}{24.99} - \frac{1}{25.01} = 0.000032$$

物距:$u = \frac{1}{0.000032} = 31250\text{mm} = 31.25\text{m}$

注:透镜成像的基本物理原理,但考试时不易找到对应依据。

附录一 考 试 大 纲

1 安全

1.1 熟悉工程建设标准电气专业强制性条文；

1.2 了解电流对人体的效应；

1.3 掌握安全电压及电击防护的基本要求；

1.4 掌握低压系统接地故障的保护设计和等电位联结的有关要求；

1.5 掌握危险环境电力装置的特殊设计要求；

1.6 了解电气设备防误操作的要求及措施；

1.7 掌握电气工程设计的防火要求及措施；

1.8 了解电力设施抗震设计和措施。

2 环境保护与节能

2.1 熟悉电气设备对环境的影响及防治措施；

2.2 熟悉供配电系统设计的节能措施；

2.3 熟悉提高电能质量的措施；

2.4 掌握节能型电气产品的选用方法。

3 负荷分级及计算

3.1 掌握负荷分级的原则及供电要求；

3.2 掌握负荷计算的方法。

4 110kV 及以下供配电系统

4.1 熟悉供配电系统电压等级选择的原则；

4.2 熟悉供配电系统的接线方式及特点；

4.3 熟悉应急电源和备用电源的选择及接线方式；

4.4 了解电能质量要求及改善电能质量的措施；

4.5 掌握无功补偿设计要求；

4.6 熟悉抑制谐波的措施；

4.7 掌握电压偏差的要求及改善措施。

5 110kV 及以下变配电所所址选择及电气设备布置

5.1 熟悉变配电所所址选择的基本要求；

5.2　熟悉变配电所布置设计；

5.3　掌握电气设备的布置设计；

5.4　了解特殊环境的变配电装置设计。

6　短路电流计算

6.1　掌握短路电流计算方法；

6.2　熟悉短路电流计算结果的应用；

6.3　熟悉影响短路电流的因素及限制短路电流的措施。

7　110kV 及以下电气设备选择

7.1　掌握常用电气设备选择的技术条件和环境条件；

7.2　熟悉高压变配电设备及电气元件的选择；

7.3　熟悉低压配电设备及电器元件的选择。

8　35kV 及以下导体、电缆及架空线路的设计

8.1　掌握导体的选择和设计；

8.2　熟悉电线、电缆选择和设计；

8.3　熟悉电缆敷设的设计；

8.4　掌握电缆防火与阻燃设计要求；

8.5　了解架空线路设计要求。

9　110kV 及以下变配电所控制、测量、继电保护及自动装置

9.1　掌握变配电所控制、测量和信号设计要求；

9.2　掌握电气设备和线路继电保护的配置、整定计算及选型；

9.3　了解变配电所自动装置及综合自动化的设计要求。

10　变配电所操作电源

10.1　熟悉直流操作电源的设计要求；

10.2　熟悉 UPS 电源的设计要求；

10.3　了解交流操作电源的设计要求。

11　防雷及过电压保护

11.1　了解电力系统过电压的种类和过电压水平；

11.2　熟悉交流电气装置过电压保护设计要求及限制措施；

11.3　掌握建筑物防雷的分类及措施；

11.4　掌握建筑物防雷和防雷击电磁脉冲设计的计算方法和设计要求。

12　接地

12.1　掌握电气装置接地的一般规定；

12.2　熟悉电气装置保护接地的范围；

12.3　熟悉电气装置的接地装置设计要求；

12.4　了解各种接地形式的适用范围；

12.5　了解接触电压、跨步电压计算方法。

13　照明

13.1　了解照明方式和照明种类的划分；

13.2　熟悉照度标准及照明质量的要求；

13.3　掌握光源及电气附件的选用和灯具选型的有关规定；

13.4　掌握照明供电及照明控制的有关规定；

13.5　掌握照度计算的基本方法；

13.6　掌握照明工程节能标准及措施。

14　电气传动

14.1　熟悉电气传动系统的组成及分类；

14.2　了解电动机选择的技术要求；

14.3　掌握交、直流电动机的启动方式及启动校验；

14.4　掌握交、直流电动机调速技术；

14.5　掌握交、直流电动机的电气制动方式及计算方法；

14.6　掌握电动机保护配置及计算方法；

14.7　熟悉低压电动机控制电器的选择；

14.8　了解电动机调速系统性能指标；

14.9　熟悉 PLC 的应用。

15　建筑智能化

15.1　掌握火灾自动报警系统及消防联动控制的设计要求；

15.2　掌握建筑设备监控系统的设计要求；

15.3　掌握安全防范系统的设计要求；

15.4　熟悉通信网络及系统的设计要求；

15.5　了解有线电视系统的设计要求；

15.6　了解扩声和音响系统的设计要求；

15.7　了解呼叫系统及公共显示装置的设计要求；

15.8　熟悉建筑物内综合布线设计要求。

附录二 规程规范及设计手册

一、规程规范

1.《建筑设计防火规范》(GB 50016—2006);

2.《建筑照明设计标准》(GB 50034—2004);

3.《人民防空地下室设计规范》(GB 50038—2005);

4.《高层民用建筑设计防火规范》(GB 50045—1995)(2005 年版);

5.《供配电系统设计规范》(GB 50052—2009);

6.《10kV 及以下变电所设计规范》(GB 50053—1994);

7.《低压配电设计规范》(GB 50054—2011);

8.《通用用电设备配电设计规范》(GB 50055—2011);

9.《建筑物防雷设计规范》(GB 50057—2010);

10.《爆炸和火灾危险环境电力装置设计规范》(GB 50058—1992);

11.《35kV ~ 110kV 变电站设计规范》(GB 50059—2011);

12.《3 ~ 110kV 高压配电装置设计规范》(GB 50060—2008);

13.《电力装置的继电保护和自动装置设计规范》(GB/T 50062—2008);

14.《电力装置的电气测量仪表装置设计规范》(GB/T 50063—2008);

15.《交流电气装置的接地设计规范》(GB/T 50065—2011);

16.《住宅设计规范》(GB 50096—2011);

17.《火灾自动报警系统设计规范》(GB 50116—1998);

18.《石油化工企业设计防火规范》(GB 50160—2008);

19.《电子信息系统机房设计规范》(GB 50174—2008);

20.《有线电视系统工程技术规范》(GB 50200—1994);

21.《电力工程电缆设计规范》(GB 50217—2007);

22.《并联电容器装置设计规范》(GB 50227—2008);

23.《火力发电厂与变电站设计防火规范》(GB 50229—2006);

24.《电力设施抗震设计规范》(GB 50260—2013);

25.《城市电力规划规范》(GB 50293—1999);

26.《综合布线系统工程设计规范》(GB 50311—2007);

27.《智能建筑设计标准》(GB/T 50314—2006);

28.《民用建筑电气设计规范》(JGJ 16—2008);

29.《高压输变电设备的绝缘配合》(GB 311.1—1997);

30.《交流电气装置的过电压保护和绝缘配合》(DL/T 620—1997);

31.《交流电气装置的接地设计规范》(GB/T 50065—2011);

32.《导体和电器选择设计技术规定》(DL/T 5222—2005);

33.《户外严酷条件下的电气设施　第1部分:范围和定义》(GB 9089.1—2008),《户外严酷条件下的电气设施　第2部分:一般防护要求》(GB 9089.2—2008);

34.《电能质量　供电电压偏差》(GB 12325—2008);

35.《电能质量　电压波动和闪变》(GB 12326—2008);

36.《电能质量　公用电网谐波》(GB/T 14549—1993);

37.《电能质量　三相电压不平衡》(GB/T 15543—2008);

38.《电击防护装置　设备的通用部分》(GB/T 17045—2008);

39.《用电安全导则》(GB/T 13869—2008);

40.《电流通过人和家畜的效应　第一部分:常用部分》(GB/T 13870.1—2008);

41.《电流通过人体的效应　第二部分:特殊情况》(GB/T 13870.2—1997);

42.《系统接地的型式及安全技术要求》(GB 14050—2008);

43.《防止静电事故通用导则》(GB 12158—2006);

44.《低压电气装置　第4-41部分:安全防护　电击防护》(GB 16895.21—2011);

45.《建筑物电气装置　第4-42部分:安全防护　热效应保护》(GB 16895.2—2005);

46.《建筑物电气装置　第5-54部分:电气设备的选择和安装—接地配置、保护导体和保护联结导体》(GB 16895.3—2004);

47.《建筑物电气装置　第5部分:电气设备的选择和安装　第53章:开关设备和控制设备》(GB 16895.4—1997);

48.《建筑物电气装置　第4部分:安全防护　第43章:过电流保护》(GB 1689 5.5—2000);

49.《建筑物电气装置　第5部分:电气设备的选择和安装　第52章:布线系统》(GB 16895.6—2000);

50.《低压电气装置　第7-706部分:特殊装置或场所的要求活动受限制的可导电场

所》(GB 16895.8—2010);

51.《建筑物电气装置　第7部分:特殊装置或场所的要求　第707节:数据处理设备用电气装置的接地要求》(GB/T 16895.9—2000);

52.《低压电气装置　第4-44部分:安全防护　电压骚扰和电磁骚扰防护》(GB/T 16895.10—2010);

53.《建筑物电气装置的电压区段》(GB/T 18379—2001);

54.《安全防范工程设计规范》(GB 50348—2004);

55.《电力工程直流系统设计技术规定》(DL/T 5044—2004);

56.《66kV及以下架空电力线路设计规范》(GB 50061—2010);

57.《工业电视系统工程设计规范》(GB 50115—2009);

58.《厅堂扩声系统设计规范》(GB 50371—2006);

59.《入侵报警系统工程设计规范》(GB 50394—2007);

60.《视频安防监控系统工程设计》(GB 50395—2007);

61.《出入口控制系统工程设计规范》(GB 50396—2007);

62.《工业企业电气设备抗震设计规范》(GB 50556—2010)。

注:以上所有规程、规范以考试年度1月1日以前实施的最新版本为准。

二、设计手册

1.能源部西北电力设计院编《电力工程电气设计手册　电气一次部分》,中国电力出版社,1989年12月;

2.能源部西北电力设计院编《电力工程电气设计手册》(电气二次部分),水利电力出版社,1991年8月;

3.中国航空工业规划设计研究院等编《工业和民用配电设计手册》(第三版),中国电力出版社,2005年10月;

4.《钢铁企业电力设计手册》编委会编《钢铁企业电力设计手册》,冶金工业出版社,1996年1月;

5.北京照明学会照明设计专业委员会编《照明设计手册》(第二版),中国电力出版社,2006年12月;

6.机械电子工业部天津电气传动设计研究所编著《电气传动自动化技术手册》(第三版),机械工业出版社,2011年4月。

注:设计手册的内容与规程、规范不一致之处,以规程、规范为准。

附录三 注册电气工程师新旧专业对照表

专业划分	新专业名称	旧专业名称
本专业	电气工程及其自动化	电力系统及其自动化 高电压与绝缘技术 电气技术(部分) 电机电器及其控制 电气工程及其自动化
相近专业	自动化 电子信息工程 通信工程 计算机科学与技术	工业自动化 自动化 自动控制 液体传动及控制(部分) 飞行器制导与控制(部分) 电子工程 信息工程 应用电子技术 电磁场与微波技术 广播电视工程 无线电技术与信息系统 电子与信息技术 通信工程 计算机通信 计算机及应用
其他工科专业	除本专业和相近专业外的工科专业	

注:表中“新专业名称”指中华人民共和国教育部高等教育司 1998 年颁布的《普通高等学校本科专业目录和专业介绍》中规定的专业名称;“旧专业名称”指 1998 年《普通高等学校本科专业目录和专业介绍》颁布前各院校所采用的专业名称。

附录四 考试报名条件

考试分为基础考试和专业考试。参加基础考试合格并按规定完成职业实践年限者，方能报名参加专业考试。

凡中华人民共和国公民，遵守国家法律、法规，恪守职业道德，并具备相应专业教育和职业实践条件者，只要符合下列条件，均可报考注册电气工程师考试。

1. 具备以下条件之一者，可申请参加基础考试：

(1)取得本专业或相近专业大学本科及以上学历或学位。

(2)取得本专业或相近专业大学专科学历，累计从事相应专业设计工作满1年。

(3)取得其他工科专业大学本科及以上学历或学位，累计从事相应专业设计工作满1年。

2. 基础考试合格，并具备以下条件之一者，可申请参加专业考试：

(1)取得本专业博士学位后，累计从事相应专业设计工作满2年；或取得相近专业博士学位后，累计从事相应专业设计工作满3年。

(2)取得本专业硕士学位后，累计从事相应专业设计工作满3年；或取得相近专业硕士学位后，累计从事相应专业设计工作满4年。

(3)取得含本专业在内的双学士学位或本专业研究生班毕业后，累计从事相应专业设计工作满4年；或取得含相近专业在内双学士学位或研究生班毕业后，累计从事相应专业设计工作满5年。

(4)取得通过本专业教育评估的大学本科学历或学位后，累计从事相应专业设计工作满4年；或取得未通过本专业教育评估的大学本科学历或学位后，累计从事相应专业设计工作满5年；或取得相近专业大学本科学历或学位后，累计从事相应专业设计工作满6年。

(5)取得本专业大学专科学历后，累计从事相应专业设计工作满6年；或取得相近专业大学专科学历后，累计从事相应专业设计工作满7年。

(6)取得其他工科专业大学本科及以上学历或学位后，累计从事相应专业设计工作满8年。

3. 截止到2002年12月31日前，符合以下条件之一者，可免基础考试，只需参加专业考试：

(1)取得本专业博士学位后，累计从事相应专业设计工作满5年；或取得相近专业博士学位后，累计从事相应专业设计工作满6年。

(2)取得本专业硕士学位后，累计从事相应专业设计工作满6年；或取得相近专业硕士学位后，累计从事相应专业设计工作满7年。

(3)取得含本专业在内的双学士学位或本专业研究生班毕业后，累计从事相应专业设计工作满7年；或取得含相近专业在内双学士学位或研究生班毕业后，累计从事相应专业设计工作满8年。

(4)取得本专业大学本科学历或学位后，累计从事相应专业设计工作满8年；或取得相近专业大学本科学历或学位后，累计从事相应专业设计工作满9年。

(5)取得本专业大学专科学历后，累计从事相应专业设计工作满9年；或取得相近专业大学专科学历后，累计从事相应专业设计工作满10年。

(6)取得其他工科专业大学本科及以上学历或学位后，累计从事相应专业设计工作满12年。

(7)取得其他工科专业大学专科学历后，累计从事相应专业设计工作满15年。

(8)取得本专业中专学历后，累计从事相应专业设计工作满25年；或取得相近专业中专学历后，累计从事相应专业设计工作满30年。